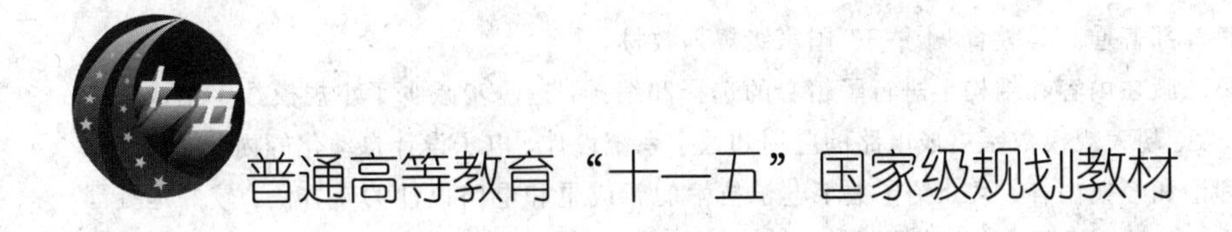

普通高等教育“十一五”国家级规划教材

数字电路与系统设计

(第三版)

邓元庆　贾　鹏　石　会　编著

西安电子科技大学出版社

内 容 简 介

本书第二版是教育部普通高等教育“十一五”国家级规划教材。

这次修订后的第三版在内容和结构上进行了精心的选择和编排，进一步减少了小规模数字集成电路的内容，突出了中、大、超大规模数字集成电路的应用和数字系统设计、电子设计自动化等内容，既兼顾了数字电路的基本理论和经典内容，又介绍了数字电子技术的新成果和电路设计的新方法，较好地处理了学习与创新、继承与发展的问题，使读者学习本书之后，能够运用所学知识，灵活地解决数字电路与系统设计方面的一些实际问题。

全书共8章，分别是：数字逻辑基础，组合逻辑器件与电路，时序逻辑基础与常用器件，时序逻辑电路分析与设计，可编程逻辑器件，数/模接口电路与555定时器，数字系统设计，电子设计自动化。各章配有大量例题、习题及自测题，书末附有习题和自测题的参考答案。习题中引入了大量的Multisim或TINA软件仿真电路。

本书选材新颖，时代感强，逻辑性好，适应面广，既可作为电子工程、通信工程、信息工程、雷达工程、计算机科学与技术、电力系统及自动化等电类专业和机电一体化等非电类专业的专业基础课教材，又可作为相关专业工程技术人员的学习与参考书。

本书建议学时数为60学时，出版社和作者将免费提供本书的电子课件。

图书在版编目(CIP)数据

数字电路与系统设计/邓元庆，贾鹏，石会编著．—3版．—西安：西安电子科技大学出版社，2016.6
普通高等教育“十一五”国家级规划教材
ISBN 978-7-5606-4111-9

Ⅰ．①数…　Ⅱ．①邓…　②贾…　③石…　Ⅲ．①数字电路—系统设计—高等学校—教材
Ⅳ．①TN79

中国版本图书馆CIP数据核字(2016)第133358号

策　　划　马乐惠
责任编辑　阎　彬
出版发行　西安电子科技大学出版社(西安市太白南路2号)
电　　话　(029)88242885　88201467　　邮　　编　710071
网　　址　www.xduph.com　　电子邮箱　xdupfxb001@163.com
经　　销　新华书店
印刷单位　陕西华沐印刷科技有限责任公司
版　　次　2016年6月第3版　2016年6月第5次印刷
开　　本　787毫米×1092毫米　1/16　印张22
字　　数　513千字
印　　数　17 001～20 000册
定　　价　38.00元
ISBN 978-7-5606-4111-9/TN
XDUP 4403003-5

＊＊＊如有印装问题可调换＊＊＊
本社图书封面为激光防伪覆膜，谨防盗版。

序

第三次全国教育工作会议以来，我国高等教育得到空前规模的发展。经过高校布局和结构的调整，各个学校的新专业均有所增加，招生规模也迅速扩大。为了适应社会对“大专业、宽口径”人才的需求，各学校对专业进行了调整和合并，拓宽专业面，相应的教学计划、大纲也都有了较大的变化。特别是进入21世纪以来，信息产业发展迅速，技术更新加快。面对这样的发展形势，原有的计算机、信息工程两个专业的传统教材已很难适应高等教育的需要，作为教学改革的重要组成部分，教材的更新和建设迫在眉睫。为此，西安电子科技大学出版社聘请南京邮电大学、西安邮电大学、重庆邮电大学、吉林大学、杭州电子科技大学、桂林电子科技大学、北京信息科技大学、深圳大学、解放军电子工程学院等10余所国内电子信息类专业知名院校长期在教学科研第一线工作的专家教授，组成了高等学校计算机、信息工程类专业系列教材编审专家委员会，并且面向全国进行系列教材编写招标。该委员会依据教育部有关文件及规定，对这两大类专业的教学计划和课程大纲、目前本科教育的发展变化、相应系列教材应具有的特色和定位以及如何适应各类院校的教学需求等进行了反复研究、充分讨论，并对投标教材进行了认真评审，筛选并确定了高等学校计算机、信息工程类专业系列教材的作者及审稿人。

审定并组织出版这套教材的基本指导思想是力求精品、力求创新、好中选优、以质取胜。教材内容要反映21世纪信息科学技术的发展，体现专业课内容更新快的要求；编写上要具有一定的弹性和可调性，以适合多数学校使用；体系上要有所创新，突出工程技术型人才培养的特点，面向国民经济对工程技术人才的需求，强调培养学生较系统地掌握本学科专业必需的基础知识和基本理论，有较强的本专业的基本技能、方法和相关知识，培养学生从事实际工程的研发能力。在作者的遴选上，强调作者应在教学、科研第一线长期工作，有较高的学术水平和丰富的教材编写经验；教材在体系和篇幅上符合各学校的教学计划要求。

相信这套精心策划、精心编审、精心出版的系列教材会成为精品教材，得到各院校的认可，对于新世纪高等学校教学改革和教材建设起到积极的推动作用。

系列教材编委会

高等学校计算机、信息工程类专业

规划教材编审专家委员会

主　任： 杨　震（南京邮电大学校长、教授）

副主任： 张德民（重庆邮电大学通信与信息工程学院前院长、教授）

韩俊刚（西安邮电大学计算机学院前院长、教授）

计算机组

组　长：韩俊刚（兼）

成　员：（按姓氏笔画排列）

王小民（深圳大学信息工程学院教授）

王小华（杭州电子科技大学计算机学院教授）

孙力娟（南京邮电大学计算机学院院长、教授）

李秉智（重庆邮电大学计算机学院教授）

孟庆昌（北京信息科技大学教授）

周　娅（桂林电子科技大学计算机学院教授）

张长海（吉林大学计算机科学与技术学院教授）

信息工程组

组　长：张德民（兼）

成　员：（按姓氏笔画排列）

王　晖（深圳大学信息工程学院教授）

胡建萍（杭州电子科技大学信息工程学院教授）

徐　祎（解放军电子工程学院教授）

唐　宁（桂林电子科技大学通信与信息工程学院教授）

章坚武（杭州电子科技大学教授）

康　健（吉林大学通信工程学院教授）

蒋国平（南京邮电大学副校长、教授）

前　言

“数字电路与逻辑设计”是电子、通信、雷达、信息、计算机、电力系统及自动化等电类专业和机电一体化等非电类专业的一门重要的专业基础课。作为该课程的主教材之一，《数字电路与系统设计》介绍数字电路与数字系统的基础理论和分析、设计方法，主要包括数字逻辑基础、组合逻辑器件与电路、时序逻辑基础与常用器件、时序逻辑电路分析与设计、可编程逻辑器件、数/模接口电路与555定时器、数字系统设计、电子设计自动化等八章内容。作为“十一五”国家级规划教材，《数字电路与系统设计(第二版)》自2008年出版以来，受到了广大教师和学生的欢迎。

本次修订，主要对第二版做了以下三个方面的修订工作：

(1) 为了适应学时越来越短的课程发展趋势，本版删除、压缩了部分不常用的内容，适当调整了章节结构。主要删除了利用加法器实现8421BCD码/二进制数转换、利用移位寄存器实现任意时序电路以及多谐振荡器、单稳态触发器和施密特触发器等脉冲电路内容，压缩了CPLD的内部结构等内容，并将原第9章的555定时器调整到了第6章。

(2) 为了适应电子技术的发展进步，本版与时俱进地修改了部分章节的内容，主要包括可编程逻辑器件和电子设计自动化这两章内容。修改后的内容更加实用、更加方便阅读和教学。

(3) 为了更加方便教学，本版精简和修改了部分例题，替换了部分习题和自测题，增加了电路仿真题的数量，使例题、习题、自测题更加全面、更加合理。由于篇幅限制，书中未介绍电路仿真软件Multisim和TINA，但习题中安排了大量相关的电路仿真，建议教师授课时使用Multisim或TINA软件辅助部分电路的教学，并安排部分仿真实验项目，使学生熟练掌握Multisim或TINA软件等先进的仿真设计工具的使用方法。Multisim和TINA仿真软件各有千秋，教师可根据实际情况选用其中一款实现辅助教学。

修订内容约占原书的30%，修订后的版本依然保持了本书第一版的特色，即：

(1) 教材结构合理。全书由两条主线统揽：一条主线是器件—电路—系统，另一条主线是理论基础—分析方法—设计方法。在处理器件、电路、系统的关系时，先介绍器件，再介绍电路，后介绍系统，符合数字电路开始于器件、发展于电路、归结于系统的发展脉络，内容集中，系统性强；在处理理论基础、分析方法、设计方法的关系时，先介绍理论基础，再介绍分析方法，后介绍设计方法，符合认识事物的客观规律，衔接自然，逻辑性好，便于读者学习、掌握。

(2) 内容与时俱进。数字电子技术和数字电路的设计手段发展迅速，本书在有限的篇幅里对介绍的内容做了认真的挑选，在处理继承与发展、现实与未来的关系方面，既对数字电路的基本理论和经典内容做了适当介绍，也对数字电子技术的新成果和电路设计的新方法进行了介绍，减少了小规模数字集成电路内容，突出了中、大、超大规模数字集成电路和数字系统设计、电子设计自动化等内容。

(3) 注重实用性和创新意识的培养。数字电路与系统设计内容很多，如果不加选择地介绍，将使得教材的篇幅极大。考虑到学时的限制，编写本书时特别注重内容的实用性。例如VHDL语言、数字系统设计和电子设计自动化，其中每一部分内容都可以单独成书，而在本书中均从实用的角度出发进行介绍，每部分内容至多占用一章的篇幅。在注重使读者在数字电路的基本理论、基本方法、基本技能方面得到提高的同时，也注重对读者创新意识的培养。无论是讲授内容、讲授方式，还是例题、习题和自测题，都注重给读者提供足够的思维空间，使读者学习本书之后，能够理论联系实际地解决数字电路与系统设计方面的一些实际问题。

本书由解放军理工大学邓元庆教授主编，贾鹏、石会讲师参编，西北工业大学的张晓蓟老师审阅了全书。邓元庆、石会编写第1章～第4章及第7章，贾鹏编写第5章、第6章和第8章。西安电子科技大学出版社的马乐惠副编审和阎彬编辑为本书的出版付出了辛勤的劳动，解放军理工大学通信工程学院的各级领导及作者的家人为本书的编写提供了大量的支持，特在此一并表示深深的谢意。

由于作者水平有限，书中难免存在不妥之处，恳请读者批评指正。

作者的电子信箱：xsjl163@163.com。

作者

2016年3月

第 二 版 前言

“数字电路与系统设计”是电子、通信、雷达、信息、计算机、电力系统及自动化等电类专业和机电一体化等非电类专业的一门重要的专业基础课。作为该课程的主教材之一，《数字电路与系统设计》介绍了数字电路与数字系统的基础理论和分析、设计方法，主要包括数字逻辑基础、组合逻辑器件与电路、时序逻辑基础与常用器件、时序逻辑电路分析与设计、可编程逻辑器件、数/模接口电路、数字系统设计、电子设计自动化、脉冲信号的产生与变换电路等九章内容。《数字电路与系统设计(第一版)》自2003年出版以来，受到了广大教师和学生的欢迎，并于2006年入选普通高等教育“十一五”国家级规划教材。

本版除了更正第一版中的个别印刷错误外，主要做了以下三个方面的修订工作：

(1) 改写了数字系统设计、电子设计自动化等章节的内容。在数字系统设计一章中，主要改变了设计实例中的系统结构和实现方法，使得设计思路更加清晰、实现电路更加简单，有利于学生学习和掌握数字系统设计的基本方法；在电子设计自动化一章中，主要用Altera公司最新的EDA软件Quartus Ⅱ取代了MAX＋plus Ⅱ，使学生可以掌握最新EDA工具的使用方法。

(2) 删除了部分不常用的内容，如PLD的边界扫描测试技术、由门电路构成的单稳态触发器和施密特触发器等。由于有集成的单稳态触发器和施密特触发器，因此现在已经很少用门电路来构成单稳态触发器和施密特触发器了。

(3) 更换了部分习题和自测题，增加了电路仿真题，使习题、自测题更加全面、合理。由于篇幅限制，书中未介绍电路仿真软件Multisim，但习题中安排了电路仿真，建议教师授课时使用Multisim软件辅助部分电路的教学，并安排部分仿真实验项目，使学生熟练掌握Multisim这种先进的仿真设计工具的使用方法。

修订内容约占原书的20%，修订后的版本依然保持了本书第一版的特色：

(1) 教材结构合理。全书由两条主线统揽：一条主线是器件—电路—系统，另一条主线是理论基础—分析方法—设计方法。在处理器件、电路、系统的关系时，先介绍器件，再介绍电路，后介绍系统，符合数字电路开始于器件、发展于电路、归结于系统的发展脉络，内容集中，系统性强；在处理理论基础、分析方法、设计方法的关系时，先介绍理论基础，再介绍分析方法，后介绍设计方法，符合人们认识事物的客观规律，衔接自然，逻辑性好，便于读者学习、掌握。

(2) 内容与时俱进。数字电子技术和数字电路的设计手段发展迅速，本书在有限的篇幅里对介绍的内容做了认真的挑选。在处理继承与发展、现实与未来的关系方面，既对数字电路的基本理论和经典内容做了适当介绍，也对数字电子技术的新成果和电路设计的新方法进行了介绍，减少了小规模数字集成电路的内容，突出了中、大、超大规模数字集成电路的应用和数字系统设计、电子设计自动化等内容。

(3) 注重实用性和创新意识的培养。数字电路与系统设计内容很多，如果不加选择地介绍，将使得教材的篇幅极大。考虑到学时的限制，编写本书时特别注重内容的实用性。例如 VHDL 语言、数字系统设计和电子设计自动化这三部分内容中的每一部分都可以单独成书，而在本书中均从实用的角度出发进行介绍，每部分内容至多占用一章的篇幅。本书在注重使读者在数字电路的基本理论、基本方法、基本技能方面得到提高的同时，也注重对读者创新意识的培养，无论是讲授内容、讲授方式，还是例题、习题和自测题，都注意给读者提供足够的思维空间，使读者学习本书之后，能够运用所学知识，灵活地解决数字电路与系统设计方面的一些实际问题。

本书由解放军理工大学邓元庆教授主编，贾鹏参编。邓元庆编写第 1～4 章和第 7 章，并负责大纲的制定和全书的统稿、定稿；贾鹏编写第 5～6 章和第 8～9 章。西安电子科技大学出版社的马乐惠副编审和阎彬编辑为本书的出版付出了辛勤的劳动，解放军理工大学理学院的各级领导及作者的家人为本书的编写提供了大量的支持，特在此一并表示深深的谢意。

由于时间仓促和作者水平有限，书中难免存在不妥之处，恳请读者批评指正。

作者的电子信箱为：dyqnjty@yahoo.com.cn。

作者

2008 年 3 月

第一版前言

“数字电路与系统设计”是电子、通信、雷达、信息、计算机、电力系统及自动化等电类专业和机电一体化等非电类专业的一门重要的专业基础课。随着微电子技术和信息处理技术的迅速发展及对新世纪人才培养目标的重新定位，对数字电路课程进行与时俱进的教学改革的呼声愈来愈强烈，不少专家学者已经在这方面取得了令人瞩目的教学改革成果。本书也是编者长期致力于数字电路课程教学改革实践、探索的产物。

本书主要介绍数字电路与系统的基础理论和分析、设计方法，其内容包括五个部分：

(1) 数字逻辑基础：这部分内容集中在第1章。该章除了介绍数字电路的理论基础——逻辑代数外，还介绍了计算机等数字设备中常用的数制与代码、逻辑函数的各种描述方法和化简方法等内容。这些内容是分析和设计数字电路的基础，贯穿了全书的始终。

(2) 常用逻辑器件及其应用：这部分内容集中在第2章、第3章和第5章。第2章介绍了集成逻辑门和常用的MSI组合逻辑模块及其应用，第3章介绍了集成触发器和各种常用的MSI/LSI时序逻辑模块及其应用，第5章介绍了各种可编程逻辑器件(PLD)及其应用。

(3) 数字电路的分析和设计方法：这部分内容集中在第2章、第4章和第5章。第2章介绍了数字电路的两大分支之一——组合逻辑电路的分析和设计方法，第4章介绍了数字电路的另一个分支——时序逻辑电路的分析和设计方法，第5章介绍了基于PLD器件的数字电路的设计方法。

(4) 数字系统设计与电子设计自动化：这部分内容集中在第7章和第8章。第7章介绍了数字系统的基本概念和实用设计方法，使读者在学习数字电路的基本内容后，能够了解数字系统的概念，掌握数字系统设计的基本方法，进而能够从系统的高度来分析和解决实际问题。第8章介绍了电子设计自动化(EDA)的基本概念、VHDL语言及其应用和典型EDA软件的使用方法，使读者与时俱进地进入到数字电路与系统设计的现代化王国，深入体会技术进步所带来的方便与喜悦。

(5) 数模接口与脉冲产生电路：这部分内容集中在第6章和第9章。第6章介绍了数字电路和模拟电路之间的接口电路——A/D、D/A电路，第9章介绍了各种脉冲产生与变换电路。学习这部分内容，可以帮助读者完整地了解和掌握数字电路与系统中的各种要素。由于这些内容的分析和设计方法更接近于模拟电路，所以近年来人们已经开始将其移入到“电子电路基础”课的教材中。本书保留这部分内容，主要出于保持教材完整性和尽量满足读者多种选择需要的考虑。

本书主要具有以下特色：

教材结构合理。全书由两条主线统揽：一条主线是器件－电路－系统，另一条主线是理论基础－分析方法－设计方法。在处理器件、电路、系统的关系时，先介绍器件，再介绍电路，后介绍系统，符合数字电路开始于器件、发展于电路、归结于系统的发展脉络，内容集中，系统性强；在处理理论基础、分析方法、设计方法的关系时，先介绍理论基础，再介绍分析方法，后介绍设计方法，符合认识事物的客观规律，衔接自然，逻辑性好，便于读者学习、掌握。

内容与时俱进。数字电子技术和数字电路的设计手段发展迅速，本书在有限的篇幅里对介绍的内容做了认真的挑选，既对数字电路的基本理论和经典内容做了适当介绍，也对数字电子技术的新成果和电路设计的新方法进行了介绍，叙述中减少了小规模数字集成电路的内容，突出了中、大规模数字集成电路的应用和数字系统设计等内容，并增加了对电子设计自动化等内容的介绍。

注重实用性和创新意识的培养。本书涉及内容较多，像 VHDL 语言、数字系统设计和电子设计自动化等内容，每一部分都可以单独成书，而在本书中均从实用的角度出发进行介绍，每部分内容至多占用一章的篇幅。本书在注重使读者在数字电路的基本理论、基本方法、基本技能方面得到提高的同时，也注重对读者创新意识的培养。无论是讲授内容、讲授方式，还是例题、习题和自测题，都给读者提供足够的思维空间，使读者学习本书之后，能够理论联系实际地解决数字电路与系统设计方面的一些实际问题。

本书由解放军理工大学邓元庆教授主编，贾鹏参编，西北工业大学的张晓蓟老师审阅了全书。邓元庆编写第 1 章、第 2 章、第 3 章、第 4 章和第 7 章，并负责本书大纲的制定和全书的统稿、定稿。第 5 章、第 6 章、第 8 章、第 9 章由贾鹏编写。西安电子科技大学出版社的马乐惠副编审和阎彬编辑为本书的出版付出了辛勤的劳动，解放军理工大学理学院的各级领导及作者的家人，为本书的编写提供了大量的支持，特在此一并表示深深的谢意。

由于时间仓促和作者水平有限，书中难免存在不妥之处，恳请读者批评指正。

作者的电子邮箱为：dyqnjty@yahoo.com.cn。

作　者

2002 年 12 月

目 录

第 1 章　数字逻辑基础

数字电路是存储、传送、变换和处理数字信息的一类电子电路的总称，是计算机等各类数字设备赖以存在的重要基石。计算机中的 CPU、存储器和 I/O 接口，数字通信中的编码器、译码器和缓存器，数字电视和数码相机中的信息存储和处理单元，都广泛采用了数字电路。即使像调制解调器这类过去通常用模拟电路实现的器件，今天也越来越多地采用了数字电路来实现。可以毫不夸张地说，数字化已成为当今电子技术的发展潮流，数字电路代表了电子电路的发展方向。我们完全有理由相信，随着微电子技术和信息处理技术的飞速发展，数字电子技术和数字电路将更多地渗透到人们的日常生活中。

1.1　绪　　论

数字电路为何能够获得如此广泛的应用？它与模拟电路相比，到底有哪些优点？数字集成电路发展至今，已经形成了哪些发展趋势？本节作为全书的绪论，将简要回答这方面的问题。

1.1.1　数字电路的基本概念

1. 数字量与数字信号

在自然界中，存在着两类物理量：一类称为模拟量(Analog Quantity)，它具有时间上连续变化、值域内任意取值的特点，例如温度、压力、交流电压等就是典型的模拟量；另一类称为数字量(Digital Quantity)，它具有时间上离散变化(离散也就是不连续)、值域内只能取某些特定值的特点，例如训练场上运动员的人数、车间仓库里元器件的个数等就是典型的数字量。

在实际生活中，许多物理量的测量值既可以用模拟形式来表示，也可以用数字形式来表示。例如集市中购物的重量，用普通弹簧秤来测量时它是模拟形式的，而用数字式电子秤来测量时它就是数字形式的。利用现代电子技术，可以实现模拟量与数字量之间的相互转换。

在电子设备中，无论是数字量还是模拟量都是以电信号形式出现的。人们常常将表示模拟量的电信号叫做模拟信号(Analog Signal)，将表示数字量的电信号叫做数字信号(Digital Signal)。正弦波信号、话音信号就是典型的模拟信号，矩形波、方波信号就是典型的数字信号。

数字信号是一种脉冲信号(Pulse Signal)。脉冲信号具有边沿陡峭、持续时间短的特点。广义地讲，凡是非正弦信号都称为脉冲信号。

数字信号有两种传输波形，一种称为电平型，另一种称为脉冲型。电平型数字信号以一个时间节拍内信号是高电平还是低电平来表示“1”或“0”，而脉冲型数字信号以一个时间节拍内有无脉冲来表示“1”或“0”，如图 1 - 1 所示。从图中可见，电平型信号的波形在一个节拍内不会归零，而脉冲型信号的波形在一个节拍内会归零。

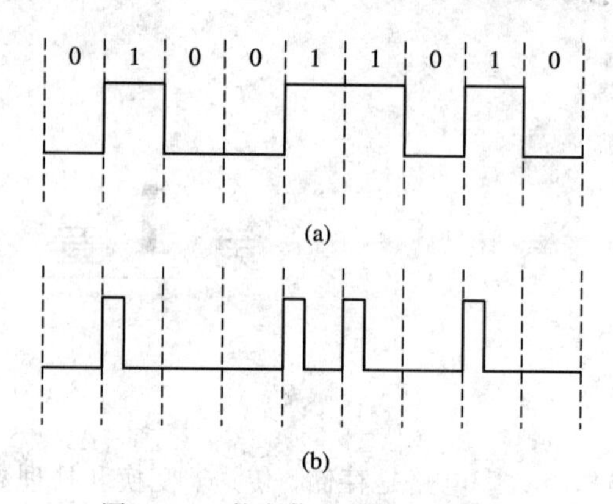

图 1 - 1 数字信号的传输波形
(a) 电平型信号；(b) 脉冲型信号

与模拟信号相比，数字信号具有抗干扰能力强、存储和处理方便等优点。

2. 数字电路及其优点

在电子电路中，人们将产生、变换、传送、处理模拟信号的电子电路叫做模拟电路(Analog Circuit)，将产生、存储、变换、处理、传送数字信号的电子电路叫做数字电路(Digital Circuit)。“电子电路基础”课程中介绍的各种放大电路就是典型的模拟电路，而数字表、数字钟的定时电路就是典型的数字电路。

与模拟电路相比，数字电路主要具有以下优点：

① 电路结构简单，制造容易，便于集成和系列化生产，成本低，使用方便。

② 数字电路不仅能够完成算术运算，而且能够完成逻辑运算，具有逻辑推理和逻辑判断的能力，因此被称为数字逻辑电路或逻辑电路。计算机也因为这种逻辑思维能力而被称为电脑。

③ 由数字电路组成的数字系统，抗干扰能力强，可靠性高，精确性和稳定性好，便于使用、维护和进行故障诊断。

以抗干扰能力为例，数字电路不仅可以通过整形去除叠加于传输信号上的噪声与干扰，而且还可以进一步利用差错控制技术对传输信号进行检错和纠错。

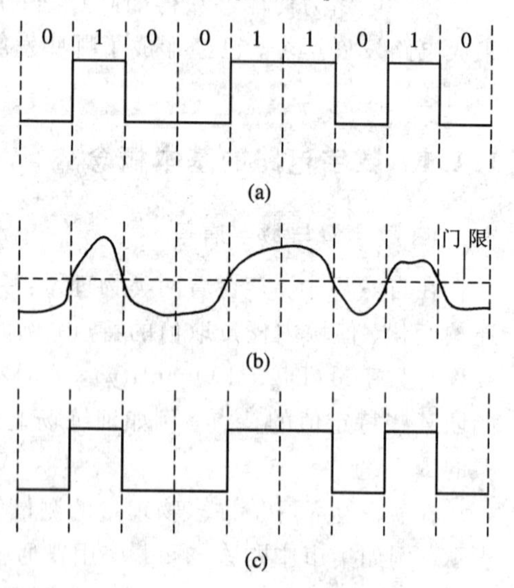

图 1 - 2 数字电路对接收信号整形
(a) 发送信号波形；(b) 接收信号波形；
(c) 整形信号波形

图 1 - 2 是数字电路通过整形去除叠加于传输信号上的噪声与干扰的示意图。图 1 - 2(a)是发送信号波形，图 1 - 2(b)是接收信号波形。由于噪声与干扰的存在，接收信号波形相对于发送信号波形已有了很大的变化。如果是模拟电路，这种噪声与干扰的影响很难消除，人们不得不忍受刺耳的噪声与干扰。但在数字电路中，可以通过对接收信号设置一个合适的门限来去除噪声和干扰。如图 1 - 2(b)所示，对接收信号设置一个如横虚线所示的门限电平。当接收信号电平低于门限电平时，整形电路输出

低电平；而当接收信号电平高于门限电平时，整形电路输出高电平。这样，便可得到如图1-2(c)所示的整形信号波形输出，其形状已与发送信号相同，说明原来存在于接收信号中的噪声与干扰已经被去除。

1.1.2 数字集成电路的发展趋势

当前，数字集成电路正向着大规模、低功耗、高速度、可编程、嵌入式和多值化方向发展。

1. 大规模

随着集成电路技术的进步，一块半导体硅片上能够集成的数字逻辑门已达上千万个，像大头针针头那么大的面积就可容纳400万个晶体管。蓝色巨人IBM利用纳米工艺开发的一种邮票般大小的内存装置，可以存储大约2500万页的教科书，储书量相当于一个小型图书馆；我国采用纳米工艺设计制造、拥有完全自主知识产权的国产64比特通用CPU"飞腾FT-1500A"，也达到了9.4亿只晶体管的集成规模。集成规模的提高不仅减小了数字系统的体积，降低了数字系统的功耗与成本，而且还大大地提高了数字系统的可靠性。

2. 低功耗

功耗是制约许多电子设备研制、生产、推广、使用的一个重要因素，而系统功耗很大程度上又取决于所使用的芯片或模块。现在，即使是包含数百万个逻辑门的超大规模数字集成电路芯片，例如美国Altera公司设计制造的APEX Ⅱ系列FPGA产品，其静态功耗也可低至毫瓦级。功耗的降低大大拓展了数字集成电路的应用领域。

3. 高速度

信息社会是知识大爆炸的时代，人们对信息处理速度的要求越来越高，集成电路的速度也随之越来越快。以勇夺全球超级计算机500强"六连冠"的国防科技大学"天河二号"超级计算机为例，其实测浮点运算速度高达0.339吉亿次每秒，峰值运算速度更是可达0.559吉亿次每秒。虽然超级计算机的这种高速度在很大程度上依赖于"多核"和"并行处理"技术，但CPU等集成电路芯片本身的速度在不断提高也是不争的事实。当前，主流CPU芯片的主频通常都在2 GHz以上。

4. 可编程

传统的标准MSI/LSI数字集成电路是一种通用型集成电路。使用这种集成电路来设计复杂数字系统时，所需要的逻辑模块数量和种类往往比较多，这不仅增大了系统的体积和功耗，降低了系统的可靠性，而且也为器件的保存、电路和设备的调试、知识产权的保护等带来了难题。

从20世纪80年代中期开始，半导体厂家开发出了一种具有"可编程"特性的VLSI/ULSI数字集成电路——可编程逻辑器件(Programmable Logic Device，PLD)，用户可根据实际需要对这些PLD芯片进行"编程"来构造自己的专用集成电路(Application Specific Integrated Circuit，ASIC)。PLD器件具有"可多次编程"甚至"可在系统编程(In-System Programmable，ISP)"的能力和"硬件保密"的能力，这不仅为用户研制开发产品带来了极大的方便和灵活性，而且也大大地提高了产品的可靠性和保密性。

5. 嵌入式

为了进一步拓展集成电路的应用领域，一些集成电路开始采用嵌入式(Embedded)设计技术，在内部嵌入存储器和数字信号处理器，使用户仅用一块芯片就可构成一个软、硬结合的信息处理系统。“嵌入式”已成为当前数字集成电路的一个重要的发展趋势。

6. 多值化

传统的数字集成电路是一种二值电路，在信号的产生、存储、传送、识别、处理等方面具有很多优点。为了进一步提高集成电路的信息处理能力，除了在速度上下功夫外，还可采用多值逻辑(Multivalued Logic)。

从 20 世纪 70 年代起，多值信号和多值逻辑电路的研究就一直受到世界各国的广泛关注。科学家们不仅提出了多值逻辑电路设计理论，而且在多值逻辑器件和多值计算机的研制方面也取得了世人瞩目的成就。美国、日本、加拿大等国不仅已成功研制出三值和四值数字集成电路，而且也研制出了别具一格的多值计算机。尽管在目前的技术条件下多值逻辑器件的成本太高，还难以像二值集成电路那样获得广泛应用，但它毕竟已向人们指明了提高集成电路信息处理能力的又一个发展方向。

1.2 数制与代码

1.2.1 数制

1. 数制

数制(Number System)是人类表示数值大小的各种方法的统称。迄今为止，人类都是按照进位方式来实现计数的，这种计数制度称为进位计数制，简称进位制。大家熟悉的十进制，就是一种典型的进位计数制。

一种数制中允许使用的数符个数称为这种数制的基数(Radix)或基(Base)，R 进制的基就等于 R。设一个 R 进制数 N_R 包含 n 位整数和 m 位小数，其位置记数法的表示式为

$$N_R=(r_{n-1}\ r_{n-2}\cdots\ r_1\ r_0.\ r_{-1}\ r_{-2}\cdots\ r_{-m})_R \tag{1-1}$$

其中，r_i 为 R 进制数 N_R 第 i 位的有效数符，r_i 为“1”时所表示的数值大小称为该位的“权(Weight)”，用 R^i 表示。“权”的概念表明，处于不同位置上的相同数符所代表的数值大小是不同的。例如十进制数$(215.12)_{10}$，其最高位和最低位均为 2，但它们所代表的数值却分别为 200($10^2\times2$)和 0.02($10^{-2}\times2$)；同样，次高位和次低位都为 1，但它们所代表的数值却分别为 10($10^1\times1$)和 0.1($10^{-1}\times1$)。

位置记数法实际上是多项式记数法省略各位权值和运算符号并增加小数点(小数点也称为基点)后的简记形式。多项式记数法的表示式为

$$\begin{aligned}N_R&=R^{n-1}\times r_{n-1}+R^{n-2}\times r_{n-2}+\cdots+R^1\times r_1+R^0\times r_0\\&\quad+R^{-1}\times r_{-1}+R^{-2}\times r_{-2}+\cdots+R^{-m+1}\times r_{-m+1}+R^{-m}\times r_{-m}\\&=\sum_{i=-m}^{n-1}R^i\times r_i\end{aligned} \tag{1-2}$$

例如，十进制数$(215.12)_{10}$的多项式表示式(也称按权展开式)为

$$(215.12)_{10}=10^2\times2+10^1\times1+10^0\times5+10^{-1}\times1+10^{-2}\times2$$

尽管生活中人们常用的是十进制数，但在计算机等数字设备中，用得最多的却是二进

制数和十六进制数，这是因为当前数字设备中所用的数字电路通常只有低电平和高电平两个状态，正好可用二进制数的 0 和 1 来表示。由于采用二进制来表示一个数时数位太多，所以常用与二进制数有简单对应关系的十六进制数(或八进制数)来表示一个数。

十进制(Decimal System)、二进制(Binary System)和十六进制(Hexadecimal System)的数符、权、运算规则及其对应关系详见表 1-1。需要特别注意的是，在十六进制数中，用英文字母 A、B、C、D、E、F 分别表示十进制数的 10、11、12、13、14 和 15。

表 1-1　常用数制及其对应关系

项　目	十进制	二进制	十六进制
数符	0,1,2,3,4,5,6,7,8,9	0,1	0,1,2,3,4,5,6,7,8,9,A,B,C,D,E,F
第 i 位的权	10^i	2^i	16^i
运算规则	逢 10 进 1，借 1 为 10	逢 2 进 1，借 1 为 2	逢 16 进 1，借 1 为 16
对应关系	0	0	0
	1	1	1
	2	10	2
	3	11	3
	4	100	4
	5	101	5
	6	110	6
	7	111	7
	8	1000	8
	9	1001	9
	10	1010	A
	11	1011	B
	12	1100	C
	13	1101	D
	14	1110	E
	15	1111	F
	16	10000	10

2. 数制转换

1) 任意进制数转换为十进制数

首先写出待转换的 R 进制数的按权展开式，然后按十进制数的运算规则进行计算，即可得到转换后的等值十进制数。这称为按权展开法。

【例 1-1】 将二进制数$(1011001.101)_2$和十六进制数$(AD5.C)_{16}$转换为十进制数。

解

$$
\begin{aligned}
(1011001.001)_2 &= 2^6\times1 + 2^5\times0 + 2^4\times1 + 2^3\times1 + 2^2\times0 + 2^1\times0 + 2^0\times1 \\
&\quad + 2^{-1}\times0 + 2^{-2}\times0 + 2^{-3}\times1 \\
&= 64 + 0 + 16 + 8 + 0 + 0 + 1 + 0 + 0 + 0.125 \\
&= (89.125)_{10}
\end{aligned}
$$

$$
\begin{aligned}
(AD5.C)_{16} &= 16^2\times A + 16^1\times D + 16^0\times5 + 16^{-1}\times C \\
&= 256\times10 + 16\times13 + 1\times5 + 16^{-1}\times12 \\
&= 2560 + 208 + 5 + 0.75 \\
&= (2773.75)_{10}
\end{aligned}
$$

2) 二进制数与十六进制数的相互转换

从表 1-1 可见，1 位十六进制数正好可以用 4 位二进制数来表示，反之亦然。因此，以小数点为基准，向左或向右将二进制数按 4 位 1 组进行分组(整数部分高位不足 4 位时，高位添 0 补足 4 位；小数部分低位不足 4 位时，低位添 0 补足 4 位)，然后用相应的十六进制数代替各组的二进制数，即可得到等值的十六进制数；反之，将十六进制数的每个数符用相应的 4 位二进制数代替，并去掉整数部分高位无效的 0 和小数部分末尾无效的 0，即可得到等值的二进制数。

【例 1 - 2】 将二进制数 $(1011101.101)_2$ 转换为十六进制数，将十六进制数 $(3AB.C8)_{16}$ 转换为二进制数。

解 $(1011101.101)_2=(0101\ 1101.1010)_2=(5D.A)_{16}$

$(3AB.C8)_{16}=(0011\ 1010\ 1011.1100\ 1000)_2=(1110101011.11001)_2$

3) 十进制数转换为二进制数

十进制数转换为二进制数的过程相对复杂一些，需要将整数部分和小数部分分别进行转换。

(1) 十进制整数转换为二进制数时，其结果也必然是整数。利用转换前后数值相等的原理，有

$$N_{10}=N_2=2^{n-1}\times b_{n-1}+\cdots+2^1\times b_1+2^0\times b_0$$

将上式左右两端同时除以 2，所得的整数商应该相等，余数也应该相等。而右端的二进制按权展开式除以 2 后的余数是 b_0，因此，十进制数第 1 次除以 2 所得的余数就是等值的二进制数的最低位 b_0(最低位常用符号 LSB 表示)；同理，将左端每次所得的整数商依次除以 2，所得的余数正好就是等值二进制数的 b_1、b_2、⋯、b_{n-1}。b_{n-1} 是商为 0 时的余数，它是等值二进制数的最高位(最高位常用符号 MSB 表示)。这种转换方法称为除 2 取余法，用它先得到的余数是等值二进制数的低位，后得到的余数是等值二进制数的高位。

【例 1 - 3】 将十进制数 $(218)_{10}$ 转换为二进制数。

解 采用竖式除法：

除数	被除数	余数
2	218	余数
2	109	0(LSB)
2	54	1
2	27	0
2	13	1
2	6	1
2	3	0
2	1	1
	0	1(LSB)

因此，$(218)_{10}=(11011010)_2$。

(2) 十进制小数转换为二进制数时，其结果也必然是小数。利用转换前后数值相等的原理，有

$$N_{10}=N_2=2^{-1}\times b_{-1}+2^{-2}\times b_{-2}+\cdots+2^{-m}\times b_{-m}$$

将上式左右两端同时乘以 2，显然左端乘积的整数部分就是右侧的 b_{-1}(即等值二进制小数的最高位)。然后把左端乘积的小数部分再乘以 2，所得整数部分便是 b_{-2}，如此继续下去，直到乘积的小数部分是 0 或满足精度要求为止，得到等值二进制小数的最低位 b_{-m}。

这种转换方法称为乘 2 取整法，用它先得到的整数是二进制小数的高位，后得到的整数是二进制小数的低位。

【例 1－4】 将十进制数 0.1875 转换为二进制数。

解　采用乘 2 取整法：

	整数
$0.1875\times2=0.3750$	0(MSB)
$0.3750\times2=0.7500$	0
$0.7500\times2=1.5000$	1
$0.5000\times2=1.0000$	1(LSB)

因此，$(0.1875)_{10}=(0.0011)_2$。

4）几点说明

(1) 当十进制小数不能精确转换为二进制小数时，往往需要有一定的精度要求，例如要求结果保留几位小数。此时要注意，为了减小转换误差，转换时的小数位数应比要求保留的小数位数多 1 位，然后根据多出的这 1 位是 0 还是 1 决定取舍，基本原则是 0 舍 1 入。例如某二进制数 $(0.1001)_2$，保留两位小数时结果为 $(0.10)_2$，保留 3 位小数时结果应为 $(0.101)_2$。

(2) 如果一个十进制数既有整数部分又有小数部分，只要把它们分别进行转换，然后将结果合并即可。例如，十进制数 $(218.1875)_{10}$ 转换为二进制数时，综合前面两例的转换结果，可得其等值二进制数为 $(11011010.0011)_2$。

(3) 利用二进制数作桥梁，可以方便地将十进制数转换为十六进制数。

3. 二进制数的算术运算

与十进制数一样，二进制数也有加、减、乘、除四则运算，只是运算规则不同而已。

【例 1－5】 已知 $X=(1011)_2$，$Y=(1101)_2$，试计算 $X+Y$ 的值。

解　二进制数的加法规则是逢 2 进 1，由竖式加法得

$$X+Y=(11000)_2$$

$$\begin{array}{r} \cdot\ \cdot\ \cdot\ \cdot\ \ \\ 1\ 0\ 1\ 1 \\ +\ \ 1\ 1\ 0\ 1 \\ \hline 1\ 1\ 0\ 0\ 0 \end{array}$$

其中，竖式上方的小圆点为相邻低位的进位。

【例 1－6】 已知 $X=(1101)_2$，$Y=(1011)_2$，试计算 $X-Y$ 的值。

解　二进制数的减法规则是借 1 为 2，由竖式减法得

$$X-Y=(10)_2$$

$$\begin{array}{r} \cdot\ \ \ \ \ \ \ \\ 1\ 1\ 0\ 1 \\ -\ \ 1\ 0\ 1\ 1 \\ \hline 0\ 0\ 1\ 0 \end{array}$$

其中，竖式上方的小圆点为相邻低位的借位。

【例 1－7】 已知 $X=(1011)_2$，$Y=(100)_2$，试计算 $X\times Y$ 的值。

解　二进制数的乘法规则是 $1\times1=1$，$1\times0=0\times1=0\times0=0$，由竖式乘法得

$$X\times Y=(101100)_2$$

$$\begin{array}{r} 1\ 0\ 1\ 1 \\ \times\ \ \ \ 1\ 0\ 0 \\ \hline 0\ 0\ 0\ 0 \\ 0\ 0\ 0\ 0\ \ \ \\ 1\ 0\ 1\ 1\ \ \ \ \ \ \\ \hline 1\ 0\ 1\ 1\ 0\ 0 \end{array}$$

同时，由竖式乘法也可以看出，二进制数乘法运算由加

法运算和左移位操作组成。当乘数为 2^k 时，将被乘数左移 k 位（右侧添 0）即可求得乘积。

【例 1 - 8】 已知 $X=(10101)_2$，$Y=(100)_2$，试计算 $X \div Y$ 的值。

解 二进制数除法是乘法的逆运算。由竖式除法得

```
          1 0 1. 0 1
     ──────────────────
100   1 0 1 0 1
      1 0 0
     ───────
          1 0 1
          1 0 0
        ───────
              1 0 0
              1 0 0
            ───────
                  0
```

$$X \div Y=(101.01)_2$$

同时，由竖式除法也可以看出，二进制数除法运算由减法运算和右移位操作组成。当除数是 2^k 时，将被除数右移 k 位即可得到所求之商。

1.2.2 带符号数的表示法

实际工作中，人们需要处理的大量数据往往是带“+”、“-”号的。为了用计算机进行数据处理，这些“+”、“-”号也必须用二进制符号来表示。下面介绍带符号数（Signed Number）的一些常用表示方法。

1. 原码表示法

将带符号数的数值部分用二进制数表示，符号部分用 0 表示“+”，用 1 表示“-”，这样形成的一组二进制数叫做原带符号数（也称真值）的原码（Sign Magnitude）。n 位二进制原码所能表示的十进制数范围为 $-(2^{n-1}-1) \sim +(2^{n-1}-1)$。

【例 1 - 9】 求出 $X=(+75)_{10}$ 和 $Y=(-75)_{10}$ 的 8 位二进制原码。

解 由于 $(75)_{10}=(1001011)_2$，因此，X、Y 的 8 位二进制原码分别为

$$X_{原}=(01001011)_2$$

$$Y_{原}=(11001011)_2$$

2. 补码表示法

原码表示法虽然直观，数值的大小与符号可以一目了然，但由于原码的计算规则比较复杂，电路实现不太方便，因此，在计算机中很少采用原码表示法。

计算机中通常采用的带符号数表示法是补码（Complement）表示法，其规则是：对于正数，补码与原码相同；对于负数，符号位仍为 1，但二进制数值部分要按位取反，末位加 1。这样得到的一组二进制数叫做原带符号数的补码（如果末位不加 1，则称为反码）。之所以将其称为补码，是因为真值为负数时所得到的补码与真值的数值部分之和为 2^n，即彼此对 2^n 互补，此处 n 为二进制补码的位数。利用这一特点，我们可以快速计算一个带符号二进制数（或十六进制数）的补码。

n 位二进制补码所能表示的十进制数范围为 $-2^{n-1} \sim +(2^{n-1}-1)$。

【例 1 - 10】 求出 $X=(+75)_{10}$ 和 $Y=(-75)_{10}$ 的 8 位二进制补码。

解 X 为正数，补码与原码相同，因此，$X_{补}=X_{原}=(01001011)_2$。

Y 为负数，数值部分要在原码的基础上按位取反，末位加 1，因此，$Y_{补}=(10110101)_2$。

利用互补特性，也可以求得 Y 的补码：

$$Y_{补}=2^8-(1001011)_2=(100000000)_2-(1001011)_2=(10110101)_2$$

利用十六进制数，同样可以快速地求得 Y 的补码：

$$Y_{补}=2^8-(1001011)_2=(100)_{16}-(4B)_{16}=(B5)_{16}=(10110101)_2$$

顺便指出，当带符号数为纯小数时，原码或补码的符号位位于小数点的前面，原来小数点前面的 0 不再表示出来。例如，$X=(-0.110101)_2$ 的 8 位二进制原码和补码分别表示为 $X_{原}=(1.1101010)_2$，$X_{补}=(1.0010110)_2$。

此外，从补码求原码时的过程与从原码求补码时的过程相同。也就是说，对于正数，原码与补码相同；对于负数，原码的符号位仍为 1，但数值部分要将补码数值部分按位取反，末位加 1。例如，已知 Z 的 8 位二进制补码 $Z_{补}=(10101101)_2$，则 Z 的 8 位二进制原码 $Z_{原}=(11010011)_2$。

3. 补码的运算

利用补码，可以方便地进行带符号数的加、减法运算（减法运算要变换为加法运算来进行）。但要注意的是，同号相加或异号相减时，有可能发生溢出。所谓溢出（Overflow），就是指运算结果超出了原指定位数所能表示的带符号数范围。因此，当发生溢出时，需要增加二进制补码的位数，否则运算结果将出错。

补码运算过程中是否溢出可以通过结果的符号位来直观地判断。正数加正数或正数减负数结果均应为正数，负数加负数或负数减正数结果均应为负数，否则即为溢出。

【例 1-11】 利用 8 位二进制补码计算 $(98)_{10}-(75)_{10}$，结果仍然用十进制数表示。

解

$$\begin{aligned}(98)_{10}-(75)_{10}&=(+98)_{10}+(-75)_{10}\\&=(01100010)_{补}+(10110101)_{补}\\&=[1](00010111)_{补}\\&=(00010111)_{原}\\&=(+23)_{10}\end{aligned}$$

$$\begin{array}{r}0\ 1\ 1\ 0\ 0\ 0\ 1\ 0\\+\ 1\ 0\ 1\ 1\ 0\ 1\ 0\ 1\\\hline [1]\ 0\ 0\ 0\ 1\ 0\ 1\ 1\ 1\end{array}$$

↑ 自动丢失

方括号[ ]内的 1 作为进位（Carry）在计算时会自动丢失。

【例 1-12】 利用 8 位二进制补码计算 $(-98)_{10}-(75)_{10}$，结果仍然用十进制数表示。

解

$$\begin{aligned}(-98)_{10}-(75)_{10}&=(-98)_{10}+(-75)_{10}\\&=(10011110)_{补}+(10110101)_{补}\\&=[1](01010011)_{补}\\&=(01010011)_{原}\\&=(+83)_{10}\end{aligned}$$

$$\begin{array}{r}1\ 0\ 0\ 1\ 1\ 1\ 1\ 0\\+\ 1\ 0\ 1\ 1\ 0\ 1\ 0\ 1\\\hline [1]\ 0\ 1\ 0\ 1\ 0\ 0\ 1\ 1\end{array}$$

↑ 溢出错误

该题的结果显然是错误的，因为一个负数减去一个正数结果不可能是正数。错误的原因在于本题的正确结果 $(-173)_{10}$ 超过了 8 位二进制补码所能表示的十进制数范围，因而运算时发生了溢出错误。若采用 9 位补码运算，就可得到正确的结果 $(-173)_{10}$。

1.2.3　代码

计算机等数字设备除了处理二进制数外，有时候还需要处理其它数字甚至字母或符号。如同带符号数表示法中用二进制的 0 表示“+”、用 1 表示“-”一样，这些字母、数字、符号也必须用二进制数来表示。这种用一组符号按一定规则表示给定字母、数字、符号等信息的方法称为编码(Encode)，编码的结果称为代码(Code)。寄信时收/发信人的邮政编码、因特网上计算机主机的IP地址等，就是生活中常见的编码实例。

从编码的角度看，前面介绍的用各种进制来表示数的大小的方法也可以看做是一种编码。当用二进制表示一个数的大小时，按上述方式表示的结果常常称为自然二进制码。带符号数的原码、反码和补码表示法本质上都可看做是编码。

通常，一种编码的长度n不仅与要编码的信息个数m有关，而且与编码本身所采用的符号个数k也有关系。n、m和k之间一般满足下面的关系：

$$k^{n-1} < m \leqslant k^n \tag{1-3}$$

例如，用十进制符号0～9来对500个不同的信息编码时，k=10，m=500，从上式可求得n=3，即至少需要3位十进制数才能实现对500个不同信息的有效编码。

当用二进制符号来编码时，上式变为

$$2^{n-1} < m \leqslant 2^n \tag{1-4}$$

下面介绍几种最常用的二进制编码。

1. 格雷码

格雷码(Gray Code)是一种典型的循环码(Cyclic Code)。循环码有两个特点，一个是相邻性，一个是循环性。相邻性是指任意两个相邻的代码中仅有1位取值不同，循环性是指首尾的两个代码也具有相邻性。凡是满足这两个特性的编码都称为循环码。当时序电路中采用循环码编码时，不仅可以有效地防止波形出现毛刺(Glitch)，而且可以提高电路的工作速度。

十进制数0～15的4位二进制格雷码如表1-2所示。显然，它符合循环码的两个特性，因此是一种循环码。例如，5和6的两个代码分别为0111和0101，只有次低位取值不同；首尾的0和15的两个代码分别为0000和1000，也只有最高位取值不同。

格雷码除了具有一般循环码的特性之外，还具有反射特性。所谓反射特性，是指以编码最高位0和1的交界处为对称轴，处于对称位置的各对代码除了最高位不同外，其余各位均相同。例如，表1-2中，处于对称位置的7和8的代码0100和1100只有最高位不同，处于对称位置的4和11的代码0110和1110也只有最高位取值不同。利用这种反射特性，并通过由少到多的位数扩展，不难构造出不同位数的格雷码。

表1-2　4位二进制格雷码

十进制数	格雷码	十进制数	格雷码
0	0000	8	1100
1	0001	9	1101
2	0011	10	1111
3	0010	11	1110
4	0110	12	1010
5	0111	13	1011
6	0101	14	1001
7	0100	15	1000

2. BCD码

BCD码是二－十进制码的简称，也就是二进制编码的十进制数(Binary Coded Decimal)。它是用二进制代码来表示十进制的10个数符，因此至少需要4位二进制数编码。当采用 4 位二进制编码时，共有 16 个码组，原则上可以从中任选 10 个来代表十进制的 10 个数符，多余的 6 个码组称为禁用码，平时不允许使用。表 1－3 中列出了最常用的几种 BCD 码，下面逐一进行简单说明。

表 1－3　常用 BCD 码

N_{10}	8421BCD 码	5421BCD 码	2421BCD 码	余 3 码	余 3 循环码
0	0000	0000	0000	0011	0010
1	0001	0001	0001	0100	0110
2	0010	0010	0010	0101	0111
3	0011	0011	0011	0110	0101
4	0100	0100	0100	0111	0100
5	0101	1000	1011	1000	1100
6	0110	1001	1100	1001	1101
7	0111	1010	1101	1010	1111
8	1000	1011	1110	1011	1110
9	1001	1100	1111	1100	1010

8421BCD 码是最常用也是最简单的一种 BCD 代码，其显著特点是它与十进制数符的 4 位等值二进制数完全相同，各位的权依次为 8、4、2、1。由于这个原因，有时也称它为自然 BCD 码。

5421BCD 码各位的权依次为 5、4、2、1，其显著特点是最高位连续 5 个 0 后连续 5 个 1。当计数器采用这种编码时，最高位可产生对称方波输出。

2421BCD 码各位的权依次为 2、4、2、1，其显著特点是，将任意一个十进制数符 D 的代码的各位取反，正好是与 9 互补的那个十进制数符(9－D)的代码。例如，将 4 的代码 0100 取反，得到的 1011 正好是 9－4＝5 的代码。这种特性称为自补特性，具有自补特性的代码称为自补码(Self-Complementing Code)。

余 3 码也是一种自补码，其显著特点是它总是比对应的 8421BCD 码多 3(0011)。

余 3 循环码由 4 位二进制格雷码去除首尾各 3 组代码得到，仍然具有格雷码的特性，因而也称为格雷码。

上述代码中，8421BCD 码、5421BCD 码、2421BCD 码是有权码，余 3 码和余 3 循环码是无权码。判断一种代码是否是有权码，只要检验这种代码的每个码组的各位是否具有固定的权值即可。例如 5421BCD 码每个码组的各位从高到低都具有 5、4、2、1 的权值，因而是一种有权码，且各位权值依次为 5、4、2、1。如果发现一种代码中至少有 1 个码组的权值不同，这种代码就是无权码。

用 BCD 码表示多位十进制数时，要注意按单个十进制符号进行表示，且 BCD 码高位及小数点后末尾的 0 一般也不去掉。这与求十进制数的等值二进制数明显不同。

【例 1－13】　分别用 8421BCD 码和余 3 码表示十进制数 $(258.369)_{10}$。

解

$$(258.369)_{10}=(0010\ 0101\ 1000.0011\ 0110\ 1001)_{8421BCD}$$
$$=(0101\ 1000\ 1011.0110\ 1001\ 1100)_{余3码}$$

3. ASCII 码

ASCII 码是美国信息交换标准代码(American Standard Code for Information

Interchange)的简称，是目前国际上最通用的一种字符码。计算机输出到打印机的字符码就采用 ASCII 码。

ASCII 码采用 7 位二进制编码表示十进制符号、英文大小写字母、运算符、控制符以及特殊符号，如表 1-4 所示。

表 1-4 ASCII 码编码表

$B_6B_5B_4$ / $B_3B_2B_1B_0$	000	001	010	011	100	101	110	111
0000	NUL	DLE	SP	0	@	P	、	p
0001	SOH	DC1	!	1	A	Q	a	q
0010	STX	DC2	”	2	B	R	b	r
0011	ETX	DC3	#	3	C	S	c	s
0100	EOT	DC4	$	4	D	T	d	t
0101	ENQ	NAK	%	5	E	U	e	u
0110	ACK	SYN	&	6	F	V	f	v
0111	BEL	ETB	’	7	G	W	g	w
1000	BS	CAN	(	8	H	X	h	x
1001	HT	EM	)	9	I	Y	i	y
1010	LF	SUB	*	:	J	Z	j	z
1011	VT	ESC	+	;	K	[	k	{
1100	FF	FS	,	<	L	\	l	|
1101	CR	GS	-	=	M	]	m	}
1110	SO	RS	.	>	N	↑	n	~
1111	SI	US	/	?	O	←	o	DEL

表 1-4 中一些控制符的含义如下：

NUL　Null 空白

SOH　Start of Heading 标题开始

STX　Start of Text 正文开始

ETX　End of Text 正文结束

EOT　End of Transmission 传输结束

ENQ　Enquiry 询问

ACK　Acknowledge 确认

BEL　Bell 响铃(告警)

BS　Backspace 退一格

HT　Horizontal Tabulation 水平列表

LF　Line Feed 换行

VT　Vertical Tabulation 垂直列表

FF　Form Feed 走纸

CR　Carriage Return 回车

SO　Shift Out 移出

SI　Shift In 移入

DLE　Data Link Escape 数据链路换码

DC1　Device Control 1 设备控制 1

DC2　Device Control 2 设备控制 2

DC3　Device Control 3 设备控制 3

DC4　Device Control 4 设备控制 4

NAK　Negative Acknowledge 否认

SYN　Synchronous Idle 同步空传

ETB　End of Transmission Block 块结束

CAN　Cancel 取消

EM　End of Medium 纸尽

SUB　Substitute 替换

ESC　Escape 脱离

FS　File Separator 文件分离符

GS　Group Separator 字组分离符

RS　Record Separator 记录分离符

US　Unit Separator 单元分离符

SP　Space 空格

DEL　Delete 删除

4. 奇偶校验码

数据在传输过程中，由于噪声、干扰的存在，使得到达接收端的数据有可能出现错误。我们必须采取某种特殊的编码措施，检测并纠正这些错误。能够检测信息传输错误的代码称为检错码(Error Detection Code)，能够纠正信息传输错误的代码称为纠错码(Correction Code)。检错码和纠错码统称为可靠性编码，采用这类编码可以提高信息传输的可靠性。

奇偶校验码(Party Check Code)是最简单也是最著名的一种检错码，它能够检测出传输码组中的奇数个码元错误。奇偶校验码的编码方法非常简单，就是在信息码组中增加1位奇偶校验位(奇偶校验位一般位于信息码组之前)，使得增加校验位后的整个码组具有奇数个1或偶数个1的特点。如果每个码组中1的个数为奇数，则称为奇校验码；如果每个码组中1的个数为偶数，则称为偶校验码。例如，十进制数5的8421BCD码0101增加校验位后，奇校验码是10101，偶校验码是00101，其中最高位分别为奇校验位1和偶校验位0。ASCII码也可以通过增加1位校验位的办法方便地扩展为8位，8位在计算机中称为1个字节，这也是ASCII码采用7位编码的一个重要原因。

1.3 逻辑代数基础

逻辑代数(Logic Algebra)是研究逻辑变量及其相互关系的一门学科，最初由英国数学家乔治·布尔(George Boole)于1849年提出，后由美国数学家亨廷顿(E. V. Huntinton)完善，因此人们也常称之为布尔代数(Boolean Algebra)。今天，逻辑代数已成为分析和设计数字电路的理论基础，数字电路也因此被称为数字逻辑电路(Digital Logic Circuit)或逻辑电路(Logic Circuit)。

在逻辑代数中，逻辑变量的两种不同取值(真和假)分别用1和0表示。这里的0和1仅代表逻辑变量的两种不同状态，本身既无数值含义也无大小关系。无论是逻辑自变量还是逻辑因变量，都只能取0和1两种值。

1.3.1 逻辑代数的基本运算

逻辑代数有与(AND)、或(OR)、非(NOT)三种基本运算(也分别称为逻辑乘、逻辑加和逻辑非)，其运算符分别为“·”、“+”和“－”。与运算符“·”通常可以省略。

逻辑运算的功能常用真值表(Truth Table)来描述。将自变量的各种可能取值及其对应的函数值F列在一张表上，就构成了真值表。与运算、或运算和非运算的真值表分别如表1-5、表1-6和表1-7所示。从真值表可见：与运算中，只有当全部输入变量取值都为1时，输出F才为1；或运算中，只要输入变量中有1，输出F就为1；非运算的输出F取值始终与输入变量A的取值相反。尤其需要注意的是，或运算中，1+1=1。三种基本运算的顺序为非运算、与运算、或运算。

表1-5 与运算真值表

A	B	$F=A\cdot B$
0	0	0
0	1	0
1	0	0
1	1	1

表1-6 或运算真值表

A	B	$F=A+B$
0	0	0
0	1	1
1	0	1
1	1	1

表1-7 非运算真值表

A	$F=\overline{A}$
0	1
1	0

与、或、非三种基本逻辑运算的功能可以由图 1-3 所示的开关电路来实现。以实现与运算功能的开关电路为例，假定开关 A、B 断开时为 0 闭合时为 1，电灯 F 灭时为 0 亮时为 1。根据用电常识，仅当开关 A、B 均闭合时，电灯 F 才亮，即只有当 A、B 同时为 1 时，F 才为 1，这正是与运算的逻辑功能。正因为如此，数字电路有时候也被称为开关电路(Switching Circuit)。

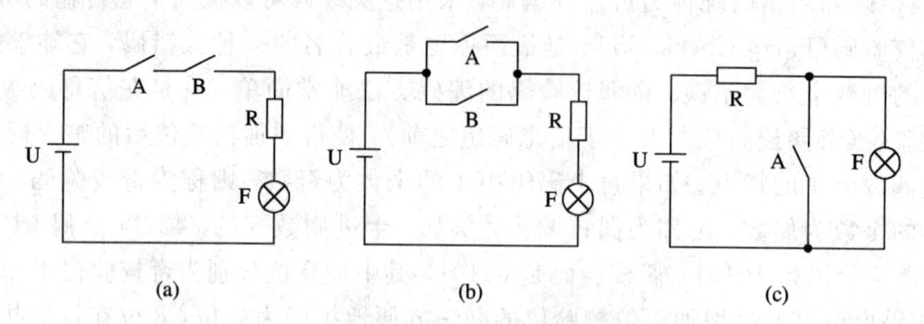

图 1-3 用开关电路实现基本逻辑运算

(a) 与；(b) 或；(c) 非

在数字电路中，能够实现与运算功能的逻辑部件叫做“与门(AND Gate)”，能够实现或运算功能的逻辑部件叫做“或门(OR Gate)”，能够实现非运算功能的逻辑部件叫做“非门(Not Gate)”或“反相器(Inverter)”。与门、或门、非门的逻辑符号如图 1-4 所示。图中，每种逻辑门给出了三种逻辑符号，其中第一种符号为我国过去使用的逻辑门符号；第二种是西方国家过去使用的逻辑门符号；第三种符号是逻辑门的新符号，统称为国标符号，目前国内外已基本统一。国标符号中，“&”、“≥1”、“1”分别为“与”、“或”和“缓冲”限定符，非门输出端的小圆圈表示“逻辑非”。本书主要使用新逻辑符号，仅在某些特殊电路如 PLD 器件原理图中，为方便起见才使用过去的逻辑符号。

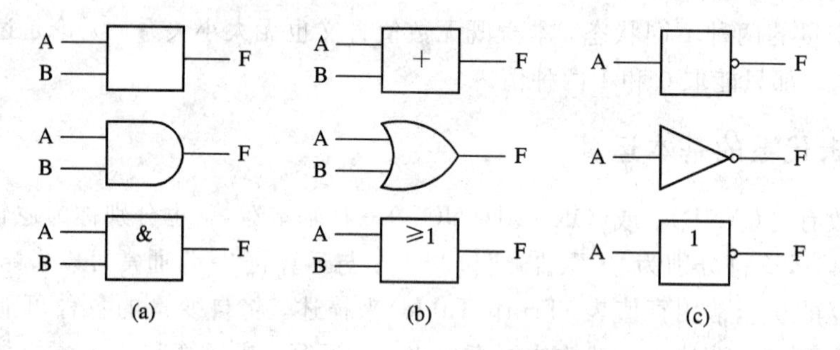

图 1-4 与门、或门、非门的逻辑符号

(a) 与门符号；(b) 或门符号；(c) 非门符号

1.3.2 复合逻辑运算与常用逻辑门

将与、或、非三种基本的逻辑运算进行组合，可以得到各种形式的复合逻辑运算，其中最常用的几种复合逻辑运算是“与非(NAND)”运算、“或非(NOR)”运算、“与或非(AND-OR-NOT)”运算、“异或(XOR)”运算以及“同或(XNOR)”运算。这些运算的代数式、真值表、逻辑门符号以及基本特性详见表 1-8，其中逻辑门符号栏中最后一种为新逻辑门符号(即国标符号)，“=1”为“异或”限定符。

表 1-8　复合逻辑运算与常用逻辑门

名称	代数式	真值表	逻辑门符号	基本特征
与非运算	$F=\overline{A\cdot B}$	A B | F 0 0 | 1 0 1 | 1 1 0 | 1 1 1 | 0	A, B → F A, B → F A, B → & → F	全部输入都为1时，输出F=0
或非运算	$F=\overline{A+B}$	A B | F 0 0 | 1 0 1 | 0 1 0 | 0 1 1 | 0	A, B → + → F A, B → F A, B → ≥1 → F	全部输入都为0时，输出F=1
与或非运算	$F=\overline{AB+CD}$	AB CD | F 0 0 | 1 0 1 | 0 1 0 | 0 1 1 | 0	A, B, C, D → + → F A, B, C, D → & ≥1 → F	全部与项都为0时，输出F=1
异或运算	$F=A\oplus B$ $=\overline{A}B+A\overline{B}$	A B | F 0 0 | 0 0 1 | 1 1 0 | 1 1 1 | 0	A, B → ⊕ → F A, B → F A, B → =1 → F	两个输入变量取值不同时，F=1 特别有： $A\oplus 0=A$ $A\oplus 1=\overline{A}$ $A\oplus A=0$ $A\oplus \overline{A}=1$
同或运算 （异或非）	$F=A\odot B$ $=\overline{A\oplus B}$ $=\overline{A}\overline{B}+AB$	A B | F 0 0 | 1 0 1 | 0 1 0 | 0 1 1 | 1	A, B → ⊙ → F A, B → F A, B → =1 → F	两个输入变量取值相同时，F=1 特别有： $A\odot 0=\overline{A}$ $A\odot 1=A$ $A\odot A=1$ $A\odot \overline{A}=0$

“异或”运算在功能上相当于不考虑进位的二进制加法运算，因而有时候也被称为模2加。“异或”运算和“同或”运算的结果只与参与运算的自变量取值有关，而与自变量的顺序无关。当n个变量参与“异或”运算或“同或”运算时，其结果并不需要通过将各自变量的取值逐个“异或”或“同或”来获得，而只要数一数自变量中取值为1或0的个数即可。如果取值为1的自变量的个数为奇数，则“异或”运算结果为1，否则为0；如果取值为0的自变量

的个数为偶数，则“同或”运算结果为1，否则为0。

另外，到目前为止，实际的异或门(XOR Gate)和同或门(XNOR Gate)都只有两个输入端，而与门、或门、与非门(NAND Gate)、或非门(NOR Gate)和与或非门(AND-OR-NOT Gate)都可以有多个输入端。比如与或非门，它不仅可以有多个与项输入，而且每个与项还可以有多个输入。

【例1-14】 直接画出下列逻辑函数的实现电路，允许反变量输入。

$$X=A\oplus B\oplus C\oplus D$$
$$Y=\overline{\bar{A}\bar{B}+ABC+D}$$
$$Z=\bar{A}B+BC+D$$

解 X、Y、Z的实现电路如图1-5所示。X是4变量异或函数，因为只有2输入异或门，所以必须用三个异或门才能实现。Y是与或非函数，用一个与或非门就可实现。Z是与或型函数，既可以如图所示用两个与门、一个或门实现，也可以用一个与或非门和一个非门来实现。

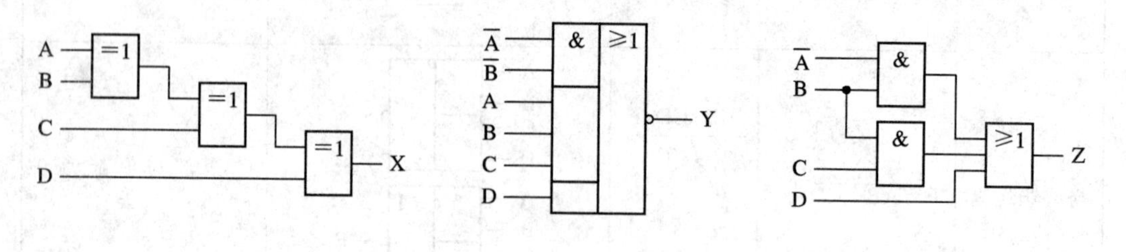

图1-5 例1-14的实现电路

1.3.3 逻辑代数的基本公式和运算规则

1. 基本公式

逻辑代数的基本公式主要包括10个定律，它们分别是交换律、结合律、分配律、互补律、0—1律、对合律、重叠律、吸收律、包含律和反演律，详见表1-9，其中反演律有时也被称为摩根(De Morgan)定律。为了便于理解，这里有选择地对某些公式进行证明。

【例1-15】 证明表1-9中公式1中的分配律、吸收律和包含律。

证明

$$\begin{aligned}(A+B)(A+C) &= AA+AC+BA+BC = A+AC+AB+BC\\ &= A(1+C+B)+BC = A\cdot 1+BC\\ &= A+BC\end{aligned}$$

$$A+AB = A(1+B) = A\cdot 1 = A$$

$$\begin{aligned}A+\bar{A}B &= A(B+\bar{B})+\bar{A}B\\ &= AB+A\bar{B}+\bar{A}B\\ &= AB+AB+A\bar{B}+\bar{A}B\\ &= A(B+\bar{B})+B(A+\bar{A})\\ &= A+B\end{aligned}$$

$$AB+A\bar{B} = A(B+\bar{B}) = A$$

$$AB+\bar{A}C+BC=AB+\bar{A}C+(A+\bar{A})BC=AB+\bar{A}C+ABC+\bar{A}BC$$
$$=AB(1+C)+\bar{A}C(1+B)=AB+\bar{A}C$$

表 1－9　逻辑代数的基本公式

名称	公式 1	公式 2
交换律	$A+B=B+A$	$AB=BA$
结合律	$A+(B+C)=(A+B)+C$	$A(BC)=(AB)C$
分配律	$A+BC=(A+B)(A+C)$	$A(B+C)=AB+AC$
互补律	$A+\bar{A}=1$	$A\bar{A}=0$
0－1 律	$A+0=A$ $A+1=1$	$A\cdot 1=A$ $A\cdot 0=0$
对合律	$\bar{\bar{A}}=A$	$\bar{\bar{A}}=A$
重叠律	$A+A=A$	$AA=A$
吸收律	$A+AB=A$ $A+\bar{A}B=A+B$ $AB+A\bar{B}=A$	$A(A+B)=A$ $A(\bar{A}+B)=AB$ $(A+B)(A+\bar{B})=A$
包含律	$AB+\bar{A}C+BC=AB+\bar{A}C$	$(A+B)(\bar{A}+C)(B+C)=(A+B)(\bar{A}+C)$
反演律	$\overline{A+B}=\bar{A}\bar{B}$	$\overline{AB}=\bar{A}+\bar{B}$

2. 运算规则

逻辑代数中有三个重要的运算规则，它们分别是代入规则、对偶规则和反演规则。

1）代入规则

对于任何一个逻辑等式，以某个逻辑变量或逻辑函数同时取代等式两端的任何一个逻辑变量 A 后，等式依然成立。这就是代入规则。

利用代入规则，可以方便地扩展公式。例如，可以把摩根定律扩展到含有 n 个变量的等式中：

$$\overline{A_1+A_2+\cdots+A_n}=\overline{A_1}\cdot\overline{A_2}\cdot\cdots\cdot\overline{A_n}$$
$$\overline{A_1\cdot A_2\cdot\cdots\cdot A_n}=\overline{A_1}+\overline{A_2}+\cdots+\overline{A_n} \tag{1-5}$$

下面以三变量为例进行证明：

$$\overline{A+B+C}=\bar{A}\cdot\overline{B+C}=\bar{A}\cdot\bar{B}\cdot\bar{C}$$
$$\overline{A\cdot B\cdot C}=\bar{A}+\overline{B\cdot C}=\bar{A}+\bar{B}+\bar{C}$$

2）对偶规则

设 F 为一个逻辑函数表达式，若将 F 中的“与”、“或”运算符互换(即 · 变为＋，＋变为 ·)，常量 0、1 互换(即 0 变为 1，1 变为 0)，所得到的新表达式就叫做函数 F 的对偶式(Duality Expression)或对偶函数(Duality Function)，常用 F_d 表示。

如果两个逻辑函数表达式相等，那么它们的对偶式也一定相等。这就是对偶规则。

利用对偶规则，不仅可以帮助人们证明逻辑等式，而且可以帮助人们减少公式的记忆量。例如，表 1－9 中的公式 1 和公式 2 就互为对偶式，只需记忆其中一边的公式就可以了。

【例 1－16】　求 $F=A\cdot\overline{\bar{B}\cdot C+B\cdot\overline{C+\bar{D}}}$ 的对偶函数。

解

$$F_d = A + \overline{(\overline{B}+C)\cdot(B+\overline{C\cdot\overline{D}})}$$

求对偶函数时，要注意保持原式中的运算次序不变。本例 F_d 表达式中的括号就是为了保证原式中的运算次序不变而使用的。原来大非号下面为两项相或，因此变号后应为两项相与。

3）反演规则

在逻辑代数中，常将逻辑函数 F 叫做原函数，将 $\overline{F}$ 叫做 F 的反函数或补函数，将由原函数求反函数的过程叫做“反演(Reversal Development)”或“求反”。若 A 是函数 F 的一个自变量，则称 $\overline{A}$ 为原变量 A 的反变量。

将一个逻辑函数表达式 F 中的“与”、“或”运算符互换，常量 0、1 互换，原变量与反变量互换，就可得到 F 的反函数 $\overline{F}$。这就是反演规则。虽然利用摩根定律也可以从 F 求得 $\overline{F}$，但运算过程比较复杂。

利用反演规则求反函数 $\overline{F}$ 时，不仅要注意运算的优先顺序，而且还要注意只有单个变量的反变量才变为原变量，而对于多个变量组合后的“非”号不能变反。

【例 1－17】 写出上例中 F 的反函数 $\overline{F}$ 的表达式并用反演律验证其正确性。

解 利用反演规则，有

$$\overline{F} = \overline{A} + \overline{(B+\overline{C})\cdot(\overline{B}+\overline{\overline{C}\cdot D})}$$

利用反演定律，有

$$\begin{aligned}
\overline{F} &= \overline{A\cdot\overline{\overline{B}\cdot C+B\cdot\overline{\overline{C}+\overline{D}}}} = \overline{A} + \overline{\overline{\overline{B}\cdot C+B\cdot\overline{\overline{C}+\overline{D}}}} \\
&= \overline{A}+\overline{B}\cdot C+B\cdot\overline{\overline{C}+\overline{D}} \\
&= \overline{A}+\overline{(B+\overline{C})}+B\cdot(\overline{C}\cdot D) = \overline{A}+\overline{(B+\overline{C})}+\overline{(\overline{B}+\overline{\overline{C}\cdot D})} \\
&= \overline{A}+\overline{(B+\overline{C})\cdot(\overline{B}+\overline{\overline{C}\cdot D})}
\end{aligned}$$

由上可见，二者是完全相等的。因此，利用反演规则所得到的反函数是正确的。

1.4　逻辑函数的描述方法

逻辑函数可以用真值表、代数式和卡诺图等多种方法进行描述。

1.4.1　真值表描述法

用真值表描述逻辑函数的方法与用真值表描述基本逻辑运算和复合逻辑运算的方法完全相同。

【例 1－18】 某公司有 A、B、C 三个股东，分别占有公司 50％、30％和 20％的股份。一个议案要获得通过，必须有超过 50％股权的股东投赞成票。试列出该公司表决电路的真值表。

解 用 1 表示股东赞成议案，用 0 表示股东不赞成议案；用 F 表示表决结果，且用 1 表示议案获得通过，用 0 表示议案未获得通过。根据这些假定，不难列出该公司表决电路的真值表，如表 1－10 所示。

表 1－10　真值表

A	B	C	F
0	0	0	0
0	0	1	0
0	1	0	0
0	1	1	0
1	0	0	0
1	0	1	1
1	1	0	1
1	1	1	1

1.4.2　代数式描述法

1. 逻辑函数的代数表达式

现在，用逻辑代数表达式来描述例 1-18 中的表决电路问题。由题中所述表决规则和股东权益可知，一个议案要得到通过，必须同时满足以下两个条件：

(1) 大股东 A 赞成；

(2) 小股东 B、C 中至少有 1 个赞成。

根据假定，大股东 A 赞成即逻辑变量 A 取值为 1；小股东 B、C 中至少有 1 个赞成即逻辑变量 B 为 1 或 C 为 1，或 B、C 均为 1。显然，条件②中的变量 B 和 C 为“逻辑或”的关系，即 B+C。而条件①与条件②为“逻辑与”的关系，只有 A 为 1 且 B+C 也为 1 时，F 才为 1。因此，表决结果 F 的逻辑表达式为

$$F=A(B+C)$$

和真值表一样，该表达式也准确地描述了该公司表决电路的逻辑关系。

2. 逻辑函数的标准形式

对于给定的逻辑函数，其代数表达式的具体描述形式可以是多种多样的。例如，例 1-18 中的表决电路问题也可以这样来理解：只要大股东 A 和小股东 B 同时赞成，或大股东 A 和小股东 C 同时赞成，或大股东 A 和小股东 B、C 同时赞成，议案便可获得通过。第一种情况可用 AB 来表示，第二种情况可用 AC 来表示，第三种情况可用 ABC 来表示，而这三种情况又是一种“逻辑或”的关系，只要任何一种情况出现，表决结果 F 便为 1。因此，F 的逻辑表达式为

$$F=AB+AC+ABC$$

由此可见，逻辑函数的代数表达式的确可以有多种形式。

在逻辑函数的各种形式的代数表达式中，有两种形式被称为逻辑函数的标准形式，它们分别是“标准积之和式”和“标准和之积式”。

1) 标准积之和式

在逻辑代数中，全部输入变量均以原变量或反变量的形式出现 1 次且仅出现 1 次的“乘积项(与项)”称为“标准积项”。n 个变量的逻辑函数最多可以有 2^n 个标准积项。以两个变量 A、B 的函数为例，它最多可以有 4 个标准积项：$\overline{A}\overline{B}$、$\overline{A}B$、$A\overline{B}$ 和 AB。诸如 $\overline{A}$、$A\overline{A}$、$A\overline{B}B$ 等形式的乘积项都不是标准积项。

标准积项有时也称为“最小项(Minterm)”，并用小写英文字母 m 加序号下标 i 的形式来简记。序号 i 的确定方法是，将最小项中的变量按序排列后，原变量用 1 表示，反变量用 0 表示，得到一组二进制数，将其转换为等值的十进制数，就是序号 i。例如，二变量函数 F(A,B)的 4 个最小项为

$$m_0=\overline{A}\overline{B}(i=(00)_2=0)$$

$$m_1=\overline{A}B(i=(01)_2=1)$$

$$m_2=A\overline{B}(i=(10)_2=2)$$

$$m_3 = AB(i=(11)_2=3)$$

全部由标准积项逻辑加构成的“积之和(SOP)”逻辑表达式称为“标准积之和式(Canonical SOP Expression)”或“标准与或式”。由于标准积项也称为最小项，因此有时也把标准积之和式称为“最小项表达式”。例如，下面就是一个三变量逻辑函数F(A,B,C)的“标准积之和式”的三种表示形式：

$$\begin{aligned} F(A,B,C) &= \overline{A}\overline{B}\overline{C} + \overline{A}B\overline{C} + A\overline{B}C + AB\overline{C} && \text{(变量型)} \\ &= m_0 + m_2 + m_5 + m_6 && \text{(m 型)} \\ &= \sum m(0,2,5,6) && (\textstyle\sum m \text{ 型}) \end{aligned}$$

2) 标准和之积式

在逻辑代数中，全部输入变量均以原变量或反变量的形式出现1次且仅出现1次的“和项(或项)”称为“标准和项”。n个变量的逻辑函数最多可以有 2^n 个标准和项。以两个变量A、B的函数为例，它最多可以有4个标准和项：$\overline{A}+\overline{B}$、$\overline{A}+B$、$A+\overline{B}$ 和 $A+B$。诸如A、$A+\overline{A}$、$A+B+\overline{B}$ 等形式的和项都不是标准和项。

标准和项有时也称为“最大项(Maxterm)”，并用大写英文字母M加序号下标i的形式来简记。序号i的确定方法是，将最大项中的变量按序排列后，原变量用0表示，反变量用1表示，得到一组二进制数，将其转换为等值的十进制数，就是序号i。例如，二变量函数F(A,B)的4个最大项为

$$M_0 = A+B(i=(00)_2=0)$$
$$M_1 = A+\overline{B}(i=(01)_2=1)$$
$$M_2 = \overline{A}+B(i=(10)_2=2)$$
$$M_3 = \overline{A}+\overline{B}(i=(11)_2=3)$$

全部由标准和项逻辑乘后构成的“和之积(POS)”逻辑表达式称为“标准和之积式(Canonical POS Expression)”或“标准或与式”。由于标准和项也称为最大项，因此有时也把标准和之积式称为“最大项表达式”。例如，下面就是一个三变量逻辑函数F(A,B,C)的“标准和之积式”的三种表示形式：

$$\begin{aligned} F(A,B,C) &= (A+B+\overline{C})(A+\overline{B}+\overline{C})(\overline{A}+B+C)(\overline{A}+\overline{B}+\overline{C}) && \text{(变量型)} \\ &= M_1\ M_3\ M_4\ M_7 && \text{(M 型)} \\ &= \prod M(1,3,4,7) && (\textstyle\prod M \text{ 型}) \end{aligned}$$

3) 最小项与最大项的性质

(1) 仅有1组自变量取值能使一个最小项取值为1，仅有1组自变量取值能使一个最大项取值为0。例如三变量A、B、C的逻辑函数中，$m_3=\overline{A}BC$，$M_5=\overline{A}+B+\overline{C}$，只有ABC=011时能够使 $m_3=\overline{A}BC=1$，只有ABC=101时能够使 $M_5=\overline{A}+B+\overline{C}=0$。

(2) 全部最小项之和恒为1，全部最大项之积恒为0，即

$$\sum_{i=0}^{2^n-1} m_i = 1,\quad \prod_{i=0}^{2^n-1} M_i = 0 \tag{1-6}$$

(3) 任意两个不同的最小项之积恒为 0，任意两个不同的最大项之和恒为 1，即如果 $i \neq j$，则有

$$m_i \cdot m_j = 0, \quad M_i + M_j = 1 \tag{1-7}$$

(4) 相同序号的最小项和最大项互为反函数，即

$$m_i = \overline{M}_i, \quad m_i + M_i = 1 \tag{1-8}$$

4) 标准积之和式与标准和之积式的关系

(1) 标准积之和式与标准和之积式是同一函数的两种不同表示形式，因此二者在本质上是相等的。

(2) 两种标准式中的最小项和最大项序号间存在一种互补关系，即标准积之和式中未出现的最小项序号 k 必以最大项的序号 k 出现在标准和之积式中，反之亦然。利用这一特性，可以方便地根据一种标准表达式写出另一种标准表达式。

(3) 由相同自变量和相同序号构成的最小项表达式与最大项表达式互为反函数。

【例 1-19】 已知 $F(A,B,C)=\sum m(0,1,4,7)$，写出其最大项表达式。

解 三变量函数的最小项或最大项序号可有 0、1、2、3、4、5、6、7，现在给定的最小项表达式中出现了序号 0、1、4、7，因此，未出现的 2、3、5、6 等序号必出现在最大项表达式中。所以，最大项表达式为

$$F(A,B,C)=\prod M(2,3,5,6)$$

3. 从真值表写逻辑函数的标准式

1) 从真值表写标准积之和式

标准积之和式中的最小项与真值表中 F=1 的各行变量取值一一对应，因此，逻辑函数的标准积之和式就是真值表中使函数值为 1 的各个最小项之和。由此得出从真值表写标准积之和式的方法如下：

(1) 找出 F=1 的行；

(2) 对于每个 F=1 的行，将取值为 1 的变量用原变量表示，将取值为 0 的变量用反变量表示，然后取其乘积，得到最小项；

(3) 将各个最小项进行逻辑加，得到标准积之和式。

2) 从真值表写标准和之积式

标准和之积式中的最大项与真值表中 F=0 的各行变量取值一一对应，因此，逻辑函数的标准和之积式就是真值表中使函数值为 0 的各个最大项之积。由此得出从真值表写标准和之积式的方法如下：

(1) 找出 F=0 的行；

(2) 对于每个 F=0 的行，将取值为 0 的变量用原变量表示，将取值为 1 的变量用反变量表示，然后取其和，得到最大项；

(3) 将各个最大项进行逻辑乘，得到标准和之积式。

逻辑函数的标准和之积式也可通过下面的方法得到：首先写出 $\overline{F}$ 的标准积之和式，然后利用摩根定律求出 $F=\overline{\overline{F}}$ 的标准和之积式。

表 1-11　真值表

A	B	C	F	$\overline{F}$
0	0	0	0	1
0	0	1	0	1
0	1	0	0	1
0	1	1	0	1
1	0	0	0	1
1	0	1	1	0
1	1	0	1	0
1	1	1	1	0

【例 1-20】 写出表 1-11 所示真值表的标准积之和式和标准和之积式。

解　表 1-11 实际上就是前面介绍的表决电路真值表。

其标准积之和式为

$$\begin{aligned}F(A,B,C) &= A\overline{B}C + AB\overline{C} + ABC \\ &= m_5 + m_6 + m_7 \\ &= \sum m(5,6,7)\end{aligned}$$

其标准和之积式为

$$\begin{aligned}F(A,B,C) &= (A+B+C)(A+B+\overline{C})(A+\overline{B}+C)(A+\overline{B}+\overline{C})(\overline{A}+B+C) \\ &= M_0\ M_1\ M_2\ M_3\ M_4 = \prod M(0,1,2,3,4)\end{aligned}$$

如果首先写出 $\overline{F}$ 的标准积之和式，然后利用摩根定律，也可得到标准和之积式为

$$\overline{F}(A,B,C) = \overline{A}\overline{B}\overline{C} + \overline{A}\overline{B}C + \overline{A}B\overline{C} + \overline{A}BC + A\overline{B}\overline{C}$$

$$\begin{aligned}F(A,B,C) &= \overline{\overline{F}} = \overline{\overline{A}\overline{B}\overline{C} + \overline{A}\overline{B}C + \overline{A}B\overline{C} + \overline{A}BC + A\overline{B}\overline{C}} \\ &= \overline{\overline{A}\overline{B}\overline{C}}\ \overline{\overline{A}\overline{B}C}\ \overline{\overline{A}B\overline{C}}\ \overline{\overline{A}BC}\ \overline{A\overline{B}\overline{C}} \\ &= (A+B+C)(A+B+\overline{C})(A+\overline{B}+C)(A+\overline{B}+\overline{C})(\overline{A}+B+C) \\ &= \prod M(0,1,2,3,4)\end{aligned}$$

当只需写出简记形式的标准积之和式和标准和之积式时，分别将 F=1 和 F=0 的各行中自变量取值转换为十进制数，就可分别得到标准积之和式中各最小项的序号和标准和之积式中各最大项的序号。实际上，序号也是真值表从 0 开始编号的行号。

1.4.3　卡诺图描述法

1. 卡诺图的结构

卡诺图(Karnaugh Map)实际上是由真值表变换而来的一种方格图。卡诺图上的每一个小方格代表真值表上的一行，因而也就代表一个最小项或最大项。真值表有多少行，卡诺图就有多少个小方格。卡诺图不仅是逻辑函数的描述工具，而且还是逻辑函数化简的重要工具。

1) 二变量卡诺图

二变量卡诺图的结构如图 1-6 所示。每个小方格中左上角的数字表明该小方格所表示的真值表中的行号，行号实际上就是真值表中自变量取值的等值十进制数，因而也就是它所代表的最小项或最大项的序号。

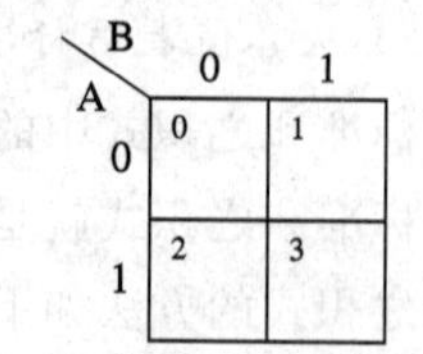

图 1-6　二变量卡诺图

2) 多变量卡诺图

三、四、五变量卡诺图的结构如图 1-7 所示。需要注意的是，图框两侧标注的变量取值不是按自然二进制数顺序排列的，而是按格雷码顺序排列的。这样做的目的是为了使卡诺图上相邻或与中心轴对称的小方格所代表的最小项或最大项只有一个变量取值不同，以

便进行逻辑化简。卡诺图的这种特性称为相邻性。

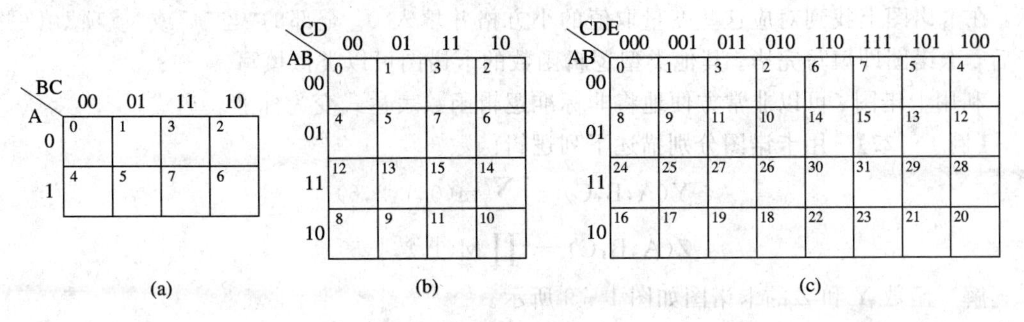

图 1-7　多变量卡诺图

(a) 三变量；(b) 四变量；(c) 五变量

超过五变量的卡诺图原则上可以按类似方法得到，但因卡诺图主要是用来进行逻辑化简的，当逻辑函数超过五变量时，用卡诺图化简已无多少优势可言，故这时一般不再使用卡诺图。

2. 用卡诺图描述逻辑函数

1) 从真值表到卡诺图

从真值表到卡诺图非常简单，只要将函数 F 在真值表上各行的取值填入卡诺图上对应的小方格即可。

【例 1-21】 用卡诺图描述表 1-12 所示真值表的逻辑函数。

解　表 1-12 所示真值表已编有行号，因此，将各行 F 取值填入三变量卡诺图编号相同的小方格即可，如图 1-8 所示。有时候为了简洁起见，也可只填 0 或 1。

表 1-12　真值表

行号	A B C	F
0	0 0 0	0
1	0 0 1	1
2	0 1 0	1
3	0 1 1	0
4	1 0 0	1
5	1 0 1	0
6	1 1 0	0
7	1 1 1	1

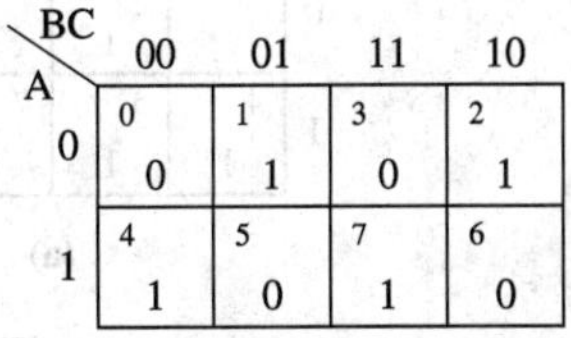

A \ BC	00	01	11	10
0	0: 0	1: 1	3: 0	2: 1
1	4: 1	5: 0	7: 1	6: 0

图 1-8　例 1-21 的卡诺图

2) 从逻辑表达式到卡诺图

标准函数表达式的卡诺图填写非常方便。如果是最小项表达式，则只要在最小项表达式中出现的序号对应的卡诺图编号小方格中填入 1 即可；如果是最大项表达式，则只要在最大项表达式中出现的序号对应的卡诺图编号小方格中填入 0 即可。

当逻辑函数表达式不是标准形式时，可逐项填写卡诺图，其方法是：对于“与或型”表达式，每个与项中的原变量用 1 表示，反变量用 0 表示，在卡诺图上找到对应这些变量取值的小方格并填入1；对于“或与型”表达式，每个或项中的原变量用0表示，反变量用1表示，在卡诺图上找到对应这些变量取值的小方格并填入0。全部的“与项”或“或项”填写完毕后，卡诺图即填写完毕。其他类型逻辑函数的卡诺图可以类似填写。

利用卡诺图，可以非常方便地将非标准逻辑函数表达式变为标准表达式。

【例1-22】 用卡诺图分别描述下列逻辑函数。

$$Y(A,B,C)=\sum m(0,1,2,6)$$

$$Z(A,B,C)=\prod M(1,2,4,5)$$

解 函数Y和Z的卡诺图如图1-9所示。

(a)

A \ BC	00	01	11	10
0	0: 1	1: 1	3:	2: 1
1	4:	5:	7:	6: 1

(b)

A \ BC	00	01	11	10
0	0:	1: 0	3:	2: 0
1	4: 0	5: 0	7:	6:

图1-9 例1-22的卡诺图

(a) Y；(b) Z

【例1-23】 分别将下列逻辑函数填入卡诺图并写出各自的标准表达式。

$$Y(A,B,C)=A\overline{B}+C$$

$$Z(A,B,C)=(\overline{A}+B)\overline{C}$$

解 Y的卡诺图如图1-10(a)所示。其中，Y的第一个与项$A\overline{B}$填出卡诺图第二行左侧的两个1，Y的第二个与项C填出卡诺图中间两列的四个1。

Z的卡诺图如图1-10(b)所示。其中，Z的第一个或项$\overline{A}+B$填出卡诺图第二行左侧的两个0，Z的第二个或项$\overline{C}$填出卡诺图中间两列的四个0。

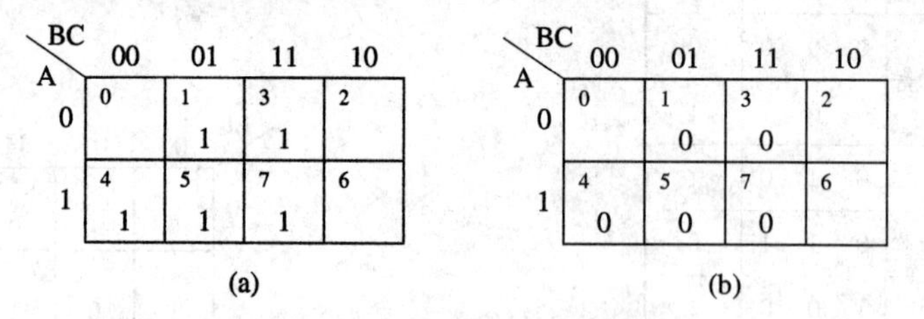

图1-10 例1-23的卡诺图

(a) Y；(b) Z

Y和Z的标准表达式分别为

$$\begin{aligned}Y(A,B,C)&=\sum m(1,3,4,5,7)=\overline{A}\overline{B}C+\overline{A}BC+A\overline{B}\overline{C}+A\overline{B}C+ABC\\&=\prod M(0,2,6)\\&=(A+B+C)(A+\overline{B}+C)(\overline{A}+\overline{B}+C)\end{aligned}$$

$$\begin{aligned}Z(A,B,C)&=\sum m(0,2,6)=\overline{A}\overline{B}\overline{C}+\overline{A}B\overline{C}+AB\overline{C}\\&=\prod M(1,3,4,5,7)\\&=(A+B+\overline{C})(A+\overline{B}+\overline{C})(\overline{A}+B+C)(\overline{A}+B+\overline{C})(\overline{A}+\overline{B}+\overline{C})\end{aligned}$$

从图 1 - 10 可见，函数 Y 和 Z 的卡诺图完全相反，因此 Y 和 Z 互为反函数。而 Y 的最大项表达式和 Z 的最小项表达式有相同的序号，从而验证了前面给出的“由相同自变量和相同序号构成的最小项表达式与最大项表达式互为反函数”的结论。

1.5　逻辑函数的化简

如前所述，逻辑函数的代数表达式存在着多种形式。虽然它们描述的逻辑功能相同，但其电路实现时的复杂性和成本却是各不相同的。一般而言，表达式越简单，实现电路也越简单，成本也越低，同时，电路的可靠性也越高。因此，通常情况下，为了简化电路、降低成本、提高可靠性，必须首先对逻辑函数进行化简。

当然，随着集成电路的发展，大规模集成电路/超大规模集成电路器件越来越多，片内的逻辑门资源也越来越丰富，逻辑函数是否“最简”在这种情况下已无特别重要的意义，但作为一种设计思路，仍然应该重视逻辑函数的化简环节，尤其是在中、小规模集成电路仍然应用较广的今天，更不应忽视这一环节。

1.5.1　逻辑函数最简的标准

逻辑函数“最简”的标准与函数本身的类型有关，类型不同，“最简”的标准也有所不同。这里以最常用的“与或型”表达式为例来介绍“最简”的标准。

一般而言，“与或型”逻辑函数需要同时满足下列两个条件，方可称为“最简”：

(1) 与项最少；

(2) 每个与项中的变量数最少。

与项最少，可以使电路实现时所需的逻辑门的个数最少；每个与项中的变量数最少，可以使电路实现时所需逻辑门的输入端个数最少。这样就可以保证电路最简、成本最低。

对于其他类型的电路，也可以得出类似的“最简”标准。例如“或与型”表达式，其“最简”的标准可以变更为：或项最少及每个或项中的变量数最少。

需要指出的是，同一类型的逻辑函数表达式有时候可能会有简单程度相同的多个最简式，这与化简时所使用的方法有关。

1.5.2　代数法化简逻辑函数

直接利用逻辑代数的基本公式，通过并项(如 $AB+A\bar{B}=A$)、消项(如 $A+AB=A$)、消元(如 $A+\bar{A}B=A+B$)、配项(如 $A+\bar{A}=1$)等多种手段消去逻辑函数中多余的项或变量，以实现逻辑函数最简化的方法，称为代数化简法或公式化简法。

【例 1 - 24】 利用逻辑代数的基本公式将下面的逻辑函数化简为最简与或非式。

$$F=\overline{AB+\bar{A}\bar{B}+\bar{B}\bar{C}}(A+C)$$

解

$$\begin{aligned}
F &=\overline{AB+\bar{A}\bar{B}+\bar{B}\bar{C}\ (\overline{\bar{A}\bar{C}})} && (\bar{A}+\bar{B}=\overline{AB})\\
&=\overline{AB+\bar{A}\bar{B}+\bar{B}\bar{C}+\bar{A}\bar{C}} && (\bar{A}\bar{B}=\overline{A+B})\\
&=\overline{AB+\bar{A}\bar{B}+(\bar{A}+\bar{B})\bar{C}} && (\text{提取公因式})\\
&=\overline{AB+\bar{A}\bar{B}+\overline{\bar{A}\bar{B}}\bar{C}} && (\bar{A}+\bar{B}=\overline{AB})\\
&=\overline{AB+\bar{A}\bar{B}+\bar{C}} && (A+\bar{A}B=A+B)
\end{aligned}$$

【例 1 - 25】 用代数法化简逻辑函数 $F=A\bar{B}+\bar{A}B+B\bar{C}+\bar{B}C$。

解 $F=A\bar{B}(C+\bar{C})+\bar{A}B+(A+\bar{A})B\bar{C}+\bar{B}C$　　（配项，$A+\bar{A}=1$）

$=A\bar{B}C+A\bar{B}\bar{C}+\bar{A}B+AB\bar{C}+\bar{A}B\bar{C}+\bar{B}C$　　（分配律）

$=\bar{B}C(A+1)+A\bar{C}(\bar{B}+B)+\bar{A}B(1+\bar{C})$　　（提取公因式）

$=\bar{B}C+A\bar{C}+\bar{A}B$　　（$A+\bar{A}=1$，$1+A=1$）

如果说例 1 - 24 的结果还容易看出已经是最简的话，那么例 1 - 25 的结果就难以判断是否是最简了。这正是用代数法化简逻辑函数的最大缺点。大量的实践表明，用代数法化简逻辑函数，不仅要熟悉逻辑代数的基本公式，而且还要灵活运用这些公式，否则，化简时不是走弯路，就是未化到最简。但即便如此，也不能保证化简结果就一定是最简的，因为代数法化简不直观，一般不太容易判断出结果是否最简。

正因为如此，人们现在普遍采用卡诺图来化简逻辑函数。只有当逻辑函数非常简单时，才使用代数法化简。

1.5.3 逻辑函数的卡诺图化简法

1. 卡诺图化简逻辑函数的原理

根据逻辑代数的吸收定律

$$AB+A\bar{B}=A,\quad (A+B)(A+\bar{B})=A \tag{1-9}$$

可知，任意两个只有一个变量取值不同的最小项或最大项结合，都可以消去取值不同的那个变量而合并为一项。而卡诺图上任意两个在几何位置上相邻或与中心轴对称的小方格代表的最小项或最大项都只有一个变量取值不同，因此，它们可以结合在一起，消除取值不同的那个变量而合并为一项。

2. 卡诺图上合并最小项(最大项)的规律

(1) 2 个相邻的最小项(最大项)结合，可以消去 1 个取值不同的变量而合并为 1 项，如图 1 - 11 和图 1 - 12 所示。

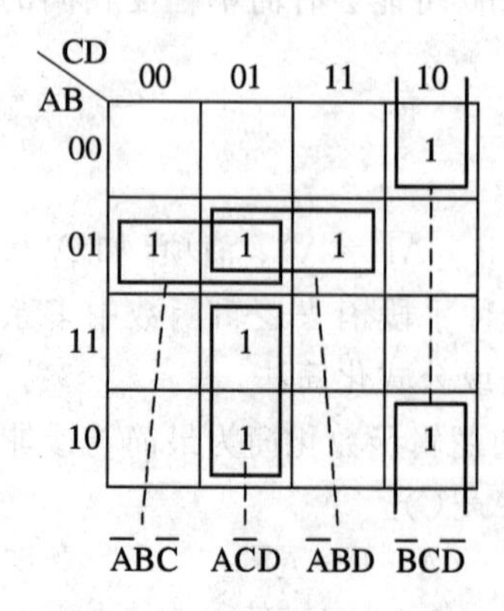

图 1 - 11　两个最小项结合

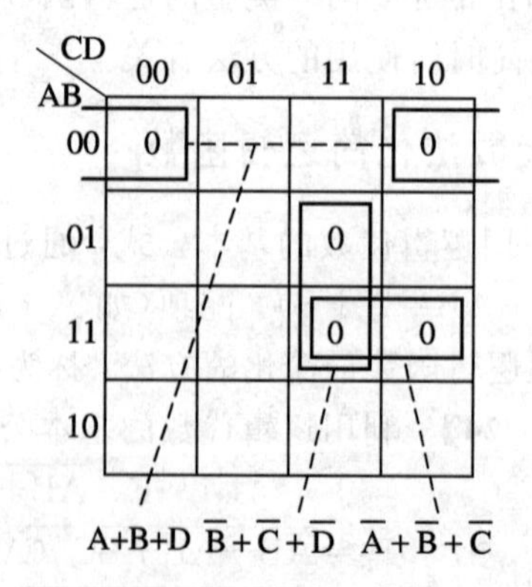

图 1 - 12　两个最大项结合

(2) 4 个相邻的最小项(最大项)结合，可以消去 2 个取值不同的变量而合并为 1 项，如图 1 - 13 和图 1 - 14 所示。

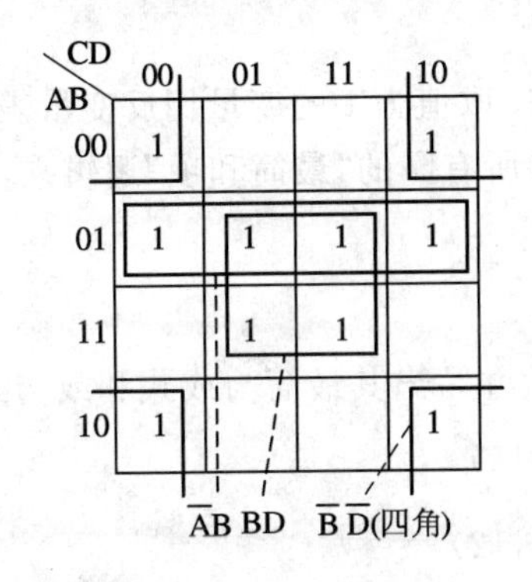

图 1 - 13　4 个最小项结合

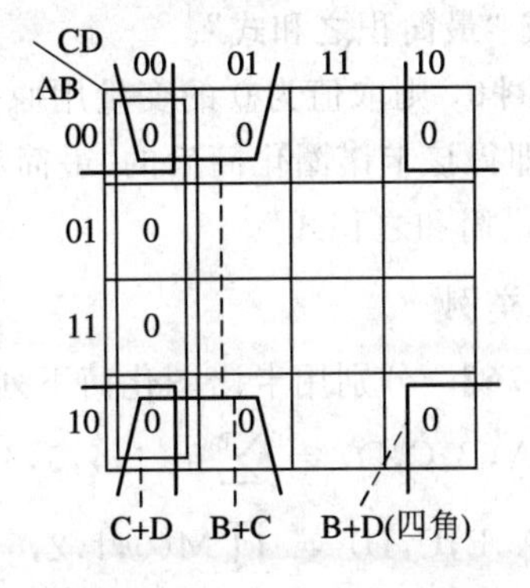

图 1 - 14　4 个最大项结合

(3) 8 个相邻的最小项(最大项)结合，可以消去 3 个取值不同的变量而合并为 1 项，如图 1 - 15 和图 1 - 16 所示。

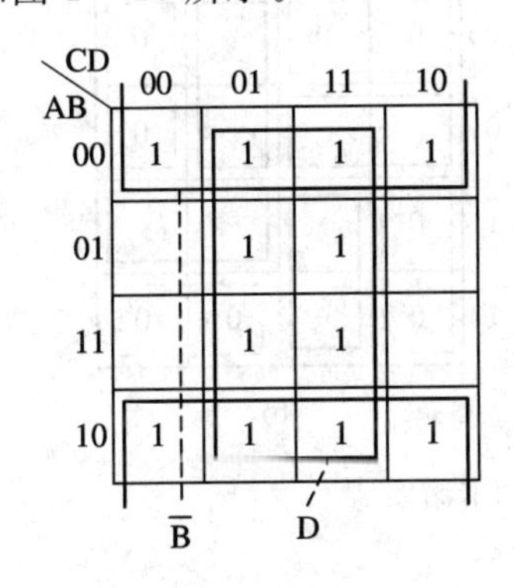

图 1 - 15　8 个最小项结合

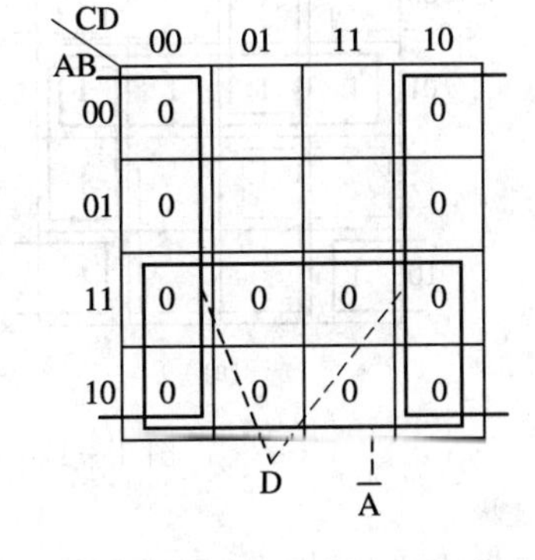

图 1 - 16　8 个最大项结合

(4) 一般结论：2^n 个相邻的最小项(最大项)结合，可以消去 n 个取值不同的变量而合并为 1 项。一个最小项(最大项)可以根据需要多次使用(因为 A＝A＋A，A＝AA)。

3. 卡诺图上合并最小项(最大项)的原则

为了保证在卡诺图上将逻辑函数化简到最简，画卡诺圈时应该遵循以下原则：

(1) 从只有一种圈法或最少圈法的项开始。

(2) 圈要尽可能大，圈的个数要尽可能少，每个圈内必须是 2^n 个相邻项，且至少有一个最小项(最大项)为本圈所独有。

(3) 卡诺图上所有的最小项(最大项)均被圈过。

4. 卡诺图上化简逻辑函数的步骤

(1) 画图。根据给定真值表或逻辑表达式中显示的变量个数，画出相应的卡诺图。

(2) 填图。根据给定真值表或逻辑表达式填写卡诺图。为简便起见，可以只填 1 或 0。

(3) 画圈。根据前述化简原则，画出所有的卡诺圈。求“最简与或式”时，圈 1；求“最简或与式”时，圈 0。

(4) 读图。无论是圈 0 还是圈 1，各个卡诺圈中取值不同的变量都将消去，只需读出取值相同的那些变量即可。

如果是圈 1，则取值为 1 的变量用原变量表示，取值为 0 的变量用反变量表示，取这些变量的乘积，即得该卡诺圈化简后的“最简积项”；将所有圈的“最简积项”逻辑加，即得“最简与或式”或“最简积之和式”。

如果是圈 0，则取值为 0 的变量用原变量表示，取值为 1 的变量用反变量表示，取这些变量的和，即得该卡诺圈化简后的“最简和项”；将所有圈的“最简和项”逻辑乘，即得“最简或与式”或“最简和之积式”。

5. 化简举例

【例 1-26】 分别用卡诺图化简下列逻辑函数并写出其最简与或式和或与式。

(1) $Y(A,B,C,D)=\sum m(1,4,5,6,7,8,10,14)$

(2) $Z(A,B,C,D)=\prod M(0,1,2,6,8,10,11,12)$

解 函数 Y 和 Z 的卡诺图如图 1-17 所示。

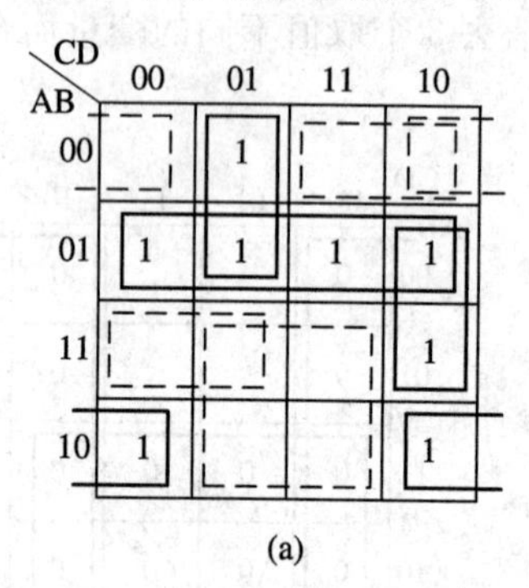

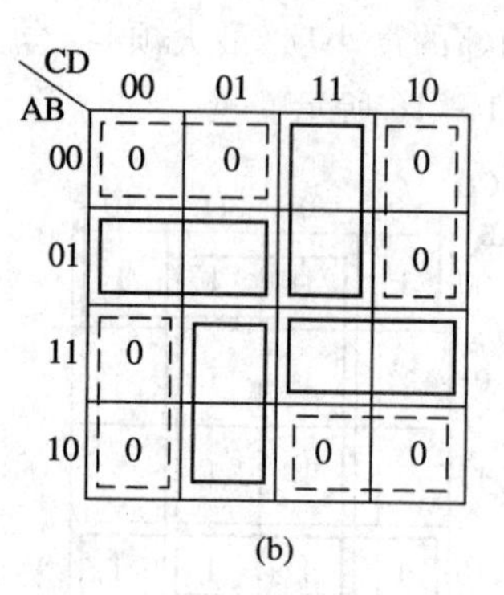

图 1-17 例 1-26 的卡诺图

(a) Y；(b) Z

Y 的最简与或式(非惟一)和或与式分别为

$$Y=\overline{A}\,\overline{C}D+\overline{A}B+BC\overline{D}+A\overline{B}\,\overline{D}$$

$$Y=(A+B+D)(A+B+\overline{C})(\overline{A}+\overline{B}+C)(\overline{A}+\overline{D})$$

Z 的最简与或式和或与式分别为

$$Z=\overline{A}CD+\overline{A}B\overline{C}+A\overline{C}D+ABC$$

$$Z=(A+B+C)(A+\overline{C}+D)(\overline{A}+C+D)(\overline{A}+B+\overline{C})$$

【例 1-27】 用卡诺图化简下面的五变量逻辑函数并写出其最简积之和式。

$F(A,B,C,D,E)=\sum m(1,2,6,8,9,10,11,12,14,17,19,20,21,23,25,27,31)$

解 F 的卡诺图如图 1-18 所示。需要注意的是，五变量逻辑函数化简时要特别小心。

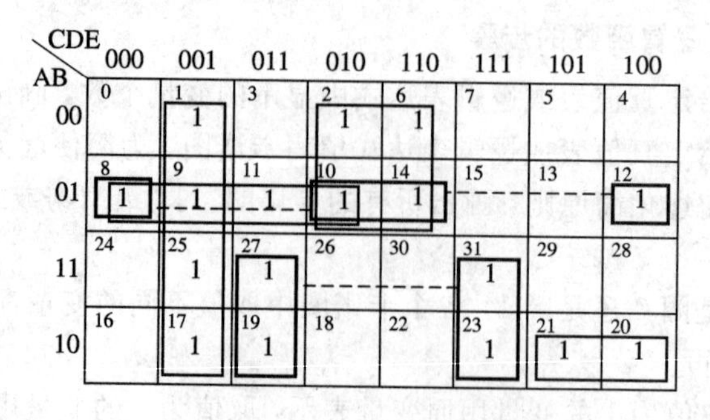

图 1-18 例 1-27 的卡诺图

除了与中心轴对称的项相邻外，左右各四列构成的四变量卡诺图原有的相邻性仍然存在。如图 1-18 所示卡诺图中，不仅第三、四行粗线框内的四个 1 相邻，而且第二行粗线框内的四个 1 也相邻。因此，F 的最简积之和式为

$$F=\overline{C}\overline{D}E+\overline{A}D\overline{E}+\overline{A}B\overline{C}+\overline{A}B\overline{E}+ADE+A\overline{B}C\overline{D}$$

从此例可见，五变量逻辑函数的卡诺图上的相邻性已比较复杂，要找出所有的相邻项已不是易事。因此，超过五变量以上的逻辑函数一般已不用卡诺图进行化简，而是采用 Q-M 法等其他方法并利用计算机进行化简。对此感兴趣的读者可以参阅有关参考书。

【例 1-28】 用卡诺图化简下面的多输出函数，要求总体最简。

$$\begin{cases} F_1(A,B,C,D)=\sum m(1,3,5,7,9,11,13) \\ F_2(A,B,C,D)=\sum m(3,7,10,11,14) \end{cases}$$

解　当一个逻辑电路有多个输出函数时，需要追求的是整体最简而不是单个函数最简。化简时找出各个函数之间最恰当的公共项，有可能实现整体最简的目标。

当要求单个函数最简时，F_1、F_2 的卡诺图如图 1-19 所示。

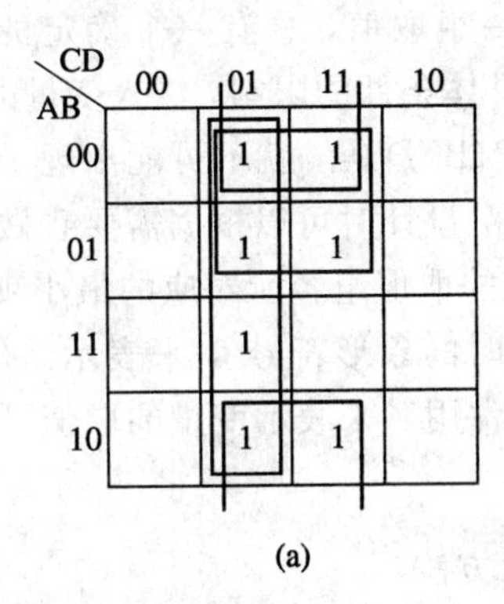

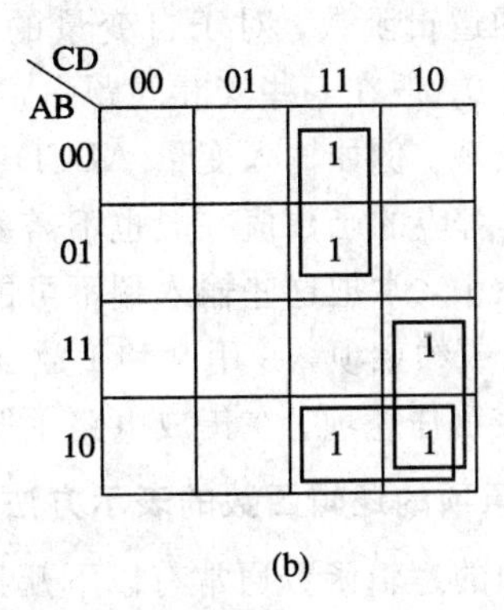

图 1-19　例 1-28 的卡诺图(单个最简)

(a) F_1；(b) F_2

显然，此时的化简结果为

$$F_1=\overline{A}D+\overline{B}D+\overline{C}D$$

$$F_2=\overline{A}CD+AC\overline{D}+A\overline{B}C$$

由表达式可见，实现函数功能需要 3 个 2 输入与门、3 个 3 输入与门和 2 个 3 输入或门。如果将每一个与、或端均看做 1 个成本单位，则这种实现方案共需要 8 个逻辑门、21 个成本单位。

当要求整体最简时，F_1、F_2 的卡诺图如图 1-20 所示(图中粗线框为公共圈)。此时的化简结果为

$$F_1=\overline{A}CD+\overline{B}CD+\overline{C}D$$

$$F_2=\overline{A}CD+\overline{B}CD+AC\overline{D}$$

由于有 2 个逻辑门共用，因此这种实现方案只需要 3 个 3 输入与门、1 个 2 输入与门和 2 个 3 输入或门，即需要 6 个逻辑门、17 个成本单位。可见该方案的整体成本要比单个

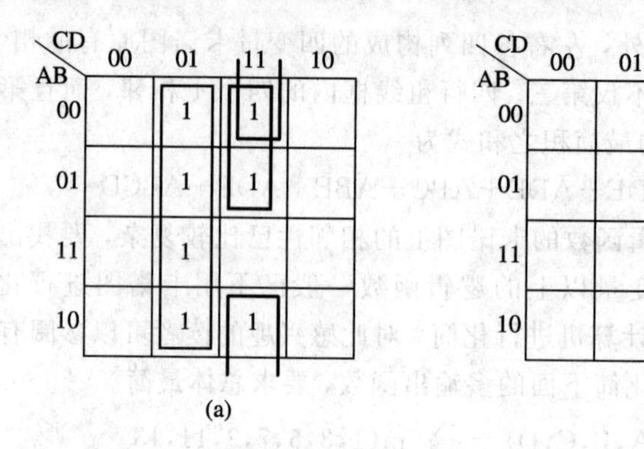

图 1-20　例 1-28 的卡诺图(整体最简)
(a) F_1；(b) F_2

最简的实现方案低一些。

1.5.4　含有任意项的逻辑函数的化简

前面讨论的逻辑函数，对于自变量的任意一组取值，总有一个确定的函数值与之对应，不是 1 就是 0。但在一些实际问题中，由于具体条件的限制，输入变量的某些取值组合不会在电路中出现。例如输入变量 ABCD 是 8421BCD 码，就不可能出现 1010～1111 这 6 种输入组合，其对应的函数值一般也不需要定义，设计时可以根据需要看做是 1 或 0。

在逻辑代数中，常把这些输入端不可能出现的取值组合所对应的最小项或最大项称为任意项、无关项或约束项，并用 0 和 1 放到一起时的象形符号 Φ 来表示。有时，人们也用英文字母 d 来表示任意项。在集成电路手册中，常用×来表示变量的取值可以随意。

1. 含有任意项的逻辑函数的表示方法

含有任意项的逻辑函数通常有以下几种表示方法：

(1) 最小项表达式，形式如下：

$$F=\sum m(\quad)+\sum \Phi(\quad) \tag{1-10}$$

或

$$\begin{cases} F=\sum m(\quad) \\ 约束条件：\sum \Phi(\quad)=0 \end{cases} \tag{1-11}$$

(2) 最大项表达式，形式如下：

$$F=\prod M(\quad)\cdot\prod \Phi(\quad) \tag{1-12}$$

或

$$\begin{cases} F=\prod M(\quad) \\ 约束条件：\prod \Phi(\quad)=1 \end{cases} \tag{1-13}$$

(3) 非标准表达式。此时，函数 F 和约束条件中至少有一个是非标准表达式，约束条件甚至可能是用语言来描述的。

上述表示方法中，括号内均为标准项的序号。任意项和最小项表达式是逻辑或的关系，而和最大项表达式是逻辑与的关系。将最小项表达式中的约束条件写成 $\sum \Phi(\quad)=0$，将最大项表达式中的约束条件写成$\prod\Phi(\ )=1$，表明了两种不同表达式中有定义的自变量取值应该分别满足的约束关系。

2. 含有任意项的逻辑函数的化简

化简含有任意项的逻辑函数时，要充分利用任意项Φ既可看做1又可看做0的灵活性，尽量扩大卡诺圈，消除尽可能多的项或变量。但要注意的是，Φ只是一种辅助量，能用则用，不需要的就不用，以免增加无用的卡诺圈，反而画蛇添足。

【例1-29】 用卡诺图化简下列逻辑函数并写出其最简与或式和或与式。

$$F(A,B,C,D)=\prod m(3,5)\cdot\prod\Phi(2,4,7,8,10,11,12,13)$$

解 F的卡诺图如图1-21所示。

最简与或式为

$$F=\overline{B}\overline{C}+BC$$

最简或与式为

$$F=(\overline{B}+C)(B+\overline{C})$$

本题在卡诺图上圈1时要注意，虽然卡诺图上最后两行可以圈到一起，左右两列也可以圈到一起，但有了这两个卡诺圈后，仍然需要原来的两个卡诺圈才能圈完所有最小项，说明这两个卡诺圈是多余的。

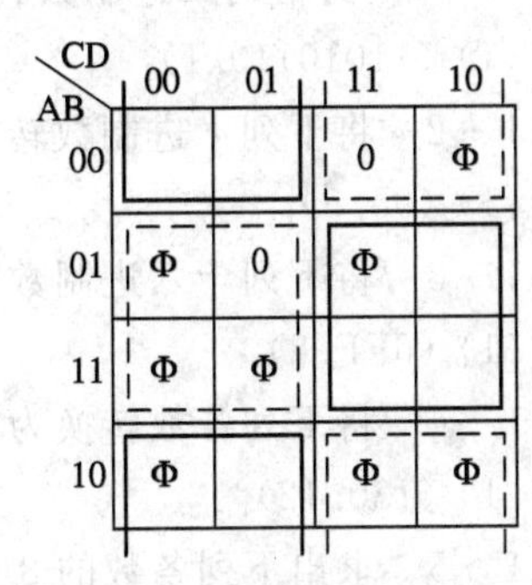

图1-21　例1-29的卡诺图

【例1-30】 用卡诺图化简下列逻辑函数，并写出其最简与或式和最简或与式。

$$\begin{cases}F(A,B,C,D)=\overline{A}B\overline{C}+\overline{A}BC\overline{D}+A\overline{B}C\overline{D}+A\overline{B}CD\\ 约束条件：A\odot B=0\end{cases}$$

解 F的卡诺图如图1-22所示，其最简与或式和最简或与式(均非惟一)分别为

$$F=\overline{A}\overline{C}+AC+C\overline{D}$$

$$F=(\overline{A}+C)(A+\overline{C}+\overline{D})$$

此题的约束条件也可用语言描述为：A、B不可能取值相同。

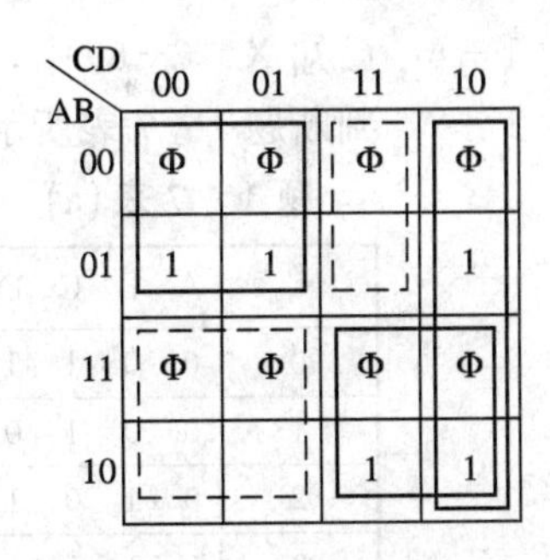

图1-22　例1-30的卡诺图

本章小结

本章首先简单介绍了数字电路的基本概念，然后重点介绍了计算机等数字设备中的常用数制与代码、逻辑代数基础、逻辑函数的描述方法以及逻辑函数的化简方法。这些内容是分析和设计数字电路的基础。

本章需要重点掌握的内容如下：

(1) 数字电路的基本概念。

(2) 常用数制及其相互转换方法、带符号数表示法和BCD码表示法。

(3) 逻辑代数的基本运算、基本公式、运算规则及常用逻辑门的符号。

(4) 逻辑函数的真值表、代数式和卡诺图描述方法及相互转换方法，最小项、最大项的基本概念及性质。

(5) 逻辑函数的化简方法，尤其是卡诺图化简法，包括含有任意项的逻辑函数的卡诺图化简方法。

习　题　1

1－1　将下列二进制数转换为十进制数和十六进制数。

(1) $(11010110.1)_2$　　(2) $(1000101.01)_2$　　(3) $(110110.101)_2$

1－2　将下列十进制数转换为二进制数和十六进制数。

(1) $(95.5)_{10}$　　(2) $(183.75)_{10}$　　(3) $(911.65)_{10}$

1－3　将下列十六进制数转换为二进制数和十进制数。

(1) $(6FF.8)_{16}$　　(2) $(10A.C)_{16}$　　(3) $(B6C.4)_{16}$

1－4　将下列各数转换为十进制数。

(1) $(130.12)_4$　　(2) $(567.6)_8$　　(3) $(125.3)_6$

1－5　求出下列各数的8位二进制原码和补码。

(1) $(-89)_{10}$　　(2) $(5B)_{16}$　　(3) $(-0.10011)_2$

1－6　已知 $X=(-89)_{10}$，$Y=(+71)_{10}$，试利用补码计算 X＋Y 和 X－Y 的数值。

1－7　判断题1－7表所示的两种BCD码是否有权码。如是，指出各位的权值。

题1－7表(a)

N_{10}	A	B	C	D
0	0	0	1	1
1	0	0	1	0
2	0	1	0	1
3	0	1	1	1
4	0	1	1	0
5	1	0	0	1
6	1	0	0	0
7	1	0	1	0
8	1	1	0	1
9	1	1	0	0

题1－7表(b)

N_{10}	W	X	Y	Z
0	0	0	0	0
1	0	0	0	1
2	0	0	1	0
3	0	0	1	1
4	0	1	0	0
5	0	1	0	1
6	0	1	1	0
7	0	1	1	1
8	1	1	0	1
9	1	1	1	1

1－8　分别用8421BCD码和余3循环码表示下列各数。

(1) $(1975.28)_{10}$　　(2) $(163.4)_{10}$　　(3) $(1A5.C)_{16}$

1－9　写出字符串I＝W&L＊3中各个字符的ASCII码和奇校验码。

1－10　用真值表证明摩根定律和包含律。

1－11　用逻辑代数的基本公式证明。

(1) $(A+B)(\overline{A}+C)(B+C)=(A+B)(\overline{A}+C)$

(2) $A+B=A\oplus B\oplus(AB)$

(3) $A(B\oplus C)=(AB)\oplus(AC)$

(4) $(A+B)\odot(A+C)=A+(B\odot C)$

(5) $(\overline{A}+B+C)(\overline{A}+B+\overline{C})(A+B+C)=B+\overline{A}C$

(6) $\overline{A}C+AB+\overline{B}\overline{C}=A\overline{C}+\overline{A}\overline{B}+BC$

1 - 12　判断下列命题是否正确。

(1) 若 $A+B=A+C$，则 $B=C$

(2) 若 $A=B$，则 $A+B=A$

(3) 若 $AB=AC$，则 $B=C$

(4) 若 $A+B=A+C$，$AB=AC$，则 $B=C$

(5) 若 $A+B=A$，则 $B=0$

(6) 若 $A\oplus B\oplus C=1$，则 $A\odot B\odot C=0$

1 - 13　直接根据对偶规则和反演规则，写出下列逻辑函数的对偶函数和反函数。

(1) $W=\overline{A}+\overline{\overline{B}C+\overline{A}(B+\overline{CD})}$

(2) $X=\overline{A}\overline{B}+BC+A\overline{C}$

(3) $Y=(\overline{A}+\overline{B})\overline{(B+C)(A+\overline{C})}$

(4) $Z=\overline{A}B\,\overline{(\overline{C}+\overline{B}C)}+A(B+\overline{C})$

1 - 14　列出逻辑函数 $F=\overline{A}B\overline{C}+\overline{B}C+A(B+\overline{C})$、$G=A(B+\overline{C})(\overline{A}+B+C)$ 的真值表，并写出标准积之和式和标准和之积式。要求分别用变量和简记形式写出标准表达式。

1 - 15　列出 1 位 8421BCD 码转换为 5421BCD 码的真值表。

1 - 16　已知逻辑电路的输入 X 为 3 位二进制数，输出 Y 与 X 的关系为

$0\leqslant X\leqslant 4$ 时，$Y=X+3$

$X\geqslant 5$ 时，$Y=X-5$

试列出其真值表。

1 - 17　有 3 个输入信号 A、B、C，若 3 个同时为 0 或只有两个信号同时为 1，则输出 F 为 1，否则 F 为 0。列出其真值表。

1 - 18　某报警电路有 4 个传感信号 A、B、C、D，当任意两个或两个以上的传感信号为 1 时，报警器发出声光报警信号。列出其真值表。

1 - 19　用代数法将下列函数展开为标准式，要求保持函数类型不变。

(1) $F=A+B\overline{C}+\overline{A}C$

(2) $F=B(A+\overline{C})(A+\overline{B}+C)$

1 - 20　用卡诺图将下列函数转换为标准式。

(1) $W=\overline{A}B\overline{C}+A\overline{C}+\overline{B}\overline{C}$

(2) $X=A(A+\overline{B})(B+\overline{C})$

(3) $Y=(A\oplus B)\overline{\overline{A}\overline{B}+AB}+AB$

(4) $Z=\overline{\overline{A}(\overline{B}+C)}$

1 - 21　用代数法化简下列逻辑函数。

(1) $W=AB\overline{C}+\overline{A\overline{C}+\overline{B}\overline{C}}$

(2) $X=\overline{A}+\overline{B}+\overline{C}+ABCD$

(3) $Y=A(B+\bar{C})+\bar{A}(\bar{B}+C)+\bar{B}\bar{C}D+BCD$

(4) $Z=(A\oplus B)\overline{\bar{A}\bar{B}+AB}+AB$

1 - 22　用卡诺图化简下列逻辑函数，并写出其最简与或式和最简或与式。

(1) $F(A,B,C)=\sum m(0,2,3,7)$

(2) $F(A,B,C,D)=\sum m(1,2,4,6,10,12,13,14)$

(3) $F(A,B,C,D)=\sum m(0,2,5,7,8,10,13,15)$

(4) $F(A,B,C,D)=\prod M(1,3,4,5,6,9,11,12,13)$

(5) $F(W,X,Y,Z)=\prod M(0,1,4,5,6,8,9,11,12,13,14)$

(6) $F(A,B,C,D,E)=\sum m(0,1,3,7,11,15,16,18,20,22,25,29)$　（仅求与或式）

(7) $F(A,B,C,D,E)=\prod M(0,2,4,7,8,10,12,13,18,23,26,28,29)$（仅求或与式）

(8) $F(A,B,C,D)=A\bar{D}+ABC+A\bar{C}D+\bar{A}\bar{B}\bar{D}+\bar{A}\bar{B}CD$

(9) $F(A,B,C,D)=(\bar{B}+C+\bar{D})(\bar{B}+\bar{C})(A+\bar{B}+C+D)$

(10) $F(A,B,C,D)=\sum m(0,1,5,7,8,10,14)+\sum \Phi(3,9,11,15)$

(11) $F(W,X,Y,Z)=\sum m(0,2,7,13,15)+\sum \Phi(1,3,4,5,6,8,10)$

(12) $F(A,B,C,D)=\prod M(1,9,10,11,13,15)\cdot\prod \Phi(3,5,7,8,14)$

(13) $F(A,B,C,D)=\prod M(9,11,12,14)\cdot\prod \Phi(1,3,4,5,6,8,10)$

(14) $F(A,B,C,D,E)=\sum m(3,11,12,19,23,29)+\sum \Phi(5,7,13,27,28)$

（仅求与或式）

(15) $\begin{cases} F(A,B,C,D)=\sum m(0,2,7,13,15) \\ \text{约束条件：}\bar{A}B\bar{C}+\bar{A}B\bar{D}+\bar{A}\bar{B}D=0 \end{cases}$

(16) $\begin{cases} F(A,B,C,D)=\bar{A}\bar{B}C\bar{D}+AC\bar{D}+AB\bar{C}D \\ \text{约束条件：C、D 不可能相同} \end{cases}$

(17) $\begin{cases} F(A,B,C,D)=AB\bar{D}+\bar{A}\bar{B}\bar{C}\bar{D}+\bar{A}\bar{B}C \\ \text{约束条件：}A\oplus B=0 \end{cases}$

(18) $\begin{cases} F(A,B,C,D)=\overline{\overline{A\bar{B}}+A\bar{B}C}+BC\bar{D} \\ \text{约束条件：}\bar{A}B\bar{C}+CD=0 \end{cases}$

(19) $\begin{cases} F(A,B,C,D)=(\bar{B}+C+\bar{D})(\bar{B}+\bar{C}+D)(A+\bar{B}+C+D) \\ \text{约束条件：}(B+\bar{D})(B+\bar{C})=1 \end{cases}$

(20) $\begin{cases} F(A,B,C,D)=\prod M(0,2,5,10) \\ \text{约束条件：A、B、C、D 中最多只有两个同时取值为 1} \end{cases}$

1 - 23　将下面的多输出函数化简为最简与或式，要求整体最简。

$$\begin{cases} F_1(A,B,C,D)=\sum m(0,1,4,5,9,11,13) \\ F_2(A,B,C,D)=\sum m(0,4,11,13,15) \end{cases}$$

1-24 已知函数 $F_1 = A\bar{B}D + \bar{A}B\bar{D} + AC + \bar{A}B\bar{C}\bar{D}$，$F_2 = AB\bar{D} + AC\bar{D} + \bar{A}CD + A\bar{B}CD$，试用卡诺图求复合函数 $Y = F_1 \cdot F_2$、$Z = F_1 \oplus F_2$ 的最简与或式和最简或与式。要求写出求解过程。

1-25 用卡诺图判断函数 $F_1 = A\bar{B} + BC + \bar{A}\bar{C}$ 和 $F_2 = \bar{A}\bar{B}C + AB\bar{C}$ 间的关系。

1-26 用卡诺图证明：$A\bar{B} + B\bar{C} + \bar{A}C = \bar{A}B + \bar{B}C + A\bar{C}$。

1-27 将逻辑函数 $F = A \oplus B$ 变换为以下形式并画出逻辑图。

(1) 与或型表达式；

(2) 与非型表达式；

(3) 与或非型表达式；

(4) 或非型表达式；

(5) 或与型表达式。

1-28 求解逻辑方程：$\bar{A} + BC = A\bar{C}D + BD = B + CD$。

1-29 若逻辑函数 $F = \prod M(3,5,7,9,10,11,12)$ 的最简或与式为

$$F = (\bar{A} + \bar{B})(\bar{A} + \bar{C})\bar{D}$$

试求其最小约束条件表达式。

1-30 若逻辑函数 $F = A\bar{B}D + \bar{A}BD + \bar{A}B\bar{D} + A\bar{B}\bar{C}\bar{D}$ 的最简与或式为 $F = \bar{A}B + \bar{B}D + AC$，试求其最小约束条件表达式。

1-31 某逻辑电路的输入ABCD为5421BCD码，当输入的以5421BCD码表示的十进制数能够被3或4整除时，电路输出Z为1，否则输出Z为0。试列出其真值表，写出其标准积之和式和标准和之积式，并用卡诺图求出其最简与或式和最简或与式。

1-32 某厂有15 kW、25 kW两台发电机组和10 kW、15 kW、25 kW三台用电设备。已知三台用电设备可能部分工作或都不工作，但不可能三台同时工作。现欲设计一个供电控制电路，使电力负荷达到最佳匹配，以实现最节约电力的目的。试列出该供电控制电路的真值表，并用与非门实现其功能。

自 测 题 1

1. (20分) 填空。

(1) $(AE.4)_{16} = (\qquad)_{10} = (\qquad)_{8421BCD}$；

(2) $(174.25)_{10} = (\qquad)_2 = (\qquad)_{16}$；

(3) 8位二进制数 $A = a_7a_6a_5a_4a_3a_2a_1a_0$ 能被4整除的条件为(　　)；

(4) 已知 $X_{原} = Y_{补} = (10110100)_2$，则X、Y的真值分别为$(\qquad)_{10}$、$(\qquad)_{16}$；

(5) 8位二进制补码所能表示的十进制数范围为(　　)；

(6) $\bar{A} + AB = (\qquad)$，$A \oplus 1 = (\qquad)$；

(7) $A_1 \oplus A_2 \oplus A_3 \oplus \cdots \oplus A_n = 1$ 的条件是(　　)；

(8) 直接根据对偶规则和反演规则，写出函数 $F = A + \overline{\overline{B}\overline{C} + B(\bar{A} + C)}$ 的对偶式和反函数分别为：$F_d = (\qquad)$，$\bar{F} = (\qquad)$；

(9) $F = A(\bar{B} + C)$ 的标准或与式为 $F(A,B,C) = (\qquad)$；

(10) 已知函数 $F(A, B, C) = \sum m(0, 4, 5) + \sum \Phi(1, 2)$，则其最大项表达式为 $F(A, B, C) = \prod M(\quad\quad) \cdot \prod \Phi(\quad\quad)$。

2. (10 分) 判断正误。

(1) $(256.4)_8 = (0010\ 0101\ 0110.\ 0100)_{8421BCD}$；　(　　)

(2) 奇偶校验码可以检测出偶数个码元错误；　(　　)

(3) 因为 $A \odot B = \overline{A \oplus B}$，所以 $A \odot B \odot C = \overline{A \oplus B \oplus C}$；　(　　)

(4) $\overline{A} \oplus B = A \oplus \overline{B} = A \odot B$；　(　　)

(5) 如果 $A \odot B = 0$，则 $A = \overline{B}$。　(　　)

3. (10 分) 选择。

(1) 对 100 个不同符号编码，至少需要(　　　)。

A. 6 位二进制数　　B. 3 位十进制数

C. 2 位十六进制数　　D. 8 位二进制数

(2) 下列描述式中，等式不成立的是(　　　)。

A. $\overline{A} + AB = \overline{A} + B$　　B. $\overline{A} \oplus B = A \oplus \overline{B}$

C. $\overline{A \oplus B \oplus \overline{A}} = \overline{B}$　　D. $\overline{AB} = \overline{A} + \overline{B}$

(3) 下列说法中，错误的是 (　　　)。

A. 任意两个不同的最小项之积恒为 0，任意两个不同的最大项之和恒为 1

B. 一个逻辑函数全部最小项之和恒等于 1，全部最大项之积恒等于 0

C. 正逻辑函数表达式与其负逻辑函数表达式互为对偶式

D. 两个表达式不同的逻辑函数一定不相等

(4) 图 1 所示电路的输出函数 $F = $ (　　　)。

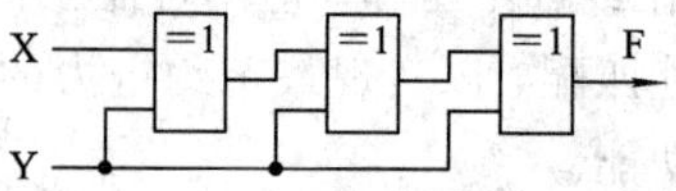

图 1

A. $X \oplus Y$　　B. $\overline{X \oplus Y}$　　C. X　　D. Y

(5) 将逻辑函数 $\overline{X}Y\overline{Z} + W\overline{X}Y + \overline{Y}\,\overline{Z} + X\overline{Y}$ 化简为 $\overline{X}\,\overline{Z} + (X \oplus Y)$ 时，利用了约束项 (　　　)。

A. $\overline{W}\,\overline{X}YZ$　　B. $\overline{W}\,\overline{X}\,\overline{Y}Z$　　C. $\overline{W}\,\overline{X}\,\overline{Y}\,\overline{Z}$　　D. $W\overline{X}\,\overline{Y}\,\overline{Z}$

4. (10 分) 直接画出逻辑函数 $F = \overline{A}B + \overline{B}(A \oplus C)$ 的实现电路。

5. (15 分) 列出函数 $F = \overline{A}B + A(\overline{B} \oplus C)$ 的真值表，写出其标准与或式及或与式。

6. (10 分) 用代数法化简逻辑函数 $F = \overline{(\overline{A} + B)C + A\overline{B}} + A\overline{C} + BC$。

7. (25 分) 用卡诺图化简下列逻辑函数，写出其最简与或式及或与式。

(1) $X(A,B,C,D) = (\overline{A} + B)C + A\overline{B} + A\overline{C} + B\overline{C}D$

(2) $\begin{cases} Y(A,B,C,D) = \sum m(4,6,7,8) \\ \text{约束条件：} A \odot B = 0 \end{cases}$

8. (10分，附加题) 金乌牌电热水器有高、中、低三个水位探测电极 A、B、C 和绿、黄、红三个状态指示灯G、Y、R；电极被水浸泡时输出高电平信号，否则输出低电平信号。水面位于A、B间时为正常水量状态，此时绿灯G亮，可以正常使用；水面位于B、C间时为欠水量状态，此时黄灯Y亮，应该先补水再使用；水面位于A以上时为过水量状态，此时黄灯Y和绿灯G同时亮，应该先放水再使用；水面位于C以下时为危险状态，此时红灯R亮，必须先补水再使用；若出现异常水位传感信号时，红灯R和黄灯Y同时亮，必须停止使用并报修。试列出该热水器控制电路的真值表，并写出它们的最简与或式。

第2章 组合逻辑器件与电路

组合逻辑电路(Combinational Logic Circuit)是结构上没有反馈、功能上没有记忆的一类数字电路的总称，是数字电路中最简单的一类逻辑电路。这类电路的一个显著特点，就是电路在任何时刻的输出都由该时刻的输入信号完全确定。

本章介绍集成逻辑门的电路原理与使用特性、常用 MSI 组合逻辑模块的功能及应用、组合逻辑电路的分析和设计方法等内容。

2.1 集成逻辑门

集成逻辑门是组合逻辑电路中最基本的逻辑部件。根据所使用的开关元件的不同，集成逻辑门可分为单极型逻辑门和双极型逻辑门两大类。

以晶体管为开关元件，有多数载流子和少数载流子这两种极性的载流子参与导电的逻辑门电路称为双极型逻辑门电路。以 MOS 管为开关元件，仅靠多数载流子这一种极性的载流子导电的逻辑门电路称为单极型逻辑门电路。

常用的双极型逻辑门电路主要有晶体管－晶体管逻辑门 TTL(Transistor-Transistor Logic)和射极耦合逻辑门 ECL(Emitter Coupled Logic)；常用的单极型逻辑门电路主要有在 MOS 工艺基础上发展起来的互补 MOS 逻辑门 CMOS(Complementary Metal Oxide Semiconductor)。本节将从应用的角度简单介绍它们的电路原理和使用特性。

2.1.1 双极型逻辑门电路

1. TTL 与非门电路

1) 电路组成

TTL 逻辑门电路的基本形式是与非门，其典型电路如图 2-1 所示，它在结构上可分为输入级、中间级和输出级三个部分。

输入级是由多射极晶体管 V_1 和电阻 R_1 组成的一个与门，实现输入逻辑变量 A、B、C 的“与”运算功能。V_1 管的电流放大作用，有利于提高 V_1 管从饱和到截止的转换速度。

中间级是由 V_2、R_2 及 R_3 组成的一个电压分相器。它在 V_2 的发射极与集电极上分别得到两个相位相反的电压，以驱动输出级三极管 V_4、V_5 轮流导通。

输出级是由 V_3、V_4、V_5 和 R_4、R_5 组成的一个非门。其中 V_5 为驱动管，达林顿复合晶体管 V_3、V_4 与电阻 R_4、R_5 一起构成了 V_5 的有源负载。输出级采用的推挽结构，使 V_4、V_5 轮流导通，输出阻抗较低，有利于改善电路的输出波形，提高电路的负载能力。

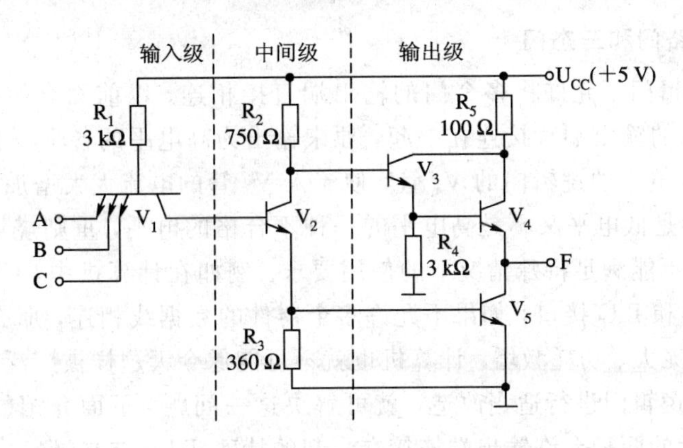

图 2-1 典型 TTL 与非门电路

2）工作原理

当输入端全为高电平(+3.6 V)时，TTL 与非门电路的工作状态如图 2-2 所示，F 端输出低电平(+0.3 V)。此时，多射极晶体管 V_1 工作在发射结反偏、集电结正偏的倒置状态。

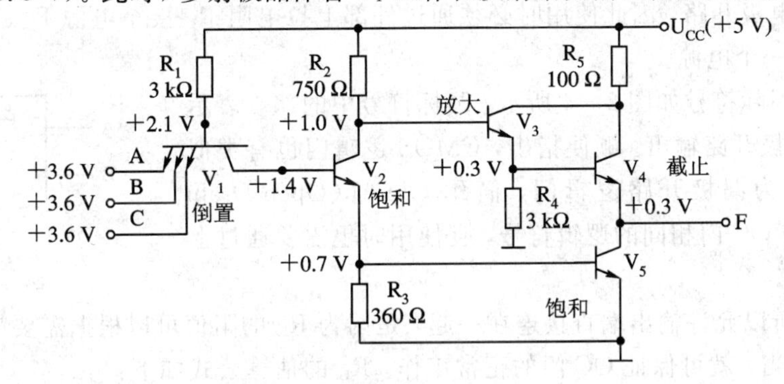

图 2-2 输入全为高电平时的工作状态

当输入端至少有一个为低电平(0.3 V)时，TTL 与非门电路的工作状态如图 2-3 所示，F 端输出高电平(+3.6 V)。

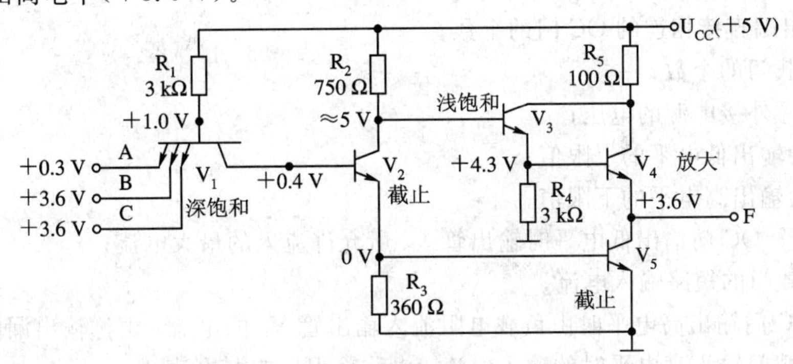

图 2-3 输入有低电平时的工作状态

3）电路功能

如果用逻辑“1”表示高电平(+3.6 V)，用逻辑“0”表示低电平(+0.3 V)，则根据前面的分析可知，该电路只有当输入变量 A、B、C 全部都为 1 时，输出才为 0，实现了三变量 A、B、C 的与非运算：$F=\overline{ABC}$。因此，该电路是一个三输入与非门。

2. 集电极开路门和三态门

普通 TTL 逻辑门不允许将多个门的输出端直接相连。以前面介绍的 TTL 与非门为例，如果将多个门的输出端直接连在一起，原来输出为高电平的各个逻辑门的电流将全部流入原来输出为低电平的逻辑门的 V_5 管，使流入 V_5 管的电流大大增加，轻则使输出低电平抬高，成为既不是低电平又不是高电平的一种不合格的电平，重则烧坏该 V_5 管。因此，普通 TTL 逻辑门不能满足特殊情况下的使用要求。例如在计算机中，CPU 的外围接有大量寄存器、存储器和 I/O 接口，如果不允许多个器件的数据线相连，那么仅众多的数据线就会使 CPU 体积庞大、功耗激增，计算机也就不可能像今天这样被广泛使用。

将一般 TTL 逻辑门进行适当改造，就可解决这一问题。下面介绍的集电极开路门和三态门就是改造后的两种允许输出端连接在一起的特殊 TTL 与非门。

1）集电极开路门

集电极开路门简称 OC 门(Open-Collector Gate)，它是将 TTL 与非门输出级的倒相器 V_5 管的集电极有源负载 V_3、V_4 及电阻 R_4、R_5 去掉，保持 V_5 管集电极开路而得到的。由于 V_5 管集电极开路，因此使用时必须通过外部上拉电阻 R_L 接至电源 E_C。E_C 可以是不同于 U_{CC} 的另一个电源。

OC 门的国际符号如图 2-4 所示。国标符号中的"◇"表示逻辑门是集电极开路输出。顺便指出，CMOS 逻辑门也有类似的逻辑门，称为漏极开路逻辑门，简称 OD 门(Open-Drain Gate)，使用与 OC 门相同的逻辑符号，且使用时也需要通过上拉电阻接电源。

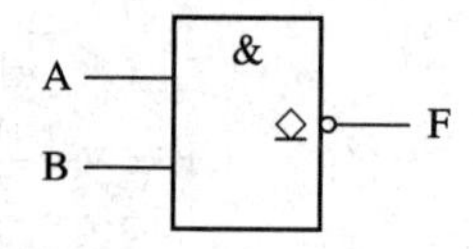

图 2-4 OC 门的国标符号

OC 门之所以允许输出端直接连在一起，是因为 R_L 的阻值可以根据需要来选取。只要该阻值选择得当，就可保证 OC 门的正常工作。R_L 的估算公式如下：

$$\frac{E_C - U_{OLmax}}{I_{OL} - mI_{IL}} \leqslant R_L \leqslant \frac{E_C - U_{OHmin}}{nI_{OH} + mI_{IH}} \qquad (2-1)$$

其中：

n 为输出端直接相连的 OC 门的个数；

m 为负载门的个数；

E_C 为 R_L 外接电源的电压；

U_{OLmax} 为输出低电平的上限值；

U_{OHmin} 为输出高电平的下限值；

I_{OL} 为单个 OC 门输出低电平时输出管 V_5 所允许流入的最大电流；

I_{IL} 为负载门的短路输入电流；

I_{OH} 为 OC 门输出高电平时由负载电阻流入输出管 V_5 的电流，也称输出漏电流；

I_{IH} 为负载门输入高电平时的输入电流，也称输入反向漏电流。

OC 门的有关电压、电流参数可从集成电路手册中查到。例如，某 OC 门的 $I_{OL}=16$ mA，$I_{IL}=1.6$ mA，$I_{OH}=0.25$ mA，$I_{IH}=0.05$ mA，$U_{OLmax}=0.3$ V，$U_{OHmin}=3.0$ V，如果 $n=4$，$m=3$，$E_C=5$ V，则可计算出 $R_{Lmin}=420\ \Omega$，$R_{Lmax}=1740\ \Omega$，即上拉电阻 R_L 的取值范围为 420 Ω～1740 Ω。一般而言，R_L 越小，OC 门的速度越高，但功耗也越大，因此需要统一考虑。本例中，如果速度能够满足使用要求，可取 $R_L=1.5$ kΩ，以便降低电路的功耗。

【例 2-1】 用 OC 门实现逻辑函数 $F=\overline{AB+CD}$。

解　$F=\overline{AB+CD}=\overline{AB}\cdot\overline{CD}$，实现电路如图 2-5 所示。显然，只有当两个 OC 门输出都为 1 时，F 才为 1。因此，多个 OC 门输出端连接在一起实现的是“逻辑与”功能。

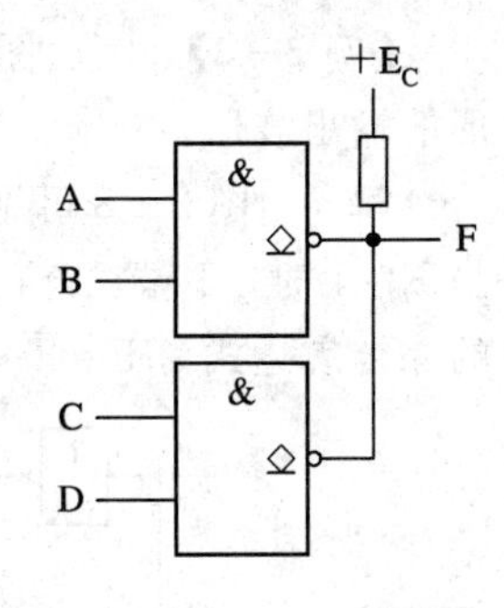

图 2-5　例 2-1 的电路

在数字电路中，这种将多个逻辑门输出端直接连在一起实现“逻辑与”功能的方法称为“线与(Wired-AND)”。如果逻辑门输出端直接连在一起实现“逻辑或”的功能，则称为“线或(Wired-OR)”。

OC 门除了可以“线与”连接外，还可以用来驱动感性负载或实现电平转换。例如，在图 2-5 的电路中，当 $E_C=10$ V 时，F 的输出高电平就从通常的 3.6 V 变成了 10 V。

2) 三态门

三态门也称 TS 门(Three-State Gate)，是在 TTL 逻辑门的基础上增加一个使能端 EN 而得到的。当 EN=0 时，TTL 与非门不受影响，仍然实现与非门功能；当 EN=1 时，TTL 与非门的 V_4、V_5 将同时截止，使逻辑门输出处于高阻状态。因此，三态门除了具有普通逻辑门的高电平(逻辑 1)和低电平(逻辑 0)两种状态之外，还有第三种状态——高阻抗状态，也称开路状态或 Z 状态。三态门的国际符号和真值表分别如图 2-6 和表 2-1 所示。国标符号中的倒三角形“▽”表示逻辑门是三态输出，EN 为“使能”限定符，输入端的小圆圈表示低电平有效(有的三态门也可能没有小圆圈，说明 EN 是高电平有效)。

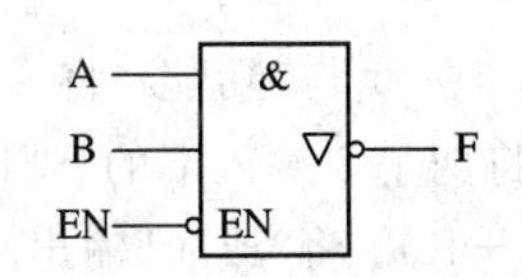

图 2-6　三态门的国际符号

表 2-1　三态门的真值表

EN	A	B	F
1	Φ	Φ	高阻
0	0	0	1
0	0	1	1
0	1	0	1
0	1	1	0

多个三态门的输出端可以直接相连。但与 OC 门线与连接明显不同的是，连在一起的三态门必须分时工作，即任何时候至多只能有一个三态门处于工作状态，不允许多个三态门同时工作；如果同时工作，会出现与多个普通 TTL 逻辑门输出端相连时同样的问题。因此，需要对各个三态门的使能端 EN 进行适当控制，保证三态门分时工作。

三态门在计算机的总线结构中有着广泛的应用。例如，双向数据总线就可以按照图 2-7 来构成。当控制端 E=0 时，下端三态门工作，上端三态门处于高阻状态，D_2 线上的数据反相后传至 D_1 线上；当控制端 E=1 时，上端三态门工作，下端三态门处于高阻状态，D_1 线上的数据反相后传至 D_2 线上，从而实现了数据的双向传输。

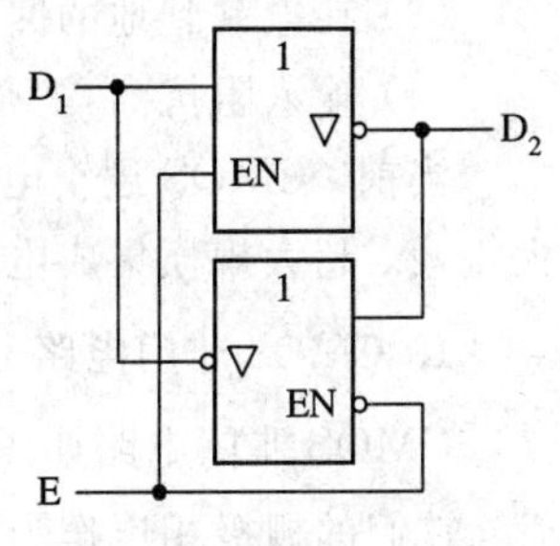

图 2-7　双向数据总线

【例 2-2】 写出图 2-8 所示电路的输出函数表达式，画出对应于图 2-9 所示输入波形的输出波形。

解 由图 2-8 可见，当 E=0 时，上端三态门工作，下端三态门处于高阻状态，$F=\overline{A}$；当 E=1 时，下端三态门工作，上端三态门处于高阻状态，$F=\overline{A\oplus B}=A\odot B$。由此可得 F 的综合表达式为 $F=\overline{E}\cdot\overline{A}+E\cdot\overline{A\oplus B}$，F 对应的输出波形如图2-9 所示。

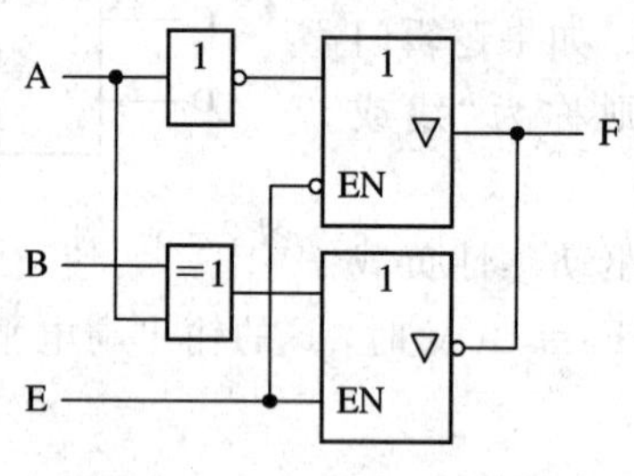

图 2-8 例 2-2 的电路

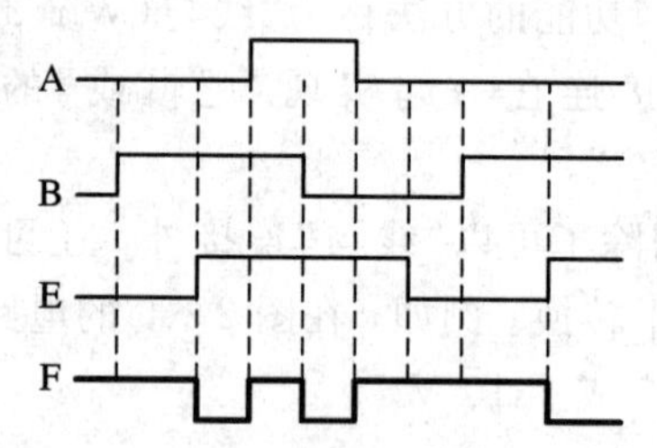

图 2-9 图 2-8 中电路的波形

3. ECL 逻辑门

ECL 逻辑门是一种采用非饱和型电子开关构成的双极型门电路，作开关用的三极管只工作在截止和放大状态，不进入饱和状态。

ECL 逻辑门具有以下特点：

(1) 电路的基本形式为“或/或非门”，有“或/或非”两个互补输出端。

(2) 一般使用-5.2 V 负电源，输出高电平约为-0.8 V，输出低电平约为-1.6 V，高、低电平之差即逻辑摆幅仅为 0.8 V，抗干扰能力弱。目前，已有使用-5 V 或+5 V 电源的 ECL 逻辑门问世。

(3) 将多个 ECL 逻辑门的“或”输出端直接相连，可实现“线与”功能；将多个 ECL 逻辑门的“或非”输出端直接相连，可实现“线或”功能。例如将两个 3 输入端的 ECL 逻辑门的“或”输出端直接相连时，输出结果为 $F=(A+B+C)(I+J+K)$；将“或非”输出端直接相连时，输出结果为 $F=\overline{A+B+C}+\overline{I+J+K}$。

(4) 在各类逻辑门中，工作速度最高，带负载能力较强，但功耗也最大。

2.1.2 CMOS 逻辑门电路

与双极型逻辑电路相比，CMOS 逻辑电路具有以下优点：

(1) 制造工艺简单，集成度和成品率较高，便于大规模集成；

(2) 工作电源 U_{DD}允许变化的范围大，高、低电平分别为 U_{DD}和 0 V，抗干扰能力强；

(3) 在电源到地的回路中，总有 MOS 管截止，功耗特别低；

(4) 输入阻抗高，一般高达 500 MΩ 以上，带负载能力强。

当前，CMOS 逻辑电路已成为与双极型逻辑电路并驾齐驱的另一类集成电路，并且在大规模、超大规模集成电路方面已经超过了双极型逻辑电路的发展势头。

1. CMOS 非门电路

CMOS 非门电路如图 2-10(a)所示，其驱动管 V_1 是 NMOS 管，负载管 V_2 是 PMOS 管，它们的栅极相连作为非门的输入，漏极相连作为非门的输出。V_1 的源极接地，V_2 的源极接正电源 U_{DD}。为了保证电路正常工作，U_{DD}应不低于两个 MOS 管开启电压的绝对值之和，NMOS、PMOS 管的衬底应分别接电路中的最低和最高电位。

CMOS 非门的工作状态如图 2－10(b)所示，其中逻辑 1 表示高电平，逻辑 0 表示低电平。从图中可见，输出 F 始终与输入 A 相反，因此是一个非门。由于 CMOS 非门的两个 MOS 管总是轮流导通的，即不管电路处于什么状态，总有一个 MOS 管截止，因此其静态功耗极低。

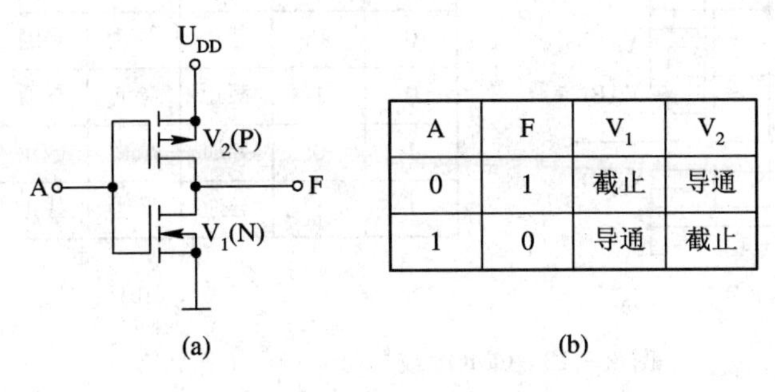

A	F	V_1	V_2
0	1	截止	导通
1	0	导通	截止

图 2－10 CMOS 非门电路及工作状态

(a) 电路；(b) 工作状态

2. CMOS 与非门和或非门电路

在 CMOS 非门的基础上，可以构成各种 CMOS 门电路。CMOS 门电路的基本形式是与非门和或非门。

1) CMOS 与非门电路

CMOS 与非门电路及工作状态如图 2－11 所示。电路由四个 MOS 管组成，V_1 和 V_2 两个 NMOS 驱动管串联，V_3 和 V_4 两个 PMOS 负载管并联。当输入 A、B 中至少有一个为低电平时，V_1、V_2 中就至少有一管截止，V_3、V_4 中就至少有一管导通，输出为高电平，F=1；当输入 A、B 均为高电平时，V_1 和 V_2 都导通，V_3 和 V_4 都截止，输出为低电平，F=0。所以，该电路实现了与非门的功能，输出 F 和输入 A、B 的逻辑关系为 $F=\overline{AB}$。

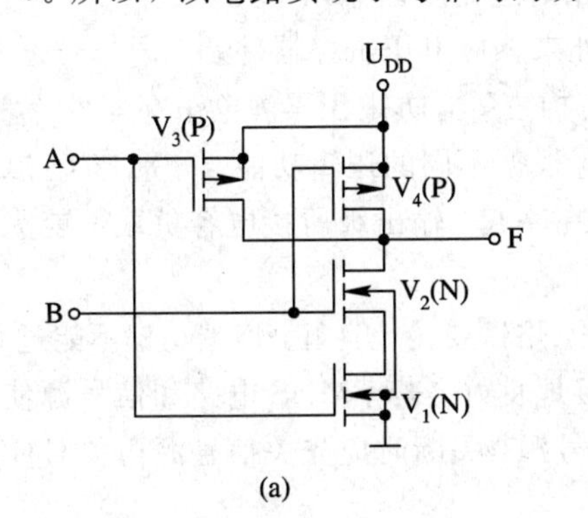

A	B	V_1	V_2	V_3	V_4	F
0	0	截止	截止	导通	导通	1
0	1	截止	导通	导通	截止	1
1	0	导通	截止	截止	导通	1
1	1	导通	导通	截止	截止	0

(b)

图 2－11 CMOS 与非门电路及工作状态

(a) 电路；(b) 工作状态

2) CMOS 或非门电路

CMOS 或非门电路及工作状态如图 2－12 所示，其电路形式刚好和与非门相反，V_1 和 V_2 两个 NMOS 驱动管并联，V_3 和 V_4 两个 PMOS 负载管串联。当输入 A、B 均为低电平时，V_1 和 V_2 都截止，V_3 和 V_4 都导通，输出为高电平，因此 F=1；当输入 A、B 中至少有 1 个为高电平时，V_1、V_2 中至少有 1 个导通，V_3、V_4 中至少有 1 个截止，输出为低电平，因此 F=0。可见，该电路实现了或非门的功能，输出 F 和输入 A、B 的逻辑关系为 $F=\overline{A+B}$。

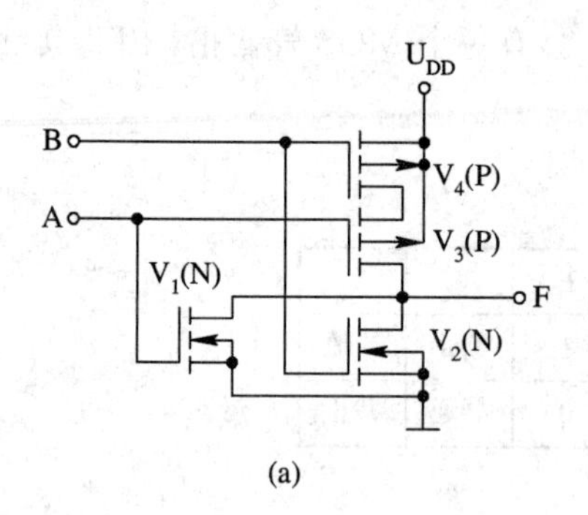

A	B	V_1	V_2	V_3	V_4	F
0	0	截止	截止	导通	导通	1
0	1	截止	导通	导通	截止	0
1	0	导通	截止	截止	导通	0
1	1	导通	导通	截止	截止	0

(b)

图 2-12　CMOS 或非门电路及工作状态

(a) 电路；(b) 工作状态

3. CMOS 门电路的构成规律

分析复杂的 CMOS 门电路时，可以不必像前面一样逐个分析电路中各 MOS 管的通断情况，而可以按照下面的规律判断电路的功能(或构成 CMOS 门电路)：

(1) 驱动管串联，负载管并联；驱动管并联，负载管串联。

(2) 驱动管先串后并，负载管先并后串；驱动管先并后串，负载管先串后并。

(3) 驱动管相串为“与”，相并为“或”，先串后并为先“与”后“或”，先并后串为先“或”后“与”。驱动管组和负载管组连接点引出输出为“取反”。

4. 使用 CMOS 集成电路的注意事项

由于 CMOS 集成电路具有很高的输入阻抗，因此很容易因感应静电而被击穿。虽然其内部在每一个输入端都加有双向保护电路，但在使用时还是要注意以下几点：

(1) 采用金属屏蔽盒储存或金属纸包装，防止外来感应电压击穿器件。

(2) 工作台面不宜用绝缘良好的材料，如塑料、橡皮等，防止积累静电击穿器件。

(3) 不用的输入端或者多余的门都不能悬空，应根据不同的逻辑功能，分别与 U_{DD}(高电位)或 U_{SS}(低电位)相连，或者与有用的输入端并在一起。输出级所接电容负载不能大于 500 pF，否则，输出级功率过大会损坏电路。

(4) 焊接时，应采用 20 W 或 25 W 内热式电烙铁，烙铁要接地良好，烙铁功率不能过大。

(5) 调试时，所用仪器仪表和电路箱、板都应接地良好。若 CMOS 电路和信号源使用不同电源，则加电时应先开 CMOS 电路电源再开信号源，关断时应先关信号源再关 CMOS 电路电源。

(6) 严禁带电插拔器件或拆装电路板，以免瞬态电压损坏 CMOS 器件。

(7) CMOS 电路与 TTL 电路混用时，要注意逻辑电平的匹配。

2.1.3　集成逻辑门的主要参数

各类逻辑门有大致相近的特性参数。下面以 TTL 非门为例并结合图 2-13 所示电压传输特性来介绍集成逻辑门的主要外部特性参数。

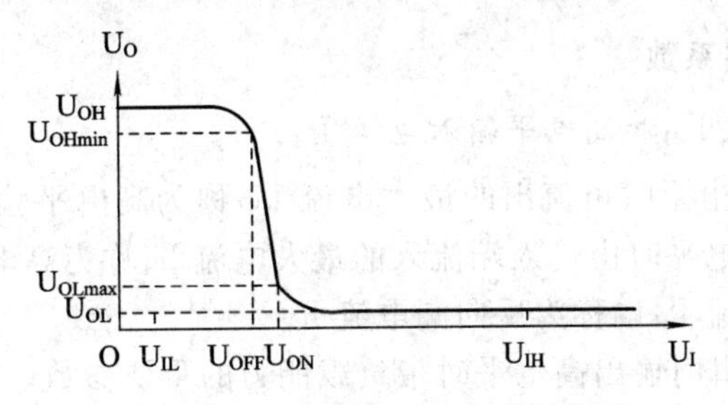

图 2-13　TTL 非门的电压传输特性

1. 电压参数

1）输出高电平 U_{OH} 和输出低电平 U_{OL}

逻辑门输出管截止时对应的输出电平称为输出高电平 U_{OH}，典型值约为 3.6 V。U_{OH} 的下限值 U_{OHmin} 通常不低于 2.4 V，当输出高电平低于 U_{OHmin} 时就认为高电平不合格。

逻辑门输出管饱和时对应的输出电平称为输出低电平 U_{OL}，典型值约为 0.3 V。U_{OL} 的上限值 U_{OLmax} 通常不高于 0.5 V，当输出低电平高于 U_{OLmax} 时就认为低电平不合格。

2）逻辑摆幅 ΔU

逻辑门输出高、低电平之差 ΔU 称为逻辑摆幅。逻辑摆幅越大，抗干扰能力越强。典型 TTL 逻辑门的逻辑摆幅 $\Delta U = 3.6\text{ V} - 0.3\text{ V} = 3.3\text{ V}$。

3）开门电平 U_{ON} 和关门电平 U_{OFF}

当输出为低电平的上限 U_{OLmax} 时，逻辑门所对应的输入电平 U_{ON} 称为开门电平，它是逻辑门允许输入高电平的下限值 U_{IHmin}。当输入电压大于 U_{ON} 时，逻辑门处于开门状态。U_{ON} 的典型值为 2 V。

当输出为高电平的下限 U_{OHmin} 时，逻辑门所对应的输入电平 U_{OFF} 称为关门电平，它是逻辑门允许输入低电平的上限值 U_{ILmax}。当输入电压小于 U_{OFF} 时，逻辑门处于关门状态。U_{OFF} 的典型值为 0.8 V。

4）抗干扰容限 U_{NL} 和 U_{NH}

关门电平 U_{OFF} 与实际输入低电平的上限值（也就是前级输出低电平的上限值 U_{OLmax}）之差称为逻辑门低电平输入时的抗干扰容限 U_{NL}，即

$$U_{NL} = U_{OFF} - U_{OLmax} \tag{2-2}$$

实际输入高电平的下限值（也就是前级输出高电平的下限值 U_{OHmin}）与开门电平 U_{ON} 之差称为逻辑门高电平输入时的抗干扰容限 U_{NH}，即

$$U_{NH} = U_{OHmin} - U_{ON} \tag{2-3}$$

抗干扰容限用来表征逻辑门的抗干扰能力。一旦干扰电平超过抗干扰容限，逻辑门将不能正常工作。因此，逻辑门的抗干扰容限 U_N 应为 U_{NL} 和 U_{NH} 中的最小者，即 $U_N = \min(U_{NL}, U_{NH})$。

例如，四-2 输入与非门 74LS00 的 $U_{ON} = 2.0\text{ V}$，$U_{OFF} = 0.8\text{ V}$，$U_{OLmax} = 0.4\text{ V}$，$U_{OHmin} = 2.7\text{ V}$，其驱动同类门时的 $U_{NL} = U_{OFF} - U_{OLmax} = 0.4\text{ V}$，$U_{NH} = U_{OHmin} - U_{ON} = 0.7\text{ V}$，因此抗干扰容限 $U_N = 0.4\text{ V}$。

2. 电流参数与扇出系数

1）高电平输出电流 I_{OH} 和高电平输入电流 I_{IH}

逻辑门输出端为高电平时可流出的最大电流 I_{OH} 称为高电平输出电流，通常为几百微安。逻辑门输入端为高电平时由输入端流入的最大电流 I_{IH} 称为高电平输入电流，通常为几十微安。高电平输入电流 I_{IH} 也称为反向漏电流 I_{RE}。

I_{OH} 和 I_{IH} 是决定逻辑门输出高电平时带负载能力的重要参数。

2）低电平输出电流 I_{OL} 和低电平输入电流 I_{IL}

逻辑门输出端为低电平时可流入的最大电流 I_{OL} 称为低电平输出电流，通常为几毫安～几十毫安。逻辑门输入端为低电平时由输入端流出的最大电流 I_{IL} 称为低电平输入电流，通常为几百微安～几毫安。低电平输入电流 I_{IL} 也称为输入短路电流 I_{SE}。

I_{OL} 和 I_{IL} 是决定逻辑门输出低电平时带负载能力的重要参数。

3）扇出系数 N_O

逻辑门在正常工作条件下，输出端最多能驱动同类门的数量 N_O 称为扇出系数，它是衡量逻辑门输出端带负载能力的一个重要参数。扇出系数越大，带负载能力越强。

逻辑门输出低电平时的扇出系数一般小于输出高电平时的扇出系数。因此，逻辑门的负载能力应以输出低电平时的扇出系数为准。例如，某逻辑门 $I_{OL}=8$ mA，$I_{IL}=0.5$ mA，$I_{OH}=400$ μA，$I_{IH}=20$ μA，则输出低电平时的扇出系数为 $N_{OL}=I_{OL}/I_{IL}=8\div0.5=16$，输出高电平时的扇出系数为 $N_{OH}=I_{OH}/I_{IH}=400\div20=20$，即该逻辑门输出高电平时理论上可以驱动 20 个同类门，输出低电平时理论上只能驱动 16 个同类门。因此，该逻辑门最多只能接 16 个同类门，扇出系数 $N_O=16$。在实际使用时，还应留有余地。此外，如果某个负载门的 n 个输入端都接至同一个逻辑门的输出端，那么这个负载门要按照 n 个门来计算。

3. 关门电阻 R_{OFF} 与开门电阻 R_{ON}

将逻辑门的一个输入端通过电阻 R_i 接地，逻辑门的其余输入端悬空，则有电源电流从该输入端流向 R_i，并在 R_i 上产生压降 U_i。使 $U_i=U_{OFF}$ 时的输入电阻 R_i 称为逻辑门的关门电阻 R_{OFF}，使 $U_i=U_{ON}$ 时的输入电阻 R_i 称为逻辑门的开门电阻 R_{ON}。当 $R_i\leqslant R_{OFF}$ 时，逻辑门处于关门状态，与非门输出高电平；当 $R_i>R_{OFF}$ 时，逻辑门不再处于关门状态。当 $R_i\geqslant R_{ON}$ 时，逻辑门处于开门状态，与非门输出低电平；当 $R_i<R_{ON}$ 时，逻辑门不再处于开门状态。当 $R_{OFF}<R_i<R_{ON}$ 时，与非门既不处于关门状态也不处于开门状态，输出为不合格电平。

典型 TTL 与非门的关门电阻 R_{OFF} 约为 0.7 kΩ，开门电阻 R_{ON} 约为 1.5 kΩ。

4. 功耗

功耗是指逻辑门消耗的电源功率，常用空载功耗来表征。

当输出端空载，逻辑门输出低电平时的功耗 P_{ON} 称为空载导通功耗。当输出端空载，逻辑门输出高电平时的功耗 P_{OFF} 称为空载截止功耗。

由于空载导通功耗 P_{ON} 比截止功耗 P_{OFF} 大，因此常用 P_{ON} 表示逻辑门的空载功耗。TTL 逻辑门的 P_{ON} 一般不超过 50 mW。

5. 速度

逻辑门的工作速度常用平均传输延迟时间 t_{pd} 来衡量。

逻辑门输入端信号变化引起输出端信号变化(均以变化至幅度 U_m 的 50%处时起算)所需的平均时间称为逻辑门的平均传输延迟时间 t_{pd}。典型 TTL 与非门的 t_{pd}约为 10 ns。

t_{pd}越小，逻辑门的工作速度越高。

2.1.4　各类逻辑门的性能比较

1. 集成逻辑门系列简介

1) TTL 门电路系列

TTL 门电路分为 54(军用)和 74(商用)两大系列，每个系列又有若干子系列。例如 74 系列就有以下子系列：

74××	标准系列
74L××	低功耗系列
74H××	高速系列
74S××	肖特基系列
74LS××	低功耗肖特基系列
74AS××	先进的肖特基系列
74ALS××	先进的低功耗肖特基系列

上述“××”为器件的功能编号，编号相同的各子系列器件的功能及引脚排列是完全相同的。不同子系列间的差别主要在于功耗、抗干扰容限和传输延迟等，如表 2-2 所示。

表 2-2　TTL74 系列各子系列参数对比

各子系列	传输延迟/(ns/门)	功耗/(mW/门)	扇出系数
74××	10	10	10
74L××	33	1	10
74H××	6	22	10
74S××	3	19	10
74LS××	9	2	10
74AS××	1.5	8	40
74ALS××	4	1	20

54 系列与 74 系列有相同的子系列。功能编号相同的 54 系列芯片与 74 系列芯片的功能完全相同，只是电源和温度的适应范围不同，军用系列要优于商用系列。

2) CMOS 门电路系列

按照器件编号来分，CMOS 门电路可分为 4000 系列、74C××系列和硅一氧化铝系列等三大系列。前两种系列应用很广泛，而硅一氧化铝系列因制造工艺成本高，价格昂贵，目前尚未普及。

4000 系列有若干个子系列，其中以采用硅栅工艺和双缓冲输出的 4000B 系列最常用。

74C××系列的功能及管脚设置均与 TTL74 系列相同，也有若干个子系列。74C××系列为普通 CMOS 系列，74HC/HCT××系列为高速 CMOS 系列，74AC/ACT××系列为先进的 CMOS 系列，其中 74HCT××和 74ACT××系列可直接与 TTL 系列兼容。

表 2-3 列出了各系列 CMOS 电路的主要技术参数。从表中可见，CMOS 逻辑门的静态功耗是非常低的。

表 2-3　各系列 CMOS 电路的主要技术参数

逻辑系列	电源电压/V	功耗/(mW/门)	传输延迟/(ns/门)
4000B	3～18	0.002	25～100
74HC/HCT××	2～6	0.009	10
74AC/ACT××	2～6	0.01	5

2. 各类逻辑门的性能比较

各类集成逻辑门的主要技术指标如表 2-4 所示。由表可见，在各类逻辑门中，ECL 逻辑门的传输延迟最小，工作速度最高，但抗干扰能力最差，功耗也最大；CMOS 逻辑门的抗干扰能力和带负载能力都最强，功耗也最低，但传输延迟较大，工作速度较低。综合考虑各项性能指标，除了在要求速度特别高的场合应选用 ECL 逻辑门以外，LSTTL 和 CMOS 逻辑门是两种优选系列，它们也是当前的主流产品。

表 2-4　集成逻辑门的性能比较

参数	双极型门电路			单极型门电路	
	TTL	LSTTL	ECL	NMOS	CMOS
功耗/(mW/门)	10～50	2	50～100	1～10	0.001～0.01
传输延迟/(ns/门)	10～40	5	1～2	300～400	40
抗干扰容限/V	1	1	0.2	3～4	45% U_{DD}
抗干扰能力	中	中	弱	较强	强
扇出系数(N_O)	≥8	≥8	≥10	≥10	≥15
逻辑摆幅/V	3.3	3.3	0.8	3～14	≈U_{DD}
电源电压/V	5	5	−5.2	≤15	5～15
电路基本形式	与非	与非	或/或非	或非	与非/或非

2.1.5　正逻辑与负逻辑

前面分析各类逻辑门电路的功能时，总是假定高电平表示逻辑 1，低电平表示逻辑 0。这种逻辑假定称为正逻辑(Positive Logic)。如果假定高电平表示逻辑 0，低电平表示逻辑 1，这种逻辑假定就称为负逻辑(Negative Logic)。

同一个逻辑电路，在不同的逻辑假定下，其逻辑功能是完全不同的。就像表 2-5 左列中给定的电平表，在正逻辑时它是与门功能，而在负逻辑时它却是或门功能。一般而言，同一个电路的正逻辑表达式与负逻辑表达式互为对偶式，它们所描述的逻辑功能相互等价。例如，正逻辑的与非门等价于负逻辑的或非门，正逻辑的或非门等价于负逻辑的与非门；正逻辑的异或门等价于负逻辑的同或门，正逻辑的同或门等价于负逻辑的异或门。

表 2－5　正逻辑与负逻辑的对应关系

电平表			正逻辑				负逻辑			
输入		输出	真值表			功能	真值表			功能
U_A	U_B	U_F	A	B	F	与门	A	B	F	或门
+0.3 V	+0.3 V	+0.3 V	0	0	0	A, B → & → F	1	1	1	A, B → ≥1 → F
+0.3 V	+3.6 V	+0.3 V	0	1	0		1	0	1	
+3.6 V	+0.3 V	+0.3 V	1	0	0		0	1	1	
+3.6 V	+3.6 V	+3.6 V	1	1	1		0	0	0	

负逻辑时的逻辑门符号一般是把逻辑门符号的输入、输出线加上空心箭头来表示，如表 2－5 中负逻辑栏所示。如果原来输出端有小圆圈，则去除小圆圈且不加空心箭头。

一般情况下，人们都习惯于采用正逻辑。如无特殊说明，本书将一律采用正逻辑。

2.2　常用 MSI 组合逻辑模块

集成逻辑门是组合逻辑电路的基本部件，所有组合逻辑模块都是在逻辑门的基础上集成的。按照每块芯片内集成的逻辑门数目或元件数目的不同，数字集成电路通常划分为小规模集成电路（Small Scale Integration Circuit，SSI）、中规模集成电路（Medium Scale Integration Circuit，MSI）、大规模集成电路（Large Scale Integration Circuit，LSI）、超大规模集成电路（Very Large Scale Integration Circuit，VLSI）、特大规模集成电路（Ultra Large Scale Integration Circuit，ULSI）和巨大规模集成电路（Gigantic Large Scale Integration Circuit，GLSI）六种集成规模。集成规模的划分标准如表 2－6 所示。

本节介绍常用 MSI 组合逻辑模块的功能和使用方法。

表 2－6　数字集成电路的规模划分标准

集成规模	SSI	MSI	LSI	VLSI	ULSI	GLSI
门数/片	$<10^1$	$10^1 \sim 10^2$	$10^2 \sim 10^4$	$10^4 \sim 10^6$	$10^6 \sim 10^8$	$>10^8$
元件数/片	$<10^2$	$10^2 \sim 10^3$	$10^3 \sim 10^5$	$10^5 \sim 10^7$	$10^7 \sim 10^9$	$>10^9$

2.2.1　加法器

加法器是一种算术运算电路，其基本功能是实现两个二进制数的加法运算。计算机 CPU 中的运算器，本质上就是一种既能完成算术运算、又能完成逻辑运算的单元电路，简称算术逻辑单元（Arithmetic-Logical Unit，ALU），其原理与这里介绍的加法器完全相同，只不过功能更多、规模更大而已。

1. 半加器和全加器

1）半加器

仅对两个一位二进制数 A_i 和 B_i 进行的加法运算称为“半加”。实现半加运算功能的逻辑部件叫做半加器（Half-Adder），简称 HA。

半加器的真值表和逻辑符号如图 2 - 14 所示。其中，A_i 和 B_i 分别表示被加数和加数输入，S_i 为本位和输出，C_{i+1} 为向相邻高位的进位输出，“Σ”为加法器的限定符，“CO”为运算单元进位输出的限定符。半加器的输出逻辑函数表达式为

$$C_{i+1} = A_i B_i$$

$$S_i = \overline{A}_i B_i + A_i \overline{B}_i = A_i \oplus B_i$$

可见，用 1 个与门和 1 个异或门就可以实现半加器电路。

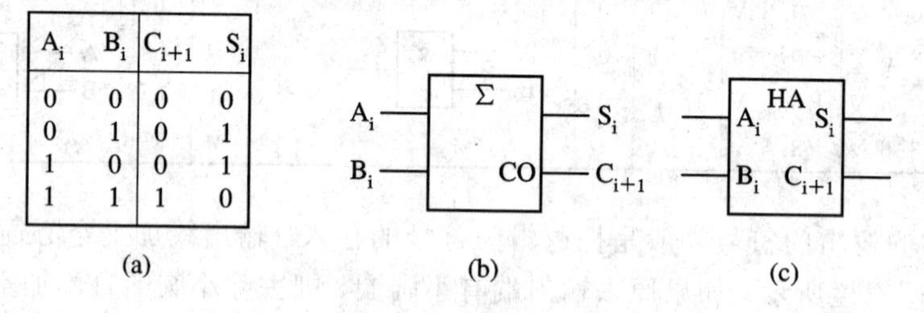

A_i	B_i	C_{i+1}	S_i
0	0	0	0
0	1	0	1
1	0	0	1
1	1	1	0

图 2 - 14　半加器的真值表和逻辑符号

(a) 真值表；(b) 国标符号；(c) 惯用符号

2）全加器

对两个 1 位二进制数 A_i 和 B_i 连同低位来的进位 C_i 进行的加法运算称为“全加”。实现全加运算功能的逻辑部件叫做全加器(Full-Adder)，简称 FA。在多位数加法运算时，除最低位外，其它各位都需要考虑低位送来的进位。

全加器的真值表如表 2 - 7 所示。表中的 A_i 和 B_i 分别表示被加数和加数输入，C_i 表示来自相邻低位的进位输入，S_i 为本位和输出，C_{i+1} 为向相邻高位的进位输出。全加器的输出逻辑函数表达式为

$$\begin{aligned} C_{i+1} &= A_i B_i + A_i C_i + B_i C_i \\ &= A_i B_i + \overline{A}_i B_i C_i + A_i \overline{B}_i C_i \\ &= A_i B_i + (\overline{A}_i B_i + A_i \overline{B}_i) C_i \\ &= A_i B_i + (A_i \oplus B_i) C_i \\ S_i &= \overline{A}_i \overline{B}_i C_i + \overline{A}_i B_i \overline{C}_i + A_i \overline{B}_i \overline{C}_i + A_i B_i C_i \\ &= A_i \oplus B_i \oplus C_i \end{aligned}$$

表 2 - 7　全加器的真值表

A_i	B_i	C_i	C_{i+1}	S_i
0	0	0	0	0
0	0	1	0	1
0	1	0	0	1
0	1	1	1	0
1	0	0	0	1
1	0	1	1	0
1	1	0	1	0
1	1	1	1	1

全加器的电路及逻辑符号如图 2 - 15 所示。国标符号中的“CI”为运算单元进位输入限定符。

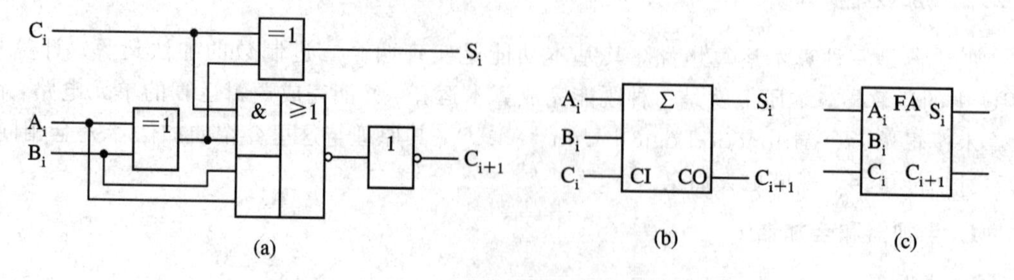

图 2 - 15　全加器的电路及逻辑符号

(a) 电路；(b) 国标符号；(c) 惯用符号

2. MSI 4 位二进制数并行加法器

7483 和 74283 是两种典型的 MSI 4 位二进制数并行加法器，其逻辑符号如图 2-16 所示。其中，$A_3A_2A_1A_0$ 和 $B_3B_2B_1B_0$ 分别为 4 位二进制被加数和加数输入，C_0 为相邻低位的进位输入，$S_3S_2S_1S_0$ 为相加后的 4 位和输出，C_4 为相加后的进位输出。国标符号中的 P、Q 为操作数限定符，Σ 为和输出限定符。7483 和 74283 的功能可以用下面的算术表达式来描述：

$$C_4S_3S_2S_1S_0 = A_3A_2A_1A_0 + B_3B_2B_1B_0 + C_0 \tag{2-4}$$

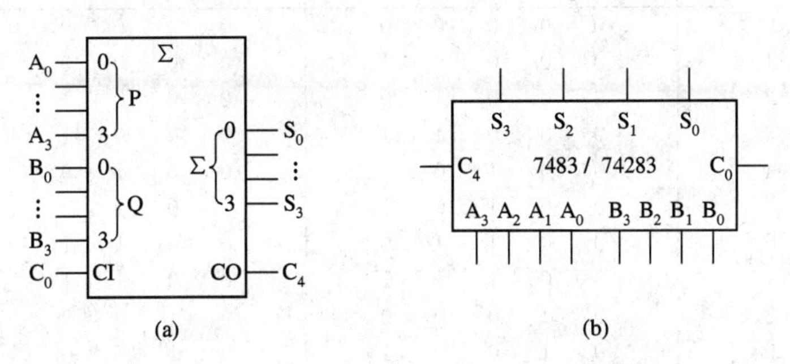

图 2-16　4 位二进制数并行加法器 7483/74283 的逻辑符号

(a) 国标符号；(b) 惯用符号

3. 加法器的扩展与应用

1）加法器的扩展

加法器的扩展特别简单，只要将适当数量的 MSI 加法器模块级联，即可实现任何两个相同位数的二进制数的加法运算。

【例 2-3】 用 7483 实现两个 7 位二进制数的加法运算。

解　两个 7 位二进制数的加法运算需要用两片 7483 才能实现，连接电路如图 2-17 所示。注意，低位模块的 C_0 要接 0，高位模块的多余输入端 A_3、B_3 也要接 0。

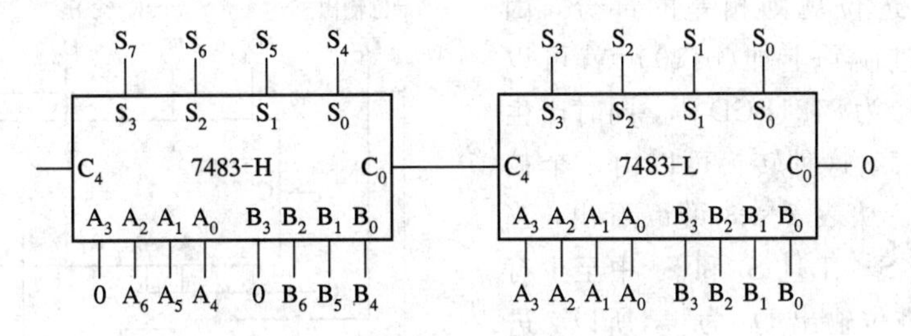

图 2-17　7 位二进制数加法器

2）加法器的应用

虽然 7483、74283 等 MSI 加法器都是二进制数加法器，但巧加利用，也可以用来实现十进制加法运算。有关实现特殊代码转换的应用将在本章 2.4 节介绍。

【例 2-4】 用 7483 构成 1 位 8421BCD 码加法器。

解　7483 是 4 位二进制数加法器，也就是 1 位十六进制数加法器，其进位规则为逢 16 进 1。不管输入什么进制的数给 7483，7483 都会将其视为二进制数来进行加法运算，而且运算结果也是以二进制数表示的和。而十进制数加法的进位规则为逢 10 进 1，因此用 7483 实现 BCD 加法时，必须解决进位规则不同带来的问题。只有对运算结果进行调整，才可得到 BCD 码。

由于两个1位十进制数相加时，被加数A和加数B的取值范围是0～9，其和的最大值是9+9=18，因此把0～18的十进制、二进制和BCD码表示的值列于表2-8中，以便寻找二进制码转换为BCD码的规律。

表2-8　十进制数0～18的几种代码表示

十进制数	二进制码					8421BCD码				
N_{10}	C_4	S_3	S_2	S_1	S_0	D_C	D_8	D_4	D_2	D_1
0	0	0	0	0	0	0	0	0	0	0
1	0	0	0	0	1	0	0	0	0	1
2	0	0	0	1	0	0	0	0	1	0
3	0	0	0	1	1	0	0	0	1	1
4	0	0	1	0	0	0	0	1	0	0
5	0	0	1	0	1	0	0	1	0	1
6	0	0	1	1	0	0	0	1	1	0
7	0	0	1	1	1	0	0	1	1	1
8	0	1	0	0	0	0	1	0	0	0
9	0	1	0	0	1	0	1	0	0	1
10	0	1	0	1	0	1	0	0	0	0
11	0	1	0	1	1	1	0	0	0	1
12	0	1	1	0	0	1	0	0	1	0
13	0	1	1	0	1	1	0	0	1	1
14	0	1	1	1	0	1	0	1	0	0
15	0	1	1	1	1	1	0	1	0	1
16	1	0	0	0	0	1	0	1	1	0
17	1	0	0	0	1	1	0	1	1	1
18	1	0	0	1	0	1	1	0	0	0

经比较发现，当十进制数≤9，即二进制数≤$(01001)_2$时，二进制码与BCD码相同；当十进制数≥10，即二进制数≥$(01010)_2$时，BCD码比二进制码大6，这正是十六进制加法和十进制加法进位规则相差的部分，因此，只要在二进制码上加$(0110)_2$就可以把二进制码转换为8421BCD码，同时产生进位输出$D_C=1$。这种转换可以由一个校正电路来完成。从表2-8可以看出，当$C_4=1$时，或当$S_3=1$且S_2和S_1中至少有一个为1时，进位输出D_C为1，所以，进位输出表达式为

$$D_C = C_4 + S_3(S_2 + S_1)$$
$$= C_4 + S_3S_2 + S_3S_1$$

当$D_C=1$时，把$(0110)_2$加到二进制加法器输出端即可。

根据以上讨论，1位8421BCD码加法器可由1个4位二进制数加法器7483和1个由4位二进制数加法器7483及门电路构成的校正电路组成，如图2-18所示。

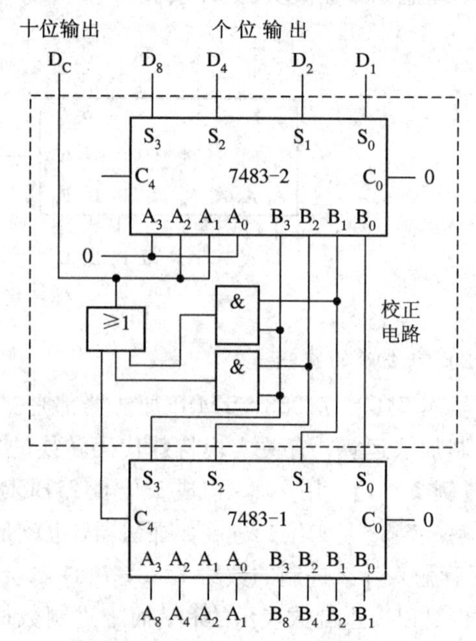

图2-18　1位8421BCD码加法器电路

2.2.2　比较器

比较器(Comparator)是对两个位数相同的无符号二进制数进行数值比较并判定大小关系的算术运算电路。与加法器有半加器和全加器一样，比较器也有半比较器(Half Comparator)和全比较器(Full Comparator)之分。所谓半比较器，是指只能对两个 1 位二进制数进行比较而不考虑低位比较结果的一类比较器。所谓全比较器，是指不仅能对两个 1 位二进制数进行比较，而且能够考虑低位比较结果的一类比较器。读者不难据此得出半比较器和全比较器的真值表和实现电路。

1. MSI 4 位二进制数并行比较器

MSI 4 位二进制数并行比较器 7485 的逻辑符号如图 2 - 19 所示，其真值表如表 2 - 9 所示。其中 a>b、a=b 、a<b 为级联输入端，是为了实现四位以上数码比较时，输入低位芯片比较结果而设置的。A>B、A=B 、A<B 为三种不同比较结果输出端。国标符号中的“COMP”是比较器的限定符，P、Q 为操作数限定符，P>Q、P<Q 和 P=Q 是三种比较结果输出的限定符。

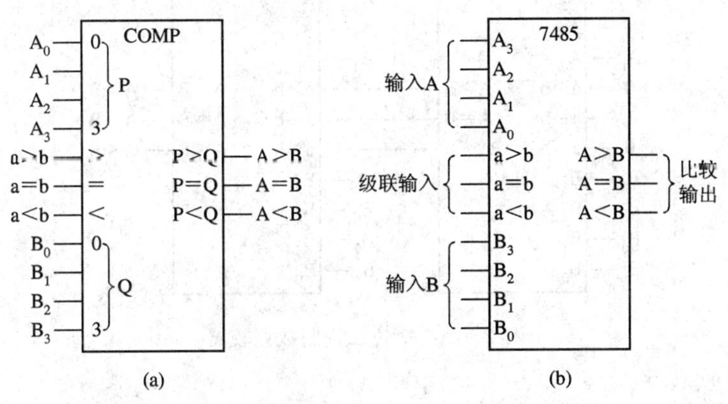

图 2 - 19　4 位二进制数并行比较器 7485 的逻辑符号

(a) 国标符号；(b) 惯用符号

表 2 - 9　4 位二进制数并行比较器 7485 真值表

比较输入				级联输入			输出		
A_3　B_3	A_2　B_2	A_1　B_1	A_0　B_0	a>b	a=b	a<b	A>B	A=B	A<B
$A_3>B_3$	Φ	Φ	Φ	Φ	Φ	Φ	1	0	0
$A_3<B_3$	Φ	Φ	Φ	Φ	Φ	Φ	0	0	1
$A_3=B_3$	$A_2>B_2$	Φ	Φ	Φ	Φ	Φ	1	0	0
$A_3=B_3$	$A_2<B_2$	Φ	Φ	Φ	Φ	Φ	0	0	1
$A_3=B_3$	$A_2=B_2$	$A_1>B_1$	Φ	Φ	Φ	Φ	1	0	0
$A_3=B_3$	$A_2=B_2$	$A_1<B_1$	Φ	Φ	Φ	Φ	0	0	1
$A_3=B_3$	$A_2=B_2$	$A_1=B_1$	$A_0>B_0$	Φ	Φ	Φ	1	0	0
$A_3=B_3$	$A_2=B_2$	$A_1=B_1$	$A_0<B_0$	Φ	Φ	Φ	0	0	1
$A_3=B_3$	$A_2=B_2$	$A_1=B_1$	$A_0=B_0$	1	0	0	1	0	0
$A_3=B_3$	$A_2=B_2$	$A_1=B_1$	$A_0=B_0$	0	1	0	0	1	0
$A_3=B_3$	$A_2=B_2$	$A_1=B_1$	$A_0=B_0$	0	0	1	0	0	1

由真值表可知，只要两数最高位不等，就可以确定两数大小，以下各位(包括级联输入)可以为任意值；高位相等，需要比较低位的情况；若 A、B 两数的各位均相等，输出状态则取决于级联输入端的状态。因此，当没有更低位参与比较时，芯片的级联输入端(a>b)(a=b)(a<b)应该接 010，以便在 A、B 两数相等时，输出 A=B 的比较结果。这一点在使用时必须注意。

2. 比较器的扩展与应用

1）比较器的扩展

利用 7485 的级联输入，可以方便地实现比较器规模的扩展。

【例 2－5】 用 7485 构成 7 位二进制数并行比较器。

解 用 7485 构成的 7 位二进制数并行比较器如图 2－20 所示。注意低位模块的级联输入接“010”。此外，与加法器高位多余输入端的处理方法不同，比较器高位多余输入端只要连接相同即可，本电路中仍然接 0。

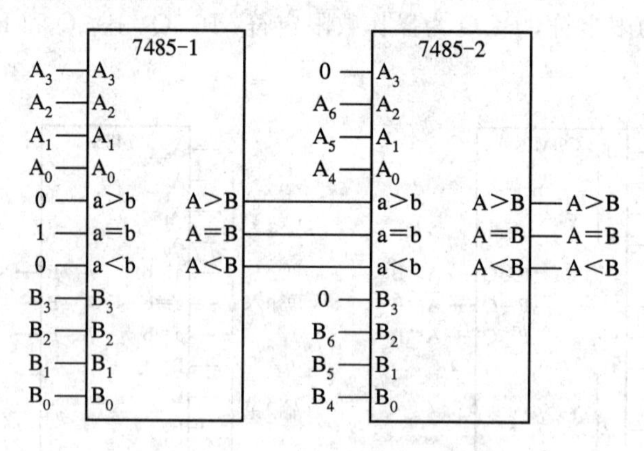

图 2－20　7 位二进制数比较器

2）比较器的应用

利用比较器的“比较”功能，可以实现一些特殊的数字电路。

【例 2－6】 用 7485 构成 4 位二进制数的判别电路，当输入二进制数 $B_3B_2B_1B_0 \geqslant (1010)_2$ 时，判别电路输出 F 为 1，否则为 0。

解 将输入二进制数 $B_3B_2B_1B_0$ 与 $(1001)_2$ 进行比较，即将 7485 的 A 输入端接 $B_3B_2B_1B_0$，B 输入端接 $(1001)_2$，则当输入二进制数 $B_3B_2B_1B_0 \geqslant (1010)_2$ 时，比较器 A>B 端输出为 1。因此，可用 A>B 端作为判别电路的输出 F，电路连接如图 2－21 所示。

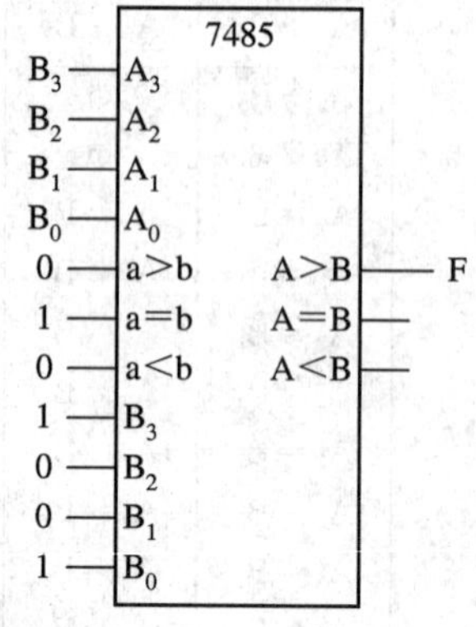

图 2－21　例 2－6 判别电路

事实上，前一小节介绍的 8421BCD 码加法器中的校正电路，也可以用 7485 来实现。将 D_C 展开为 C_4、S_3、S_2、S_1 的标准式，可得

$$D_C(C_4, S_3, S_2, S_1) = C_4 + S_3S_2 + S_3S_1 = \sum m(5 \sim 15)$$

即用 $C_4S_3S_2S_1$ 和 $(0100)_2$ 进行比较，用 A>B 端作 D_C 的输出。当 $C_4S_3S_2S_1 \geqslant (0101)_2$ 时，D_C 输出为 1。

2.2.3　编码器

第 1 章中已经介绍了编码的概念，即用一组符号按一定规则表示给定字母、数字、符号等信息的方法称为编码，编码的结果称为代码。在数字电路中，能够实现编码功能的逻辑部件称为编码器(Encoder)。对于每一个有效的输入信号，编码器产生一组惟一的二进制代码输出。

1. 8421BCD 编码器

8421BCD 编码器是一种 $m<2^n$ 的编码器，其中 m 为编码输入信号个数，n 为二进制编码输出位数，其功能框图和真值表分别如图 2 - 22 和表 2 - 10 所示，其中输入 I_i 表示十进制数符 i。

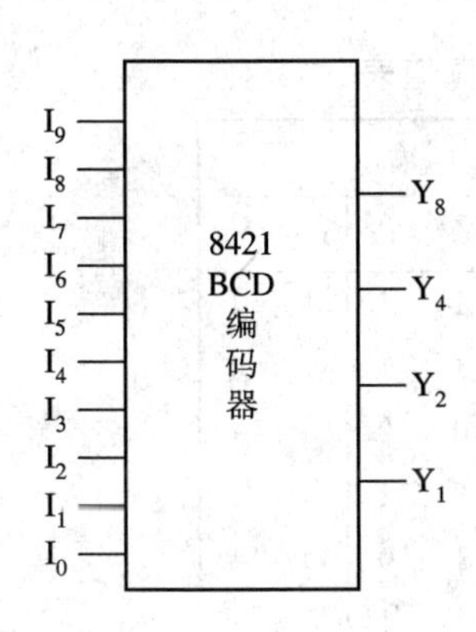

图 2 - 22　BCD 编码器框图

表 2 - 10　8421BCD 编码器的真值表

十进制数输入										8421BCD 输出			
I_9	I_8	I_7	I_6	I_5	I_4	I_3	I_2	I_1	I_0	Y_8	Y_4	Y_2	Y_1
0	0	0	0	0	0	0	0	0	1	0	0	0	0
0	0	0	0	0	0	0	0	1	0	0	0	0	1
0	0	0	0	0	0	0	1	0	0	0	0	1	0
0	0	0	0	0	0	1	0	0	0	0	0	1	1
0	0	0	0	0	1	0	0	0	0	0	1	0	0
0	0	0	0	1	0	0	0	0	0	0	1	0	1
0	0	0	1	0	0	0	0	0	0	0	1	1	0
0	0	1	0	0	0	0	0	0	0	0	1	1	1
0	1	0	0	0	0	0	0	0	0	1	0	0	0
1	0	0	0	0	0	0	0	0	0	1	0	0	1

编码器输出 $Y_8Y_4Y_2Y_1$ 的逻辑表达式为

$$Y_8 = I_8 + I_9$$
$$Y_4 = I_4 + I_5 + I_6 + I_7$$
$$Y_2 = I_2 + I_3 + I_6 + I_7$$
$$Y_1 = I_1 + I_3 + I_5 + I_7 + I_9$$

可见，用 4 个或门就可实现 8421BCD 编码器。由于表达式与"0"输入 I_0 无关，因此 8421BCD 编码器可以省去 I_0 输入线。当所有输入均无效(为 0)时，就表示输入为十进制数 0，编码器输出为 0000。

2. MSI 8 线—3 线优先编码器

前面介绍的 8421BCD 编码器，实现电路虽然简单，但并不实用，原因在于它们不允许多个输入信号同时有效。一旦出现多个输入信号同时有效的情况，编码器将产生错误输出。解决的办法就是采用优先编码器(Priority Encoder)。

优先编码器对全部编码输入信号规定了各不相同的优先等级，当多个输入信号同时有效时，优先编码器能够根据事先确定的优先顺序，只对优先级最高的有效输入信号进行编码。74147 和 74148 就是两种典型的 MSI 优先编码器，其中 74147 是 8421BCD 优先编码器，74148 是 8 线—3 线二进制优先编码器。此处仅介绍 74148，其逻辑符号和真值表分别如图 2 - 23 和表 2 - 11 所示。

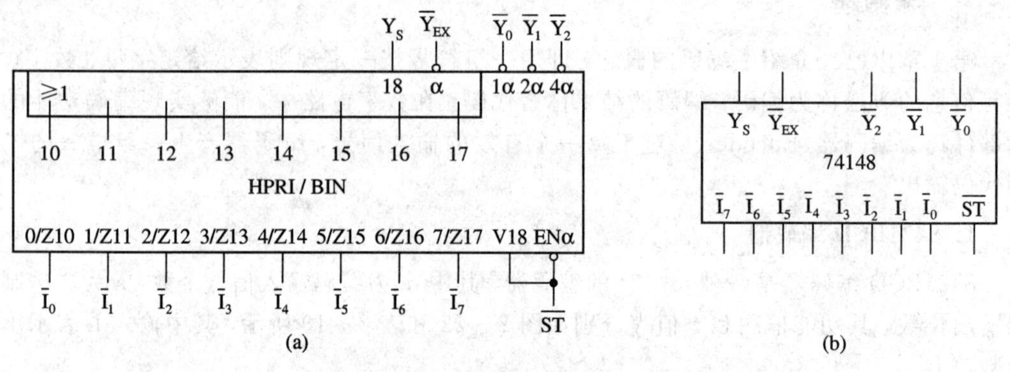

图 2 - 23　优先编码器 74148 的逻辑符号

(a) 国标符号；(b) 惯用符号

表 2 - 11　优先编码器 74148 的真值表

输入									输出				
$\overline{ST}$	$\overline{I}_7$	$\overline{I}_6$	$\overline{I}_5$	$\overline{I}_4$	$\overline{I}_3$	$\overline{I}_2$	$\overline{I}_1$	$\overline{I}_0$	$\overline{Y}_2$	$\overline{Y}_1$	$\overline{Y}_0$	$\overline{Y}_{EX}$	Y_S
1	Φ	Φ	Φ	Φ	Φ	Φ	Φ	Φ	1	1	1	1	1
0	1	1	1	1	1	1	1	1	1	1	1	1	0
0	0	Φ	Φ	Φ	Φ	Φ	Φ	Φ	0	0	0	0	1
0	1	0	Φ	Φ	Φ	Φ	Φ	Φ	0	0	1	0	1
0	1	1	0	Φ	Φ	Φ	Φ	Φ	0	1	0	0	1
0	1	1	1	0	Φ	Φ	Φ	Φ	0	1	1	0	1
0	1	1	1	1	0	Φ	Φ	Φ	1	0	0	0	1
0	1	1	1	1	1	0	Φ	Φ	1	0	1	0	1
0	1	1	1	1	1	1	0	Φ	1	1	0	0	1
0	1	1	1	1	1	1	1	0	1	1	1	0	1

国标符号中的“HPRI/BIN”是二进制优先编码器的限定符，H 表示高者优先；Z 和 V 分别表示“互连关联”和“或关联”。74148 的国标符号比较复杂，此处不再详细介绍，感兴趣的读者可参阅国标 GB4728。由于国标符号中字符太多，为使电路变得清爽、简洁，本书介绍各种 MSI 模块的应用电路时，将统一采用惯用逻辑符号。

从真值表可以看出，编码输入信号 $\overline{I}_7$～$\overline{I}_0$ 均为低电平(0)有效，且 $\overline{I}_7$ 的优先权最高，$\overline{I}_6$ 次之，$\overline{I}_0$ 最低。编码输出信号 $\overline{Y}_2$、$\overline{Y}_1$ 和 $\overline{Y}_0$ 则为二进制反码输出，将其取反就可得到原码输出。选通输入端(使能输入端)$\overline{ST}$、使能输出端 Y_S 以及扩展输出端(片优先编码输出端)$\overline{Y}_{EX}$是为了便于使用而设置的三个控制端。

当$\overline{ST}$=1 时，编码器不工作，编码输出 $\overline{Y}_2$、$\overline{Y}_1$ 和 $\overline{Y}_0$ 及 $\overline{Y}_{EX}$、Y_S 全为 1(真值表第 1 行)。

当$\overline{ST}$=0 时，编码器工作。如果没有有效的编码输入信号需要编码，$\overline{Y}_2$、$\overline{Y}_1$、$\overline{Y}_0$ 仍然全为 1，但 $\overline{Y}_{EX}$、Y_S 为 1、0(真值表第 2 行)。如果有有效的编码输入信号需要编码，则按输入的优先级别对优先权最高的一个有效输入信号进行编码，且 $\overline{Y}_{EX}$、Y_S 为 0、1(真值表第 3～10行)。例如，当 $\overline{I}_7$ 为 0 时，无论 $\overline{I}_6$～$\overline{I}_0$ 为何值，电路总是对 $\overline{I}_7$ 进行编码，其输出为“7”

的二进制码“111”的反码“000”；当 $\bar{I}_7$ 的输入信号为 1 而 $\bar{I}_6$ 为 0 时，不管其它编码输入为何值，都对 $\bar{I}_6$ 进行编码，输出为“6”的二进制码“110”的反码“001”。

可见，扩展输出端(片优先编码输出端)$\overline{Y}_{EX}$和使能输出端 Y_S 的输出值指明了 74148 的工作状态。$\overline{Y}_{EX}Y_S=11$ 说明编码器不工作；$\overline{Y}_{EX}Y_S=10$ 说明编码器工作，但没有有效的编码输入信号需要编码；$\overline{Y}_{EX}Y_S=01$ 说明编码器工作，且对优先权最高的有效编码输入信号进行编码。利用这些特点，可以方便地实现优先编码器的扩展。

3. 编码器的扩展

用两片 74148 级联扩展实现的 16 线—4 线优先编码器如图 2-24 所示。它有 16 个编码信号输入端 $\overline{A}_{15}\sim\overline{A}_0$ 和 4 个编码输出端 $\overline{Z}_3\sim\overline{Z}_0$。片 1 的编码信号输入端 $\bar{I}_7\sim\bar{I}_0$ 作为 $\overline{A}_7\sim\overline{A}_0$ 输入，输出 Y_S 作为电路总的使能输出端 Z_S；片 2 的编码信号输入端 $\bar{I}_7\sim\bar{I}_0$ 作为 $\overline{A}_{15}\sim\overline{A}_8$ 输入，$\overline{ST}$端固定接 0，处于随时可以编码的工作状态，而输出 Y_S 接片 1 的$\overline{ST}$输入端，控制片 1 的工作。片 2 的 $\overline{Y}_{EX}$输出为 $\overline{Z}_3$，两片的 $\overline{Y}_2$ 相与为 $\overline{Z}_2$，两片的 $\overline{Y}_1$ 相与为 $\overline{Z}_1$，依此类推产生 $\overline{Z}_0$、$\overline{Z}_{EX}$。

电路的工作原理由读者自行分析。

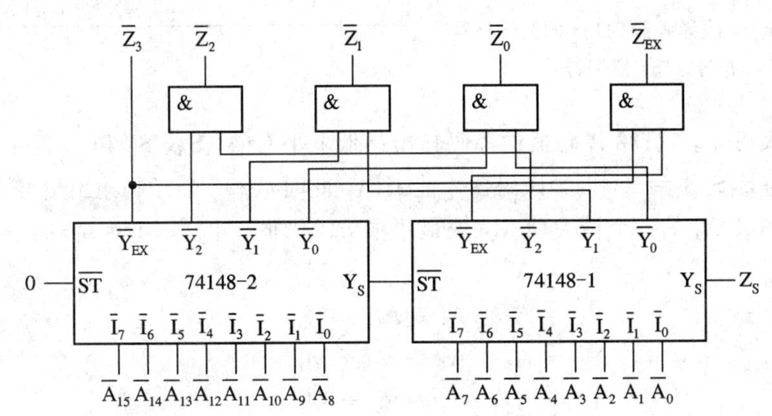

图 2-24　16 线—4 线优先编码器

2.2.4　译码器

译码是编码的逆过程，其作用正好与编码相反。它将输入代码转换成特定的输出信号，恢复代码的“本意”。在数字电路中，能够实现译码功能的逻辑部件称为译码器(Decoder)。如果译码器有 n 位译码输入和 m 个译码输出信号，且 $m=2^n$，则该译码器称为全译码器，否则就称为部分译码器。

译码器有变量译码器和显示译码器之分。用于变量译码的译码器称为变量译码器，用于显示译码的译码器称为显示译码器。

1. 变量译码器

典型的 MSI 变量译码器有 3 线—8 线译码器 74138 和 4 线—16 线译码器 74154。

1) 3 线—8 线译码器 74138

74138 有 3 条译码输入线和 8 条译码输出线，是一种 3 线—8 线全译码器。74138 的逻辑符号和真值表分别如图 2-25 和表 2-12 所示。国标符号中的“BIN/OCT”是二进制输入、八进制输出的译码器的限定符。

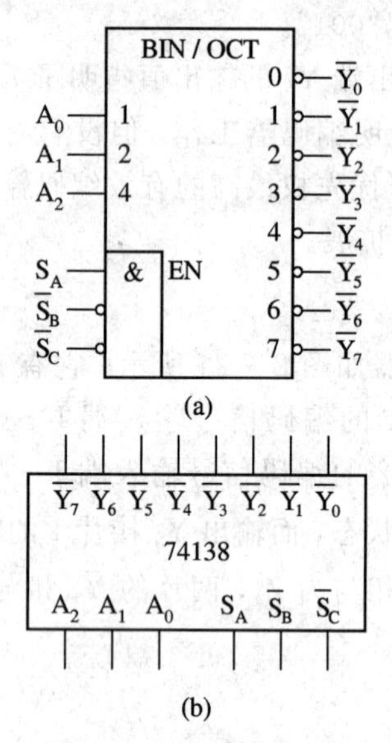

图 2-25　3 线—8 线译码器 74138 的逻辑符号

(a) 国标符号；(b) 惯用符号

表 2-12　3 线—8 线译码器 74138 的真值表

输入					输出							
S_A	$\overline{S}_B+\overline{S}_C$	A_2	A_1	A_0	$\overline{Y}_0$	$\overline{Y}_1$	$\overline{Y}_2$	$\overline{Y}_3$	$\overline{Y}_4$	$\overline{Y}_5$	$\overline{Y}_6$	$\overline{Y}_7$
Φ	1	Φ	Φ	Φ	1	1	1	1	1	1	1	1
0	Φ	Φ	Φ	Φ	1	1	1	1	1	1	1	1
1	0	0	0	0	0	1	1	1	1	1	1	1
1	0	0	0	1	1	0	1	1	1	1	1	1
1	0	0	1	0	1	1	0	1	1	1	1	1
1	0	0	1	1	1	1	1	0	1	1	1	1
1	0	1	0	0	1	1	1	1	0	1	1	1
1	0	1	0	1	1	1	1	1	1	0	1	1
1	0	1	1	0	1	1	1	1	1	1	0	1
1	0	1	1	1	1	1	1	1	1	1	1	0

从真值表可见，74138 译码器的译码输出是低电平有效，S_A、$\overline{S}_B$ 和 $\overline{S}_C$ 是它的使能控制输入，只有当 $S_A\overline{S}_B\overline{S}_C=100$ 时，译码器才能工作，此时，每一个译码输出信号 $\overline{Y}_i$ 为译码输入变量 A_2、A_1、A_0 的一个最大项 M_i（或最小项 m_i 的“非”，因为 $M_i=\overline{m}_i$）：

$$\overline{Y}_0 = A_2 + A_1 + A_0 = M_0$$
$$\overline{Y}_1 = A_2 + A_1 + \overline{A}_0 = M_1$$
$$\overline{Y}_2 = A_2 + \overline{A}_1 + A_0 = M_2$$
$$\overline{Y}_3 = A_2 + \overline{A}_1 + \overline{A}_0 = M_3$$
$$\overline{Y}_4 = \overline{A}_2 + A_1 + A_0 = M_4$$
$$\overline{Y}_5 = \overline{A}_2 + A_1 + \overline{A}_0 = M_5$$
$$\overline{Y}_6 = \overline{A}_2 + \overline{A}_1 + A_0 = M_6$$
$$\overline{Y}_7 = \overline{A}_2 + \overline{A}_1 + \overline{A}_0 = M_7$$

一般而言，低电平译码输出有效的译码器的每一个译码输出端都是一个最大项，因此，这种译码器是一个最大项发生器。而高电平译码输出有效的译码器的每一个译码输出端都是一个最小项，因此，这种译码器是一个最小项发生器。译码器的这种特性，使得它可以用来实现任何组合逻辑函数。

2）4 线—16 线译码器 74154

4 线—16 线译码器 74154 的逻辑符号和真值表分别如图 2-26 和表 2-13 所示。其中，BIN/DEC 为二进制输入、十进制输出译码器的限定符，$\overline{G}_1$、$\overline{G}_2$ 为使能输入端，A_3～A_0 为译码输入端，$\overline{Y}_0$～$\overline{Y}_{15}$ 为译码输出端。从真值表可见，$\overline{G}_1$、$\overline{G}_2$ 为低电平有效，只有当它们都为 0 时，译码器才能工作。$\overline{Y}_0$～$\overline{Y}_{15}$ 也是低电平译码输出有效，因此 74154 是一个最大项发生器，它的每一个译码输出端都是一个关于 A_3～A_0 的最大项，即 $\overline{Y}_i=M_i$。

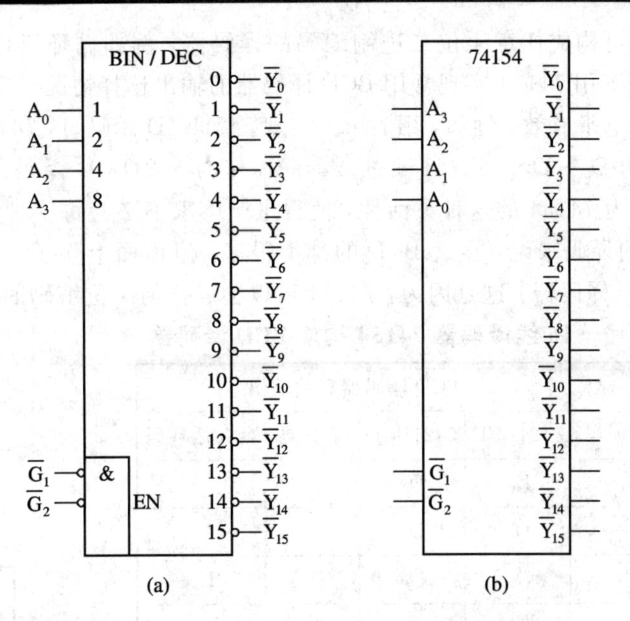

图 2 - 26　4 线—16 线译码器 74154 的逻辑符号

(a) 国标符号；(b) 惯用符号

表 2 - 13　4 线—16 线译码器 74154 的真值表

输入						输出															
$\overline{G}_1$	$\overline{G}_2$	A_3	A_2	A_1	A_0	Y_0	Y_1	Y_2	Y_3	$\overline{Y}_4$	$\overline{Y}_5$	$\overline{Y}_6$	$\overline{Y}_7$	$\overline{Y}_8$	$\overline{Y}_9$	$\overline{Y}_{10}$	$\overline{Y}_{11}$	$\overline{Y}_{12}$	$\overline{Y}_{13}$	$\overline{Y}_{14}$	$\overline{Y}_{15}$
0	0	0	0	0	0	0	1	1	1	1	1	1	1	1	1	1	1	1	1	1	1
0	0	0	0	0	1	1	0	1	1	1	1	1	1	1	1	1	1	1	1	1	1
0	0	0	0	1	0	1	1	0	1	1	1	1	1	1	1	1	1	1	1	1	1
0	0	0	0	1	1	1	1	1	0	1	1	1	1	1	1	1	1	1	1	1	1
0	0	0	1	0	0	1	1	1	1	0	1	1	1	1	1	1	1	1	1	1	1
0	0	0	1	0	1	1	1	1	1	1	0	1	1	1	1	1	1	1	1	1	1
0	0	0	1	1	0	1	1	1	1	1	1	0	1	1	1	1	1	1	1	1	1
0	0	0	1	1	1	1	1	1	1	1	1	1	0	1	1	1	1	1	1	1	1
0	0	1	0	0	0	1	1	1	1	1	1	1	1	0	1	1	1	1	1	1	1
0	0	1	0	0	1	1	1	1	1	1	1	1	1	1	0	1	1	1	1	1	1
0	0	1	0	1	0	1	1	1	1	1	1	1	1	1	1	0	1	1	1	1	1
0	0	1	0	1	1	1	1	1	1	1	1	1	1	1	1	1	0	1	1	1	1
0	0	1	1	0	0	1	1	1	1	1	1	1	1	1	1	1	1	0	1	1	1
0	0	1	1	0	1	1	1	1	1	1	1	1	1	1	1	1	1	1	0	1	1
0	0	1	1	1	0	1	1	1	1	1	1	1	1	1	1	1	1	1	1	0	1
0	0	1	1	1	1	1	1	1	1	1	1	1	1	1	1	1	1	1	1	1	0
0	1	Φ	Φ	Φ	Φ	1	1	1	1	1	1	1	1	1	1	1	1	1	1	1	1
1	0	Φ	Φ	Φ	Φ	1	1	1	1	1	1	1	1	1	1	1	1	1	1	1	1
1	1	Φ	Φ	Φ	Φ	1	1	1	1	1	1	1	1	1	1	1	1	1	1	1	1

由于 74154 是一种全译码器，包括了 4 变量的全部组合，因此，只要适当选择 74154

的译码输出端，就可构成任意 4 位二进制编码的译码器，例如循环码译码器和 BCD 译码器。表 2－14 列出了用 74154 实现常用 BCD 译码器的输出选择情况，其中 $\overline{D}_0 \sim \overline{D}_9$ 为 BCD 译码输出，也为低电平有效。例如，用 74154 实现 5421BCD 译码时，74154 的 $\overline{Y}_0 \sim \overline{Y}_4$ 作为 5421BCD 译码器的 $\overline{D}_0 \sim \overline{D}_4$，而 74154 的 $\overline{Y}_8 \sim \overline{Y}_{12}$ 作为 5421BCD 译码器的 $\overline{D}_5 \sim \overline{D}_9$，如图 2－27 所示。正因为 74154 的这种灵活性，使得生产厂家不必为每一种编码生产相应的译码器。就拿 BCD 的译码来说，尽管 BCD 的种类很多，但市面上除了 8421BCD 译码器外，很少见到别的 BCD 译码器。这是因为，74154 可以构成任何 4 位编码的 BCD 译码器。

表 2－14　用 4 线—16 线译码器 74154 构成 BCD 译码器

74154 输入	74154 有效译码输出	BCD 译码器有效输出			
A_3 A_2 A_1 A_0		8421BCD	5421BCD	余 3 码	余 3 循环码
0 0 0 0	$\overline{Y}_0$	$\overline{D}_0$	$\overline{D}_0$		
0 0 0 1	$\overline{Y}_1$	$\overline{D}_1$	$\overline{D}_1$		
0 0 1 0	$\overline{Y}_2$	$\overline{D}_2$	$\overline{D}_2$		$\overline{D}_0$
0 0 1 1	$\overline{Y}_3$	$\overline{D}_3$	$\overline{D}_3$	$\overline{D}_0$	
0 1 0 0	$\overline{Y}_4$	$\overline{D}_4$	$\overline{D}_4$	$\overline{D}_1$	$\overline{D}_4$
0 1 0 1	$\overline{Y}_5$	$\overline{D}_5$		$\overline{D}_2$	$\overline{D}_3$
0 1 1 0	$\overline{Y}_6$	$\overline{D}_6$		$\overline{D}_3$	$\overline{D}_1$
0 1 1 1	$\overline{Y}_7$	$\overline{D}_7$		$\overline{D}_4$	$\overline{D}_2$
1 0 0 0	$\overline{Y}_8$	$\overline{D}_8$	$\overline{D}_5$	$\overline{D}_5$	
1 0 0 1	$\overline{Y}_9$	$\overline{D}_9$	$\overline{D}_6$	$\overline{D}_6$	
1 0 1 0	$\overline{Y}_{10}$		$\overline{D}_7$	$\overline{D}_7$	$\overline{D}_9$
1 0 1 1	$\overline{Y}_{11}$		$\overline{D}_8$	$\overline{D}_8$	
1 1 0 0	$\overline{Y}_{12}$		$\overline{D}_9$	$\overline{D}_9$	$\overline{D}_5$
1 1 0 1	$\overline{Y}_{13}$				$\overline{D}_6$
1 1 1 0	$\overline{Y}_{14}$				$\overline{D}_8$
1 1 1 1	$\overline{Y}_{15}$				$\overline{D}_7$

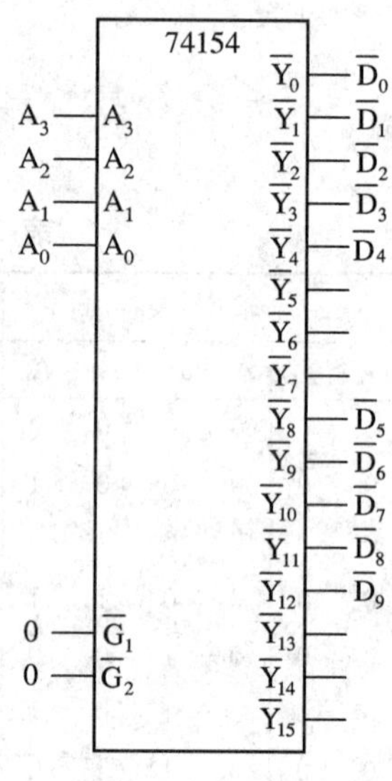

图 2－27　用 74154 构成 5421BCD 译码器

2. 显示译码器

显示译码器不仅能够把二进制代码“翻译”出来，而且还能够驱动发光二极管(LED)、荧光数码管、液晶数码管(LCD)等显示器件将其直观地显示出来。在各类显示器件中，目前使用最为广泛的是由发光二极管构成的七段显示数码管。

1）七段显示数码管的原理

发光二极管是一种半导体显示器件，其基本结构是由磷化镓、砷化镓或磷砷化镓等材料构成的 PN 结。当 PN 结外加正向电压时，P 区的多数载流子——空穴向 N 区扩散，N 区的多数载流子——自由电子向 P 区扩散，当电子和空穴复合时会释放能量，并发出一定波长的光。

将七个发光二极管按一定的方式连接在一起，就构成了七段显示数码管，其形状如图 2 - 28(a)所示。显示字型时，相应段的发光二极管就发光。

七段显示数码管有共阴极和共阳极两种连接方式，如图 2 - 28(b)和 2 - 28(c)所示，其中 a～g 接显示译码器的译码输出端。注意，使用共阴极数码管时，译码器的输出端应为高电平有效；使用共阳极数码管时，译码器的输出端应为低电平有效。

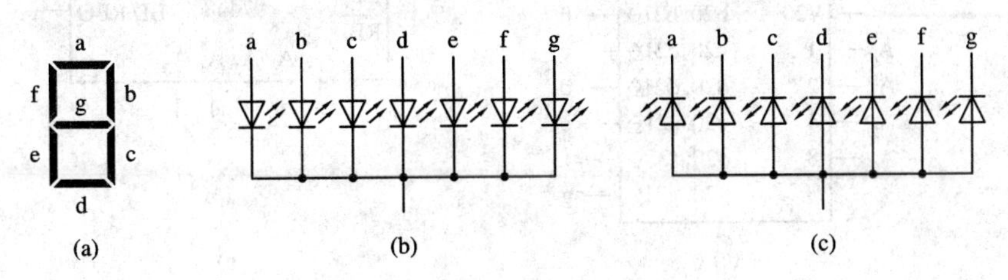

图 2 - 28　七段显示数码管结构

(a) 七段显示器；(b) 共阴极连接；(c) 共阳极连接

2) 七段显示译码器 7448

七段显示数码管的驱动信号 a～g 来自于七段显示译码器。一种能配合共阴极七段显示数码管(例如 BS201A)工作的七段显示译码器/驱动器 7448 的逻辑符号及真值表分别如图 2 - 29 和表 2 - 15 所示。

表 2 - 15　七段显示译码器 7448 的真值表

N_{10} 功能	输入						入/出	输出							显示字形
	$\overline{LT}$	$\overline{RBI}$	A_3	A_2	A_1	A_0	$\overline{BI}/\overline{RBO}$	a	b	c	d	e	f	g	
0	1	1	0	0	0	0	1	1	1	1	1	1	1	0	0
1	1	Φ	0	0	0	1	1	0	1	1	0	0	0	0	1
2	1	Φ	0	0	1	0	1	1	1	0	1	1	0	1	2
3	1	Φ	0	0	1	1	1	1	1	1	1	0	0	1	3
4	1	Φ	0	1	0	0	1	0	1	1	0	0	1	1	4
5	1	Φ	0	1	0	1	1	1	0	1	1	0	1	1	5
6	1	Φ	0	1	1	0	1	0	0	1	1	1	1	1	6
7	1	Φ	0	1	1	1	1	1	1	1	0	0	0	0	7
8	1	Φ	1	0	0	0	1	1	1	1	1	1	1	1	8
9	1	Φ	1	0	0	1	1	1	1	1	0	0	1	1	9
10	1	Φ	1	0	1	0	1	0	0	0	1	1	0	1	
11	1	Φ	1	0	1	1	1	0	0	1	1	0	0	1	
12	1	Φ	1	1	0	0	1	0	1	0	0	0	1	1	
13	1	Φ	1	1	0	1	1	1	0	0	1	0	1	1	
14	1	Φ	1	1	1	0	1	0	0	0	1	1	1	1	
15	1	Φ	1	1	1	1	1	0	0	0	0	0	0	0	(灭)
灭灯	Φ	Φ	Φ	Φ	Φ	Φ	0	0	0	0	0	0	0	0	(灭)
灭 0	1	0	0	0	0	0	0	0	0	0	0	0	0	0	(灭)
试灯	0	Φ	Φ	Φ	Φ	Φ	1	1	1	1	1	1	1	1	8

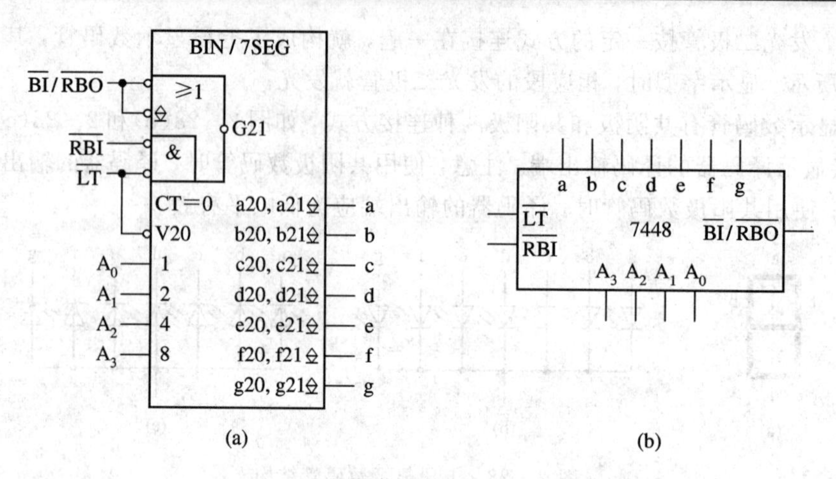

图 2-29 七段显示译码器 7448 的逻辑符号
(a) 国标符号；(b) 惯用符号

其中，A_3～A_0 为译码器的译码输入端，a～g 为译码器的译码输出端；$\overline{BI}/\overline{RBO}$为译码器的灭灯输入/动态灭 0 输出端，$\overline{RBI}$为译码器的动态灭 0 输入端，$\overline{LT}$为译码器的试灯输入端，它们是为了便于使用而设置的控制信号。国标符号中，BIN/7SEG 为二进制输入、七段译码输出的译码器限定符；G 为“与关联”符，G 左侧的小圆圈表示具有逻辑非的内部连接；V 是“或关联”符；CT=0 为内容输入关联符；◇为无源上拉输出限定符。7448 的国标符号非常复杂，此处也不详细介绍。下面简介其工作情况。

(1) 正常译码显示。从表 2-15 可见，只要$\overline{LT}$、$\overline{RBI}$和$\overline{BI}$输入均为高电平，7448 就可对译码输入为 0 的二进制码 0000 进行译码(表中第 1 行)，并产生显示 0 所需的七段显示码。而只要$\overline{LT}$和$\overline{BI}$输入均为高电平，7448 就可对译码输入为十进制数 1～15 的二进制码 0001～1111 进行译码(表中第 2～16 行)，并产生显示 1～15 所需的七段显示码(其中 10～14 用特殊符号显示，15 灭)。

(2) 灭灯输入$\overline{BI}$(Blanking Input)。从表 2-15 的倒数第 3 行可以看出，当$\overline{BI}$输入低电平时，不管其它输入端为何值，a～g 均输出低电平，数码管所有发光段都不亮，因此将$\overline{BI}$称为灭灯输入。不需要显示时，利用这一功能使数码管熄灭，降低显示系统的功耗。如果对$\overline{BI}$进行控制，则可以实现闪烁显示和联动显示。

(3) 试灯输入$\overline{LT}$(Lamp Test Input)。从表 2-15 的最后一行可以看出，当$\overline{BI}$端输入高电平(不灭灯)时，如果$\overline{LT}$输入低电平，则输出 a～g 全部为高电平，数码管七段全亮。利用这一功能可以检测数码管七个发光段的好坏，因此将$\overline{LT}$称为试灯输入。

(4) 动态灭 0 输入$\overline{RBI}$(Ripple Blanking Input)。从表 2-15 的倒数第 2 行可以看出，当$\overline{LT}$为高电平(不试灯)且$\overline{BI}/\overline{RBO}$不作为输入端使用(即不外加输入信号)时，若$\overline{RBI}$输入为低电平且译码输入为 0 的二进制码 0000，译码器将产生全 0 输出，使数码管全灭，不显示 0 字型；而对于非 0 编码，$\overline{BI}/\overline{RBO}$不外加输入信号相当于接 1，译码器照常译码显示(见正常译码显示)。这称为动态灭 0，$\overline{RBI}$也因此称为动态灭 0 输入。动态灭 0 常用于输入数字 0 而又不需要显示 0 的场合，例如整数前的 0 和小数末尾的 0。

(5) 动态灭 0 输出$\overline{RBO}$(Ripple Blanking Output)。从表 2-15 的倒数第 2 行还可看出，当 7448 译码器译码输入为 0000 且灭 0 时，$\overline{BI}/\overline{RBO}$端作为动态灭 0 输出端$\overline{RBO}$使用，

$\overline{RBO}$输出 0，用以指示该片 7448 正处于灭 0 状态。

将$\overline{RBI}$和$\overline{RBO}$配合使用，可以实现多位十进制数码显示器整数前和小数后的灭 0 控制，如图 2 - 30 所示。图中 7448 的$\overline{RBI}$端接法如下：整数部分除最高位接 0(灭 0)、最低位接 1(不灭 0)外，其余各位均接高位的$\overline{RBO}$输出信号，进行灭 0 控制；小数部分除最高位接 1(不灭 0)、最低位接 0(灭 0)外，其余各位均接低位的$\overline{RBO}$输出信号，进行灭 0 控制。这样，整数部分只有在高位是 0，而且被熄灭时，低位才有灭 0 输入信号；小数部分只有在低位是 0，而且被熄灭时，高位才有灭 0 输入信号，从而实现了多位十进制数码显示器整数前和小数后的灭 0 控制(小数点前后第 1 位均不需要灭 0，即允许显示 0.0)。例如，若 8 位输入数为 0089.0600，则显示系统显示数字为 89.06，完全符合数字的书写习惯。

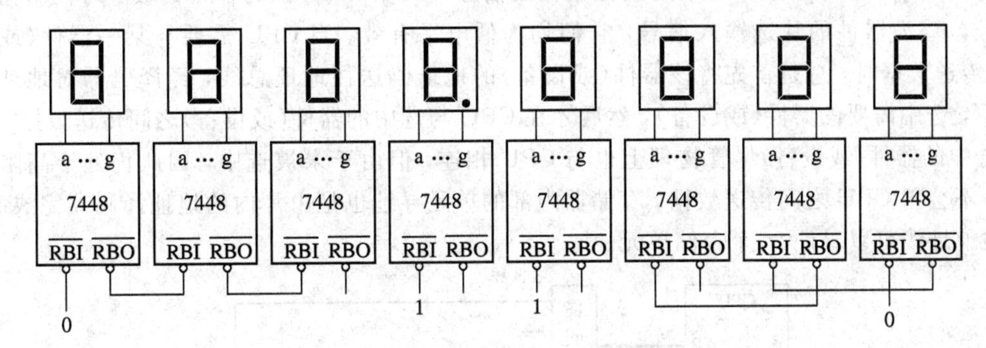

图 2 - 30　具有灭 0 控制功能的八位数码显示系统

3. 译码器的扩展与应用

1) 译码器的扩展

利用译码器的使能端，可以对译码器的规模进行扩展。例如 3 线—8 线译码器 74138 有 3 个使能输入端，其中 S_A 是高电平使能，$\bar{S}_B$ 和 $\bar{S}_C$ 是低电平使能。合理使用这些使能输入端，不附加任何电路即可扩展其译码功能，构成 4 线—16 线译码器、5 线—32 线译码器、6 线—64 线译码器，甚至于更多线的译码器。

【例 2 - 7】 将 3 线—8 线译码器 74138 扩展为 4 线—16 线译码器。

解　将两片 74138 扩展成 4 线—16 线译码器的电路如图 2 - 31 所示。

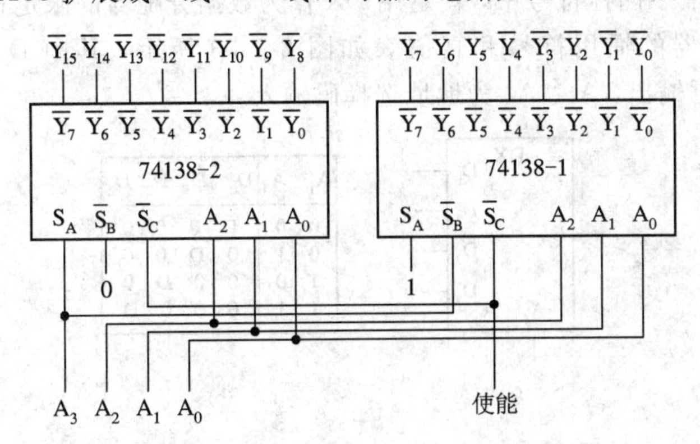

图 2 - 31　将 74138 扩展为 4 线—16 线译码器

当输入变量 A_3 为 0 时，片 1 的 $\bar{S}_B$ 端接低电平，在外部使能端为 0 时允许译码，其输

出取决于输入变量 A_2、A_1、A_0；片 2 的 S_A 端为 0，禁止译码，其输出皆为 1。当输入变量 A_3 为 1 时，片 1 的 $\bar{S}_B$ 端为 1，禁止译码，其输出皆为 1；片 2 的 S_A 端为 1，在外部使能端为 0 时允许译码，其输出状态由输入变量 A_2、A_1、A_0 决定。由此可见，该电路实现了 4 线—16 线译码。

2）译码器的应用

（1）在计算机系统中用做地址译码器。计算机系统中的众多器件（例如寄存器、存储器）和外设（例如键盘、显示器、打印机等）接口都通过统一的地址总线 AB（Address Bus）、数据总线 DB（Data Bus）、控制总线 CB（Control Bus）与 CPU 相连，如图2-32 所示。其中，$\overline{RD}$、$\overline{WR}$分别为 CPU 的读、写控制输出信号，$\overline{OE}$、$\overline{WR}$分别为器件的读、写控制输入信号，$\overline{CS}$为器件的片选输入信号，它们均为低电平有效。当 CPU 需要与某一器件（或设备）传送数据时，总是首先将该器件（或设备）的地址码送往地址总线，经译码器对地址译码后，选中需要的器件（或设备），然后才在 CPU 与选中的器件（或设备）之间传送数据。未被选中的器件（或设备）尽管物理上也与 CPU 相连，但由于未被选中，因此仍处于高阻状态，不会与 CPU 之间传送数据。存储器内部的单元寻址也是由片内的地址译码器完成的，n 位地址线可以寻址 2^n 个存储单元。

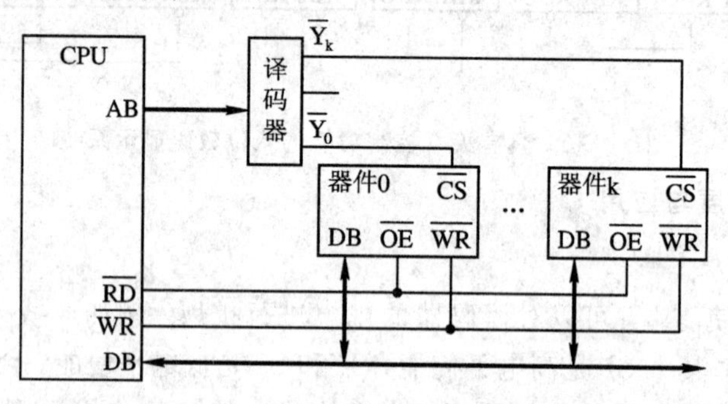

图 2-32 译码器在计算机系统中的应用

（2）实现数据分配器。数据分配器（Demultiplexer/Data Distributor）是将一路输入数据分配给多路数据输出中的某一路输出的一种组合逻辑电路，它与时分复用通信中接收端电子开关的功能类似。国标符号中，规定用 DX 作为数据分配器的限定符。

四路数据分配器的惯用符号和真值表如图 2-33 所示，其中 D 为一路数据输入，$D_3 \sim D_0$ 为四路数据输出，A_1、A_0 为地址选择码输入。

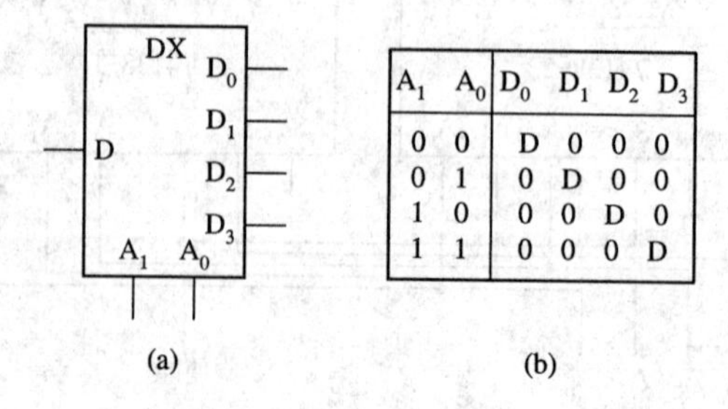

A_1	A_0	D_0	D_1	D_2	D_3
0	0	D	0	0	0
0	1	0	D	0	0
1	0	0	0	D	0
1	1	0	0	0	D

图 2-33 数据分配器的惯用符号和真值表
(a) 惯用符号；(b) 真值表

其输出函数表达式为

$$D_0 = \overline{A}_1\overline{A}_0 \cdot D$$
$$D_1 = \overline{A}_1 A_0 \cdot D$$
$$D_2 = A_1\overline{A}_0 \cdot D$$
$$D_3 = A_1 A_0 \cdot D$$

从数据分配器的真值表或输出表达式容易看出，数据分配器和译码器非常相似。将译码器进行适当连接，就可以实现数据分配器的功能。正因为如此，市场上只有译码器产品而没有数据分配器产品。当需要数据分配器时，可以用译码器改接而成。

用 74138 译码器实现四路数据分配器的电路连接如图 2 - 34 所示。译码器一直处于工作状态（也可受使能信号控制），数据输入 D 接译码器的译码输入端的最高位 A_2，地址选择码 A_1、A_0 接译码器的译码输入端的低两位 A_1、A_0。数据分配器的输出端可以根据数据分配器的定义从表 2 - 16 中确定。例如，当 $A_1A_0=10$ 时，四路数据分配器中 $D_2=D$。观察表 2 - 16 可知，$A_1A_0=10$ 时 $\overline{Y}_2$ 与 D 一致，$\overline{Y}_6$ 与 D 相反（见粗体字），因此 $\overline{Y}_2=D_2$，$\overline{Y}_6=\overline{D}_2$。

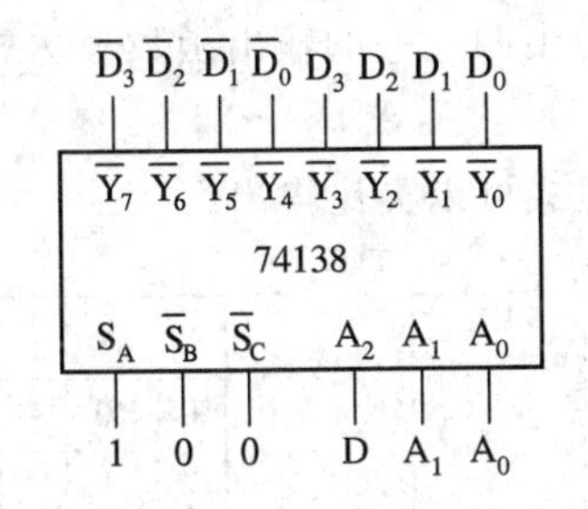

图 2 - 34　74138 实现四路数据分配器

表 2 - 16　74138 实现四路数据分配器

A_2	A_1	A_0	$\overline{Y}_7$	$\overline{Y}_6$	$\overline{Y}_5$	$\overline{Y}_4$	$\overline{Y}_3$	$\overline{Y}_2$	$\overline{Y}_1$	$\overline{Y}_0$
(D	A_1	A_0)	($\overline{D}_3$	$\overline{D}_2$	$\overline{D}_1$	$\overline{D}_0$	D_3	D_2	D_1	D_0)
0	0	0	1	1	1	1	1	1	1	0
0	0	1	1	1	1	1	1	1	0	1
0	1	0	1	**1**	1	1	1	**0**	1	1
0	1	1	1	1	1	1	0	1	1	1
1	0	0	1	1	1	0	1	1	1	1
1	0	1	1	1	0	1	1	1	1	1
1	1	0	1	**0**	1	1	1	**1**	1	1
1	1	1	0	1	1	1	1	1	1	1

74138 有 8 个译码输出端，因此，用一片 74138 可以实现八路数据输出分配器，其电路连接如图 2 - 35 所示。下面以 D_4 为例说明输出端的确定方法。根据数据分配器的定义，当 $A_2A_1A_0=100$ 时与 D 一致的输出端就是 D_4。现在，$A_2A_1A_0=100$，当 D=0 时，译码器工作，$\overline{Y}_4=0$；当 D=1 时，译码器不工作，所有译码输出均为 1，因此 $\overline{Y}_4=1$。可见 $\overline{Y}_4$ 与 D 一致，所以 $\overline{Y}_4$ 就是 D_4。

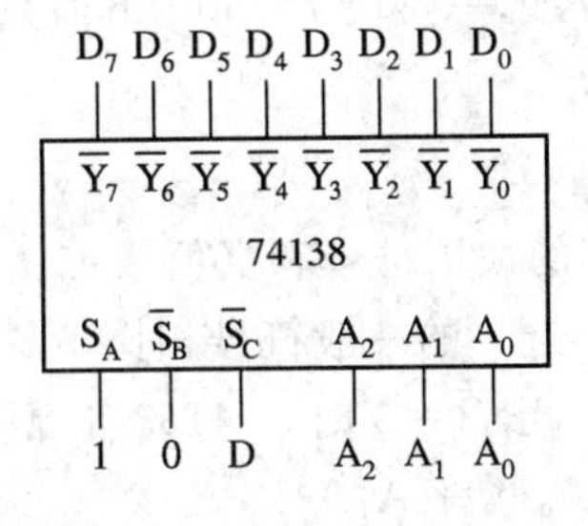

图 2 - 35　74138 实现八路数据分配器

(3) 其它应用。译码器除了作译码器和实现数据分配器外，还可以有别的一些应用。例如，与计数器结合使用，可以构成脉冲分配器；与三态门结合，可以构成数据选择器；附加少量逻辑门，还可实现组合逻辑函数。用译码器实现组合逻辑函数的方法将在本章 2.4

节介绍，其余内容可参阅有关参考书。

2.2.5　数据选择器

1. 数据选择器的逻辑功能

数据选择器(Multiplexer/Data Selector)是一种能从多路输入数据中选择一路数据输出的组合逻辑电路，与时分复用通信中发送端电子开关的功能类似。国标符号中规定，用MUX作为数据选择器的限定符。目前常用的数据选择器有二选一、四选一、八选一和十六选一等多种类型。

二选一的惯用逻辑符号及真值表如图 2-36 所示，其中 D_0、D_1 是两路数据输入，A_0 为地址选择码输入，Y 为数据选择器的输出。从真值表可见，当 $A_0=0$ 时，选择 D_0 输出；当 $A_0=1$ 时，选择 D_1 输出。由此不难写出它的输出函数表达式为

$$Y=\overline{A}_0D_0+A_0D_1 \qquad (2-5)$$

四选一的惯用逻辑符号及真值表如图 2-37 所示，其中，D_0、D_1、D_2、D_3 是四路数据输入，A_1、A_0 为地址选择码输入，Y 为数据选择器的输出。将地址选择码转换为十进制数，就是要选择的一路数据 D 的序号下标。由此不难写出四选一的输出函数表达式为

$$Y=\overline{A}_1\overline{A}_0D_0+\overline{A}_1A_0D_1+A_1\overline{A}_0D_2+A_1A_0D_3 \qquad (2-6)$$

更大规模的数据选择器的惯用符号、真值表及表达式可以类比得出。

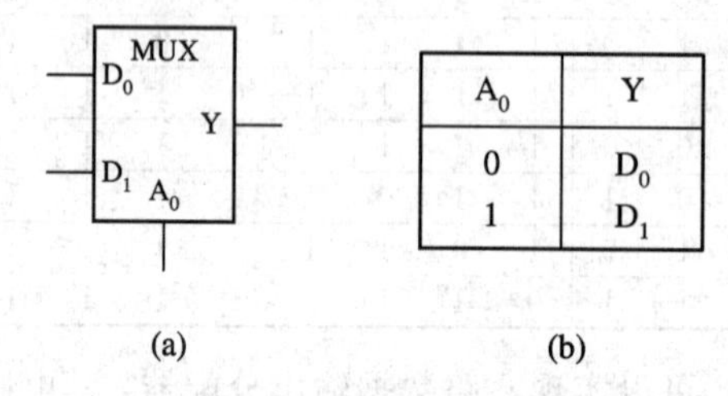

A_0	Y
0	D_0
1	D_1

图 2-36　二选一的符号及真值表
(a) 惯用符号；(b) 真值表

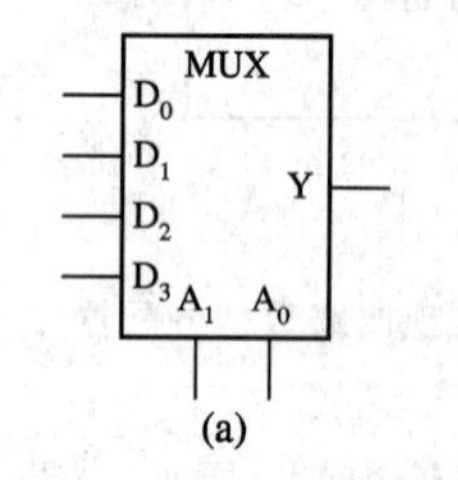

A_1	A_0	Y
0	0	D_0
0	1	D_1
1	0	D_2
1	1	D_3

(a)　　(b)

图 2-37　四选一的符号及真值表
(a) 惯用符号；(b) 真值表

2. MSI 数据选择器

MSI 数据选择器模块很多，常用的就有 4－二选一模块 74157、双四选一模块 74153/74253、八选一模块 74151 和十六选一模块 74150。下面只介绍 74153 和 74151，其它模块详见集成电路手册。

1) 双四选一数据选择器 74153

双四选一数据选择器 74153 的惯用符号和真值表如图 2-38 所示(一片 74153 包含两个四选一)。从图中可见，它和四选一的一般符号相比，多了一个选通使能端$\overline{ST}$。当$\overline{ST}=1$时，74153 不工作，输出 Y 为 0；当$\overline{ST}=0$ 时，74153 正常工作。因此

$$Y=\overline{\overline{ST}}(\overline{A}_1\overline{A}_0D_0+\overline{A}_1A_0D_1+A_1\overline{A}_0D_2+A_1A_0D_3) \qquad (2-7)$$

74153 的国标符号如图 2-39 所示。图中上部 T 型框为公共框，表示地址选择码输入 A_1、A_0 为 74153 的两个四选一共用，G 为"与关联"符，说明 74153 的 A_1、A_0 为共用输入端，两个四选一不能分别使用。而使能端$\overline{ST}$则各自独立，可以分别进行控制。

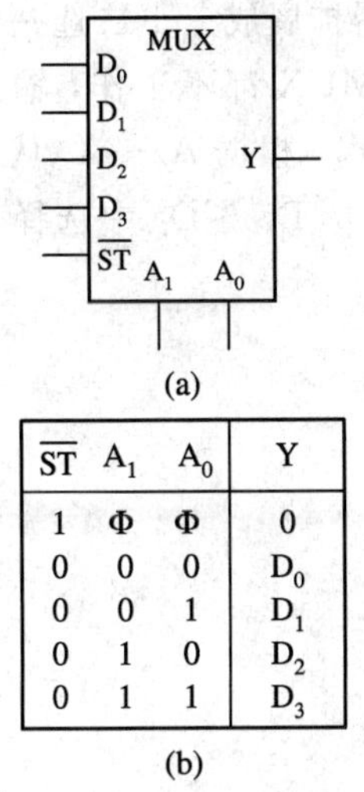

(a)

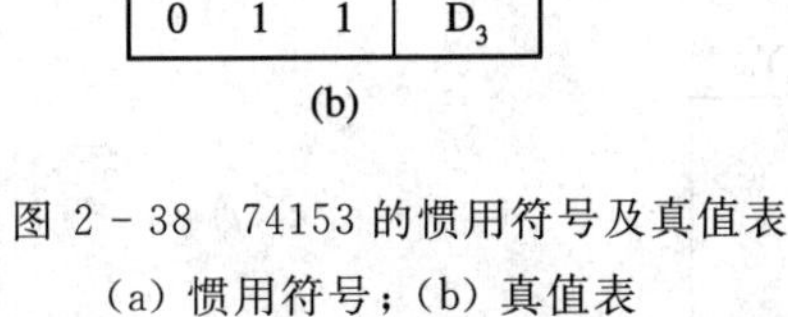

$\overline{ST}$	A_1	A_0	Y
1	Φ	Φ	0
0	0	0	D_0
0	0	1	D_1
0	1	0	D_2
0	1	1	D_3

(b)

图 2-38　74153 的惯用符号及真值表

(a) 惯用符号；(b) 真值表

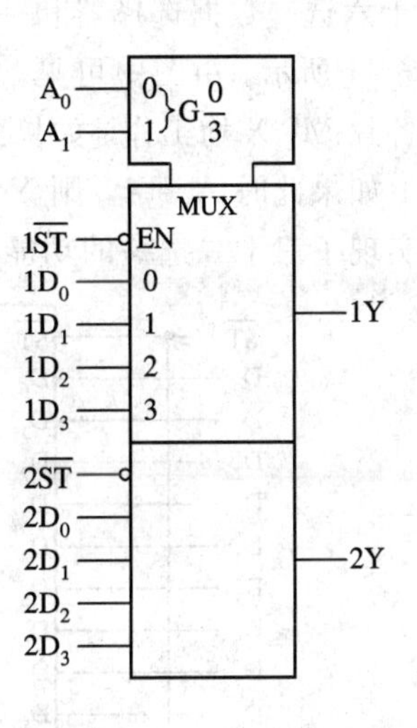

图 2-39　74153 的国标符号

2）八选一数据选择器 74151

八选一数据选择器 74151 的逻辑符号和真值表如图 2-40 所示。从图中可见，它有八个数据输入端 $D_7 \sim D_0$、三个地址选择码输入端 $A_2 \sim A_0$ 和一个低电平有效的选通使能端 $\overline{ST}$。由于具有互补输出 Y 和 $\overline{Y}$，因此使用特别方便。

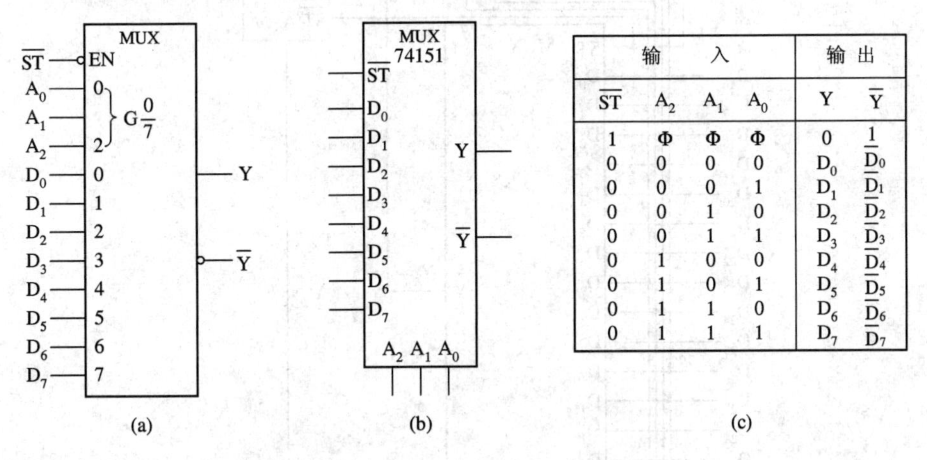

输入				输出	
$\overline{ST}$	A_2	A_1	A_0	Y	$\overline{Y}$
1	Φ	Φ	Φ	0	1
0	0	0	0	D_0	$\overline{D_0}$
0	0	0	1	D_1	$\overline{D_1}$
0	0	1	0	D_2	$\overline{D_2}$
0	0	1	1	D_3	$\overline{D_3}$
0	1	0	0	D_4	$\overline{D_4}$
0	1	0	1	D_5	$\overline{D_5}$
0	1	1	0	D_6	$\overline{D_6}$
0	1	1	1	D_7	$\overline{D_7}$

(c)

图 2-40　74151 的逻辑符号与真值表

(a) 国标符号；(b) 惯用符号；(c) 真值表

为了简洁起见，74151 的输出函数表达式以 A_2、A_1、A_0 的最小项形式给出

$$Y(A_2, A_1, A_0) = \overline{ST}\left(\sum_{i=0}^{i=7} m_i D_i\right) \tag{2-8}$$

3. 数据选择器的扩展与应用

1）数据选择器的扩展

在通用集成电路中，厂家生产的最大规模的数据选择器是十六选一。如果需要更大规模的数据选择器，必须进行通道扩展。

用两片十六选一数据选择器和一片二选一数据选择器扩展成三十二选一数据选择器的电路如图 2 - 41 所示。由图中可见，当$\overline{ST}=1$时，各片 MUX 都不工作，输出 Y 为 0。当$\overline{ST}=0$时，各片 MUX 均工作。如果此时 $A_4=0$，则 $Y=Y_0$，根据 $A_3\sim A_0$ 从 $D_{15}\sim D_0$ 中选择一路输出；如果此时 $A_4=1$，则 $Y=Y_1$，根据 $A_3\sim A_0$ 从 $D_{31}\sim D_{16}$ 中选择一路输出。因此，该电路实现了三十二选一的功能。

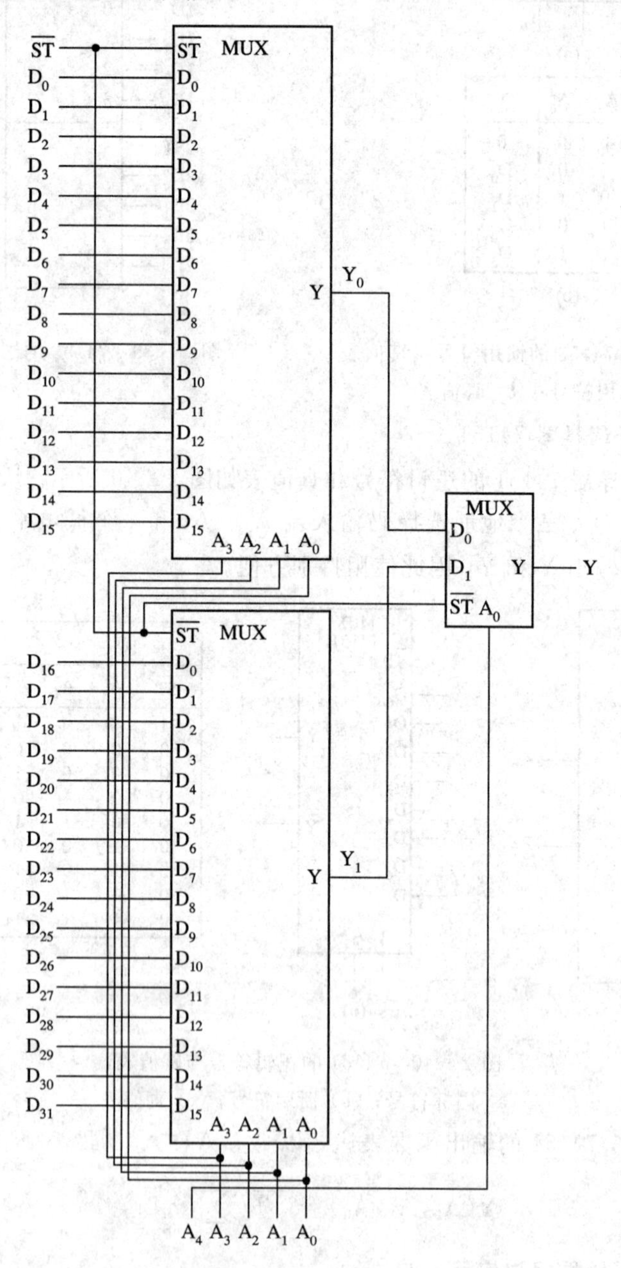

图 2 - 41　数据选择器的通道扩展(三十二选一)

2) 数据选择器的应用

(1) 用做多路数字开关。数据选择器本身的功能就是根据地址选择码从多路输入数据中选择一路输出，因此，数据选择器可用做多路数字开关，实现路由选择。与数据分配器结合使用，可以实现时分多路数据通信。

(2) 实现数据并/串转换。利用数据选择器和计数器，可以将并行输入数据转换为串行数据输出。图 2 - 42 就是一个可将 8 位二进制并行数据转换为串行数据的电路。八进制计数器周而复始地产生 000～111 3 位地址码输出，使数据选择器能够依次地选择 D_0～D_7 输出。

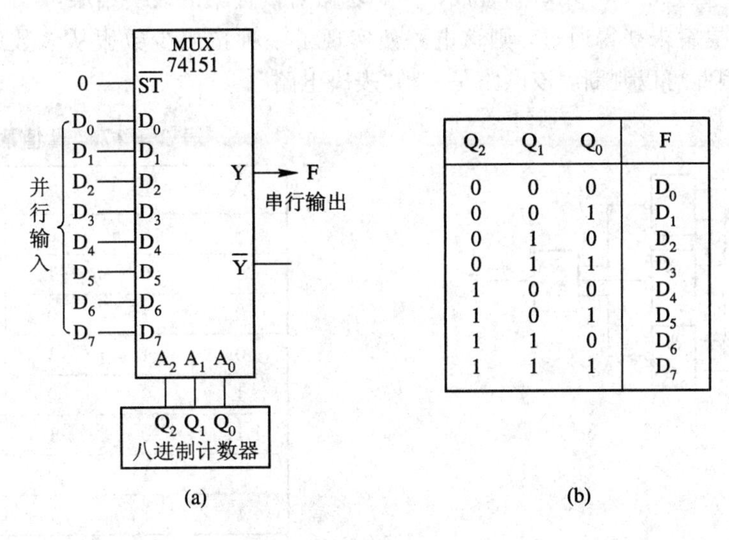

Q_2	Q_1	Q_0	F
0	0	0	D_0
0	0	1	D_1
0	1	0	D_2
0	1	1	D_3
1	0	0	D_4
1	0	1	D_5
1	1	0	D_6
1	1	1	D_7

图 2 - 42　由 74151 构成的 8 位并/串转换电路与真值表

(a) 电路；(b) 真值表

数据选择器除了上述应用外，还可以实现组合逻辑函数。具体方法将在本章 2.4 节介绍。

2.3　组合逻辑电路分析

组合逻辑电路分析，就是通过分析给定组合逻辑电路中输出逻辑变量与输入逻辑变量间的逻辑关系，确定电路的逻辑功能。在实际工作中，经常遇到这类功能分析问题。

2.3.1　门级电路分析

1. 分析步骤

由逻辑门构成的组合逻辑电路，其分析过程通常分为以下三个步骤：

(1) 根据给定的逻辑电路，写出输出函数的逻辑表达式；

(2) 根据已写出的输出函数的逻辑表达式，列出真值表；

(3) 根据逻辑表达式或真值表，判断电路的逻辑功能。

分析组合逻辑电路功能的难点是第③步，前两个步骤一般不难，只需细心即可。第③步往往需要经过认真分析方可得出结论，有时候甚至还需要借助于分析者的实际经验。

2. 分析举例

【例 2 - 8】 分析图 2 - 43 所示组合逻辑电路的功能。

解 $$F=\overline{\overline{AB}\,\overline{BC}\,\overline{AC}}=AB+BC+AC$$

其真值表如表 2-17 所示。从真值表可以看出，三个输入变量中，当有两个或两个以上的输入变量取值为 1 时，输出 F=1，否则 F=0。因此，该电路实际上是对输入变量为“1”的个数的多少进行判断，“多数”为 1 时，输出 F=1。如果将 A、B、C 分别看做三人对某一提案表决，“1”表示赞成，“0”表示不赞成；将 F 看做对该提案的表决结果，“1”表示提案获得通过，“0”表示提案未获得通过，则该电路便实现了一种按照少数服从多数原则进行投票表决的功能。因此可以判断，该电路是一种“表决电路”。

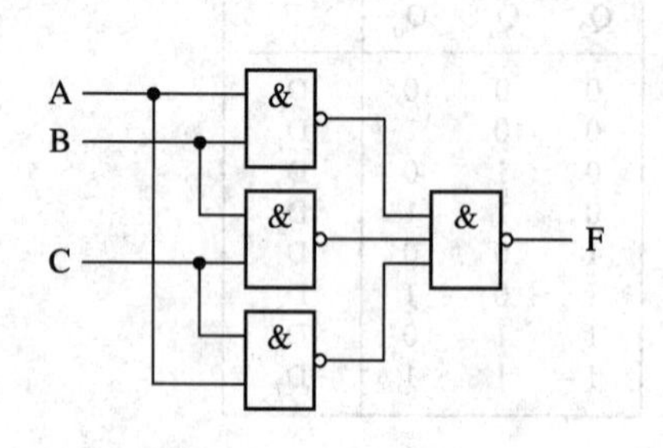

图 2-43 例 2-8 的电路

表 2-17 真值表

A	B	C	F
0	0	0	0
0	0	1	0
0	1	0	0
0	1	1	1
1	0	0	0
1	0	1	1
1	1	0	1
1	1	1	1

【例 2-9】 分析图 2-44 所示组合逻辑电路的功能。

解 这是一个多输出函数，其输出表达式为

$$\begin{cases} F_2 = AB + (A+B)C \\ F_1 = [(A+B)+C][\overline{AB+(A+B)C}] + (AB)C \end{cases}$$

整理上式得

$$\begin{cases} F_2 = AB + AC + BC \\ F_1 = (A+B+C)(\overline{AB+AC+BC}) + ABC \end{cases}$$

电路的真值表如表 2-18 所示。从真值表可见，它是一个 1 位二进制数全加器，其中 F_1 为和输出，F_2 为进位输出。

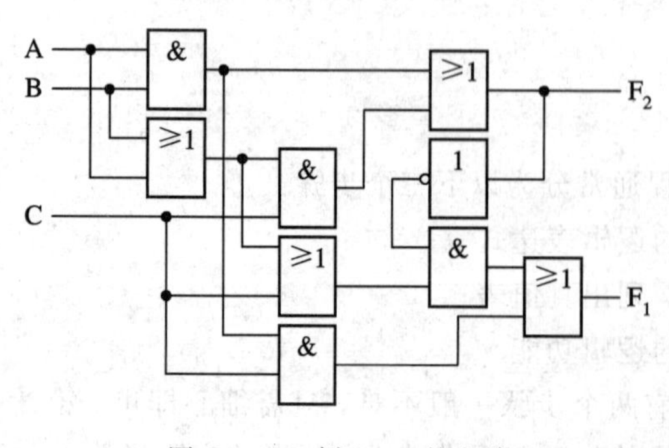

图 2-44 例 2-9 的电路

表 2-18 例 2-9 的真值表

A	B	C	F_2	F_1
0	0	0	0	0
0	0	1	0	1
0	1	0	0	1
0	1	1	1	0
1	0	0	0	1
1	0	1	1	0
1	1	0	1	0
1	1	1	1	1

2.3.2　模块级电路分析

1. 分析方法

以 MSI 组合逻辑模块为核心构成的组合逻辑电路，其分析方法与门级电路有所不同，不能完全按照先写表达式、后列真值表、再判断功能的过程进行。因为 MSI 模块(例如 4 位二进制数并行比较器)本身的逻辑表达式写起来已经比较困难，要得到整个电路的表达式更非易事，所以对于这种模块级组合逻辑电路的分析，可以按照下面的方法进行：

(1) 能写出给定逻辑电路的输出逻辑函数表达式时，尽量写出表达式，然后列出真值表，判断电路的逻辑功能；

(2) 不能写出表达式，但能根据模块的功能及连接方法列出电路的真值表时，尽量列出真值表，从真值表判断电路的逻辑功能；

(3) 既不能写出逻辑表达式，也不能列出真值表时，可根据所使用模块的功能及连接方法，通过分析和推理，判断电路的逻辑功能。

2. 分析举例

【例 2－10】 分析图 2－45 所示组合逻辑电路的功能。

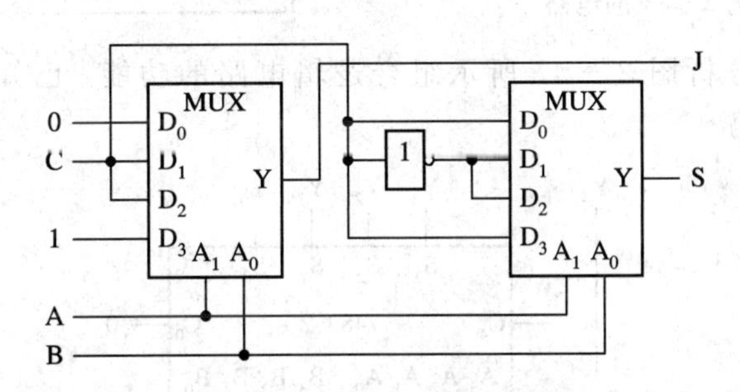

图 2－45　例 2－10 的电路

解　该电路由两片四选一选择器和一个非门构成，可以写出 J 和 S 的输出函数表达式

$$J=\overline{A}\,\overline{B}\cdot 0+\overline{A}B\cdot C+A\overline{B}\cdot C+AB\cdot 1$$

$$S=\overline{A}\,\overline{B}\cdot C+\overline{A}B\cdot\overline{C}+A\overline{B}\cdot\overline{C}+AB\cdot C$$

整理得

$$J=\overline{A}BC+A\overline{B}C+AB$$

$$S=\overline{A}\,\overline{B}C+\overline{A}B\overline{C}+A\overline{B}\,\overline{C}+ABC$$

通过列真值表可见，这也是一个 1 位二进制数全加器电路，其中 J 为进位输出，S 为本位的和输出。

【例 2－11】 分析图 2－46 所示组合逻辑电路的功能。已知输入 $B_3B_2B_1B_0$ 为 5421BCD 码。

解　该电路由一片 4 位二进制数比较器和一片 4 位二进制数加法器构成，要写出表达式比较困难。可以直接根据加法器和比较器的功能，列出电路的真值表，如表 2－19 所示。

从真值表可见，输入 $B_3B_2B_1B_0$ 是 5421BCD 码时，输出 $Y_3Y_2Y_1Y_0$ 为 8421BCD 码，因此，该电路是一个 5421BCD/8421BCD 转换电路。

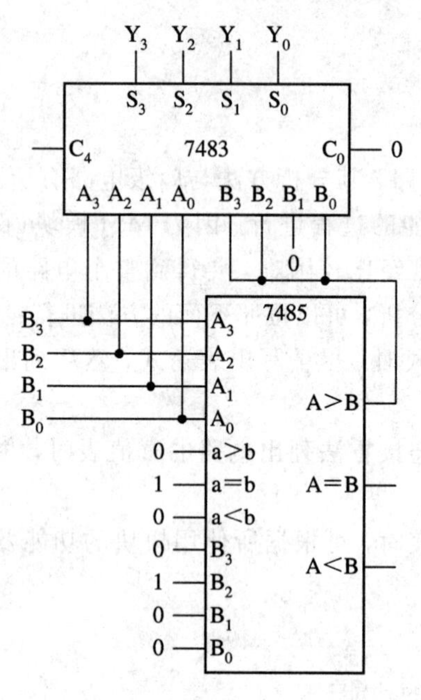

图 2-46　例 2-11 的电路

表 2-19　例 2-11 电路的真值表

N_{10}	B_3	B_2	B_1	B_0	A>B	Y_3	Y_2	Y_1	Y_0
0	0	0	0	0	0	0	0	0	0
1	0	0	0	1	0	0	0	0	1
2	0	0	1	0	0	0	0	1	0
3	0	0	1	1	0	0	0	1	1
4	0	1	0	0	0	0	1	0	0
5	1	0	0	0	1	0	1	0	1
6	1	0	0	1	1	0	1	1	0
7	1	0	1	0	1	0	1	1	1
8	1	0	1	1	1	1	0	0	0
9	1	1	0	0	1	1	0	0	1

【例 2-12】 分析图 2-47 所示组合逻辑电路的功能。已知输入 $A_3A_2A_1A_0$ 和 $B_3B_2B_1B_0$ 均为余 3 码。

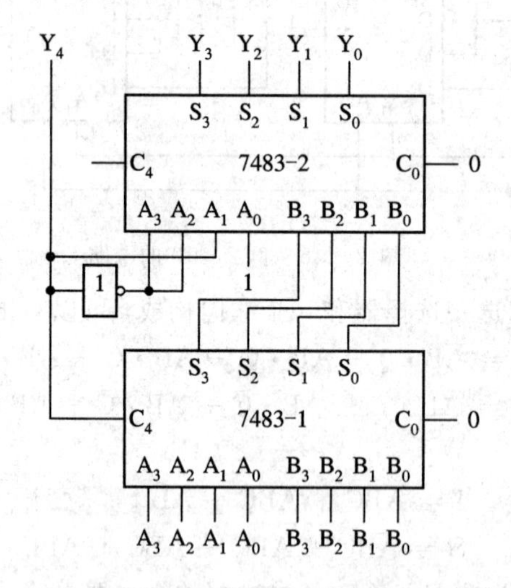

图 2-47　例 2-12 的电路

解　本电路有 8 个输入变量和 5 个输出变量，无论是写输出函数表达式还是列真值表，都非常困难。要分析该电路功能，只能从加法器 7483 的功能及连接方式入手。

从图 2-47 可见，当两个余 3 码相加后无进位，即 7483-1 的 $C_4=0$(和数≤9)时，其和数与 1101 相加后作为电路的输出；当两个余 3 码相加后有进位，即 7483-1 的 $C_4=1$(和数≥10)时，其和数与 0011 相加后作为电路的输出。加 1101 相当于减 0011，即减 3，加 0011 相当于加 3，所以 7483-2 实际上是对余 3 码相加后的结果进行±3 调整，使电路输出 $Y_3Y_2Y_1Y_0$ 也是余 3 码。其中，$Y_3Y_2Y_1Y_0$ 为个位输出，Y_4 为进位输出(1 表示十位为 1，

0 表示十位为 0)。

因此，该电路是一个余 3 码加法器，其调整规则可参照 8421BCD 加法的方式进行推导。

2.4　组合逻辑电路设计

组合逻辑电路设计是分析的逆过程，是已知逻辑功能求实现电路。对电路设计的基本要求是功能正确，电路最简，在保证实现所要求的逻辑功能的前提下尽量降低电路的成本。

2.4.1　门级电路设计

1. 设计步骤

用逻辑门设计组合逻辑电路时，一般需要经过与分析过程相反的以下三个步骤：

(1) 根据功能要求假设和定义变量，并列出待设计电路的真值表；

(2) 根据真值表求出与逻辑门类型相适应的输出函数的最简表达式；

(3) 根据输出函数表达式画出实现电路。

2. 设计举例

【例 2-13】 设计一个组合逻辑电路，其输入 ABCD 为 8421BCD 码。当输入 BCD 数能被 4 或 5 整除时，电路输出 F=1，否则 F=0。试分别用或非门和与或非门实现。

解　根据题意，可列出该电路的真值表如表 2-20 所示，其卡诺图如图 2-48 所示。

表 2-20　真值表

N_{10}	A	B	C	D	F
0	0	0	0	0	1
1	0	0	0	1	0
2	0	0	1	0	0
3	0	0	1	1	0
4	0	1	0	0	1
5	0	1	0	1	1
6	0	1	1	0	0
7	0	1	1	1	0
8	1	0	0	0	1
9	1	0	0	1	0

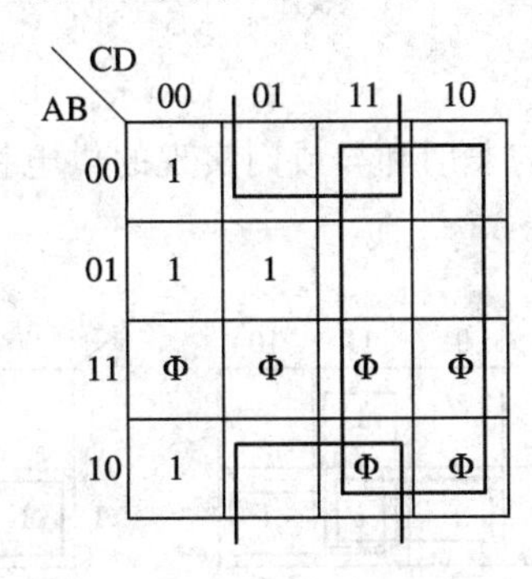

图 2-48　例 2-13 的卡诺图

由于要求用或非门和与或非门实现，因此应在卡诺图上圈“0”，求出最简或与式后，再通过摩根定律将其变换为“或非－或非”式和“与或非”式，然后就可以用相应的逻辑门实现。

从卡诺图读出 F 的最简或与式为 $F=(B+\overline{D})\overline{C}$，利用摩根定律对其变换得

$$F=\overline{\overline{(B+\overline{D})\overline{C}}}=\overline{\overline{B+\overline{D}}+C}\qquad\text{(或非－或非式)}$$

$$=\overline{\overline{B}D+C}\qquad\text{(与或非式)}$$

由此得到用或非门和与或非门实现的电路如图 2-49 所示。

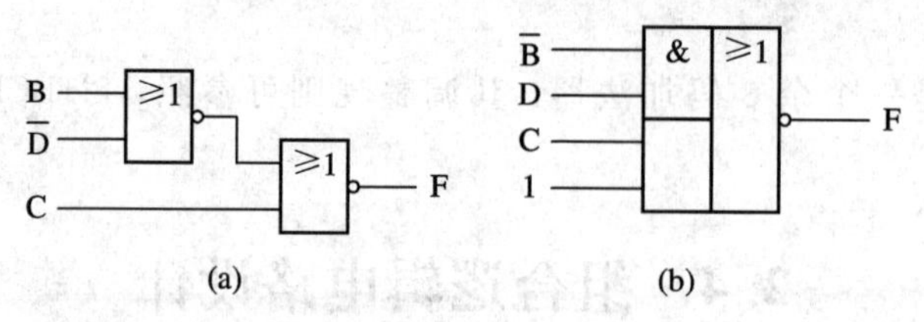

图 2-49　例 2-13 的电路

(a) 或非门实现；(b) 与或非门实现

【例 2-14】 某厂有 A、B、C 三个车间和 Y、Z 两台发电机。如果一个车间开工，启动 Z 发电机即可满足使用要求；如果两个车间同时开工，启动 Y 发电机即可满足使用要求；如果三个车间同时开工，则需要同时启动 Y、Z 两台发电机才能满足使用要求。试仅用与非门和异或门两种逻辑门设计一个供电控制电路，使电力负荷达到最佳匹配。

表 2-21　真值表

A	B	C	Y	Z
0	0	0	0	0
0	0	1	0	1
0	1	0	0	1
0	1	1	1	0
1	0	0	0	1
1	0	1	1	0
1	1	0	1	0
1	1	1	1	1

解　用“0”表示该厂车间不开工或发电机不工作，用“1”表示该厂车间开工或发电机工作。为使电力负荷达到最佳匹配，应该根据车间的开工情况(即负荷情况)来决定两台发电机的启动与否。因此，此处的供电控制电路中，A、B、C 是输入变量，Y、Z 是输出变量。由此列出电路的真值表如表 2-21 所示。

Y、Z 的卡诺图如图 2-50 所示。由于要求用与非门和异或门实现，因此应该圈“1”。

Y、Z 的输出函数表达式为

$$Y = \overline{\overline{AB + BC + AC}} = \overline{\overline{AB}\ \overline{BC}\ \overline{AC}}$$

$$Z = \overline{A}\overline{B}C + \overline{A}B\overline{C} + A\overline{B}\overline{C} + ABC = A \oplus B \oplus C$$

用与非门和异或门实现的供电控制电路如图 2-51 所示。

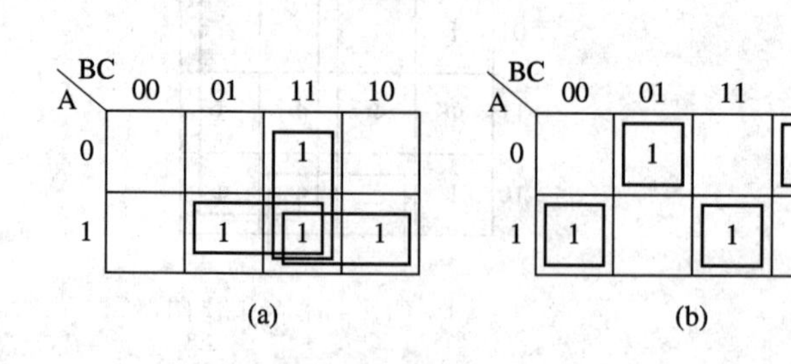

图 2-50　例 2-14 的卡诺图

(a) Y；(b) Z

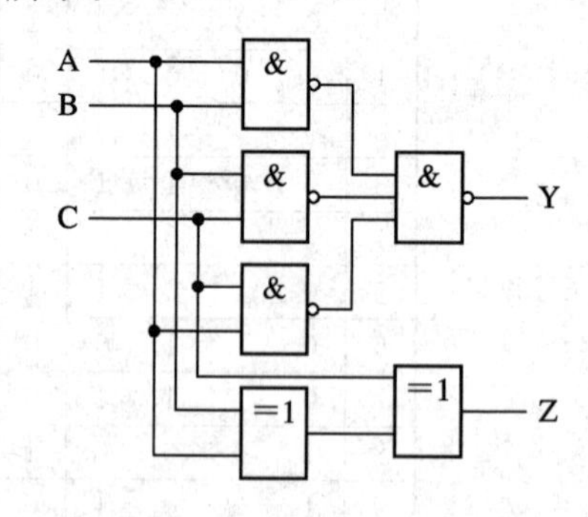

图 2-51　例 2-14 的电路

3. 逻辑门多余输入端的处理

当设计过程中逻辑门有多余输入端时，一般可按照以下方法进行处理：

(1) 与门、与非门的多余输入端可接到逻辑 1 所对应的电平上，或和使用的“与”输入端接到一起；

(2) 或门、或非门的多余输入端可接到逻辑 0 所对应的电平上，或和使用的“或”输入端接到一起；

(3) 与或非门与项多余输入端的处理方法和与门、与非门相同，但多余的与项至少应有一个输入端接到逻辑 0 所对应的电平上，或完全和使用的与项并联；

(4) 异或门的多余输入端接到逻辑 1 所对应的电平上，功能上当做非门使用；

(5) 同或门的多余输入端接到逻辑 0 所对应的电平上，功能上当做非门使用；

(6) 逻辑门输入端并接增加了前级电路的负载，一般不用这种多余输入端处理方法；

(7) TTL 逻辑门多余输入端可以悬空，且相当于接逻辑 1，但容易引入干扰；CMOS 逻辑门多余输入端不可以悬空，必须进行适当连接。

2.4.2 模块级电路设计

利用前面介绍的各种 MSI 组合逻辑模块，也可以设计出各种各样的组合逻辑电路，而且不少电路比用逻辑门设计还要简单。

1. 用加法器实现特殊代码转换

当要转换的两种代码之间存在数量上的关系时，用加法器模块就可方便地实现它们之间的相互转换。

【例 2 - 15】 用 7483 实现 5421BCD 码/8421BCD 码转换。

解 设 5421BCD 码为 ABCD，8421BCD 码为 WXYZ。从编码表可知，二者存在如下关系：

$$\begin{aligned} WXYZ &= \begin{cases} ABCD+0000; & 当\ N_{10} \leqslant 4 \\ ABCD-0011; & 当\ N_{10} \geqslant 5 \end{cases} \\ &= \begin{cases} ABCD+0000; & 当\ A=0 \\ ABCD+1101; & 当\ A=1 \end{cases} \\ &= ABCD + AA0A \end{aligned}$$

由此可得电路如图 2 - 52 所示。

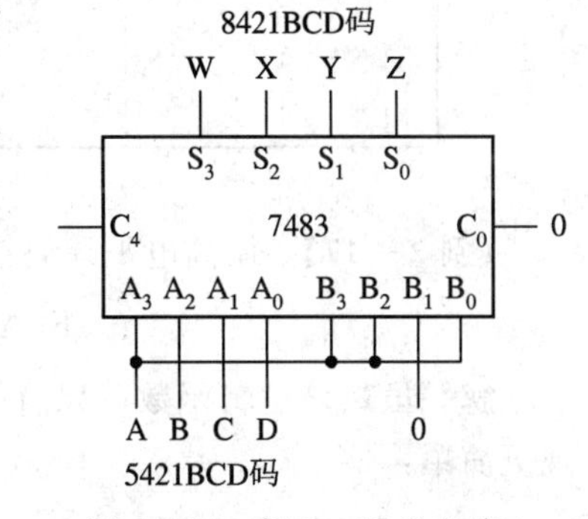

图 2 - 52 例 2 - 15 的电路

2. 用译码器实现组合逻辑函数

如前所述，变量译码器是一种最小项或最大项发生器，而任何组合逻辑函数都可以用最小项或最大项来表示，因此，用译码器可以实现任何组合逻辑函数。

对于最小项表示的逻辑函数，有

$$F = \sum m_i = \sum Y_i \qquad (高电平有效译码器，外加或门)$$

$$= \overline{\overline{\sum m_i}} = \overline{\prod \overline{m_i}} = \overline{\prod M_i} = \overline{\prod \overline{Y_i}} \qquad (低电平有效译码器，外加与非门)$$

对于最大项表示的逻辑函数，有

$$F = \prod M_i = \prod \overline{Y_i} \qquad (低电平有效译码器，外加与门)$$

$$= \overline{\overline{\prod M_i}} = \overline{\sum \overline{M_i}} = \overline{\sum m_i} = \overline{\sum Y_i} \qquad (高电平有效译码器，外加或非门)$$

可见，用译码器外加一个逻辑门，可以非常方便地实现最小项表达式或最大项表达式。当逻辑函数不是标准式时，应先变成标准式。

用译码器实现多输出函数时，优势特别明显。

【例 2-16】 用 74138 设计一个 1 位二进制数全减器。

解　1 位二进制数全减器的真值表如表 2-22 所示，其中 A_i、B_i 分别为被减数和减数输入，C_i 为相邻低位的借位输入，S_i 为本位差输出，C_{i+1} 为向相邻高位的借位输出。

从真值表可以直接写出借位输出 C_{i+1} 和差输出 S_i 的最小项表达式

$$C_{i+1}(A_i, B_i, C_i) = \sum m(1,2,3,7) = \overline{\overline{Y}_1\,\overline{Y}_2\,\overline{Y}_3\,\overline{Y}_7}$$

$$S_i(A_i, B_i, C_i) = \sum m(1,2,4,7) = \overline{\overline{Y}_1\,\overline{Y}_2\,\overline{Y}_4\,\overline{Y}_7}$$

实现电路如图 2-53 所示。

表 2-22　全减器真值表

A_i	B_i	C_i	C_{i+1}	S_i
0	0	0	0	0
0	0	1	1	1
0	1	0	1	1
0	1	1	1	0
1	0	0	0	1
1	0	1	0	0
1	1	0	0	0
1	1	1	1	1

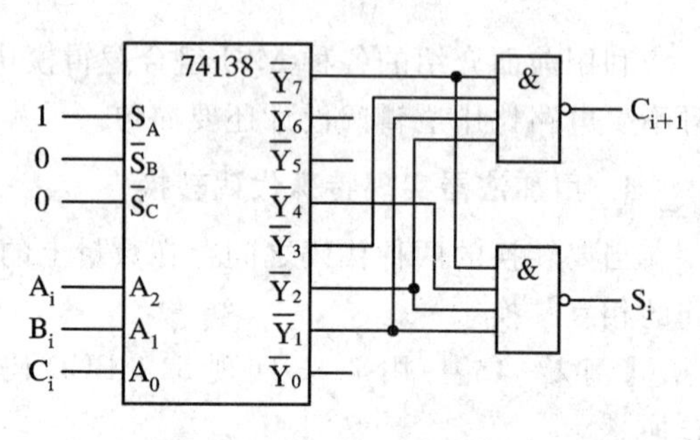

图 2-53　1 位二进制数全减器电路

【例 2-17】 用高电平译码输出有效的 3 线—8 线译码器实现逻辑函数

$$F(A,B,C) = \sum m(0,1,3,4,6)$$

解　虽然该逻辑函数可以直接用译码器和一个 5 输入或门实现，但经如下变形后，实现更简单：

$$\begin{aligned} F(A,B,C) &= \sum m(0,1,3,4,6) \\ &= \prod M(2,5,7) \\ &= M_2 M_5 M_7 \\ &= \overline{\overline{M_2 M_5 M_7}} \\ &= \overline{\overline{M}_2 + \overline{M}_5 + \overline{M}_7} \\ &= \overline{m_2 + m_5 + m_7} \\ &= \overline{Y_2 + Y_5 + Y_7} \end{aligned}$$

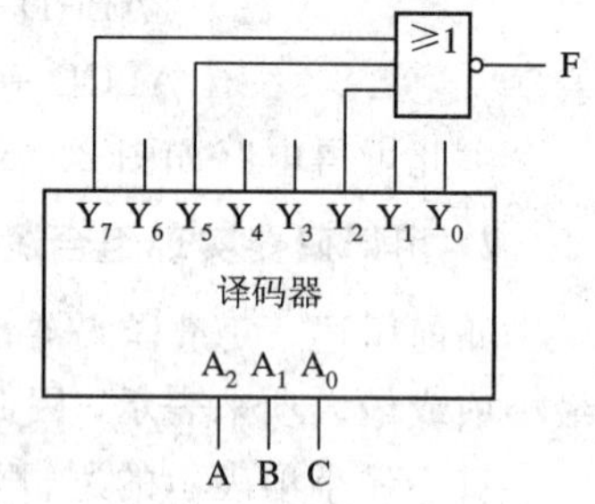

图 2-54　例 2-17 的电路

实现电路如图 2-54 所示。

3. 用数据选择器实现组合逻辑函数

从数据选择器输出函数表达式可以看出，它是关于地址选择码的全部最小项和对应的各路输入数据的与或型表达式。而任何组合逻辑函数都可以用与或型函数来表示，因此，数据选择器也可以用来实现任何组合逻辑函数。

1) 比较法

所谓比较法，就是将要实现的逻辑函数变为与数据选择器输出函数表达式相同的形式，从中确定数据选择器的地址选择变量和数据输入变量，最后得出实现电路。

【例 2－18】 用四选一数据选择器实现逻辑函数 $F(A,B,C,D)=A\overline{B}C+\overline{A}C+A\overline{C}D$。

解 仔细观察函数 F 可以看出，F 的各个与项均包含变量 A、C，因此，用 A、C 作地址选择码是合适的。将 F 作如下变形：

$$
\begin{aligned}
F(A,B,C,D) &= A\overline{B}C+\overline{A}C+A\overline{C}D \\
&= \overline{A}C+A\overline{C}D+AC\overline{B} \\
&= \overline{A}\overline{C}\cdot 0+\overline{A}C\cdot 1+A\overline{C}\cdot D+AC\cdot\overline{B}
\end{aligned}
$$

并与四选一的逻辑表达式进行比较可见，地址选择码 $A_1A_0=AC$，数据输入分别为 $D_0=0$，$D_1=1$，$D_2=D$，$D_3=\overline{B}$，由此画出实现电路如图 2－55 所示。

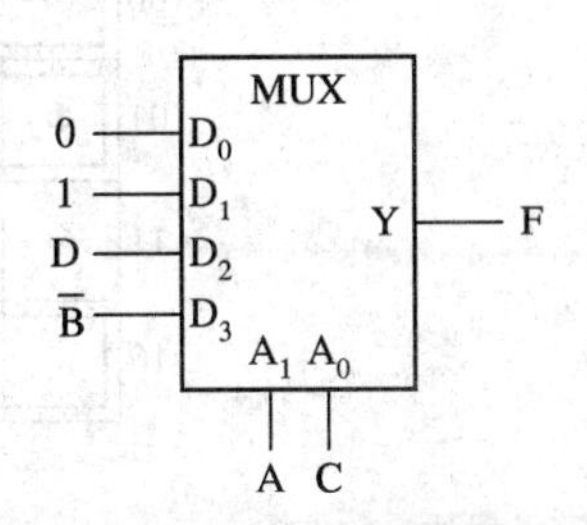

图 2－55　例 2－18 的电路

也可以任选逻辑函数中的几个变量作为地址码，列出与数据选择器类似的简化真值表，然后从函数栏得到对应的数据输入变量并画出实现电路。

2）卡诺图法

所谓卡诺图法，就是利用卡诺图来确定数据选择器的地址选择变量和数据输入变量，最后得出实现电路。其实现步骤如下：

（1）将卡诺图画成与数据选择器相适应的形式。数据选择器有几个地址选择码输入端，逻辑函数的卡诺图的某一边就应有几个变量，这几个变量将作为数据选择器的地址选择码。

（2）将要实现的逻辑函数填入卡诺图并在卡诺图上画圈。由于数据选择器输出函数是与或型表达式且包含地址选择码的全部最小项，因此化简时不仅要圈最小项，而且还只能顺着地址选择码的方向圈，保证地址选择变量不被化简掉。

（3）读图。读图时，地址选择码可以不读出来，只读出其它变量的化简结果，这些结果就是地址选择码所选择的数据输入 D 的值。地址选择码与数据输入 D 之间的对应关系是：将地址选择码的二进制数转化为十进制数，就是它所选择的数据输入 D 的下标。

（4）根据地址选择码和数据输入值，画出用数据选择器实现的逻辑电路。

需要说明的是，当读出的数据输入 D 的表达式包含两个或更多个变量时，需要在数据选择器的基础上外加逻辑门才能实现，但要注意尽可能不加门或少加门。此外，如果数据选择器有使能端，使能端也要注意正确连接，以便使数据选择器处于工作状态。

【例 2－19】 用四选一数据选择器实现逻辑函数

$$F(W,X,Y,Z)=\prod M(2,3,14)\cdot\prod\Phi(1,4,5,11,12,15)$$

解 用四选一选择器实现该函数的卡诺图如图 2－56(a)所示，原则上既可以选择 W、X 作地址选择码，也可以选择 Y、Z 作地址选择码。

对于本题而言，如果选择 Y、Z 作四选一的地址选择码，则需要外加逻辑门。因此，这里选择 W、X 作四选一的地址选择码。

为了保证 W、X 不被化简掉，此时卡诺圈应顺着 WX 一行一行地圈，由此得出 $D_0=\overline{Y}$，$D_1=1$，$D_2=1$，$D_3=Z$。实现电路如图 2－56(b)所示。

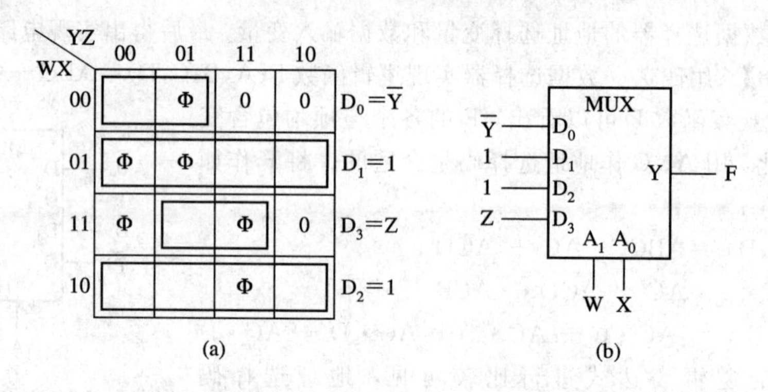

图 2-56　用四选一选择器实现例 2-19 函数的卡诺图和电路

(a) 卡诺图；(b) 电路

【例 2-20】 用八选一数据选择器实现上例中的逻辑函数功能。

解　用八选一数据选择器实现该函数的卡诺图如图 2-57(a)所示。这里选择 X、Y、Z 作八选一的地址选择码。为了保证 X、Y、Z 不被化简掉，此时卡诺圈应顺着 XYZ 一列一列地圈，由此得出 $D_0=1$，$D_1=1$，$D_2=W$，$D_3=0$，$D_4=0$，$D_5=1$，$D_6=\overline{W}$，$D_7=1$。实现电路如图 2-57(b)所示。

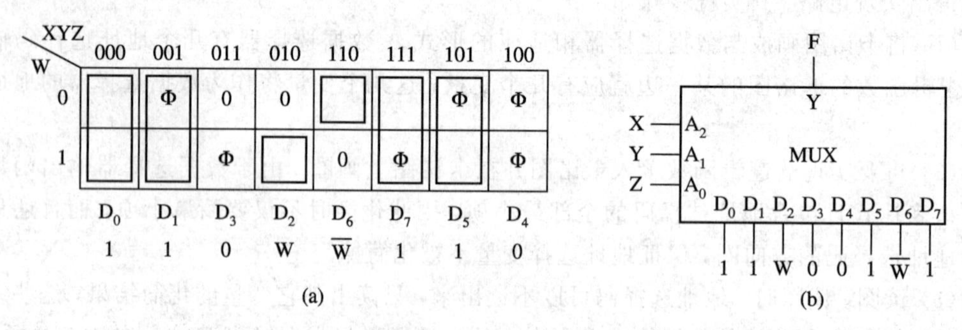

图 2-57　用八选一选择器实现例 2-20 函数的卡诺图和电路

(a) 卡诺图；(b) 电路

*2.5　组合逻辑电路中的竞争与险象

前面分析和设计组合逻辑电路时，仅仅考虑了稳态情况下的电路输入/输出关系，这种输入/输出关系完全符合真值表描述的逻辑功能。然而，电路在实际工作过程中，由于某些因素的影响，其输入/输出关系有可能会瞬间偏离真值表，产生短暂的错误输出，造成逻辑功能的瞬时紊乱，经过一段过渡时间后才到达原先所期望的状态。这种现象称为逻辑电路的冒险现象(Hazard)，简称险象。瞬间的错误输出称为毛刺(Glitch)。

逻辑电路的险象持续时间虽然不长，但危害却不可忽视。尤其是当组合逻辑电路的输出用来驱动时序电路时，有可能会造成严重后果。

引起险象的原因主要有以下两个：

(1) 电路中的任何部件都存在传输时延，使输出信号相对于输入信号的变化总会滞后一段时间；

(2) 多个认为是同步变化的输入信号事实上不可能真正同时变化，中间存在一个过渡过程。

传输时延引起的险象称为逻辑险象(Logic Hazard)，可以通过修改逻辑设计进行消除。多个输入信号变化时间不同步引起的险象称为功能险象(Function Hazard)，这种险象不能从逻辑上进行消除，只能通过使用使能信号或选通信号来避开险象。输入信号变化过程中只出现一个毛刺的险象称为静态险象(Static Hazard)，交替出现多个毛刺的险象称为动态险象(Dynamic Hazard)。

本节仅从信号时延影响的角度简单介绍逻辑险象的识别和消除方法。

2.5.1　逻辑竞争与险象

1. 逻辑竞争

组合逻辑电路中，输入信号 A 经过多条传输路径到达某个输出端的现象称为逻辑竞争(Logic Race)，变量 A 称为有竞争力的变量。

逻辑竞争有可能导致电路产生错误输出(毛刺)。产生错误输出的竞争称为临界竞争，不产生错误输出的竞争称为非临界竞争。临界竞争产生的险象，称为逻辑险象。

2. 险象的种类

根据毛刺极性的不同，可以把险象分为 0 型险象和 1 型险象这两种类型。

输出毛刺为负向脉冲的险象称为 0 型险象，它主要出现在与或、与非、与或非型电路中。输出毛刺为正向脉冲的险象称为 1 型险象，它主要出现在或与、或非型电路中。

2.5.2　逻辑险象的识别

1. 代数识别法

当某些逻辑变量取特定值(0 或 1)时，若组合逻辑电路输出函数表达式为下列形式之一，则存在逻辑险象：

$$F = A + \overline{A} \qquad \text{存在 0 型险象}$$

$$F = A \cdot \overline{A} \qquad \text{存在 1 型险象}$$

此时 A 是有竞争力的变量，且能够产生险象。其它具有多条传输路径的变量也是有竞争力的变量，但不会产生险象。

【例 2-21】 找出图 2-58 所示电路中有竞争力的变量，并判断是否存在险象。如存在险象，则指出险象类型，并画出输出波形。

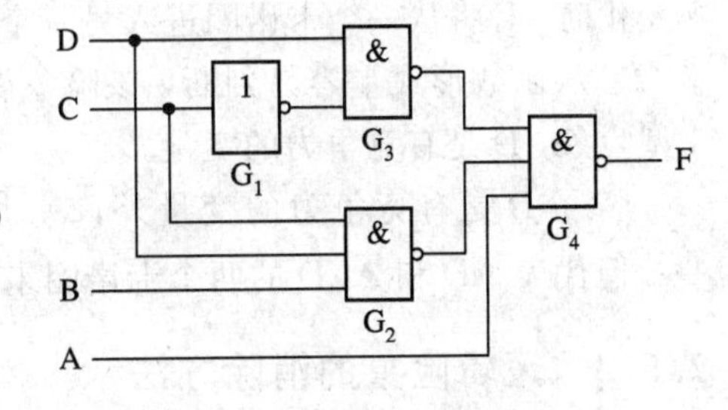

图 2-58　例 2-21 的电路

解　因为 C、D 有两条传输路径，所以 C 和 D 是有竞争力的变量。F 的输出函数表达式为

$$F = \overline{\overline{A} \cdot \overline{\overline{C}D} \cdot \overline{BCD}} = \overline{A} + \overline{C}D + BCD$$

当输入变量 A=B=D=1 时，有

$$F = 1 \cdot \overline{C} + 1 \cdot C = \overline{C} + C$$

因此，该电路存在变量 C 产生的 0 型险象。D 虽然是有竞争力的变量，但不会产生险象。

稳态时，A=B=D=1，无论 C 取何值，F 恒为 1。但当 C 变化时，由于信号的各传输路径的时延不同，因此会出现图 2-59 所示的情况。图中假定每个逻辑门的时延相同，均为 t_{pd}。

由图 2-59 可见，当变量 C 由高电平变为低电平时，输出将会产生负毛刺，即存在 0 型险象。但当 C 由低电平变为高电平时，却没有产生毛刺，只有竞争，没有险象。这说明，即使是能够产生险象的有竞争力的变量，在发生变化时也不一定都产生险象。

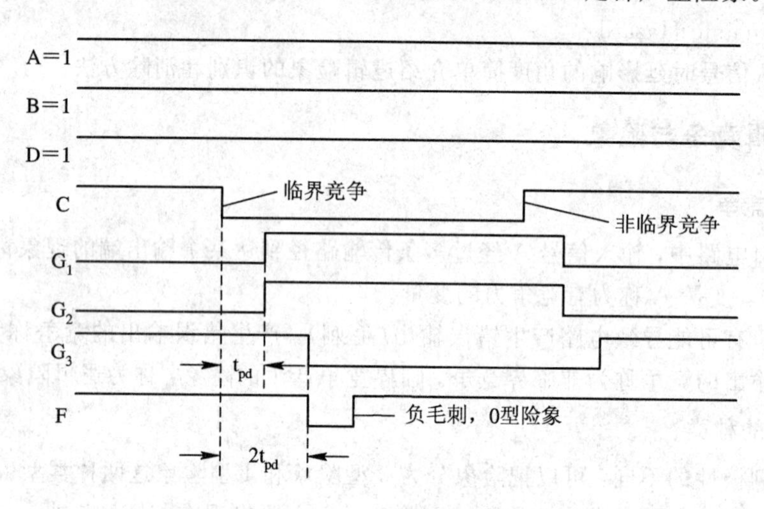

图 2-59　图 2-58 电路的 0 型险象

2. 卡诺图识别法

在逻辑函数的卡诺图中，函数表达式的每个积项(或和项)对应于一个卡诺圈。如果两个卡诺圈存在着相切部分，且相切部分又未被另一个卡诺圈圈住，那么实现该逻辑函数的电路必然存在险象。

【例 2-22】 用卡诺图法判断函数 $F=AD+BD+\overline{A}C\overline{D}$ 是否存在险象。

解 F 的卡诺图如图 2-60 所示。从图中可见，代表 BD 和 $\overline{A}C\overline{D}$ 的两个卡诺圈(粗线框)相切，且相切部分的“1”又未被其它卡诺圈圈住，因此，当 D 从 0 到 1 或从 1 到 0 变化时，F 将从一个卡诺圈进入另一个卡诺圈，从而产生险象。从函数形式上容易判断，该险象属于变量 D 引起的 0 型险象，D 是有竞争力的变量。

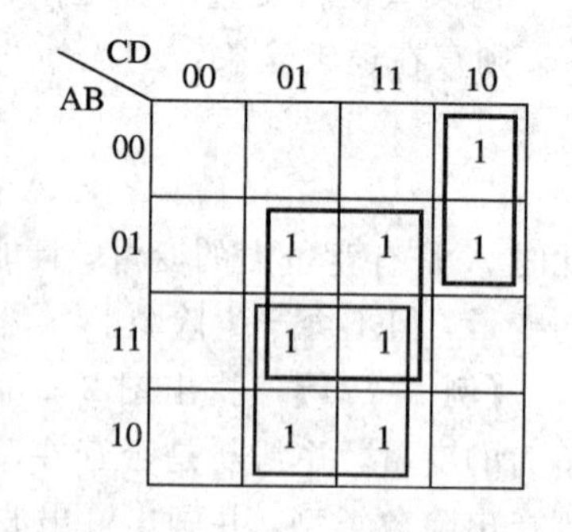

图 2-60　例 2-22 卡诺图

除了 D 是有竞争力的变量外，A 也是有竞争力的变量。但代表 AD 和 $\overline{A}C\overline{D}$ 的两个卡诺圈未相切，故不会产生险象。

2.5.3　逻辑险象的消除方法

当组合逻辑电路存在险象时，可以采取修改逻辑设计、增加选通电路、增加输出滤波等多种方法来消除险象。后两种方法或增加电路实现复杂性，或使输出波形变坏，平常极少使用，因此，此处只介绍通过修改逻辑设计来消除险象的方法。

修改逻辑设计消除险象的方法实际上是通过增加冗余项的办法来使函数在任何情况下都不可能出现 $F=A+\overline{A}$ 或 $F=A\cdot\overline{A}$ 的情况，从而达到消除险象的目的。从卡诺图上看，相当于在相切的卡诺圈间增加一个冗余圈，将相切处的 0 或 1 圈起来。

【例 2－23】 采用修改逻辑设计的办法，消除上例中的函数 $F=AD+BD+\overline{A}C\overline{D}$ 存在的险象。

解 在原卡诺图中相切的两个卡诺圈相切处，增加一个冗余的卡诺圈(虚线框)，将相切处的两个 1 圈起来，如图 2－61 所示。此时，$F=AD+BD+\overline{A}C\overline{D}+\overline{A}BC$。当 A=0、B=1、C=1 时，$F=0+D+\overline{D}+1\equiv1$，从而消除了 0 型险象。

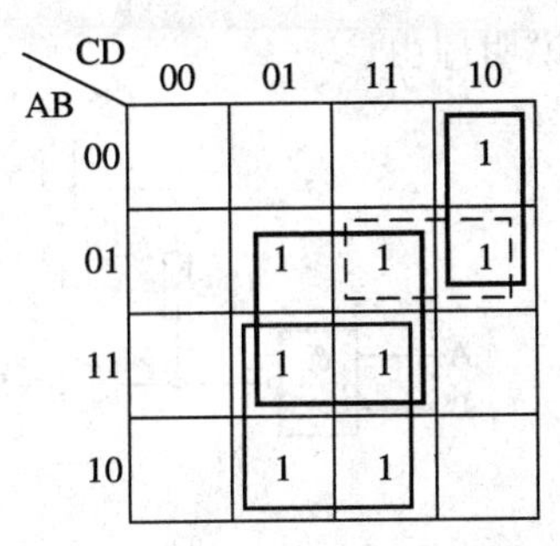

图 2－61　例 2－23 卡诺图

最后说明一点，尽管竞争和险象是逻辑电路中存在的客观现象，在实际工作中需要注意，但在今后的学习中，除非特别要求，一般不考虑这类问题。

本 章 小 结

组合逻辑电路是数字电路中最简单的一类逻辑电路，其基本特点是在结构上没有反馈、功能上没有记忆，电路在任何时刻的输出都由该时刻的输入信号完全确定。本章首先简单介绍了集成逻辑门的电路原理和使用特性，然后重点介绍了常用 MSI 组合逻辑模块的功能、应用及组合逻辑电路的分析和设计方法，最后简单介绍了组合逻辑电路中的竞争和险象及其消除方法。

本章需要重点掌握的内容如下：

(1) 集成逻辑门的外部使用特性和特性参数的含义，尤其注意 OC 门、三态门、CMOS 门的使用特点。

(2) 加法器、比较器、编码器、译码器、数据选择器等常用 MSI 组合逻辑模块的功能及主要应用领域，包括用加法器实现特殊代码转换、用译码器和数据选择器实现组合逻辑函数等。

(3) 组合逻辑电路的一般分析方法，包括门级电路和模块级电路的分析方法。

(4) 组合逻辑电路的一般设计方法，包括门级电路和模块级电路的设计方法。

(5) 组合逻辑电路中的竞争与险象概念、种类以及识别和消除方法。

习　题　2

2-1　已知74S00是四-2输入与非门，$I_{OL}=20$ mA，$I_{OH}=1$ mA，$I_{IL}=2$ mA，$I_{IH}=50$ μA；7410是三-3输入与非门，$I_{OL}=16$ mA，$I_{OH}=0.4$ mA，$I_{IL}=1.6$ mA，$I_{IH}=40$ μA。试分别计算74S00和7410的扇出系数。理论上，一个74S00逻辑门的输出端最多可以驱动几个7410逻辑门？一个7410逻辑门的输出端最多可以驱动几个74S00逻辑门？

2-2　题2-2图中的逻辑门均为TTL门。试问图中电路能否实现$F_1=AB$，$F_2=AB$，$F_3=\overline{AB}\cdot\overline{BC}$的功能。要求说明理由。

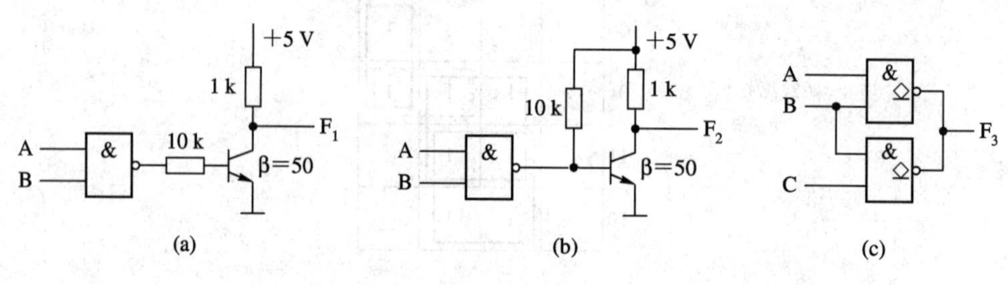

题2-2图

2-3　用最少的OC与非门实现逻辑函数$F=\overline{A+B}+\overline{A+C}+\overline{B+C}+\overline{B+D}$。

2-4　题2-4图为TTL三态门构成的电路，试根据输入条件填写题2-4表中的F栏。

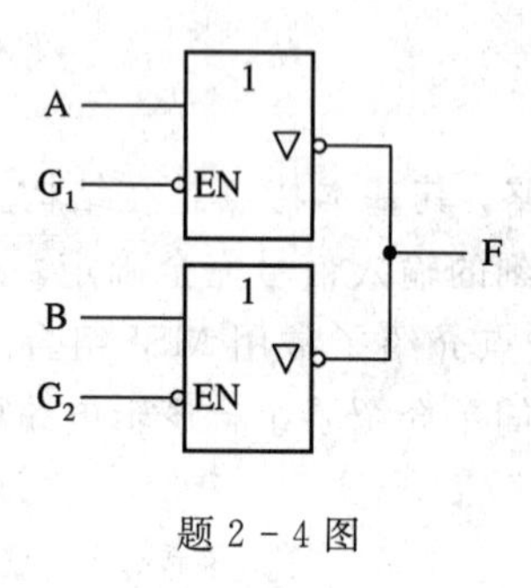

题2-4图

题2-4表

G_1	A	G_2	B	F
0	0	1	0	
0	1	1	1	
1	0	0	0	
1	0	0	1	
1	0	1	0	
1	0	1	1	

2-5　某组合电路的输出函数表达式为$F=AC+\overline{A}(B\oplus C)$，试画出其逻辑图，列出其负逻辑时的真值表并写出输出函数表达式，再检验同一电路的正、负逻辑表达式是否互为对偶式。

2-6　写出题2-6图所示电路的输出F的逻辑表达式。如采用负逻辑，试重写表达式。

2-7　分TTL和CMOS逻辑门两种情况，分析题2-7图所示各电路的输出逻辑值。

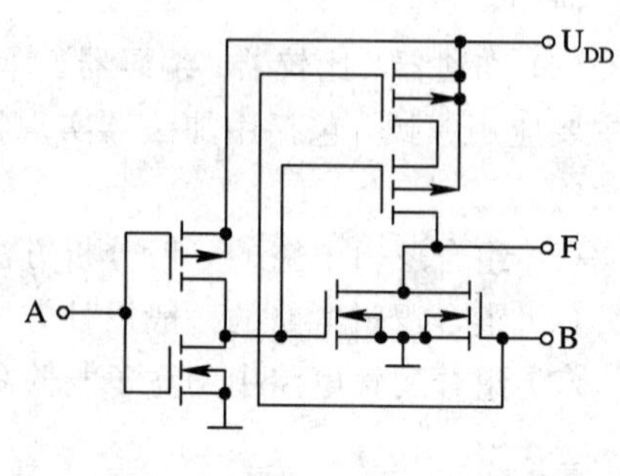

题2-6图

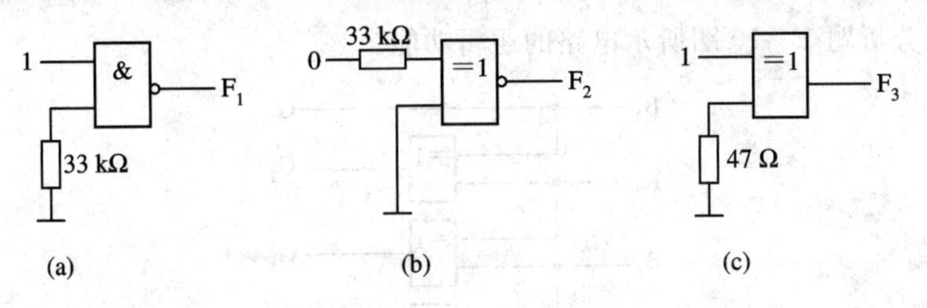

题 2－7 图

2－8　分析题 2－8 表中各真值表描述的组合逻辑电路的功能。

题 2－8 表(a)

A	B	C	F
0	0	0	0
0	0	1	1
0	1	0	1
0	1	1	0
1	0	0	1
1	0	1	0
1	1	0	0
1	1	1	1

题 2－8 表(b)

A	B	C	X	Y
0	0	0	0	0
0	0	1	1	1
0	1	0	1	1
0	1	1	1	0
1	0	0	0	1
1	0	1	0	0
1	1	0	0	0
1	1	1	1	1

题 2－8 表(c)

A	B	C	D	F
0	0	0	0	1
0	0	0	1	0
0	0	1	0	0
0	0	1	1	0
0	1	0	0	1
0	1	0	1	1
0	1	1	0	0
0	1	1	1	0
1	0	0	0	1
1	0	0	1	0

题 2－8 表(d)

A	B	C	D	W	X	Y	Z
0	0	0	0	0	0	1	1
0	0	0	1	0	1	0	0
0	0	1	0	0	1	0	1
0	0	1	1	0	1	1	0
0	1	0	0	0	1	1	1
1	0	0	0	1	0	0	0
1	0	0	1	1	0	0	1
1	0	1	0	1	0	1	0
1	0	1	1	1	0	1	1
1	1	0	0	1	1	0	0

2－9　分析题 2－9 图所示电路的功能，并求出等效的与或逻辑图。

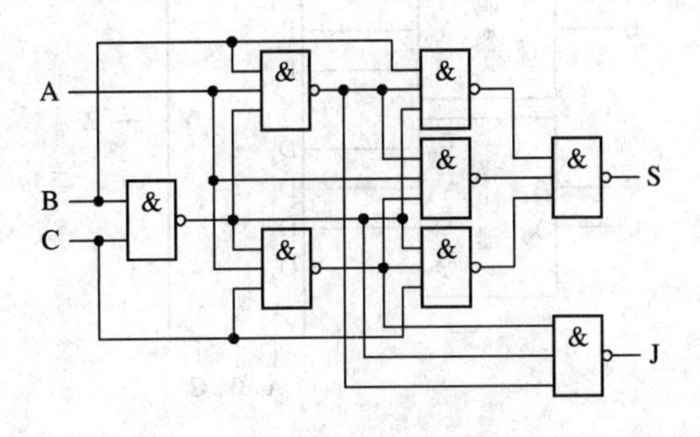

题 2－9 图

2－10　分析题 2－10 图所示电路的逻辑功能。

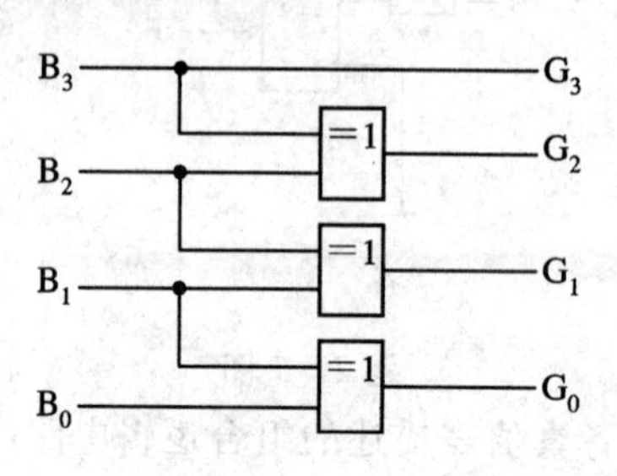

题 2－10 图

2－11　分析题 2－11 图所示电路的逻辑功能。已知输入 ABCD 为余 3 码。

2－12　列表说明题 2－12 图所示电路中，当控制信号$\overline{ST}S_1S_0$分别为 000～111 时，Y 与 D_3～D_0 之间的逻辑关系。判断该电路可以完成什么功能，并说明各个控制信号的作用。

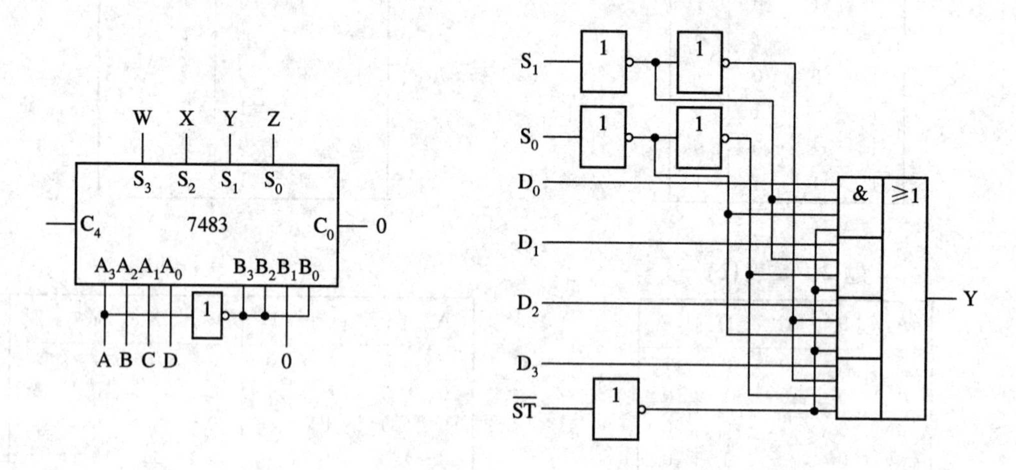

题 2－11 图　　　　题 2－12 图

2－13　直接列出题 2－13 图所示电路的真值表，写出其最小项表达式和最大项表达式，指出其逻辑功能，并改用或非门实现该电路的功能。

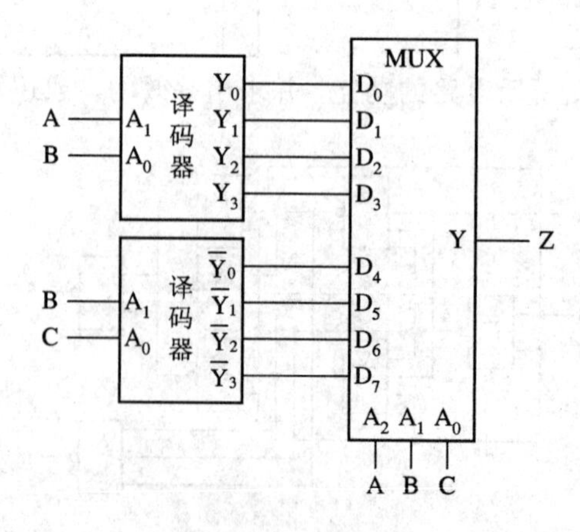

题 2－13 图

2-14　直接写出题 2-13 图所示电路的输出函数表达式，并用代数法进行化简。

2-15　列出题 2-15 图所示电路的真值表，并判断电路的逻辑功能。

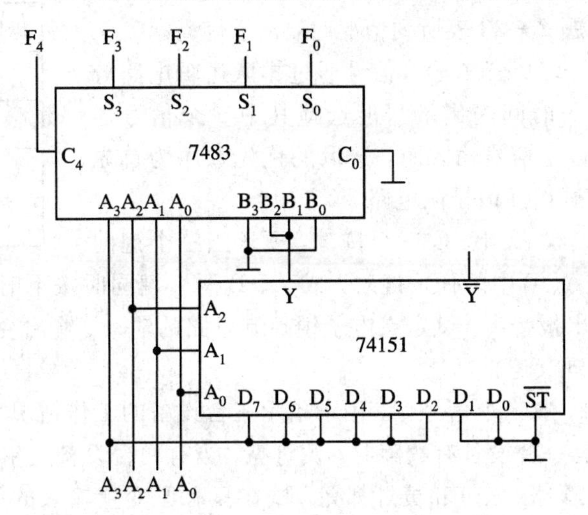

题 2-15 图

2-16　分别用与非门和或非门实现下列逻辑函数，允许反变量输入。

(1) $F=\overline{AB+\overline{A}+C}\cdot\overline{BD}+B\overline{C}D$

(2) $F(A,B,C,D)=\sum m(1,2,3,7,8,11)+\sum \Phi(0,9,10,12,13)$

(3) $F(A,B,C,D)=\prod M(2,4,6,10,11,14,15)\cdot\prod \Phi(0,1,3,9,12)$

(4) $F=\overline{\overline{\overline{A}+B}+\overline{B+C}}\cdot\overline{A\overline{C}}$

2-17　试用 3 输入与非门实现逻辑函数 $F=\overline{A}\overline{B}\overline{D}+B\overline{C}+AB\overline{D}+BD$。

2-18　试用一块四－2 输入与非门实现逻辑函数 $F=\overline{\overline{AC+\overline{B}C}+B(A\oplus C)}$。

2-19　若手边只有 2 输入端的与非门和异或门可供选用，试用最少的逻辑门实现逻辑函数 $F(A,B,C,D)=\sum m(0,1,4,5,8,9,14,15)+\sum \Phi(2,10)$。

2-20　已知输入信号 A、B、C、D 的波形如题 2-20 图所示，试用或非门设计产生输出 F 波形的组合电路，允许反变量输入。

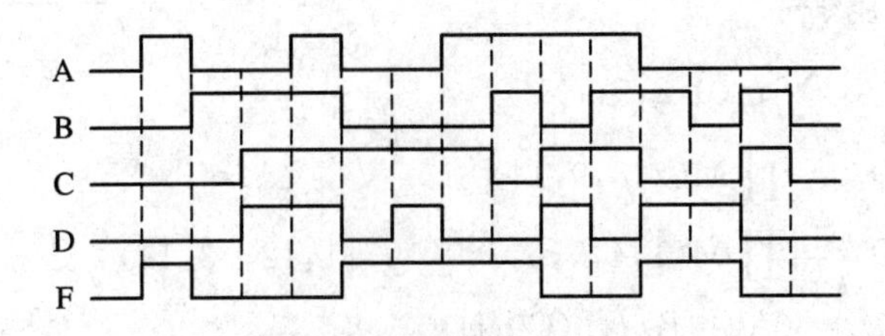

题 2-20 图

2-21　用与或非门设计一个两位二进制数 A、B 的比较电路，要求具有 A>B、A=B 和 A<B 三种比较结果输出。

2-22　设 A、B、C、D 分别代表四对话路，正常工作时最多只允许两对同时通话，且 A 路和 B 路、C 路和 D 路、A 路和 D 路不允许同时通话。试用 3 输入端的或非门设计一个逻辑电路，用以指示不能正常工作的情况。

2-23　用与非门为医院设计一个血型配对指示器，当供血和受血血型不符合题2-23表所列情况时，指示灯亮。

题2-23表

供血血型	受血血型
A	A,AB
B	B,AB
AB	AB
O	A,B,AB,O

2-24　设有A、B、C三个输入信号通过排队逻辑电路分别由三路输出，在同一时间输出端只能选择其中一个信号通过。如果同时有两个以上信号输入时，选取的优先顺序为首先A，其次B，最后C。试设计该排队电路。

2-25　某电子锁有A、B、C三个按键，要求当三个键同时按下时，或只按下A、B中的任一键时，或A、B两个键同时按下时，电子锁打开；如果按错键，电子锁将发出报警声。试定义电子锁控制电路的输入、输出变量，列出其真值表，并以74138为核心实现其逻辑功能。

2-26　有红、绿、黄三个信号灯，用来指示三台设备的工作情况。当三台设备都正常工作时，绿灯亮；当有一台设备有故障时，黄灯亮；当有两台设备发生故障时，红灯亮；当三台设备同时发生故障时，红灯和黄灯都亮。试在只有原变量输入的条件下，用与非门和异或门设计信号灯的控制电路。

2-27　学校礼堂举办新年游艺会，规定先生持红票入场，女士持绿票入场，持黄票的人不论男女均可入场。如果一人同时持有几种票，只要有票符合入场条件就可入场。试分别用与非门和或非门为学校礼堂新年游艺会场设计一个入场控制电路。

2-28　试用7483实现下列BCD码转换(必要时可以附加逻辑门)。

(1) 余3码转换为8421BCD码　　(2) 8421BCD码转换为5421BCD码

(3) 5421BCD码转换为余3码　　(4) 2421BCD码转换为8421BCD码

2-29　试用一片7483加法器和少量的逻辑门实现题2-29表所示电路功能。

题2-29表

X_1	X_0	$S_4\ S_3\ S_2\ S_1\ S_0$
0	0	ABCD+ 0000
0	1	ABCD+ 0010
1	0	ABCD+ 0011
1	1	ABCD+ 0101

2-30　试用4位二进制数比较器7485实现两个3位8421BCD码的比较。

2-31　试用74138译码器和与非门设计一个1位二进制数全加器电路。

2-32　试用高电平译码输出有效的4线-16线译码器和逻辑门实现下列逻辑函数。

(1) $W(A,B,C)=\sum m(0,2,5,7)$

(2) $X(A,B,C,D)=\prod M(2,8,9,14)$

(3) $Y(A,B,C,D)=\prod M(1,4,5,6,7,9,10,11,12,13,14)$

(4) $Z(A,B,C,D)=(A\oplus B)\oplus(C\odot D)$

2-33　试用4线-16线译码器74154和逻辑门设计一个组合逻辑电路，计算两个2位二进制数的乘积。

2-34　试将双四选一数据选择器74153扩展为十六选一数据选择器。

2-35　分别用四选一和八选一数据选择器实现下列逻辑函数。

(1) $F(A,B,C)=\sum m(0,1,2,6,7)$

(2) $F(A,B,C,D)=\sum m(0,3,8,9,10,11)+\sum \Phi(1,2,5,7,13,14,15)$

(3) $F(A,B,C,D)=\prod M(1,2,8,9,10,12,14)\prod \Phi(0,3,5,6,11,13,15)$

(4) $\begin{cases} F(A,B,C,D,E)=\sum m(3,5,9,12,18,24,27) \\ \text{约束条件：}\sum \Phi(1,4,7,8,11,13,19,22,23,25,26)=0 \end{cases}$

2-36　试用四选一数据选择器和必要的逻辑门设计一个1位二进制数全加器。

2-37　设A、B、C为三个互不相等的4位二进制数，试用4位二进制数比较器7485和二选一数据选择器设计一个逻辑电路，从A、B、C中选出最大的一个输出。

2-38　用1片4位二进制数加法器7483和一片4—二选一数据选择器74157及非门设计一个可控4位二进制补码加法器/减法器。当控制端X=0时，实现加法运算；当X=1时，实现减法运算(提示：将减数取反加1，然后进行加法运算)。

2-39　设计一个数π=3.141 592 6(8位)的发生器。其输入为从000开始依次递增的3位二进制数，其相应的输出依次为3、1、4、…、6等数的8421BCD码。所用器件任选。

2-40　写出题2-40图所示电路的输出函数表达式，列出其真值表，并改用74154译码器实现同一功能。

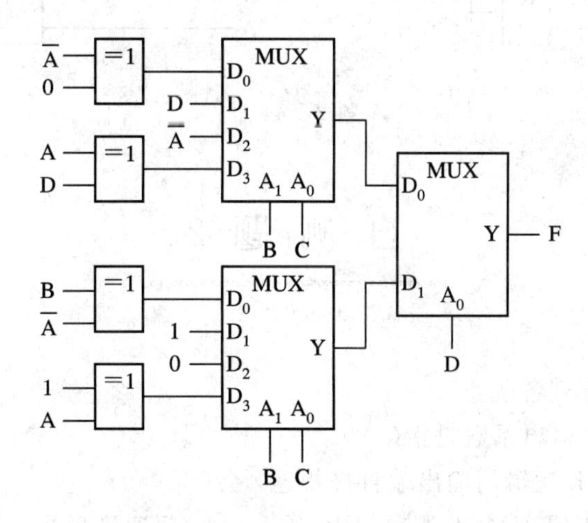

题 2-40 图

2-41　设计一个组合逻辑电路，实现题2-41表所示的逻辑功能。

题 2-41 表

A	B	F
0	0	$C+D$
0	1	$\overline{C+D}$
1	0	$C\oplus D$
1	1	$C\odot D$

2-42　用Multisim或TINA软件仿真图2-58所示电路，并观察验证险象的波形。

2-43　下列各逻辑函数相等，试找出其中有竞争力的变量，判断其实现电路有无险象。如果存在险象，则说明险象的类型。

(1) $F=\overline{A}C+AB+\overline{B}\overline{C}$

(2) $F=\overline{A}C+AB+\overline{B}\overline{C}+A\overline{C}$

(3) $F=\overline{A}C+AB+\overline{B}\overline{C}+BC$

(4) $F=\overline{A}C+AB+\overline{B}\overline{C}+\overline{A}\overline{B}$

(5) $F=\overline{A}C+AB+\overline{B}\overline{C}+\overline{A}\overline{B}+BC+A\overline{C}$

(6) $F=(A+\overline{B}+C)(\overline{A}+B+\overline{C})$

2-44　找出题2-44图所示各电路中有竞争力的变量，并判断电路是否存在险象。如果存在险象，则说明险象的类型，并通过修改逻辑设计来消除险象。最后用 Multisim 或 TINA 软件仿真改进前后电路的工作情况。

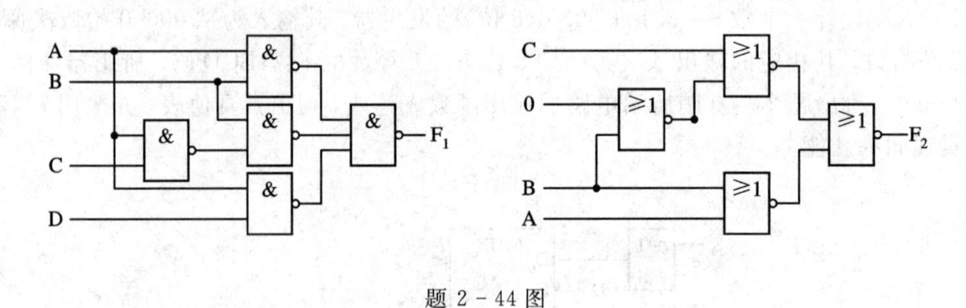

题 2-44 图

自 测 题 2

1. (10分)完成下列各题：

(1) 集成逻辑门的扇出系数是指(　　　　　　　　　　)；

(2) 多个普通 TTL 逻辑门输出端直接相连，会(　　　　　　　　　　)；

(3) 在 TTL、ECL 和 CMOS 逻辑门中，(　　　)门速度最快，(　　　)门功耗最低；

(4) 判断正误：组合逻辑电路中，有竞争就必有险象；　　(　　)

(5) 列出四选一数据选择器的简化真值表并写出其表达式。

2. (20分)某组合逻辑电路如图1所示：

(1) 写出其输出函数表达式并列出其真值表；

(2) 画出对应于图2所示输入波形的输出波形；

(3) 写出其变量型最小项表达式和最大项表达式；

(4) 用图3所示的4-3-2-2与或非门重新实现该电路的功能，允许反变量输入。

3. (20分)分别用四选一和八选一数据选择器实现逻辑函数

$$F(A,B,C,D)=\sum m(3,4,10,15)+\sum \Phi(0,2,6,7,11)$$

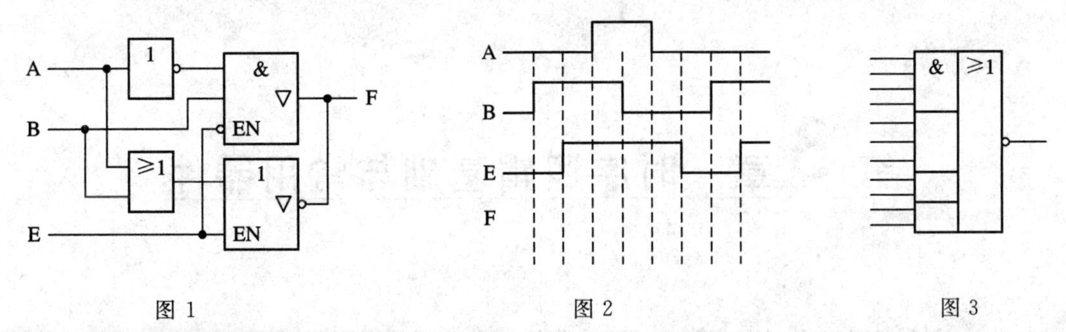

图 1　　图 2　　图 3

4. (20 分)某研修班开设微机原理、信息处理、数字通信和网络技术等四门课程，如果通过考试，可分别获得 5 分、4 分、3 分和 2 分。若课程未通过考试，得 0 分。规定至少获得 9 个学分才可结业。试用与非门设计一个组合逻辑电路，判断研修生能否结业。

5. (15 分) 写出图 4 所示电路的输出函数表达式，列出其真值表，并指出电路的逻辑功能。

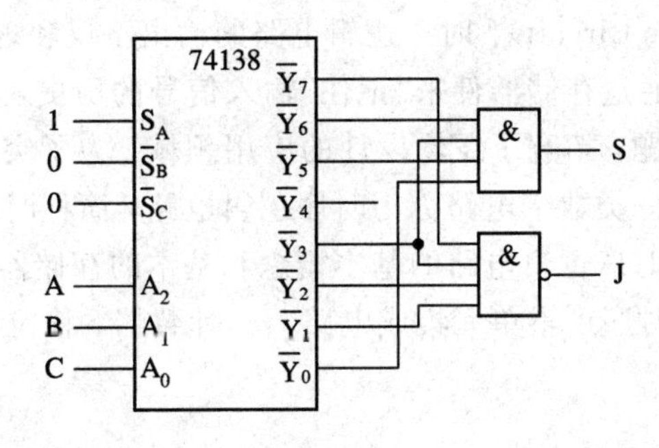

图 4

6. (15 分)用 1 片 7483 实现余 3 码至 5421BCD 码的转换，允许附加 1 个逻辑门。

7. (10 分，附加题) 你能不用逻辑门，只用 1 片 7483 实现余 3 码至 5421BCD 码的转换吗？如能，请画出转换电路。

第3章 时序逻辑基础与常用器件

上一章介绍了组合逻辑电路。这类电路的一个共同特点就是结构上没有反馈，功能上没有记忆，电路在任何时刻的输出都只与该时刻的输入有关，而与过去的输入没有任何关系。组合逻辑电路的这一特点，在一定程度上限制了它的应用领域。例如电子钟和电子表，单靠组合逻辑电路是无法实现计时功能的。

值得庆幸的是，数字电路除了组合逻辑电路外，还有另外一类逻辑电路，称做时序逻辑电路(Sequential Logic Circuit)。时序逻辑电路的输出不仅和现在的输入有关，而且和过去的输入也有关系。它通过存储器件来“记住”输入信号的历史，从而可以解决组合逻辑电路无法解决的“记忆”问题，拓宽了逻辑设计的应用领域。为了突出“记忆”的特点，人们简单地把具有记忆功能的一类数字电路称为时序逻辑电路，简称时序电路。

本章首先简单介绍时序逻辑电路的基本概念和基本的存储器件——触发器的原理与特性，然后着重介绍常用时序逻辑单元集成电路——计数器、移位寄存器和随机存取存储器模块及其应用。

3.1 时序逻辑基础

时间上的先后顺序简称时序，它是时序逻辑电路的一个非常重要的概念。即使有相同的输入，也有可能因为输入时间的不同而使时序逻辑电路产生不同的输出。例如电子表，每一个时间节拍输入的都是同样的脉冲信号，但输出的时间信号却完全不同。再如数字通信中同步码的检测，假设发送同步码为7位巴克码1110010，检测电路只有在连续7个时间节拍依次检测到1、1、1、0、0、1、0后，才产生“收发双方已经同步”的信号输出。

因此，读者在学习时序逻辑电路这部分内容时，一定要牢牢记住“时序”的概念。

3.1.1 时序逻辑电路的一般模型

时序逻辑电路的一般模型如图3-1所示，它由组合逻辑电路和起记忆作用的存储电路组成。其中，X_1，…，X_k 是电路的k个外部输入，简称输入；Z_1，…，Z_m 是电路的m个外部输出，简称输出；Q_1，…，Q_r 是电路的r个内部输入，也是存储电路的输出，通常用来表示电路现在所处的状态，简称现态(Present State)；Y_{11}，Y_{1y}，Y_{21}，…，Y_{ry}是电路的$r\times y$个内部输出，也是存储电路的激励输入($y=1$或2，分别对应1个Q有1个或2个激励输入)，它关系着电路将要到达的下一个状态，即次态(Next State)的状态。现态和次态不是一成不变的。电路一旦从现态变为次态，对于下一个时间节拍来讲，这个次态就变成了现态。

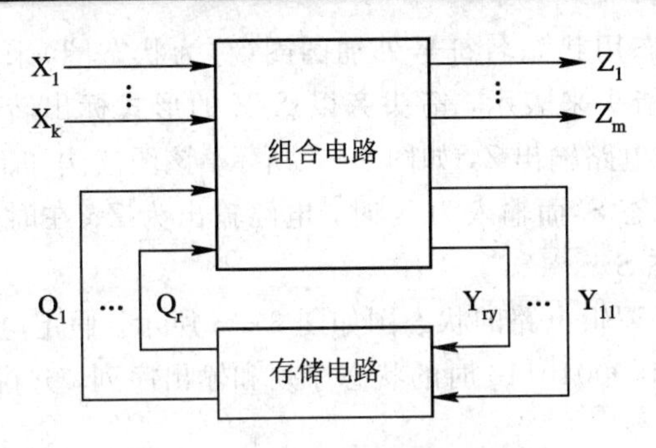

图 3-1　时序逻辑电路模型

时序逻辑电路中可用的存储器件种类很多，可以是延迟元件，也可以是触发器，其中以集成触发器的使用最为广泛。

与组合逻辑电路相比，时序逻辑电路具有以下两个特点：

① 结构上存在输出到输入的反馈通道，且有存储器件；

② 因为有存储器件，所以电路具有记忆功能。

如果仅就输入/输出关系来看，也可以说时序逻辑电路具有一个特点，即电路在任何时刻的输出不仅和该时刻的输入有关，而且和过去的输入也有关系。

3.1.2　时序逻辑电路的描述方法

时序逻辑电路通常可以用方程组、状态图和状态表来进行描述。对于 MSI 时序逻辑电路，因为电路比较复杂，所以一般采用功能表进行描述，这个稍后再进行介绍。

1. 方程组描述法

与组合逻辑电路只需要一个输出方程组就可完全描述电路功能不同，时序逻辑电路必须用以下三个方程组才能完全描述其功能：

输出方程组

$$Z_i^n = F_i(X_1^n, \cdots, X_k^n; Q_1^n, \cdots, Q_r^n) \qquad i = 1, \cdots, m \qquad (3-1)$$

激励方程组

$$Y_{jy}^n = G_j(X_1^n, \cdots, X_k^n; Q_1^n, \cdots, Q_r^n) \qquad j = 1, \cdots, r;\ y = 1 \text{ 或 } 2 \qquad (3-2)$$

次态方程组

$$Q_j^{n+1} = H_j(Q_j^n; Y_{j1}^n, Y_{jy}^n) \qquad j = 1, \cdots, r;\ y = 1 \text{ 或 } 2 \qquad (3-3)$$

上标 n 和 n+1 用以标明时间上的先后顺序，n 对应于现在时刻 t^n，n+1 对应于下一个时刻 t^{n+1}。

输出方程组 Z_i 和激励方程组 Y_{jy} 表明，时序逻辑电路在时刻 t^n 的输出和激励是该时刻电路的外部输入 X^n 和现态 Q^n 的组合逻辑函数。而次态方程组则表明，时序逻辑电路在时刻 t^{n+1} 的状态(次态)需要由时刻 t^n 的状态(现态)Q^n 和激励函数 Y^n 共同决定。即使输入相同，也可能因为现态的不同而使电路产生不同的输出和激励，并转向不同的次态。

2. 状态图描述法

状态图(State Diagram)是时序逻辑电路状态转换图的简称，它能够直观地描述时序逻辑电路的状态转换关系和输入/输出关系，是分析和设计时序逻辑电路的一个重要工具。

在状态图中，电路的状态用状态名符号外加圆圈(称为状态圈)来表示，状态转换的方向用箭头来表示，箭头旁以 X/Z 的形式标出转换的输入条件 X 和相应的电路输出 Z，如图 3-2 所示。该图读法如下：当电路在时刻 t^n 处于现态 S_i 而输入为 X 时，电路输出为 Z；在时刻 t^{n+1}，电路将转换到次态 S_j。

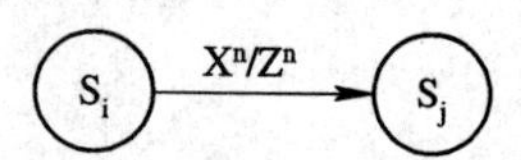

图 3-2　状态图

【例 3-1】 某时序逻辑电路的状态图如图 3-3 所示。假定电路现在处于状态 S_0，试确定电路输入序列 X=1000010110 时的状态序列和输出序列，并说明最后一位输入后电路所处的状态。

解　根据电路的状态图、初始状态及输入序列，可以推导如下：

时刻	0	1	2	3	4	5	6	7	8	9
输入 X	1	0	0	0	0	1	0	1	1	0
现态	S_0	S_1	S_2	S_3	S_0	S_0	S_1	S_2	S_0	S_1
次态	S_1	S_2	S_3	S_0	S_0	S_1	S_2	S_0	S_1	S_2
输出 Z	0	0	0	1	0	0	0	1	0	0

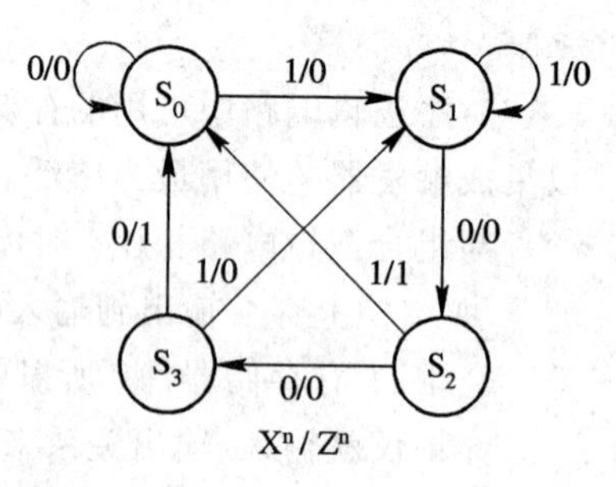

图 3-3　例 3-1 的状态图

可见，当电路处于初始状态 S_0 且输入序列 X=1000010110 时，状态序列为 $S_1S_2S_3S_0S_0S_1S_2S_0S_1S_2$，输出序列 Z 为 0001000100，最后一位输入后电路处于 S_2 状态。

3. 状态表描述法

时序逻辑电路的状态转换关系和输入/输出关系也可以用状态表(State Table)的形式进行描述。状态表的结构如图 3-4 所示。电路所有可能的输入组合列在表的顶部，所有的状态作为现态列在表的左边，对应的次态和输出填入表中。该表读法如下：当电路在时刻 t^n 处于现态 S_i 而输入为 X 时，电路输出为 Z；在时刻 t^{n+1}，电路将转换到次态 S_j。

状态图和状态表可以相互转换。例如，图 3-3 所示状态图可转换为表 3-1 所示的状态表，反过来也一样。表中，S^n 表示现态，S^{n+1} 表示次态。

现态	输入		
		X	
S_i		S_j/Z	

次态/输出

图 3-4　状态表的结构

表 3-1　图 3-3 的状态表

S^n	X^n	
	0	1
S_0	$S_0/0$	$S_1/0$
S_1	$S_2/0$	$S_1/0$
S_2	$S_3/0$	$S_0/1$
S_3	$S_0/1$	$S_1/0$

S^{n+1}/Z^n

3.1.3　时序逻辑电路的一般分类

时序逻辑电路有多种分类方法，其中最常用的分类方法是下面介绍的两种。

1. 同步时序电路和异步时序电路

按照电路中状态改变的方式来分，时序逻辑电路可以分为同步时序电路(Synchronous Sequential Circuit)和异步时序电路(Asynchronous Sequential Circuit)两大类。凡是有一个统一的时钟脉冲信号 CP，存储电路中各触发器只在时钟脉冲 CP 作用下才可能发生状态转换的时序逻辑电路称为同步时序电路。相反，没有统一的时钟脉冲信号，存储电路中各触发器(或延迟元件)状态变化不同步的时序逻辑电路则称为异步时序电路。

由于时钟脉冲只决定同步时序电路的状态变化时刻，因此分析和设计同步时序电路时，通常只将时钟脉冲 CP 看做时间基准，而不看做输入变量。时序电路的现态和次态也根据 CP 脉冲来区分，某个时钟脉冲作用前的电路所处的状态称为现态，时钟脉冲作用后的状态称为次态。

异步时序电路又可以根据输入信号特征的不同，进一步划分为电平型异步时序电路和脉冲型异步时序电路。电平型异步时序电路没有通常意义下的时钟脉冲输入，其状态转换完全由输入信号的电平变化直接引起。脉冲型异步时序电路虽有时钟脉冲信号输入，但各个触发器并没有使用统一的时钟，各触发器的状态变化也不是同时发生的，而是异步变化。

同步时序电路具有工作速度快、可靠性高、分析和设计方法简单等突出优点，因而应用特别广泛。本书重点介绍同步时序电路，对相对简单的脉冲型异步时序电路——异步计数器只作简单介绍。

2. 米里型电路和摩尔型电路

按照输出变量是否和输入变量直接相关来分，时序逻辑电路又可以分为米里(Mealy)型电路和摩尔(Moore)型电路两类。

输出与输入变量有关的时序逻辑电路称为米里型电路，它的输出是现态和输入的函数，输出方程组如式(3－1)所示。米里型电路的状态图和状态表分别如图 3－3 和表 3－1 所示。

输出与输入变量无直接关系的时序逻辑电路称为摩尔型电路，它的输出只是现态 Q^n 的函数，输出方程组的形式变为

$$Z_i^n = F_i(Q_1^n, \cdots, Q_r^n) \quad i = 1, \cdots, m \tag{3-4}$$

摩尔型电路的状态图和状态表与米里型电路有所不同，如图 3－5 所示。在状态图中，输出 Z 与状态名同处状态圈内，输入值标于箭头旁；在状态表中，输出 Z 单列给出。

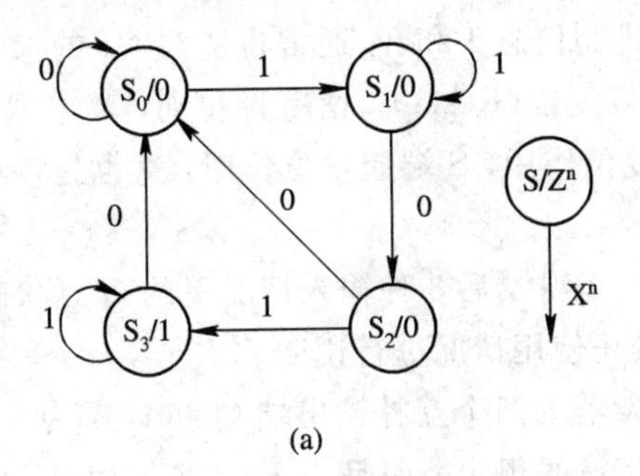

S^n	X^n 0	X^n 1	Z^n
S_0	S_0	S_1	0
S_1	S_2	S_1	0
S_2	S_0	S_3	0
S_3	S_0	S_3	1

S^{n+1}

(b)

图 3－5　摩尔型电路状态图和状态表示例

(a) 状态图；(b) 状态表

同一个时序逻辑功能，既可以用米里型电路来实现，也可以用摩尔型电路来实现。二

者除了输出信号与输入信号的时序关系略有不同之外，从功能上讲，二者没有本质差别。从实现的角度看，米里型电路所需状态(或存储器件)一般比摩尔型要少，但摩尔型电路的输出电路却比米里型电路简单。这说明，米里型电路和摩尔型电路各有千秋，设计者可以根据需要选择适当的电路类型进行电路设计。

3.2　触发器及其应用

触发器(Flip－Flop)是时序逻辑电路最基本的存储器件，具有高电平(逻辑 1)和低电平(逻辑 0)两种稳定的输出状态和“不触不发，一触即发”的工作特点。只有在一定的外部信号作用下，触发器才会发生状态变化。因此，触发器可以用来存储二进制信息。

3.2.1　RS 触发器

1. 基本 RS 触发器

基本 RS 触发器是结构最简单的一种触发器，各种实用的触发器都是在基本 RS 触发器的基础上构成的。

由两个与非门交叉耦合构成的 RS 触发器电路及其逻辑符号如图 3－6 所示。输入信号上的非号和输入端的小圆圈，都表示这两个输入信号为低电平有效。

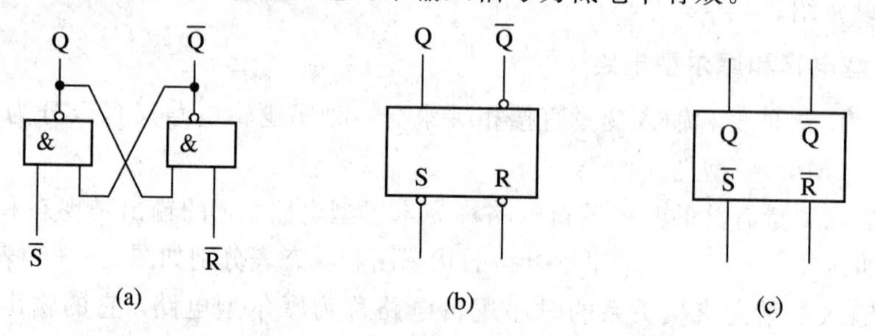

图 3－6　与非门 RS 触发器

(a) 电路；(b) 国标符号；(c) 惯用符号

Q 和 $\overline{Q}$ 是触发器的两个互补输出端，正常情况下二者的逻辑电平相反。规定 Q 输出端的逻辑值表示触发器的状态，即 Q=1 表示触发器处于 1 状态，Q=0 表示触发器处于 0 状态。触发器的这两种稳定状态正好用来存储二进制信息 1 和 0。通常将使 Q=1 的操作称为置 1 或置位(Set)，将使 Q=0 的操作称为置 0 或复位(Reset)。稍后将看到，基本 RS 触发器正是一种复位－置位触发器，其中，$\overline{R}$ 端起复位作用，$\overline{S}$ 端起置位作用，这也是将其称做 RS 触发器的原因。

与非门 RS 触发器的真值表如表 3－2 所示。其中，后 3 种输入情况下的 Q 端状态很容易根据电路推出，此处仅对 $\overline{R}$=0、$\overline{S}$=0 时的禁止使用情况进行说明。

当 $\overline{R}$ 和 $\overline{S}$ 端同时为 0 时，从电路可见，触发器的两个互补输出端 Q 和 $\overline{Q}$ 都为 1，这不仅违背了触发器的两个输出信号 Q 和 $\overline{Q}$ 应该互补的规定，而且当 $\overline{R}$ 和 $\overline{S}$ 同时变为 1 时，因为两个与非门的延迟时间差异无法确知，所以将导致触发器状态既可能为 1 也可能为 0 的一种“无法说清”的特殊情况，这也违背了电路设计的确定性原则。因此，应该禁止出现这种情况。

从表 3－2 可以看出，与非门 RS 触发器具有置位（Q＝1）、复位（Q＝0）和保持三种功能，输入信号 $\bar{R}$、$\bar{S}$ 分别起复位和置位作用，且都是低电平有效。

与非门 RS 触发器的工作波形如图 3－7 所示，其中阴影部分表示 Q 和 $\bar{Q}$ 状态不确定，既可能为 1，也可能为 0。

用或非门也可构成基本 RS 触发器，其电路、逻辑符号和真值表如图 3－8 所示。

表 3－2　与非门 RS 触发器真值表

$\bar{R}$	$\bar{S}$	Q^{n+1}	功能说明
0	0	Φ	禁止使用
0	1	0	复位（置 0）
1	0	1	置位（置 1）
1	1	Q^n	保持

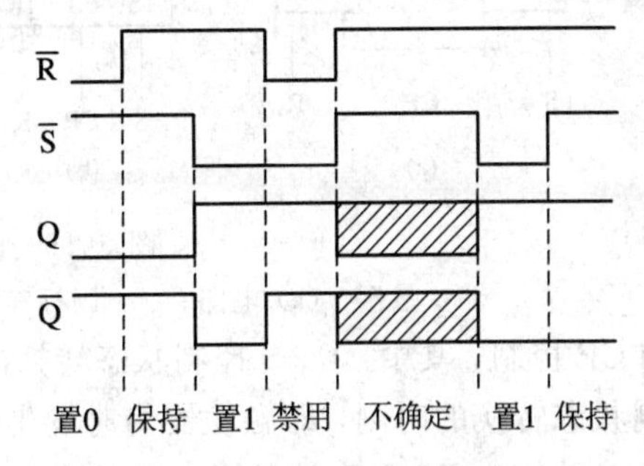

图 3－7　与非门 RS 触发器的工作波形

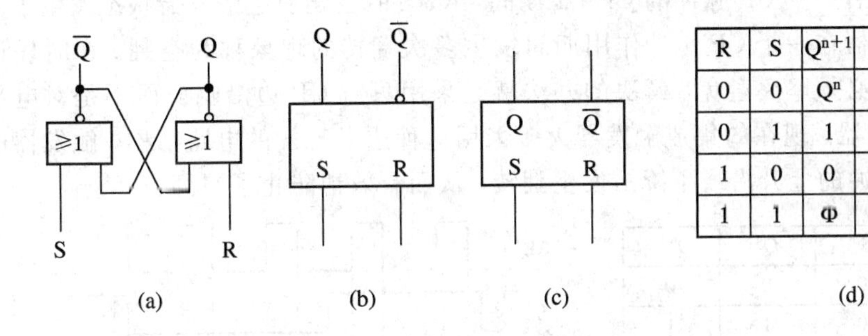

R	S	Q^{n+1}	功能说明
0	0	Q^n	保持
0	1	1	置位(置1)
1	0	0	复位(置0)
1	1	Φ	禁止使用

(d)

图 3－8　或非门 RS 触发器

(a) 电路；(b) 国标符号；(c) 惯用符号；(d) 真值表

2. 时钟同步 RS 触发器

上述基本 RS 触发器具有直接置 0 和置 1 的功能，一旦输入信号 R 或 S 有效，触发器的状态就立即发生相应的变化。在实际使用中，通常要求触发器的状态按照一定的时间节拍变化，这就要求触发器的翻转时刻受时钟脉冲 CP（Clock Pulse）的控制，而翻转到何种状态由输入信号决定，由此出现了多种时钟控制的触发器。时钟脉冲在这类触发器电路中起的是时间同步的作用，常称为同步时钟。对时钟控制触发器的共同要求是每来一个时钟脉冲，触发器最多发生一次状态翻转。

时钟同步 RS 触发器是各种时钟控制触发器的基本电路形式，其电路、逻辑符号和真值表如图 3－9 所示。其中，G_1、G_2 构成基本 RS 触发器，G_3、G_4 为导引电路。国标符号中，C 是控制关联符，C 后、R 和 S 前的数字为关联对象号，表示仅当控制输入有效时，具有对应关联号的输入信号才能对电路起作用。此处即为只有当 CP 信号有效时，输入信号 R、S 才能起作用。

当时钟信号 CP＝0 时，导引门 G_3、G_4 关闭，输出 1，由 G_1、G_2 构成的基本 RS 触发器保持原状态不变。当 CP＝1 时，G_3、G_4 的输出 $\bar{S}$ 和 $\bar{R}$ 作用在基本触发器上，基本 RS 触发器的状态输出由 $\bar{S}$ 和 $\bar{R}$ 的取值决定。由此可见，时钟同步 RS 触发器的状态转换分别由 R、

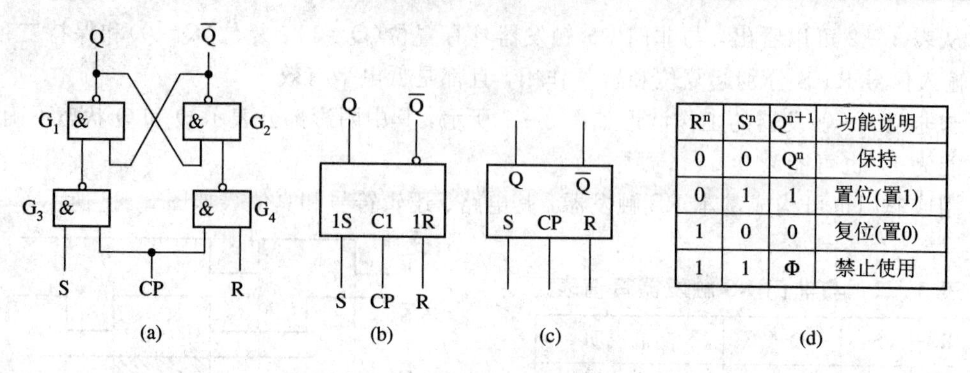

R^n	S^n	Q^{n+1}	功能说明
0	0	Q^n	保持
0	1	1	置位(置1)
1	0	0	复位(置0)
1	1	Φ	禁止使用

图 3-9　时钟同步 RS 触发器

(a) 电路；(b) 国标符号；(c) 惯用符号；(d) 真值表

S 和 CP 控制，其中：R、S 控制状态转换的方向，即触发器的次态由 R、S 的取值决定；CP 控制状态转换的时刻，即触发器何时发生状态转换由 CP 决定。

时钟同步 RS 触发器的详细真值表(也称状态真值表)和工作波形如图 3-10 所示。从波形图可见，在最后一个 CP 脉冲的 CP=1 期间，R、S 的变化引起触发器状态发生了 3 次变化。像这种触发器在一个 CP 脉冲作用期间发生多次翻转的现象称为空翻。在时序逻辑电路中，空翻现象必须坚决避免。解决的办法就是采用只对 CP 边沿响应而不是对电平进行响应的边沿触发器。现在的集成触发器大多采用这种边沿触发的电路结构，触发器的状态只可能在 CP 脉冲的上升沿或下降沿发生翻转，从而有效地防止了空翻。

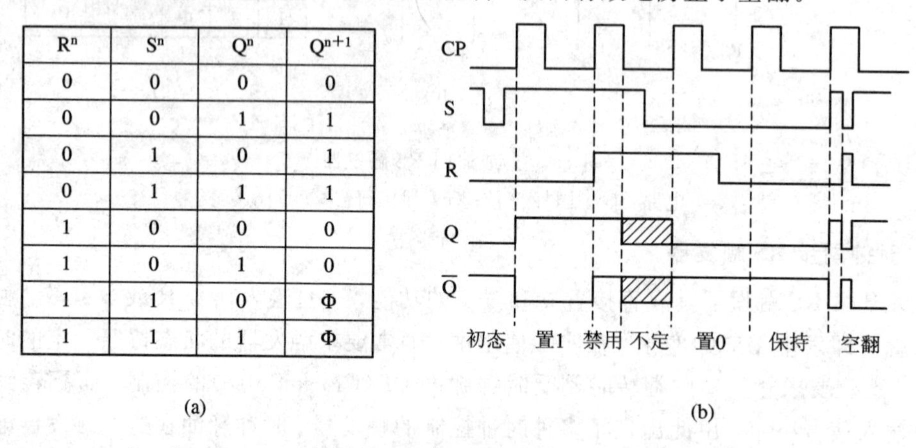

R^n	S^n	Q^n	Q^{n+1}
0	0	0	0
0	0	1	1
0	1	0	1
0	1	1	1
1	0	0	0
1	0	1	0
1	1	0	Φ
1	1	1	Φ

图 3-10　时钟同步 RS 触发器的状态真值表与工作波形

(a) 状态真值表；(b) 工作波形

用卡诺图化简状态真值表，可以得到描述该触发器状态转换规律的特征方程(也称次态方程或状态方程)及特征方程成立的条件(即对 R、S 输入信号的约束条件)

$$\begin{cases} Q^{n+1} = S^n + \bar{R}^n Q^n \\ \text{约束条件：} S^n R^n = 0 \end{cases} \qquad (3-5)$$

将时钟同步 RS 触发器的 S 端外接 D 输入，D 反相后接 R 端，可构成 D 锁存器(Delay Latch)，用于存储二进制数据。每当 CP 脉冲作用后，加于 D 输入线上的数据就锁存在 D 锁存器中。74373 就是这样一种典型的 8 位二进制数锁存器。

3.2.2　集成触发器

为了防止空翻，集成触发器大多采用特殊的电路结构，例如边沿触发(Edge－Triggered)结构和主－从(Master－Slave)结构，使触发器的状态只可能在 CP 脉冲的上升沿(Positive Edge)或下降沿(Negative Edge)发生翻转。由于集成触发器的内部电路比较复杂，因此本书只介绍它们的逻辑符号、逻辑功能和使用特性，对内部结构和防止空翻的原理不作介绍，对此感兴趣的读者可参阅有关书籍。

1. D 触发器

D 触发器(Delay Flip-Flop)一般采用在时钟脉冲 CP 上升沿触发翻转的边沿触发电路结构，其逻辑符号、真值表、状态图、激励表如图 3－11 所示。其中，CP 为时钟信号输入端，D 为激励信号输入端，Q 和 $\overline{Q}$ 为互补状态输出端，符号“＞”表示动态输入，说明触发器响应加于该输入端的 CP 信号的边沿。

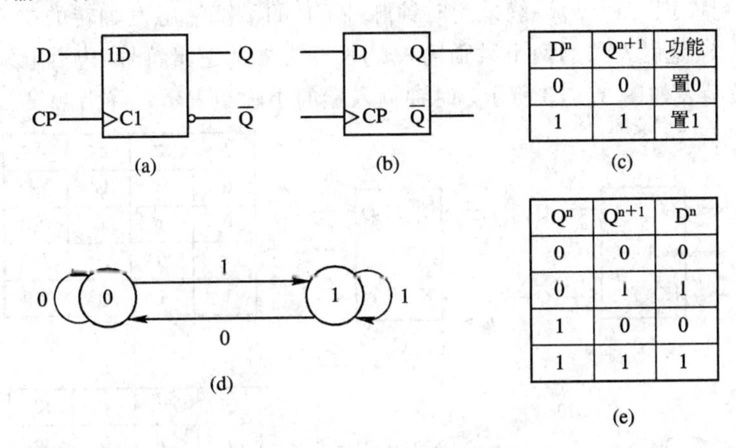

D^n	Q^{n+1}	功能
0	0	置0
1	1	置1

Q^n	Q^{n+1}	D^n
0	0	0
0	1	1
1	0	0
1	1	1

图 3－11　D 触发器

(a) 国标符号；(b) 惯用符号；(c) 真值表；(d) 状态图；(e) 激励表

从真值表可见，D 触发器具有如下逻辑功能特点：不管触发器的现态是 0 还是 1，当时钟脉冲 CP 的上升沿到来后，触发器都将变成与时钟脉冲上升沿到来时的 D 端输入值相同的状态，即相当于将数据 D 存入了 D 触发器中。因此，D 触发器特别适合于寄存数据。

从真值表直接写出 D 触发器的特征方程为

$$Q^{n+1} = D^n \tag{3-6}$$

图 3－11(e)中的激励表用来反映触发器从某个现态转向规定的次态时，在其激励输入端所必须施加的激励信号，常在设计时序逻辑电路时使用它。激励表可由真值表反向推导得到。

D 触发器的工作波形(设 Q 端初始状态为 0)和脉冲特性如图 3－12 所示。从宏观上看，D 触发器的状态变化发生在 CP 脉冲的上升沿。但从微观上看，D 触发器使用时也要满足其脉冲特性的要求，如在 CP 脉冲上升沿到来前，D 端外加信号至少有长度为 t_{set} 的建立时间；在 CP 脉冲上升沿过后，D 端外加信号至少有长度为 t_h 的保持时间。t_{set}、t_h 连同触发器延迟时间 t_{pd}、时钟高电平持续时间 T_{WH} 和低电平持续时间 T_{WL}，决定了 D 触发器的最高工作频率。例如双 D 触发器芯片 SN7474 的 $t_{setmin}=20$ ns，$t_{hmin}=5$ ns，$t_{pdmin}=40$ ns，$T_{WHmin}=37$ ns，$T_{WLmin}=30$ ns，最高工作频率 f_{max} 为 15 MHz。当不满足这些条件时，

SN7474 将不能正常工作。

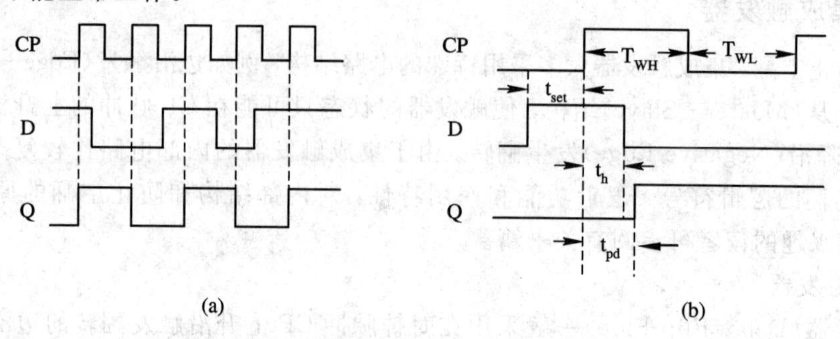

图 3－12　D 触发器的工作波形与脉冲特性

(a) 工作波形；(b) 脉冲特性

2. JK 触发器

JK 触发器(JK Flip-Flop)一般采用时钟脉冲 CP 的下降沿触发翻转的主一从结构或边沿触发结构，J、K 是触发器的两个激励输入。JK 触发器的逻辑符号(边沿触发结构)、真值表、状态图、激励表如图 3－13 所示。时钟输入端的小圆圈表示下降沿触发。

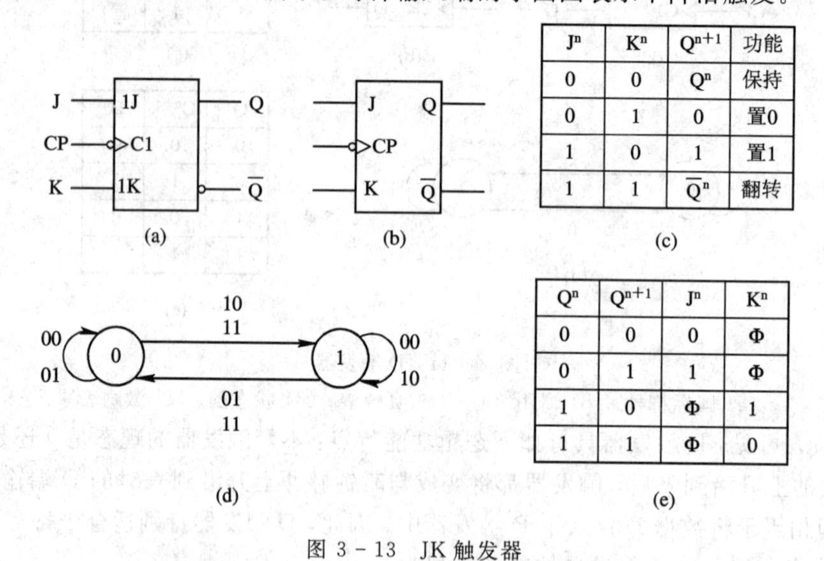

J^n	K^n	Q^{n+1}	功能
0	0	Q^n	保持
0	1	0	置0
1	0	1	置1
1	1	$\overline{Q}^n$	翻转

(c)

Q^n	Q^{n+1}	J^n	K^n
0	0	0	Φ
0	1	1	Φ
1	0	Φ	1
1	1	Φ	0

(e)

图 3－13　JK 触发器

(a) 国标符号；(b) 惯用符号；(c) 真值表；(d) 状态图；(e) 激励表

主一从结构也称脉冲触发(Pulse-Triggered)结构，它由主、从两个触发器构成。在 CP 为高电平期间，主触发器动作，从触发器保持不变；CP 下降沿到来时主触发器状态传送到从触发器，使从触发器状态跟随主触发器变化；在 CP 为低电平期间，主、从触发器的状态都保持不变。主一从触发器的国标符号与边沿触发器有所不同，它的 CP 输入端无小圆圈和动态输入符号“>”，但 Q 和 $\overline{Q}$ 输出端框内要加延迟输出符号“¬”，用以表示触发器状态在 CP 下降沿到来时才发生变化。

从真值表可见，JK 触发器的逻辑功能最为丰富，在时钟脉冲和激励信号作用下，可以实现置 1(置位)、置 0(复位)、保持和翻转等操作。J、K 的作用分别与 RS 触发器中 S 和 R 的作用相当，分别起置位和复位作用，但均为高电平有效，且允许同时有效。

JK 触发器激励表中激励函数 J^n、K^n 取值为 Φ 表示 0、1 均可，对状态转换没有影响。

用卡诺图化简真值表，可得 JK 触发器的特征方程为

$$Q^{n+1}=J^n\overline{Q}^n+\overline{K}^nQ^n \tag{3-7}$$

JK 触发器的工作波形(设 Q 端初始状态为 0)如图 3-14 所示。当 J、K 看起来在 CP 下降沿发生变化时，J、K 的变化实际上略微滞后于 CP 的下降沿，所以触发器的次态要由 CP 下降沿前面瞬间的 J、K 电平和现态来决定。使用时要注意，JK 触发器除了有类似 D 触发器的脉冲特性外，对于下降沿翻转的主从结构 JK 触发器，还要求在 CP=1 期间输入信号 J、K 保持不变。否则，存在于主—从 JK 触发器中的“一次翻转”这种特殊现象，有可能导致在确定触发器的次态时出现失误。

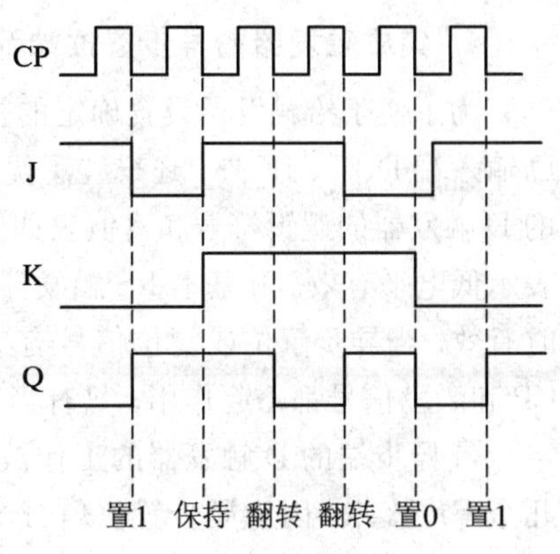

图 3-14　JK 触发器的工作波形

采用主—从结构的 JK 触发器的典型芯片有 SN7472 单 JK 触发器和 SN74111 双 JK 触发器，采用边沿触发结构的 JK 触发器的典型芯片有 SN7473 双 JK 触发器和 SN74276 四 JK 触发器。

3. T 触发器和 T′触发器

T 触发器是一种只有保持和翻转功能的翻转触发器(Toggle Flip-Flop)，也称为计数触发器。它只有一个激励信号输入端 T，用于控制触发器实现状态保持或状态翻转功能。CP 上升沿触发的 T 触发器的逻辑符号、真值表、状态图、激励表如图 3-15 所示。

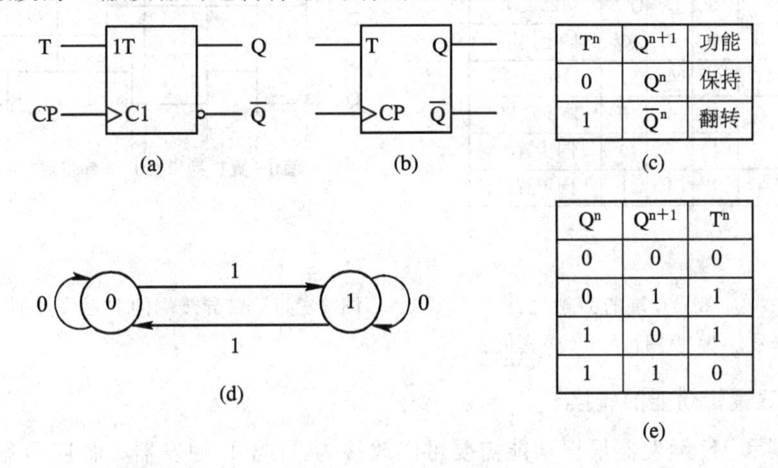

T^n	Q^{n+1}	功能
0	Q^n	保持
1	$\overline{Q}^n$	翻转

Q^n	Q^{n+1}	T^n
0	0	0
0	1	1
1	0	1
1	1	0

图 3-15　T 触发器

(a) 国标符号；(b) 惯用符号；(c) 真值表；(d) 状态图；(e) 激励表

从真值表可直接写出 T 触发器的特征方程为

$$Q^{n+1}=\overline{T}^nQ^n+T^n\overline{Q}^n=T^n\oplus Q^n \tag{3-8}$$

将 T 触发器的激励输入端 T 固定接逻辑 1，则可得只有翻转功能的触发器，称为 T′触发器。每来一个时钟脉冲，T′触发器的状态就翻转一次。

T 触发器和 T′触发器特别适合实现计数器，因为计数器电路中的触发器状态要么翻转，要么保持。但必须指出的是，通用数字集成电路中并无 T 触发器或 T′触发器这类器件，需要用到时可由 D 触发器或 JK 触发器改接。此时，T 触发器或 T′触发器的触发方式

与所使用的触发器相同。如果是在 CP 脉冲的下降沿触发，逻辑符号的 CP 输入端应有小圆圈。

4. 集成触发器的异步置位端 S_D 和异步复位端 R_D

为了便于给触发器设置确定的初始状态，集成触发器除了具有受时钟脉冲 CP 控制的激励输入端 D、T、JK 外，还设置了优先级更高的异步置位端 S_D 和异步复位端 R_D。带有异步端的 D 触发器的逻辑符号和真值表如图 3-16 所示，其中，$\overline{R}_D$、$\overline{S}_D$ 的非号和输入端的小圆圈都表示低电平有效。和基本 RS 触发器的用法一样，集成触发器不允许异步置位与复位信号同时有效。当异步置位或复位信号有效时，触发器将立即被置位（Q=1）或复位（Q=0），时钟 CP 和激励信号都不起作用；只有当异步信号无效时，时钟和激励信号才起作用。

带异步端的 D 触发器的工作波形如图 3-17 所示。尤其需要注意的是上升沿带箭头的几个 CP 脉冲，因为异步置位信号 $\overline{S}_D$ 或异步复位信号 $\overline{R}_D$ 有效而失去了作用。

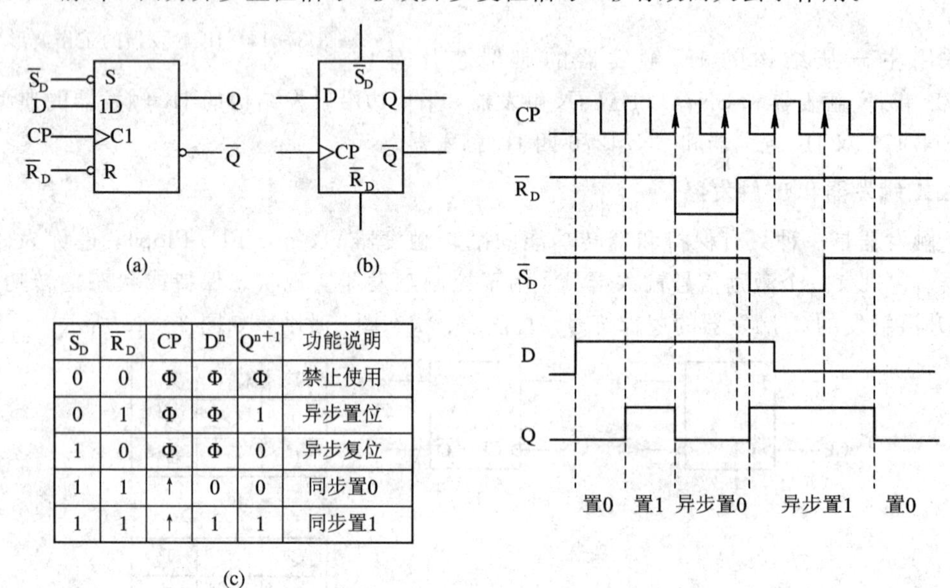

$\overline{S}_D$	$\overline{R}_D$	CP	D^n	Q^{n+1}	功能说明
0	0	Φ	Φ	Φ	禁止使用
0	1	Φ	Φ	1	异步置位
1	0	Φ	Φ	0	异步复位
1	1	↑	0	0	同步置0
1	1	↑	1	1	同步置1

图 3-16　带异步端的 D 触发器
(a) 国标符号；(b) 惯用符号；(c) 真值表

图 3-17　带异步端的 D 触发器的工作波形

5. 触发器逻辑功能的转换

D 触发器和 JK 触发器根据功能需要可以改接为 T 或 T′触发器，而且 D 触发器和 JK 触发器之间也可以进行相互转换。

JK 触发器因为功能最为完善，所以改接为其它触发器时非常方便。令 $J=D$、$K=\overline{D}$，使 JK 触发器只能工作在置 1 或置 0 方式，就成了 D 触发器；令 $J=K=T$，使 JK 触发器只能工作在保持或翻转方式，就成了 T 触发器。

D 触发器的功能相对单一，将 D 触发器用做其它类型的触发器时，连接电路相对复杂。用 D 触发器构成 JK 触发器时，D 触发器的激励函数表达式为 $D=J\overline{Q}+\overline{K}Q$；用 D 触发器构成 T 触发器时，D 触发器的激励函数表达式为 $D=Q\oplus T$。

上述转换关系式可根据两种触发器转换前后次态相等的原理，从二者的特征方程推导出来。具体的推导过程留给读者自己进行。

3.2.3　触发器的应用

1. 消除机械开关抖动

在电子系统中，机械开关的抖动对系统工作的稳定性和可靠性危害极大。例如微机系统的手动复位电路，如果不对复位按键消抖动，将影响系统复位的可靠性，严重时甚至有可能使微机系统无法正常工作。使用基本 RS 触发器就可解决这类问题。

图 3 - 18 就是一个消抖动电路及其工作波形。当开关 S 接通上端触点时，$\bar{R}=1$，$\bar{S}=0$，Q 端输出高电平。当开关 S 从上端触点扳向下端触点时，$\bar{S}$ 端为高电平，$\bar{R}$ 端因为开关 S 的抖动而时高时低，经过一段时间后才能稳定在低电平上。根据基本 RS 触发器的工作原理，尽管 $\bar{R}$ 端发生了抖动，但 Q 端却输出了一个稳定的低电平，从而有效地消除了开关 S 的抖动。

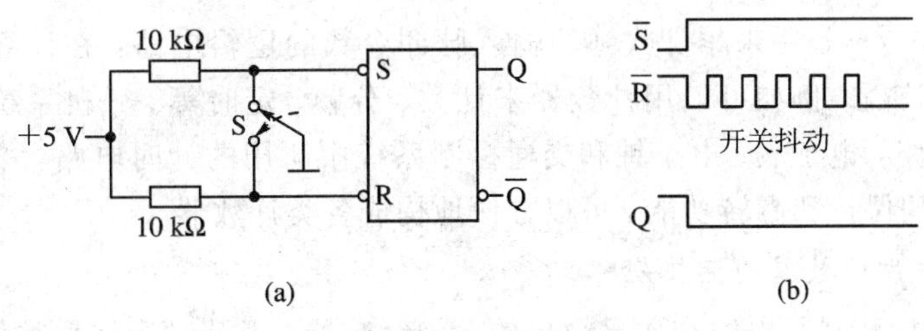

图 3 - 18　基本 RS 触发器消除开关抖动

(a) 电路；(b) 波形

2. 构成寄存器和移位寄存器

利用触发器的存储功能，可以非常方便地构成各种寄存器(Register)和移位寄存器(Shift Register)。寄存器的功能是存储二进制信息，基本要求是“存得进、存得住、取得出”。移位寄存器是一种具有移位功能的寄存器，不仅能够存放二进制信息，而且还能对所存储的二进制信息进行移位。

在各种触发器中，使用 D 触发器构成寄存器和移位寄存器最为方便。一个使用 D 触发器构成的 4 位二进制数右移寄存器如图 3 - 19 所示，它在每个 CP 脉冲的上升沿将数据右移 1 位，移位工作表如表 3 - 3 所示。表中的 CP_i 表示第 i 个 CP 脉冲。由于各个 D 触发器的时钟脉冲输入端连在一起，即电路使用统一的 CP 脉冲，因此它是一个同步时序电路。

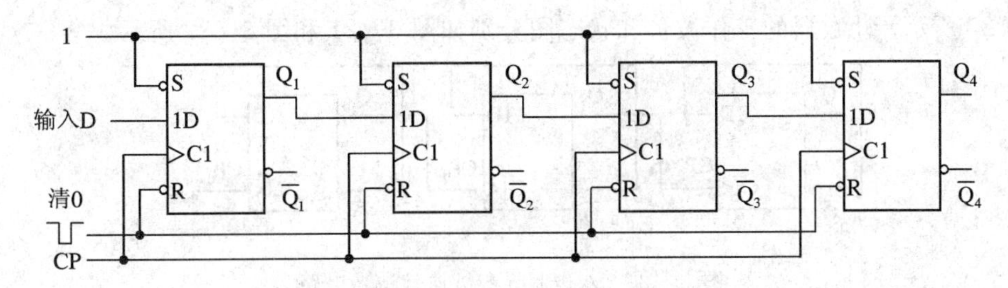

图 3 - 19　4 位二进制数右移寄存器

表 3-3　4位右移寄存器移位工作表

	D	Q_1	Q_2	Q_3	Q_4	Q_4 输出
清0后	a	0	0	0	0	0
CP_1 作用前	a	0	0	0	0	0
CP_1 作用后	b	a	0	0	0	0
CP_2 作用后	c	b	a	0	0	0
CP_3 作用后	d	c	b	a	0	0
CP_4 作用后	e	d	c	b	a	a
CP_5 作用后	f	e	d	c	b	b
CP_6 作用后	g	f	e	d	c	c
CP_7 作用后	h	g	f	e	d	d

3. 构成计数器

计数器(Counter)是用来累计收到的输入脉冲个数的逻辑电路，在计算机和各类数字设备中应用非常广泛，例如可以用计数器来计数、分频、定时等。微机系统中使用的各种定时器和分频电路，电子表、电子钟和交通控制系统中所用的计时电路，本质上都是计数器。利用触发器的保持和翻转功能，可以方便地构成各类计数器。

1) 2^n 进制异步计数器的连接规律

2^n 进制异步计数器是电路结构最简单的一类计数器。因其时序波形类似行波，所以常将 2^n 进制计数器称做行波计数器。

2^n 进制异步计数器需要 n 个触发器，其连接规律如表 3-4 所示，其中 CP_0 是最低位触发器 Q_0 的时钟输入端，CP 是外部时钟(计数脉冲)。

表 3-4　2^n 进制异步计数器的连接规律

计数方式	激励输入	上升沿触发时钟	下降沿触发时钟
加法计数器	全部连接为 T′触发器：$J_i=K_i=1$，$T_i=1$，$D_i=\overline{Q}_i$	$CP_0=CP$，其它 $CP_i=\overline{Q}_{i-1}$	$CP_0=CP$，其它 $CP_i=Q_{i-1}$
减法计数器		$CP_0=CP$，其它 $CP_i=Q_{i-1}$	$CP_0=CP$，其它 $CP_i=\overline{Q}_{i-1}$

【例 3-2】 用 D 触发器构成八进制异步减法计数器，并画出电路的工作波形和状态图。

解　八进制计数器需要 3 个触发器。用 D 触发器构成的八进制异步减法计数器电路如图 3-20 所示。计数器的工作波形和状态图分别如图 3-21 和图 3-22 所示。

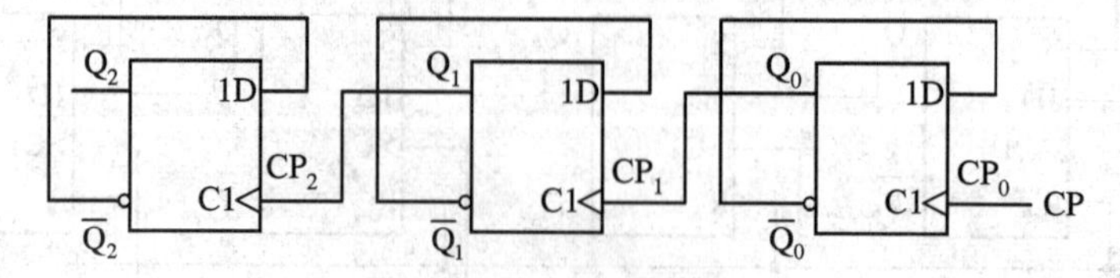

图 3-20　八进制异步减法计数器电路

从状态图可见，该计数器的计数循环内包含 8 个状态，每经过 8 个 CP 脉冲，状态按递减顺序循环一次，因此它的确是一个八进制减法计数器。

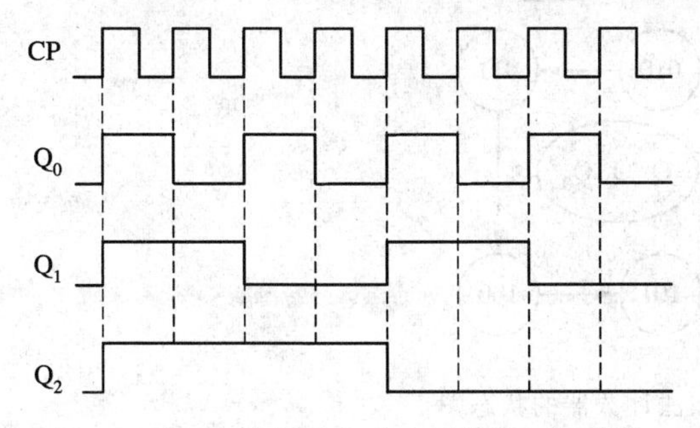

图 3 - 21　八进制异步减法计数器工作波形

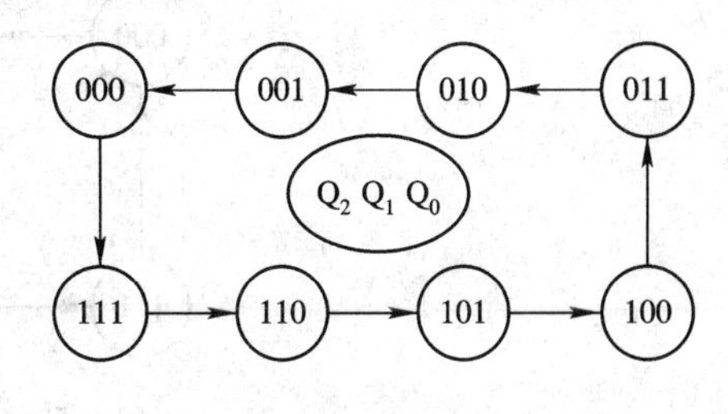

图 3 - 22　八进制异步减法计数器的状态图

2）非 2^n 进制异步计数器的构成方法

非 2^n 进制异步计数器有两种构成方法，一种称为阻塞反馈法，一种称为脉冲反馈法。此处仅介绍脉冲反馈法中最简单的异步清 0—置 1 法，该方法按照下面的步骤连接电路。

(1) 首先按照前述方法构造一个满足 $2^{n-1}<M<2^n$ 的 2^n 进制异步加法或减法计数器，其中，M 为待设计的计数器的进制数或模数。

(2) 如果是加法计数器，则遇状态 M 异步清 0，使计数器跳过后面的 2^n-M 个状态。具体连接方法是：将 M 转换为 n 位二进制数，将其中为 1 的触发器的 Q 端“与非”后接到各触发器的异步清 0 端 $\bar{R}_D$ 上，电路即构造完毕。此处的与非门称为识别门。

(3) 如果是减法计数器，则遇全 1 状态异步置 M−1 状态，使计数器跳过后面的 2^n-M 个状态。具体连接方法是：将 M−1 转换为 n 位二进制数，将其中为 1 的触发器的 $\bar{S}_D$ 端及为 0 的触发器的 $\bar{R}_D$ 端接到一个与非门的输出端，各个触发器的 Q 端作为该与非门的输入，电路即构造完毕。

【例 3 - 3】 用 D 触发器构成五进制异步加法计数器，并画出状态图。

解　五进制计数器需要 3 个触发器。对于 TTL 触发器，开路输入端相当于接逻辑 1。

首先用 3 个 D 触发器构成八进制加法计数器。因为 $5=(101)_2$，Q_2 和 Q_0 为 1，所以将 Q_2 和 Q_0 触发器的 Q 端“与非”后接到各个触发器的异步清 0 端 $\bar{R}_D$，即可构成五进制异步加法计数器，电路如图 3 - 23 所示。

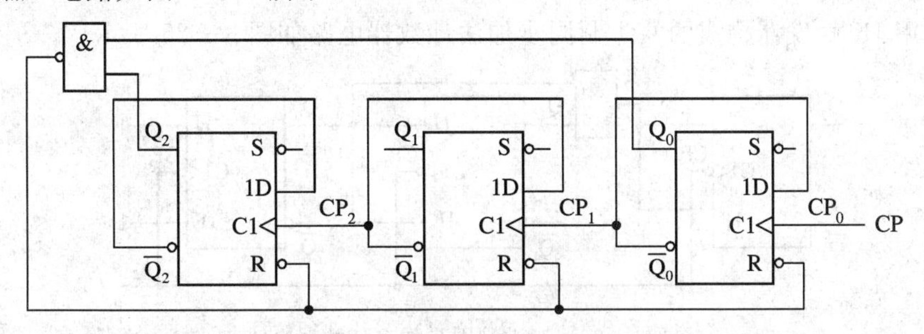

图 3 - 23　五进制异步加法计数器电路

计数器的状态图如图 3 - 24 所示。其中虚线圈中的状态是过渡状态，计数器到达这个状态后，与非门输出 0，因为异步清 0 端的作用，计数器将立即转到下一个状态。因此，计数循环中只有 5 个有效状态，是五进制计数器，图 3 - 24 中同时给出了多余状态的状态转换关系，像这种包含所有状态的状态图称为全状态图。

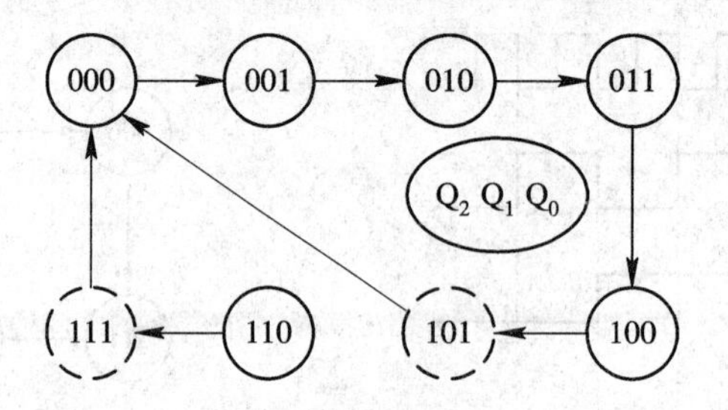

图 3-24　五进制异步加法计数器的状态图

3) 2^n 进制同步计数器的连接规律

2^n 进制同步计数器的连接规律如表 3-5 所示。因为是同步计数器，因此各个触发器的时钟脉冲输入端均接外部计数脉冲 CP。

表 3-5　2^n 进制同步计数器的连接规律

计数方式	触发时钟 CP_i (i=0～n-1)	Q_0 激励	其它触发器 Q_i 激励 (i=1～n-1)
加法计数器	全部连接 CP：$CP_i=CP$	连接为 T′触发器 $T_0=1$，$J_0=K_0=1$	$T_i=J_i=K_i=Q_0Q_1\cdots Q_{i-2}Q_{i-1}$
减法计数器			$T_i=J_i=K_i=\overline{Q}_0\overline{Q}_1\cdots\overline{Q}_{i-2}\overline{Q}_{i-1}$

不论是加法计数器还是减法计数器，最低位触发器 Q_0 都工作在有 CP 脉冲就翻转的 T′触发器状态，因此激励 $T_0=1$，$J_0=K_0=1$。

最低位以外的各个触发器，在进行加法计数和减法计数时激励输入的连接方法不同。对于加法计数器，各位触发器在其所有低位触发器 Q 端均为 1 时，激励应为 1，以便下一个 CP 脉冲到来时低位向本位进位，因此，激励 $T_i=J_i=K_i=Q_0Q_1\cdots Q_{i-2}Q_{i-1}$。对于减法计数器，各位触发器在其所有低位触发器 Q 端均为 0 时，激励应为 1，以便下一个 CP 脉冲到来时低位向本位借位，因此，激励 $T_i=J_i=K_i=\overline{Q}_0\overline{Q}_1\cdots\overline{Q}_{i-2}\overline{Q}_{i-1}$。

用 D 触发器构成的计数器电路可根据 D 触发器转换为 T 触发器的方式进行连接，但电路相对复杂得多。因此，人们较少使用 D 触发器来构成同步计数器。

【例 3-4】 用 JK 触发器构成八进制同步加法计数器。

解　用 JK 触发器构成的八进制同步加法计数器电路如图 3-25 所示。

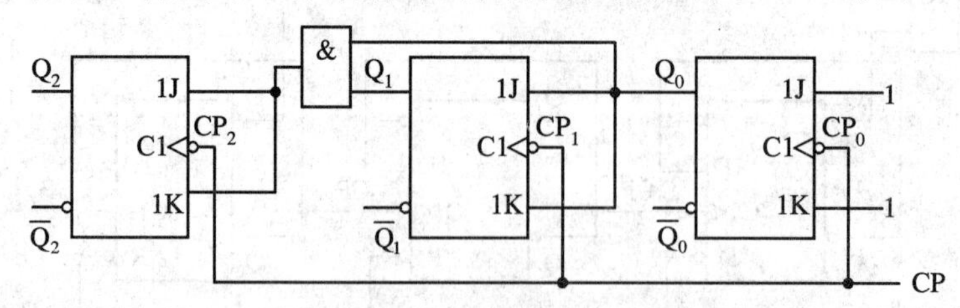

图 3-25　八进制同步加法计数器电路

使用触发器的异步置 1、置 0 功能和异步清 0—置 1 法，可以方便地将 2^n 进制同步计数器修改为非 2^n 进制同步计数器，此处不再重复。

3.3　MSI 计数器及其应用

上一节介绍了用触发器构成计数器的方法。实际上，人们现在已经很少用触发器来构造计数器了，因为电子器件厂家已经生产了大量使用灵活的 MSI 计数器。表 3－6 列出了部分常用的 MSI 计数器型号及基本特性，表中将结构相近、引脚名称相同、使用方法差别不大的计数器型号列在同一栏，空白栏表示该计数器无此项功能。下面选择有代表性的几种 MSI 计数器进行介绍。

表 3－6　部分常用 MSI 计数器的型号及基本特性

型号	计数方式	模数、编码	计数规律	预置方式	复位方式	触发方式	输出方式
7490	异步	2—5—10	加法	异步(置 9)	异步	下降沿	常规
74290	异步	2—5—10	加法	异步(置 9)	异步	下降沿	常规
74490	异步	双模 10,8421BCD 码	双 CP,加法	异步(置 9)	异步	下降沿	常规
74176	异步	2—5—10	加法	异步	异步	下降沿	常规
74177	异步	2—8—16	加法	异步	异步	下降沿	常规
7492	异步	2—6—12	加法	—	异步	下降沿	常规
7493	异步	2—8—16	加法	—	异步	下降沿	常规
74293	异步	2—8—16	加法	—	异步	下降沿	常规
74160	同步	模 10,8421BCD 码	加法	同步	异步	上升沿	常规
74161	同步	模 16,二进制	加法	同步	异步	上升沿	常规
74162	同步	模 10,8421BCD 码	加法	同步	同步	上升沿	常规
74163	同步	模 16,二进制	加法	同步	同步	上升沿	常规
74190	同步	模 10,8421BCD 码	单 CP,可逆	异步	—	上升沿	常规
74191	同步	模 16,二进制	单 CP,可逆	异步	—	上升沿	常规
74192	同步	模 10,8421BCD 码	双 CP,可逆	异步	异步	上升沿	常规
74193	同步	模 16,二进制	双 CP,可逆	异步	异步	上升沿	常规
74568	同步	模 16,二进制	单 CP,可逆	同步	异步/同步	上升沿	三态输出
74569	同步	模 16,二进制	单 CP,可逆	同步	异步/同步	上升沿	三态输出
CD4020	异步	模 2^{14},二进制	加法	—	异步	下降沿	常规
CD4024	异步	模 2^{7},二进制	加法	—	异步	下降沿	常规
CD4040	异步	模 2^{12},二进制	加法	—	异步	下降沿	常规

3.3.1　二—五—十进制异步加法计数器 7490

1. 功能描述

二—五—十进制异步加法计数器 7490 采用 14 引脚双列直插式封装，电源和地的引脚位置与大多数标准集成电路不同，第 5 脚为电源，第 10 脚为地，使用时需要注意。与此类似的还有 7491、7492、7493、7494、7496 等芯片。

7490 的电路结构、逻辑符号如图 3－26 所示。从电路结构可见，7490 在其电路内部实际上分为二进制和五进制两部分，分开使用时，它是二进制计数器或五进制计数器；结合使用时，它是十进制计数器。在由 Q_D、Q_C、Q_B 三个触发器构成的五进制计数器中，Q_D 是最高位，Q_B 是最低位。两个时钟脉冲输入信号 CP_A、CP_B 均为下降沿有效。

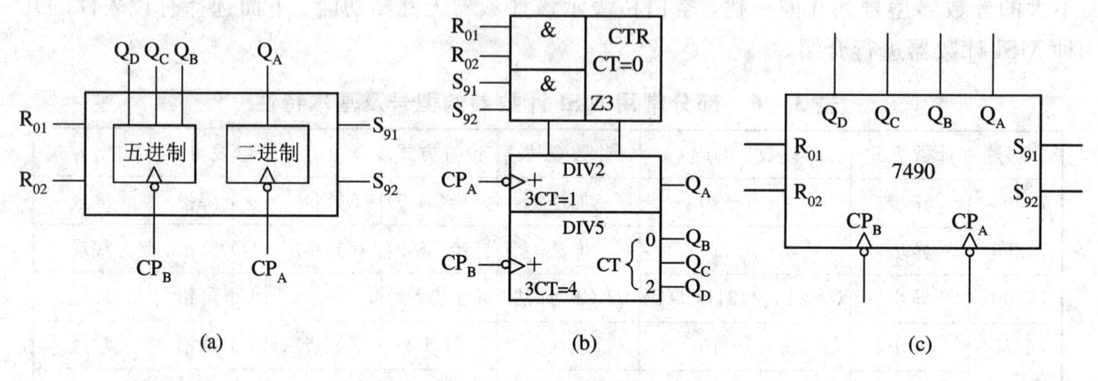

图 3-26　7490 的电路结构与逻辑符号

(a) 电路结构；(b) 国标符号；(c) 惯用符号

国标符号中，CTR 是计数器限定符，DIV 是分频器限定符，时钟端的“+”表示加法计数。中部的 DIV2 表示这部分为 2 分频，下部的 DIV5 表示这部分为 5 分频。上部的 T 型框为公共控制部分，CT=0 表示当 R_{01}、R_{02} 逻辑与结果为 1 时，计数器将置 0(复位)；Z 为互联关联符，Z3 表示当 S_{91}、S_{92} 逻辑与结果为 1 时，中部的 3CT=1，下部的 3CT=4，即将 Q_A 置为 1，$Q_DQ_CQ_B$ 置为$(100)_2$，也就是将 $Q_DQ_CQ_BQ_A$ 置为$(1001)_2$，即将计数器置为 9。

7490 的功能表、真值表分别如表 3-7 和表 3-8 所示。功能表能够比逻辑符号更清楚地描述各个输入信号的作用，是 MSI 数字集成电路功能的一种重要的描述方法。只要理解了功能表，一般就可以正确使用所描述的芯片。因此，读懂功能表是学习和使用 MSI 数字集成电路的重要一环。

表 3-7　7490 功能表

输入					输出			
R_{01}	R_{02}	S_{91}	S_{92}	CP	Q_D	Q_C	Q_B	Q_A
1	1	0	Φ	Φ	0	0	0	0
1	1	Φ	0	Φ	0	0	0	0
Φ	Φ	1	1	Φ	1	0	0	1
0	Φ	0	Φ	↓	加法计数			
0	Φ	Φ	0	↓				
Φ	0	0	Φ	↓				
Φ	0	Φ	0	↓				

表 3-8　7490 真值表

N_{10}	8421BCD				5421BCD			
	Q_D	Q_C	Q_B	Q_A	Q_A	Q_D	Q_C	Q_B
0	0	0	0	0	0	0	0	0
1	0	0	0	1	0	0	0	1
2	0	0	1	0	0	0	1	0
3	0	0	1	1	0	0	1	1
4	0	1	0	0	0	1	0	0
5	0	1	0	1	1	0	0	0
6	0	1	1	0	1	0	0	1
7	0	1	1	1	1	0	1	0
8	1	0	0	0	1	0	1	1
9	1	0	0	1	1	1	0	0

从功能表可见，R_{01}、R_{02} 和 S_{91}、S_{92} 都是异步控制信号，且 R_{01}、R_{02} 为异步清 0 信号，

S_{91}、S_{92}为异步置 9 信号，均为高电平有效。尽管从功能表看，置 9 控制信号 S_{91}、S_{92}的优先权比清 0 控制信号 R_{01}、R_{02}要高，当 S_{91}、S_{92}都为 1 时，R_{01}、R_{02}可为任意值，也就是可以同时为 1，但一般情况下，不使用这种 4 个信号全为 1 的控制输入组合。

7490 有两种真值表。第一种是 8421BCD 真值表，此时二进制为低位，五进制为高位，需要在外部将 Q_A 接 CP_B，CP_A 接计数脉冲 CP。第二种是 5421BCD 真值表，注意此时五进制是低位，二进制是高位，需要在外部将 Q_D 接 CP_A，CP_B 接计数脉冲 CP。7490 构成的这两种十进制计数器的电路连接如图 3 - 27 所示。

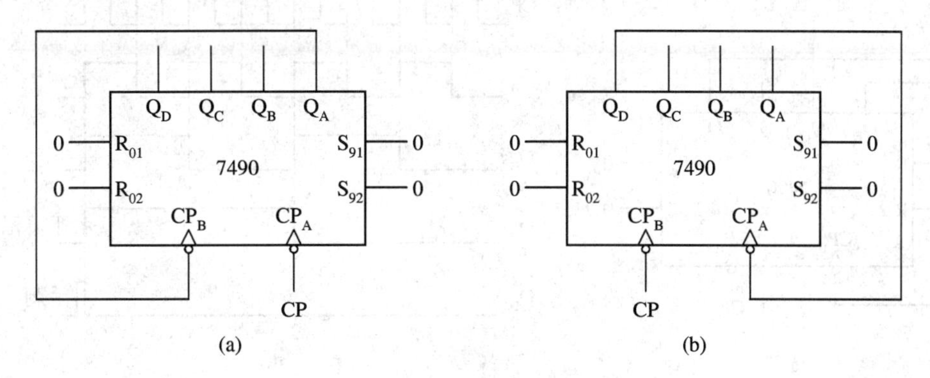

图 3 - 27　7490 构成十进制计数器

(a) 8421BCD 计数器；(b) 5421BCD 计数器

2. 使用方法

通过灵活使用 7490 的异步清 0 端 R_{01}、R_{02}，可以用一片 7490 构成不超过十的任意进制计数器，具体连接方式如表 3 - 9 所示。74290 的使用方法与 7490 完全相同，其它异步计数器芯片的使用方法也与 7490 相近。

表 3 - 9　7490 构成不超过十的任意进制计数器的电路连接表

M	R_{01}	R_{02}	S_{91}	S_{92}	CP_B	CP_A	进位输出	说　明
2	0	0	0	0		CP	Q_A	只用 Q_A
3	Q_C	Q_B	0	0	CP		Q_C	只用 $Q_DQ_CQ_B$，遇 3 清 0
4	1	Q_D	0	0	CP		Q_C	只用 $Q_DQ_CQ_B$，遇 4 清 0
5	0	0	0	0	CP		Q_D	只用 $Q_DQ_CQ_B$
6	Q_C	Q_B	0	0	Q_A	CP	Q_C	按 8421BCD 接，遇 6 清 0
7	Q_C	Q_A	0	0	CP	Q_D	Q_A	按 5421BCD 接，遇 7 清 0
8	1	Q_D	0	0	Q_A	CP	Q_C	按 8421BCD 接，遇 8 清 0
9	Q_D	Q_A	0	0	Q_A	CP	Q_D	按 8421BCD 接，遇 9 清 0
10	0	0	0	0	Q_A	CP	Q_D	按 8421BCD 接
10	0	0	0	0	CP	Q_D	Q_A	按 5421BCD 接

连接表中在各种进制数时选择的进位输出考虑到了 7490 是下降沿触发的计数器，其进位对高一级电路来说，也应是下降沿起作用。所以，表中所列进位信号虽然出现高电平早了，但下降沿却是正逢其时。M=8 进制时的电路和工作波形如图 3-28 所示。从波形图可见，当计数器处于“4”状态时，Q_C 就输出 1，但 Q_C 的下降沿却出现在第 8 个脉冲到来后，也就是此时才产生有效进位，符合逢 8 进 1 的八进制加法计数规则。同时也可看出，当 $Q_D=1$ 时，R_{01} 和 R_{02} 同时为 1，异步复位使波形上出现了毛刺，这是异步操作的最大缺点。

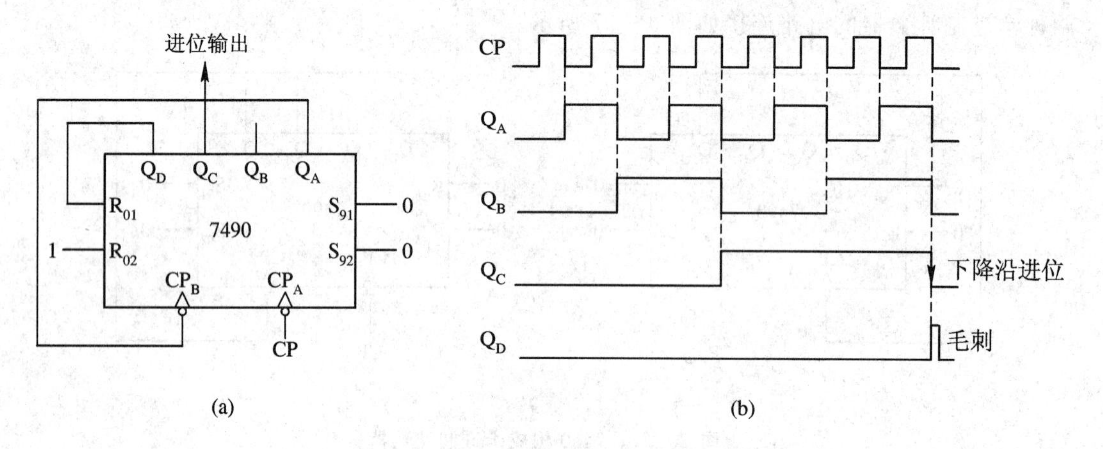

图 3-28 7490 构成八进制计数器

(a) 电路；(b) 工作波形

3. 级联扩展

1）模数 M 可分解

当模数 M 可分解为

$$M = M_1 \times M_2 \times \cdots \times M_k \quad (M_i \leqslant 10,\ 1 \leqslant i \leqslant k) \tag{3-9}$$

且 M 不计较计数器状态编码时，可以先分别实现各子计数器 M_i，然后级联构成模 M 计数器。

【例 3-5】 用 7490 构成四十五进制计数器电路。

解 M=45=9×5，可以先构成九进制和五进制计数器，然后级联构成四十五进制计数器，电路如图 3-29 所示。其中右侧的 7490 构成九进制计数器，左侧的 7490 构成五进制计数器。

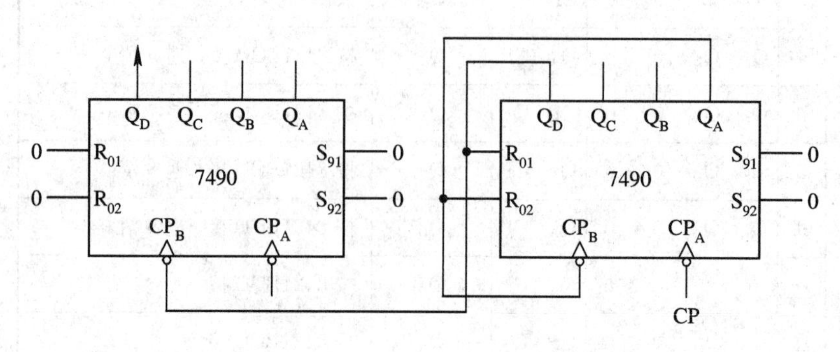

图 3-29 7490 构成四十五进制计数器

2）一般扩展方法

使用 7490 的一般扩展方法是，先将 7490 接为 10^n 进制计数器，然后遇 M 清 0。尽量利用 R_{01}、R_{02} 端，不加或少加逻辑门。

【例 3 - 6】 用 7490 构成八十五进制计数器。

解 首先用两片 7490 构成一百进制计数器，然后遇 85（十位为 8，个位为 5 时）清 0，电路如图 3 - 30 所示。

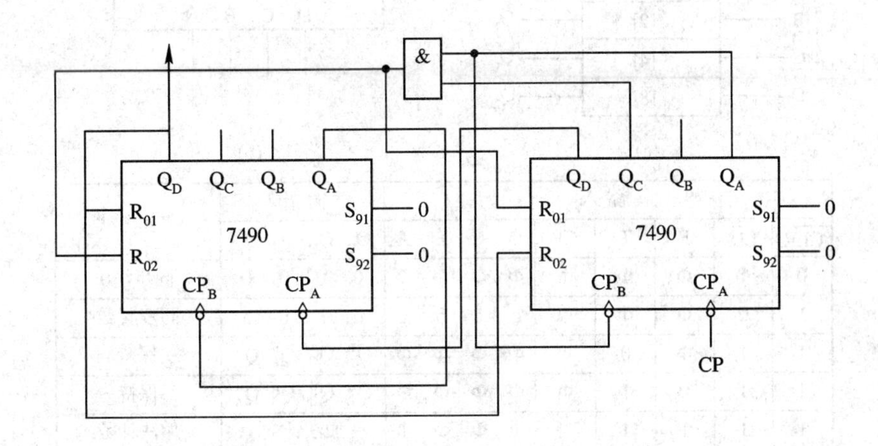

图 3 - 30　7490 构成八十五进制计数器

该电路的基本工作过程为：一般情况下，每来 1 个 CP 脉冲，右侧 7490（个位）状态加 1，满 10 向左侧 7490（十位）进位。当左侧 7490（十位）为 8（$Q_D=1$）、右侧 7490（个位）为 5（$Q_DQ_CQ_BQ_A=0101$）时，两片 7490 的 R_{01}、R_{02} 同时为 1，两片 7490 的 Q 端立即同时清 0，电路回到 00 状态。由于该计数器的有效计数状态为 00～84，所以它是一个八十五进制加法计数器。

3.3.2　4 位二进制同步可预置加法计数器 74163

1. 功能描述

4 位二进制（1 位十六进制）同步可预置加法计数器 74163 采用 16 引脚双列直插式封装，第 16 脚和第 8 脚分别为电源和地，其逻辑符号与功能表如图 3 - 31 所示。国标逻辑符号中，CTRDIV16 是模 16 计数器或 16 分频器的限定符。C5 为时钟信号关联符，时钟脉冲 CP 上升沿有效。5CT＝0 表示当 $\overline{CLR}$ 为低电平且 CP 上升沿到来时，计数器同步复位。M1、M2 表示 $\overline{LD}$ 分别为 0 和 1 时计数器的两种工作方式，M1 为置数方式，M2 为计数方式。A 处的“1,5D”表示方式 1 时如果时钟有效，则将 A 置入 Q_A 中（B、C、D 处类似，未标出），说明 $\overline{LD}$ 为同步置数控制端，低电平有效，ABCD 为预置数输入端。G 为与关联符，G3、G4 说明 P、T 为两个与关联控制端，“C5/2,3,4＋”表示当 $\overline{LD}=1$ 且 P＝1、T＝1 时，计数器处于加法计数状态。3CT＝15 表明，当 T＝1 且计数器处于状态“15”时，CO 端输出高电平，即 $CO=T\cdot Q_DQ_CQ_BQ_A$，说明 CO 为进位输出（Carry Output），它为高电平时表示有进位。

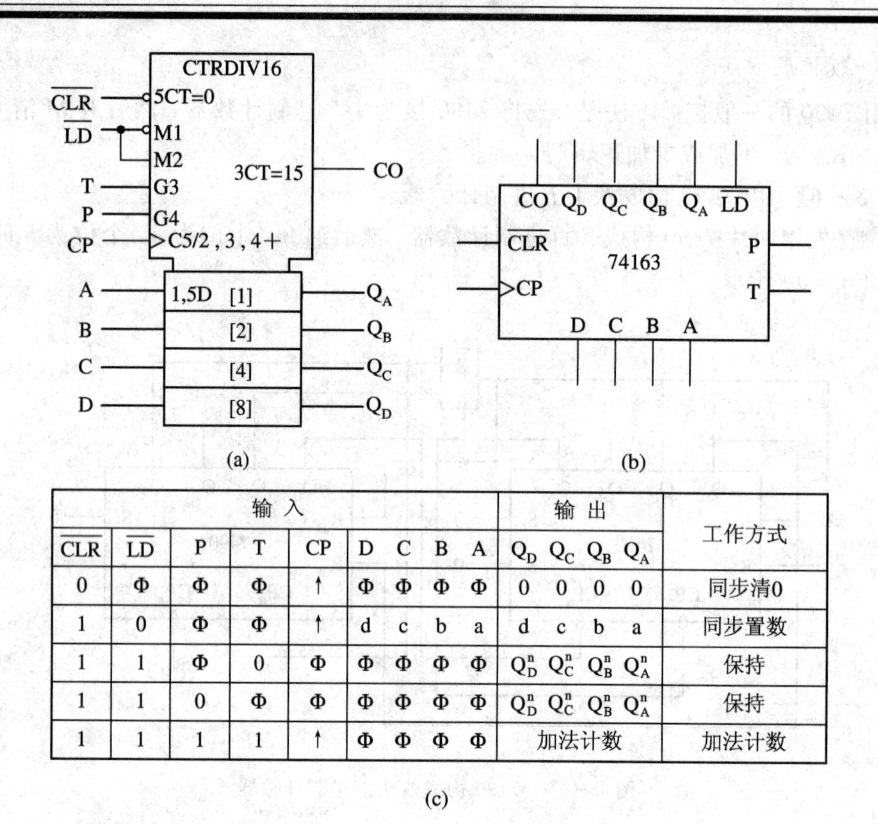

输入									输出				工作方式
$\overline{CLR}$	$\overline{LD}$	P	T	CP	D	C	B	A	Q_D	Q_C	Q_B	Q_A	
0	Φ	Φ	Φ	↑	Φ	Φ	Φ	Φ	0	0	0	0	同步清0
1	0	Φ	Φ	↑	d	c	b	a	d	c	b	a	同步置数
1	1	Φ	0	Φ	Φ	Φ	Φ	Φ	Q_D^n	Q_C^n	Q_B^n	Q_A^n	保持
1	1	0	Φ	Φ	Φ	Φ	Φ	Φ	Q_D^n	Q_C^n	Q_B^n	Q_A^n	保持
1	1	1	1	↑	Φ	Φ	Φ	Φ	加法计数				加法计数

(c)

图 3-31 74163 的逻辑符号与功能表

(a) 国标符号；(b) 惯用符号；(c) 功能表

74163 各输入信号的作用可以从功能表中看得更清楚。注意，在复位、置数和计数方式中，计数器需要在时钟脉冲 CP 的上升沿到来时才能实现相关功能。仅当$\overline{CLR}$为低电平时，计数器并不能复位，必须在 CP 上升沿到来时才能复位；仅当$\overline{LD}$为低电平时，计数器也不能置数，必须在 CP 上升沿到来时才能置数。在各控制信号中，$\overline{CLR}$优先权最高，$\overline{LD}$次之，P、T 最低。P 和 T 的作用也有区别，进位输出 CO 与 T 有关，与 P 无关。

2. 使用方法

从功能表可见，74163 具有同步清 0、同步置数、同步计数和状态保持等功能，是一种功能比较全面的 MSI 同步计数器。使用 74163 的复位和置数功能，可以方便地构成任意 M 进制计数器。

1）反馈清 0 法构成 M 进制计数器

因为 74163 是同步清 0，因此其反馈识别门的连接关系与 7490 有所不同。7490 是遇状态 M 立即清 0，74163 是遇状态“M－1”时在下一个 CP 脉冲清 0。当 74163 到达状态“M－1”时，反馈识别门输出 0，但必须等到下一个 CP 脉冲到来时才能将计数器复位，因此状态“M－1”是稳定状态，计数器输出波形不会出现毛刺。

【例 3-7】 用 74163 构成十进制计数器。

解 $M-1=10-1=9=(1001)_2$，Q_D、Q_A 为 1，因此，识别与非门输入端接 Q_D 和 Q_A，输出端接$\overline{CLR}$。为了保证$\overline{CLR}=1$ 时计数器正常计数，$\overline{LD}$、P、T 等信号均应接逻辑

1。电路连接如图 3-32 所示，工作波形如图 3-33 所示。如果需要进位输出，则进位输出按照 $Z=Q_DQ_A$ 连接即可。

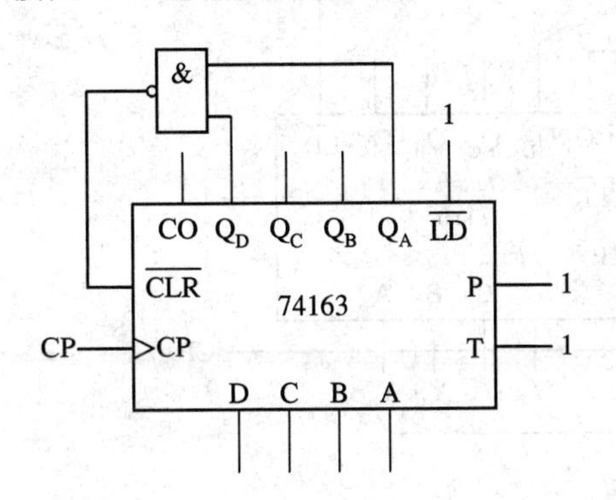

图 3-32 例 3-7 电路

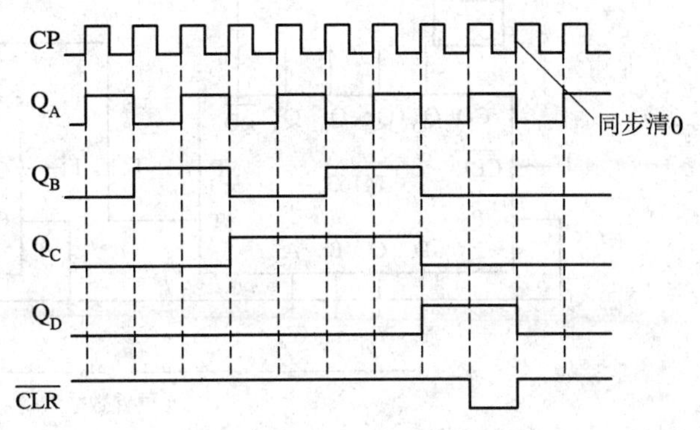

图 3-33 图 3-32 电路的工作波形

2）反馈预置法构成 M 进制计数器

使用 74163 的置数功能，可以灵活地构成各种进制的计数器。基本连接方式为：DCBA接计数器状态循环的第一个状态，识别与非门输入端接计数器状态循环的最后一个状态中“1”所对应的触发器 Q 端，识别与非门输出端接 74163 的$\overline{LD}$。如果计数器状态循环的最后一个状态是“15”，则直接将进位输出 CO 取反后接$\overline{LD}$即可。为了保证$\overline{LD}=1$时计数器正常计数，74163 的其它控制端$\overline{CLR}$、P、T 均应接逻辑 1。

【例 3-8】 用 74163 构成十进制计数器，并画出其工作波形。

解 计数器状态循环采用前面 10 个状态，首状态为“0”，末状态为“9”，因此，DCBA=0000，$\overline{LD}=\overline{Q_DQ_A}$，计数器电路如图 3-34 所示，工作波形如图 3-35 所示。

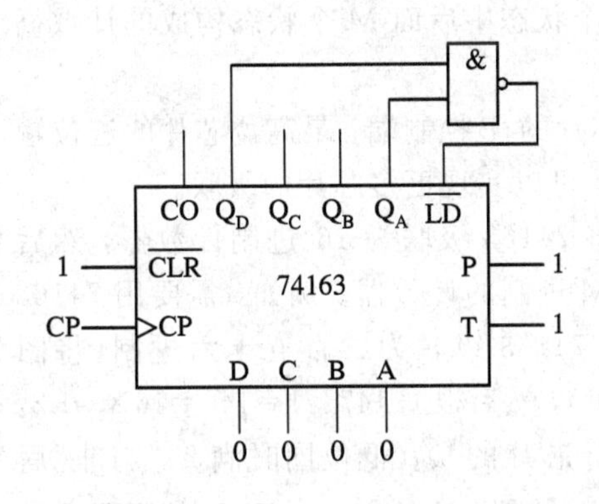

图 3-34 例 3-8 电路

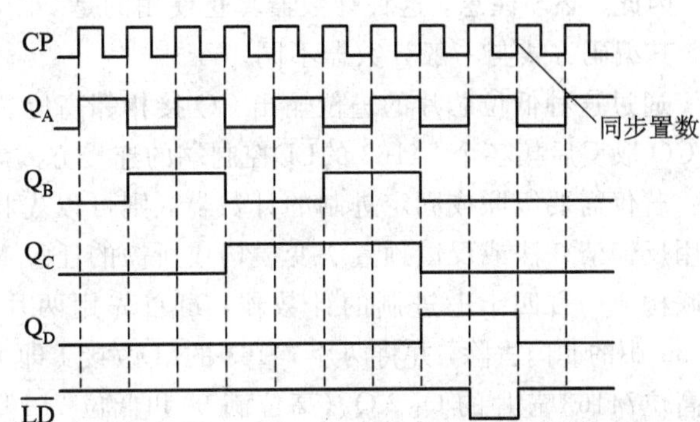

图 3-35 图 3-34 电路的工作波形

在 74 系列计数器中，74161 与 74163 最为接近。74161 除了是异步复位外，其它与 74163 完全相同。而 74160 与 74161 的区别仅在于 74160 是十进制计数器，74161 是十六进制计数器。同样，74162 与 74163 的区别也仅在于 74162 是十进制计数器，而 74163 是十六进制计数器。因此，74160～74163 的使用方法几乎相同。

3. 级联扩展

74163 也可采用类似 7490 的异步级联扩展方法，但因为其时钟脉冲是上升沿触发，所以异步级联时要注意进位的正确连接。对于同步计数器，最好采用同步级联。用两片

74163级联构成的二～二百五十六进制计数器的电路如图3-36所示。

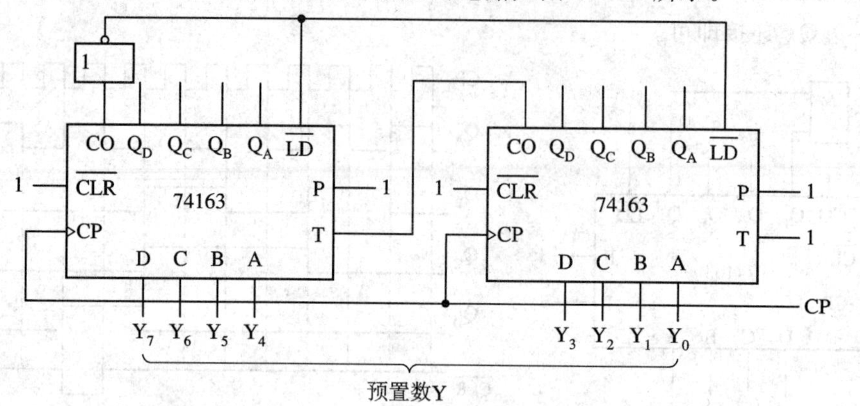

图3-36　二～二百五十六进制程控计数器电路

设预置数为Y，计数器模数为M，级联的芯片数为k，则三者之间的关系为

$$Y = 16^k - M \tag{3-10}$$

例如，要构成模M=200的计数器，需要2片74163，预置数

$$Y = 16^2 - 200 = 56 = (0011\ 1000)_2$$

即在图3-36电路中，左侧74163的DCBA接0011，右侧74163的DCBA接1000。

图3-36电路中，改变预置数Y就可以改变计数器的进制数。用计算机输出数据来控制计数器的进制数最为方便，因此常把这类计数器称为程控计数器或程控分频器。

程控计数器的连接方法本质上相当于每个计数循环开始时给计数器置入一个基数，计M个CP脉冲后计数器就达到满量程(16^k)，从而产生进位，使计数器重新开始新一轮计数。因此，必须注意，这种计数器真正使用的是16^k个状态中后面M个状态构成的计数循环，其编码方式与一般计数器不同。

通过这种低位芯片的进位输出CO接相邻高位芯片的T控制端、最高位芯片的进位输出CO取反后接各个74163的$\overline{LD}$控制端的连接方式，可以实现更多芯片的级联。

若仅需要级联成固定进制的计数器，则可以先将74163级联为16^k进制计数器，然后利用反馈清0法或反馈预置法变模构成所需的任意M进制的计数器。例如，需要用74163级联构成一百四十七进制的计数器，可首先用两片74163级联为二百五十六进制(将图3-36中的非门去除，并将两片74163的$\overline{LD}$改接1即可)，然后根据147－1＝146＝16×9＋2，将高位74163芯片的Q_D、Q_A(高位满9)和低位74163芯片的Q_B(低位同时满2)“与非”后接到两片74163的$\overline{CLR}$，即构成了一百四十七进制的计数器。这种方法与7490的级联变模类似。

3.3.3　同步十进制可逆计数器74192

1. 功能描述

同步十进制可逆计数器74192采用16引脚双列直插式封装，第16脚和第8脚分别为电源和地，采用8421BCD码进行十进制加法或减法计数，其逻辑符号与功能表如图3-37所示，时钟脉冲CP_U和CP_D上升沿有效。国标逻辑符号中，CTRDIV10是模10计数器或10分频器的限定符。CT=0表示当CLR为高电平时，计数器异步复位。“2+”表明CP_U为加法计数脉冲，G1 和$\bar{1}$CT=9 表明加法计数到达状态 9 且 CP_U 为低电平时$\overline{CO}$端输出低电平，说明$\overline{CO}$为进位输出且低电平有效，$\overline{CO}=\overline{Q}_D+Q_C+Q_B+\overline{Q}_A+CP_U$。“1－”表明 CP_D 为减法计数脉冲，G2 和$\bar{2}$CT=0 表明减法计数到达状态 0 且 CP_D 为低电平时$\overline{BO}$端输出低电平，说明$\overline{BO}$为借位输出(Borrow Output)且低电平有效，$\overline{BO}=Q_D+Q_C+Q_B+Q_A+CP_D$。G3 和 3D 表示$\overline{LD}$为低电平时，将 DCBA(B、C、D 处与 A 类似，未标出)置入 $Q_DQ_CQ_BQ_A$ 中，说明$\overline{LD}$为异步置数控制端，低电平有效，DCBA 为预置数输入端。

74192 各输入信号的作用可以从功能表中看得更清楚。尤其需要注意的是：加法计数时，CP_U 输入计数脉冲，而 CP_D 必须维持逻辑 1；减法计数时，CP_D 输入计数脉冲，而 CP_U 必须维持逻辑 1。此外，异步清 0 控制信号 CLR 的优先权比置数控制信号$\overline{LD}$的高。

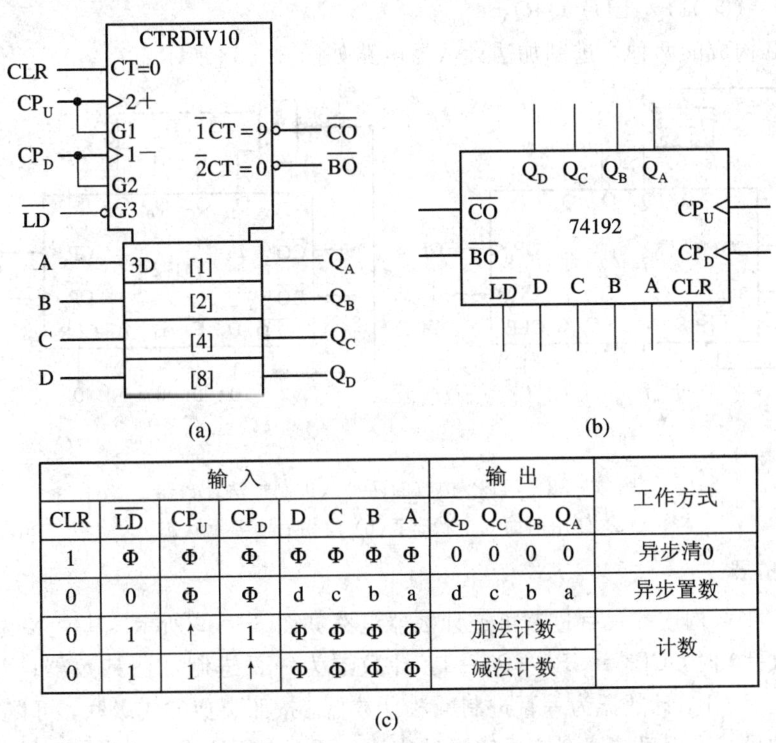

输入								输出				工作方式
CLR	$\overline{LD}$	CP_U	CP_D	D	C	B	A	Q_D	Q_C	Q_B	Q_A	
1	Φ	Φ	Φ	Φ	Φ	Φ	Φ	0	0	0	0	异步清0
0	0	Φ	Φ	d	c	b	a	d	c	b	a	异步置数
0	1	↑	1	Φ	Φ	Φ	Φ	加法计数				计数
0	1	1	↑	Φ	Φ	Φ	Φ	减法计数				

(c)

图 3-37　74192 的逻辑符号与功能表

(a) 国标符号；(b) 惯用符号；(c) 功能表

2. 使用方法

74192 有清 0 和置数功能，因此同样可以使用反馈清 0 法或反馈预置法来构成任意进制计数器。

1) 反馈清 0 法构成 M 进制计数器

74192 是异步清 0，使用反馈清 0 法构成加法计数器的方法与 7490 相同，即遇 M 清 0。构成减法计数器时，使用 0 和后面 M－1 个状态构成计数循环，遇 10－M 状态清 0。

2) 反馈预置法构成 M 进制计数器

因为是异步置数，所以 74192 不仅和异步清 0 一样会在波形上产生毛刺输出，而且在构成计数器时预置数与进制数的关系也与 74163 有所不同。以 M 进制加法计数器为例，使用前面 M 个状态构成计数器时，DCBA 接计数循环的首状态，以末状态加 1 后的状态作为识别与非门的输入，与非门的输出接置数控制端$\overline{LD}$。使用后面 M 个状态构成程控计数器时，$\overline{LD}=\overline{Q_D Q_A}$，预置数与进制数的关系变为

$$Y = 10 - M - 1 \tag{3-11}$$

构成 M 进制减法计数器时，与用触发器构成任意进制计数器的方法类似，遇 9 置为 M－1 状态。构成程控减法计数器的方法由读者自行推导。

【例 3－9】 用 74192 构成两种预置方式的八进制加法计数器。

解 使用前面 8 个状态时，首状态为$(0000)_2$，末状态为$(0111)_2$，$(0111)_2+1=(1000)_2$，因此$\overline{LD}=\overline{Q}_D$，预置数 DCBA＝$(0000)_2$。使用后面 8 个状态时，预置数 DCBA＝$10-8-1=1=(0001)_2$，$\overline{LD}=\overline{Q_D Q_A}$。

用 74192 构成的两种八进制加法计数器电路如图 3－38 所示。

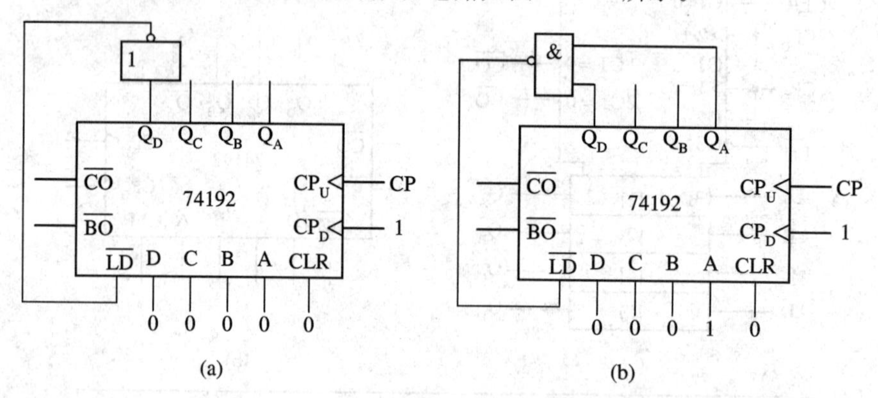

图 3－38 74192 构成的两种八进制加法计数器

(a) 使用前面 8 个状态；(b) 使用后面 8 个状态

3. 级联扩展

用两片 74192 构成的一百进制可逆计数器电路如图 3－39 所示。其中 X 为加法/减法控制端，当 X＝0 时，$CP_U=CP$，$CP_D=1$，计数器为一百进制加法计数器；当 X＝1 时，$CP_U=1$，$CP_D=CP$，计数器为一百进制减法计数器。按照类似方式级联，可以构成 10^k 进制的可逆计数器。采用反馈清 0 或反馈预置方法，可以方便地构成任意进制计数器。

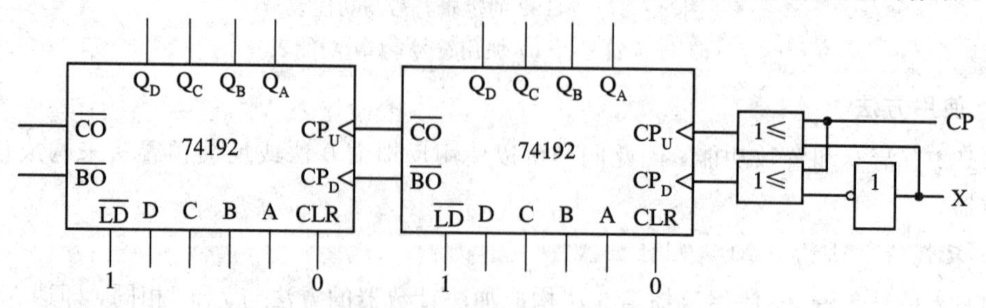

图 3－39 一百进制可逆计数器电路

3.3.4 计数器的应用

计数器的用途非常广泛。除了用来计数外，还可以用于分频、计时、分配脉冲和产生

周期序列信号等。

1. 分频

从较高频率的输入信号得到较低频率的输出信号的过程称为分频。分频器本质上就是计数器，二者的惟一区别仅在于分频器必须有输出，而计数器可以有输出也可以没有输出。

【例 3 - 10】 某数字通信系统的基本时钟频率为 1 MHz，其中一个子系统的时钟频率要求为125 kHz。试设计能够从基本时钟产生子系统工作时钟的电路。

解 设分频次数为 N，则有 N=1 MHz/125 kHz=8。因此，设计一个带有输出的八进制计数器即可满足使用要求。用 74163 实现的 8 分频器电路如图3 - 40 所示。

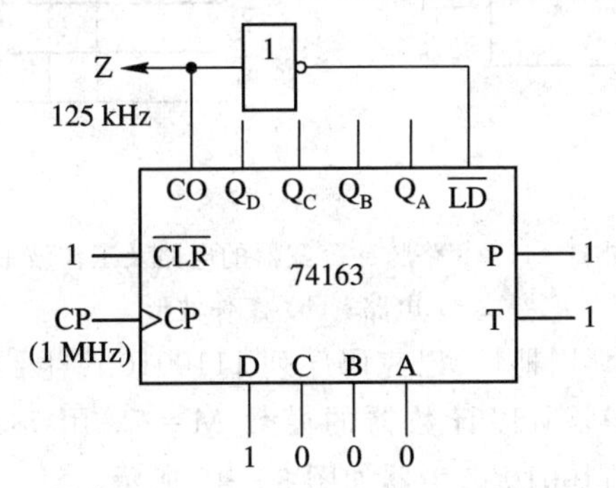

图 3 - 40　8 分频器电路

实际上，将 74163 接为十六进制计数器，从 Q_C 输出就可得到 8 分频的脉冲输出。分别从 Q_A、Q_B、Q_D 输出，则可分别得到 2 分频、4 分频和 16 分频的脉冲输出。

2. 计时

计时器本质上也是计数器。只要计数器的输入计数脉冲是周期性的，则脉冲个数可以转换为时间，计数器就可以作为计时器使用。电子钟、电子表中的时、分、秒计时电路，就是采用的这种工作原理。

假定基准时钟频率为 1 Hz，即每秒 1 个脉冲，那么设计一个六十进制计数器对秒脉冲计数，就可实现秒计时，并且每 60 秒产生一个分脉冲输出。同样再采用一个六十进制计数器对秒计时器的输出即分脉冲进行计数，就可实现分计时，并且产生小时脉冲输出。实现小时计时的电路与之相类似。

3. 实现脉冲分配

脉冲分配器是一种能够在周期时钟脉冲作用下输出各种节拍脉冲的数字电路。利用计数器和译码器，可以方便地实现脉冲分配。例如，用 74163 计数器和 74138 译码器实现的 8 路脉冲分配器电路及工作波形如图 3 - 41 所示。在时钟脉冲 CP 驱动下，计数器 74163 的输出端 $Q_CQ_BQ_A$ 将周期性地输出 000～111，通过译码器 74138 译码后，依次在 $\overline{Y}_0$～$\overline{Y}_7$ 端输出 1 个时钟周期的负脉冲，从而实现了 8 路脉冲分配。

4. 产生周期序列信号

利用计数器的状态循环特性和数据选择器(或其它组合逻辑器件)，可以实现计数型周期序列产生器。计数器的模数 M 等于序列的周期，计数器的状态输出作为数据选择器的地址变量，要产生的序列作为数据选择器的数据输入，数据选择器的输出即为输出序列。

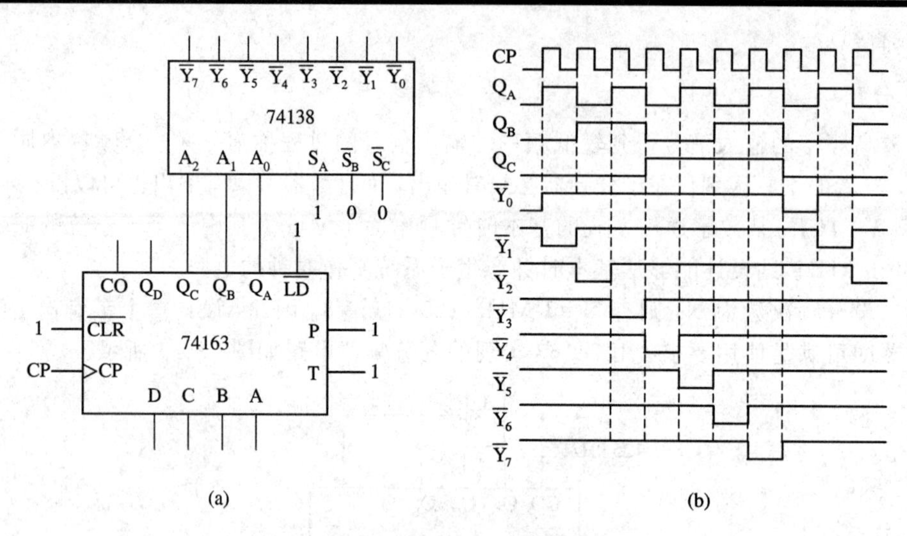

图 3-41　8 路脉冲分配器的电路及工作波形

(a) 电路；(b) 工作波形

【例 3-11】 设计一个(周期性)巴克码序列 1110010 产生器。

解 因为序列周期为 7，所以计数器的模数 M＝7。用 74161 和八选一数据选择器 74151 实现的巴克码序列 1110010 产生器如图 3-42 所示。

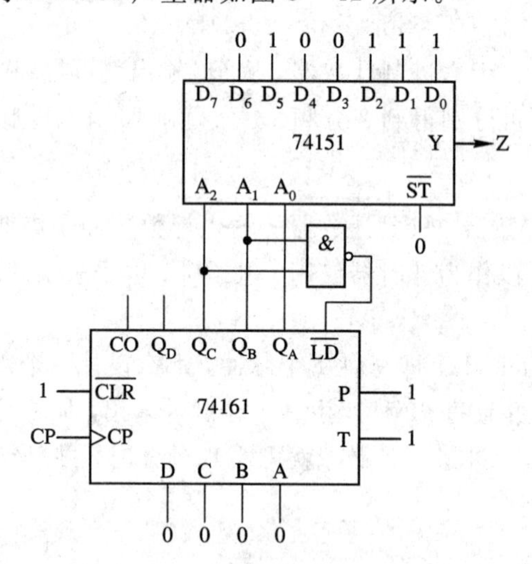

图 3-42　7 位巴克码产生器电路

3.4　MSI 移位寄存器及其应用

移位寄存器在数字通信中的应用极其广泛。例如在计算机串行数据通信中，发送端需要发送的信息总是先放入移位寄存器中，然后由移位寄存器将其逐位移出；与此对应，接收端逐位从线路上接收信息并移入移位寄存器中，待收完 1 个完整的数据组后才从移位寄存器中取走数据。

MSI 移位寄存器品种非常多，部分常用的 74 系列 MSI 移位寄存器及其基本特性如表 3-10 所示。其中，串行输入是指输入数据逐位输入，并行输入是指输入数据各位同时输入；串行输出是指输出数据逐位输出，并行输出是指输出数据各位同时输出；右移是指数据向右侧移位，双向移位是指数据既可以向右侧移位，也可以向左侧移位。

表 3 - 10　部分常用的 74 系列 MSI 移位寄存器及其基本特性

型号	位数	输入方式	输出方式	移位方式
7491	8	串	串	右移
7496	5	串、并	串、并	右移
74164	8	串	串、并	右移
74165	8	串、并	互补串行	右移
74166	8	串、并	串	右移
74179	4	串、并	串、并	右移
74194	4	串、并	串、并	双向移位
74195	4	串、并	串、并	右移
74198	8	串、并	串、并	双向移位
74323	8	串、并	串、并(三态)	双向移位

本节以功能最全的 74194 为例来介绍移位寄存器及其应用。当需要使用更多位数的移位寄存器时，将使用 74198。74198 除了数位不同外，其使用方法与 74194 完全相同。

3.4.1　4 位双向移位寄存器 74194

1. 功能描述

4 位双向移位寄存器 74194 采用 16 引脚双列直插式封装，第 16 脚和第 8 脚分别为电源和地，其逻辑符号和功能表如图 3 - 43 所示，移位脉冲 CP 上升沿有效。

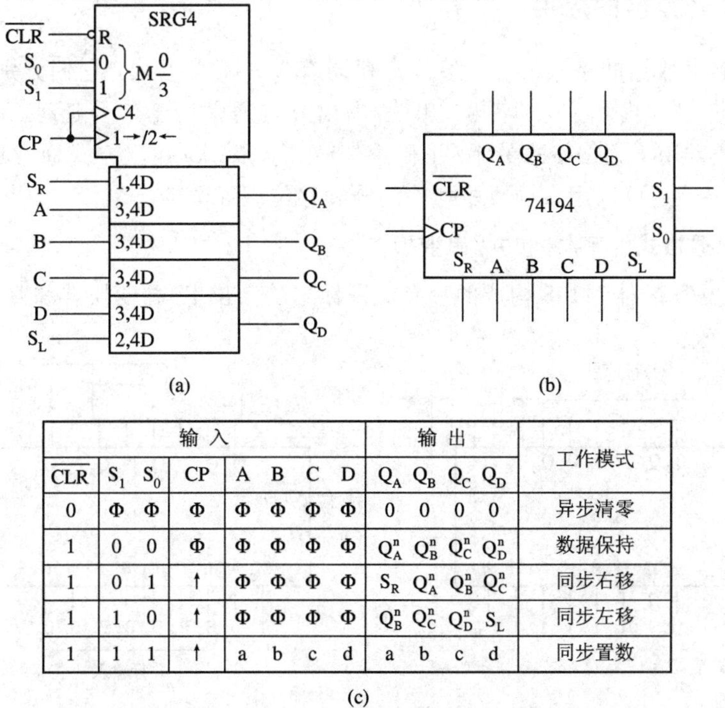

输入								输出				工作模式
$\overline{CLR}$	S_1	S_0	CP	A	B	C	D	Q_A	Q_B	Q_C	Q_D	
0	Φ	Φ	Φ	Φ	Φ	Φ	Φ	0	0	0	0	异步清零
1	0	0	Φ	Φ	Φ	Φ	Φ	Q_A^n	Q_B^n	Q_C^n	Q_D^n	数据保持
1	0	1	↑	Φ	Φ	Φ	Φ	S_R	Q_A^n	Q_B^n	Q_C^n	同步右移
1	1	0	↑	Φ	Φ	Φ	Φ	Q_B^n	Q_C^n	Q_D^n	S_L	同步左移
1	1	1	↑	a	b	c	d	a	b	c	d	同步置数

(c)

图 3 - 43　74194 的逻辑符号与功能表

(a) 国标符号；(b) 惯用符号；(c) 功能表

国标符号中，SRG 为移位寄存器的限定符，后面的 4 表示 74194 是 4 位移位寄存器。“1→/2←”表示两种移位方式，“1→”为方式 1——右移方式，S_R 为右移数据输入端；“2←”为方式 2——左移方式，S_L 为左移数据输入端。M 为方式关联符，其后跟的数字表明 74194 有 4 种工作方式。控制关联符 C4 表明 S_R、A、B、C、D、S_L 受 CP 脉冲(上升沿)控制。R 为复位关联，它与时钟无关，说明$\overline{CLR}$为异步复位(低电平有效)。

从功能表可见，74194 具有异步清 0、数据保持、同步左移、同步右移、同步置数等 5 种工作模式。$\overline{CLR}$为异步复位输入，低电平有效，且优先级最高。S_1、S_0 为方式控制输入，其 4 种组合对应 4 种工作方式：$S_1S_0=00$ 时，74194 处于保持状态；$S_1S_0=01$ 时，74194 处于右移状态，其中 S_R 为右移数据输入端，Q_D 为右移数据输出端；$S_1S_0=10$ 时，74194 处于左移状态，其中 S_L 为左移数据输入端，Q_A 为左移数据输出端；$S_1S_0=11$ 时，74194 处于同步置数状态，其中 ABCD 为并行数据输入端。无论何种方式，$Q_AQ_BQ_CQ_D$ 都是并行数据输出端。

2. 使用方法

移位寄存器的使用方法非常简单，只要根据功能要求，按照功能表进行相应的电路连接即可。例如，74194 需要工作于右移方式，根据功能表，将 CP 接移位时钟脉冲 CP，$\overline{CLR}$ 接高电平，S_1S_0 接 01，S_R 接右移输入数据，即可实现数据右移功能。

3. 级联扩展

移位寄存器的级联扩展也比计数器简单，只要将移位寄存器接为相应的正常工作状态，且将低位芯片的串行输出端接到高位芯片的串行输入端，即可实现级联扩展。

3.4.2 移位寄存器的应用

就输入/输出数据的格式而言，移位寄存器有 4 种工作方式，它们分别为串入/串出、串入/并出、并入/并出和并入/串出。串入/串出方式通常用于信号延时，串入/并出和并入/串出方式通常用于数据格式的串/并和并/串变换，并入/并出方式通常用于保存数据。此外，移位寄存器还可以用来构成序列检测器和移位型计数器。

1. 实现数据格式的串/并和并/串变换

用 8 位移位寄存器 74198 构成的带有识别标志的 7 位串/并变换器和并/串变换器电路如图 3 - 44 所示。

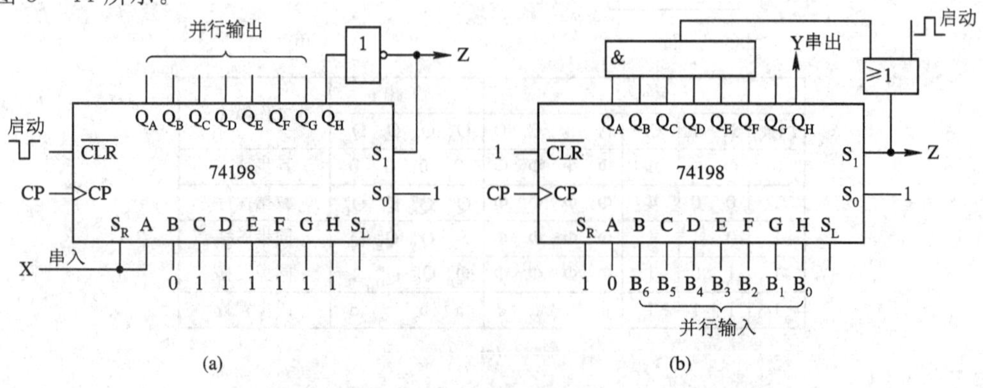

图 3 - 44　移位寄存器实现串/并和并/串变换器

(a) 7 位串/并变换电路；(b) 7 位并/串变换电路

图 3-44(a)为 7 位串/并变换电路。开始工作时，首先加一个负向启动脉冲将 74198 清 0，使 $S_1S_0=11$，74198 工作于置数方式。当第 1 个 CP 脉冲到来时并行置数，74198 变为 $X_0 0111111$，其中 X_0 为串行输入 X 的最低位。并行置数后，$S_1S_0=01$，74198 工作于右移方式。在接下来的第 2～7 个 CP 脉冲到来时，74198 处于移位状态，X 的另外 6 位依次移入 74198 中。在第 7 个 CP 脉冲作用后，0 移入到 Q_H，一方面，Z=1，向系统提供 7 位串行数据已经变换为并行数据的状态信息，请系统执行取数操作；另一方面，$S_1S_0=11$，下一个 CP 脉冲到来时再一次置数，开始新一轮的串/并变换。因此，此处置入的 0 是一个重要的识别标志。

图 3-44(b)为 7 位并/串变换电路。开始工作时，首先加一个正向启动脉冲使 $S_1S_0=11$，74198 工作于置数方式。当第 1 个 CP 脉冲到来时并行置数，74198 变为 $0B_6B_5B_4B_3B_2B_1B_0$，其中 $B_6B_5B_4B_3B_2B_1B_0$ 为并行输入数据，同时串行输出 B_0。并行置数后，$S_1S_0=01$，74198 工作于右移方式。在接下来的第 2～7 个 CP 脉冲到来时，74198 处于移位状态，并行输入数据的另外 6 位 B_1、B_2、…、B_5、B_6 依次移入 74198 的 Q_H 中并串行输出。在第 7 个 CP 脉冲作用后，0 移入到 Q_G，与门因 6 个输入全为 1 而输出 1，一方面，Z=1，向系统提供 7 位并行数据已经变换为串行数据的状态信息，请系统执行送数操作，将下一组数据送到置数输入端；另一方面，$S_1S_0=11$，在下一个 CP 脉冲到来时再一次置数，开始新一轮的并/串变换。因此，此处置入的 0 也是一个重要的识别标志。

2. 构成序列检测器

序列检测器是一种能够从输入信号中检测特定输入序列的逻辑电路，数字通信中的同步码检测电路本质上就是一种序列检测器。利用移位寄存器的移位和寄存功能，可以非常方便地构成各种序列检测器。

【例 3-12】 用 74194 实现“1101”序列检测器，允许输入序列码重叠。

解　用 74194 构成的“1101”序列检测器如图 3-45 所示。从电路可见，当 X 端依次输入 1、1、0、1 时，输出 Z=1，否则 Z=0。因此，Z=1 表示检测到“1101”序列。注意，最后一个 1 还可以作为下一组“1101”的第一个 1，这称为允许输入序列码重叠。这种序列检测器称为重叠型序列检测器。

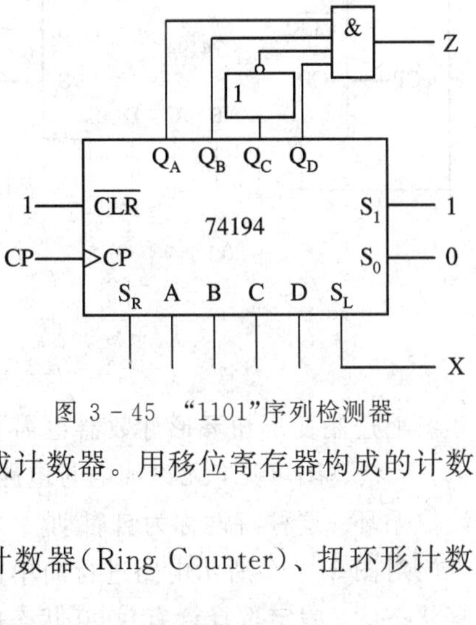

图 3-45　“1101”序列检测器

3. 构成移位型计数器

如果不限制编码类型，移位寄存器也可以用来构成计数器。用移位寄存器构成的计数器称为移位型计数器。

移位型计数器有三种基本类型，它们分别是环形计数器(Ring Counter)、扭环形计数器(Twisted Counter)和变形扭环形计数器。

(1) 环形计数器。将移位寄存器的末级输出反馈连接到首级数据输入端构成的计数器称为环形计数器。n 级移位寄存器可以构成模 n(n 进制)环形计数器。

(2) 扭环形计数器。将移位寄存器的末级输出取反后反馈连接到首级数据输入端构成的计数器称为扭环形计数器。n 级移位寄存器可以构成模 2n 的偶数进制扭环形计数器。

(3) 变形扭环形计数器。将移位寄存器的最后两级输出“与非”后反馈连接到首级数据输入端构成的计数器称为变形扭环形计数器。n 级移位寄存器可以构成模 2n－1 的奇数进制变形扭环形计数器。

环形、扭环形和变形扭环形计数器的基本结构如图 3－46 所示。

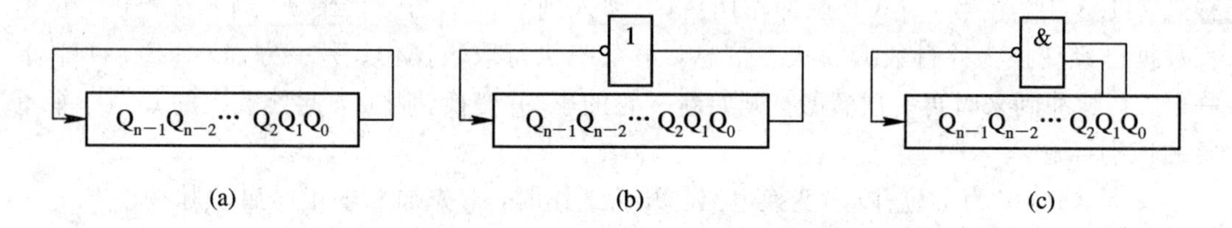

图 3－46　移位型计数器的基本结构

(a) 环形；(b) 扭环形；(c) 变形扭环形

【例 3－13】 分别用 74194 构成八进制扭环形计数器和七进制变形扭环形计数器，并画出它们的全状态图。

解　八进制扭环形计数器需要 4 级移位寄存器，其电路及全状态图如图 3－47 所示。从状态图可见，该电路有两个 8 状态的循环，可以任意选取其中一个为主计数循环，另一个则为无效循环。为了保证电路加电后进入主计数循环，应采取一定的措施。如首先清 0，则选择含有 0000 的状态循环为主计数循环。

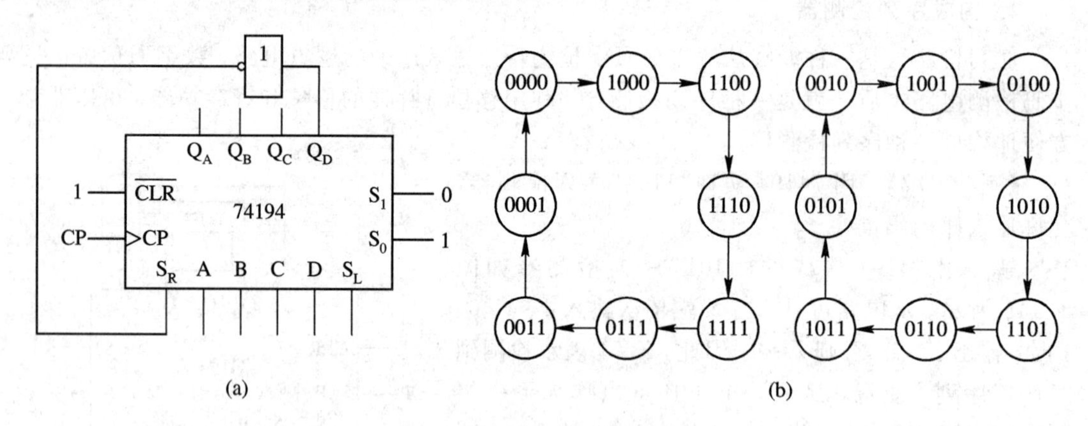

图 3－47　八进制扭环形计数器

(a) 电路；(b) 全状态图

七进制变形扭环形计数器也需要 4 级移位寄存器，其电路及全状态图如图 3－48 所示。从状态图可见，无论加电时电路处于何种状态，最多经过几个 CP 脉冲后，就可以进入计数循环。这种特性称为自启动。

对图 3－47 所示电路进行简单修改，就可构成自启动的八进制扭环形计数器。仔细观察状态图，假定选择含有 0000 状态的状态循环为主计数循环，从另一个状态循环中随意选择一个状态作为识别状态，当计数器到达这个状态时，让计数器异步清 0，从而进入到主计数循环。采用 0010 作为识别状态的自启动八进制扭环形计数器电路及全状态图如图 3－49 所示，其中 0010 状态为过渡状态，图中以虚线圈表示。

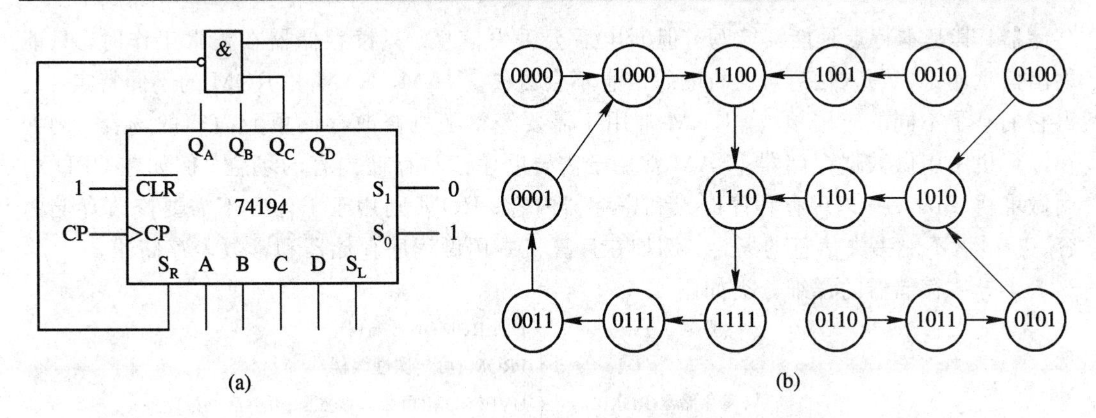

图 3-48　七进制变形扭环形计数器

(a) 电路；(b) 全状态图

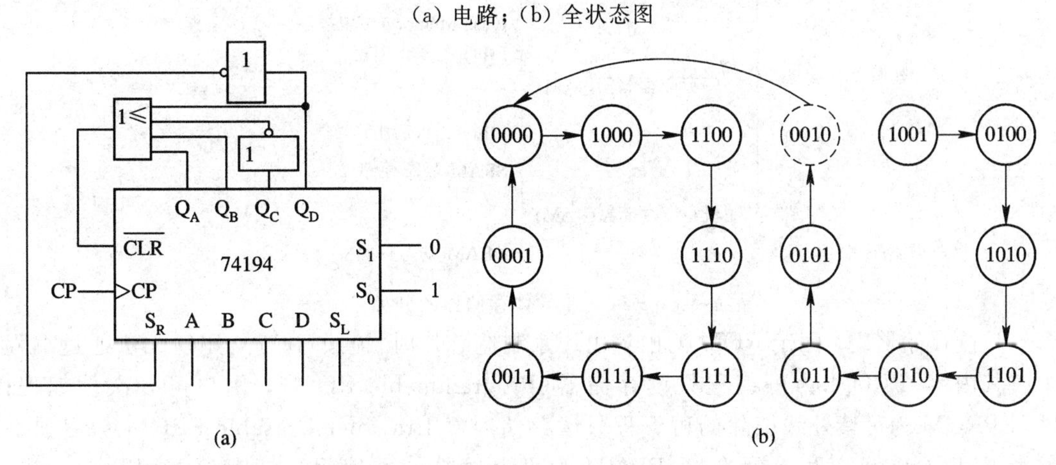

图 3-49　自启动八进制扭环形计数器

(a) 电路；(b) 全状态图

3.5　半导体存储器

存储器(Memory)是数字系统用来存储信息的存储部件。它和寄存器的区别主要在于寄存器一般用来短时间存储信息，犹如车站、码头的小件寄存处；而存储器用来较长时间存储信息，犹如工厂的仓库。寄存器工作速度较快，但集成度较低，容量小而价格高，常用来临时存放少量数据，如 CPU 中的寄存器常用来存储操作数和中间结果；存储器集成度高，容量大而价格低，但速度略慢，在计算机中常用来存储程序、数据及数表。

3.5.1　半导体存储器的分类

根据信息存取方式的不同，半导体存储器可以分为随机存取存储器(Random Access Memory，RAM)、顺序存取存储器(Sequential Access Memory，SAM)和只读存储器(Read-Only Memory，ROM)三大类。随机存取存储器能够随机读写，可以随时读出任何一个 RAM 单元存储的信息或向任何一个 RAM 单元写入(存储)新的信息。顺序存取存储器 SAM 只能够按照顺序写入或读出信息。随机存取存储器和顺序存取存储器统称为读写存储器，其基本特点是能读能写，但断电后会丢失信息。只读存储器在正常工作时，只能读出信息而不能写入信息，且断电后信息不会丢失。RAM、SAM 和 ROM 的不同特点，使得它们有了不同的应用领域。RAM 常用于需要经常随机修改存储单元内容的场合，例如在计算机中用做数据存储器；SAM 常用于需要顺序读写存储内容的场合，例如在 CPU 中用做堆栈(Stack)，以保存程序断点和寄存器内容；ROM 则用于工作时不需要修改存储内容、断电后不能丢失信息的场合，例如在计算机中用做程序存储器和常数表存储器。

半导体存储器的详细分类如图 3-50 所示。

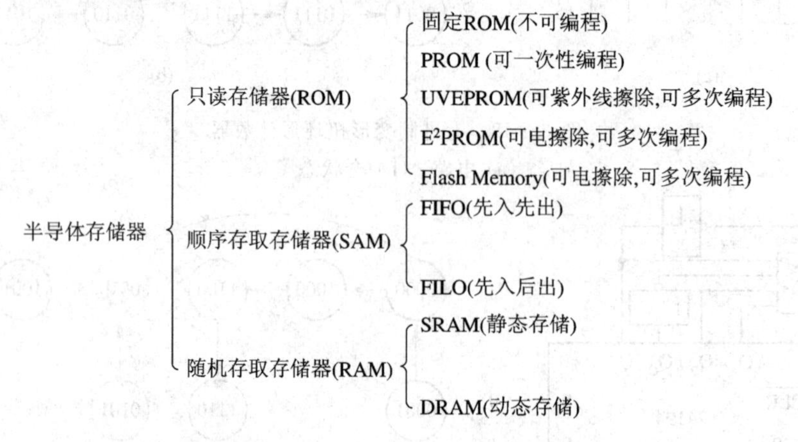

图 3-50　半导体存储器的分类

只读存储器中，固定 ROM 的内容由厂家制造芯片时"掩膜"决定，用户无法通过编程更改其内容；PROM 为可编程只读存储器(Programmable ROM)，用户可一次性编程；UVEPROM 为可紫外线擦除的可编程只读存储器(Ultraviolet Erasable PROM)，习惯上称为 EPROM，可擦写上万次；E^2PROM 为可电擦除的可编程只读存储器(Elec trically Erasable PROM)，可擦写百次左右，速度比 UVEPROM 高；Flash Memory 为兼有 UVEPROM 和 E^2PROM 优点的闪速存储器(简称闪存)，可电擦除，可编程，速度快，是近 20 年来 ROM 家族中的新品。人们常将 UVEPROM、E^2PROM 和 Flash Memory 一起合称为 EPROM。

读写存储器中，FIFO 为先入先出存储器(First-In First-Out Memory)，它按照写入的顺序读出信息；FILO 为先入后出存储器(First-In Last-Out Memory)，它按照写入的逆序读出信息；SRAM 为静态随机存取存储器(Static RAM)，以双稳态触发器存储信息；DRAM 为动态随机存取存储器(Dynamic RAM)，以 MOS 管栅极和源极间寄生电容存储信息，因电容器存在放电现象，所以 DRAM 必须每隔一定时间(10～100 ms)重新写入存储的信息，这个过程称为刷新(Refresh)。双极型电路无 DRAM。

3.5.2　随机存取存储器

在 DRAM 和 SRAM 两种 RAM 器件中，由于 DRAM 需要刷新，使用不如 SRAM 方便，因此，尽管 SRAM 集成度比 DRAM 低，价格也比 DRAM 贵，但为了简化电路，降低整体成本，一般存储量不大的数字系统例如单片机、单板机中往往只使用 SRAM，而不使用 DRAM。DRAM 通常用于需要大量使用读写存储器的场合，例如系统机的内存储器，因为使用量大，即使加上刷新电路，整体成本也比 SRAM 低。

本节只介绍随机存取存储器(RAM)的一般结构与典型芯片。对顺序存取存储器(SAM)感兴趣的读者可以参阅有关书籍。有关只读存储器(ROM)的内容将在第 5 章中介绍。

1. RAM 的一般结构

RAM 的一般结构如图 3-51 所示。RAM 的核心是存储单元矩阵，二进制数字信息都是靠存储单元矩阵来保存的。存储单元是存储矩阵存储信息的单位，每个存储单元中存储着由若干位二进制数构成的“字(Word)”，“字”的二进制位数称为“字长(Word Length)”。为了读取不同存储单元里存储的“字”，必须将各个存储单元进行编号，编号的二进制代码常常称为存储单元的“地址(Address)”。输入不同的地址码，就可以选中不同的存储单元，并对该单元进行读/写操作。n 位二进制地址码最多可以寻址 2^n 个存储单元。存储器存储单元的个数(即字数)与字长的乘积，称为存储器的存储容量，常用符号 C 表示。n 位地址码、m 位字长的存储器的存储容量为

$$C = 2^n \times m \text{ (位)} \tag{3-12}$$

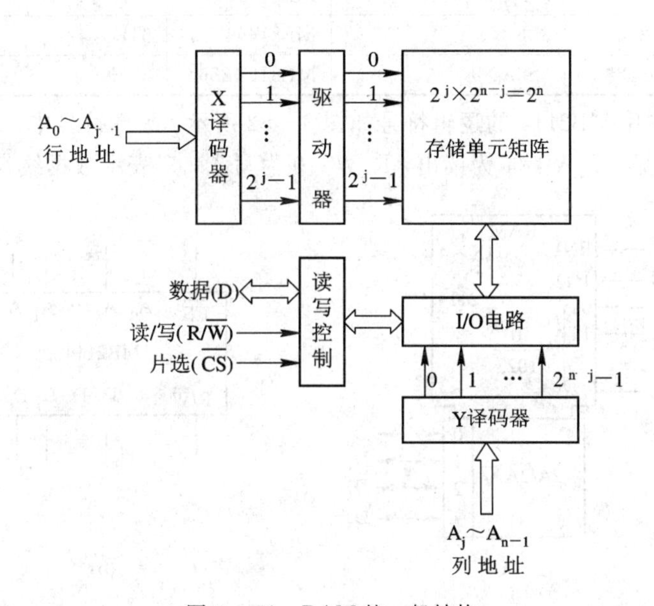

图 3-51　RAM 的一般结构

在计算机中，1 位称为 1 比特(bit)，1024 称为 1K，$1K = 1024 = 2^{10}$。例如某 RAM 芯片有 12 条地址线和 8 条数据线，可以寻址 $2^{12} = 4096 = 4K$ 个存储单元，存储容量为 4K×8 位，也可以说是 32K 位或 32K 比特。

存储器的读/写操作由读/写控制信号 R/$\overline{W}$ 控制，R/$\overline{W}$ 为高电平表示从选中存储单元读取信息，R/$\overline{W}$ 为低电平表示向选中存储单元写入信息。通过片选信号 $\overline{CS}$ 可实现系统扩展，只有片选信号有效，芯片才被选中，才可以对芯片进行读/写操作。当芯片未被选中时，数据线处于高阻状态。

存储器因为容量很大，所以其地址码或地址线位数较多，如果直接对地址进行译码，仅地址译码器就非常庞大。为了简化电路，常常将地址码分为 X 和 Y 两部分，用两个译码器分别进行译码，这称为二维译码。X 部分的地址称为行地址，X 译码器称为行地址译码

器；Y 部分的地址称为列地址，Y 译码器称为列地址译码器。只有同时被行地址译码器和列地址译码器选中的存储单元，才能进行读/写操作。

2. 常用 RAM 芯片

RAM 的常用芯片很多，其中部分芯片的型号及存储容量如表 3 - 11 所示。从表中可见，大多数 RAM 芯片型号后面的数字给出了存储容量大小。例如，SRAM 中 HM6264 最后两位数 64 表示这种存储器的存储容量为 64K 位；DRAM 中 MB81C4256 最后三位数 256 表示存储容量为 256K 字，4 表示存储单元字长为 4。

表 3 - 11　部分常用 RAM 芯片型号及存储容量

SRAM		DRAM	
型号	存储容量(字×位)	型号	存储容量(字×位)
MB2114	1K×4	MB814101	4K×1
HM6116	2K×8	MB2118	16K×1
HM6264	8K×8	MB81416	16K×4
HM62256	32K×8	MB81464	64K×4
HM628128	128K×8	MB81C4256	256K×4

静态 RAM 芯片 MB2114 的逻辑符号如图 3 - 52 所示。国标符号中，A 为地址关联符，1G2 和 $2A/\overline{2}A\triangledown$ 表示 $R/\overline{W}=1$ 为读出，$R/\overline{W}=0$ 为写入，▽表示数据线为三态输出。

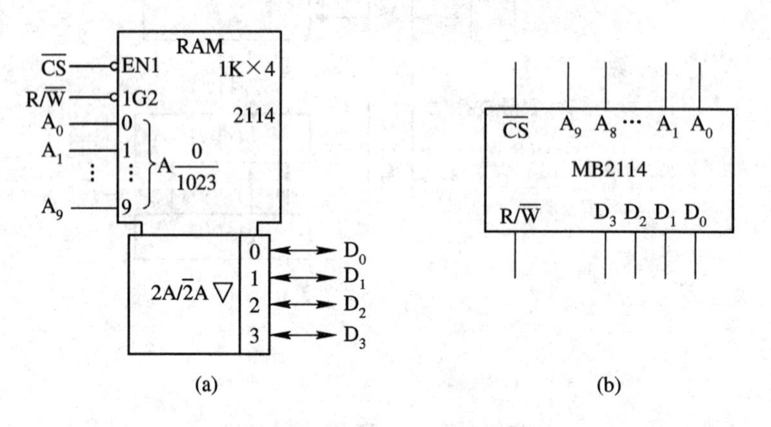

图 3 - 52　MB2114 的逻辑符号

(a) 国标符号；(b) 惯用符号

MB2114 有读出、写入和低功耗维持三种工作方式，如表 3 - 12 所示。其读/写时序和有关参数分别如图 3 - 53 和表 3 - 13 所示。

表 3 - 12　MB2114 的工作方式

工作方式	$\overline{CS}$	$R/\overline{W}$	功　能
读　出	0	1	将由地址码 $A_9\sim A_0$ 选中单元的数据输出到 $D_3\sim D_0$ 线上
写　入	0	0	将数据线 $D_3\sim D_0$ 上的数据存入到由地址码 $A_9\sim A_0$ 选中的单元
低功耗维持	1	Φ	将数据线 $D_3\sim D_0$ 置为高阻状态

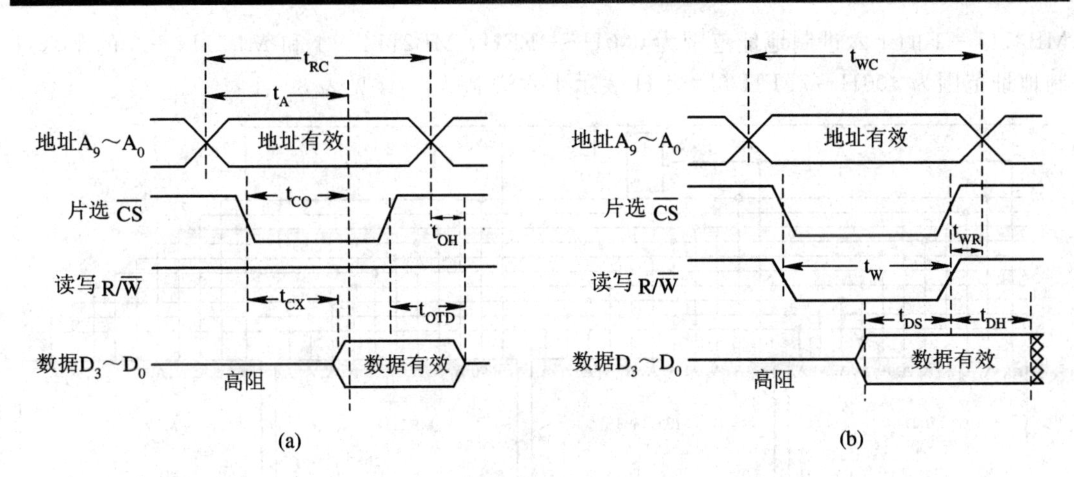

图 3－53　MB2114 的读/写时序

(a) 读时序；(b) 写时序

表 3－13　MB2114 的读/写周期参数

符号		参数名称	最小值	最大值
读周期	t_{RC}	读周期时间	200 ns	
	t_A	读取时间		200 ns
	t_{CO}	$\overline{CS}$有效到数据有效的延迟时间		70 ns
	t_{CX}	$\overline{CS}$有效到数据出现的延迟时间	20 ns	
	t_{OTD}	$\overline{CS}$结束后到数据消失的延迟时间		60 ns
	t_{OHA}	地址变化后数据维持时间	50 ns	
写周期	t_{WC}	写周期	200 ns	
	t_W	写入时间	120 ns	
	t_{WR}	写释放时间	0 ns	
	t_{DS}	写信号负脉冲结束前的数据建立时间	120 ns	
	t_{DH}	写信号负脉冲结束后的数据保持时间	0 ns	

3.5.3　存储器容量的扩展

实际使用时，常常需要扩展存储器的容量。有时候可能是存储器的单元数(字数)不够，有时候可能是存储器的数据位数(字长)不够，有时候可能是二者均不够。扩展存储器单元数称为字扩展，扩展存储器数据位数称为位扩展。

ROM 和 RAM 的扩展方法相同。

【例 3－14】 用 MB2114 为某数字通信系统构造存储容量为 2K×8 位的数据存储器。

解　要求构造的存储器容量为 2K×8 位，需要 4 片 MB2114，连接电路如图 3－54 所示。从图 3－54 容易看出，MB2114－2 和 MB2114－1 构成低 1K×8 位的数据存储器，其中 MB2114－2 为高 4 位，MB2114－1 为低 4 位；MB2114－4 和 MB2114－3 构成高 1K×8 位的数据存储器，其中 MB2114－4 为高 4 位，MB2114－3 为低 4 位。MB2114－2 和

MB2114－1的十六进制地址范围为000H～3FFH，MB2114－4和MB2114－3的十六进制地址范围为400H～7FFH（后缀H表示十六进制数），详见表3－14。

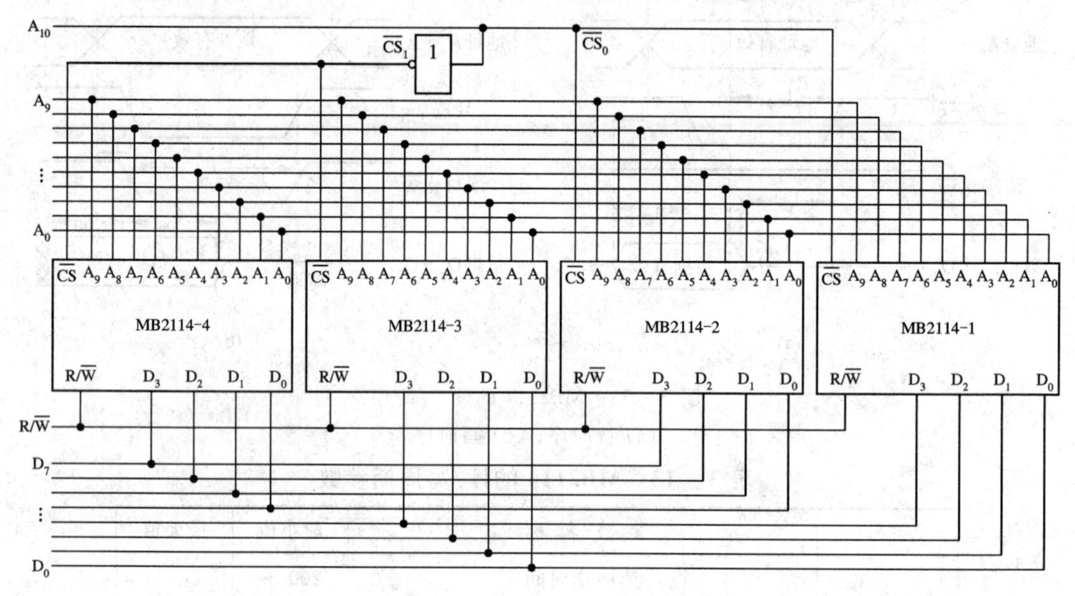

图3－54　用MB2114构成2K×8的数据存储器

表3－14　图3－57数据存储器的地址范围

选中芯片	$\overline{CS_1}$	$\overline{CS_0}$	A_{10}	$A_9A_8A_7A_6A_5A_4A_3A_2A_1A_0$	十六进制地址
2114－1				0 0 0 0 0 0 0 0 0 0	000H
	1	0	0	～	～
2114－2				1 1 1 1 1 1 1 1 1 1	3FFH
2114－3				0 0 0 0 0 0 0 0 0 0	400H
.	0	1	1	～	～
2114－4				1 1 1 1 1 1 1 1 1 1	7FFH

本章小结

时序逻辑电路在结构上具有反馈，在功能上具有记忆，电路在任何时刻的输出不仅与该时刻的输入有关，而且还和过去的输入也有关系。时序电路的记忆功能，扩展了数字电路的应用领域。本章介绍的时序逻辑电路的基本概念、描述方法和常用时序逻辑器件及其应用，需要熟练掌握。

本章需要重点掌握的内容如下：

(1) 时序逻辑电路的特点、分类和方程组、状态图、状态表的描述方法，状态图与状态表的相互转换。

(2) RS 触发器的基本结构和存储原理，集成触发器的外部使用特性(逻辑符号、真值表、激励表、状态图、特征方程)与工作波形，用触发器构成计数器和移位寄存器的方法。

(3) 功能表的阅读方法，能够根据功能表了解 MSI 时序逻辑电路的功能和输入信号的作用及优先级。

(4) 典型 MSI 计数器芯片的逻辑符号、扩展和变模方法，计数器的基本应用。

(5) 典型 MSI 移位寄存器芯片的逻辑符号和一般使用方法，移位寄存器的基本应用。

(6) 半导体存储器的功能、种类及特点，存储器的容量扩展与使用方法。

习　题　3

3 - 1　某时序电路的状态表如题 3 - 1 表所示，试画出它的状态图。该时序电路属于米里型还是摩尔型?

3 - 2　某时序电路的状态图如题 3 - 2 图所示，试列出它的状态表，并指出电路的类型。若电路的初始状态是 A，输入序列是 101001010，试求对应的状态序列和输出序列。

题 3 - 1 表

S^n	X^n		Z^n
	0	1	
S_0	S_0	S_1	0
S_1	S_2	S_1	0
S_2	S_3	S_1	0
S_3	S_0	S_4	0
S_4	S_2	S_1	1

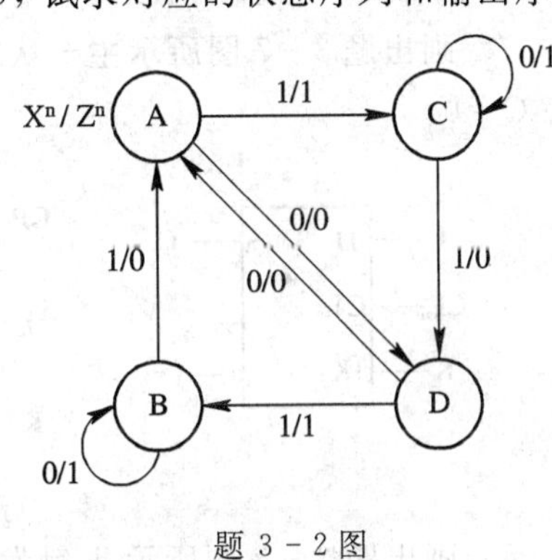

题 3 - 2 图

3 - 3　题 3 - 3 图为由或非门构成的基本 RS 触发器的输入波形，试画出 Q 和 $\overline{Q}$ 输出端的工作波形。

3 - 4　题 3 - 4 图为由与非门构成的“优先置位触发器”，简称 S 触发器。试列出其真值表，画出其逻辑符号。它和与非门构成的基本 RS 触发器相比，有何优点?

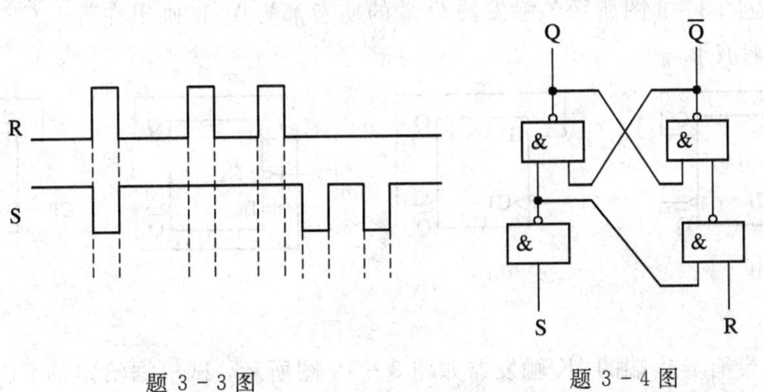

题 3 - 3 图　　题 3 - 4 图

3-5　与非门构成的时钟同步 RS 触发器的输入波形如题 3-5 图所示，试画出 Q 和 $\overline{Q}$ 端的输出波形，假定初始状态为 Q=0。

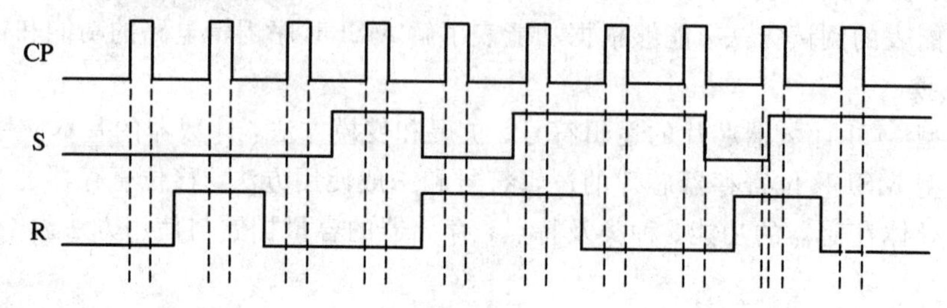

题 3-5 图

3-6　画出题 3-6 图所示 D 触发器对应于 CP 和 D 波形的 Q 端波形。设初态 Q=0。

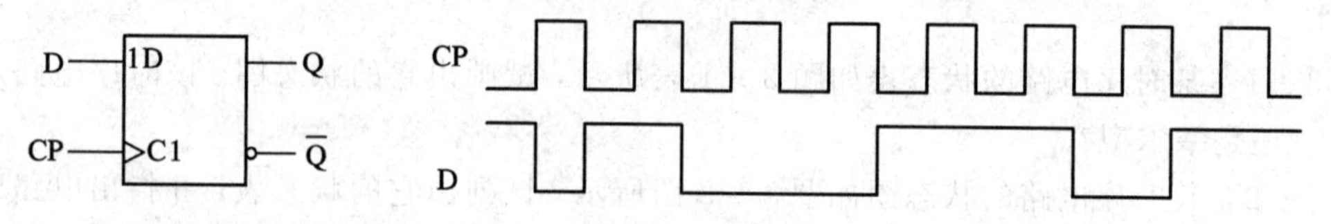

题 3-6 图

3-7　画出题 3-7 图所示主一从结构 JK 触发器对应于 CP、J 和 K 波形的 Q 端波形。设初态 Q=0。

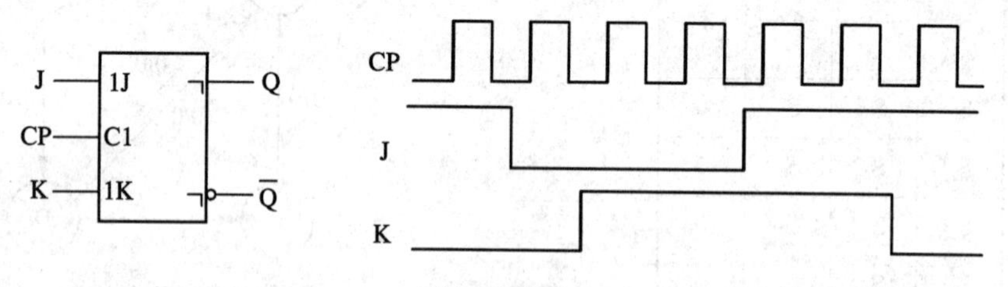

题 3-7 图

3-8　画出题 3-8 图所示 T 触发器对应于 CP 和 T 波形的 Q 端波形。设初态 Q=0。

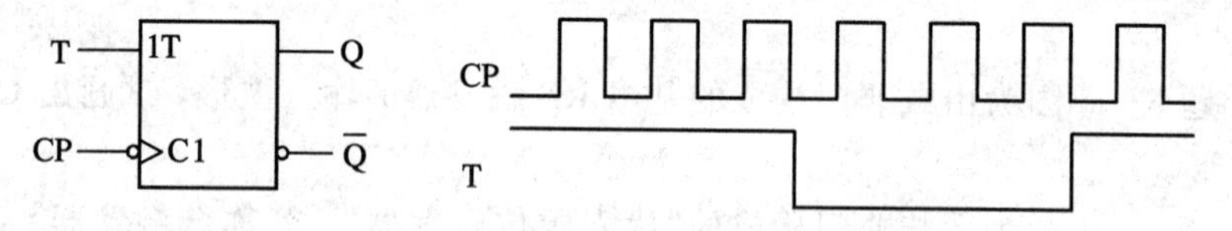

题 3-8 图

3-9　设题 3-9 图所示各触发器 Q 端的初态都为 0，试画出在五个 CP 脉冲作用下各触发器的 Q 端波形。

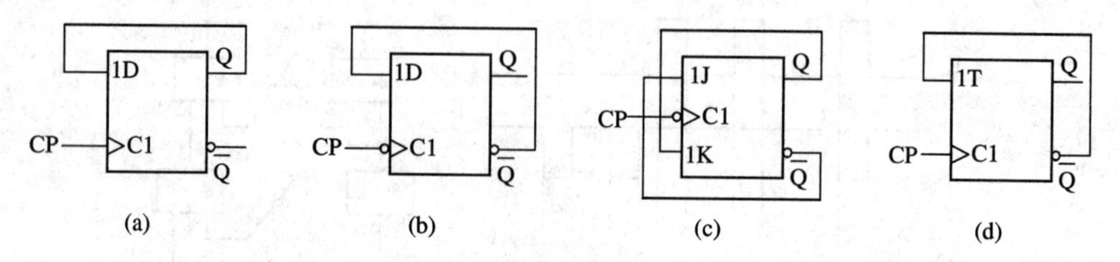

题 3-9 图

3-10　带有异步端的 JK 触发器如题 3-10 图所示，试根据给定的 CP、J、K、$\overline{S}_D$ 和

$\overline{R}_D$ 波形，画出触发器 Q 端的输出波形。设触发器的初态为 Q=0。

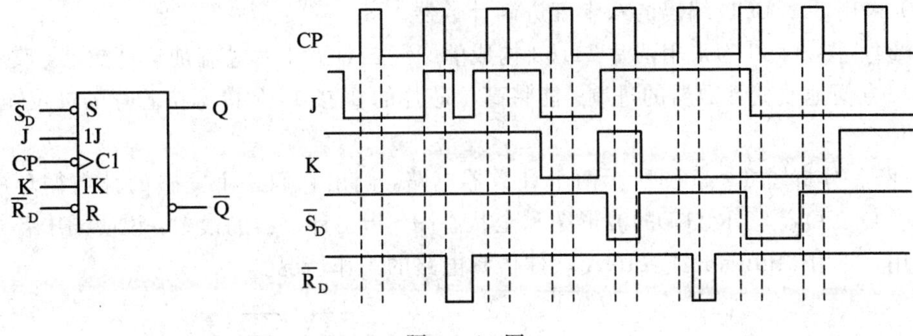

题 3-10 图

3-11 有一种 DE 触发器，时钟上升沿触发，特征方程为 $Q^{n+1}=D^nE^n+\overline{E}^nQ^n$，试导出该触发器的逻辑符号、真值表、激励表和状态图。

3-12 由一个 D 触发器和一个 JK 触发器构成的时序逻辑电路如题 3-12 图所示，试根据 CP 和 X 的输入波形画出 Q_1、Q_0 的输出波形(设初始状态 Q_1Q_0 为 00)。

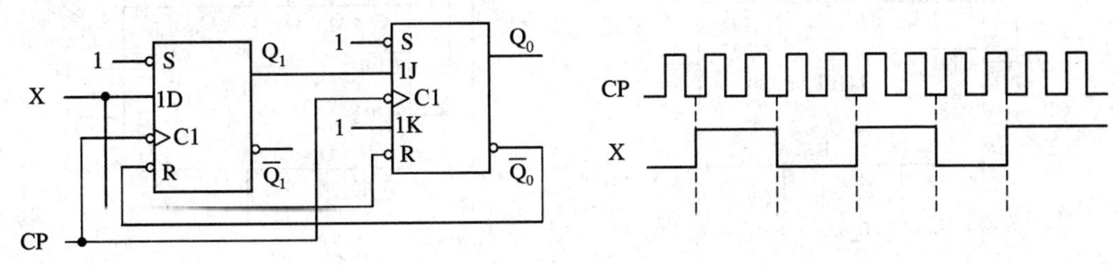

题 3-12 图

3-13 画出用 JK 触发器构成的 3 级移位寄存器电路。要求采用左移方式。

3-14 画出用 D 触发器构成的 3 级双向移位寄存器电路。当控制端 X=0 时，为右移方式；当 X=1 时，为左移方式。

3-15 画出用下降沿触发的 D 触发器构成的十六进制异步行波加法计数器电路。

3-16 画出用下降沿触发的 JK 触发器构成的八进制异步行波可逆计数器电路。当控制端 X=0 时，加法计数；当 X=1 时，减法计数。

3-17 画出用下降沿触发的 T 触发器构成的六进制异步加法计数器电路。要求同时画出全状态图和工作波形。

3-18 画出用上升沿触发的 T 触发器构成的十六进制同步减法计数器电路。

3-19 画出用下降沿触发的 JK 触发器构成的八进制同步可逆计数器电路。当控制端 X=0 时，加法计数；当 X=1 时，减法计数。

3-20 画出用 7490 构成的六十三进制计数器电路，要求采用 8421BCD 码。

3-21 如果不规定编码类型，你能不附加逻辑门、仅用两片 7490 构成五十八进制计数器吗？如能，请画出其电路连接图。

3-22 用 74163 构成余 3 码加法计数器，并画出全状态图。要求带有进位输出。

3-23 分别用 74161 构成以下进制的计数器。

(1) 二百五十六进制同步加法计数器。要求不使用置数功能。

(2) 一百三十五进制同步加法计数器。要求使用置数功能变模，且从 0 状态开始计数。

(3) 一百三十五进制同步加法计数器。要求使用清 0 功能变模，且带有进位输出端。

(4) 采用 8421BCD 编码的八十五进制计数器。

3-24 图 3-36 为采用两片 74163 构成的二～二百五十六进制加法计数器，改变预置数就可以方便地改变计数器的进制。能将高位芯片的 T 接 1，P 接低位芯片的进位输出 CO 吗？为什么？

3-25 分析题 3-25 图所示两个计数器电路，画出它们一个完整的计数循环中 CP、Q_A、Q_B、Q_C、Q_D、$\overline{CLR}$、$\overline{LD}$的波形图和全状态图，指出计数器的模数，说明图中各个逻辑门的作用，并用 Multisim 或 TINA 软件仿真电路的工作情况。

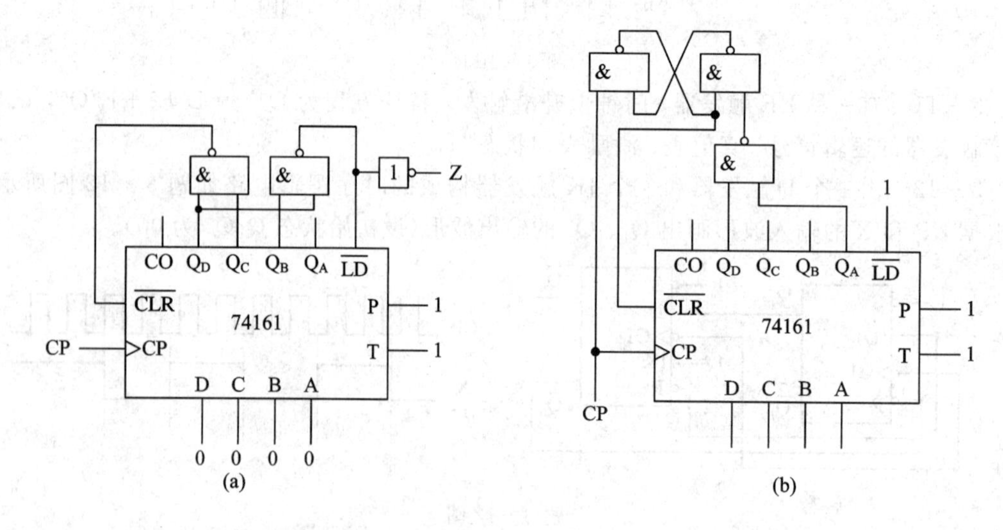

题 3-25 图

3-26 分析题 3-26 图中开关 S 分别接到 1、2、3 三个触点时计数器的模，并用 Multisim 或 TINA 软件仿真电路的工作情况。若要求计数器有进位输出 Z，试分别写出三种情况下 Z 的表达式。

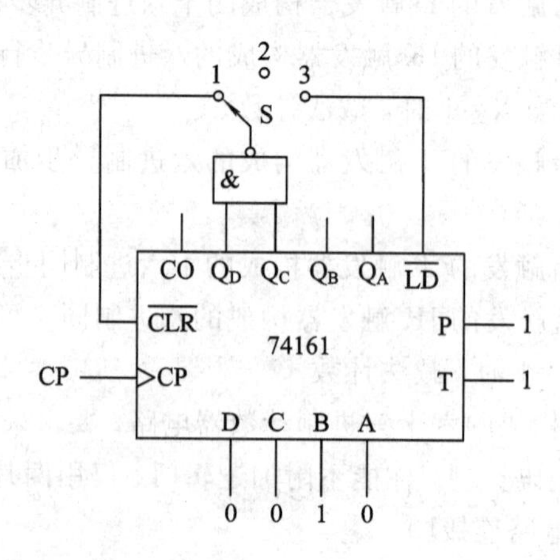

题 3-26 图

3-27 分析题 3-27 图所示计数器电路的模数和编码。

3-28 用 74160 构成二～一百进制加法计数器。当构成二十三进制计数器时，预置数 Y 为多少？

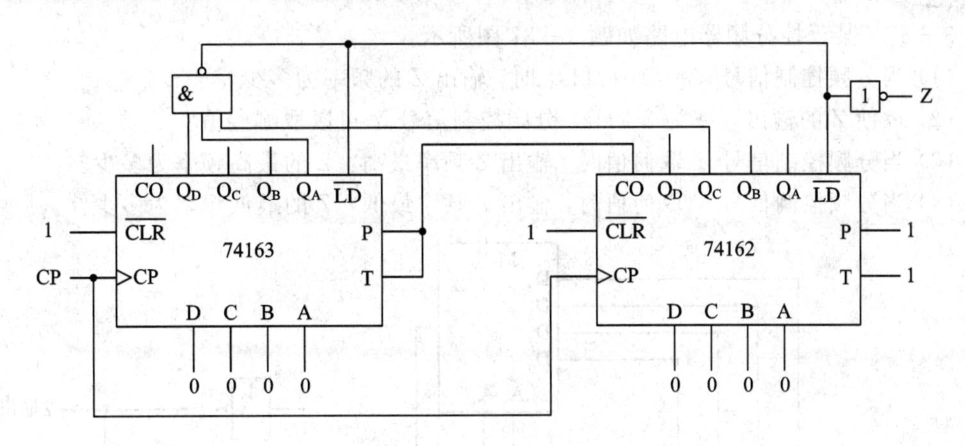

题 3 - 27 图

3 - 29　用 74192 构成七进制加法计数器。要求给出 3 种连接电路，画出各自的计数状态图，并用 Multisim 或 TINA 软件仿真电路的工作情况。

3 - 30　用 74192 构成六进制减法计数器，并画出其全状态图(不含 1010～1111)和工作波形。

3 - 31　用 74192 构成八十三进制可逆计数器，当 X=0 时，加法计数；当 X=1 时，减法计数。

3 - 32　分别用 74193 构成十二进制加法计数器和减法计数器。74193 除了是十六进制外，其它与 74192 相同(进位和借位表达式相应修改)。

3 - 33　某 4 位二进制同步加法计数器的功能表如题 3 - 33 表所示(Q_D 是高位)，该芯片另有一个与时钟同步的进位输出端 O_C($O_C=\overline{CP}\cdot Q_DQ_CQ_BQ_A$)。试说明该计数器各输入信号的作用和优先级，以及该计数器有几种不同的清 0 和置数方式。试用该芯片的惯用逻辑符号构成相应方式的几种 8421BCD 码计数器。

题 3 - 33 表　某计数器芯片的功能表

输入										输出			
$\overline{O}_{EN}$	$\overline{LD}_S$	$\overline{LD}_A$	$\overline{CR}_S$	$\overline{CR}_A$	CP	D	C	B	A	Q_D	Q_C	Q_B	Q_A
1	Φ	Φ	Φ	Φ	Φ	Φ	Φ	Φ	Φ	高阻			
0	Φ	Φ	Φ	0	Φ	Φ	Φ	Φ	Φ	0	0	0	0
0	Φ	Φ	0	1	↑	Φ	Φ	Φ	Φ	0	0	0	0
0	Φ	0	1	1	Φ	d	c	b	a	d	c	b	a
0	0	1	1	1	↑	d	c	b	a	d	c	b	a
0	1	1	1	1	↑	Φ	Φ	Φ	Φ	加法计数			

3 - 34　用题 3 - 33 表中描述的 4 位二进制同步加法计数器构成二百五十六进制计数器。

3 - 35　用 74161 构成 24 小时计时器，要求采用 8421BCD 码，且不允许出现毛刺。

3 - 36　用计数器 74163 和四选一数据选择器构成 00010011010101 序列产生器。

3-37　某程控分频器电路如题3-37图所示。

(1) 当分频控制信号 $Y=(101011)_2$ 时，输出Z的频率为多少？

(2) 欲使Z的输出频率为8 kHz，分频控制信号Y可以取哪些值？

(3) 当分频控制信号Y取何值时，输出Z频率最高？Z的最高频率为多少？

(4) 当分频控制信号Y取何值时，输出Z频率最低？Z的最低频率为多少？

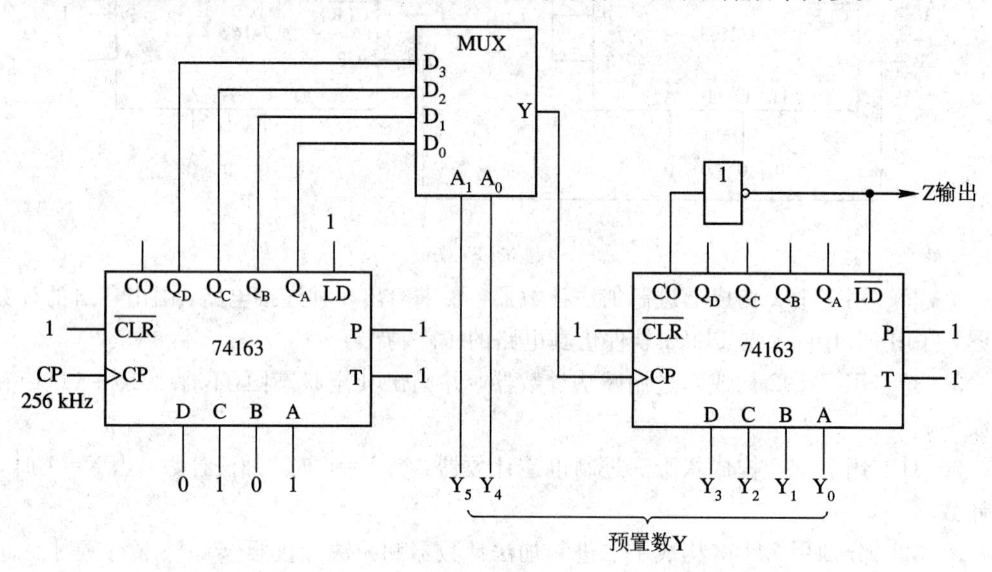

题3-37图

3-38　分频电路如题3-38图所示，试确定该电路Y、Z输出端的分频次数。若输入脉冲CP的频率为100 kHz，试计算Y、Z输出端每次输出高电平持续的时间。

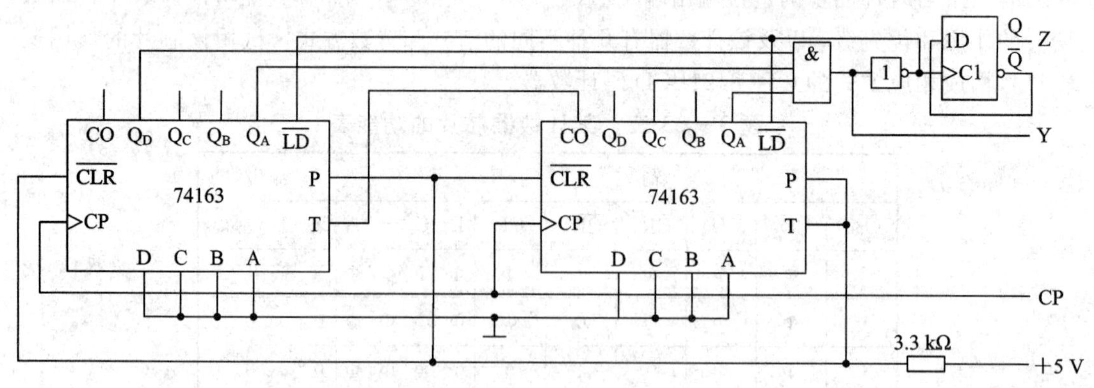

题3-38图

3-39　用74161构成计数规律为0，1，2，3，4，12，13，14，15，0，1，…的计数器。

3-40　采用异步清0法，仅用1片74161和1片74138构成一个模14计数器，并用Multisim或TINA软件仿真电路的工作情况。

3-41　用74194构成7位二进制数并/串变换电路。

3-42　用74198和一个D触发器构成8位二进制串/并变换电路。

3-43　用74194构成米里型1010序列检测器，允许序列码重叠。

3-44　用74194构成摩尔型1010序列检测器，不允许序列码重叠。

3 - 45 用 74194 构成三进制环形计数器，并画出全状态图。要求使用左移方式。

3 - 46 分别用 74194 构成十四进制扭环形计数器和十一进制变形扭环形计数器。

3 - 47 分别用 D 触发器和 JK 触发器构成四进制扭环形计数器。

3 - 48 题 3 - 48 图为 74194 构成的一个序列产生器，试画出其全状态图。如果电路的初始状态为 $Q_AQ_BQ_CQ_D=(1000)_2$，试写出一个周期的输出序列，然后在保持主循环状态图不变的条件下对电路进行改进，使其具有自启动特性。试用 Multisim 或 TINA 软件仿真电路的工作情况。

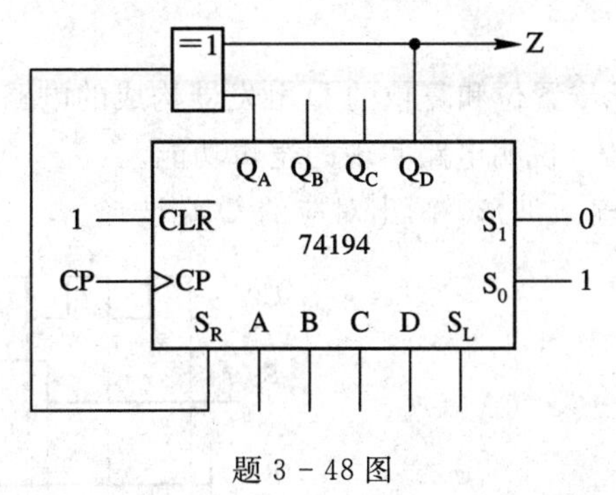

题 3 - 48 图

3 - 49 用 MB2114 SRAM 构成 1K×8 位的数据存储器，要求地址范围为 1000H～13FFH。

3 - 50 HM6116 是 2K×8 位的 SRAM，它有多少条地址线和数据线？除了地址线和数据线外，它还有 1 条片选线$\overline{CS}$、1 条写控制线$\overline{WE}$和 1 条读控制线$\overline{OE}$，试画出它的惯用符号，并用 HM6116 和 74138 译码器构成 4K×8 位的数据存储器，要求地址范围为 8000H～8FFFH。

自 测 题 3

1. (30 分)完成下列各题：

(1) 判断“时序电路的输出必与电路状态有关”的说法是否正确。(　　　　)

(2) 写出 JK 触发器的真值表、激励表和次态方程。

(3) 画出与非门构成的基本 RS 触发器电路和逻辑符号。

(4) 画出用 JK 触发器构成 T′ 触发器的四种连接电路(不允许附加别的器件)。

(5) 画出用下降沿触发的 D 触发器构成的模 8 异步行波加法计数器电路。

(6) 用 T 触发器构成 2^n进制同步加法计数器的连接规律为(　　　　)。

(7) 用 n 个触发器可以构成(　　　　)进制的环形计数器或(　　　　)进制的扭环形计数器或(　　　　)进制的变形扭环形计数器，其中(　　　　)计数器具有自启动特性。

(8) 某 SRAM 芯片有 12 条地址线和 8 条数据线，其存储容量为(　　　　)；用(　　　　)片这种 SRAM 芯片，可以构成 8K×16 位的数据存储器。

(9) 下列说法中，错误的是(　　　　)。

A. 用与非门只能构成组合电路

B. 基本 RS 触发器的约束条件为 R+S=1

C. 时钟同步 RS 触发器存在空翻现象

D. 5 位二进制加法计数器，每经过 32 个计数脉冲状态循环 1 次

(10) 下列器件中，能够实现数据格式变换的是(　　　　)。

A. 计数器

B. 移位寄存器

C. 基本 RS 触发器

D. 比较器

2. (10 分)用高电平异步置位和复位的 D 触发器构成的电路如图 1(a)所示。

(1) 导出它的次态方程，说明电路实现的逻辑功能。

(2) 根据图 1(b)所示输入波形，画出对应的 Q 端波形。

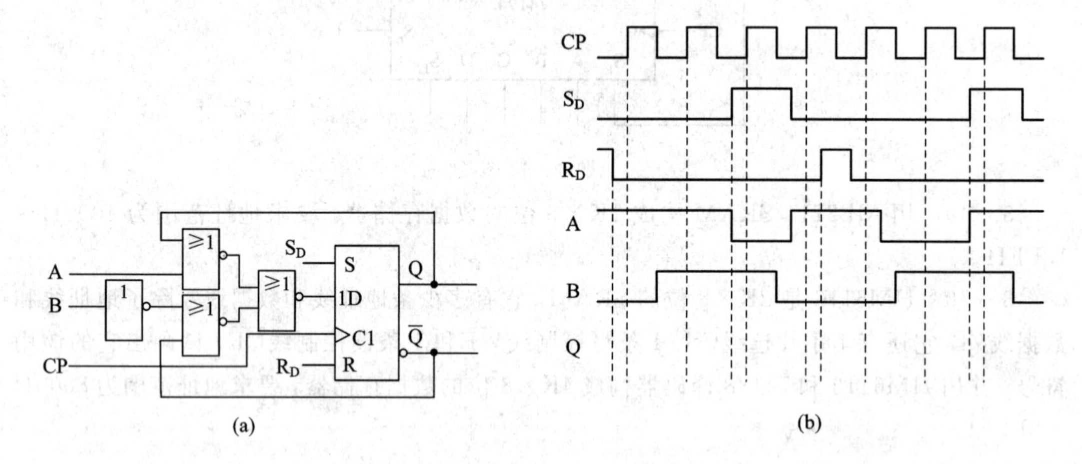

图 1

3. (15 分)用 4 位二进制加法计数器 74161 和比较器 7485 构成的时序电路如图 2 所示，画出电路的全状态图，指出其构成多少进制的计数器。若将非门输出改接 74161 的 $\overline{CLR}$，而将$\overline{LD}$接 1，此时电路又构成多少进制的计数器？

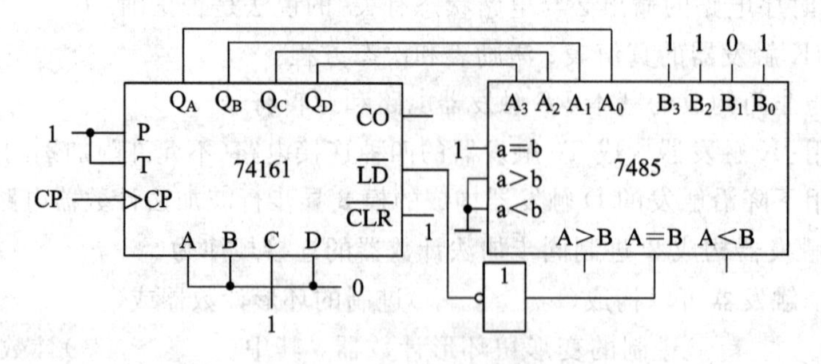

图 2

4. (15 分) 图 3 所示电路是用 7490 构成的分频器，试确定其分频次数和输出正脉冲宽度。如果要实现 83 分频，试简述电路应如何修改。

5. (15 分) 用 74163 和四选一数据选择器设计一个 010001101 序列产生器。

6. (15 分) 用 74194 构成模 7 计数器，画出其全状态图，要求采用左移方式。

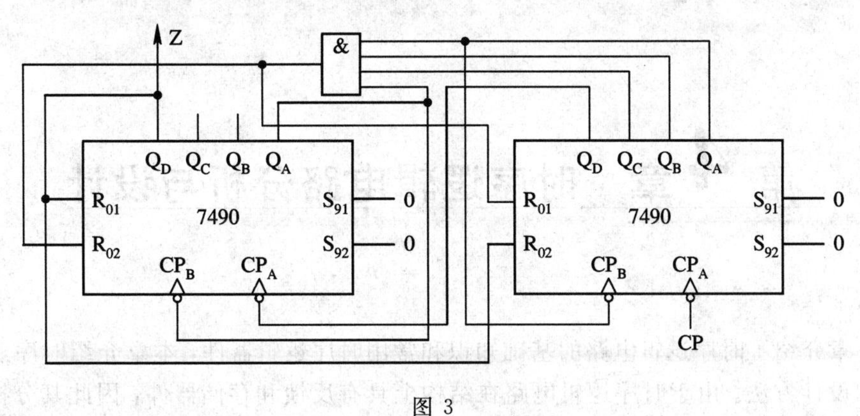

图 3

7.（附加题，10 分）用 74161 构成 5421BCD 码计数器，允许附加必要的逻辑门。要求具有进位输出。

第4章 时序逻辑电路分析与设计

上一章介绍了时序逻辑电路的基础知识和常用时序逻辑器件，本章介绍时序逻辑电路的分析和设计方法。由于时序逻辑电路在结构上具有反馈和存储器件，因此其分析和设计过程比组合逻辑电路要复杂得多。本章重点介绍同步时序电路的各种分析和设计方法。对于异步时序电路，仅简单介绍异步计数器的分析与设计。

4.1 同步时序电路分析

所谓同步时序电路分析，就是对一个给定的同步时序电路，分析它在一系列输入作用下将会产生什么样的输出，进而确定电路的逻辑功能。由于同步时序电路中的各个记忆部件均使用统一的时钟脉冲CP，且CP仅决定状态翻转的时刻，因此分析同步时序电路时一般不把CP看做输入变量，而仅仅看做时间基准。时钟脉冲作用前的状态称为电路的现态，时钟脉冲作用后的状态称为电路的次态。

本节介绍由触发器这类SSI器件构成的同步时序电路和用MSI器件构成的同步时序电路的分析方法。由于状态表和状态图全面反映了同步时序电路的状态和输出的变化规律，因而在分析各类同步时序电路的功能时，将反复用到这两个重要工具。

4.1.1 触发器级电路分析

要确定一个用触发器构成的同步时序电路的功能，通常需要经过以下几个分析步骤：

(1) 根据给定电路写出输出方程组、激励方程组和次态方程组；

(2) 根据上述三个方程组列出电路的状态表；

(3) 根据状态表画出电路的状态图，必要时还可画出电路的工作波形；

(4) 根据状态图(或状态表、工作波形)确定电路的逻辑功能。

【例4-1】 分析图4-1所示同步时序电路的功能，并画出电路的工作波形。

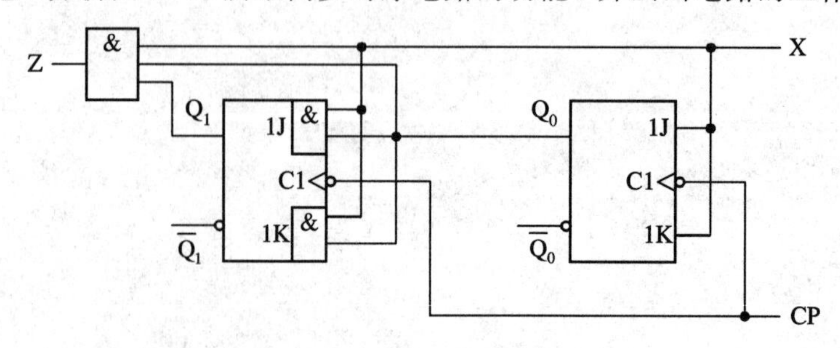

图4-1 例4-1的电路

解　输出方程组：

$$Z^n = X^n Q_1^n Q_0^n$$

激励方程组：

$$\begin{cases} J_1^n = X^n Q_0^n \\ K_1^n = X^n Q_0^n \end{cases} \qquad \begin{cases} J_0^n = X^n \\ K_0^n = X^n \end{cases}$$

将激励函数代入 JK 触发器的次态方程 $Q^{n+1} = J^n \overline{Q}^n + \overline{K}^n Q^n$，得次态方程组：

$$\begin{cases} Q_1^{n+1} = (X^n Q_0^n) \oplus Q_1^n \\ Q_0^{n+1} = X^n \oplus Q_0^n \end{cases}$$

由此可得该电路的状态表和状态图分别如表 4－1 和图 4－2 所示。

表 4－1　例 4－1 的状态表

$Q_1^n Q_0^n$	X^n	
	0	1
00	00/0	01/0
01	01/0	10/0
10	10/0	11/0
11	11/0	00/1

$Q_1^{n+1} Q_0^{n+1} / Z^n$

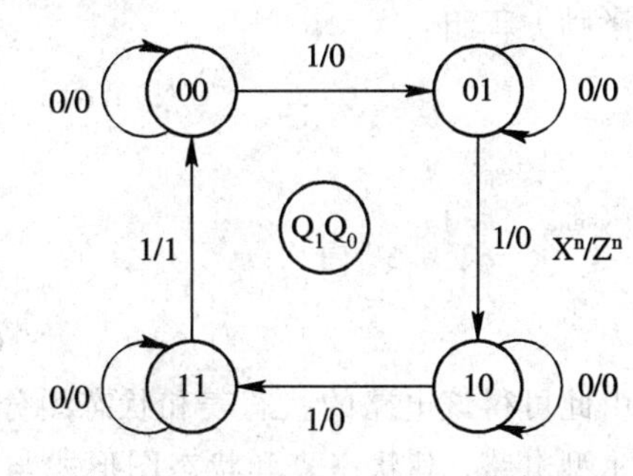

图 4－2　例 4－1 的状态图

电路的工作波形如图 4－3 所示，其中 CP 和 X 的输入波形为假定波形。对于米里型电路，Z 的输出波形要根据表达式来画，以免出现时序上的错误。

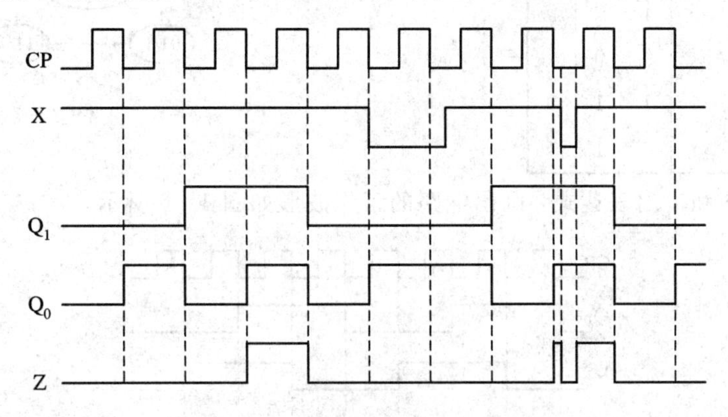

图 4－3　例 4－3 的电路工作波形

从波形图可见，对于米里型电路，输入 X 的短暂变化会直接反映到输出波形上来。这意味着如果输入端出现干扰，米里型电路将不能将其滤除。这正是米里型电路的不足之处。

下面根据状态图判断电路的逻辑功能。由状态图可见，当输入 X＝0 时，电路始终处于保持状态；当输入 X＝1 时，电路呈现出来一个 CP 脉冲状态加 1 的特点，且当电路处于状态 11(即十进制的 3)时，下一个 CP 脉冲到来后状态变为 00 且产生 Z＝1 输出，为四进制加法计数。因此，本电路为一个可控同步四进制加法计数器，X 为控制端，Z 为进位输出。当控制端 X＝0 时，维持原态；当 X＝1 时，进行四进制加法计数。

【例 4-2】 分析图 4-4 所示同步时序电路的功能，并画出电路的工作波形。

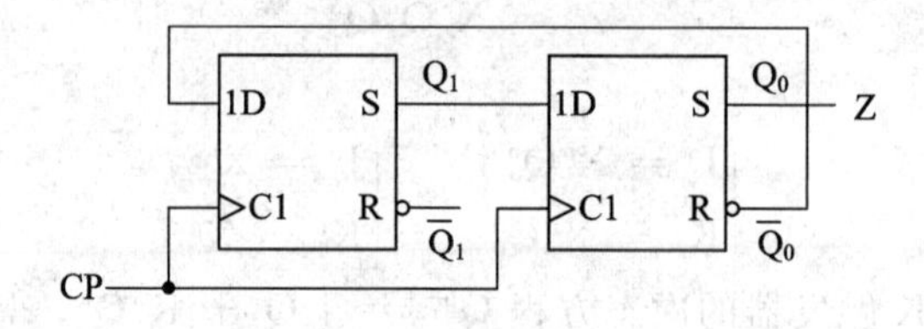

图 4-4　例 4-2 的电路

解　输出方程组：

$$Z^n = Q_0^n$$

激励方程组：

$$\begin{cases} D_1^n = \overline{Q}_0^n \\ D_0^n = Q_1^n \end{cases}$$

次态方程组：

$$\begin{cases} Q_1^{n+1} = \overline{Q}_0^n \\ Q_0^{n+1} = Q_1^n \end{cases}$$

由此可得该电路的状态表和状态图分别如表 4-2 和图 4-5 所示。注意，图 4-4 电路为摩尔型电路，其状态表和状态图形式与米里型有所不同。

表 4-2　例 4-2 的状态表

Q_1^n	Q_0^n	Q_1^{n+1}	Q_0^{n+1}	Z^n
0	0	1	0	0
0	1	0	0	1
1	0	1	1	0
1	1	0	1	1

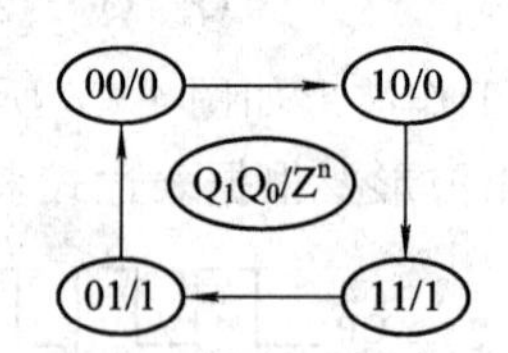

图 4-5　例 4-2 的状态图

根据状态图和输出表达式，画出电路的工作波形如图 4-6 所示。

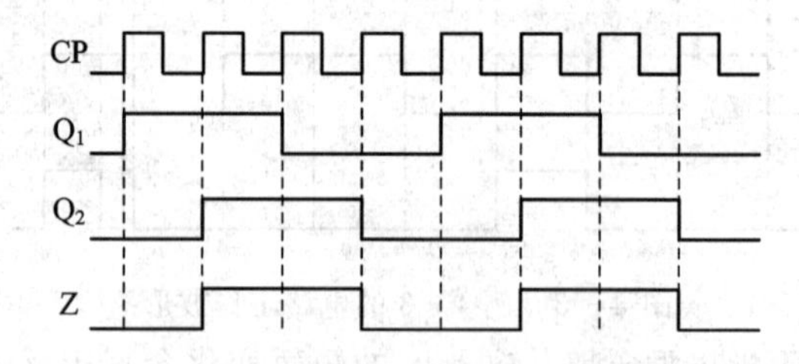

图 4-6　例 4-2 的电路工作波形

由于在两个状态时输出 Z=1，因此该电路不是模 4 计数器。该电路可以看做“0011”序列产生器，也可以看做输出为对称方波的 4 分频电路。

实际上，本例电路的基本结构是右移方式的扭环形计数器，可以根据移位功能直接画出电路的状态图和工作波形，而不需要写出方程组和导出状态表。

4.1.2　模块级电路分析

对于模块级时序逻辑电路，要像对触发器级电路那样进行分析是相当困难的。深刻理解 MSI 时序逻辑模块的功能并分析其连接方式，对于确定整个电路的功能至关重要。下面通过两个分析实例介绍模块级时序电路的分析方法。

【例 4-3】 图 4-7 电路由两片 4 位二进制同步可预置加法计数器 74161 和少量逻辑门组成，试分析其功能。

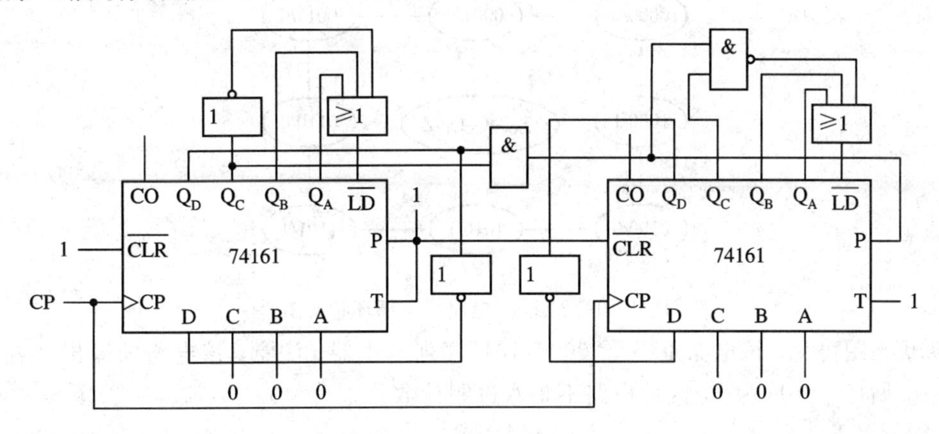

图 4-7　例 4-3 的电路

解　两片 74161 的连接电路极为相似，如果不考虑级联问题，二者完全相同。当 $Q_DQ_CQ_BQ_A=0100$ 时，下一个 CP 脉冲将 $Q_DQ_CQ_BQ_A$ 置为 1000；当 $Q_DQ_CQ_BQ_A=1100$ 时，下一个 CP 脉冲将 $Q_DQ_CQ_BQ_A$ 置为 0000。可见，每一片 74161 都是一个 5421BCD 码计数器。

现在来看两片 74161 的级联关系。

虽然两片 74161 的 CP 端都与时钟脉冲 CP 相连，但右侧 74161 的计数控制端 P 受与门输出控制，而与门输入接左侧 74161 的 Q_D、Q_C。只有当左侧 74161 处于"1100"状态，即"9"状态时，下一个 CP 脉冲到来时右侧 74161 才能计数，同时左侧 74161 回到"0000"状态。也就是说，每来 10 个 CP 脉冲，左侧 74161 构成的 5421BCD 计数器向右侧 74161 构成的 5421BCD 计数器输出一个进位脉冲，使右侧 5421BCD 码计数器状态加 1。因此，该电路是一个两位 5421BCD 码计数器，其中左侧 74161 构成个位计数器，右侧 74161 构成十位计数器。

【例 4-4】 分析图 4-8 所示电路的功能。

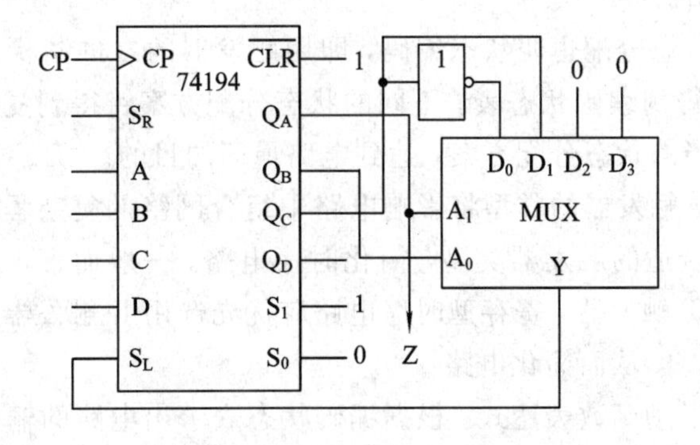

图 4-8　例 4-4 的电路

解 该电路比较简单，仅由1片74194和1片四选一数据选择器及1个非门构成，输出$Z=Q_A$。由于$S_1S_0=10$，因此，74194工作于左移方式，据此可以直接画出电路的主循环状态图如图4-9所示。

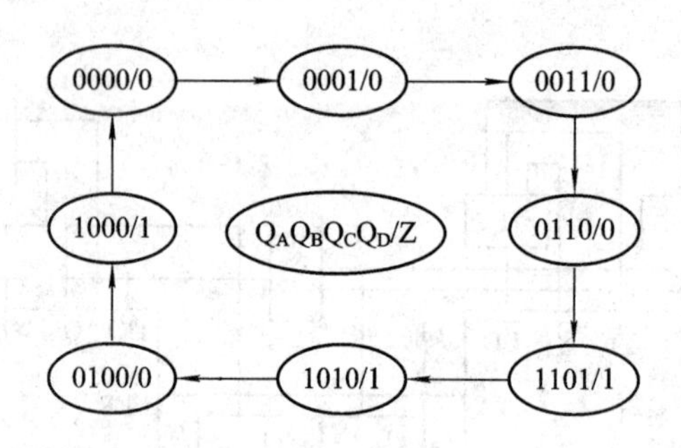

图4-9 例4-4电路的主循环状态图

从状态图可见，该电路是一个“00001101”序列产生器。注意，该电路的输出Z在状态图的一个循环中几度为1，因此电路不是八进制计数器。

4.2 触发器级同步时序电路设计

同步时序电路设计，就是通过对待设计电路的功能分析，导出体现电路功能要求的状态图或状态表，然后根据所使用的逻辑器件，设计出符合功能要求的同步时序电路。本节介绍基于触发器的同步时序电路设计经典方法，其中的某些步骤在使用MSI器件设计时序电路时也常常用到。

4.2.1 设计步骤

同步时序电路设计是同步时序电路分析的逆过程，通常包含以下几个设计步骤：

(1) 导出原始状态图或状态表。根据题意，导出满足逻辑功能要求的状态图或状态表。由于其中可能包含有多余的状态，因此称其为原始状态图或原始状态表。

(2) 状态化简。状态的多少直接关系到需要使用的触发器数目，状态数越少，需要的触发器也越少。状态化简就是要找出原始状态表中的等价状态，消除多余状态，得到符合功能要求的最简状态表。

(3) 状态分配。状态分配也叫状态编码，即用触发器的二进制状态编码来表示最简状态表中的各个状态，得到编码状态表。不同的状态分配方案将得到复杂程度不同的逻辑电路，因此，应选择适当的状态分配方案，达到电路最简的目的。

(4) 触发器选型。触发器的类型将影响电路中组合网络的复杂程度，应根据待设计电路的功能特点，选用合适的触发器类型，简化时序电路。一般而言，计数型时序电路应优先选用JK触发器或T触发器，寄存型时序电路应优先选用D触发器，这样可以得到比较简单的激励函数表达式，从而简化电路。

(5) 导出输出和激励函数表达式。根据编码状态表求出电路的输出函数表达式和各触发器的次态方程，再由次态方程导出触发器的激励函数表达式。

(6) 检查多余状态，打破无效循环。大多数时序逻辑电路都有自启动的要求。如果电路中有 k 个触发器而有效状态数又少于 2^k 时，则在画电路前，还应该先检查多余状态，看看电路处于这些多余状态时，能否在有限个时钟脉冲作用下自动进入有效状态，即检查电路能否自启动。如果电路不能自启动，则需采取修改逻辑设计或使用触发器异步端等措施打破无效循环。

(7) 画电路图。当电路无多余状态，或虽有多余状态但能够自启动时，即可根据输出和激励函数表达式画出实现设计功能的逻辑电路。

在以上 7 个设计步骤中，第①步导出原始状态图或状态表最难，是时序逻辑电路设计中的关键，也是学习中的重点和难点。

4.2.2　导出原始状态图或状态表

到目前为止，根据功能导出原始状态图或状态表尚无十分便捷的途径。下面介绍几种实用的设计方法，分别是状态定义法、列表法和树干分枝法。

1. 状态定义法

状态定义法的基本思路是：认真分析电路要实现的功能，定义输入、输出变量和用来记忆输入历史的若干状态，然后分别以这些状态为现态，在不同的输入条件下确定电路的次态和输出，由此得到电路的原始状态图或状态表。本书将这种设计方法称为状态定义法，定义状态的原则是“宁多勿缺”，使原始状态图或状态表全面、准确地体现设计要求的逻辑功能。多余的状态可以在状态化简时消除。

【例 4 - 5】 导出“1111”序列检测器的原始状态图和状态表。当连续输入四个或四个以上的 1 时，电路输出为 1；其它情况下电路输出为 0。

解 上一章介绍移位寄存器的应用时，已经介绍过序列检测器。此处“1111”序列检测器的功能是：对输入 X 逐位进行检测，若输入序列中出现“1111”，则最后一个 1 输入时，输出 Z 为 1；若随后的输入仍为 1，输出继续为 1。其它情况下，输出 Z 为 0。显然，该序列检测器应该记住收到的 X 中连续的 1 的个数，因此可以定义以下状态：

状态 S_0：表示未收到 1，已收到的输入码是 0。

状态 S_1：表示已收到一个 1。

状态 S_2：表示已收到两个连续的 1，即已收到 11。

状态 S_3：表示已收到三个连续的 1，即已收到 111。

状态 S_4：表示已连续收到四个或四个以上的 1。

分别以 S_0～S_4 为现态，按照功能要求确定在不同输入条件下的输出和次态，即可得到完整的原始状态图，如图 4 - 10 所示。

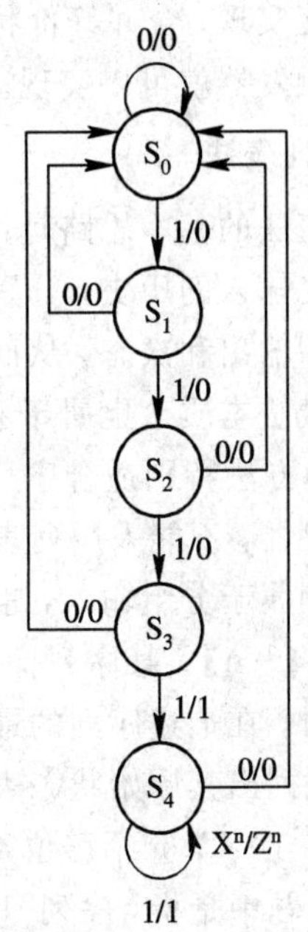

图 4 - 10　例 4 - 5 的原始状态图

当电路处于状态 S_0 时，表明电路未收到 1。若此时输入 X=0，则电路的输出为 0，次态仍为 S_0；若此时输入 X=1，则电路收到第一个 1，进入收到一个 1 的状态，输出为 0，次态为 S_1。

当电路处于 S_1 时，表明电路已收到一个 1。若此时输入 X=0，接收 1111 的过程被打断，前面刚收到的 1 作废，电路返回到未收到有效 1 的状态，输出为 0，次态为 S_0；若此时输入 X=1，则电路连续收到两个 1，进入连续收到两个 1 的状态，输出为 0，次态为 S_2。

当电路处于 S_2 时，表明电路已连续收到两个 1。若此时输入 X=0，则接收 1111 的过程被打断，前面刚连续收到的 11 作废，电路返回到未收到有效 1 的状态，输出为 0，次态为 S_0；若此时输入 X=1，则电路连续收到三个 1，进入连续收到三个 1 的状态，输出为 0，次态为 S_3。

当电路处于 S_3 时，表明电路已收到三个连续的 1。若此时输入 X=0，则接收 1111 的过程被打断，前面刚连续收到的 111 作废，电路返回到未收到有效 1 的状态，输出为 0，次态为 S_0；若此时输入 X=1，则电路连续收到四个 1，进入连续收到四个 1 的状态，输出为 1，次态为 S_4。

当电路处于 S_4 时，表明电路已收到四个或四个以上连续的 1。若输入 X=0，则接收 1111 的过程被打断，前面连续收到的多个 1 作废，电路返回到未收到有效 1 的状态，输出为 0，次态为 S_0；若此时输入 X=1，则电路已连续收到四个以上的 1，根据题意，输出为 1，次态仍为 S_4，电路停留在状态 S_4。

表 4-3　例 4-5 的原始状态表

S^n	X^n	
	0	1
S_0	$S_0/0$	$S_1/0$
S_1	$S_0/0$	$S_2/0$
S_2	$S_0/0$	$S_3/0$
S_3	$S_0/0$	$S_4/1$
S_4	$S_0/0$	$S_4/1$

S^{n+1}/Z^n

由原始状态图得到原始状态表，如表4-3 所示。从原始状态表可以清楚地看出，S_3 和 S_4 状态在相同的输入下有相同的次态和输出，说明二者的作用是等价的，因此 S_3 和 S_4 是等价状态，可以合并为一个状态。合并等价状态前，电路有 5 个状态，需要 3 个触发器才能实现；合并等价状态后，电路只有 4 个状态，用两个触发器就可以实现。由此可见，状态化简对于简化电路、降低成本是非常重要的。

2. 列表法

列表法的基本思路是：n 位序列检测器需要记忆前面收到的 n-1 位，即需要 2^{n-1} 个状态来记忆输入的历史，分别表示收到全 0 到全 1 的 2^{n-1} 种情况，再根据收到的第 n 位，决定电路的输出和次态，从而得到电路的原始状态表和状态图。

列表法本质上也属于状态定义法，只不过它是先导出原始状态表，后导出原始状态图。这种方法特别适合序列长度较短的重叠型多序列检测。对于不允许输入序列码重叠的序列检测器，不能采用列表法，因为它不能区分前面的 0 或 1 是否已经被用过。此外，如果输入序列属于分组输入，也不能采用列表法，因为它也无法区分输入 0、1 的分组。

【例 4-6】 某序列检测器有一个输入 X 和一个输出 Z，当收到的输入序列为“101”或“0110”时，在上述序列的最后一位到来时，输出 Z=1，其它情况下 Z=0，允许输入序列码重叠。试列出其原始状态表。

解　上一章介绍移位寄存器的应用时，已经介绍过序列检测器允许输入序列码重叠的含义。本题中是指，序列“101”中的最后一位 1 可以作为下一组“101”序列的第一个 1，后两位“01”也可以作为下一组“0110”序列的前两位；同理，序列“0110”的最后一位 0 可以作为下一组“0110”序列的第一个 0，后两位的“10”也可以作为下一组“101”序列的前两位。

本例也可以采用上例的状态定义法，先画出原始状态图，再列出原始状态表。此处采用列表法直接得到原始状态表。

由于要检测的最长序列是 0110，即 n=4，因此电路要记住已收到的前 3 位数码。前 3 位数码共有 000～111 这 8 种不同的取值，为此，设置 S_0～S_7 这 8 个状态来分别记忆这 8 种不同取值。

以 S_0～S_7 为现态，结合当前第 4 位的输入值 X 就可以确定输出 Z 的取值和电路的次态，从而得到电路的原始状态表，如表 4-4 所示。

表 4-4　例 4-6 的原始状态表

S^n		X^n 0	X^n 1
000	S_0	$S_0/0$	$S_1/0$
001	S_1	$S_2/0$	$S_3/0$
010	S_2	$S_4/0$	$S_5/1$
011	S_3	$S_6/1$	$S_7/0$
100	S_4	$S_0/0$	$S_1/0$
101	S_5	$S_2/0$	$S_3/0$
110	S_6	$S_4/0$	$S_5/1$
111	S_7	$S_6/0$	$S_7/0$

S^{n+1}/Z^n

表 4-4 中状态 S_0～S_7 左边的数码是各状态记忆的已收到的前面三位数码。

当电路的现态是 S_0 时，表示已收到 000。若此时的输入 X=0，则收到的 4 位数码为 0000、3 位数码为 000，均不是要检测的序列，所以输出 Z=0；电路需要记住的后 3 位数码是 000，所以次态是 S_0。若 X=1，则收到的 4 位数码是 0001、3 位数码是 001，也不是要检测的序列，所以输出 Z=0；电路需要记住的后 3 位数码是 001，所以次态是 S_1。由此构成了表 4-4 中的第 000 行。

当电路的现态是 S_1 时，表示已收到 001。若输入 X=0，则收到的 4 位数码是 0010、3 位数码是 010，仍不是要检测的序列，所以输出 Z=0；电路需要记住的后三位数码是 010，所以次态是 S_2。若 X=1，则收到的 4 位数码是 0011、3 位数码是 011，也不是要检测的序列，所以输出 Z=0；电路需要记住的后三位数码是 011，所以次态是 S_3。由此构成了表 4-4 中的第 001 行。

当电路的现态是 S_2 时，表示已收到 010。若输入 X=0，则收到的 4 位数码是 0100、3 位数码是 100，都不是要检测的序列，所以输出 Z=0；电路需要记住的后三位数码是 100，所以次态是 S_4。若 X=1，则收到的 4 位数码是 0101，不是要检测的序列，但 3 位数码是 101，是要检测的序列，所以输出 Z=1；电路需要记住的后三位数码是 101，所以次态是 S_5。由此构成了表 4-4 中的第 010 行。

表 4-4 中的其它各行可类推得到。

读者不难发现，表 4-4 中也有不少等价状态，因而可以进行化简。

3. 树干分枝法

状态定义法和列表法中，状态的含义非常清楚，但在实际设计过程中，人们有时候并不需要预先将各个状态的含义定义得一清二楚，只要整个状态图或状态表能满足设计功能要求即可。此时可采用树干分枝法直接画出原始状态图，省却逐个定义状态的麻烦。

树干分枝法的基本思路是：将要检测的序列作为树干，其余输入组合作为分枝，先“一厢情愿”地画树干，然后再画分枝，由此得到电路的原始状态图和状态表。树干分枝法和状态定义法一样，适合所有的序列检测。但对于多序列检测，因需要多条树干而使得原始状态数较多，这是树干分枝法的不足之处。

【例 4 - 7】 用树干分枝法画出重叠型和非重叠型“1010”序列检测器的原始状态图。

解 无论是否允许重叠，序列检测器的树干都是“1010”，因此可以先画出“1010”这条树干，如图 4 - 11 所示。实际上，采用树干分枝法画好原始状态图的树干后，各个状态的含义就已经清楚了，只不过一开始未定义而已。例如本例中，状态 A 作为初始状态表示未收到有效的“1”，状态 B 表示收到 1 个有效的“1”，状态 C 表示收到“10”，状态 D 表示收到“101”，状态 E 表示收到“1010”。

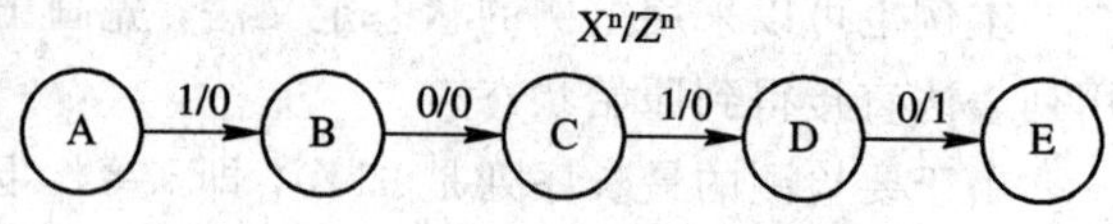

图 4 - 11 “1010”序列检测器的树干

下面再画其它输入时的分枝，此时要考虑到各个状态的含义。具体的分枝情况可以参考状态定义法，此处不再赘述。由此得到完整的原始状态图如图 4 - 12 所示。

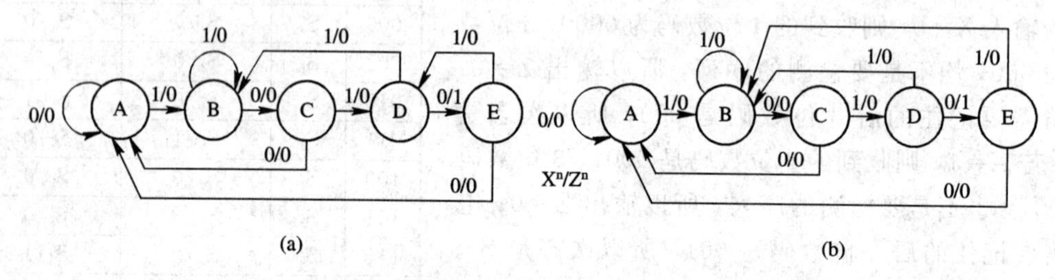

图 4 - 12 “1010”序列检测器的原始状态图

(a) 重叠型；(b) 非重叠型

重叠型和非重叠型“1010”序列检测器的原始状态图仅在电路处于状态 E 时有所不同。状态 E 表示电路已经检测到“1010”序列，如果是重叠型序列检测器，则后面的两位“10”可以作为下一组“1010”的前面两位“10”，因此再收到 1 时应转向收到“101”的状态 D；如果是非重叠型序列检测器，因已经检测到了“1010”，所以后面的两位“10”不可再用，应从下一位开始重新检测“1010”，因此再收到 1 时应转向收到第一个“1”的状态 B。

【例 4 - 8】 画出重叠型“101”和“010”双序列检测器的原始状态图。

解 该序列检测器有两条树干，一条是“101”，另一条是“010”，其树干和完整的原始状态图如图 4 - 13 所示。

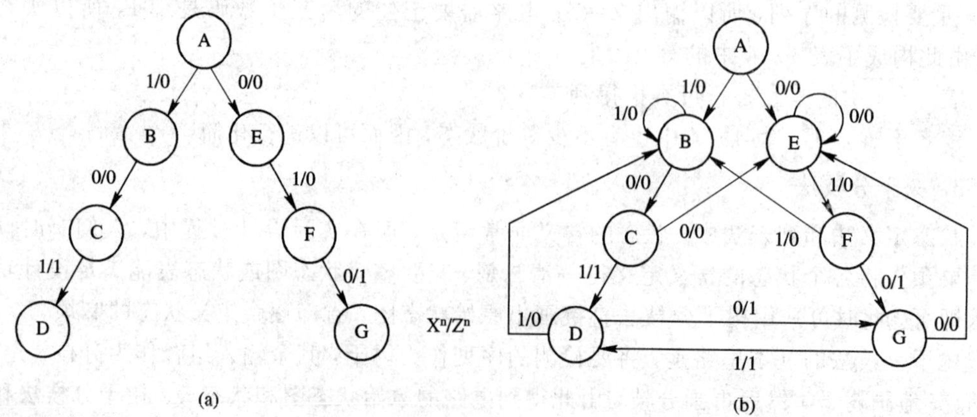

图 4 - 13 重叠型“101”、“010”双序列检测器的原始状态图

(a) 树干；(b) 完整状态图

【例 4-9】 某同步时序电路有两个输入 X_1、X_0 和一个输出 Z，当在连续两个或两个以上的时钟脉冲作用期间 X_1、X_0 都保持不变且取值相同时，电路输出 Z=1，否则 Z=0。画出其原始状态图。

解 在连续两个或两个以上的时钟脉冲作用期间 X_1、X_0 都保持不变且取值相同，即指 X_1X_0 连续输入序列为 00 00… 00 或 11 11… 11，因此，可得原始状态图如图 4-14 所示。

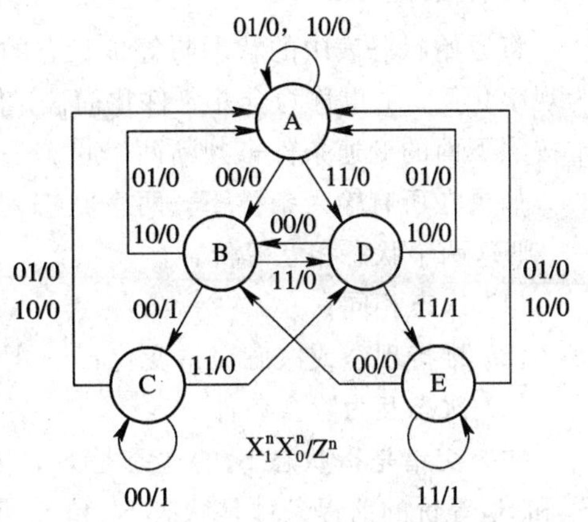

图 4-14 例 4-9 的原始状态图

【例 4-10】 某同步时序电路对高位先入的串行 5421BCD 码进行误码检测，每当检测到一个错误码组时，在输入码组的最后一位到来时输出 Z=1，其它情况下 Z=0。检测完一组代码后回到初始状态，准备检测下一个码组。试画出其原始状态图。

解 这是一种分组码检测器，需要检测的错误码组有 6 个：0101、0110、0111、1101、1110 和 1111。由于需要记忆位数，因此可以按照细胞分裂的结构将各种输入情况全部记忆下来，这样状态数虽然多一些，但每个状态的含义特别清楚，画状态图时不易出错。

高位先入的串行 5421BCD 码误码检测器的原始状态图如图 4-15 所示。

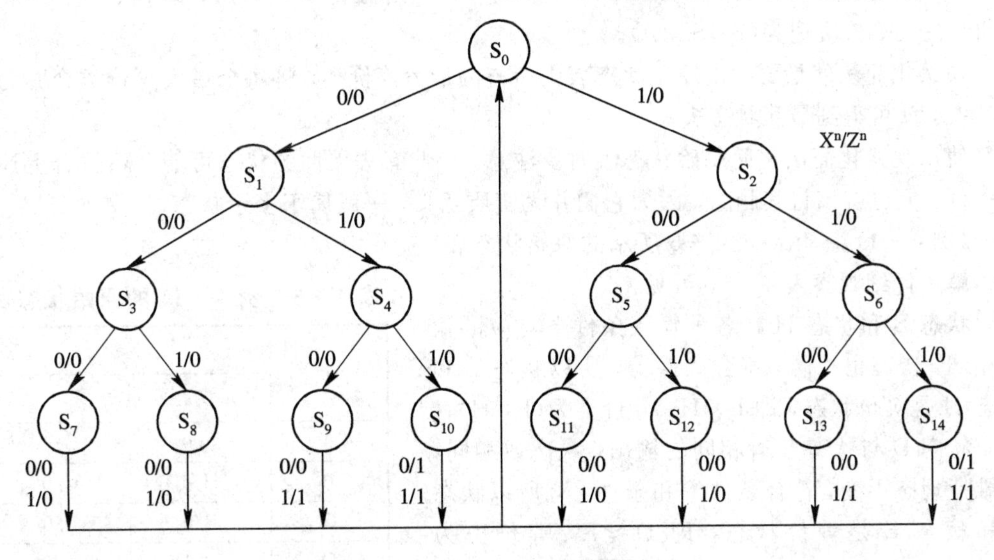

图 4-15 例 4-10 的原始状态图

4.2.3 状态化简

从前面导出的各个原始状态图或原始状态表可见，一般情况下原始状态图或原始状态表中都存在多余状态，因此必须进行状态化简，消除多余状态。

状态化简是建立在状态等价概念的基础上的。设 S_i 和 S_j 是原始状态图或状态表的两个状态，如果在任意一个输入序列作用下以 S_i 为初始状态产生的输出序列，与同一个输入序列作用下以 S_j 为初始状态产生的输出序列完全相同，那么就称状态 S_i 和状态 S_j 相互等价，记作 $S_i \approx S_j$。相互等价的两个或多个状态可以合并为一个状态。

对于完全确定的状态表，有观察法和隐含表法两种状态化简方法。

1. 观察化简法

将原始状态表中的状态与等价状态的定义进行比较，从中找出等价状态的化简方法称为观察化简法，也称为合并条件化简法。但由于前面的状态等价定义使用不方便，因此通常按照下面的变通条件来判断两个状态是否等价。

如果在所有输入条件下，两个状态对应的输出相同，且对应的次态满足下列条件之一，则这两个状态相互等价：

(1) 次态相同；

(2) 维持现态或次态交错变化；

(3) 次态互为隐含条件。

次态交错是指状态 S_i 的次态是 S_j，状态 S_j 的次态是 S_i。次态互为隐含条件是指状态 S_1 和 S_2 等价的前提条件是状态 S_3 和 S_4 等价，而 S_3 和 S_4 等价的前提条件又是状态 S_1 和 S_2 等价，此时，S_1 和 S_2 等价，S_3 和 S_4 也等价。

相互等价的状态的集合称为等价类，全体等价状态的集合称为最大等价类。等价类可以用括号表示，例如 S_1 和 S_2 是等价状态，即 $S_1 \approx S_2$，等价类记为 (S_1, S_2)。一个等价类中的所有状态可以合并为一个状态，记为 $(S_1, S_2) = (S_1)$。

等价状态具有传递性，即如果 $S_1 \approx S_2$、$S_2 \approx S_3$，则有 $S_1 \approx S_2 \approx S_3$，即 S_1、S_2、S_3 相互等价，最大等价类记为 (S_1, S_2, S_3)。

观察化简法就是要找出原始状态表中所有的最大等价类，将每个最大等价类合并为一个状态，就可得到最简状态表。

使用观察化简法化简原始状态表时要注意，一些有去无回的状态可能并不符合上述等价条件，但也应该将其删除，因为它们并无实质意义，一般属于多余状态。

【例 4-11】 化简表 4-5 所示的原始状态表。

解 仔细观察表 4-5，可见：

状态 B 和状态 H 在各种输入条件下对应的输出相同，次态也相同，符合条件①，所以状态 B 和状态 H 是等价状态，即 B≈H，等价类为(B, H)。

状态 D 与状态 E 有相同的输出，次态或相同，或维持现态不变，符合条件①和条件②，所以状态 D 和状态 E 是等价状态，即 D≈E，等价类为(D, E)。

状态 A 和状态 F 在各种输入条件下对应的输出相同，X=0 时次态交错变化，只要 C、G 等价，则 A、F 就等价；而状态 C 和状态 G 在各种输入条件下对应的输出也相同，由于状态 B 和 H 等价，因此只要 A、F 等价，C、G 就等价，即 A、F 与 C、G 互为隐含条件，满足条件③，所以 A、F 等价，C、G 也等价，即 A≈F，C≈G，等价类分别记为

表 4-5　例 4-11 的原始状态表

S^n	X^n	
	0	1
A	F/0	G/1
B	H/1	C/0
C	B/0	F/0
D	C/1	D/0
E	C/1	E/0
F	A/0	C/1
G	H/0	A/0
H	H/1	C/0
I	H/0	D/0

S^{n+1}/Z^n

(C,G)和(A,F)。

状态 I 与状态 G 在各种输入条件下对应的输出相同，X=0 时次态相同，X=1 时次态分别为 A 和 D，只有 A、D 等价才有 I、G 等价，而 A、D 输出不同，不可能等价，所以 I 与 G 不等价，I 单独构成 1 个等价类(I)。尽管从合并条件看状态 I 无等价状态而不能合并，但该状态属于有去无回的状态，应该将其删除。

因此，删除有去无回的状态 I 后，本例中的原始状态表共有 4 个等价类，它们是(A,F)、(B,H)、(C,G)和(D,E)，合并后的状态分别用 A、B、C 和 D 表示，记作(A,F)=(A)，(B,H)=(B)，(C,G)=(C)，(D,E)=(D)，由此得到化简后的状态表如表 4-6 所示。该状态表中，除了状态 B、D 在各种输入条件下对应的输出相同外，其余状态的输出各不相同，不可能等价。而要 B、D 等价，必须 B 和 C、C 和 D 等价，而 B 和 C、C 和 D 输出不同，不可能等价，因此 B、D 不等价，则(A,F)、(B,H)、(C,G)和(D,E)已经是最大等价类，不能进一步合并，所以表 4-6 是最简状态表。

表 4-6　例 4-11 的最简状态表

S^n	X^n	
	0	1
A	A/0	C/1
B	B/1	C/0
C	B/0	A/0
D	C/1	D/0

S^{n+1}/Z^n

2. 隐含表化简法

上述观察化简法适用于化简等价关系比较简单的状态表，对于等价关系错综复杂的状态表，最好采用隐含表(Implication Table)化简法。隐含表化简法的基本原理是根据状态等价的概念，将各个状态填入一种隐含等价条件的阶梯形表格中进行系统的比较，从中找出所有相互等价的状态，得到全部的最大等价类。隐含表化简法的基本过程如下：

(1) 按照“缺头少尾”的结构画出阶梯形隐含表。隐含表竖缺头，从第二个状态开始排；横少尾，不排最后一个状态。

(2) 对原始状态表中的状态从头至尾进行两两比较，并将比较结果填入隐含表中对应的方格。在明显等价的两个状态对应的方格内填入“√”，在明显不等价的两个状态对应的方格内填入“×”，在有可能等价的两个状态对应的方格内填入等价的“隐含条件”。

(3) 检查隐含条件是否满足。具体方法是，利用已知的不等价状态(“×”)去找出隐含的不等价状态(新“×”)，然后再利用这些新的不等价状态(新“×”)去进一步寻找新的不等价状态，依此进行，直到不能扩大为止。

(4) 求出全部的最大等价类，进行状态合并，列出最简状态表。隐含表方格内无“×”的状态对都是等价状态，可以进行状态合并；隐含表方格内有“×”的状态对都不是等价状态，不能进行状态合并。

表 4-7　例 4-12 的原始状态表

S^n	$X_1^n X_0^n$			
	00	01	10	11
A	D/0	D/0	A/0	F/0
B	C/1	D/0	F/0	E/1
C	C/1	D/0	A/0	E/1
D	D/0	B/0	F/0	A/0
E	C/1	F/0	A/0	E/1
F	D/0	D/0	F/0	A/0
G	G/0	G/0	A/0	A/0
H	B/1	D/0	A/0	E/1

S^{n+1}/Z^n

【例 4-12】 用隐含表化简法化简表 4-7 所示的原始状态表。

解　首先画出“缺头少尾”的阶梯形结构隐

含表，如图 4 - 16(a)所示。竖缺头，从 B 状态开始排；横少尾，不排 H 状态。隐含表的这种阶梯形结构和“缺头少尾”的状态排列方式可以保证原始状态表中的状态能够全部进行两两比较，做到既没有遗漏也没有重复。

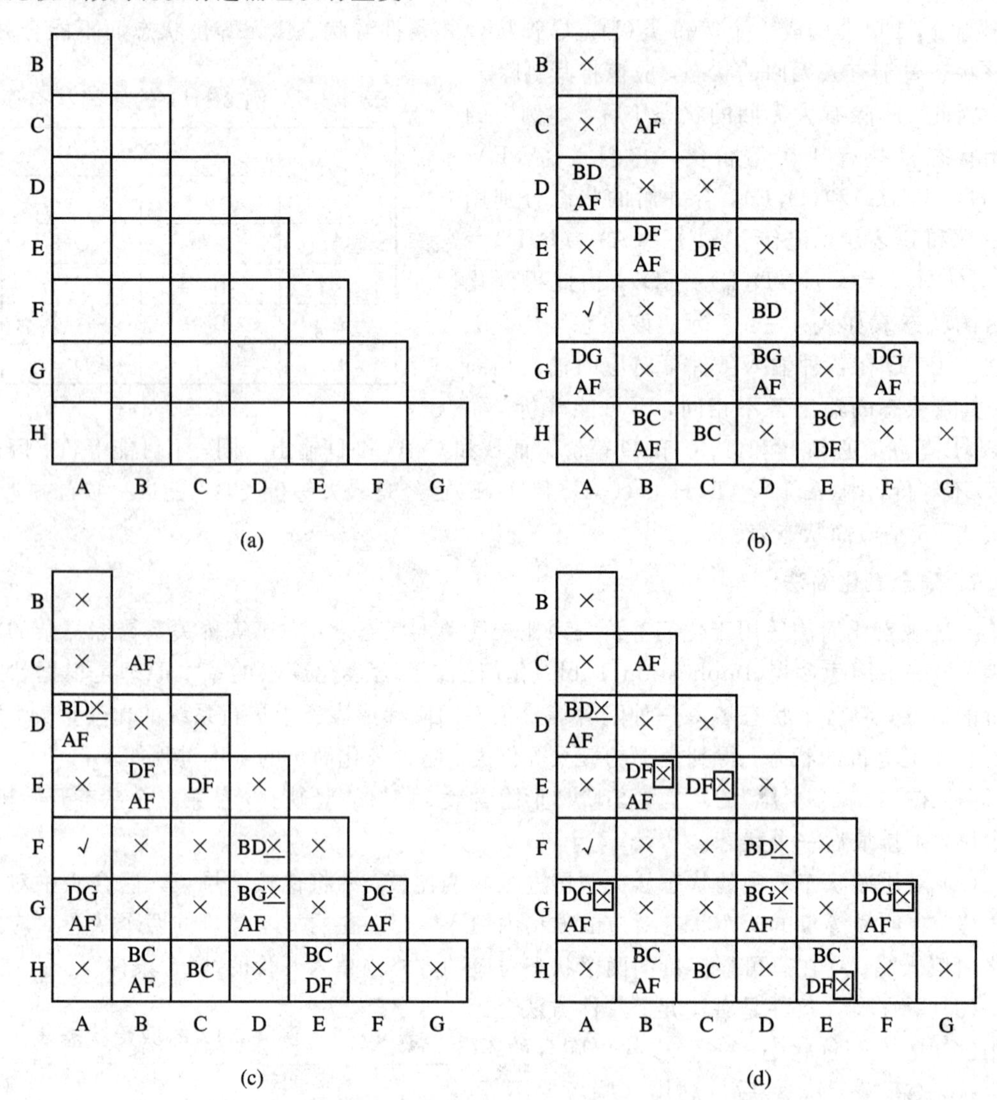

图 4 - 16　例 4 - 12 的隐含表化简过程

(a) 隐含表结构；(b) 填隐含表；(c) 第一轮检查隐含条件；(d) 第二轮检查隐含条件

然后按隐含表中状态的排列顺序，对原始状态表中的状态从头至尾进行两两比较，并将比较结果填入对应方格。在明显等价的两个状态对应的方格内填入“√”，在明显不等价的两个状态对应的方格内填入“×”，在有可能等价的两个状态对应的方格内填入等价的“隐含条件”，如图 4 - 16(b)所示。这里以状态 A 和其它状态比较为例来说明比较和填表过程(隐含表第 1 列)。A 和 B、C 比较，输出不同，明显不等价，在对应的方格内填入“×”；A 和 D 比较，输出相同，可能等价，隐含条件是 B 和 D 等价及 A 和 F 等价，所以将 BD、AF 填入对应的方格；A 和 E 比较，输出不同，明显不等价，在对应的方格内填入“×”；A 和 F 比较，输出相同，次态或相同，或维持，或交错变化，明显等价，在对应方格内填入“√”(如看不出来，也可在方格内填入隐含条件 AF)；A 和 G 比较，输出相同，可能等价，隐含条件是 D 和 G 等价及 A 和 F 等价，将 DG、AF 填入对应的方格；A 和 H 比较，输出不同，明显不等价，在对应的方格内填入“×”。

接下来检查隐含条件。第一轮检查，因 B、D 不等价，所以以 BD 为等价条件的 A 和 D、D 和 F 不等价，在对应方格内的隐含条件 BD 旁画“$\underline{\times}$”(第一轮检查出来的不等价用“$\underline{\times}$”表示，以与填表时的不等价记号“×”区别)；因 B、G 不等价，所以以 BG 为等价条件的 D 和 G 不等价，在对应方格内的隐含条件 BG 旁画“$\underline{\times}$”。第一轮检查过后，隐含表如图 4-16(c)所示。第二轮检查，因 D、F 不等价，所以以 DF 为等价条件的 B 和 E、C 和 E、E 和 H 不等价，在对应方格内的隐含条件 DF 旁画“$\boxed{\times}$”(第二轮检查出来的不等价用“$\boxed{\times}$”表示，以与填表时的不等价记号“×”和第一轮检查出来的不等价记号“$\underline{\times}$”区别)；因 D、G 不等价，所以以 DG 为等价条件的 A 和 G、F 和 G 不等价，在对应方格内的隐含条件 DG 旁画“$\boxed{\times}$”。第二轮检查过后，再也不能找到新的不等价状态，隐含条件检查结束，隐含表如图 4-16(d)所示。

在图 4-16(d)所示的隐含表中，未填入“×”、“$\underline{\times}$”和“$\boxed{\times}$”的方格所对应的状态对都是等价的，它们是(A，F)、(B，C)、(B，H)和(C，H)。状态 D、E、G 与任何状态都不等价，不能合并。根据等价状态的传递性，一共有 5 个最大等价类：(A，F)、(B，C，H)、(D)、(E)、(G)。合并等价状态，(A，F)=(A)，(B，C，H)=(B)，列出最简状态表如表 4-8 所示。

表 4-8　例 4-12 的最简状态表

S^n	$X_1^n X_0^n$			
	00	01	10	11
A	D/0	D/0	A/0	A/0
B	B/1	D/0	A/0	E/1
D	D/0	B/0	A/0	A/0
E	B/1	A/0	A/0	E/1
G	G/0	G/0	A/0	A/0

S^{n+1}/Z^n

4.2.4　状态分配

在同步时序电路中，电路的状态是用触发器的状态来表示的。在得到最简状态表后，其中的每个状态都应该用一组二进制代码(即触发器的状态组合值)来表示，这个过程就是状态分配，也称为状态编码。用二进制代码表示的状态表称为编码状态表。

状态编码的不同不会影响同步时序电路中触发器的个数，但会影响其中的组合网络部分，即影响触发器激励函数和输出函数的繁简程度。所以，应尽量采用有利于激励函数和输出函数化简的状态分配方案。下面给出三个实用的状态分配原则：

(1) 次态相同，现态相邻，即在相同输入条件下具有相同次态的现态应分配相邻的编码，这有利于激励函数的化简。

(2) 现态相同，次态相邻，即同一现态在相邻输入条件下的不同次态应分配相邻的编码，这也有利于激励函数的化简。

(3) 输出相同，现态相邻，即在所有输入条件下具有相同输出的现态应分配相邻的编码，这有利于输出函数的化简。

这三条原则用于实际分配时可能会产生矛盾，此时应按照原则①、原则②、原则③的顺序进行分配，即首先满足原则①，然后满足原则②，最后满足原则③。

【例 4－13】 对表 4－9 所示的最简状态表，提出一种合适的状态分配方案，列出其编码状态表。

解 因为表中有 4 个状态，所以需要两位二进制编码。根据原则①，A 和 B、A 和 C、B 和 C、B 和 D 应分配相邻编码；根据原则②，A 和 B、A 和 C、A 和 D、B 和 C 应分配相邻编码；根据原则③，B 和 D 应分配相邻编码。其中一种状态分配方案是：A＝00，B＝01，C＝10，D＝11，仅 B 和 C、A 和 D 的编码不满足相邻性。编码状态表如表 4－10 所示。

对于同步时序电路设计步骤中的其它部分，将在下面的设计举例中进行介绍。

表 4－9　例 4－13 的状态表

S^n	X^n	
	0	1
A	A/0	B/0
B	A/0	C/1
C	A/1	D/0
D	B/0	C/1

S^{n+1}/Z^n

表 4－10　例 4－13 的编码状态表

$Q_1^n Q_0^n$	X^n	
	0	1
0　0	00/0	01/0
0　1	00/0	10/1
1　0	00/1	11/0
1　1	01/0	10/1

$Q_1^{n+1} Q_0^{n+1}/Z^n$

4.2.5　设计举例

【例 4－14】 智能机器人能够识别并绕开障碍物，在充斥着障碍物的环境里自由行走。它的前端有一个探测传感器，当遇到障碍物时传感信号 X＝1，否则传感信号 X＝0。它有两个控制信号 Z_1 和 Z_0，用来控制脚轮行走，Z_1＝1 时控制机器人左转，Z_0＝1 时控制机器人右转，Z_1Z_0＝00 时控制机器人直行。机器人遇到障碍物时的转向规则是：若上一次是左转，则这一次右转，直到未探测到障碍物时直行；若上一次是右转，则这一次左转，直到未探测到障碍物时直行。试用 D 触发器设计一个机器人控制器，控制机器人的行走方式。

解 根据题意，机器人有以下四种可能的工作状态：

(1) 当前直行，但上一次是左转；

(2) 探测到障碍物，正在右转；

(3) 当前直行，但上一次是右转；

(4) 探测到障碍物，正在左转。

分别用 A、B、C、D 表示这四种工作状态，得到智能机器人的控制状态图如图 4－17 所示，状态表如表 4－11 所示。

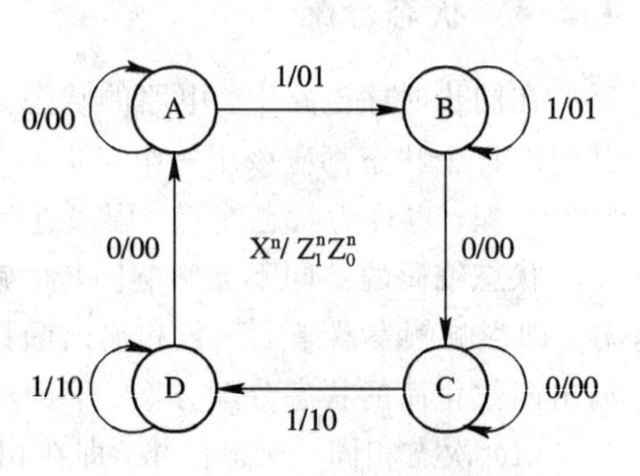

图 4－17　例 4－14 的状态图

观察状态表可见，A、B 有相同的输出，C、D 也有相同的输出，但 A、B 要等价必须先有 A、C 等价，

C、D 要等价也必须先有 A、C 等价，而 A、C 输出不同，不可能等价，所以 A 和 B、C 和 D 都不可能等价，因此表 4－11 的状态表已经是最简状态表。

4 个状态需要两位二进制编码(即两个触发器)，根据前面介绍的状态分配原则，状态分配如下：

A——00　　B——01　　C——11　　D——10

由此得到编码状态表如表 4－12 所示。

表 4－11　例 4－14 的原始状态表

S^n	X^n	
	0	1
A	A/00	B/01
B	C/00	B/01
C	C/00	D/10
D	A/00	D/10

$S^{n+1}/Z_1^n Z_0^n$

表 4－12　例 4－14 的编码状态表

$Q_1^n Q_0^n$	X^n	
	0	1
0　0	00/00	01/01
0　1	11/00	01/01
1　1	11/00	10/10
1　0	00/00	10/10

$Q_1^{n+1} Q_0^{n+1}/Z_1^n Z_0^n$

机器人控制器的输出卡诺图和次态卡诺图如图 4－18 所示，由卡诺图可得输出方程组和次态方程组分别为

$$\begin{cases} Z_1^n = X^n Q_1^n \\ Z_0^n = X^n \overline{Q}_1^n \end{cases} \qquad \begin{cases} Q_1^{n+1} = X^n Q_1^n + \overline{X}^n Q_0^n \\ Q_0^{n+1} = X^n \overline{Q}_1^n + \overline{X}^n Q_0^n \end{cases}$$

由 D 触发器的特征方程 $Q^{n+1} = D^n$，得激励方程组为

$$\begin{cases} D_1^n = X^n Q_1^n + \overline{X}^n Q_0^n \\ D_0^n = X^n \overline{Q}_1^n + \overline{X}^n Q_0 \end{cases}$$

本题两个触发器的 4 种状态全部使用，无多余状态，所以可以直接根据激励和输出表达式画出机器人控制器电路，如图 4－19 所示。

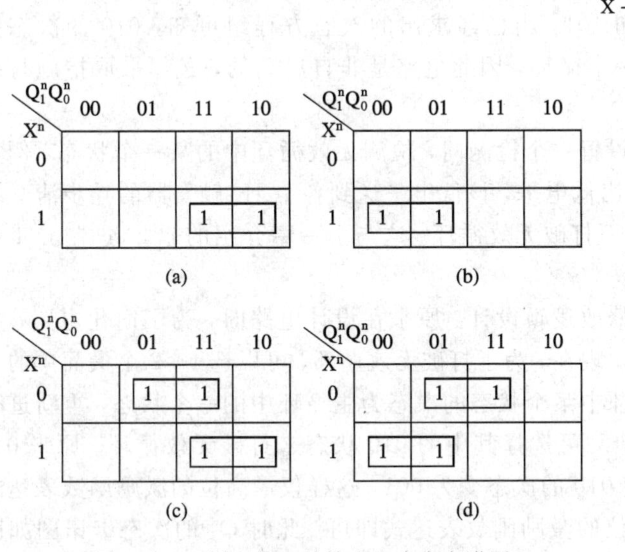

图 4－18　例 4－14 的输出和次态卡诺图

(a) Z_1^n；(b) Z_0^n；(c) Q_1^{n+1}；(d) Q_0^{n+1}

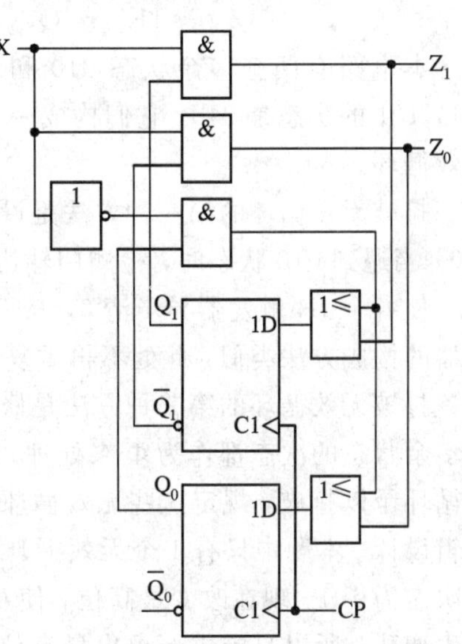

图 4－19　机器人控制器电路

【例 4－15】 用 JK 触发器设计一个同步时序电路，实现图 4－20 所示状态图描述的功能。要求电路能够自启动。

解 由图 4－20 所示编码状态图可知，本题电路需要 3 个 JK 触发器，编码状态表如表 4－13 所示。

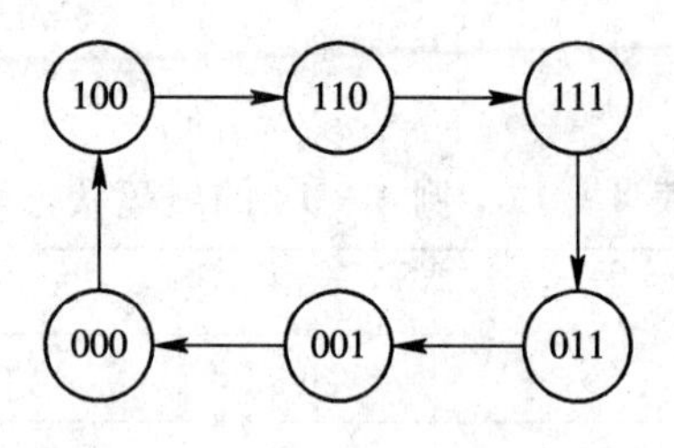

图 4－20 例 4－15 的状态图

表 4－13 例 4－15 的编码状态表

Q_2^n	Q_1^n	Q_0^n	Q_2^{n+1}	Q_1^{n+1}	Q_0^{n+1}
1	0	0	1	1	0
1	1	0	1	1	1
1	1	1	0	1	1
0	1	1	0	0	1
0	0	1	0	0	0
0	0	0	1	0	0

利用卡诺图，从编码状态表得到触发器次态方程组(多余状态的次态为 Φ)：

$$\begin{cases} Q_2^{n+1} = \overline{Q}_0^n \\ Q_1^{n+1} = Q_2^n \\ Q_0^{n+1} = Q_1^n \end{cases}$$

将次态方程组变换为与 JK 触发器特征方程相同的形式：

$$\begin{cases} Q_2^{n+1} = \overline{Q}_0^n = \overline{Q}_0^n(\overline{Q}_2^n + Q_2^n) = \overline{Q}_0^n\overline{Q}_2^n + \overline{Q}_0^n Q_2^n \\ Q_1^{n+1} = Q_2^n = Q_2^n(\overline{Q}_1^n + Q_1^n) = Q_2^n\overline{Q}_1^n + Q_2^n Q_1^n \\ Q_0^{n+1} = Q_1^n = Q_1^n(\overline{Q}_0^n + Q_0^n) = Q_1^n\overline{Q}_0^n + Q_1^n Q_0^n \end{cases}$$

并与 JK 触发器的特征方程 $Q^{n+1} = J^n\overline{Q}^n + \overline{K}^n Q^n$ 进行比较，求出各个 JK 触发器的激励函数表达式分别为

$$\begin{cases} J_2^n = \overline{Q}_0^n \\ K_2^n = Q_0^n \end{cases} \quad \begin{cases} J_1^n = Q_2^n \\ K_1^n = \overline{Q}_2^n \end{cases} \quad \begin{cases} J_0^n = Q_1^n \\ K_0^n = \overline{Q}_1^n \end{cases}$$

本电路有两个多余状态 010 和 101，由已经求出的次态方程组可知，010 的次态是 101，101 的次态是 010，它们构成一个循环，因此电路是非自启动的，必须采取措施打破无效循环。

打破无效循环的第一种方法是设置一个检测门，检测无效循环中的某一个状态，例如 010。当遇到 010 状态时，检测门输出低电平，该低电平送到各个 JK 触发器的异步清 0 端 $\overline{R}_D$，使各个 JK 触发器异步清 0，从而打破无效循环。这与上一章介绍的非 2^n 进制异步计数器的构成方法类似，此处不再重复。

打破无效循环的第二种方法是修改逻辑设计。原来在设计电路时，为了简化电路，所有多余状态的次态都作为 Φ 来处理。现在，为了打破无效循环，可以选 1～2 个最简单的无效循环予以打破，规定这些无效循环中某个状态的次态为主循环中的一个状态，重新进行逻辑设计。本题中只有 1 个无效循环，可选择其中的 010 状态来打破无效循环。原来 010 的次态为 101，现在改变最高位，使 010 的次态变为 001，这样仅最高位的激励函数表达式发生变化，所以只需重新求出最高位的激励函数表达式即可。此时 Q_2 的次态卡诺图如图 4－21 所示(其中 010 方格中的 0 原来为 Φ)。

Q_2 的次态方程为

$$Q_2^{n+1}=\overline{Q}_1^n\overline{Q}_0^n+Q_2^n\overline{Q}_0^n=\overline{Q}_1^n\overline{Q}_0^n(\overline{Q}_2^n+Q_2^n)+Q_2^n\overline{Q}_0^n=\overline{Q}_1^n\overline{Q}_0^n\overline{Q}_2^n+\overline{Q}_0^nQ_2^n$$

由此得到：

$$\begin{cases}J_2^n=\overline{Q}_1^n\overline{Q}_0^n\\K_2^n=Q_0^n\end{cases}$$

修改后的自启动电路如图 4 - 22 所示。

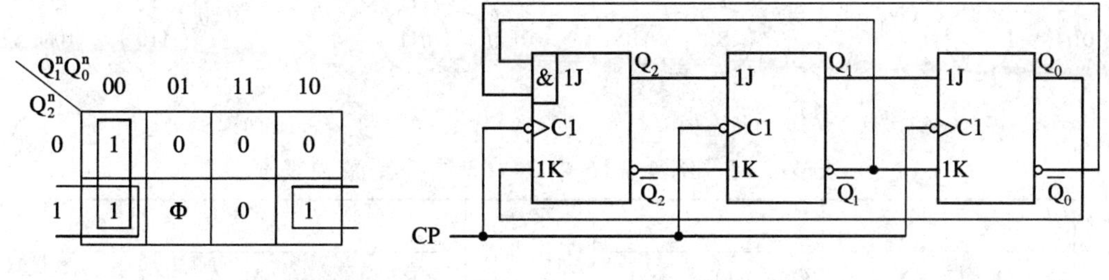

图 4 - 21　Q_2^{n+1} 的卡诺图　　　　图 4 - 22　例 4 - 15 的电路

实际上，本题设计的是一个具有自启动特性的模 6 扭环形计数器。对于一般的计数器设计，基本步骤与此相同。由于一开始就可以画出编码状态图(M 进制计数器有 M 个状态)，因此计数器的设计最为简单。

4.3　模块级同步时序电路设计

上一章介绍 MSI 时序逻辑模块的应用时，介绍过计数器、移位寄存器模块在计数、分频、定时、序列产生、序列检测、数据格式变换等多方面的应用。实际上，计数器、移位寄存器模块可以用来实现任何同步时序电路，本节介绍它们的具体实现方法。

4.3.1　基于计数器的电路设计

用 MSI 计数器作为存储器件设计同步时序电路时，其步骤与前面介绍的触发器级电路设计基本相同，不同之处主要在于以下两个方面：

(1) 当计数器模块的状态数不少于原始状态表的状态数时，不必进行状态化简。这不仅没有增加硬件成本，而且可以保持原始状态表中各个状态的清晰含义。

(2) 状态分配时要充分考虑到计数器模块的状态变化规律，尽量使用计数器的自然计数功能实现电路的状态转换，以减少辅助器件的数目。

【例 4 - 16】 用计数器 74163 实现图 4 - 23 所示状态图描述的同步时序电路功能。

解　图 4 - 23 所示状态图有 7 个状态，1 片 74163 有 16 个状态，所以不必进行状态化简。

为了尽量简化电路，根据计数器模块 74163 的计数规律，S_0、S_1、S_2、S_3 应分配连续的编码，S_4、S_5、S_6 也应分配连续的编码。7 个状态，用 3 位二进制编码即可，也就是只需要使用 74163 的 $Q_CQ_BQ_A$。状态分配如下：

S_0——000　　S_1——001　　S_2——010　　S_3——011

S_4——100　　S_5——101　　S_6——110

电路的编码状态图如图 4 - 24 所示。据此列出 74163 的控制激励表，如表 4 - 14 所示。

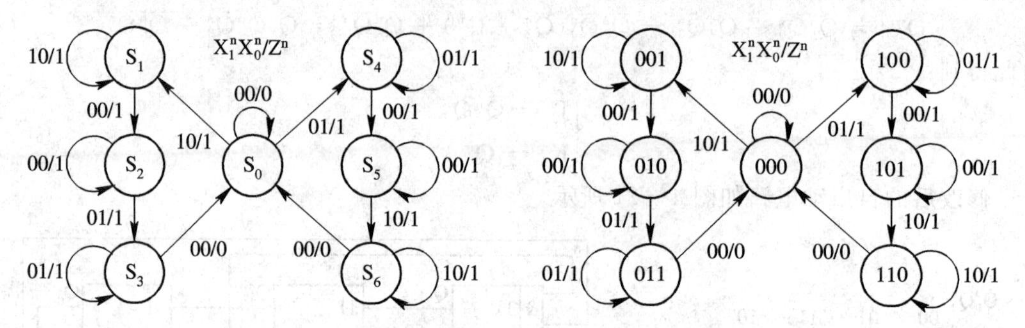

图 4 - 23　例 4 - 16 的状态图　　　图 4 - 24　例 4 - 16 的编码状态图

表 4 - 14　例 4 - 16 中 74163 的控制激励表

现态			输入		次态			工作方式	激励							输出
Q_C^n	Q_B^n	Q_A^n	X_1^n	X_0^n	Q_C^{n+1}	Q_B^{n+1}	Q_A^{n+1}		$\overline{CLR}$	$\overline{LD}$	C	B	A	P	T	Z^n
0	0	0	0	0	0	0	0	保持	1	1	Φ	Φ	Φ	0	Φ	0
			0	1	1	0	0	置数	1	0	1	0	0	Φ	Φ	1
			1	0	0	0	1	计数	1	1	Φ	Φ	Φ	1	1	1
0	0	1	0	0	0	1	0	计数	1	1	Φ	Φ	Φ	1	1	1
			1	0	0	0	1	保持	1	1	Φ	Φ	Φ	0	Φ	1
0	1	0	0	0	0	1	0	保持	1	1	Φ	Φ	Φ	0	Φ	1
			0	1	0	1	1	计数	1	1	Φ	Φ	Φ	1	1	1
0	1	1	0	0	0	0	0	置数	1	0	0	0	0	Φ	Φ	0
			0	1	0	1	1	保持	1	1	Φ	Φ	Φ	0	Φ	1
1	0	0	0	0	1	0	1	计数	1	1	Φ	Φ	Φ	1	1	1
			0	1	1	0	0	保持	1	1	Φ	Φ	Φ	0	Φ	1
1	0	1	0	0	1	0	1	保持	1	1	Φ	Φ	Φ	0	Φ	1
			1	0	1	1	0	计数	1	1	Φ	Φ	Φ	1	1	1
1	1	0	0	0	0	0	0	置数	1	0	0	0	0	Φ	Φ	0
			1	0	1	1	0	保持	1	1	Φ	Φ	Φ	0	Φ	1

从控制激励表可直接写出$\overline{CLR}$、C、B、A、T 的表达式，分别为

$\overline{CLR}=1$　　　　$A=0$

$C=\overline{Q}_B^n$　　　　$T=1$

$B=0$

表 4 - 15　$\overline{LD}$、P、Z 的数据选择表

Q_C	Q_B	Q_A	$\overline{LD}$	P	Z
0	0	0	$\overline{X}_0$	X_1	X_1+X_0
0	0	1	1	$\overline{X}_1$	1
0	1	0	1	X_0	1
0	1	1	X_0	0	X_0
1	0	0	1	$\overline{X}_0$	1
1	0	1	1	X_1	1
1	1	0	X_1	0	X_1
1	1	1	1	1	1

$\overline{LD}$、P 和 Z 直接用八选一数据选择器 74151 实现，且均以 $Q_CQ_BQ_A$ 作为地址选择变量，其数据选择表如表 4 - 15 所示。其中 $Q_CQ_BQ_A=111$ 属于多余状态，为了自启动，此处使 74163 处于计数方式，且输出 Z 为 1。

图 4 - 23 所示状态图的实现电路如图 4 - 25 所示。

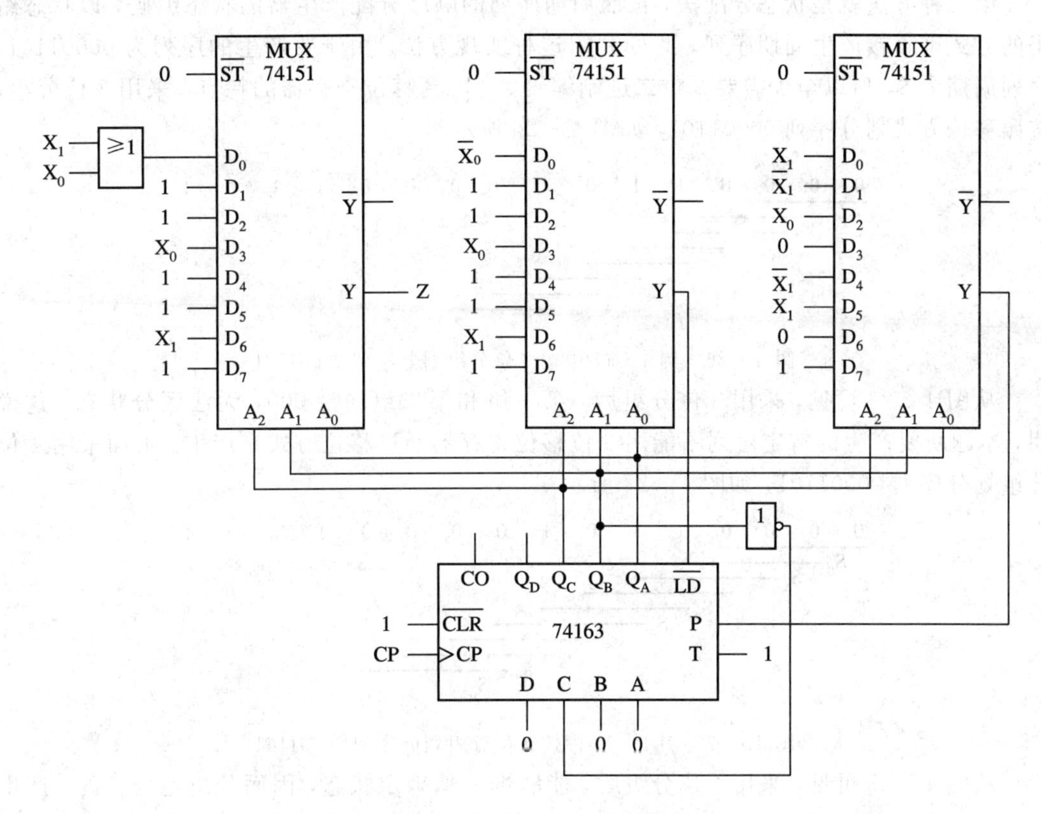

图 4 - 25　例 4 - 16 的电路

4.3.2　基于移位寄存器的电路设计

用 MSI 移位寄存器作为存储器件设计同步时序逻辑电路时，其步骤也与前面介绍的触发器级电路设计基本相同，不同之处主要有以下两个方面：

(1) 当移位寄存器模块的状态数不少于原始状态表的状态数时，不必进行状态化简。这不仅没有增加硬件成本，而且可以保持原始状态表中各个状态的清晰含义。

(2) 状态分配时要充分考虑到移位寄存器模块的状态变化规律，尽量使用移位寄存器的移位功能实现电路的状态转换，以减少辅助器件的数目。

由此可见，用 MSI 移位寄存器设计一般同步时序电路的过程或方法几乎与用 MSI 计数器的设计方法相同，仅仅是状态分配时要充分考虑到移位寄存器模块的状态变化规律。因此，此处不再介绍用 MSI 移位寄存器设计一般同步时序电路的实例，仅介绍用 MSI 移位寄存器设计序列产生器的实例。

【例 4 - 17】　用移位寄存器 74194 构成移位型 00001101 周期序列产生器。

解　实现周期序列产生器一般有两种方法。

第一种方法如上一章介绍计数器的应用一样，利用计数器外加数据选择器的办法产生周期序列。序列的周期 M 作为计数器的模，序列本身作为数据选择器的各路数据输入。本题序列周期为 8，可将 74194 接为八进制扭环形计数器，然后外加一个数据选择器，就可产生特定的周期序列。

第二种方法就是状态分配法，按照周期序列的顺序分配产生器的状态编码，以状态编码的方式来直接产生周期序列。此处介绍这种实现方法。由于要产生的序列为 00001101，序列周期为 8，所以至少需要 3 位二进制编码。考虑到移位寄存器的特点，采用 3 位分组，按照移位方式划分序列 00001101，如图 4－26 所示。

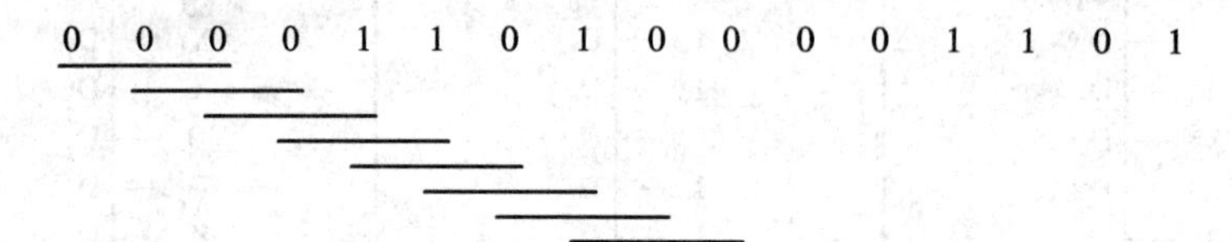

图 4－26　例 4－17 中按 3 位分组划分序列 00001101

从图 4－26 可见，采用 3 位分组后，第一组和第二组均为 000，无法区分状态。这说明，本题所要产生的特定序列不能用 3 位移位寄存器通过移位方式来产生。下面采用 4 位分组划分序列 00001101，如图 4－27 所示。

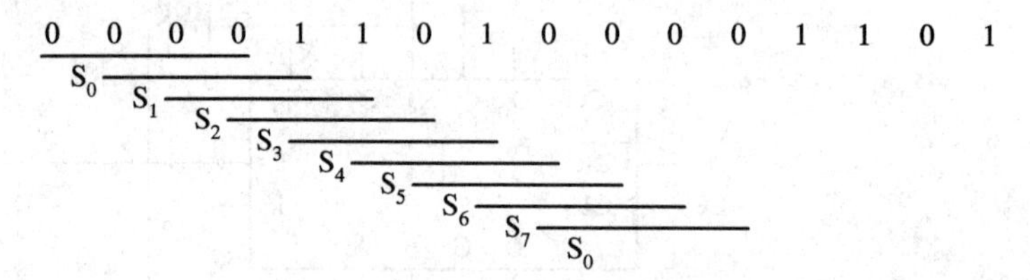

图 4－27　例 4－17 中按 4 位分组划分序列 00001101

从图 4－27 可见，采用 4 位分组后，能够惟一地确定状态，因而分组是可行的。产生 00001101 周期序列的状态图如图 4－28 所示，其中 Q_A 端输出的正是周期序列 00001101。

显然，用 74194 实现图 4－28 所示功能时，必须采用左移方式，左移数据输入端 S_L 的卡诺图如图 4－29 所示，化简可得：

$$S_L = \overline{Q}_A\overline{Q}_B\overline{Q}_C + Q_BQ_C = \overline{Q_A + Q_B + Q_C} + Q_BQ_C$$

0000 → 0001 → 0011 → 0110 → 1101 → 1010 → 0100 → 1000 → 0000

$Q_AQ_BQ_CQ_D$

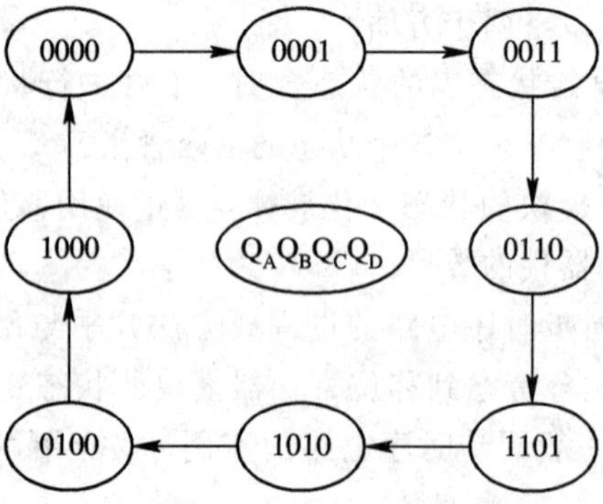

图 4－28　例 4－17 的编码状态图

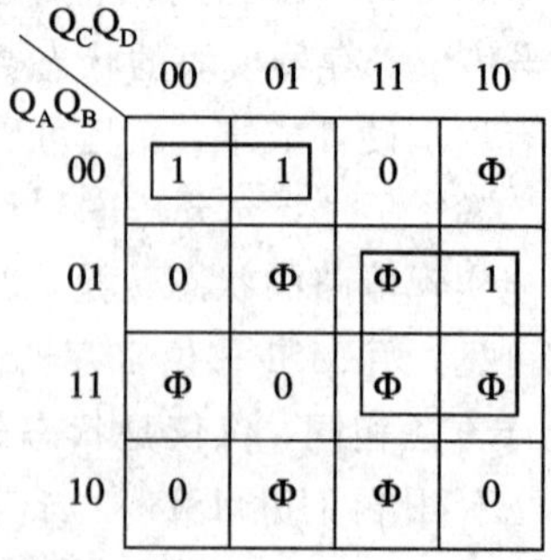

Q_AQ_B \ Q_CQ_D	00	01	11	10
00	1	1	0	Φ
01	0	Φ	Φ	1
11	Φ	0	Φ	Φ
10	0	Φ	Φ	0

图 4－29　S_L 的卡诺图

由此得到用 74194 构成的移位型 00001101 周期序列产生器电路如图 4－30 所示（S_L 也可以用数据选择器来产生）。该电路的自启动特性由读者自己检查。

顺便指出，在通信系统中，经常用到一种 m 序列产生器，它实际上就是由 n 级移位寄存器经过线性反馈构成的周期为 2^n-1 的移位型序列产生器。所谓线性反馈，是指反馈函数 F 为移位寄存器的某些 Q 输出的异或函数。这种 m 序列产生器产生的序列中，0、1 的出现概率几乎相同，常常称为伪随机序列。n≤10 的 m 序列产生器反馈函数如表 4 - 16 所示，其中反馈函数接至首级 Q_0 的输入端。例如，由 74194 构成的一种 4 级 m 序列产生器电路及全状态图如图 4 - 31 所示。此处采用左移方式，Q_D 相当于 Q_0，Q_A 相当于 Q_3，从 Q_A 输出的 m 序列的周期为 15，其中的无效循环可使用 74194 的置数功能来打破。

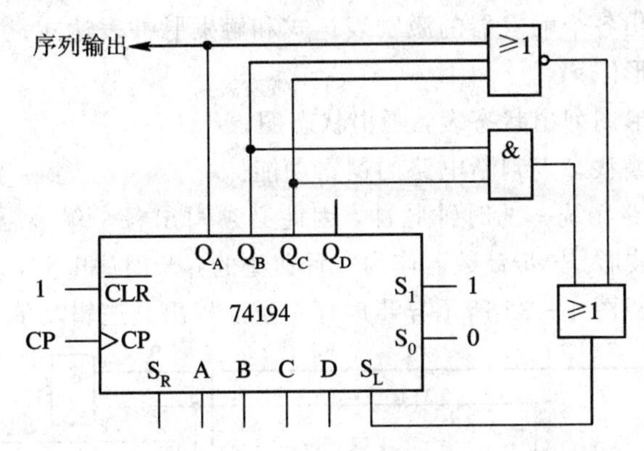

图 4 - 30　移位型 00001101 周期序列产生器电路

表 4 - 16　n≤10 的 m 序列产生器反馈函数

n	反馈函数			
3	$Q_0 \oplus Q_2$，	$Q_1 \oplus Q_2$		
4	$Q_0 \oplus Q_3$，	$Q_2 \oplus Q_3$		
5	$Q_2 \oplus Q_4$，	$Q_1 \oplus Q_4$	$Q_0 \oplus Q_1 \oplus Q_3 \oplus Q_4$，	$Q_1 \oplus Q_2 \oplus Q_3 \oplus Q_4$
6	$Q_0 \oplus Q_5$，	$Q_0 \oplus Q_1 \oplus Q_4 \oplus Q_5$，	$Q_1 \oplus Q_3 \oplus Q_5$	
7	$Q_0 \oplus Q_6$，	$Q_2 \oplus Q_6$，	$Q_0 \oplus Q_1 \oplus Q_2 \oplus Q_6$，	$Q_1 \oplus Q_2 \oplus Q_3 \oplus Q_6$
8	$Q_0 \oplus Q_2 \oplus Q_4 \oplus Q_7$，	$Q_0 \oplus Q_1 \oplus Q_2 \oplus Q_7$，	$Q_1 \oplus Q_2 \oplus Q_3 \oplus Q_7$	
9	$Q_3 \oplus Q_8$，	$Q_1 \oplus Q_2 \oplus Q_4 \oplus Q_8$，	$Q_2 \oplus Q_3 \oplus Q_5 \oplus Q_8$	
10	$Q_2 \oplus Q_9$，	$Q_6 \oplus Q_9$，	$Q_0 \oplus Q_2 \oplus Q_3 \oplus Q_9$	

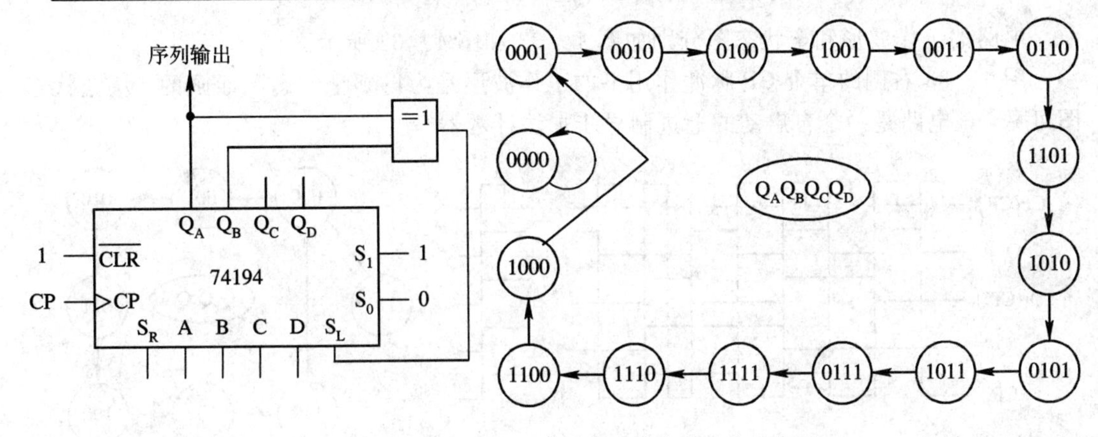

图 4 - 31　一种 4 级 m 序列产生器电路及全状态图

4.4　异步计数器分析与设计

上一章介绍触发器的应用时，已经介绍过用触发器构成 2^n 进制和非 2^n 进制异步计数器的方法。本节介绍触发器级异步计数器的一般分析和设计方法。虽然在大多数情况下，同步计数器已经可以满足使用需要，但在某些特殊的场合还需要使用异步计数器。

4.4.1 异步计数器分析

与同步时序电路分析不同，异步时序电路分析通常采用波形分析法，其基本步骤如下：

(1) 根据电路写出各个触发器的激励表达式和触发脉冲表达式；

(2) 画出工作波形图；

(3) 根据工作波形图列出状态表，画出状态图；

(4) 根据状态图或状态表判断电路的逻辑功能。

由于异步时序电路无统一的时钟脉冲，因此必须写出各个触发器的触发脉冲表达式，以便画出电路的工作波形。异步计数器作为一种典型的异步时序电路，分析步骤与此相同。

【例 4 - 18】 分析图 4 - 32 所示异步时序电路，指出其逻辑功能。

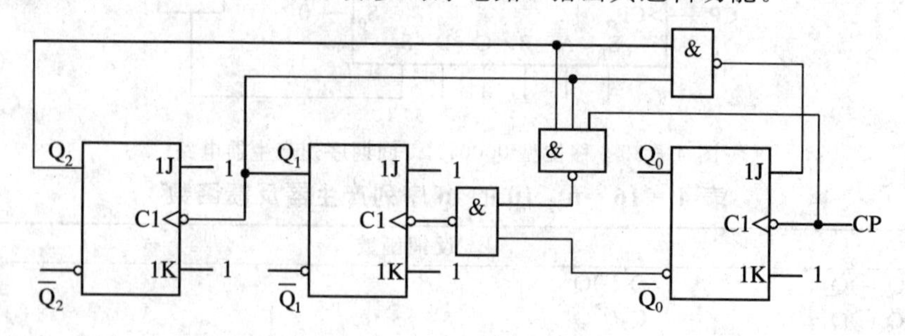

图 4 - 32　例 4 - 18 的电路

解　各 JK 触发器的激励函数表达式为

$$\begin{cases} J_2^n = 1 \\ K_2^n = 1 \\ CP_2 = Q_1^n \end{cases} \qquad \begin{cases} J_1^n = 1 \\ K_1^n = 1 \\ CP_1 = Q_0^n + Q_2^n Q_1^n CP \end{cases} \qquad \begin{cases} J_0^n = \overline{Q_2^n Q_1^n} \\ K_0^n = 1 \\ CP_0 = CP \end{cases}$$

电路的工作波形和全状态图分别如图 4 - 33 和图 4 - 34 所示。

图 4 - 33 右侧的单个 CP 脉冲作用下的工作波形是为得到全状态图而画的。从全状态图可见，该电路是一个自启动的七进制异步加法计数器。

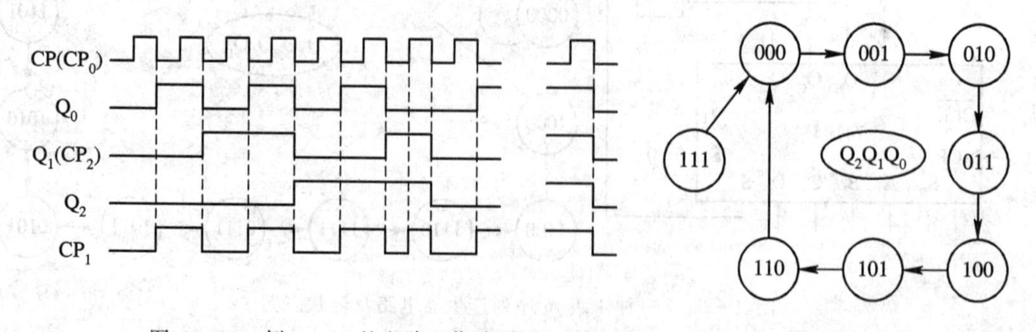

图 4 - 33　例 4 - 18 的电路工作波形　　　图 4 - 34　例 4 - 18 的全状态图

4.4.2 异步计数器设计

上一章介绍的非 2^n 进制异步计数器的构成方法——异步置 0 置 1 法，利用反馈支路将脉冲引导至 2^n 进制计数器的某些触发器的异步置 0 端或异步置 1 端，使各级触发器在进入某一个状态后，通过反馈识别门产生反馈脉冲，使这些触发器在反馈脉冲的作用下产生额外的变化，从而实现非 2^n 进制计数器。这种方法本质上属于脉冲反馈法，它存在两个缺陷：一个缺陷是由于暂态的存在导致波形毛刺，另一个缺陷是有关触发器异步置 0 置 1 时可能会因速度不同而导致不能可靠地将有关触发器置 0 或置 1。

除了这种脉冲反馈法外，非 2^n 进制异步计数器还可以采用阻塞反馈法进行设计。它通过控制触发器的激励输入，阻止某个状态的产生，强迫计数器进入另一个状态，从而实现任意进制的计数器。采用阻塞反馈法设计的异步计数器，可以有效地克服脉冲反馈法存在的不足，因而是异步计数器设计的主流方法。下面通过一个具体实例介绍这种方法。

【例 4 - 19】 用 JK 触发器设计一个 8421BCD 码异步加法计数器。

解 8421BCD 码异步加法计数器是一个十进制计数器，由 4 个 JK 触发器构成。而 4 个触发器有 16 个状态，如果在计数过程中计数器从 0000 计数到 1001 时，能够阻塞 1010～1111 6 个状态的产生，使下一个状态自动回到 0000，就可以实现十进制计数。现在的主要工作就是确定各个触发器的激励和触发脉冲。

表 4 - 17　8421BCD 计数器状态变化表

序号	Q_3	Q_2	Q_1	Q_0
0	0	0	0	0
1	0	0	0	1
2	0	0	1	0*
3	0	0	1	1
4	0	1	0*	0*
5	0	1	0	1
6	0	1	1	0*
7	0	1	1	1
8	1	0*	0*	0*
9	1	0	0	1
10	0*	0	0	0*

观察表 4 - 17 所示的 8421BCD 计数器状态变化表，并注意标有 * 处的情况。每来 1 个 CP 脉冲，触发器 Q_0 状态就翻转 1 次，因此激励 $J_0K_0=11$、$CP_0=CP$。触发器 Q_1 的状态变化都发生在 Q_0 的下降沿，所以可以用 Q_0 作为 Q_1 的触发脉冲，即 $CP_1=Q_0$，但 Q_0 的第 5 个下降沿到来时 Q_1 保持 0 状态不变，因此需控制 Q_1 的激励 J_1、K_1，使计数过程中 Q_0 出现第 5 个下降沿时 Q_1 仍保持 0 状态不变，可以借助卡诺图求出 J_1、K_1 的表达式。触发器 Q_2 的状态变化都发生在 Q_1 的下降沿，所以可以用 Q_1 作为 Q_2 的触发脉冲，即 $CP_2=Q_1$，激励 $J_2K_2=11$。触发器 Q_3 的状态变化都发生在 Q_0 的下降沿，所以可以用 Q_0 作为 Q_3 的触发脉冲，即 $CP_3=Q_0$，但 Q_0 的前面 3 个下降沿到来时 Q_3 保持 0 状态不变，因此也需控制 Q_3 的激励 J_3、K_3，使计数过程中 Q_0 出现前面 3 个下降沿时 Q_3 仍保持 0 状态不变，同样可以借助卡诺图求出 J_3、K_3 的表达式。

为了求出有关的激励表达式，首先由表 4 - 17 得到表 4 - 18 示的简化状态变化表，然后据此得到 Q_1、Q_3 的状态激励表如表 4 - 19 所示。

表 4 - 18　简化状态变化表

序号	Q_3	Q_2	Q_1
0	0	0	0
2	0	0	1
4	0	1	0
6	0	1	1
8	1	0	0
10	0	0	0

表 4 - 19　Q_3、Q_1 的状态激励表

序号	现态	次态	激励	
	$Q_3^n Q_2^n Q_1^n$	$Q_3^{n+1} Q_2^{n+1} Q_1^{n+1}$	$J_3^n K_3^n$	$J_1^n K_1^n$
0	0 0 0	0 0 1	0 Φ	1 Φ
2	0 0 1	0 1 0	0 Φ	Φ 1
4	0 1 0	0 1 1	0 Φ	1 Φ
6	0 1 1	1 0 0	1 Φ	Φ 1
8	1 0 0	0 0 0	Φ 1	0 Φ

用卡诺图可求得：

$$\begin{cases}J_3^n = Q_2^n Q_1^n \\ K_3^n = 1\end{cases} \qquad \begin{cases}J_1^n = \overline{Q}_3^n \\ K_1^n = 1\end{cases}$$

综合以上结果，得到8421BCD码异步加法计数器的各个JK触发器的激励函数和触发脉冲表达式分别为

$$\begin{cases}J_3^n = Q_2^n Q_1^n \\ K_3^n = 1 \\ CP_3 = Q_0\end{cases} \quad \begin{cases}J_2^n = 1 \\ K_2^n = 1 \\ CP_2 = Q_1\end{cases} \quad \begin{cases}J_1^n = \overline{Q}_3^n \\ K_1^n = 1 \\ CP_1 = Q_0\end{cases} \quad \begin{cases}J_0^n = 1 \\ K_0^n = 1 \\ CP_0 = CP\end{cases}$$

由此画出8421BCD码异步加法计数器电路如图4-35所示。该电路实际上由一个二进制计数器 Q_0 和一个五进制计数器 $Q_3Q_2Q_1$ 级联构成。将二、五进制计数器断开并增加异步置0和异步置9功能，就构成了上一章介绍的MSI异步计数器7490。由此可见，阻塞反馈法在设计各类异步计数器模块时非常有用。

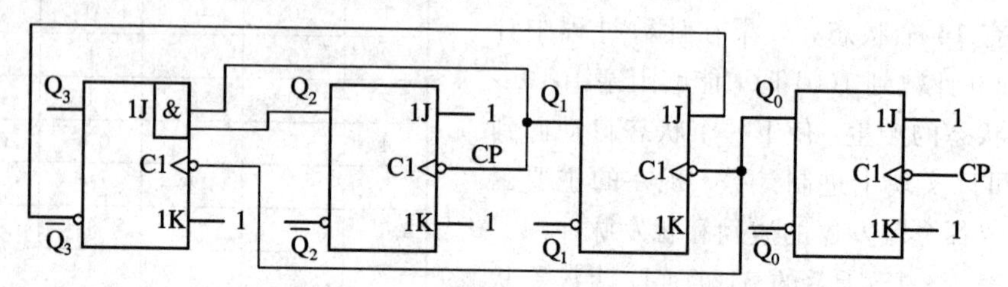

图4-35　8421BCD码异步加法计数器电路

本 章 小 结

时序逻辑电路是数字电路中应用非常广泛的一类逻辑电路。由于有记忆部件和反馈支路，时序逻辑电路的分析和设计方法比组合逻辑电路要复杂得多。本章介绍触发器级和模块级时序逻辑电路的分析和设计方法，以同步时序电路的分析和设计方法为重点。

本章需要重点掌握的内容如下：

(1) 触发器级同步时序电路的分析方法。注意，画电路的输出波形时，不要根据状态表或状态图画，而应该根据输出函数表达式画，以免出现时序错误。

(2) 模块级时序逻辑电路的分析方法。分析的关键是深刻理解模块的功能和相互连接关系。

(3) 触发器级同步时序电路的设计方法。设计难点是导出原始状态图或原始状态表，同时注意存在多余状态时要检查和打破无效循环。

(4) 模块级时序电路的设计方法。模块级时序电路以MSI计数器或移位寄存器为核心，通过列控制激励表的方法完成电路设计。在设计中，要注意尽量使用MSI芯片；对于复杂电路还要注意进行功能划分，将其分解为小级别的模块。

(5) 异步计数器的分析设计方法。异步计数器至今仍有应用，需掌握一般的分析设计方法。

习　题　4

4－1　由 D 触发器和 JK 触发器构成的时序电路及输入波形如题 4－1 图所示，试根据 CP 和 X 的输入波形画出 Q_1、Q_0 的输出波形(设初始状态为 $Q_1Q_0=00$)。比较 X、Q_0 的波形，分析电路的功能。

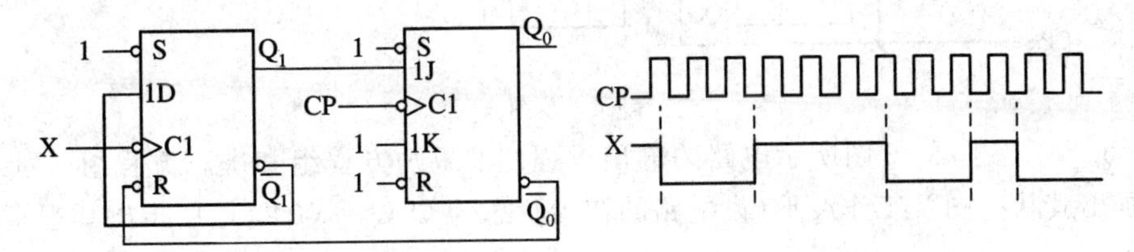

题 4－1 图

4－2　由 D 触发器和 JK 触发器构成的同步时序电路及输入波形如题 4－2 图所示，试列出其状态表，画出其状态图，并根据输入波形画出 Q_1 和 $\overline{Q}_0$ 的输出波形。设电路的初始状态为 $Q_1Q_0=00$。

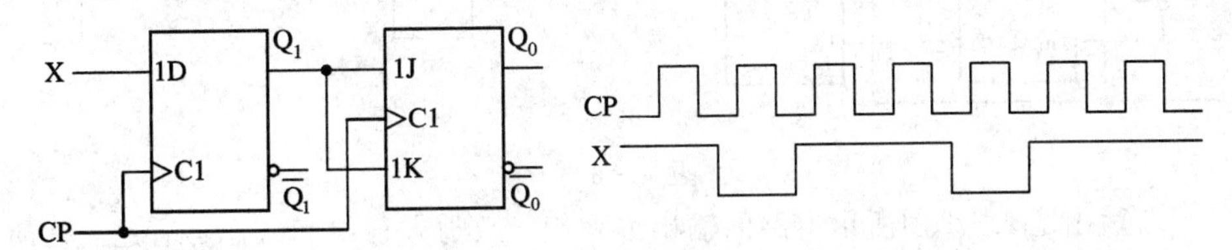

题 4－2 图

4－3　分析题 4－3 图所示同步时序电路和输入波形，列出其状态表，画出其状态图，并根据输入波形画出 Q_1 和 Q_0 的波形，设电路的初始状态为 $Q_1Q_0=00$。

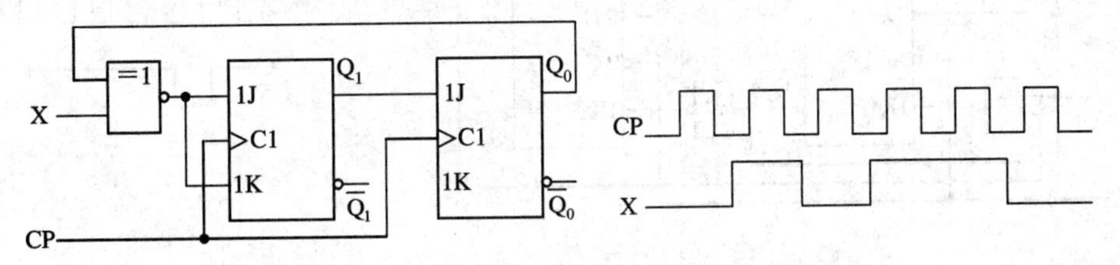

题 4－3 图

4－4　画出题 4－4 图所示电路的状态图，确定其功能，并用 Multisim 或 TINA 软件仿真电路的工作情况。

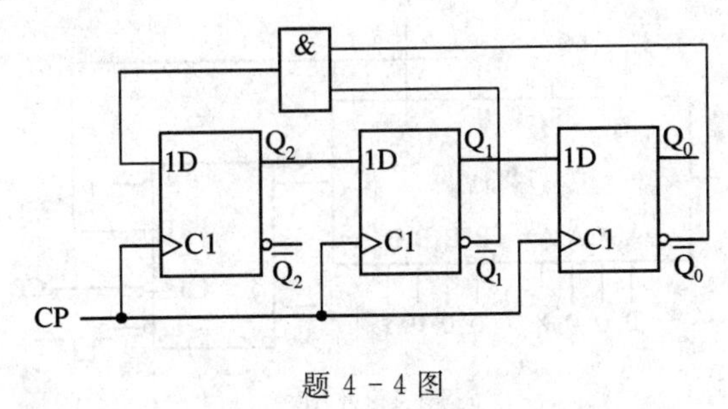

题 4－4 图

4－5　写出题4－5图所示电路的激励方程组和次态方程组，列出其状态表，画出其状态图及工作波形(设电路的初始状态为 $Q_1Q_0=00$)，并指出其逻辑功能。

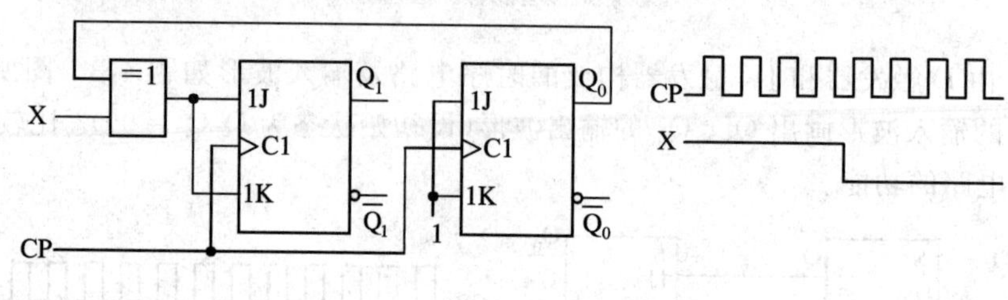

题4－5图

4－6　写出题4－6图所示电路的输出方程组、激励方程组和次态方程组，列出其状态表，画出其状态图及工作波形(设电路的初始状态为 $Q_1Q_0=00$)，最后指出其逻辑功能。

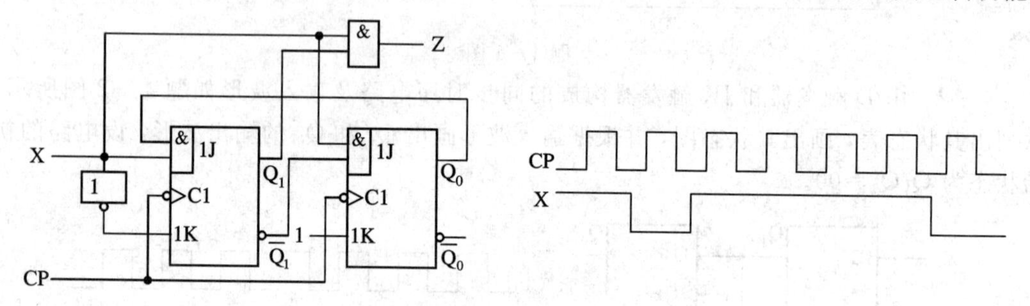

题4－6图

4－7　写出题4－7图所示电路的输出方程组、激励方程组和次态方程组，列出其状态表，画出其状态图及工作波形(设电路的初始状态为 $Q_1Q_0=00$)，并确定其逻辑功能。

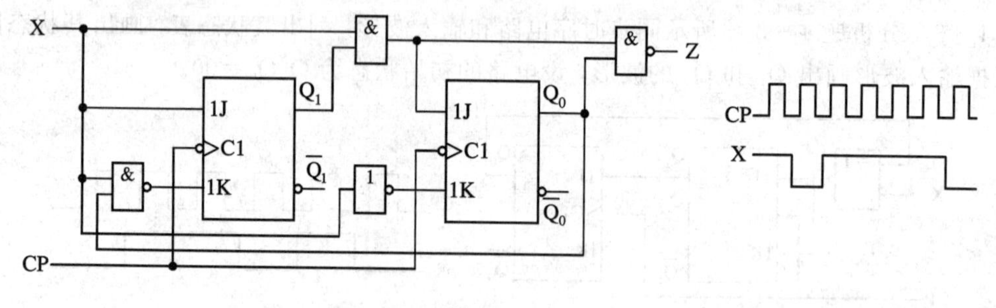

题4－7图

4－8　列出题4－8图所示电路的状态表，画出其状态图，指出其逻辑功能。假设电路的初始状态为0。

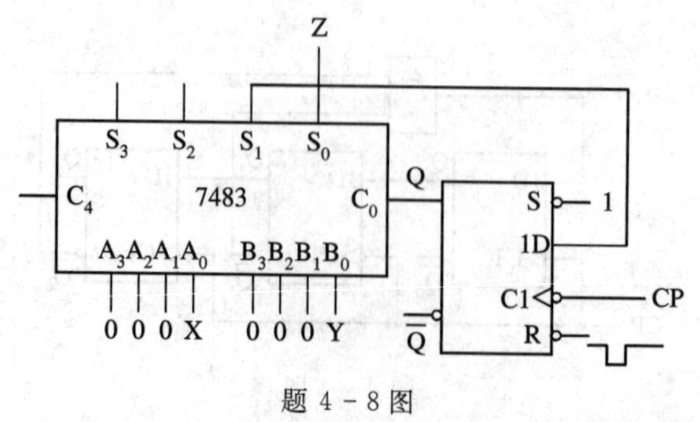

题4－8图

4-9　分析题4-9图所示电路的功能。

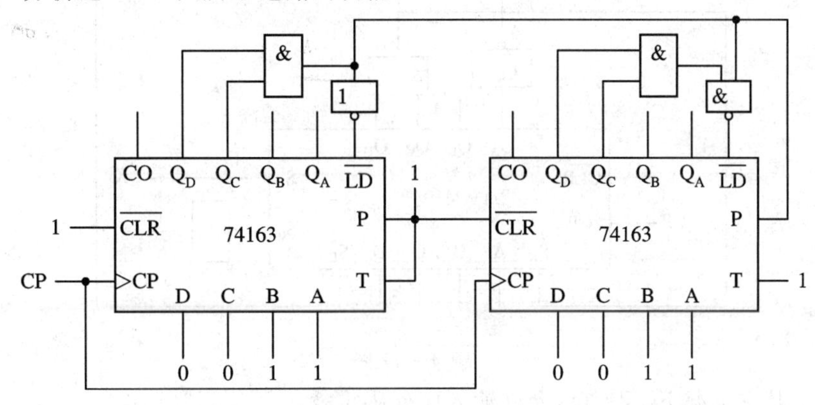

题4-9图

4-10　写出题4-10图所示电路中$\overline{LD}$的函数表达式，画出全状态图，指出电路的类型(米里型或摩尔型)。如果X是控制变量，分析当X=0和X=1时电路各实现什么功能。

4-11　画出题4-11图所示电路的全状态图，指出其电路类型(米里型或摩尔型)。

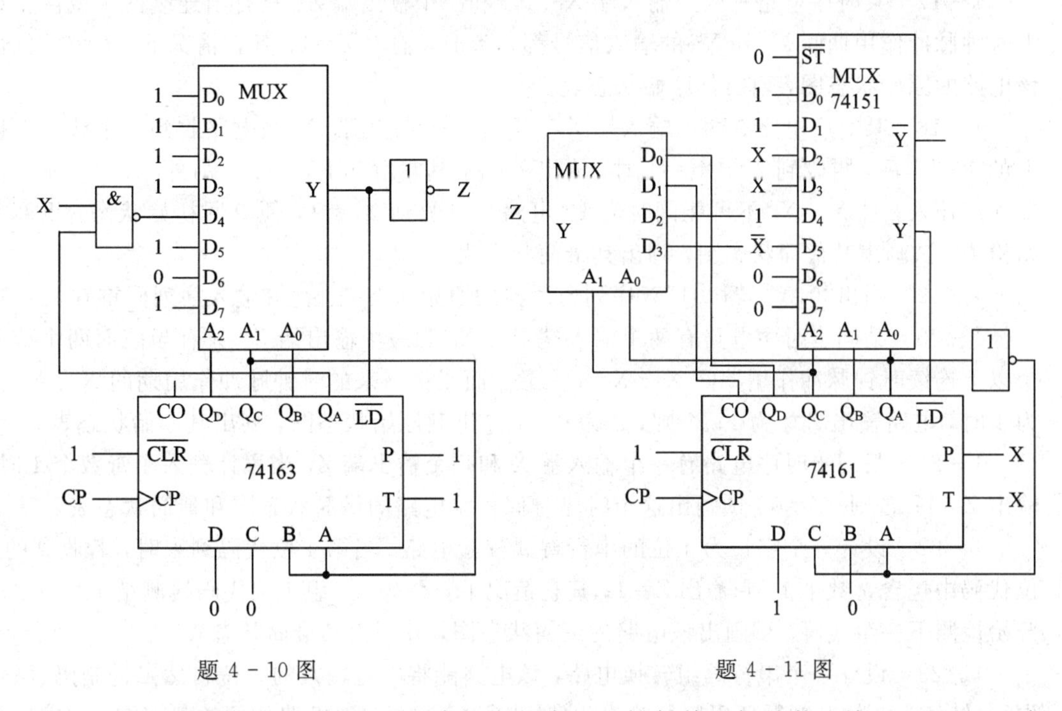

题4-10图　　　　题4-11图

4-12　画出题4-12图所示电路的全状态图，判断其逻辑功能，并用Multisim或TINA软件仿真电路的工作情况。

4-13　画出“0100”序列检测器的原始状态图，列出其原始状态表。不允许输入序列码重叠。

4-14　画出“101010”序列检测器的原始状态图，列出其原始状态表。允许输入序列码重叠。

4-15　画出“1010”序列检测器的原始状态图，列出其原始状态表。对应于输入序列“1010”的最后一个0，输出Z=1。如果Z=1，则仅当X=1时，输出Z才变为0，否则Z一

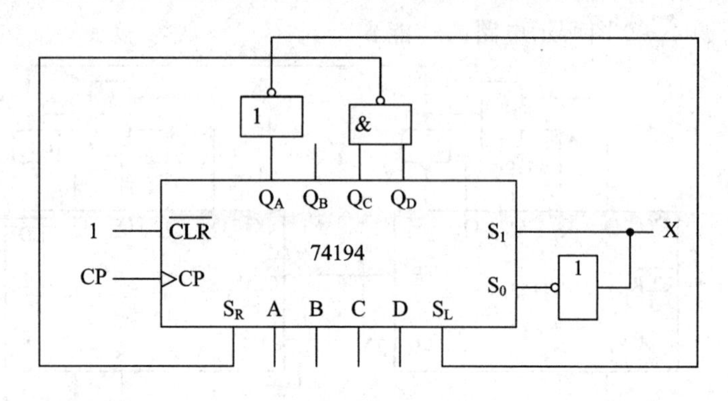

题 4 - 12 图

直保持为 1；其它情况下，Z=0。允许输入序列码重叠。

4 - 16　画出“1001”序列检测器的原始状态图，列出其原始状态表。对应于输入序列“1001”的最后一个 1，输出 Z=1。如果 Z=1，则仅当 X=0 时，输出 Z 才变为 0，否则 Z 一直保持为 1；其它情况下，Z=0。允许输入序列码重叠。

4 - 17　某时序电路有两个输入端 X_1、X_0 和一个输出端 Z。只有当连续两个或两个以上时钟脉冲作用期间 X_1 和 X_0 的输入信号都一致时，输出 Z=1；其它情况下，Z=0。画出该电路的原始状态图，列出其原始状态表。

4 - 18　某时序电路有两个输入端 X_1、X_0 和一个输出端 Z。当电路收到 3 个或 3 个以上的 $X_0=1$ 后，再收到 1 个 $X_1=1$ 时，输出 Z=1；其它情况下，Z=0。另外，$X_0=1$ 不一定要连续输入，且 X_1、X_0 不可能同时为 1。电路一旦收到 $X_1=1$，便返回初始状态，重新开始检测。试画出其最简状态图，列出其最简状态表。

4 - 19　列出“010”、“1001”双序列检测器的原始状态表。允许输入序列码重叠。

4 - 20　某同步时序电路有两个输入端 X_1、X_0 和一个输出端 Z。只有当前面两个或两个以上连续时钟脉冲作用期间 X_1、X_0 不一致，而紧接下来的时钟脉冲作用期间 X_1、X_0 都为 1 时，电路输出 Z 才为 1；否则，Z 为 0。试画出其原始状态图，列出其原始状态表。

4 - 21　某同步时序电路有一个输入端 X 和一个输出端 Z，当累计输入了奇数个 1 时，输出 Z=1；否则，Z=0。试画出这个时序奇偶校验电路的最简状态图和最简状态表。

4 - 22　设计一个字长为 4 位的串行奇偶校验电路。当第 4 位代码到来时，若收到的 4 位代码中包含奇数个 1，则输出 Z=1；其它情况下，Z=0。一组 4 位代码检测结束后，立即开始检测下一组代码。试画出该电路的最简状态图，并列出其最简状态表。

4 - 23　设计一个串行码组转换电路，该电路能将串行输入的 3 位自然二进制码(高位先行)转换为 3 位典型循环码串行输出(高位先行)。试画出该电路的原始状态图，并求出其最简状态表。

4 - 24　画出低位先入二进制串行比较器的状态图并列出其状态表。

4 - 25　画出二进制串行减法器的状态图并列出其状态表。

4 - 26　用观察法化简题 4 - 26 表所示各状态表，找出最大等价类，列出其最简状态表。

题 4-26 表(a)

S^n	X^n	
	0	1
A	A/0	B/0
B	A/0	C/0
C	D/0	E/1
D	A/1	F/0
E	A/0	C/0
F	F/0	G/0
G	F/0	C/0

S^{n+1}/Z^n

题 4-26 表(b)

S^n	X^n	
	0	1
A	A/0	B/0
B	C/0	E/1
C	A/0	D/0
D	A/0	F/1
E	E/0	C/0
F	F/0	C/0
G	A/1	B/1

S^{n+1}/Z^n

题 4-26 表(c)

S^n	$X_1^nX_0^n$		
	00	01	10
A	A/0	B/1	E/1
B	B/0	A/1	F/1
C	A/1	D/0	E/1
D	E/1	C/0	A/1
E	A/0	D/1	E/1
F	B/0	D/1	F/1
G	E/1	C/0	B/1

S^{n+1}/Z^n

4-27　用隐含表法化简题 4-27 表所示各状态表，找出最大等价类，列出其最简状态表。

题 4-27 表(a)

S^n	X^n	
	0	1
A	A/0	C/0
B	D/1	A/0
C	F/0	F/0
D	E/1	B/0
E	G/1	G/0
F	C/0	C/0
G	B/1	H/0
H	H/0	C/0

S^{n+1}/Z^n

题 4-27 表(b)

S^n	$X_1^nX_0^n$			
	00	01	10	11
A	D/0	D/0	F/0	A/0
B	C/1	D/0	E/1	F/0
C	C/1	D/0	E/1	A/0
D	D/0	B/0	A/0	F/0
E	C/1	F/0	E/1	A/0
F	D/0	D/0	A/0	F/0
G	G/0	G/0	A/0	A/0
H	B/1	D/0	E/1	A/0

S^{n+1}/Z^n

4-28　用 D 触发器设计一个高位先入的串行二进制数比较器。当 $X>Y$ 时，$G=1$；当$X=Y$ 时，$E=1$；当 $X<Y$ 时，$L=1$。

4-29　用 D 触发器设计题 4-20 描述的同步时序电路。

4-30　用 JK 触发器设计题 4-21 描述的同步时序电路。

4-31　某同步时序电路对两个串行输入信号 X_1、X_0 相异的位进行检测。当 X_1、X_0 中相异的位数等于 4 时，输出 $Z=1$，同时系统重新开始计数。试用 JK 触发器设计该时序电路。

4-32　用 D 触发器设计一个串行二进制数加法器电路。

4-33　用 D 触发器设计一个自启动的右移型模 6 同步计数器。

4-34　用 D 触发器设计一个序列产生器，可产生“101001”周期序列。

4-35　某同步时序电路的输入 X 和 Y 为两个高位先入的串行二进制数，其输出 Z 为 X 和 Y 中较大的数。试用 JK 触发器设计该同步时序电路。

4-36　用 JK 触发器设计一个变模同步计数器。当控制端 $X=0$ 时，该计数器为四进制加法计数器；当控制端 $X=1$ 时，该计数器为三进制减法计数器。

4 - 37　用 T 触发器设计一个可逆四进制同步计数器。当控制端 X=0 时，该计数器为加法计数器；当控制端 X=1 时，该计数器为减法计数器。

4 - 38　某时序电路中有一个二十四进制的 8421BCD 同步加法计数器。该计数器平时处于“0”状态，只有在一个外部启动信号 ST 作用后，该计数器才对外部的时钟脉冲 CP 计数，但经过一个计数循环又回到“0”状态时，停止计数。每来一个启动脉冲就重复一次上述过程。试用 74162 设计该时序电路。

4 - 39　以 74163 为核心设计一个序列检测器。当输入序列中出现奇数个连续的 0 后紧接着出现两个连续的 1，然后再出现偶数个(不含 0 个)连续的 0 时，电路输出 Z=1；否则，Z=0。允许输入序列码重叠。要求画出序列检测器状态图，列出 74163 的控制激励表。

4 - 40　用 74161 和 74138 及 1 个逻辑门，设计一个“00011101”周期序列产生器。

4 - 41　以 74194 为核心，实现图 4 - 23 所示状态图描述的同步时序电路功能。

4 - 42　用 74194 设计一个移位型“00011101”周期序列产生器。

4 - 43　用 74194 设计一个自启动的同步时序电路，使其输入 X 和输出 Z 之间满足题 4 - 43 图所示关系。

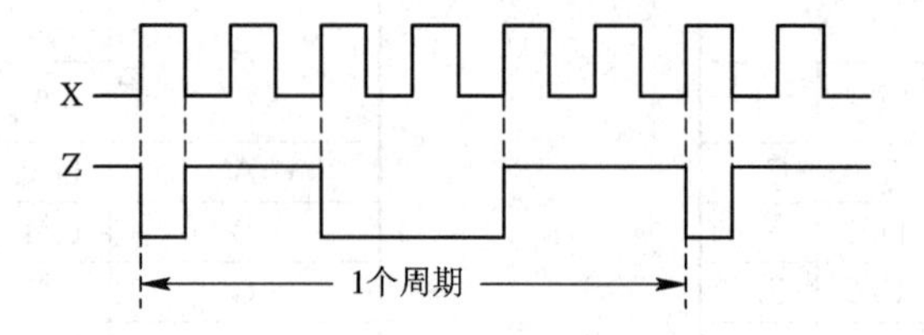

题 4 - 43 图

4 - 44　分别用 74163 和 74194 设计一个同步时序电路，实现题 4 - 44 图所示状态图描述的功能。

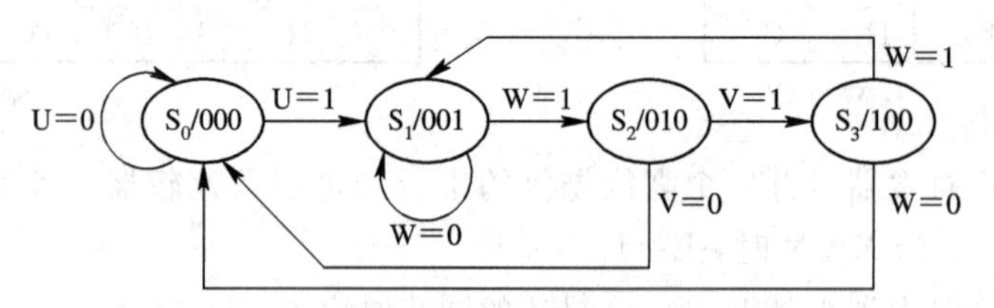

题 4 - 44 图

4 - 45　某 MSI 同步时序逻辑模块的惯用逻辑符号和状态图如题 4 - 45 图所示，试用

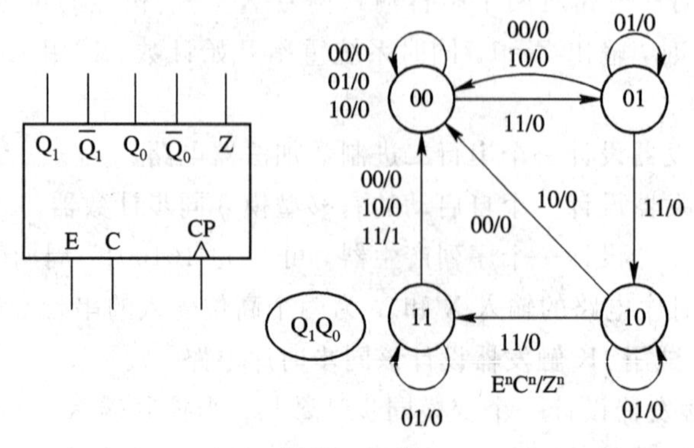

题 4 - 45 图

该模块设计一个不可重叠的“1101”序列检测器。

4-46 某彩灯显示电路由发光二极管 LED 和控制电路组成，如题 4-46 图所示。已知输入时钟脉冲 CP 频率为 50 Hz，要求 LED 按照“亮、亮、灭、亮、灭、亮、灭、亮、亮、灭”的规律周期性地亮灭，亮灭一次的时间为 2 s。试设计该控制电路，并用 Multisim 或 TINA 软件仿真电路的工作情况。

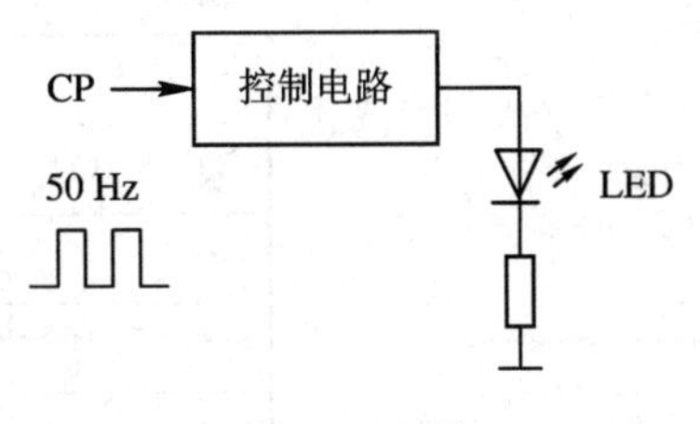

题 4-46 图

4-47 某数据抽样电路的串行输入数据速率为 1 kHz，要求每 10 ms 抽取 1 位数据，且每抽取 4 位数据后即并行输出一次（送入寄存器保存起来，以备别的电路取走）。试设计该电路。

4-48 分析题 4-48 图所示的异步时序电路，画出其工作波形和全状态图，并指出其逻辑功能，最后用 Multisim 或 TINA 软件仿真电路的工作情况。

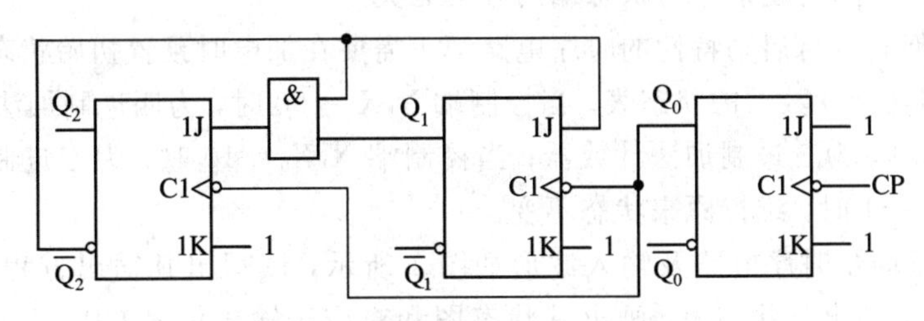

题 4-48 图

4-49 分析题 4-49 图所示的异步时序电路，画出其工作波形和全状态图，并指出其逻辑功能，最后，用 Multisim 或 TINA 软件仿真电路的工作情况。

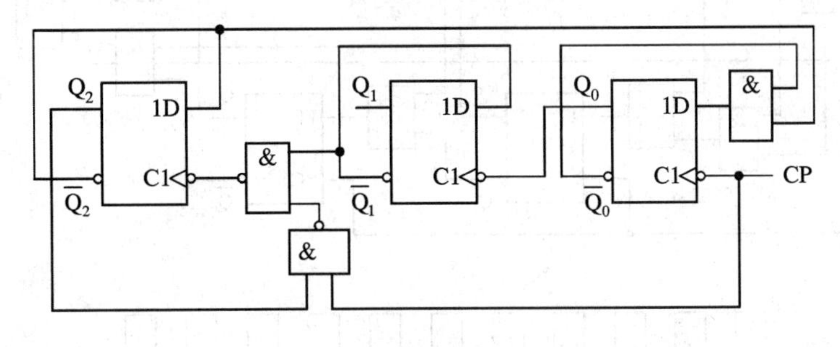

题 4-49 图

4-50 用 JK 触发器和阻塞反馈法设计一个 2421BCD 码异步加法计数器，并画出其工作波形，最后用 Multisim 或 TINA 软件仿真电路的工作情况。

自 测 题 4

1.（20 分）完成下列各题：

（1）填写表 1 所示激励表。

表 1

现态		次态		激励	
Q_1^n	Q_0^N	Q_1^{n+1}	Q_0^{n+1}	$J_1^n K_1^n$	T_0^n
0	0	0	1		
0	1	1	0		
1	0	1	1		
1	1	0	0		

(2) 判断下列说法是否正确：

A. 摩尔型时序电路具有一定的抗干扰能力　　(　　)

B. 只有输出相同的状态才有可能等价　　(　　)

C. 时序电路的复杂性与状态编码方案无关　　(　　)

D. 任何具有自启动特性的时序电路都不需要在加电时预置初始状态　　(　　)

(3) 列出多功能计数器的状态表。当控制端 $X_1X_0=00$ 时，为四进制加法计数器；当控制端 $X_1X_0=01$ 时，为三进制加法计数器；当控制端 $X_1X_0=10$ 时，为三进制减法计数器；当控制端 $X_1X_0=11$ 时，维持原来状态不变。

2.(25 分)某同步时序电路及输入波形如图 1 所示，试写出其输出方程组、激励方程组、次态方程组，列出其状态表，画出其状态图和对应于输入信号 CP、X 波形的 Q_1、Q_0 和 Z 的工作波形(假设电路的初始状态为 00)，最后指出其逻辑功能。

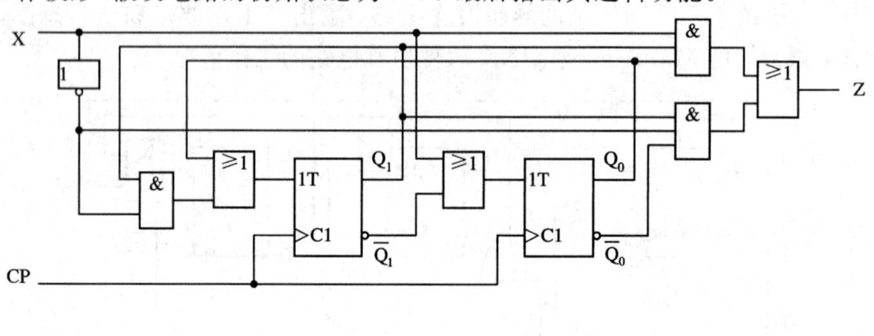

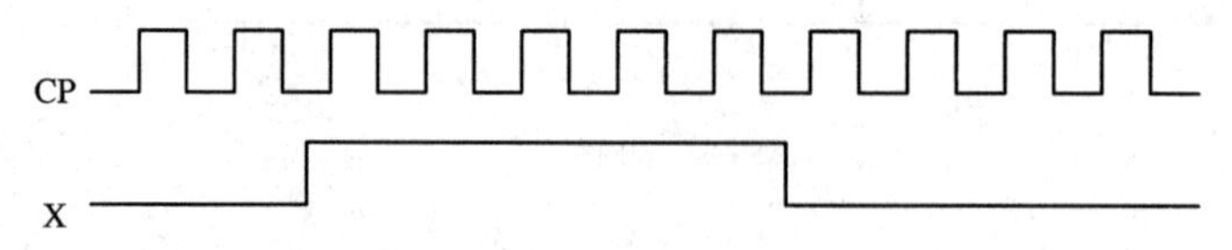

图 1

3.(10 分)画出图 2 所示电路的全状态图，并判断电路的功能。

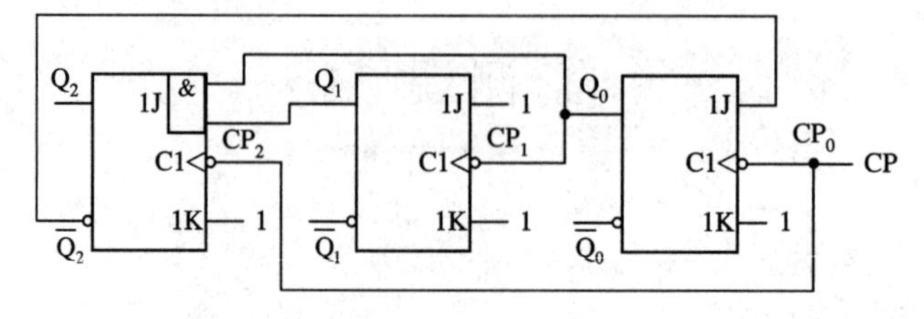

图 2

4.(20 分)时序电路如图 3 所示，回答下列问题：

(1) 两片 74LS161 级联构成多少进制计数器？

(2) 当 CP 频率为 256 kHz、$X_6X_5X_4X_3X_2X_1X_0$＝0110100 时，74LS160 构成几进制计数器？Y 和 Z 的输出频率各为多少？

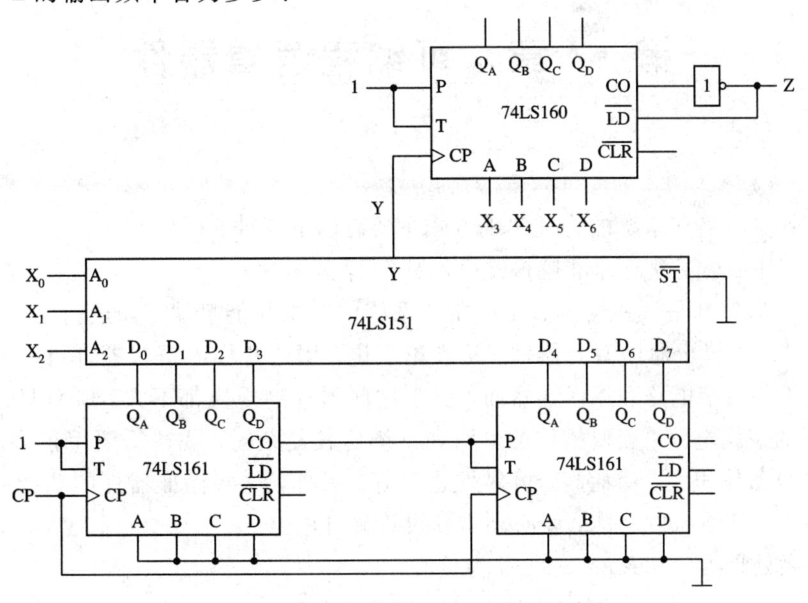

图 3

5.(15 分)某同步时序电路有两个输入端 X_1、X_0 和两个输出端 Z_1、Z_0。X_1X_0 表示一个两位二进制数。若当前输入的数大于前一时刻输入的数，则输出 Z_1Z_0＝10；若当前输入的数小于前一时刻输入的数，则输出 Z_1Z_0＝01；若当前输入的数等于前一时刻输入的数，则输出 Z_1Z_0＝00。试画出其原始状态图，列出其原始状态表。

6.(10 分)化简表 2 所示原始状态表，找出其全部最大等价类，列出其最简状态表。

7.(附加题，20 分)以 74163 为核心，设计一个由图 4 所示状态图描述的同步时序电路。

表 2

S^n	X^n	
	0	1
A	A/0	B/0
B	A/0	D/1
C	G/0	E/1
D	D/1	G/0
E	E/1	G/0
F	A/0	C/1
G	G/0	C/0

S^{n+1}/Z^n

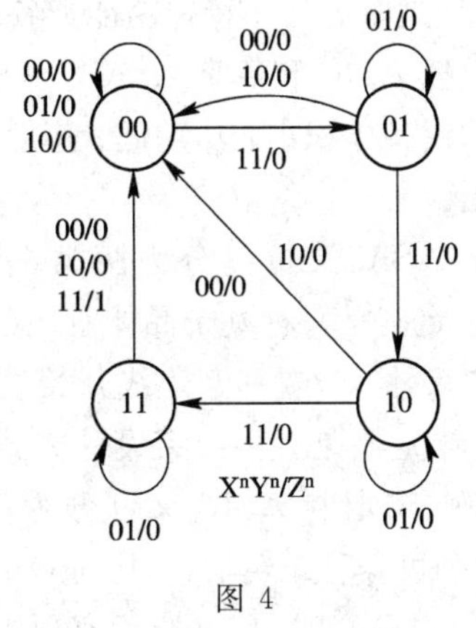

图 4

第5章 可编程逻辑器件

目前，数字电路和系统的物理实现方式主要有以下三种：

(1) 采用中、小规模的标准逻辑器件，如74系列芯片。

标准逻辑器件都是一些构成数字电路和系统的基本功能模块，如逻辑门、触发器、译码器、计数器等，属于通用型的器件。从理论上讲，用这些标准逻辑器件可以构成任何功能、任何规模的数字电路和系统。然而，由于这些器件的规模都不大，所以只适合实现一些相对简单的逻辑电路，当要构成的电路和系统比较复杂时，往往需要用很多芯片，以致最终制成的设备体积大、功耗高、可靠性也不好。另外，这些标准器件的功能通常都是固定的，如果要改变设备的功能，就必须重新设计硬件电路。

(2) 以微处理器(Microprocessor)为核心。

微处理器也是一种通用型的器件。以微处理器为核心，再配以少量的外围电路(如输入/输出接口、存储器等)和一定的程序，原则上也可以实现任何逻辑功能。由于设计者一般只需要修改程序就可以改变系统的功能，所以这种实现方式最大的优点是灵活、设计风险较小。不过这种实现方式也有其不足之处：由于系统的功能主要是靠微处理器以串行的方式逐条执行指令来实现的，系统的工作速度受限于微处理器的时钟频率，因此不太适合数据处理量大且对工作速度要求很高的场合；另外，无论是硬件还是软件，都很容易被非法复制，不利于知识产权的保护。

(3) 采用专用集成电路(Application Specific Integrated Circuit，ASIC)。

ASIC是专为某一特定功能或特定应用设计、生产的大规模或超大规模集成电路，可以分为模拟ASIC和数字ASIC。一个复杂的系统一般只要一片或几片ASIC即可实现，所以制成的设备体积小、功耗低、速度高、可靠性好；ASIC很难被复制，可以保护设计成果不被盗用。

数字ASIC又可以分为两类：全定制(Full-Custom)ASIC和半定制(Semi-Custom)ASIC。全定制是一种基于晶体管级的ASIC设计方法。设计者使用版图编辑工具，从晶体管的版图尺寸、位置和互连线开始设计，以求在芯片利用率、速度和功耗等方面获得最优的性能。半定制是一种约束设计方式，采用这种方式主要是为了缩短设计周期和提高芯片的成品率。半定制ASIC又可分为门阵列(Gate Array，GA)、标准单元(Standard Cell，SC)阵列和可编程逻辑器件(Programmable Logic Device，PLD)三种。

门阵列(GA)是IC制造厂家预先生产的一种半成品芯片，芯片中的基本单元——逻辑门以阵列形式排列，只有连线层需要根据用户的要求进行掩膜。而设计者只需要设计到逻辑门这一级，将描述逻辑门之间连接关系的网表文件以电子设计交换格式(Electronic

Design Interchange Format，EDIF)交给 IC 制造厂家即可。标准单元(SC)是由 IC 制造厂家设计并经过考验的一些具有一定功能的设计模块，它们一般以元件库的形式放在计算机辅助设计(Computer Aided Design，CAD)工具中，用户利用 CAD 工具调用所需要的功能单元就可以在版图一级完成电路的最终设计。无论是 GA 还是 SC，芯片的功能最终都是由 IC 制造厂家来实现的。由于芯片制成后其功能就再也不能改变，因此存在比较大的设计风险，再加上先期成本很高，开发周期较长，所以这两种半定制 ASIC 比较适合于那些生产批量极大的成熟产品。

可编程逻辑器件(PLD)又称为可编程 ASIC，它也是由 IC 制造厂家生产的一种半成品芯片，在这些芯片上只是集成了一些逻辑门、触发器、连接线等电路资源，在出厂时它们不具备任何逻辑功能。用户可以使用专用的开发工具先将其设计的电路转化成某个信息文件，然后再通过专用的编程器或下载电缆将这些信息“编程”到芯片上去，从而使芯片具有相应的逻辑功能。这样，一个不懂半导体生产工艺的电气工程师在实验室中也可以自己制作 ASIC，并且使得产品的开发周期短、费用低。更可贵的是，目前绝大多数的 PLD 都具有可再编程性，倘若设计出错，可以对器件重新编程，从而大大降低了设计者所承担的风险。因此，这种方法比较适合于那些生产批量不大或正在试制阶段的产品。

大规模可编程逻辑器件是现代数字设计的基础之一。本章将首先着重讨论 PROM、PLA、PAL、GAL 和 CPLD、FPGA 等各类可编程逻辑器件的电路结构和工作原理，然后简单介绍可编程逻辑器件的开发过程和编程技术。目前，可编程逻辑器件的发展非常迅速，在学习这些内容时，应注重掌握基本的概念和基本的电路结构。

5.1 可编程逻辑器件概述

5.1.1 PLD 的发展简史

可编程逻辑器件最早出现于 20 世纪 70 年代，发展至今，在结构、工艺、集成度、速度、灵活性和编程技术等方面都有了很大的改进和提高。纵观其发展历程，大致可以分为以下几个阶段：

20 世纪 70 年代，熔丝编程的 PROM(Programmable Read Only Memory)和 PLA(Programmable Logic Array)是最早出现的可编程逻辑器件。

20 世纪 70 年代末，AMD 公司推出了 PAL(Programmable Array Logic)器件。

20 世纪 80 年代初，Lattice 公司首先生产出了可电擦写的、比 PAL 使用更灵活的 GAL(Generic Array Logic)器件。

20 世纪 80 年代中期，Xilinx 公司提出了现场可编程的概念，同时生产出了世界上第一片 FPGA(Field Programmable Gate Array)器件。在同一时期，Altera 公司推出了 EPLD(Erasable PLD)，它比 GAL 具有更高的集成度。

20 世纪 80 年代末，Lattice 公司又提出了在系统可编程(In-System Programmability，ISP)的概念，并推出了一系列具有在系统可编程能力的 CPLD(Complex PLD)器件。此后，其它 PLD 厂家都相继采用了 ISP 技术。

进入20世纪90年代后，可编程逻辑器件的发展十分迅速，主要表现在三个方面：一是规模越来越大；二是速度越来越高；三是电路资源更加丰富，除了常见的逻辑门、触发器、存储器等逻辑资源外，很多可编程逻辑器件中还集成了诸多复杂的功能模块，如微处理器、乘法器、锁相环等，电路结构也越来越灵活。一个复杂的数字系统甚至只用一片可编程逻辑器件就可实现，这就是所谓的单芯片系统(System On A Chip，SOAC)。

5.1.2 PLD的分类

可以从不同的角度对可编程逻辑器件进行分类，以下是几种比较常见的划分方法。

1. 按集成度分类

集成度衡量的是可编程逻辑器件中资源的多少，按照集成度可以将可编程逻辑器件分为低密度可编程逻辑器件(Low-Density PLD，LDPLD)和高密度可编程逻辑器件(High-Density PLD，HDPLD)两类。一般以芯片GAL22V10的容量来区分LDPLD和HDPLD。不同制造厂家生产的GAL22V10的密度略有差别，大致在500～750门之间。如果按照这个标准，PROM、PLA、PAL和GAL属于LDPLD，EPLD、CPLD和FPGA则属于HDPLD。

2. 按基本结构分类

在可编程逻辑器件中，用于实现逻辑的基本单元主要有与—或阵列和查找表(Look Up Table，LUT)两种结构类型。LDPLD(PROM、PLA、PAL、GAL)、EPLD和CPLD的基本结构都是与—或阵列，FPGA则用查找表来实现基本逻辑。

3. 按编程工艺分类

所谓编程工艺，是指在可编程逻辑器件中存储编程数据的存储单元的类型。在可编程逻辑器件中，主要有以下五种编程工艺：① 熔丝(Fuse)或反熔丝(Anti-Fuse)；② UVEPROM；③ E^2PROM；④ Flash Memory；⑤ SRAM编程器件。

对于采用第①～④类编程工艺的可编程逻辑器件，它们在编程后，编程数据就保持在器件上，即使在器件掉电后，编程数据也不会丢失，故将它们称为非易失性器件；而对于采用第⑤类编程工艺的可编程逻辑器件，存储在SRAM中的编程数据在器件掉电后会丢失，在器件每次上电后都要重新对其配置编程数据，因此将这类器件称为易失性器件。另外，由于熔丝或反熔丝编程器件只能编程一次，所以又将这类器件称为一次性编程器件，即OTP(One Time Programmable)器件，其它各类器件均可反复多次编程。

5.1.3 PLD电路的表示方法

由于可编程逻辑器件内部电路的结构非常复杂，之前介绍的那些简单逻辑电路的画法已不太适用，下面介绍PLD内部电路的一些特殊表示方法。

1. PLD连接的表示法

图5-1所示为PLD中的三种连接状态。图5-1(a)表示两条线固定连接，固定连接是永久性连接，无法再通过编程断开；图5-1(b)表示编程连接，可以再用编程的方法将其断开；图5-1(c)表示两条线不连接。

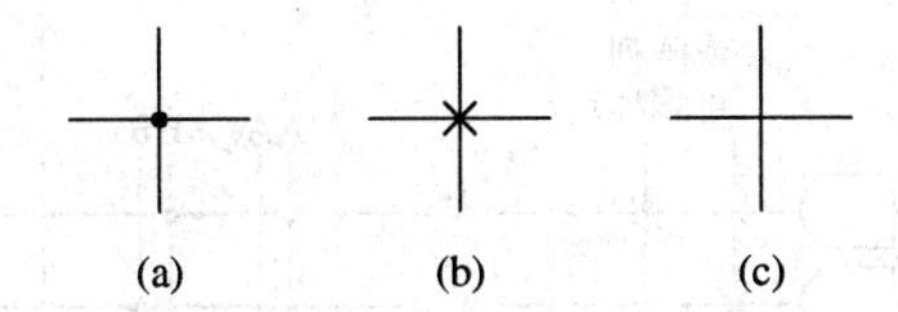

图 5-1　PLD 中的三种连接状态

(a) 固定连接；(b) 编程连接；(c) 不连接

2. 基本逻辑门的 PLD 表示法

1) 缓冲器

在 PLD 中，输入缓冲器和反馈缓冲器都采用互补输出结构，如图 5-2(a)所示；输出缓冲器一般为三态缓冲器(低电平使能或高电平使能)，如图 5-2(b)、(c)所示。

2) 与门

图 5-2(d)表示的是一个三输入的与门，根据连接关系可知，与门输出 P＝AC；当一个与门的所有输入信号都连接时，可以像图 5-2(e)那样表示，这时 P＝ABC。

3) 或门

图 5-2(f)表示的是一个三输入的或门，或门输出 P＝A＋B＋C。

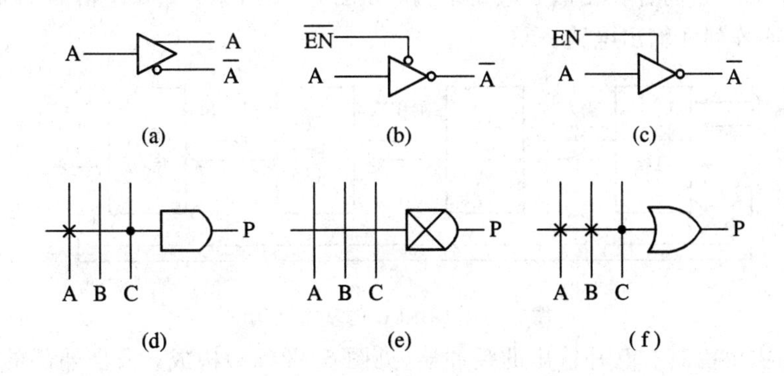

图 5-2　基本逻辑门的 PLD 表示法

(a) 互补输出的缓冲器；(b) 三态输出的缓冲器(低电平使能)；(c) 三态输出的缓冲器(高电平使能)；(d) 与门；(e) 与门；(f) 或门

4) 与－或阵列图

与－或阵列是用多个与门和或门构成的一种阵列结构，原则上任何组合逻辑电路都可以表示成与－或阵列的形式。图 5-3(a)清楚地表明了一个不可编程的与阵列和一个可编程的或阵列。不难写出输出信号的逻辑表达式：

$$F_1(A, B) = \sum m(0, 1, 3)$$

$$F_2(A, B) = \sum m(0, 2, 3)$$

有时为了方便，可以将阵列中的逻辑门省略掉，简化成图 5-3(b)的形式。

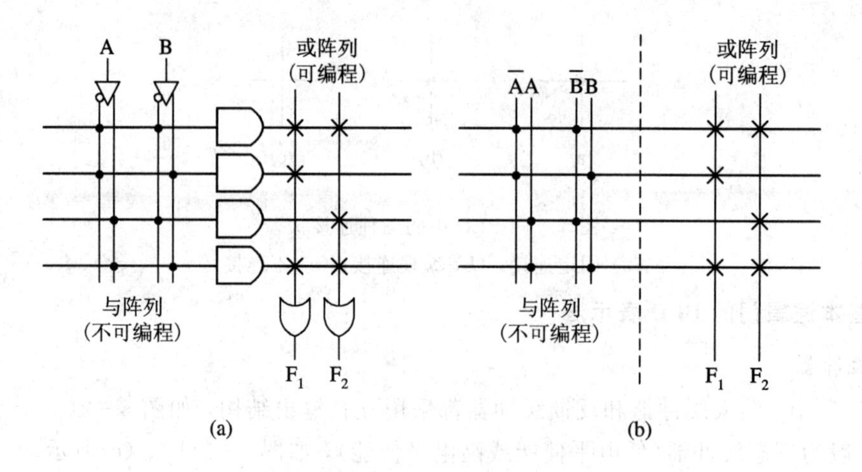

图 5-3　与一或阵列图

5.2　低密度可编程逻辑器件(LDPLD)

早期出现的 PROM、PLA、PAL 和 GAL 这四种可编程逻辑器件都属低密度可编程逻辑器件(LDPLD)，它们有着相似的电路结构，如图 5-4 所示，主要包括四个部分：输入电路、与阵列、或阵列和输出电路。

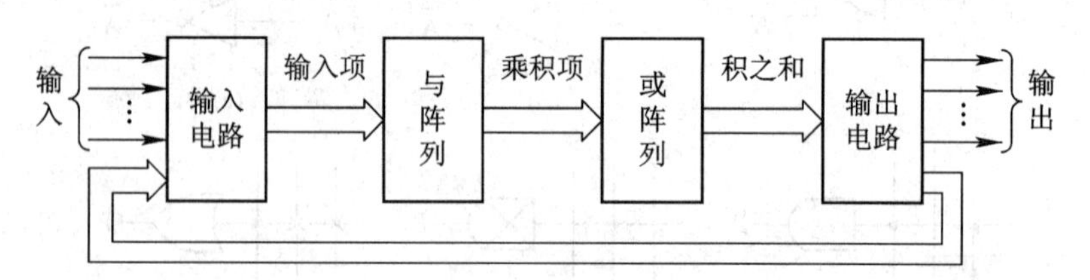

图 5-4　LDPLD 的基本结构

输入电路主要由具有互补输出的缓冲器(见图 5-2(a))构成，来自外部的输入信号和从内部反馈回来的信号经过缓冲器后加到与阵列的输入端。缓冲器除了用于产生互补信号以外，还提高了信号的驱动能力。众所周知，任何组合逻辑都可以用“积之和”式(“与或”式)来描述，用“与门一或门”这种二级电路来实现，所以与阵列和或阵列是低密度可编程逻辑器件的核心部分。对于不同的低密度可编程逻辑器件，输出电路中的逻辑资源也不尽相同，比较常见的有三态输出缓冲器(见图 5-2(b)、(c))、触发器等，输出电路的结构也千差万别。

5.2.1　只读存储器(ROM)

在本书的第 3 章中已经介绍了只读存储器的特点和分类。作为一种能够存储大量二进制信息的器件，它的基本结构如图 5-5(a)所示，主要由地址译码器和存储阵列构成，输入信号 A_{n-1}～A_0是 n 位地址，输出信号 F_{m-1}～F_0是地址所指向的存储单元中的数据。

从另外一个角度讲，ROM 又是最早出现的一种可编程逻辑器件，如图 5-5(b)所示，其主体是一个不可编程的与阵列和一个可编程的或阵列。与阵列相当于地址译码器，A_{n-1}～

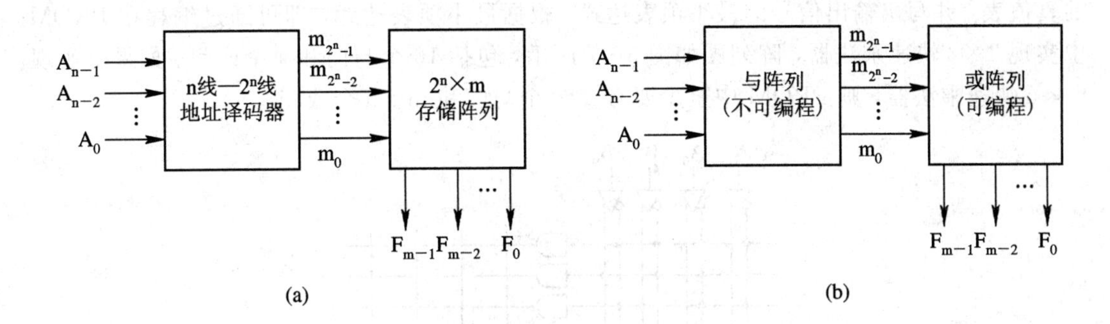

图 5-5　ROM 的电路结构

(a) 存储器结构图；(b) 与一或阵列结构图

A_0这 n 个输入信号经与阵列后产生由 n 个输入变量构成的 2^n个不同的最小项 $m_{2^n-1} \sim m_0$；或阵列相当于存储阵列，$F_{m-1} \sim F_0$是按照对或阵列编程的结果产生的 m 个输出函数。ROM 的输出电路通常是三态输出缓冲器。例如，图 5-6(a)给出的是一个 2^2(2 个输入)×2(2 个输出)ROM 在对其或阵列编程后的阵列图，不难看出：

$$m_0=\overline{A}_1\overline{A}_0,\quad m_1=\overline{A}_1A_0,\quad m_2=A_1\overline{A}_0,\quad m_3=A_1A_0$$

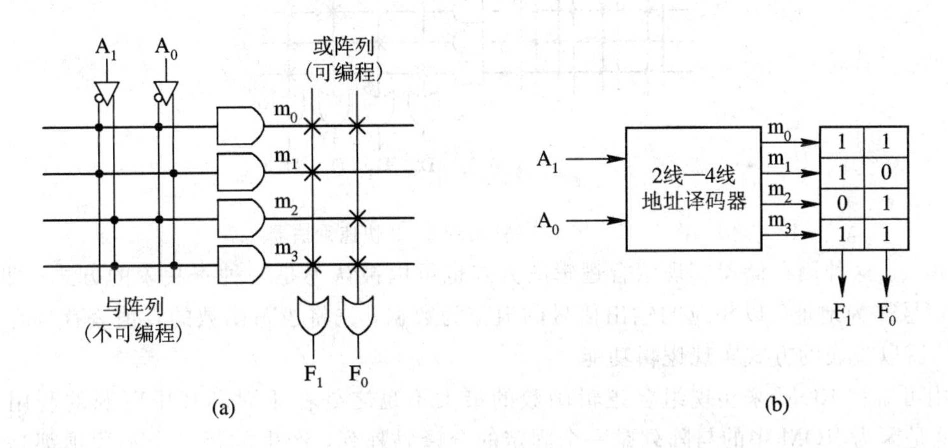

图 5-6　ROM 结构图

(a) 与一或阵列结构图；(b) 存储器示意图

显然，该 ROM 实现了两个 2 变量的逻辑函数：

$$F_1(A_1, A_0)=\sum m(0, 1, 3)$$

$$F_0(A_1, A_0)=\sum m(0, 2, 3)$$

图 5-6(a)或阵列中的可编程位就相当于图 5-6(b)中存储单元中的存储位，存储位中是“1”对应“连接”，存储位中是“0”对应“不连接”。由于任何组合逻辑函数都可以写成最小项之积的标准形式，所以只要合理地对或阵列进行编程，在 ROM 中就可以实现任意 n 个输入变量的 m 个逻辑函数。

【例 5-1】　用适当容量的 PROM 实现 2×2 快速乘法器。

解　2×2 快速乘法器的输入是两个 2 位二进制数，输出的结果是 4 位二进制数。设被乘数为$(A_1A_0)_2$，乘数为$(B_1B_0)_2$，则$(A_1A_0)_2\times(B_1B_0)_2=(P_3P_2P_1P_0)_2$。不难列出 $P_0\sim P_3$

的真值表，并写出输出信号的最小项表达式；根据最小项表达式，即可通过编程在 PROM 中实现 2×2 快速乘法器，阵列图如图 5-7 所示，包括 16 个与门和 4 个或门。如果要实现 m×n 快速乘法器，则 PROM 中至少要有 2^{m+n} 个与门和 m+n 个或门。

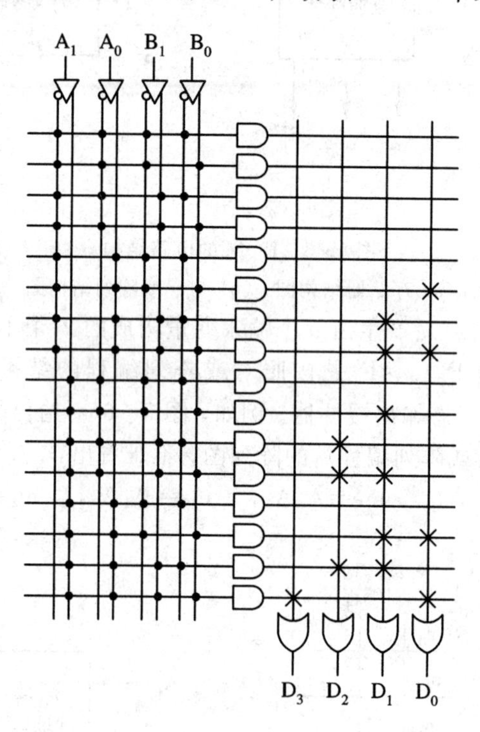

图 5-7　用 RPOM 实现 2×2 快速乘法器

其实，这种用存储器实现组合逻辑的方式也可以被认为是一种查找表的方式，即：以输入信号作为地址，以相应的输出信号的值作为数据，先将逻辑函数的真值表存到存储器中，然后以查表的方式实现逻辑功能。

用可编程 ROM 来实现组合逻辑函数的最大不足之处在于对芯片中资源的利用率不高，这是因为 ROM 中的与阵列是一个固定的全译码阵列，产生的每一个乘积项都是一个最小项，只能实现组合逻辑函数的最小项表达式，不能进行化简，而实际上大多数的组合逻辑函数也并不需要所有的最小项。因此，ROM 在绝大多数场合还是被作为存储器使用。

5.2.2　可编程逻辑阵列(PLA)

可编程逻辑阵列 PLA 是为了提高对芯片的利用率，在 PROM 的基础上开发出来的一种与阵列和或阵列都可以编程的可编程逻辑器件。这样就大大提高了设计的灵活性。与阵列输出的乘积项不必一定是最小项，在采用 PLA 实现组合逻辑函数时可以运用逻辑函数经过化简后的最简与-或式，而且与阵列输出的乘积项的个数也可以小于 2^n(n 为输入变量的个数)，从而减小了与阵列的规模。

按照输出方式，PLA 可以分成组合逻辑 PLA 和时序逻辑 PLA 两类。组合逻辑 PLA 中不含有触发器，只能用来实现组合逻辑电路；时序逻辑 PLA 的输出电路中除了输出缓冲器外还有触发器，可以用来实现时序逻辑电路。PLA 的输出电路一般是不可编程的，但有些型号的 PLA 器件在每一个或门的输出端增加了一个可编程的异或门，以便于通过编程对输出信号的极性进行控制，如图 5-8 所示。当编程连接时，或门的输出与经过异或门以后的输出同相；当编程断开时，两者反相。

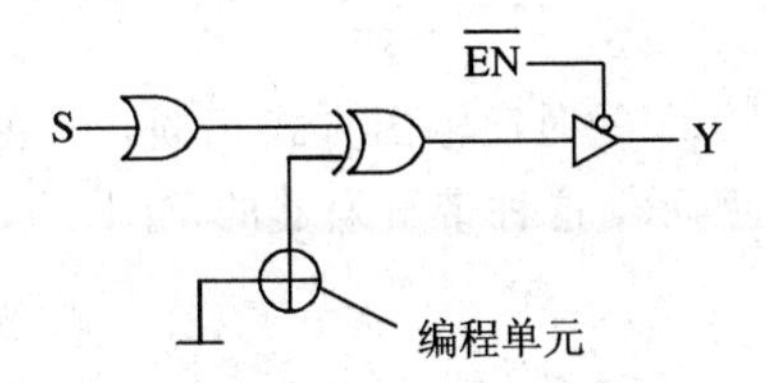

图 5-8　PLA 的异或输出结构

5.2.3　可编程阵列逻辑(PAL)

由于 PLA 的电路结构过于灵活，致使与之相配合的开发软件的算法非常复杂，运行速度很慢。因此，人们又在 PLA 之后设计出了与阵列可编程、或阵列固定的可编程阵列逻辑 PAL。

PAL 器件的输出电路一般也是不可编程的，为了适应不同的需求，在不同型号的 PAL 中，输出电路的结构不尽相同，主要有以下几种。

1. 专用输出结构

所谓“专用输出”，就是只能用作输出信号。专用输出结构的 PAL 中一般不含有触发器，所以只能用来实现组合电路，其输出通常直接来自于一个或门，或者是一个或非门，还有的 PAL 采用互补输出的或门。图 5-9 所示为一个采用或非门的专用输出结构。

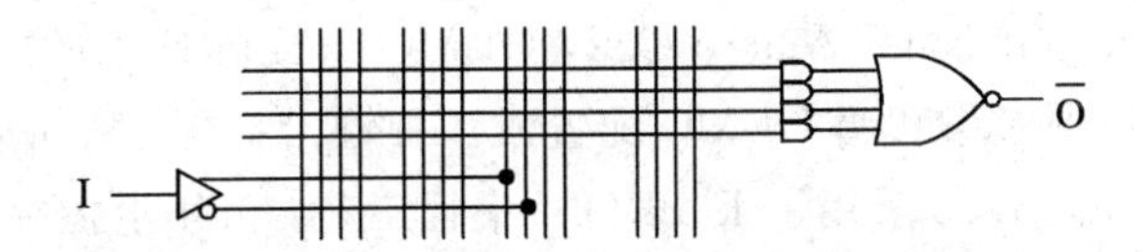

图 5-9　PAL 的专用输出结构

2. 可编程 I/O(输入/输出)结构

在可编程 I/O 结构中，器件端口的信号传输方向(输入/输出)是可以控制的。图 5-10 所示是一个可编程 I/O 结构的输出电路，它包括一个三态输出缓冲器和一个可以将端口上的信号送到与阵列中的互补输出的反馈缓冲器。不难发现，三态输出缓冲器的使能信号来自于与阵列的输出，是可以通过编程控制的。在图 5-10 所示的编程情况下，当 $I_1=I_0=0$ 时，使能信号 OE=1，端口处于输出状态；否则，OE=0，三态缓冲器输出为高阻抗，端口处于输入状态。

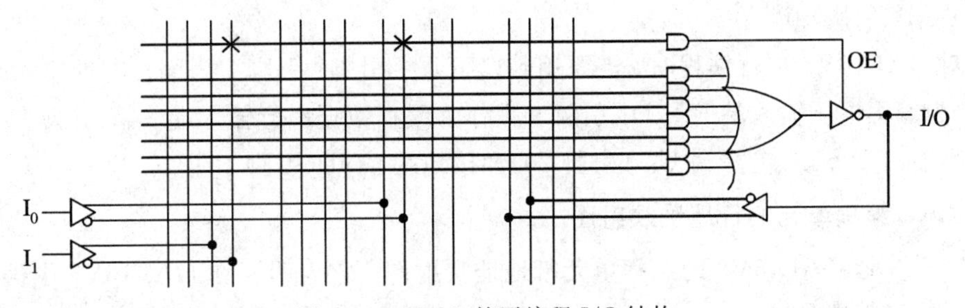

图 5-10　PAL 的可编程 I/O 结构

在有些具有可编程 I/O 结构的 PAL 中，在或阵列与输出缓冲器之间还设有图 5-8 中所示的可编程异或门，可以通过编程来控制输出信号的极性。

3. 寄存器输出结构

PAL 寄存器输出结构与 PLA 的时序输出方式相同，即在输出缓冲器和或阵列之间增加了一级触发器，如图 5-11 所示，这种带触发器的 PAL 可以被用来实现时序逻辑电路。

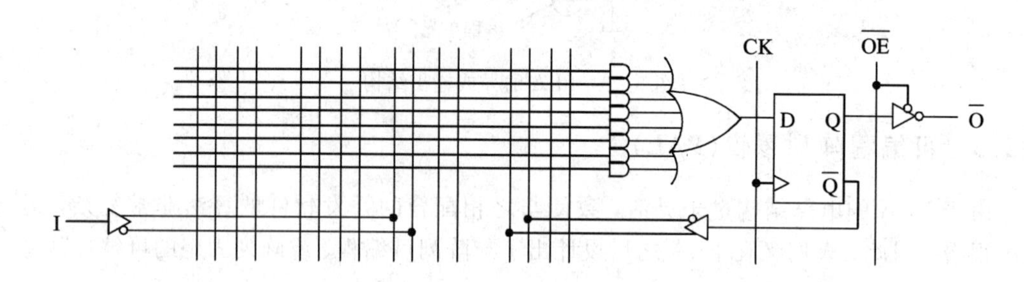

图 5-11　PAL 的寄存器输出结构

在有些具有寄存器输出结构的 PAL 中，在或阵列之后也会增加一级如图 5-8 中所示的可编程异或门，用于通过编程来控制输出信号的极性。

5.2.4　通用阵列逻辑(GAL)

通用阵列逻辑(GAL)是在 PAL 的基础上发展起来的，它继承了 PAL 的与-或阵列结构，与阵列可编程，或阵列固定。与 PAL 相比，GAL 最大的改进是在结构上采用了可编程的输出逻辑宏单元(Output Logic Macro Cell，OLMC)，或阵列中的或门被分散到各个输出逻辑宏单元中，可以通过编程将 OLMC 配置成多种输出结构，从而进一步增强了芯片的通用性和灵活性。另外，GAL 采用了 E^2PROM 编程工艺，可用电擦除并可重复编程。

下面以具有代表性的 GAL16V8 器件为例，介绍 GAL 的电路结构和工作原理。

1. GAL 的基本结构

GAL16V8 的内部电路如图 5-12 所示，主要由 5 部分构成：① 8 个输入缓冲器(引脚 2～9 为固定输入端口)；② 8 个三态输出缓冲器(引脚 12～19 作为 I/O 端口)；③ 8 个 OLMC(OLMC12～OLMC19)；④ 与阵列和 OLMC 之间的 8 个反馈缓冲器；⑤ 一个规模为 32×64 位(32 个输入、64 个乘积项)的可编程与阵列，64 个乘积项被平均分配给 8 个 OLMC。

除了以上 5 个部分以外，GAL16V8 还有一个专用时钟输入端 CK(引脚 1)、一个全局输出使能信号 OE 输入端(引脚 11)、一个工作电源端 U_{CC}(引脚 20，一般 U_{CC}=5 V)和一个接地端 GND(引脚 10)。

在对 GAL16V8 进行编程时，需要用到以下几个引脚：引脚 1 为编程时钟输入端 S_{CLK}；引脚 11 为编程电压输入端 PRLD；引脚 9 被作为编程数据串行输入端 S_{DI}；引脚 12 为编程数据串行输出端 S_{DO}；电源端 U_{CC}(引脚 20)和接地端 GND(引脚 10)。

2. GAL 编程单元的行地址映射图

图 5-13 是 GAL16V8 的编程单元行地址映射图，它表明了在 GAL16V8 中编程单元的地址分配和功能划分。

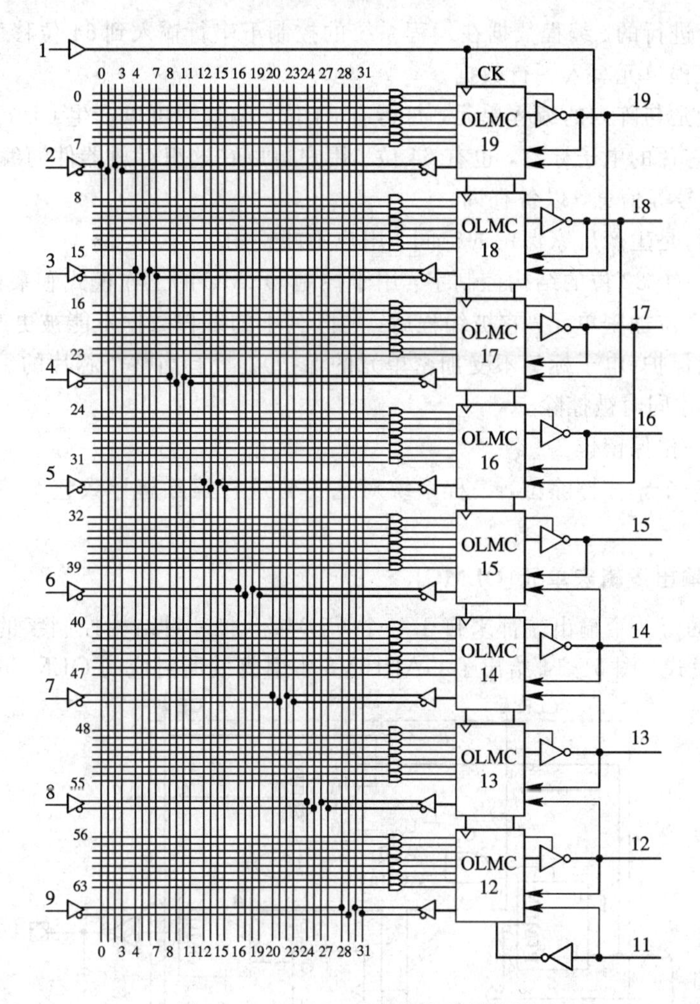

图 5-12　GAL16V8 的电路结构图

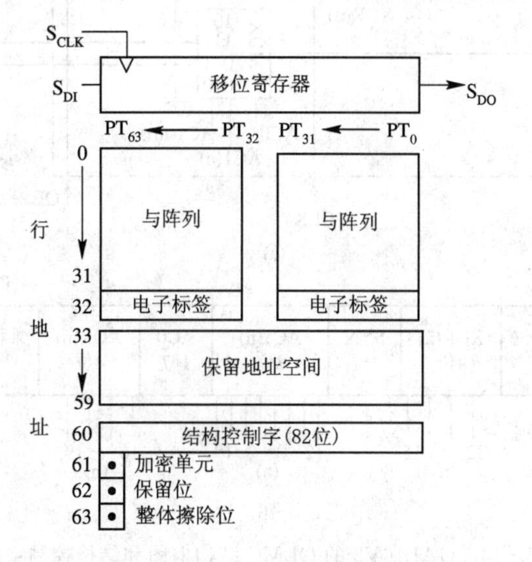

图 5-13　GAL16V8 编程单元的地址分配

编程是逐行进行的。编程数据在编程系统的控制下串行输入到64位移位寄存器中，每装满一次就向编程单元写入一行数据。

第0～31行是与阵列的编程单元，每行有64位，编程后可以产生64个乘积项。

第32行为芯片的电子标签，也有64位。用户可以在这里存放器件的编号、电路编号、编程日期、版本号等信息，以备查询。

第33～59行是生产厂家保留的空间，用户不能使用。

第60行是一个82位的结构控制字，用于控制OLMC的工作模式和乘积项的禁止。

第61行是1位加密单元，它被编程后，与阵列中的编程数据不能被更改或读出，从而使设计成果得以保护(电子标签不受加密单元的保护)。只有当整个芯片的编程数据被擦除时，该编程单元才同时被擦除。

第62行是一位保留位。

第63行是一个整体擦除位，编程系统对这一位进行擦除将导致整个芯片中所有的编程单元都被擦掉。

3. GAL的输出逻辑宏单元(OLMC)

GAL器件的每一个输出端都来自于一个OLMC，通过对结构控制字的编程可以控制OLMC的工作模式。图5-14给出了GAL16V8中引脚n所对应的OLMCn的结构图和结

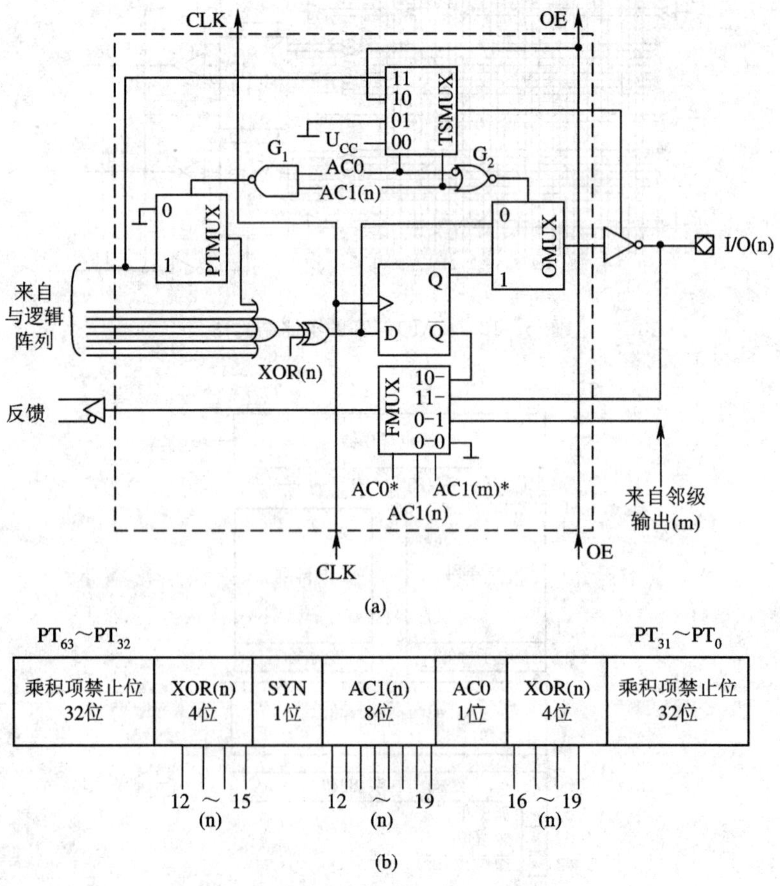

图5-14　GAL16V8的OLMC结构框图和结构控制字组成

(a) OLMC结构框图；(b) 结构控制字

构控制字示意图。

如图 5-14(a)所示，OLMC 主要包括以下四个部分。

(1) 一个 8 输入的或门。或门的 7 个输入是直接来自于与阵列输出的乘积项，第 8 个输入来自于乘积项选择器(PTMUX)的输出。

(2) 一个可编程的异或门。通过对控制位 XOR(n)的编程，可改变输出信号的极性。当 XOR(n)=0 时，或门的输出信号经过异或门后极性不发生变化；否则，极性翻转。

(3) 一个 D 触发器。D 触发器用于实现时序逻辑的场合。

(4) 四个数据选择器：

① 乘积项选择器(PTMUX)。它是一个二选一数据选择器，受控制位 AC0 和 AC1(n)控制(AC0 是所有 OLMC 的公用的控制位)。当 AC0=0 或 AC1(n)=0 时，来自于与阵列的第 8 个乘积项被接入到或门的第 8 个输入端；当 AC0=AC1(n)=1 时，接入到或门的第 8 个输入端的信号为 0。

② 输出信号选择器(OMUX)。它也是一个受控制位 AC0 和 AC1(n)控制的二选一数据选择器。当 AC0=0 或 AC1(n)=1 时，该 OLMC 采用组合输出方式；当 AC0=1 且 AC1(n)=0 时，该 OLMC 采用时序输出方式。

③ 三态使能选择器(TSMUX)。它是一个受控制位 AC0 和 AC1(n)控制的四选一数据选择器，用于选择三态输出缓冲器的使能信号。当 AC0=AC1(n)=0 时，选择 U_{CC} 作为使能信号，三态输出缓冲器处于常通状态；当 AC0=0、AC1(n)=1 时，选择地电平作为使能信号，三态输出缓冲器处于高阻状态，引脚作为输入引脚使用；当 AC0=1、AC1(n)=0 时，三态输出缓冲器受全局输出使能信号 OE 控制；当 AC0=1、AC1(n)=1 时，选择来自于与阵列的第 8 个乘积项作为使能信号。

④ 反馈数据选择器(FMUX)。它是一个受公用控制位 AC0、本单元控制位 AC1(n)和相邻单元控制位 AC1(m)控制的四选一数据选择器，用于选择从 OLMC 反馈回与阵列的信号。当 AC0=AC1(m)=0 时，反馈信号为 0；当 AC0=0、AC1(m)=1 时，反馈信号为相邻 OLMC 的输出；当 AC0=1、AC1(n)=0 时，反馈信号取自本单元触发器的 $\overline{Q}$ 端；当 AC0=1、AC1(n)=1 时，反馈信号取自本单元的 I/O 端口。

除了以上提到的控制位外，在 GAL16V8 中还有一个同步位 SYN 和 64 个乘积项禁止位。同步位 SYN 用于控制 GAL 是否有时序输出能力。当 SYN=1 时，GAL 不具备时序输出能力；当 SYN=0 时，GAL 具备时序输出能力。64 个乘积项禁止位分别用于控制与阵列输出的 64 个乘积项。当某一个禁止位为 0 时，则相应的乘积项恒为 0，表明在逻辑中不需要这个乘积项。

根据以上所述，不难归纳出 OLMC 的 4 种工作模式(或组态)：

AC0=0、AC1(n)=0 时，OLMC 为专用组合输出模式，如图 5-15(a)所示；

AC0=0、AC1(n)=1 时，OLMC 为专用输入模式，如图 5-15(b)所示；

AC0=1、AC1(n)=0、SYN=0 时，OLMC 为寄存器输出模式，如图 5-15(c)所示；

AC0=1、AC1(n)=1 时，OLMC 为组合输入/输出模式，如图 5-15(d)所示。

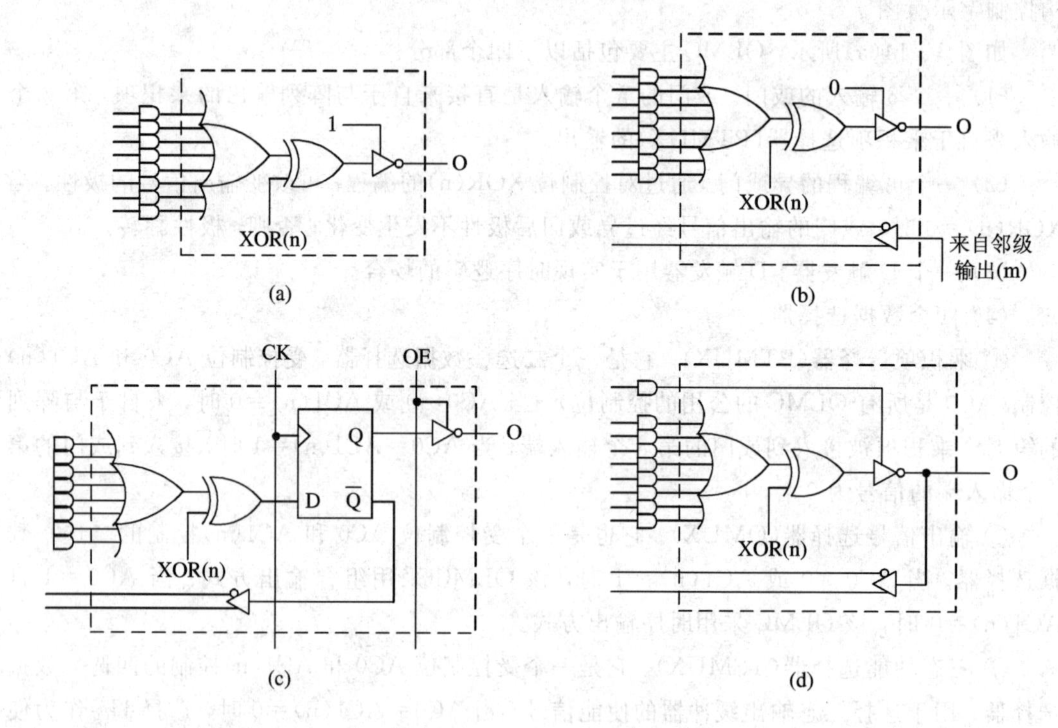

图 5-15　OLMC 的 4 种工作模式

(a) 专用组合输出；(b) 专用输入；(c) 寄存器输出；(d) 组合输入/输出

5.3　高密度可编程逻辑器件(HDPLD)

随着设计复杂度的增加，上节中介绍的那些低密度可编程逻辑器件越来越难以满足实际的需求。20 世纪 80 年代中期开始，出现了资源更丰富、结构更灵活的高密度可编程逻辑器件(HDPLD)，并迅速得到了广泛应用。目前，高密度可编程逻辑器件主要有两类：复杂可编程逻辑器件(CPLD)和现场可编程门阵列(FPGA)。

5.3.1　复杂可编程逻辑器件(CPLD)

CPLD 是在 GAL 的基础上发展而来的，它继承了 GAL 的与—或阵列结构和输出逻辑宏单元，但它的规模比 GAL 要大得多，功能也强得多。就编程而言，CPLD 多采用 E^2PROM 或 Flash Memory 编程工艺以及在系统可编程技术，可以非常方便地反复编程。CPLD 的基本结构如图 5-16 所示，主要包括三大部分：逻辑块、输入/输出块和互连资源。

下面以 Altera 公司生产的 MAX7000 系列 CPLD 中的一个子系列 MAX7000A 为例，介绍其电路结构及工作原理。MAX7000A 的电路结构如图 5-17 所示，它主要由逻辑阵列块(Logic Array Block，LAB)、输入/输出控制块(I/O Control Block)和可编程互连阵列(Programmable Interconnect Array，PIA)三个部分构成。另外，MAX7000A 系列器件中还包括 4 个专用输入，这些专用输入端除了可以作为普通的信号输入之外，更适合用作高速的全局信号(时钟信号、清零信号和输出使能信号)输入。

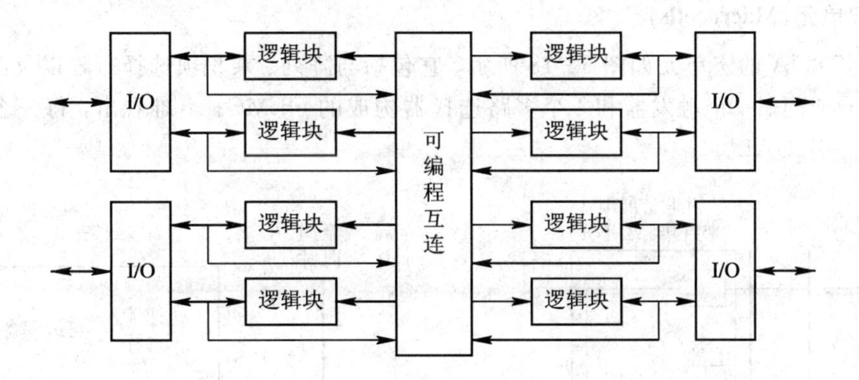

图 5-16　CPLD 的基本结构

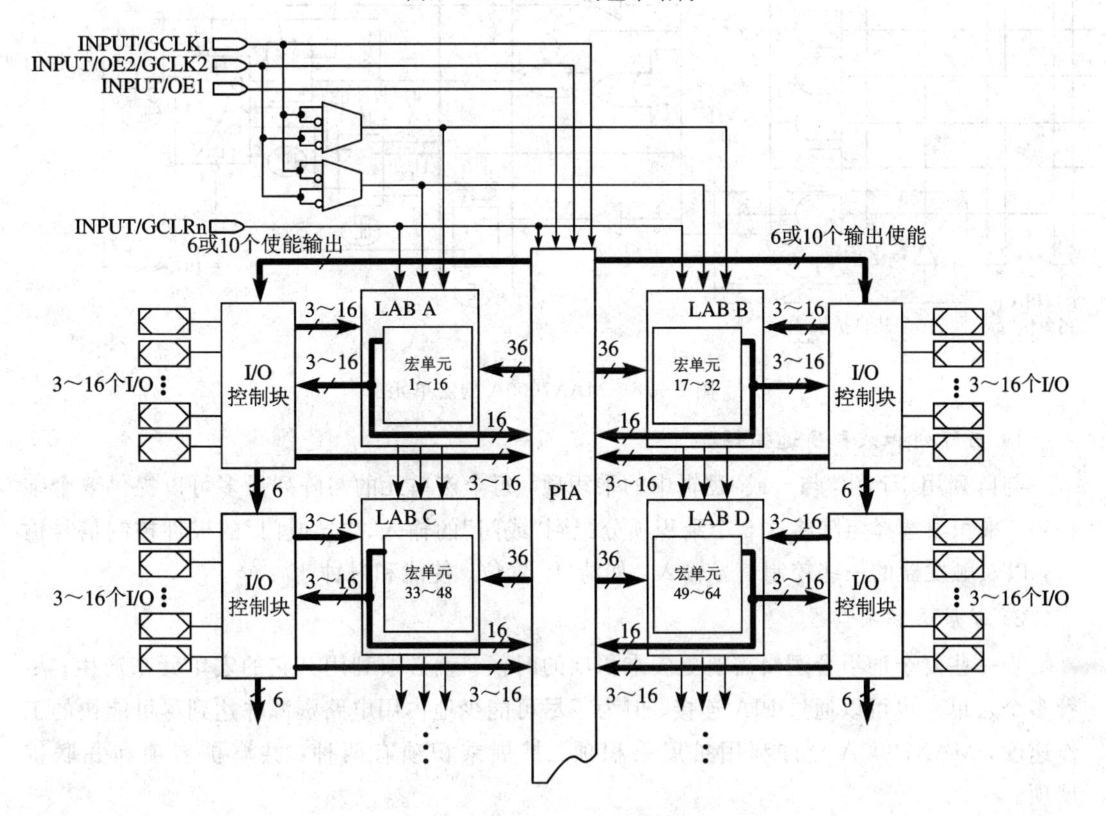

图 5-17　MAX7000A 的电路结构图

1. 逻辑阵列块(LAB)

MAX7000A 的主体是通过可编程互连阵列(PIA)连接在一起的、高性能的、灵活的逻辑阵列块(LAB)。每个 LAB 由 16 个宏单元(Macrocells)组成，输入到每个 LAB 的有如下信号：

(1) 来自于 PIA 的 36 个通用逻辑输入；

(2) 全局控制信号(时钟信号、清 0 信号)；

(3) 3～16 个从 I/O 引脚经 I/O 控制块到 LAB 中宏单元的直接输入通道。

LAB的输出信号可以馈入PIA和I/O控制块。

2. 宏单元(Macrocells)

MAX7000A的宏单元如图5-18所示，它包括与阵列、乘积项选择矩阵以及由一个或门、一个异或门、一个触发器和4个多路选择器构成的OLMC。不难看出，每一个宏单元就相当于一片GAL。

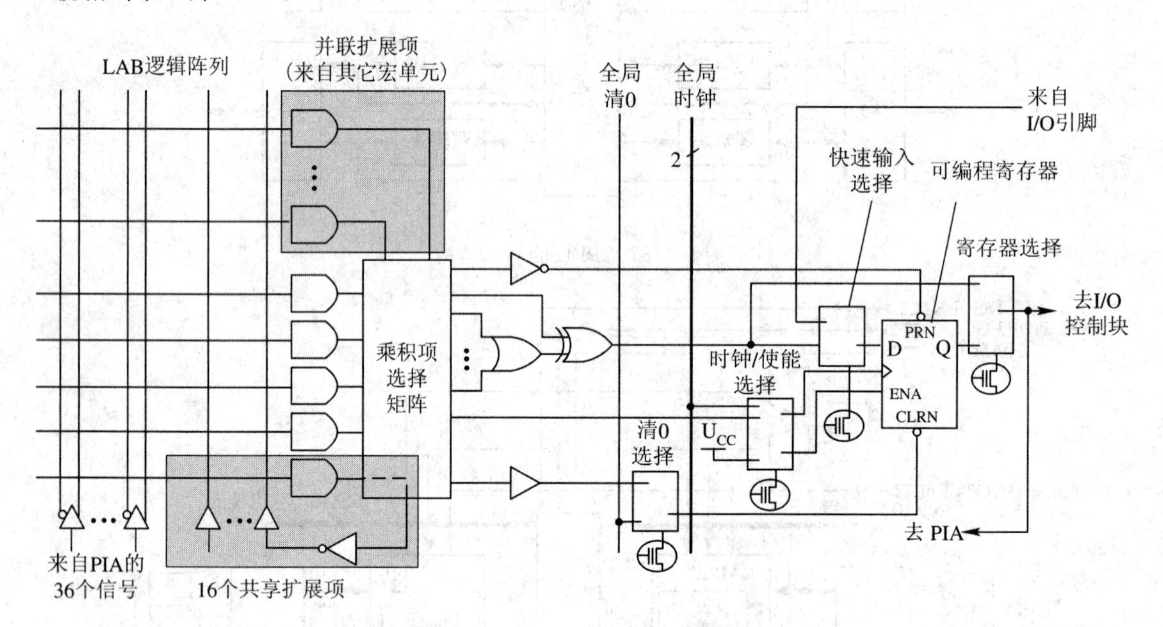

图5-18　MAX7000A的宏单元

1）与阵列和乘积项选择矩阵

与阵列用于产生"与－或"逻辑中的乘积项，每个宏单元的与阵列最多可以提供5个乘积项。乘积项选择矩阵将这5个乘积项分配到"或门"的输入、"异或门"的极性控制信号输入，以及触发器的一些控制信号输入，如清0、置位、使能和时钟。

2）扩展乘积项

当一些复杂的组合逻辑需要更多乘积项的时候，就必须利用其它的宏单元来产生。尽管多个宏单元也可以通过PIA连接，但为了尽可能少地占用电路资源并达到尽可能快的工作速度，MAX7000A允许利用扩展乘积项。扩展乘积项有两种：共享扩展项和并联扩展项。

在每一个宏单元的与阵列所产生的5个乘积项中，都可以有一个乘积项经反相后反馈回与阵列，该乘积项被称为共享扩展项。由于每个LAB有16个宏单元，所以每个LAB最多可以有16个共享扩展项被本LAB的任何一个宏单元所使用。图5-19(a)表明了共享扩展项是如何馈送到多个宏单元的。

并联扩展项是指一个宏单元中的乘积项可以被直接馈送到与之相邻的宏单元的或门输入端。在使用并联扩展项时，或门最多允许有20个乘积项直接输入，其中5个乘积项来自于本宏单元的与阵列，另外15个乘积项是由本LAB中相邻的宏单元提供的并联扩展项。在MAX7000A的LAB中，16个宏单元被分成两组，每组有8个宏单元(即：一组为1～8，

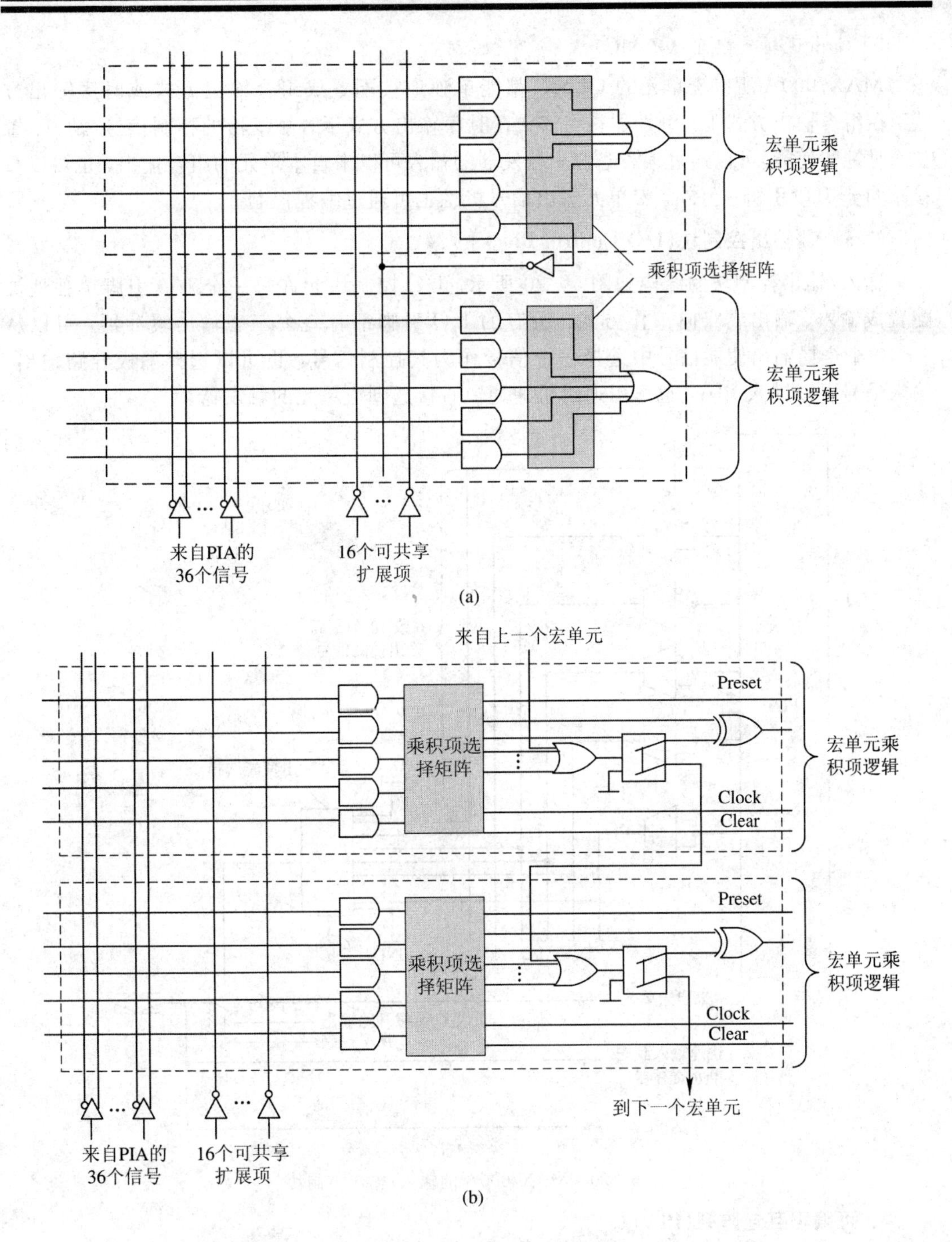

图 5-19 MAX7000A 的扩展乘积项

(a) 共享扩展项；(b) 并联扩展项

另一组为 9～16)，从而在 LAB 中形成两条独立的并联扩展项借出/借入链。一个宏单元可以从与之相邻的较小编号的宏单元中借入并联扩展项，而第 1、9 个宏单元只能借出并联扩展项，第 8、16 个宏单元只能借入并联扩展项。图 5-19(b)表明了并联扩展项是如何从相邻宏单元借用的。

3）输出逻辑宏单元(OLMC)

MAX7000A 所有宏单元的 OLMC 都能单独地被配置成组合输出方式或时序输出方式。在组合输出方式下，触发器被旁路。在时序输出方式下，触发器的控制信号(清 0、置位、时钟和使能)可以通过编程选择；触发器的输入可以来自本单元的组合输出，也可以直接来自于 I/O 引脚。另外，宏单元输出信号极性也可通过编程控制。

3. 输入/输出控制块(I/O Control Block)

输入/输出控制块的结构如图 5 - 20 所示。I/O 控制块允许每一个 I/O 引脚单独地被配置成输入、输出或双向工作方式。所有的 I/O 引脚都有一个三态输出缓冲器，可以从 6～10 个全局输出使能信号中选择一个信号作为其控制信号，也可以选择漏极开路输出。输入信号可以馈入 PIA，也可以通过快速通道直接送到宏单元的触发器。

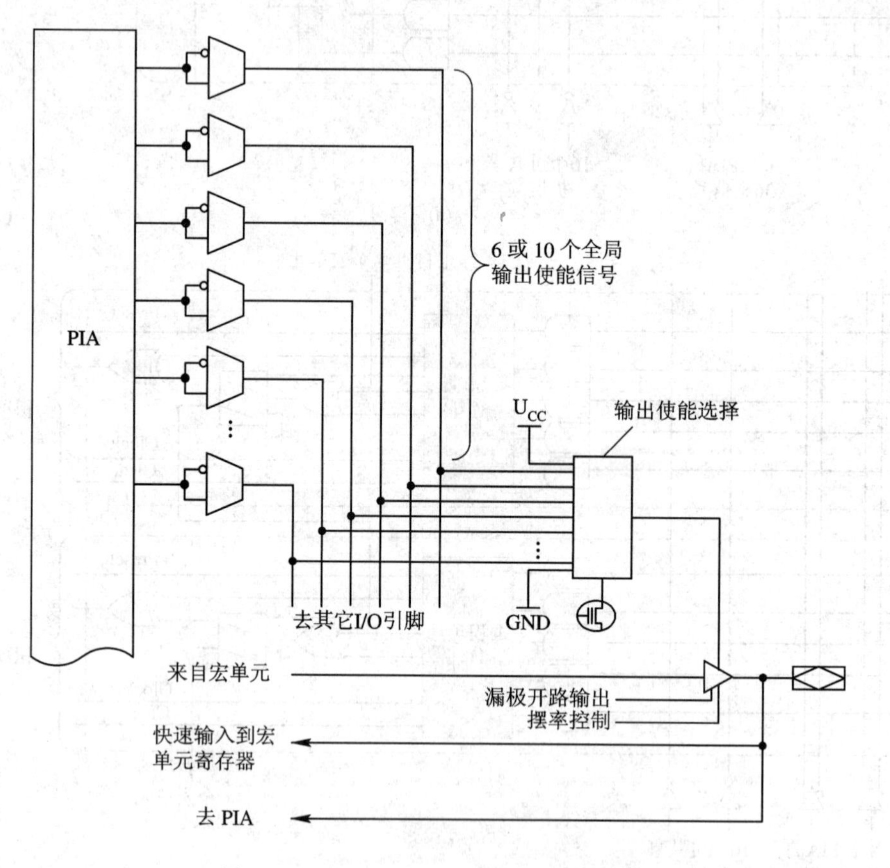

图 5 - 20　MAX7000A 的输入/输出控制块

4. 可编程互连阵列(PIA)

通过可编程互连阵列可以将多个 LAB 和 I/O 控制块连接起来构成所需要的逻辑。MAX7000A 中的 PIA 是一组可编程的全局总线，它可以将馈入它的任何信号源送到整个芯片的各个地方。图 5 - 21 表明了馈入到 PIA 的信号是如何送到 LAB 的，每个可编程单元控制一个 2 输入的与门，用来从 PIA 选择馈入 LAB 的信号。

多数 CPLD 中的互连资源都有类似于 MAX7000A 的 PIA 这种结构，这种连接线最大的特点是能够提供具有固定时延的通路，也就是说信号在芯片中的传输时延是固定的、可

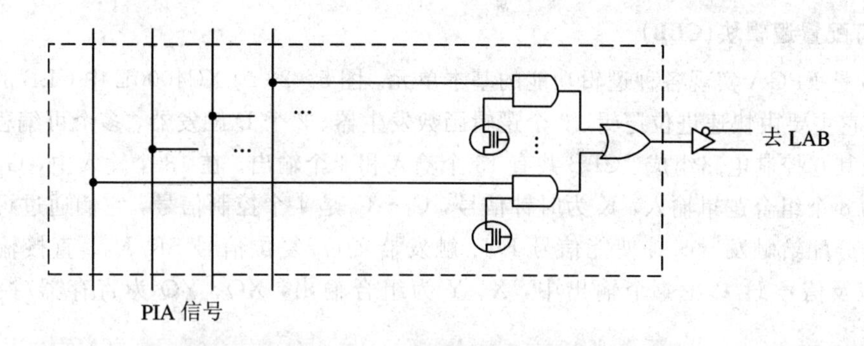

图5-21　MAX7000A的PIA

以预测的，所以将这种连接线称为确定型连接线。

5.3.2　现场可编程门阵列(FPGA)

与前面介绍过的LDPLD和CPLD器件不同，在现场可编程门阵列(FPGA)中，实现组合逻辑的不再是“与－或”阵列，而是查找表(LUT)。由于基本逻辑单元的排列方式与掩膜可编程的门阵列(GA)类似，所以沿用了门阵列这个名称。就编程而言，多数的FPGA采用SRAM编程工艺(也有少数的FPGA采用反熔丝编程工艺)，支持在系统编程。

下面主要以Xilinx公司的XC4000系列为例，介绍FPGA的电路结构和工作原理。Xilinx公司FPGA的基本结构如图5-22所示，主要由三部分组成：可配置逻辑块(Configurable Logic Block，CLB)、输入/输出块(Input/Output Block，IOB)和可编程互连(Programmable Interconnect，PI)。

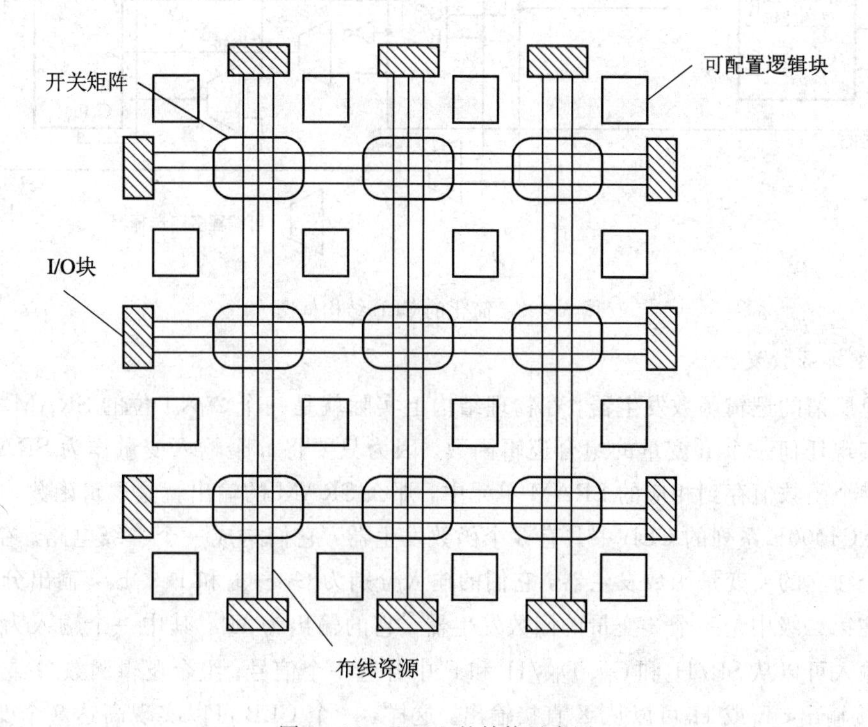

图5-22　FPGA的结构示意图

1. 可配置逻辑块(CLB)

CLB是FPGA实现各种逻辑功能的基本单元。图5-23为XC4000E中CLB的简化结构框图，它主要由快速进位逻辑、3个逻辑函数发生器、2个D触发器、多个可编程数据选择器以及其它控制电路组成。CLB共有13个输入和4个输出。在13个输入中，$G_1 \sim G_4$和$F_1 \sim F_4$为8个组合逻辑输入，K为时钟信号，$C_1 \sim C_4$是4个控制信号，它们通过可编程数据选择器分配给触发器时钟使能信号EC、触发器置位/复位信号SR/H_0、直接输入信号D_{IN}/H_2以及信号H_1；在4个输出中，X、Y为组合输出，XQ、YQ为寄存器/控制信号输出。

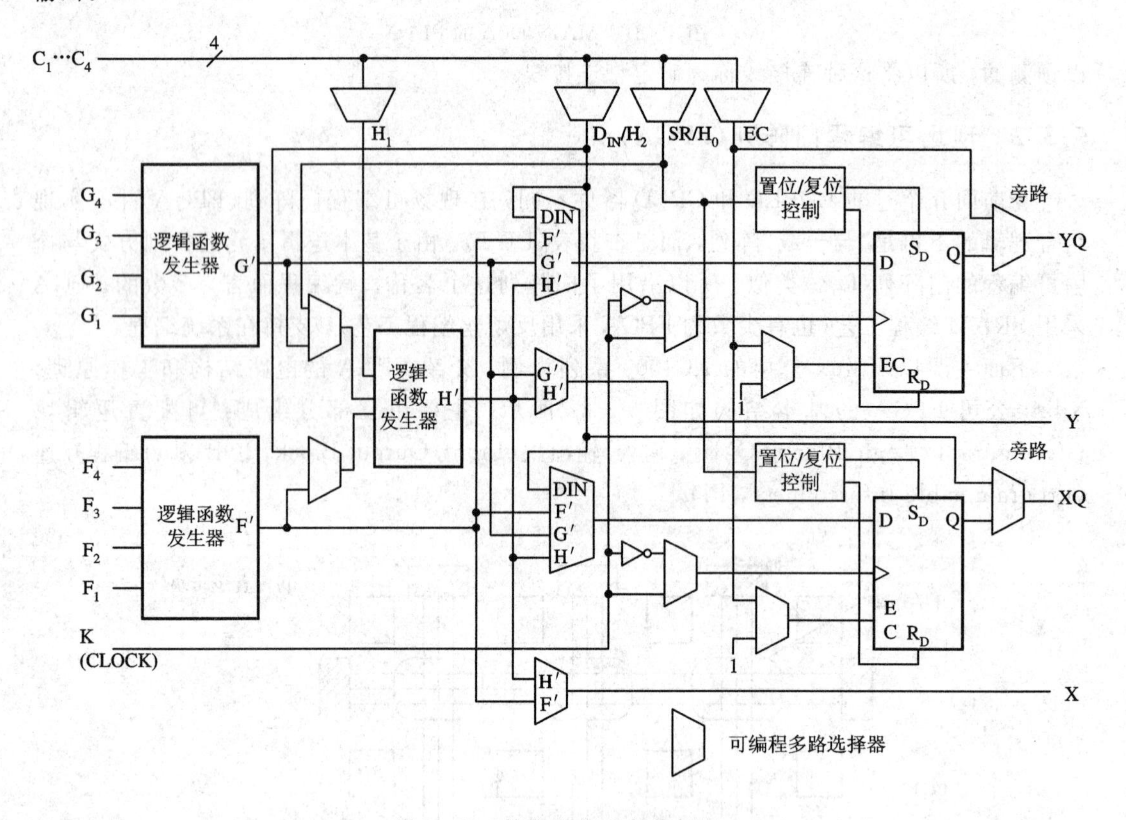

图5-23　简化的CLB结构框图

1）逻辑函数发生器

这里所谓的逻辑函数发生器，在物理结构上实际就是一个$2^n \times 1$位的SRAM查找表，它可以实现任何一个n变量的组合逻辑函数。因为只要将n个输入变量作为SRAM的地址，把2^n个函数值存到相应的SRAM单元中，那么SRAM的输出就是逻辑函数。

在XC4000E系列的CLB中共有3个函数发生器，它们构成一个二级电路。在第一级中是两个独立的4变量函数发生器，它们的输入分别为$G_1 \sim G_4$和$F_1 \sim F_4$，输出分别为G'和F'。在第二级中是一个3变量的函数发生器，它的输出为H'，其中一个输入为H_1，另外两个输入可以从SR/H_0和G'、D_{IN}/H_2和F'中各选一个信号；组合逻辑函数G'或H'可以从Y直接输出，F'或H'可以从X直接输出。这样，一个CLB可以实现高达9个变量的逻辑函数。

2）触发器

在 XC4000E 系列的 CLB 中有两个边沿触发的 D 触发器，它们与逻辑函数发生器配合可以实现各种时序逻辑电路。触发器的激励信号可以通过可编程数据选择器从 D_{IN}、G′、F′和 H′中选择；两个触发器共用时钟 K 和时钟使能信号 EC，任何一个触发器都可以选择在时钟的上升沿或下降沿触发，也可以单独选择时钟使能为 EC 或 1(即永久时钟使能)；还有一个共用信号是置位/复位信号 SR，它可以被编程为对每个触发器独立的复位或置位信号；另外，每个触发器还有一个全局的复位/置位信号(图 5－23 中未画出)，用来在上电或配置时将所有的触发器置位或清 0。

3）快速进位逻辑

为了提高 FPGA 的运算速度，在 CLB 的两个逻辑函数发生器 G 和 F 之前还设计了快速进位逻辑电路，如图 5－24 所示。例如，函数发生器 G 和 F 可以被配置成 2 位带进位输入和进位输出的二进制数加法器；如果将多个 CLB 通过进位输入/输出级联起来，还可以扩展到任意长度。为了连接方便，在 XC4000E 系列的快速进位逻辑中设计了两组进位输入/输出，使用时只选择其中的一组，这样在 FPGA 的 CLB 之间就形成了一个独立于可编程连接线的进位/借位链。

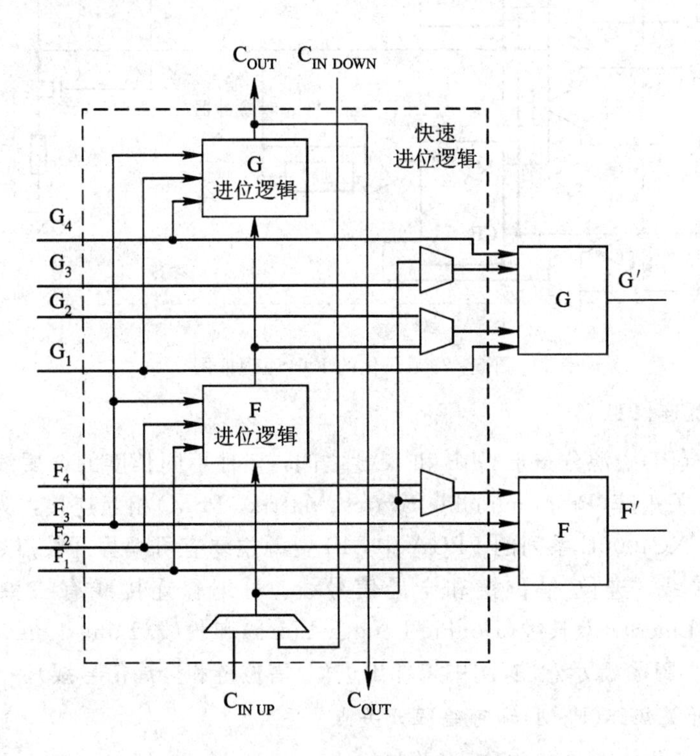

图 5－24　快速进位逻辑电路

2. 可编程输入/输出块(IOB)

可编程的 IOB 是 FPGA 芯片外部引脚与内部逻辑之间的接口。芯片的每个引脚都由一个 IOB 控制，可以被配置成输入、输出或双向方式。图 5－25 是一个简化的 IOB 原理框图。

IOB中有输入、输出两条通路。当引脚用作输入时，外部引脚上的信号经过输入缓冲器，可以直接由I_1或I_2进入内部逻辑，也可以经过触发器后再进入内部逻辑；当引脚用作输出时，内部逻辑中的信号可以先经过触发器，再由输出三态缓冲器送到外部引脚上，也可以直接通过三态缓冲器输出。通过编程，可以选择三态缓冲器的使能信号为高电平或低电平有效，还可以选择它的摆率(电压变化的速率)为快速或慢速。快速方式适合于频率较高的信号输出，慢速方式则有利于减小噪声、降低功耗。对于未用的引脚，还可以通过上拉电阻接电源或通过下拉电阻接地，以免其受到其它信号的干扰。输入通路中的触发器和输出通路中的触发器共用一个时钟使能信号，而它们的时钟信号是独立的，都可以选择上升沿或下降沿触发。

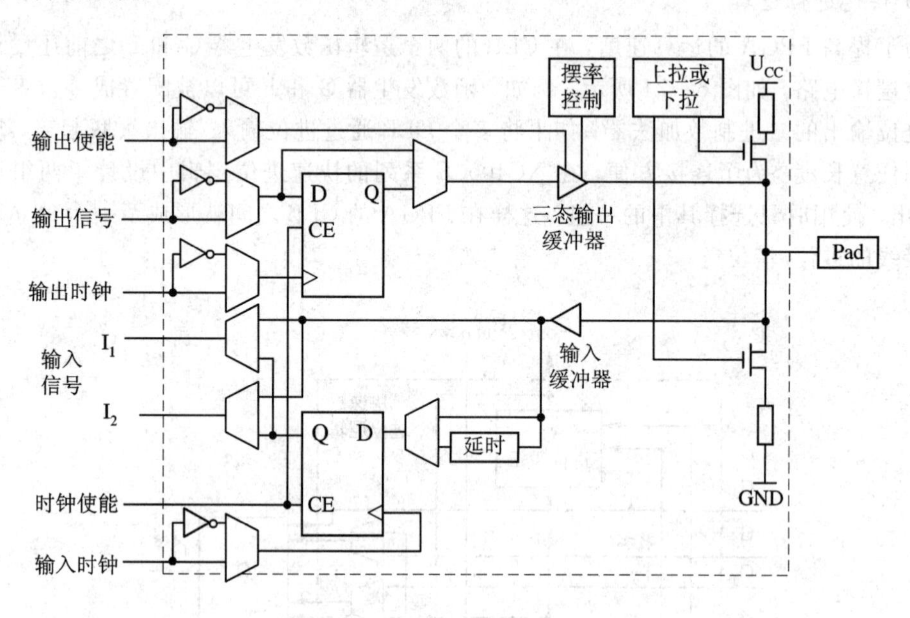

图5-25　简化的IOB原理框图

3. 可编程互连(PI)

可编程互连(PI)资源分布于CLB和IOB之间，多种不同长度的金属线通过可编程开关点或可编程开关矩阵(Programmable Switch Matrix，PSM)相互连接，从而构成所需要的信号通路。在XC4000E系列的FPGA中，PI资源主要有可编程开关点、可编程开关矩阵、可编程连接线、进位/借位链和全局信号线。可编程连接线有三种类型：单长线(Single-Length Lines)、双长线(Double-Length Lines)和长线(Long Lines)。图5-26是XC4000E系列的PI资源示意图(图中未标出进位/借位链和全局信号线)。

1）可编程开关矩阵(PSM)和可编程开关点

垂直和水平方向上的各条连接线(单长线、双长线、全局时钟线)可以在可编程开关矩阵中或可编程开关点上实现连接。可编程开关点就是一个通过编程可以控制其通断的开关晶体管；可编程开关矩阵由多个垂直与水平方向上的单长线和双长线的交叉点组成，每个交叉点上有6个开关晶体管，如图5-27所示。例如，一个从开关矩阵右侧输入的信号，可以被连接到另外三个方向中的任何一个或多个方向输出。

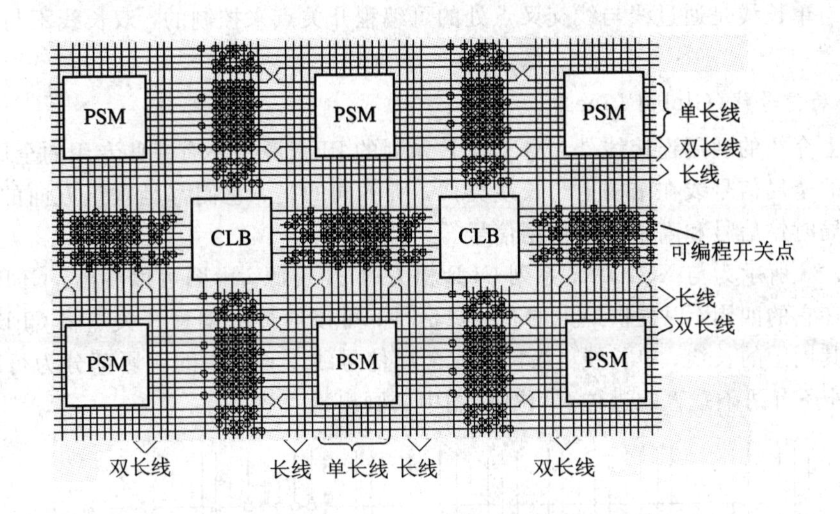

图 5 - 26　可编程互连资源示意图

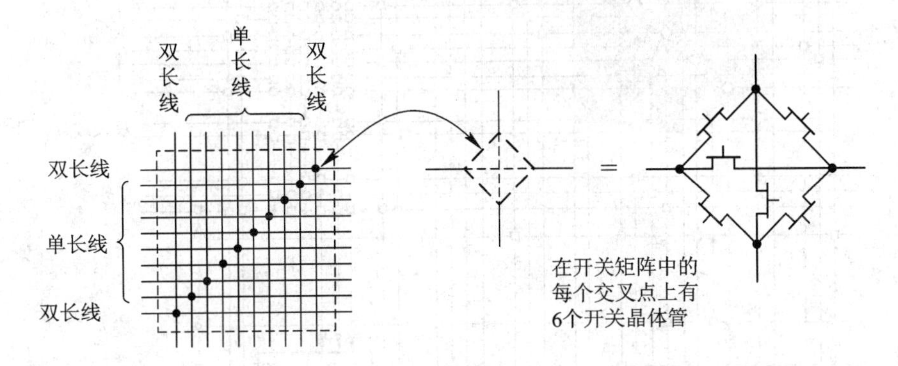

图 5 - 27　可编程开关矩阵

2）单长线

如图 5 - 26 所示，单长线是指相邻 PSM 之间的垂直或水平连接线，其长度也就是两个相邻 PSM 之间的距离，它们在 PSM 中实现互连。单长线通常用来在局部区域内传输信号和产生分支电路，这种连接线可以提供最大的互连灵活性和相邻功能块之间的快速布线。不过由于单长线的长度较小，信号每通过一个开关矩阵都会增加一次时延，所以单长线不适合需要长距离传输的信号。

3）双长线

如图 5 - 26 所示，双长线的长度是单长线的两倍。也就是说，一个双长线要经过两个 CLB 后，再进入开关矩阵。双长线以两根为一组，在不降低互连灵活性的前提下，可以实现不相邻的 CLB 之间更快的连接。

4）长线

如图 5 - 26 所示，长线是指在垂直或水平方向上穿越整个阵列的连接线。长线不经过开关矩阵，减少了信号的延时，通常用于高扇出信号、对时间要求苛刻的信号或在很长距离上都有分支的信号的传输。XC4000E 系列长线的中点处都有一个可编程的分离开关，可以将一根长线一分为二，使其成为两个独立的布线通路。

长线与单长线是通过线与线交叉点处的可编程开关点来控制的，双长线不与其它类型的线相连。

5）全局信号线(Global Lines)

除以上介绍的通用连接线外，XC4000E 系列的 PI 资源中还有一些专用的全局信号线。这些专用的全局信号线在结构上与长线类似，所不同的是，它们都是垂直方向的，专门用于传输全局时钟信号和高扇出的控制信号。

图 5-28 所示为与 XC4000E 系列 CLB 相关的 PI 资源。由图可以看出，CLB 的输入、输出分布在它的四周，以提供最大的布线灵活性；可以通过可编程开关点将 CLB 的输入、输出连到其周围的长线、单长线、双长线或全局信号线上；图中的阴影部分为可编程开关矩阵；另外还有两条垂直的进位/借位链(图中未画出)。

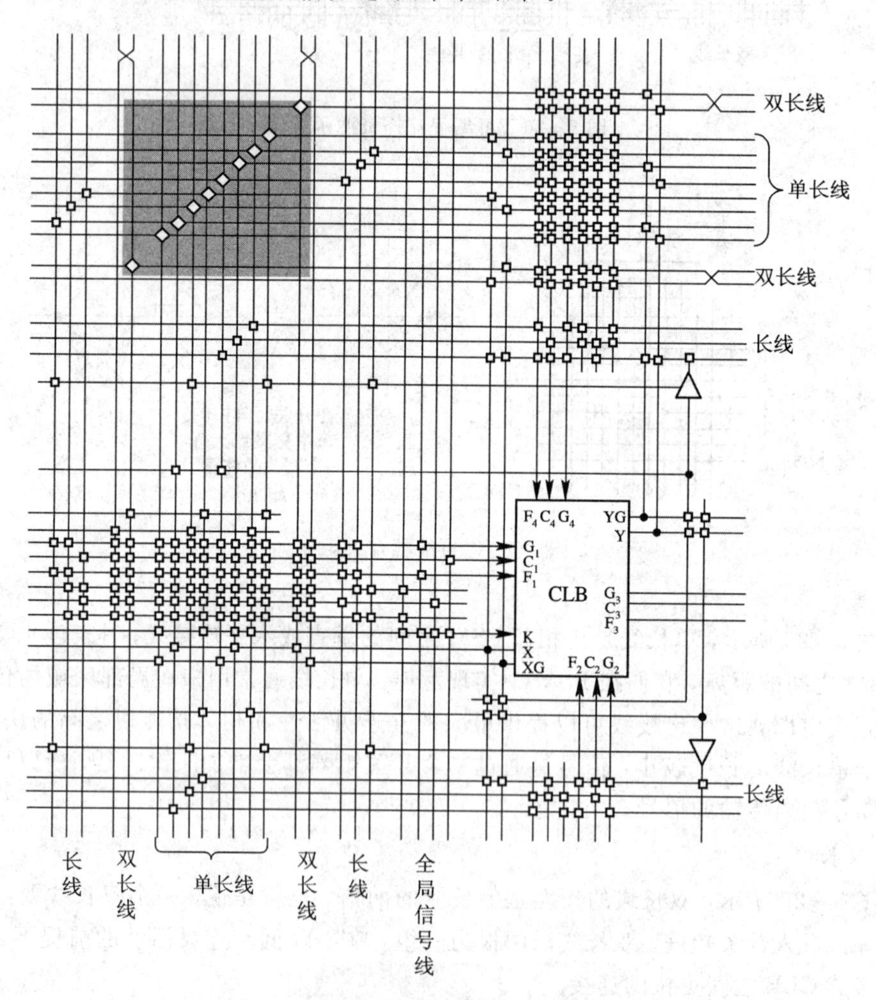

图 5-28　与 XC4000E 系列 CLB 相关的 PI 详图

综上所述，与 CPLD 的确定型连线结构相比，XC4000E 系列 FPGA 的这种互连结构有多种不同长度的连接线，相对比较复杂。它的优点是具有很高的布线灵活性，布线通过率高；缺点是信号在芯片内的传输时延不能准确预测，两次布线之间同一信号的延时不一定相同。通常将这种结构的连接线称为统计型连接线。

5.4　PLD 的开发与编程

5.4.1　PLD 的开发过程

根据以上对各种可编程逻辑器件电路结构的介绍可以知道，若要使可编程逻辑器件实现预定的逻辑功能，就要按照设计要求使可编程逻辑器件内的可编程单元置为“接通”或“断开”状态，而这必须借助于 PLD 的开发工具来实现。

1. PLD 开发所需的设备

用 PLD 来实现数字电路或系统，必须具备以下设备：计算机、PLD 的开发软件、PLD 的编程器或编程电缆。

2. PLD 的开发流程

如图 5－29 所示，PLD 的开发过程大致上可分为以下几个阶段。

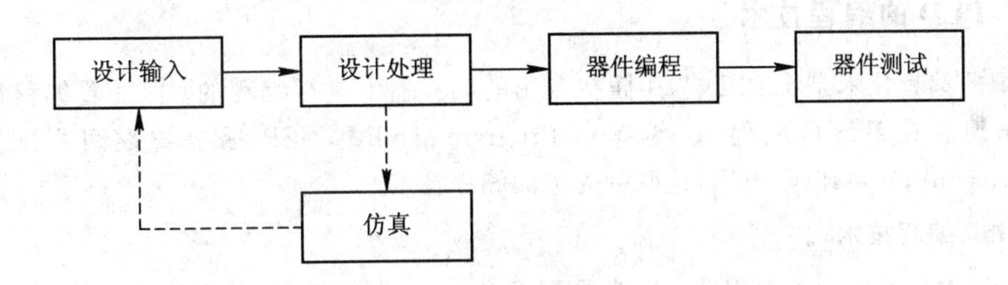

图 5－29　PLD 的开发流程

1）设计输入

设计输入主要是指设计者以一定的方式对器件的逻辑功能进行描述，并形成符合开发软件要求的设计源文件。目前多数的开发软件都支持原理图和硬件描述语言两种描述方式。例如，用硬件描述语言 VHDL 对一些基本逻辑功能的描述如下：

-- 实体(ENTITY)说明

ENTITY basic_logic IS　　　　　-- 实体名是 basic_logic

　PORT(a，b ：IN BIT；　　　　-- 定义输入信号，均为 1 位逻辑量

　　f1，f2，f3，f4，f5，f6，f7 ：OUT BIT)；　-- 定义输出信号，均为 1 位逻辑量

END ENTITY basic_logic；　　　-- 实体说明部分结束

-- 结构体

ARCHITECTURE arch OF basic_logic IS　　-- 结构体名是 arch

BEGIN

--信号赋值语句

　f1 <=a AND b；f2 <=a OR b；f3 <=NOT a；-- $f1=ab$，$f2=a+b$，$f3=\overline{a}$

　f4 <=a NAND b；f5 <=a NOR b；-- $f4=\overline{ab}$，$f5=\overline{a+b}$

　f6 <=a XOR b；f7 <=a XNOR b；-- $f5=a\oplus b$，$f6=\overline{a\oplus b}$

END ARCHITECTURE arch；

另外，设计者还必须根据所采用的开发软件的有关规定，按一定的方法输入本设计所

选用的器件型号，并指定输入和输出信号的引脚。

2) 设计处理

开发软件可以自动完成对设计源文件的处理，包括综合、优化、布局、布线等过程，最后生成可编程逻辑器件的编程文件。设计者也可以通过在开发软件中设置一些参数，对设计处理过程进行控制；在处理过程中，还可以用仿真工具对设计结果进行验证，如果不满足设计要求，则需要修改设计。

3) 器件编程

器件编程就是用编程软件，通过编程器或编程电缆将设计处理产生的编程数据下载到可编程逻辑器件中，这样可编程逻辑器件就具备了预定的逻辑功能。

4) 器件测试

器件测试就是用实验的方法，验证器件的实际功能和性能。

以上只是简单介绍了 PLD 的开发流程，至于更详细的内容(如硬件描述语言、PLD 开发软件等)将在第 8 章中进行介绍。

5.4.2 PLD 的编程技术

传统的编程技术是将 PLD 芯片插在专用的编程器上进行编程的，但随着编程技术的发展，出现了在系统可编程(In-System Programmability，ISP)和在电路可再配置(In-Circuit Reconfigurability，ICR)这两种先进的编程技术。

1. ISP 编程技术

ISP 技术彻底摆脱了编程器，打破了 PLD 芯片必须先编程再装配的传统做法，可以通过芯片的 JTAG 接口直接对已经装配在系统中或电路板上的 PLD 芯片直接进行编程，甚至在设计的系统成为正式产品后，仍然可以对其进行编程。具有 ISP 特性的 PLD 均采用 E^2PROM 或 Flash Memory 编程工艺，编程信息被存放在 E^2PROM 或 Flash Memory 中，可以反复改写，而且在系统掉电时其编程信息也不会丢失。

对 ISP 器件的编程非常容易，只需要一台 PC、一根简单的编程电缆和编程软件就可以了，如图 5-30 所示。编程电缆的一端接 PC 的并行口，另一端接待编程器件的编程引脚。ISP 编程引脚与 JTAG 引脚复用，如表 5-1 所示。在 ISP 编程期间，芯片的 I/O 引脚呈高阻状态，从而使正在进行编程的器件与周围电路脱离。当然，也可以考虑将编程数据存放在非易失性存储器中，用嵌入在电路中的微控制器实现对器件的在系统编程，只要能够产生正确的编程时序即可。

表 5-1 JTAG 引脚说明

JTAG 端口引脚	用于边界扫描测试时的功能	用于编程时的功能
TDI	测试数据和测试命令串行输入	编程数据和编程命令串行输入
TDO	测试数据串行输出	编程数据串行输出
TMS	测试模式选择	编程模式选择
TCK	测试时钟输入	编程时钟
TRST(可选)	测试复位信号	—

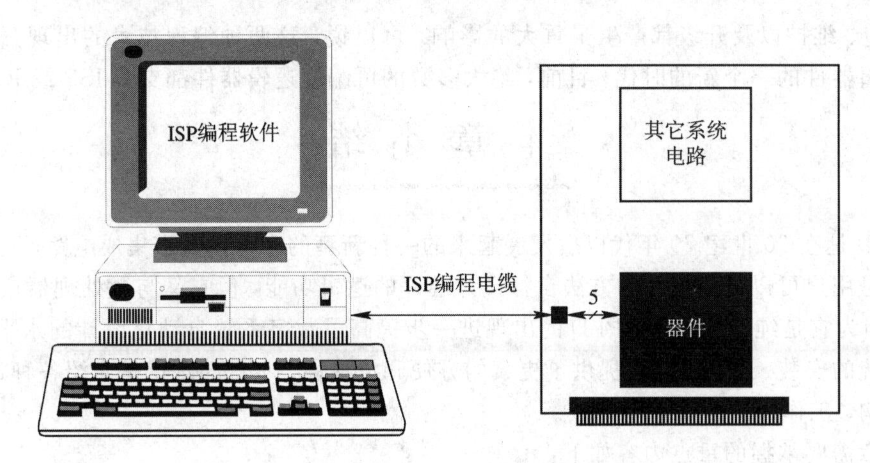

图 5-30 用 PC 对 ISP 器件进行编程

另外，除了能够对单个 ISP 器件进行在系统编程外，还可以将多个 ISP 器件串行连接起来，一次完成多个器件的编程。这种连接方式称为菊花链连接，如图 5-31 所示。

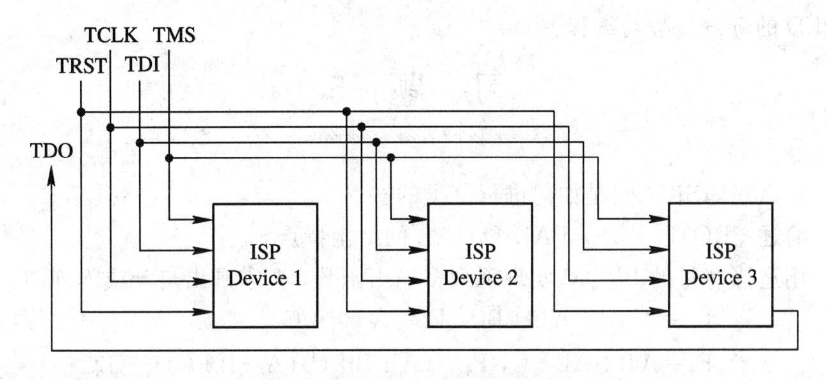

图 5-31 多个 ISP 器件的菊花链连接

2. ICR 编程技术

在电路可再配置(ICR)与 ISP 类似，是针对采用 SRAM 编程工艺的 FPGA 的另一种编程技术。ICR 对 SRAM 的编程速度较快，但在器件掉电时 SRAM 中的编程数据会丢掉。所以，电路在每次接通电源后都要重新向 SRAM 中写入编程数据。

在电路可再配置有两类配置方式：主动配置方式和被动配置方式。所谓主动配置方式，就是在电路上电后由可编程逻辑器件主导配置操作过程，将存放在外部非易失性存储器中的编程数据读到可编程逻辑器件的 SRAM 中；而被动配置方式则是在 PC 或微控制器的控制下将存放在外部非易失性存储器中的编程数据写到可编程逻辑器件的 SRAM 中。另外，按照编程数据的传输方式，又有同步与异步、串行与并行之分。

在配置过程中，具有 ICR 特性的可编程逻辑器件的 I/O 引脚呈高阻抗状态，与外电路脱离。利用 ICR 技术也可以一次对多个器件实现配置，电路连接与具体的器件有关，这里不再详述，读者可查阅相关资料。

由上述可见，ISP 和 ICR 这两种编程技术的出现，使得可编程逻辑器件的编程变得非常方便，解决了传统的编程方法很难解决的问题，如对多个器件同时进行编程、对引脚很密的器件的编程、由于反复插拔而造成的芯片引脚损坏等。更重要的是，它们对系统的设计、制造、维护以及升级都产生了重大的影响。可以说，这两种编程技术的出现开创了可编程逻辑器件的一个新的时代。目前，绝大多数的可编程逻辑器件都支持 ISP 或 ICR。

本 章 小 结

PLD 是在 20 世纪 70 年代以后发展起来的一种新型的半导体数字集成电路，它最大的特点就是用户可以通过编程的方法自行设计芯片的逻辑功能，但它又与微处理器或单片机不同，因为它是纯粹的硬件。PLD 的出现进一步提高了数字系统自动化设计的水平，同时也为系统的安装、调试、修改提供了更大的方便和灵活性。本章的重点是介绍各种 PLD 的电路结构、工作原理以及性能特点。

本章需要掌握的重点内容如下：

(1) PLD 的基本概念与电路表示方法。

(2) PROM、PLA、PAL、GAL 等 LDPLD 的编程结构特点及简单应用。

(3) CPLD、FPGA 等 HDPLD 的结构特点、编程工艺与编程技术。

(4) PLD 的开发过程与编程。

习 题 5

5-1 什么是 ASIC? 它是如何进行分类的?

5-2 简述 PROM、PLA、PAL 和 GAL 的结构特点。

5-3 用适当容量的 PROM 实现下列多输出函数，要求画出与－或阵列图。

$$F_1=AB\bar{C}+\bar{A}\bar{C}+\bar{B}C,\ F_2=A+B+\bar{C}$$

$$F_3=\bar{A}\bar{B}+A\bar{B}+\bar{C},\ F_4=(A+B+C)(\bar{A}+B+\bar{C})+\overline{ABC}$$

5-4 用适当容量的 PROM 实现 8421BCD 码的七段显示译码电路。假设七段显示数码管是共阴极的，字型如题 5-4 图所示。

5-5 题 5-5 图是一个输出极性可编程的 PLA，试通过编程连接实现下列函数。

$$F_1=AB+\bar{A}\bar{C}$$

$$F_2=(A+B)(A+C)$$

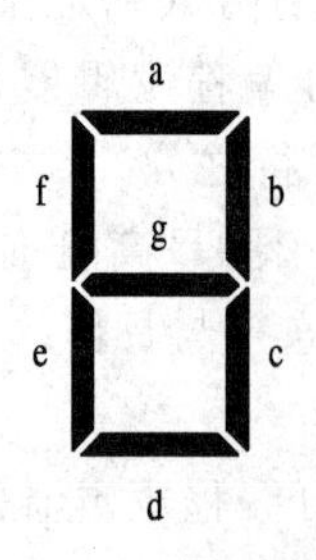

题 5-4 图

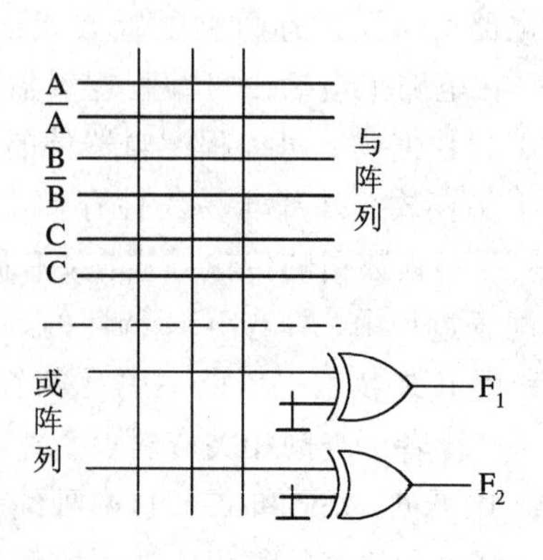

题 5-5 图

5-6　用PLA和JK触发器实现一个模8的同步可逆计数器。当控制端X=1时，为加法计数；当X=0时，为减法计数。

5-7　用PLA和D触发器实现题4-4中的电路，画出阵列图。

5-8　试用适当规模的组合逻辑PLA和74LS161实现一个“001011”序列发生器。

5-9　简述PAL常见的输出结构。

5-10　题5-10图是一个经过编程的寄存器输出结构的PAL，分析它所实现的逻辑功能。

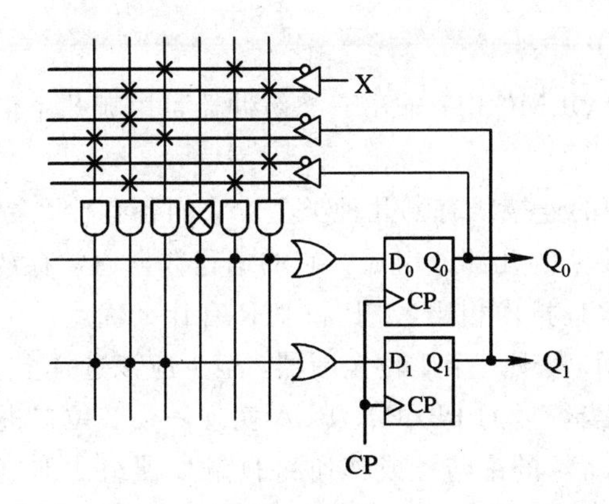

题5-10图

5-11　GAL16V8中的OLMC有哪几种工作模式？

5-12　用GAL16V8实现从8421BCD码到余3循环码的转换，分配引脚并画出编程阵列图。

5-13　用GAL16V8实现题4-4中电路的逻辑功能，分配引脚并画出编程阵列图。

5-14　CPLD和FPGA在结构上有什么区别？

5-15　简述PLD的开发流程。

自 测 题 5

1. (8分)可编程逻辑器件的编程工艺有哪几种？它们各有什么特点？

2. (12分)选择：

(1) 下列说法不正确的是(　　　)。

A. PROM可以被看做一种可编程逻辑器件，与阵列固定，或阵列可编程

B. PROM的与阵列就是一个最小项发生器

C. PROM既可以实现组合逻辑电路，也可以实现时序逻辑电路

D. 在GAL中，通过对OLMC编程来实现不同的输出组态

(2) 图1所示可编程逻辑器件，从左至右分别是(　　)、(　　)、(　　)。

A. PROM　　　　B. PLA

C. PAL　　　　D. GAL

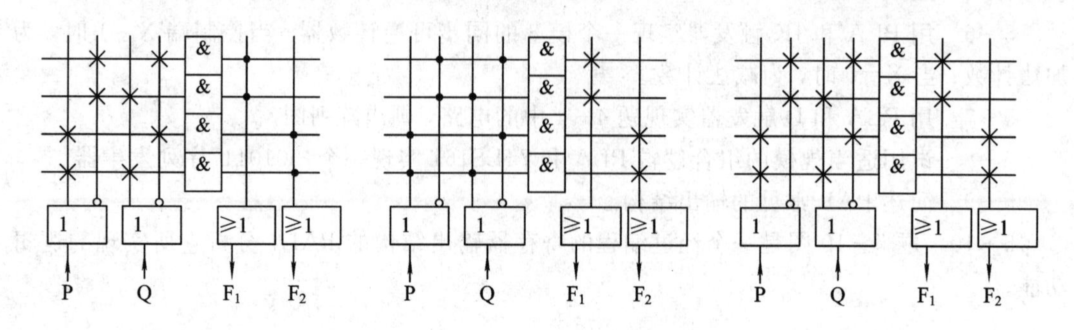

图 1

3. (8 分)在 GAL 的 OLMC 中，输出三态缓冲器可由哪几个信号控制？可以将哪几个信号反馈回与阵列中？

4. (8 分)HDPLD 中的连接线有哪几种类型？它们各有什么特点？

5. (8 分)FPGA 主要由哪几部分组成？它的编程数据通常存放在什么地方？

6. (6 分)与传统的编程技术相比，ISP 和 ICR 有什么优点？

7. (5 分)如果用 PAL 实现一个 1 位全减器，至少应该选择多大规模的 PAL？

8. (20 分)分别用适当容量的 PROM、PLA 实现一个 2 位二进制数的比较器。

9. (15 分)分析图 2 所示的由与－或阵列和 D 触发器组成的电路，画出状态图并说明其逻辑功能。

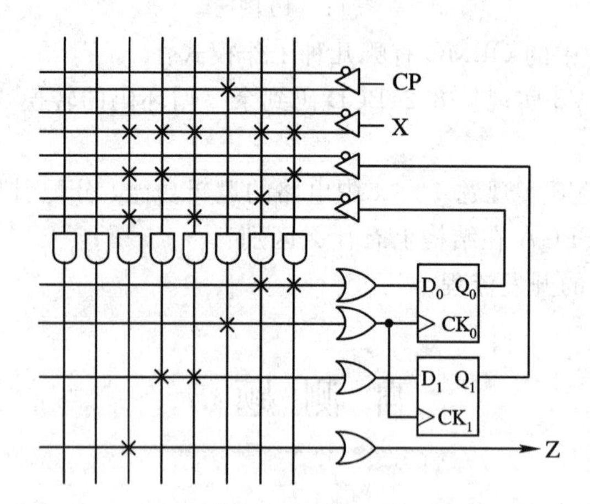

图 2

10. (10 分)图 3 所示电路是 PAL 的一种输出结构，其中最右边那个逻辑门的作用是(　　　　　)；当 D 点熔断时，电路的输出 Y＝(　　　　　)。

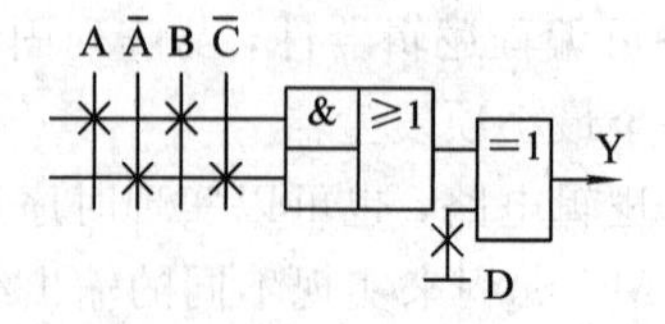

图 3

第 6 章　数/模接口电路与 555 定时器

自然界中大多数的物理量都是模拟量，与之相对应的电信号也大多是模拟信号。而与模拟信号相比，数字信号具有抗干扰能力强、存储处理方便等突出优点。因此，随着计算机技术和数字信号处理技术的飞速发展，在通信、测量、自动控制等许多领域，人们总是希望先将输入的模拟信号转换成数字信号，即进行模/数转换(Analog to Digital，A/D)；然后用数字技术进行处理；最后再根据需要将处理后的数字信号转换成模拟信号，即进行数/模转换(Digital to Analog，D/A)。能够实现模/数转换和数/模转换的电路分别被称为模/数转换器(Analog to Digital Converter，ADC)和数/模转换器(Digital to Analog Converter，DAC)。随着集成电路技术的发展，目前市场上单片集成的 ADC 和 DAC 芯片有数百种之多，而且技术指标也越来越先进，可以满足不同应用场合的需要。

本章重点介绍集成数/模转换器和模/数转换器的基本电路结构及工作原理。此外，还将简单介绍可用于构成多种脉冲产生电路的 555 定时器及其应用。

6.1　集成数/模转换器

6.1.1　数/模转换的基本概念

1. 传输特性

数/模转换器 DAC 的原理框图如图 6-1 所示。其中 D ($D_{n-1}D_{n-2}\cdots D_1D_0$)为输入的 n 位二进制数，$S_A$ 为输出的模拟信号(模拟电压 U_A 或模拟电流 I_A)，U_{REF} 为实现数/模转换所必需的参考电压(也称基准电压)，它们三者之间满足如下的比例关系：

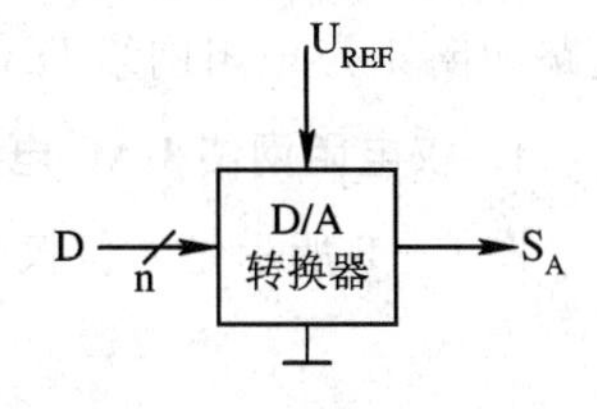

图 6-1　DAC 的原理框图

$$S_A = KDU_{REF} \tag{6-1}$$

式中，K 为比例系数，不同的 DAC 有各自不同的 K 值；D 为输入的 n 位二进制数所对应的十进制数值。如果假设

$$\begin{aligned} D &= D_{n-1}\times 2^{n-1} + D_{n-1}\times 2^{n-2} + \cdots + D_1\times 2^1 + D_0\times 2^0 \\ &= \sum_{i=0}^{n-1} D_i\times 2^i \end{aligned} \tag{6-2}$$

则式(6-1)可变为

$$S_A = KU_{REF}\sum_{i=0}^{n-1} D_i\times 2^i \tag{6-3}$$

另外必须指出，DAC 输入的 n 位数字量只有 2^n 种不同的值，从而对应的输出也只有

2^n个离散的电压(或电流)值，所以还要对 DAC 的输出再进行合适的低通滤波，滤除不需要的高频分量后才可得到真正的模拟信号。

2. 基本结构

用于实现数/模转换的电路有很多，但它们的基本结构都是相似的，主要由输入数码寄存器、数控模拟开关、电阻解码网络、求和电路、参考电压及逻辑控制电路组成，如图 6-2 所示。

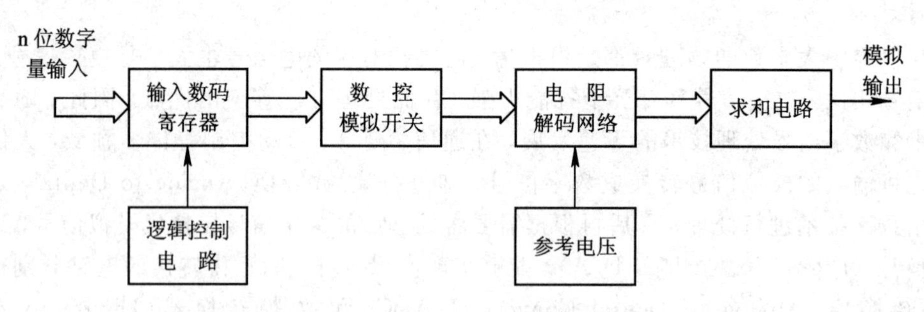

图 6-2　D/A 转换器的结构框图

数字量以串行或并行的方式存到 DAC 的数码寄存器中；寄存器中的每一位数码驱动一个数控模拟开关，使解码网络将每一位数码转换成相应大小的模拟量，并送给求和电路；求和电路将各位数码所代表的模拟量相加便得到与整个数字量所相对应的模拟量。解码网络是数/模转换电路的核心，也是不同数/模转换电路的主要区别所在。下面将重点介绍这部分电路的工作原理。

6.1.2　常用数/模转换电路

数/模转换电路有很多种类型，其中包括权电阻网络 DAC 电路、倒 T 形电阻网络 DAC 电路、权电流型 DAC 电路和权电容网络 DAC 电路等。本节仅介绍权电阻网络 DAC 电路和倒 T 形电阻网络 DAC 电路。

1. 权电阻网络 DAC 电路

图 6-3 所示是 4 位权电阻网络 DAC 电路的原理图。

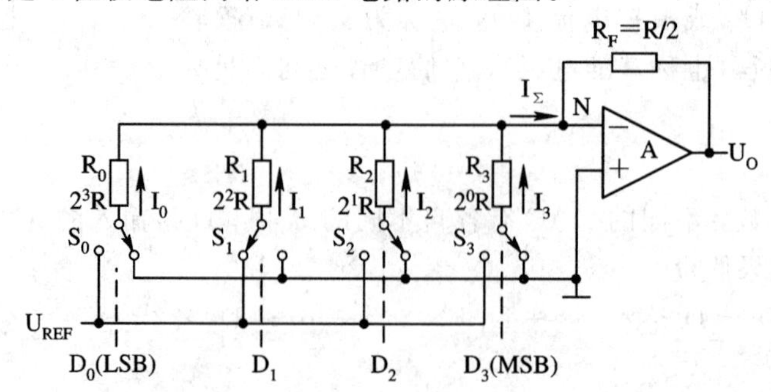

图 6-3　权电阻网络 DAC 电路原理图

该电路由四部分构成：

(1) 权电阻网络。该电阻网络由四个电阻构成，它们的阻值分别与输入的 4 位二进制数一一对应，且满足以下关系：

$$R_i = 2^{n-1-i}R \tag{6-4}$$

式中，n 为输入二进制数的位数，R_i 为与二进制数 D_i 位相对应的电阻值，而 2^i 则为 D_i 位的权值，所以可以看出二进制数的某一位所对应的电阻的大小与该位的权值成反比，这就是权电阻网络名称的由来。例如在图 6－3 中，最高位 D_3 所对应的电阻 $R_3=R$。

(2) 模拟开关。每一个电阻都有一个单刀双掷的模拟开关与其串联，4 个模拟开关的状态分别由 4 位二进制数码控制。当 $D_i=0$ 时，开关 S_i 打到右边，使电阻 R_i 接地；当 $D_i=1$ 时，开关 S_i 打到左边，使电阻 R_i 接 U_{REF}。

(3) 基准电压源 U_{REF}。作为 A/D 转换的参考值，要求其准确度高、稳定性好。

(4) 求和放大器。通常由运算放大器构成，并接成反相放大器的形式。

为了简化分析，在本章中将运算放大器近似看成是理想的放大器，即它的开环放大倍数为无穷大，输入电流为零(输入电阻无穷大)，输出电阻为零。由于 N 点为虚地，当 $D_i=0$ 时，相应的电阻 R_i 上没有电流；当 $D_i=1$ 时，电阻 R_i 上有电流流过，大小为 $I_i=U_{REF}/R_i$。根据叠加原理，对于输入的任意一个二进制数$(D_3D_2D_1D_0)_2$，应有

$$\begin{aligned}I_\Sigma &= D_3I_3+D_2I_2+D_1I_1+D_0I_0\\&= D_3\frac{U_{REF}}{R_3}+D_2\frac{U_{REF}}{R_2}+D_1\frac{U_{REF}}{R_1}+D_0\frac{U_{REF}}{R_0}\\&= D_3\frac{U_{REF}}{2^{3-3}R}+D_2\frac{U_{REF}}{2^{3-2}R}+D_1\frac{U_{REF}}{2^{3-1}R}+D_0\frac{U_{REF}}{2^{3-0}R}\\&= \frac{U_{REF}}{2^3R}\sum_{i=0}^{3}D_i\times 2^i\end{aligned}\tag{6-5}$$

求和放大器的反馈电阻 $R_F=R/2$，则输出电压 U_O 为

$$U_O=-I_\Sigma R_F=-\frac{U_{REF}}{2^4}\sum_{i=0}^{3}D_i\times 2^i \tag{6-6}$$

推广到 n 位权电阻网络 DAC 电路，可得

$$U_O=-\frac{U_{REF}}{2^n}\sum_{i=0}^{n-1}D_i\times 2^i \tag{6-7}$$

由式(6－6)和式(6－7)可以看出，权电阻网络 DAC 电路的输出电压和输入数字量之间的关系与式(6－3)的描述完全一致。这里的比例系数 $K=-1/2^n$，即输出电压与基准电压的极性相反。

权电阻网络 DAC 电路的优点是结构简单，所用的电阻个数比较少。它的缺点是电阻的取值范围太大，这个问题在输入数字量的位数较多时尤显突出。例如当输入数字量的位数为 12 位时，最大电阻与最小电阻之间的比例达到 2048：1，要在如此大的范围内保证电阻的精度，对于集成 DAC 的制造是十分困难的。

2. 倒 T 形电阻网络 DAC 电路

图 6－4 所示为 4 位倒 T 形电阻网络 DAC 电路的原理图，它也包括四个部分：R－2R 倒 T 形电阻网络、单刀双掷模拟开关(S_0、S_1、S_2 和 S_3)、基准电压 U_{REF} 和求和放大器。

每个模拟开关分别由一位二进制数码控制，当 $D_i=0$ 时，开关 S_i 打到左边，使与之相串联的 2R 电阻接地；当 $D_i=1$ 时，开关 S_i 打到右边，使 2R 电阻接虚地。

R－2R 电阻网络中只有 R 和 2R 两种阻值的电阻，呈倒 T 形分布。不难看出：无论模

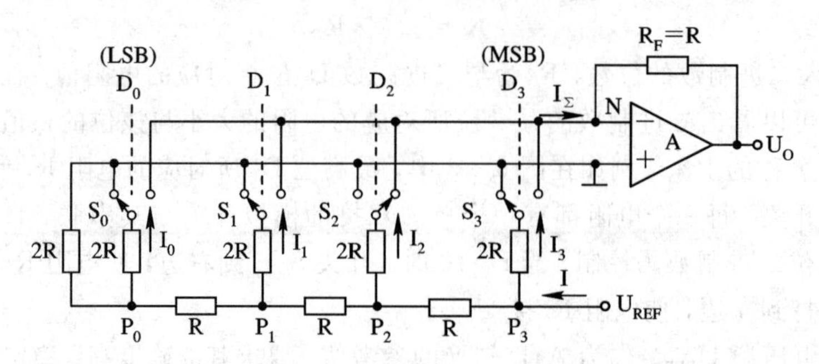

图 6-4 倒 T 形电阻网络 DAC 电路原理图

拟开关的状态如何，从任何一个节点(P_0、P_1、P_2、P_3)向上或向左看去的等效电阻均为 2R。由此可以计算出基准电压源 U_{REF} 的输出电流 $I=U_{REF}/R$，并且该电流每流到一个节点时就向上和向左产生 1/2 分流，则各支路的电流分别为：$I_0=I/2^4$，$I_1=I/2^3$，$I_2=I/2^2$，$I_3=I/2^1$。

根据叠加原理，对于输入的任意一个二进制数$(D_3D_2D_1D_0)_2$，流向求和放大器的电流 I_Σ 应为

$$\begin{aligned} I_\Sigma &= I_0 + I_1 + I_2 + I_3 \\ &= \frac{1}{2^4}\frac{U_{REF}}{R}(D_0\times 2^0 + D_1\times 2^1 + D_2\times 2^2 + D_3\times 2^3) \\ &= \frac{1}{2^4}\frac{U_{REF}}{R}\sum_{i=0}^{3} D_i\times 2^i \end{aligned} \tag{6-8}$$

求和放大器的反馈电阻 $R_F=R$，则输出电压 U_O 为

$$U_O = -I_\Sigma R_F = -\frac{U_{REF}}{2^4}\sum_{i=0}^{3} D_i\times 2^i \tag{6-9}$$

推广到 n 位倒 T 形电阻网络 DAC 电路，可得

$$U_O = -\frac{U_{REF}}{2^n}\sum_{i=0}^{n-1} D_i\times 2^i \tag{6-10}$$

倒 T 形电阻网络 DAC 电路的突出优点在于：无论输入信号如何变化，流过基准电压源、模拟开关以及各电阻支路的电流均保持恒定，电路中各节点的电压也保持不变，这有利于提高 DAC 的转换速度。再加上倒 T 形电阻网络 DAC 电路只有两种电阻值和它便于集成的优点，使其成为目前集成 DAC 中应用最多的转换电路。

6.1.3 集成 DAC 的主要性能参数

1. 最小输出电压 U_{LSB} 和满量程输出电压 U_{FSR}

最小输出电压 U_{LSB} 是指输入数字量只有最低位为 1 时，DAC 所输出的模拟电压的幅度，也就是当输入数字量的最低位的状态发生变化时(由 0 变成 1 或由 1 变成 0)，所引起的输出模拟电压的变化量。对于 n 位 DAC 电路，最小输出电压 U_{LSB} 为

$$U_{LSB} = \frac{|U_{REF}|}{2^n} \tag{6-11}$$

满量程输出电压 U_{FSR} 是指 DAC 输出电压的最大变化范围，有时也称最大输出电压 U_{max}。对于 n 位 DAC 电路，满量程输出电压 U_{FSR} 为

$$U_{FSR}=\frac{2^n-1}{2^n}\mid U_{REF}\mid \tag{6-12}$$

对于电流输出的 DAC，则有 I_{LSB} 和 I_{FSR} 两个概念，其含义与 U_{LSB} 和 U_{FSR} 相对应。有时也将 U_{LSB} 和 I_{LSB} 简称为 LSB，将 U_{FSR} 和 I_{FSR} 简称为 FSR(Full Scale Range)。

2. 转换精度

D/A 转换器的转换精度通常用分辨率和转换误差来描述。

1) 分辨率

分辨率是指 DAC 能够分辨最小电压的能力，它是 D/A 转换器在理论上所能达到的精度，我们将其定义为 DAC 的最小输出电压和最大输出电压之比，即

$$分辨率=\frac{U_{LSB}}{U_{FSR}}=\frac{1}{2^n-1} \tag{6-13}$$

显然，DAC 的位数 n 越大，分辨率越高。正因为如此，在实际的集成 DAC 产品的参数表中，有时直接将 2^n 或 n 作为 DAC 的分辨率。例如，8 位 DAC 的分辨率为 2^8 或 8 位。

2) 转换误差

由于 DAC 的各个环节在参数和性能上与理论值之间不可避免地存在着差异，因此它在实际工作中并不能达到理论上的精度。转换误差就是用来描述 DAC 输出模拟信号的理论值和实际值之间差别的一个综合性指标。

DAC 的转换误差一般有两种表示方式：绝对误差和相对误差。所谓绝对误差，就是实际值与理论值之间的最大差值，通常用最小输出值 LSB 的倍数来表示。例如，转换误差为 0.5 LSB，表明输出信号的实际值与理论值之间的最大差值不超过最小输出值的一半。相对误差是指绝对误差与 DAC 满量程输出值 FSR 的比值，以 FSR 的百分比来表示。例如，转换误差为 0.02% FSR，表示输出信号的实际值与理论值之间的最大差值是满量程输出值的 0.02%。由于转换误差的存在，因此对转换精度只讲位数就是片面的，因为转换误差大于1 LSB 时，理论精度就没有意义了。

造成 DAC 转换误差的原因有多种，如参考电压 U_{REF} 的波动、运算放大器的零点漂移、模拟开关的导通内阻和导通压降、电阻解码网络中电阻阻值的偏差等。

(1) 比例系数误差：是指由于 DAC 实际的比例系数与理想的比例系数之间存在偏差而引起的输出模拟信号的误差，也称为增益误差或斜率误差，如图 6-5 所示。这种误差使得 DAC 的每一个模拟输出值都与相应的理论值相差同一百分比，即输入的数字量越大，输出模拟信号的误差也就越大。根据以上几种 DAC 电路的分析可知，参考电压 U_{REF} 的波动和运算放大器的闭环增益偏离理论值是引起这种误差的主要原因。

(2) 失调误差：也称为零点误差或平移误差，它是指当输入数字量的所有位都为 0 时，DAC 的输出电压与理想情况下的输出电压(应为 0)之差。造成这种误差的原因是运算放大器的零点漂移，它与输入的数字量无关。这种误差使得 DAC 实际的转换特性曲线相对于理想的转换特性曲线发生了平移(向上或向下)，如图 6-6 所示。

(3) 非线性误差：是指一种没有一定变化规律的误差，它既不是常数也不与输入数字量成比例，通常用偏离理想转换特性的最大值来表示。这种误差使得 DAC 理想的线性转换特性变为非线性，如图 6-7 所示。造成这种误差的原因有很多，如模拟开关的导通电阻和导通压降不可能绝对为零，而且各个模拟开关的导通电阻也未必相同；再如电阻网络中

的电阻阻值存在偏差，各个电阻支路的电阻偏差以及对输出电压的影响也不一定相同等，这些都会导致输出模拟电压的非线性误差。

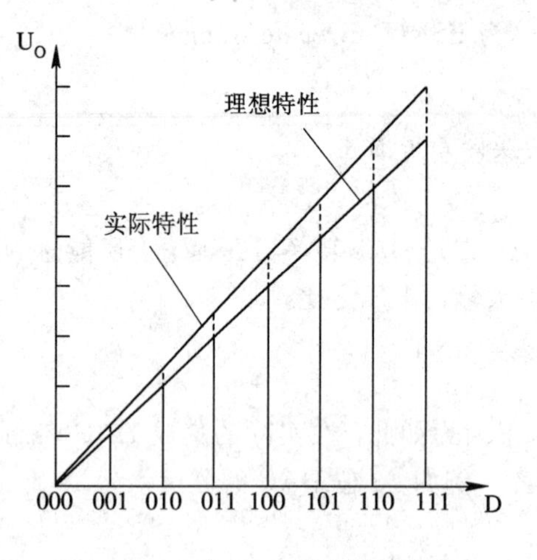

图 6 - 5　3 位 DAC 的比例系数误差

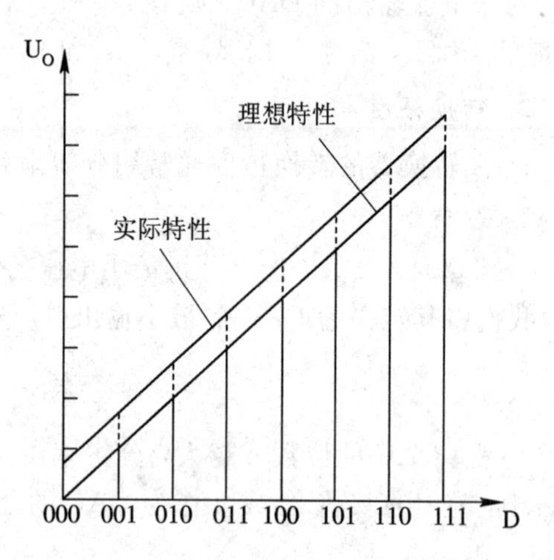

图 6 - 6　3 位 DAC 的失调误差

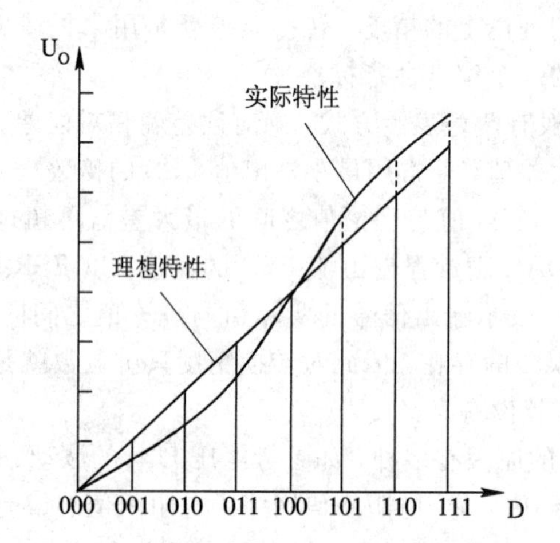

图 6 - 7　3 位 DAC 的非线性误差

3. 转换速度

DAC 的转换速度通常用建立时间(Setting Time)或转换速率来描述。

当 DAC 输入的数字量发生变化后，输出的模拟量也跟着发生变化，但需要经过一段时间后才能达到一个稳定的值，这段时间称为 DAC 的建立时间。由于数字量的变化量越大，DAC 所需要的建立时间越长，所以在集成 DAC 产品的性能表中，建立时间通常是指从输入数字量从全 0 突变到全 1 或从全 1 突变到全 0 开始，直到输出模拟量稳定所需要的时间。所谓的“稳定”，是指模拟量的波动不再超出规定的范围(一般取±LSB/2)。建立时间的倒数即为转换速率，也就是每秒钟 DAC 至少可进行的转换次数。

除了以上所述的主要性能参数外，在选择 DAC 芯片时，还要注意以下两个方面：

(1) 输入数字量的特征，主要包括数字量的编码方式(自然二进制码、补码、偏移二进制码、BCD 码等)、数字量的输入方式(串行输入或并行输入)以及逻辑电平的类型(TTL

电平、CMOS 电平或 ECL 电平等)。

(2) 工作环境要求，主要包括 DAC 的工作电压、参考电源、工作温度、功耗、封装以及可靠性等。

6.1.4　集成数/模转换器 DAC0832

1. DAC0832 的主要性能参数

DAC0832 的主要性能参数如下：

(1) 并行 8 位 DAC；

(2) TTL 标准逻辑电平；

(3) 可单缓冲、双缓冲或直通数据输入；

(4) 5～15 V 单一电源供电；

(5) －10～＋10 V 参考电压源；

(6) 转换时间≤1 μs；

(7) 线性误差≤0.2%FSR；

(8) 功耗为 20 mW；

(9) 工作温度范围为－40～85℃。

2. DAC0832 的内部结构和引脚说明

图 6－8 是 DAC0832 的内部结构框图，虚框外标注的是外部引脚的标号及名称。从图上可以看出，电路由 8 位输入锁存器、8 位 D/A 锁存器、8 位 D/A 转换器、逻辑控制电路以及输出电路的辅助元件 R_{fb}(阻值为 15 kΩ)构成。

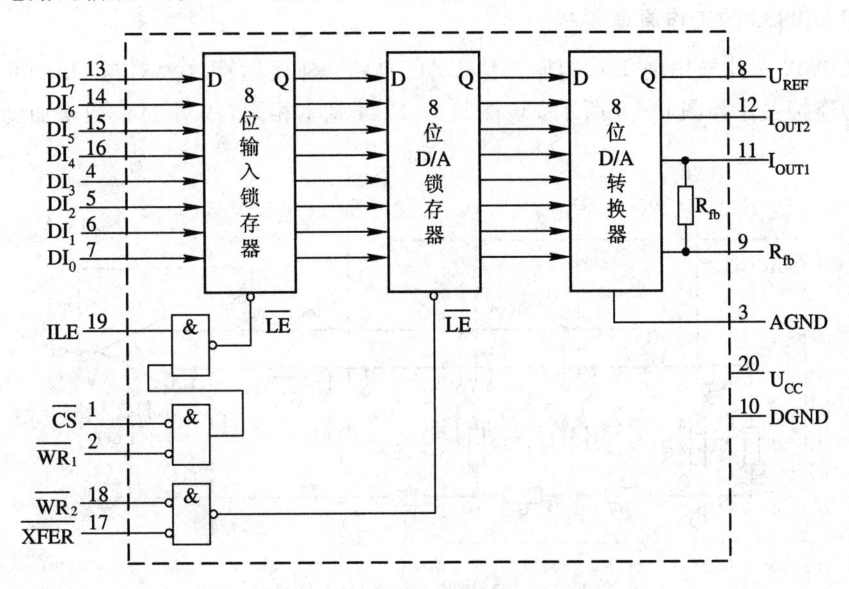

图 6－8　DAC0832 的内部组成框图

引脚说明：

(1) 控制信号：$\overline{CS}$、ILE、$\overline{WR_1}$这三个信号在一起配合使用，用于控制对输入锁存器的操作。$\overline{CS}$为片选信号，低电平有效；ILE 为输入锁存允许信号，高电平有效；$\overline{WR_1}$为输入锁存器的写信号，低电平有效。只有当$\overline{CS}$、ILE、$\overline{WR_1}$同时有效时，输入的数字量才能写入输入锁存器，并在$\overline{WR_1}$的上升沿实现数据锁存。

$\overline{XFER}$、$\overline{WR_2}$这两个信号在一起配合使用，用于控制对D/A锁存器的操作。$\overline{XFER}$为传送控制信号，低电平有效；$\overline{WR_2}$为D/A锁存器的写信号，低电平有效。只有当$\overline{XFER}$、$\overline{WR_2}$同时有效时，输入锁存器的数字量才能写入到D/A锁存器，并在$\overline{WR_2}$的上升沿实现数据锁存。

(2) 输入数字量：DI_0～DI_7是8位数字量输入(自然二进制码)，其中，DI_0为最低位，DI_7为最高位。

(3) 输出模拟量：I_{OUT1}是DAC输出电流1。当D/A锁存器中的数据全为1时，I_{OUT1}最大(满量程输出)；当D/A锁存器中的数据全为0时，$I_{OUT1}=0$。

I_{OUT2}是DAC输出电流2。I_{OUT2}为一常数(满量程输出电流)与I_{OUT1}之差，即

$$I_{OUT1}+I_{OUT2}=\text{满量程输出电流}$$

(4) 电源、地：U_{REF}为参考电压源。DAC0832需要外接基准电压，基准电压在－10～＋10 V范围内取值。U_{CC}为工作电压源。工作电压的范围为＋5～＋15 V，最佳工作状态时用＋15 V。DGND、AGND分别为数字电路地和模拟电路地。所有数字电路的地线均接到DGND，所有模拟电路的地线均接到AGND，并且就近将DGND和AGND在一点且只能在一点短接，以减少干扰。

(5) 其它：R_{fb}为反馈电阻连线端。DAC0832为电流输出型D/A转换器，所以要获得模拟电压输出时，需要外接运算放大器，但运算放大器的反馈电阻不需要外接，在芯片内部已集成了一个15 kΩ的反馈电阻。

3. DAC0832的工作原理

DAC0832芯片采用倒T形电阻网络DAC电路，外接运算放大器与DAC0832电阻网络之间的连接关系如图6-9所示，该图与图6-4基本相同，只不过位数增加到了8位。

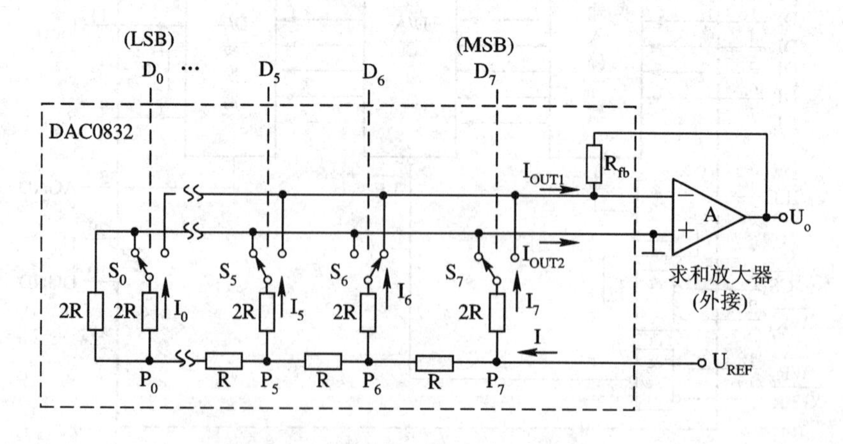

图6-9 DAC0832中的D/A转换电路

在图6-9中，模拟开关S_i受输入数字量D_i的控制。$D_i=0$时，S_i接地；$D_i=1$时，S_i接虚地。

无论S_i接地或是接虚地，电阻网络中各支路的电流保持不变。由参考电压源U_{REF}流出

的总电流 $I=U_{REF}/R$，并且该电流每经过一个节点时都会进行 1/2 分流，则各 2R 电阻支路的电流 $I_i=I/2^{n-i}(n=8)$。但是，随着输入数字量的不同，输出电流 I_{OUT1} 和 I_{OUT2} 也不相同，不难求出：

$$I_{OUT1}=\frac{I}{2^8}\sum_{i=0}^{7}(D_i\times 2^i) \tag{6-14}$$

$$I_{OUT2}=\frac{I}{2^8}\left[\sum_{i=0}^{7}(\overline{D}_i\times 2^i)+1\right] \tag{6-15}$$

$$I_{OUT1}+I_{OUT2}=I=\frac{U_{REF}}{R}=\text{常数} \tag{6-16}$$

则外接求和放大器的输出电压为

$$U_O=-I_{OUT1}R_{fb} \tag{6-17}$$

在 DAC0832 中，通常 $R=R_{fb}\approx 15\ k\Omega$，所以

$$U_O=-\frac{1}{2^8}\frac{U_{REF}}{R}R_{fb}\sum_{i=0}^{7}(D_i\times 2^i)=-\frac{U_{REF}}{2^8}\sum_{i=0}^{7}(D_i\times 2^i) \tag{6-18}$$

4. DAC0832 的工作方式

根据芯片内部的两个锁存器(8 位输入锁存器、8 位 D/A 锁存器)工作状态的不同，DAC0832 还可以有三种工作方式：双缓冲工作方式、单缓冲工作方式和直通工作方式。

(1) 双缓冲工作方式：是指两个 8 位锁存器均处于受控锁存工作状态。在双缓冲工作方式下，数字量的写入分成两步：第一步是当 $\overline{CS}=0$、ILE=1 时，外部输入的数字量在写信号 $\overline{WR_1}$(负脉冲)的作用下写入 8 位输入锁存器，并在写脉冲的上升沿锁存；第二步是令 $\overline{XFER}=0$，在写信号 $\overline{WR_2}$(负脉冲)的作用下将 8 位输入锁存器的数据写入 8 位 DAC 锁存器，开始 A/D 转换，并在写脉冲的上升沿锁存。这样，DAC0832 在进行 A/D 转换的同时，就可以采集下一个数字量。图 6 - 10 给出了 DAC0832 双缓冲工作方式下的连线图和时序图。

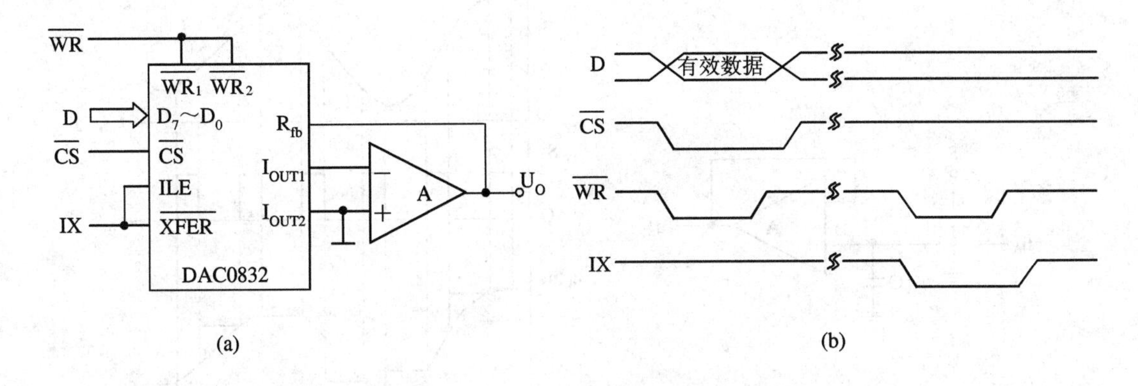

图 6 - 10　DAC0832 双缓冲工作方式连线图和时序图
(a) 连线图；(b) 时序图

(2) 单缓冲工作方式：在 DAC0832 的两个锁存器中，使其中的一个始终处于直通状态，而另外一个锁存器处于受控锁存状态或者控制两个锁存器同时进行锁存，这就是单缓冲工作方式。

(3) 直通工作方式：就是指两个锁存器均处于直通工作状态，外部输入数字量发生变化，A/D 转换器输出亦随之变化。

6.2 集成模/数转换器

模/数转换器 ADC 用于将时间和幅度都连续的模拟信号转换成时间和幅度都离散的数字信号，其原理框图如图 6－11 所示。其中，U_I 为模拟电压输入，$D(D_{n-1}D_{n-2}\cdots D_1D_0)$为输出的 n 位数字信号，$U_{REF}$ 为实现模/数转换所必需的参考电压，它们三者之间满足如下比例关系：

$$D = K\frac{U_I}{U_{REF}} \tag{6-19}$$

式中，K 为比例系数，不同的 ADC 有各自不同的 K 值。

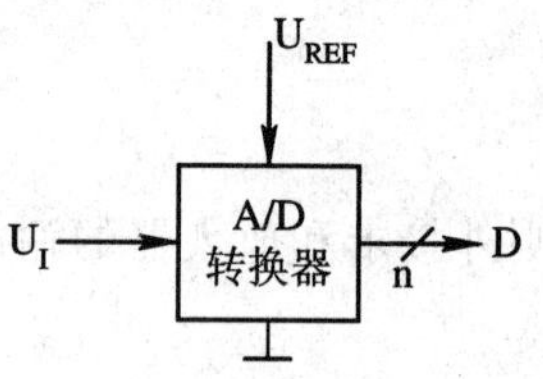

图 6－11　ADC 原理框图

欲把模拟量转换成数字量，通常都要经过采样、保持、量化和编码四个过程。在本节中，将首先讨论这四个过程的工作原理，然后介绍几种常用的 A/D 转换电路。

6.2.1 模/数转换的一般过程

欲把模拟量转换成数字量，通常都要经过采样、保持、量化和编码四个过程。

1. 采样与保持

采样就是周期性地每隔一段固定的时间读取一次模拟信号的值，从而可以将在时间和取值上都连续的模拟信号在时间上离散化。所谓保持，就是在连续两次采样之间，将上一次采样结束时所得到的采样值用保持电路保持住，以便在这段时间内完成对采样值的量化和编码。采样与保持过程通常是用采样/保持电路一起实现的，可以用图 6－12 来说明。

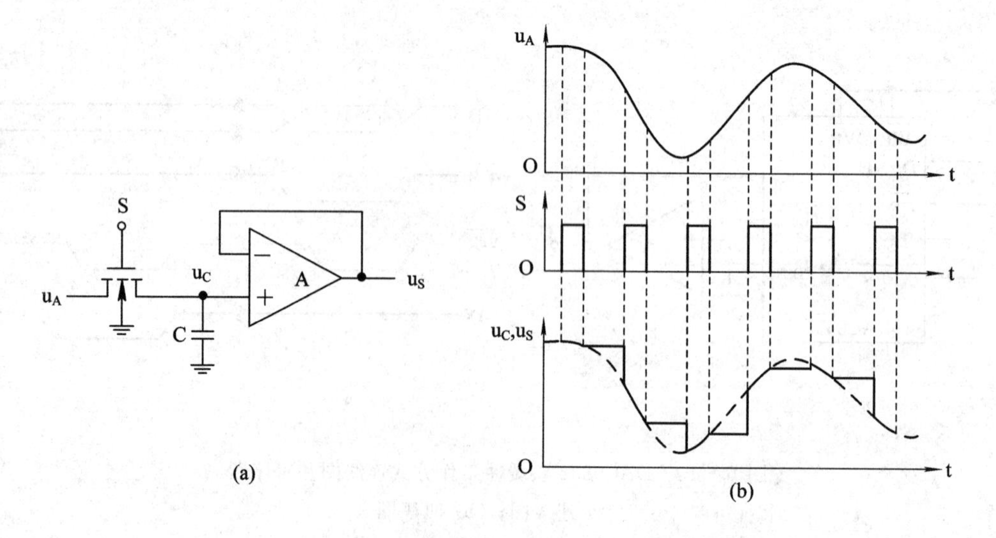

图 6－12　采样/保持电路及波形

(a) 电路图；(b) 波形图

图 6－12(a)是一种最简单的采样/保持电路，它由一个 N 沟道增强型 MOSFET、一个用于保持采样值的电容 C 和一个运算放大器 A 组成。图 6－13 中的 u_A 为输入的模拟电压；u_C 是电容 C 上的电压；u_S 为采样/保持电路的输出信号；S 为采样脉冲信号，它的周期为 T_S，脉冲宽度为 τ。

MOSFET 被用作一个受采样脉冲信号 S 控制的双向模拟开关。在脉冲存在的 τ 时间内，MOSFET 导通(开关闭合)，电容 C 通过模拟开关放电或被 u_A 充电，假定充/放电的时间常数远小于 τ，则可以认为电容 C 上的电压 u_C 在时间 τ 内完全能够跟得上输入模拟电压 u_A 的变化，即 $u_C = u_A$；在采样脉冲的休止期($T_S - \tau$)内，MOSFET 截止(开关断开)，如果电容 C 的漏电电阻、MOSFET 的截止阻抗和运算放大器的输入阻抗都很大，则电容的漏电可以忽略不记，这样电容 C 上的电压将保持采样脉冲结束前一瞬间 u_A 的电压值并一直到下一个采样脉冲到来时为止。因此，通常把采样脉冲的周期 T_S 称为采样周期，把采样脉冲的宽度 τ 称为采样时间。运算放大器 A 接成电压跟随器，即 $u_S = u_C$，在采样/保持电路和后续电路之间起缓冲作用。

由图 6－13 可以看出，经过采样后的信号与输入的模拟信号相比，波形发生了很大的变化。根据采样定理，为了保证能够从采样后的信号不失真地恢复出原来的模拟信号，采样频率 f_s 至少为输入模拟信号中最高有效频率 f_{max} 的两倍，即

$$f_s = \frac{1}{T_S} \geqslant 2f_{max} \tag{6-20}$$

2. 量化和编码

数字信号不仅在时间上是离散的，而且在取值上也不连续，即数字信号的取值必须为某个规定的最小数量单位的整数倍。因此为了将模拟信号的采样值最终转换成数字信号，还必须对其进行量化和编码。

所谓量化，就是先确定一组离散的电平值，然后按照某种近似方式将采样/保持电路输出的模拟电压采样值归并到其中的一个离散电平，也就是将模拟信号在取值上离散化了。在量化过程中所确定的一组离散的电平称为量化电平，幅度最小的那个非零量化电平的绝对值称为量化单位，记作 Δ；而其它的量化电平都是量化单位的整数倍，可以表示为 NΔ(N 为整数)。

所谓编码，就是将量化电平 NΔ 中的 N 用二进制代码来表示，n 位编码可以表示 2^n 个量化电平。对于单极性的模拟信号，一般采用无符号的自然二进制码；对于双极性模拟信号，则通常采用二进制补码。经过编码后得到的二进制代码就是 A/D 转换器输出的数字量。

由于采样/保持电路输出采样值有可能是模拟电压变化范围内的任何一个值，所以不可能所有的采样值都恰好是量化单位的整数倍，也就是说，在对采样值量化时将不可避免地引入误差，这种误差称为量化误差，用 ε 表示。

量化可以按两种近似方式进行：只舍不入量化方式和有舍有入(四舍五入)量化方式。下面以采用自然二进制码的 3 位 A/D 转换器为例来说明这两种量化方式。假设采样值的最大变化范围是 0～8 V，8 个量化电平为：0 V、1 V、2 V、3 V、4 V、5 V、6 V、7 V，量化单位 Δ=1 V。

只舍不入量化方式如图 6－13 所示。当模拟电压的采样值 u_S 介于两个量化电平之间

时，采用取整的方法将其归并为较低的量化电平。例如，无论 $u_S=5.9$ V$=5.9\Delta$，还是 $u_S=5.1$ V$=5.1\Delta$，都将其归并为 5Δ，输出的编码都为 101。可见，采用只舍不入量化方式，最大量化误差 ε_{max} 近似为一个量化单位 Δ。

四舍五入量化方式如图 6-14 所示。当模拟电压的采样值 u_S 介于两个量化电平之间时，采用四舍五入的方式将其归并为最相近的那个量化电平。例如，若 $u_S=5.49$ V$=5.49\Delta$，就将其归并为 5Δ，输出的编码为 101；若 $u_S=5.50$ V$=5.50\Delta$，就将其归并为 6Δ，输出的编码为 110。可见，采用四舍五入量化方式，最大量化误差 ε_{max} 不会大于 $\Delta/2$，比只舍不入量化方式的最大量化误差小。所以，目前大多数的 A/D 转换器都采用这种量化方式。

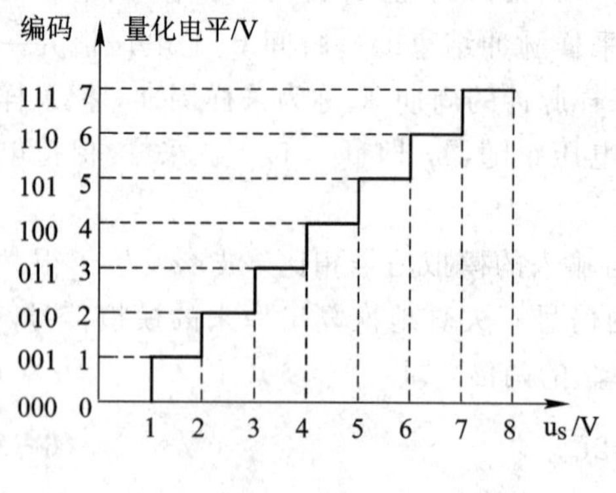

图 6-13 只舍不入量化方式

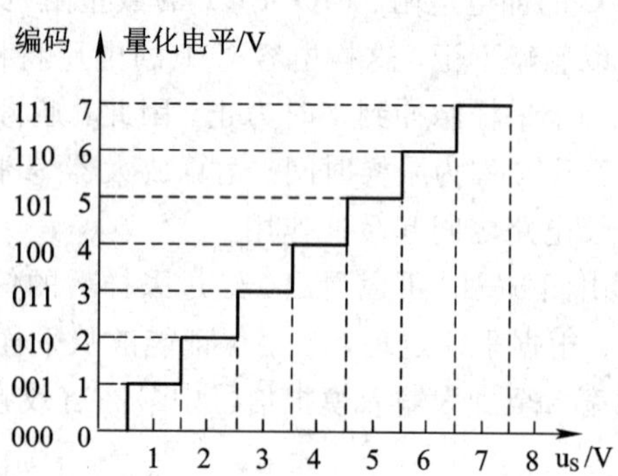

图 6-14 四舍五入量化方式

量化误差是 A/D 转换的固有误差，只能减小，不能完全消除。减小量化误差的主要措施就是减小量化单位。但是当输入模拟电压的变化范围一定时，量化单位越小就意味着量化电平的个数越多，编码的位数越大，电路也就越复杂。

6.2.2 常用模/数转换电路

前面介绍了 A/D 转换的四个基本过程，对各种类型的 ADC 而言，采样与保持电路的基本原理都是一样的，它们之间的差别主要反映在 ADC 的核心部分——量化和编码电路上。所以下面介绍各种 A/D 转换技术时，将主要介绍这部分电路。

实现 A/D 转换的方法很多，按照工作原理的不同可以分成直接 A/D 转换和间接 A/D 转换两类。直接 A/D 转换是将模拟信号直接转换成数字信号，比较典型的有并行比较型 A/D 转换和逐次逼近型A/D转换。间接 A/D 转换是先将模拟信号转换成某一中间变量(时间或频率)，然后再将中间变量转换成数字量，比较典型的有双积分型 A/D 转换和电压—频率转换型 A/D 转换。下面我们介绍集成 ADC 中常见的三种 A/D 转换电路。

1. 并行比较型 ADC 电路

图 6-15 所示是 3 位并行比较型 ADC 的原理图，它由电阻分压器、电压比较器 $C_1 \sim C_7$、寄存器和编码电路四部分构成。假定基准电压 $U_{REF}>0$。

输入模拟电压最大变化范围是 $0\sim U_{REF}$，则 8 个量化电平为：0、$U_{REF}/8$、$2U_{REF}/8$、$3U_{REF}/8$、$4U_{REF}/8$、$5U_{REF}/8$、$6U_{REF}/8$、$7U_{REF}/8$，量化单位 $\Delta=U_{REF}/8$。

基准电压 U_{REF} 经电阻分压器分压后，产生各电压比较器的参考电压：$u_1=U_{REF}/16$，$u_2=3U_{REF}/16$，$u_3=5U_{REF}/16$，$u_4=7U_{REF}/16$，$u_5=9U_{REF}/16$，$u_6=11U_{REF}/16$，$u_7=$

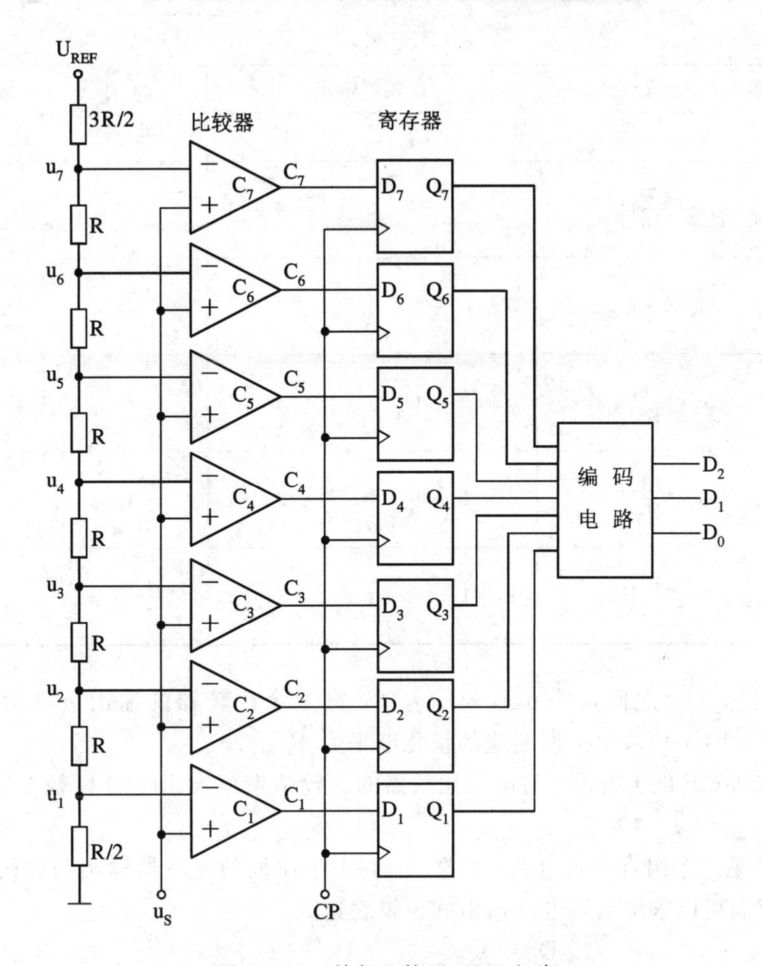

图 6-15　并行比较型 ADC 电路

$13\ U_{REF}/16$。由这些参考电压值可以看出，该 A/D 转换电路采用的是有舍有入的量化方式，量化单位 $\Delta=2U_{REF}/16$，在 $0\sim15\ U_{REF}/16$ 范围内的模拟电压的最大量化误差 $\varepsilon_{max}=\Delta/2=U_{REF}/16$。

各电压比较器的参考电压由反相输入端输入，正相输入端为 ADC 输入模拟电压的采样值 u_S。当 u_S 大于某电压比较器的参考电压时，该电压比较器输出高电平，反之则输出低电平。模拟输入电压值与电压比较器输出结果之间的关系列在表6-1中。例如，若 u_S 在

表 6-1　3 位并行 ADC 模拟输入电压和输出编码转换关系表

模拟输入电压	比较器输出							量化电平	编码输出		
u_S	C_7	C_6	C_5	C_4	C_3	C_2	C_1		D_2	D_1	D_0
$0\leqslant u_S<\frac{1}{16}U_{REF}$	0	0	0	0	0	0	0	0	0	0	0
$\frac{1}{16}U_{REF}\leqslant u_S<\frac{3}{16}U_{REF}$	0	0	0	0	0	0	1	$\frac{1}{8}U_{REF}$	0	0	1
$\frac{3}{16}U_{REF}\leqslant u_S<\frac{5}{16}U_{REF}$	0	0	0	0	0	1	1	$\frac{2}{8}U_{REF}$	0	1	0

续表

模拟输入电压	比较器输出							量化电平	编码输出		
u_S	C_7	C_6	C_5	C_4	C_3	C_2	C_1		D_2	D_1	D_0
$\frac{5}{16}U_{REF} \leqslant u_S < \frac{7}{16}U_{REF}$	0	0	0	0	1	1	1	$\frac{3}{8}U_{REF}$	0	1	1
$\frac{7}{16}U_{REF} \leqslant u_S < \frac{9}{16}U_{REF}$	0	0	0	1	1	1	1	$\frac{4}{8}U_{REF}$	1	0	0
$\frac{9}{16}U_{REF} \leqslant u_S < \frac{11}{16}U_{REF}$	0	0	1	1	1	1	1	$\frac{5}{8}U_{REF}$	1	0	1
$\frac{11}{16}U_{REF} \leqslant u_S < \frac{13}{16}U_{REF}$	0	1	1	1	1	1	1	$\frac{6}{8}U_{REF}$	1	1	0
$\frac{13}{16}U_{REF} \leqslant u_S < \frac{15}{16}U_{REF}$	1	1	1	1	1	1	1	$\frac{7}{8}U_{REF}$	1	1	1

$7U_{REF}/16 \sim 9U_{REF}/16$ 之间，且 $u_S < 9U_{REF}/16$，则七个比较器的输出分别为：$C_1 = C_2 = C_3 = C_4 = 1$、$C_5 = C_6 = C_7 = 0$，所对应的量化电平为 $4U_{REF}/8$。

在时钟脉冲 CP 的上升沿，将电压比较器的比较结果存入相应的 D 触发器中，供编码电路进行编码。

编码电路是一个组合逻辑电路，根据表 6-1 中所列的比较器输出与编码输出之间的对应关系，我们可以求出编码电路输出的逻辑表达式：

$$D_2 = Q_4$$

$$D_1 = Q_6 + \overline{Q}_4 Q_2$$

$$D_0 = Q_7 + \overline{Q}_6 Q_5 + \overline{Q}_4 Q_3 + \overline{Q}_2 Q_1$$

在并行比较型 A/D 转换电路中，由于模拟电压 u_S 是同时送到各电压比较器与相应的参考电压进行比较的，因此其转换速度仅受比较器、D 触发器和编码电路延迟时间的限制，转换时间一般为 ns 级。并行比较型 ADC 是目前最快的一种 A/D 转换电路，为高速集成 ADC 所广泛采用。另外，由于比较器和 D 触发器同时兼有采样和保持的功能，因此在这种 A/D 转换电路中不需要采样/保持电路，这是并行比较型 A/D 转换电路的另一个优点。并行比较型 ADC 的缺点是转换精度不易做得很高，主要是因为输出编码每增加一位，分压电阻、比较器和触发器的数量都要成倍增长，编码电路也更加复杂。例如，对于 n 位并行比较型 ADC，它需要 2^n 个分压电阻、(2^n-1)个比较器和(2^n-1)个 D 触发器。这种呈几何级数增加的器件数量不仅增加了集成 ADC 实现的难度，而且使各种误差因素也急剧增加，以致并行比较型的 ADC 难以达到很高的转换精度。

2. 逐次逼近型 ADC 电路

逐次逼近型 ADC 又称为逐位比较型 ADC，电路的原理框图如图 6-16 所示。它主要由采样/保持电路、电压比较器、逻辑控制电路、逐次逼近寄存器、D/A 转换器和数字输出电路六部分构成。

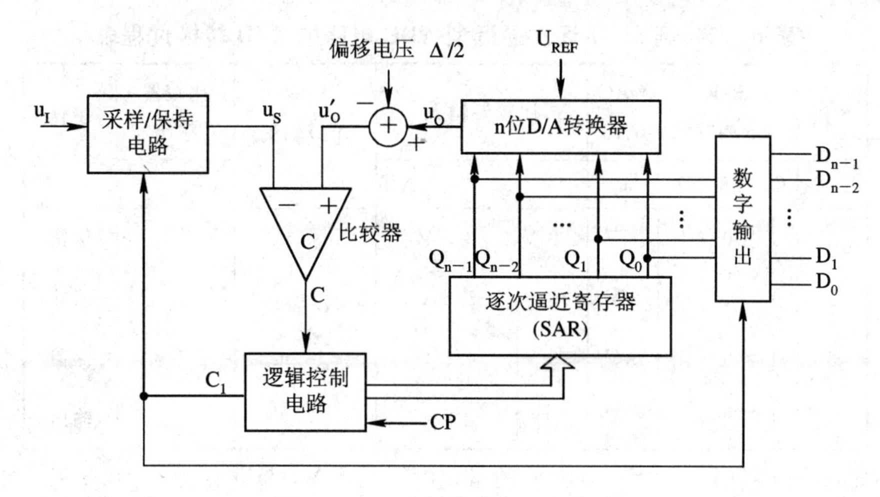

图 6－16　逐次逼近型 ADC 电路

在时钟脉冲 CP 的作用下，逻辑控制电路产生转换控制信号 C_1，其作用是：当 $C_1=1$ 时，采样/保持电路采样，采样值 u_S 跟随输入模拟电压 u_I 变化，A/D 转换电路停止转换，将上一次转换的结果经输出电路输出；当 $C_1=0$ 时，采样/保持电路停止采样，输出电路禁止输出，A/D 转换电路开始工作，将由比较器 A 的反相端输入的模拟电压采样值转换成数字信号。

逐次逼近型 ADC 电路实现 A/D 转换的基本思想是"逐次逼近"(或称"逐位比较")，也就是由转换结果的最高位开始，从高位到低位依次确定每一位的数码是 0 还是 1。

在转换开始之前，先将 n 位逐次逼近寄存器 SAR 清 0。

在第一个 CP 作用下，将 SAR 的最高位置 1，寄存器输出为 100…00。这个数字量被 D/A 转换器转换成相应的模拟电压 u_O，经偏移 Δ/2 后得到 $u_O'=u_O-\Delta/2$，然后将 u_O' 送至比较器的正相输入端与 ADC 输入模拟电压的采样值 u_S 相比较。如果 $u_O'>u_S$，则比较器的输出 C=1，说明这个数字量过大了，逻辑控制电路将 SAR 的最高位复 0；如果 $u_O'<u_S$，则比较器的输出 C=0，说明这个数字量小了，SAR 的最高位将保持 1 不变。这样就确定了转换结果的最高位是 0 还是 1。

在第二个 CP 作用下，逻辑控制电路在前一次比较结果的基础上先将 SAR 的次高位置 1，然后根据 u_O' 和 u_S 的比较结果确定 SAR 次高位的 1 是保留还是清除。

在 CP 的作用下，按照同样的方法一直比较下去，直到确定了最低位是 0 还是 1 为止。这时 SAR 中的内容就是这次 A/D 转换的最终结果。下面我们以一个例子来具体说明 A/D 转换的过程。

【例 6－1】 在图 6－16 电路中，设基准电压 $U_{REF}=-8$ V、n=3。当采样—保持电路输出电压 $u_S=4.9$ V 时，试列表说明逐次逼近型 ADC 电路的 A/D 转换过程。

解　由 $U_{REF}=-8$ V、n=3 可求得量化单位：

$$\Delta=\frac{|U_{REF}|}{2^n}=1\ \text{V}$$

偏移电压为 Δ/2=0.5 V。

当 $u_S=4.9$ V 时，逐次逼近型 ADC 电路的 A/D 转换过程如表 6－2 所示。

表 6-2　例 6-1 逐次逼近型 ADC 电路的 A/D 转换过程表

CP节拍	SAR的内容			DAC输出	比较器输入		比较结果	比较器输出	逻辑操作
	Q_2	Q_1	Q_0	u_O	u_S	$u_O' = u_O - \Delta/2$		C	
1	1	0	0	4 V	4.9 V	3.5 V	$u_O' < u_S$	0	保留
2	1	1	0	6 V	4.9 V	5.5 V	$u_O' > u_S$	1	清除
3	1	0	1	5 V	4.9 V	4.5 V	$u_O' < u_S$	0	保留
4	1	0	1	5 V	采样				输出

转换的结果 $D_2D_1D_0=101$，其对应的量化电平为 5 V，量化误差 $\varepsilon=0.1$ V。如果不引入偏移电压，则按照上述过程得到的 A/D 转换结果 $D_2D_1D_0=100$，对应的量化电平为 4 V，量化误差 $\varepsilon=0.9$ V。可见，偏移电压的引入是将只舍不入的量化方式变成了有舍有入的量化方式。

与并行比较型 ADC 电路相比，逐次逼近型 ADC 电路的转换速度要慢很多，完成一次 n 位的转换必须经过 n+2 个时钟周期。当时钟脉冲的频率一定时，ADC 的位数越多，完成一次转换所需的时间越长。而时钟最高频率则主要受逐次比较器、逼近型寄存器和 D/A 转换器延迟时间的限制。但逐次逼近型 ADC 电路比并行比较型 ADC 电路简单，无论位数如何增加，都只用一个比较器，仅需要增加逼近型寄存器和 D/A 转换器的位数就可以了，所以比较容易做到较高的精度。因此，逐次逼近型 ADC 电路广泛应用于高精度、中速以下的集成 ADC 中。

3. 双积分型 ADC 电路

双积分型 ADC 电路是一种间接 A/D 转换电路。它的转换原理是先把模拟电压转换成与之成正比的时间变量 T，然后在时间 T 内对固定频率的时钟脉冲计数，计数的结果就是正比于模拟电压的数字量。

图 6-17 所示为双积分型 ADC 电路的原理框图，它主要由积分器、过零比较器、计数器/定时器、逻辑控制电路和模拟开关构成。

积分器是转换器的核心部分，它由运算放大器和 RC 网络构成，积分常数 $\tau=RC$。积分器的输入端接单刀双掷模拟开关 S_1，在逻辑控制电路的作用下，S_1 在不同的阶段分别将极性相反的模拟电压 u_I 和基准电压 U_{REF} 接入积分器进行积分。

过零比较器的反相输入端接积分器的输出 u_O，正相输入端接地。当 $u_O<0$ 时，过零比较器的输出 C=1，使时钟脉冲通过与门加到计数器的时钟输入端；当 $u_O>0$ 时，过零比较器的输出 C=0，计数器的时钟输入端无时钟信号。

下面我们以正极性的直流电压信号为例，说明双积分型 ADC 电路的 A/D 转换过程。

在转换开始之前，逻辑控制电路输出控制信号，使计数器清 0，同时使开关 S_2 闭合，电容 C 完全放电。当开关 S_2 打开时，就开始进行 A/D 转换，整个转换过程包含两次积分，故称为双积分型 ADC 电路。

第一次积分——对模拟电压 u_I 的固定时间 T_1 积分。

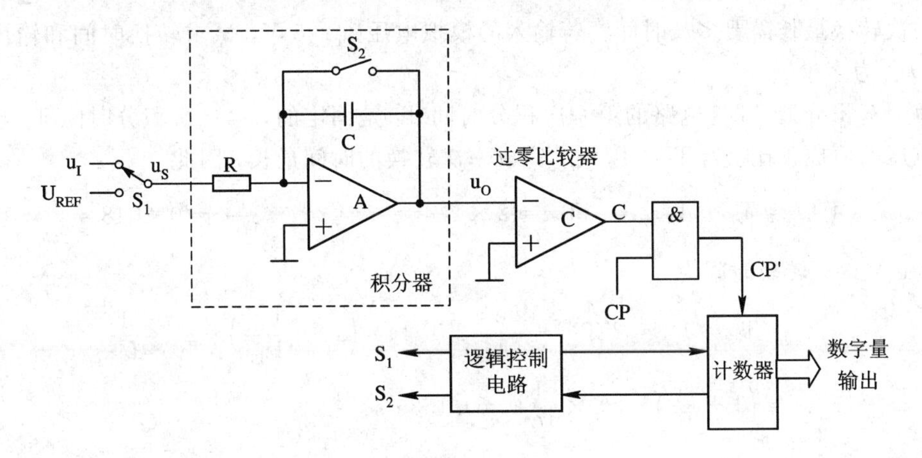

图 6 - 17　双积分型 ADC 电路

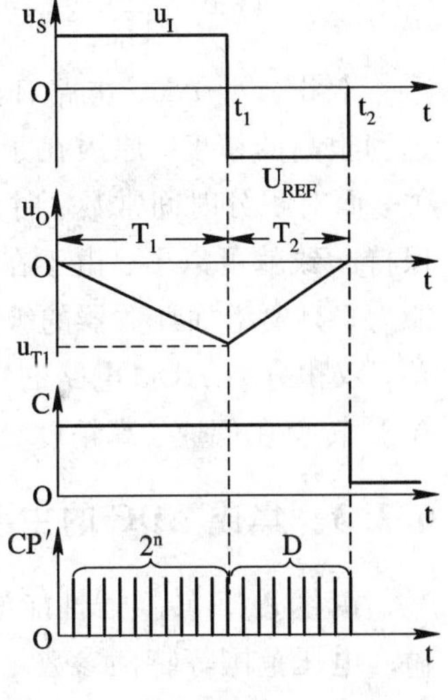

图 6 - 18　双积分型 ADC 电路各点的波形

设时间 $t=0$ 时，开关 S_1 将模拟电压 u_I 接入积分器开始积分，积分器输出 u_O 的变化如图 6 - 18 中 T_1 段所示。由于 $u_O<0$，因此过零比较器输出 $C=1$，时钟脉冲 CP 通过与门加到计数器的时钟输入端，计数器从 0 开始计数。在 2^n 个时钟脉冲过后(n 为计数器的位数)，计数器又回到 0，这时逻辑控制电路使开关 S_1 切换到基准电压 U_{REF} 上，第一次积分结束。第 次积分所用的时间为

$$T_1 = 2^n T_{CP} \tag{6-21}$$

其中，T_{CP}是时钟脉冲 CP 的周期。当第一次积分结束时，积分器输出的电压为

$$\begin{aligned} U_{T1} &= -\frac{1}{RC}\int_0^{T_1} u_I \mathrm{d}t \\ &= -\frac{1}{RC}u_I T_1 = -\frac{1}{RC}u_I 2^n T_{CP} \end{aligned} \tag{6-22}$$

第二次积分——对基准电压 U_{REF} 的反向积分。

当时间 $t=t_1$ 时，开关 S_1 将极性为负的基准电压 U_{REF} 接入积分器开始反向积分，积分器输出 u_O 的变化如图 6 - 18 中 T_2 段所示。计数器从 0 开始重新计数。当时间 $t=t_2$ 时，u_O 的电压线性上升到 0，比较器输出 $C=0$，与门关闭，计数器停止计数，第二次积分过程也告结束，计数器的数值 D 就是 A/D 转换输出的数字量。t_2 时刻的电压可写为

$$u_O(t_2) = U_{T1} - \frac{1}{RC}\int_{t_1}^{t_2} U_{REF} \mathrm{d}t = 0 \tag{6-23}$$

于是有：

$$T_2 = t_2 - t_1 = -\frac{u_I}{U_{REF}} 2^n T_{CP} \tag{6-24}$$

$$D = \frac{T_2}{T_{CP}} = -\frac{u_I}{U_{REF}} 2^n \tag{6-25}$$

由式(6 - 25)可以看出，数字量 D 与 u_I 的大小成正比，符合 ADC 的传输特性。

【例 6 - 2】　在图 6 - 17 电路中，设基准电压 $U_{REF}=-10$ V，计数器的位数 $n=10$，则

完成一次转换最长需要多长时间？若输入的模拟电压 $u_I=5$ V，试求转换时间和输出的数字量 D 各为多少。

解　双积分型 ADC 电路的第一次积分时间 T_1 是固定的，第二次积分时间 T_2 与输入模拟电压的值成正比。当 $T_1=T_2$ 时，完成一次转换的时间最长，因此

$$T_{max}=T_1+T_{2max}=2T_1=2\times 2^n\times\frac{1}{f_{CP}}=2^{11}\times\frac{1}{10^4}=0.2048\ \text{s}$$

当 $u_I=5$ V 时，转换时间为

$$\begin{aligned}T&=T_1+T_2=2^nT_{CP}-\frac{u_I}{U_{REF}}2^nT_{CP}=\left(1-\frac{u_I}{U_{REF}}\right)\times 2^n\times\frac{1}{f_{CP}}\\&=\left(1+\frac{5}{10}\right)\times 2^{10}\times\frac{1}{10^4}=0.1536\ \text{s}\end{aligned}$$

输出的数字量 D 为

$$D=-\frac{u_I}{U_{REF}}2^n=-\frac{5}{-10}\times 2^{10}=0.5\times 1024=512=(1000000000)_2$$

双积分型 ADC 电路有两个主要的优点：一是双积分型 ADC 电路非常简单，二是可以达到很高的精度。原因在于，根据式(6-25)，转换结果的精度仅与基准电压的准确度有关，而对积分时间常数、时钟脉冲的周期都没有严格的要求，只要它们在两次积分过程中保持一致就可以了；由于在输入端使用了积分器，所以对平均值为零的噪声有很强的抑制能力；只要增加计数器的级数，就可以很方便地增加输出数字量的位数，从而减小量化误差。双积分型 ADC 电路的缺点是转换速度慢，一般为几毫秒至几百毫秒。所以，双积分型 A/D 转换在低速、高精度集成 ADC 中应用相当广泛。

6.2.3　集成 ADC 的主要性能参数

衡量 A/D 转换器性能的参数有很多，其中最主要的是转换精度和转换速度，其次还有输入电压范围等特性参数。

1. 输入电压范围

输入电压范围是指集成 A/D 转换器能够转换的模拟电压范围。单极性工作的芯片的输入电压范围有 +5 V、+10 V 或 −5 V、−10 V 等，双极性工作的有以 0 V 为中心的 ±2.5 V、±5 V、±10 V 等，其值取决于基准电压的值。理论上最大输入电压 $U_{max}=U_{REF}(2^n-1)/2^n$，有时也用 U_{REF} 近似代替。

2. 转换精度

集成 ADC 的转换精度也采用分辨率和转换误差来描述。

1）分辨率

ADC 的分辨率又称为分解度，它指的是 A/D 转换器对输入模拟信号的分辨能力，一般用输出数字量的位数 n 来表示。例如，n 位二进制 ADC 可以分辨 2^n 个不同等级的模拟电压值，这些模拟电压值之间的最小差别为一个量化单位 Δ；在不同的量化方式下，最大量化误差 $\varepsilon_{max}\approx\Delta$ 或 $\Delta/2$；当输入模拟电压的变化范围一定时，数字量的位数 n 越大，最大量化误差就越小，分辨率越高。由此可见，分辨率所描述的也就是 ADC 在理论上所能达到的最大精度。

2）转换误差

转换误差是指 ADC 实际输出的数字量与理论上应该输出的数字量之间的差值，通常以最大值的形式给出，表示为最低有效位的倍数。例如，给出转换误差≤±LSB/2，表示 ADC 实际值与理论值之间的差别最大不超过半个最低有效位。有时也用最大输入模拟信号(FSR)的百分数来表示转换误差，如±0.05FSR。

ADC 的转换误差是由 A/D 转换电路中各种元器件的非理想特性造成的，它是一个综合性指标，也包括比例系数误差、失调误差和非线性误差等多种类型误差，其成因与 D/A 转换电路类似。

必须指出，由于转换误差的存在，一味地增加输出数字量的位数并不一定能提高 ADC 的精度，必须根据转换误差小于等于量化误差这一关系，合理地选择输出数字量的位数。

3. 转换速度

ADC 的转换速度可以用完成一次转换所用的时间来表示。它是指从接收到转换控制信号起，到输出端得到稳定有效的数字信号为止所经历的时间。转换时间越短，说明 ADC 的转换速度越快。有时也用每秒钟能完成转换的最大次数——转换速率来描述 ADC 的转换速度。A/D 转换器的转换速度主要取决于转换电路的类型，不同类型转换电路的转换速度相差甚远。

除了以上的三个性能参数外，在选择集成 ADC 时还应考虑：模拟信号的输入方式(单端输入或差分输入)；模拟输入通道的个数；输出数字量的特征，包括数字量的编码方式(自然二进制码、补码、偏移二进制码、BCD 码等)、数字量的输出方式(串行输出或并行输出，三态输出、缓冲输出或锁存输出)以及逻辑电平的类型(TTL 电平、CMOS 电平或 ECL 电平等)；工作环境要求，主要是指 ADC 的工作电压、参考电压、工作温度、功耗、封装以及可靠性等。

6.2.4　集成模/数转换器 ADC0809

1. ADC0809 的性能

ADC0809 的主要性能参数如下：

(1) 8 位并行、三态输出；

(2) 转换时间：100 μs；

(3) 转换误差：±1LSB；

(4) TTL 标准逻辑电平；

(5) 8 个单端模拟输入通道，输入模拟电压范围 0～+5 V；

(6) +5 V 单一电源供电；

(7) 外接参考电压 0～+5 V；

(8) 功耗为 15 mW；

(9) 工作温度范围为−40～85℃。

2. ADC0809 的内部结构和引脚说明

图 6－19 是 ADC0809 的内部结构框图，虚框外标注的是外部引脚的标号及名称。从图上可以看出，该电路主要由 8 路模拟开关、地址锁存与译码电路、8 位逐次比较型 A/D

转换器和三态输出锁存缓冲器构成。

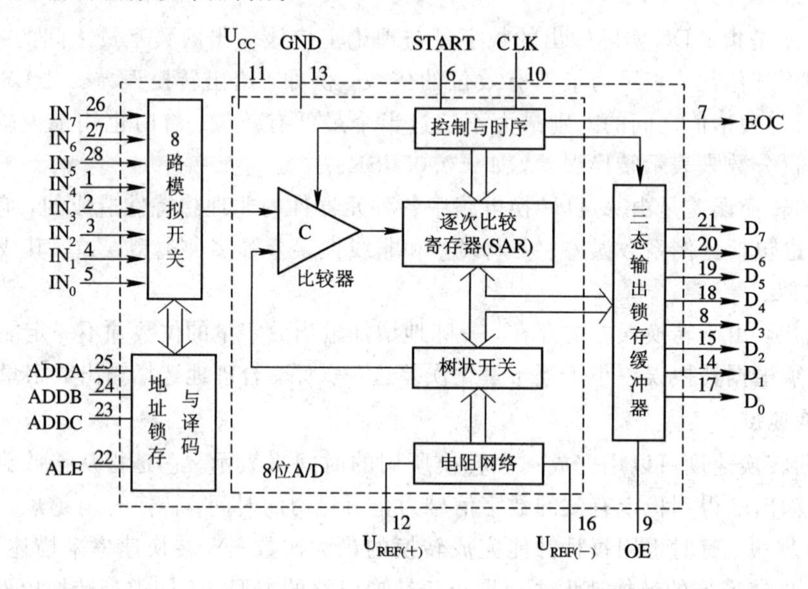

图 6－19　ADC0809 的内部结构框图

引脚说明：

(1) 输入模拟信号：$IN_0 \sim IN_7$ 为 8 路模拟电压输入，可由 8 路模拟开关选择其中任何一路送至 8 位 A/D 转换电路进行转换。

(2) 输出数字信号：$D_0 \sim D_7$ 为 A/D 转换器输出的 8 位二进制数，其中，D_7 为最高位，D_0 为最低位。

(3) 地址信号：ADDC、ADDB、ADDA 为 3 位地址信号。3 位地址经锁存和译码后，决定选择哪一路模拟电压进行 A/D 转换，对应关系如表 6－3 所示。

表 6－3　模拟输入信号的选择

地址			被选通的模拟信号
ADDC	ADDB	ADDA	
0	0	0	IN_0
0	0	1	IN_1
0	1	0	IN_2
0	1	1	IN_3
1	0	0	IN_4
1	0	1	IN_5
1	1	0	IN_6
1	1	1	IN_7

(4) 控制与状态信号：ALE 为地址锁存允许信号，它是一个正脉冲信号，在脉冲的上升沿将 3 位地址 ADDC、ADDB 和 ADDA 存入锁存器。CLK 为时钟脉冲输入，频率范围是 10 ～1280 kHz。START 为 A/D 转换的启动信号，它是一个正脉冲信号，在 START 的上升沿，将逐次比较寄存器清 0，在 START 的下降沿开始转换。EOC 为转换结束标志，高电平有效。在 START 的上升沿到来后，EOC 变为低电平，表示正在进行 A/D 转换；A/D 转换结束后，EOC 跳变为高电平。所以 EOC 可以作为通知数据接收设备开始读取 A/D 转

换结果的启动信号，或者作为向微处理器发出的中断请求信号 INT(或$\overline{\text{INT}}$)。OE 为输出允许信号，高电平有效。

(5) 电源、地：U_{CC}为工作电压源。$U_{REF(+)}$、$U_{REF(-)}$为基准电压源的正端和负端。GND 为地。

3. ADC0809 的工作过程

ADC0809 的工作过程大致如下：输入三位地址信号，地址信号稳定后，在 ALE 脉冲的上升沿将其锁存，从而选通将进行 A/D 转换的那路模拟信号；发出 A/D 转换的启动信号 START，在 START 的上升沿，将逐次比较寄存器清 0，转换结束标志 EOC 变为低电平，在 START 的下降沿开始转换；转换过程在时钟脉冲 CLK 的控制下进行；转换结束后，转换结束标志 EOC 跳变为高电平；在 OE 端输入高电平，转换结果输出。

如果在进行转换的过程中接收到新的转换启动信号(START)，则逐次逼近寄存器被清 0，正在进行的转换过程被终止，然后重新开始新的转换。若将 START 和 EOC 短接，则可实现连续转换，但第一次转换必须用外部启动脉冲。

在 ADC0809 典型应用中，它与微处理器的连接关系如图 6 - 20 所示。

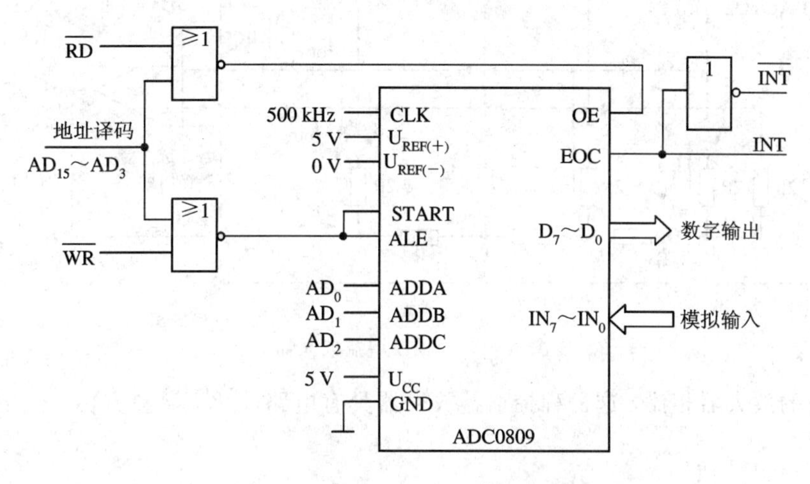

图 6 - 20　ADC0809 的典型连接图

6.3　数/模接口电路的应用

ADC 和 DAC 是现代电子系统中非常重要的接口电路，它们在通信、测量和自动控制等诸多领域都有着很广泛的应用。下面就介绍 ADC 和 DAC 的几个应用实例。

6.3.1　程控增益放大器

图 6 - 21 是一个由 DAC0832 和普通运算放大器 A 构成的程控增益放大器电路。

根据图中电路的连接关系和 DAC0832 中倒 T 型电阻解码网络的特点，不难得出以下表达式：

$$I_{OUT1} = -\frac{U_{IN}}{R_{fb}} \tag{6 - 26}$$

$$I_{OUT1} = \frac{I}{2^8}\sum_{i=0}^{7}(D_i \times 2^i) = \frac{1}{2^8}\frac{U_{OUT}}{R}\sum_{i=0}^{7}(D_i \times 2^i) \tag{6-27}$$

因此

$$-\frac{U_{IN}}{R_{fb}} = \frac{1}{2^8}\frac{U_{OUT}}{R}\sum_{i=0}^{7}(D_i \times 2^i) \tag{6-28}$$

又由于在 DAC0832 中，$R=R_{fb}\approx 15\ k\Omega$，所以放大器的电压增益 K_U 为

$$K_U = \frac{U_{OUT}}{U_{IN}} = -\frac{256}{D} \tag{6-29}$$

其中，D 为输入数字量所对应的十进制数。

由式(6－29)可以看出，放大器处于反相放大状态，增益 K_U 的大小随 DAC0832 输入数字量的变化而改变，与输入数字量的大小成反比。当输入的数字量为 0 时，相当于开环，放大器处于饱和状态。

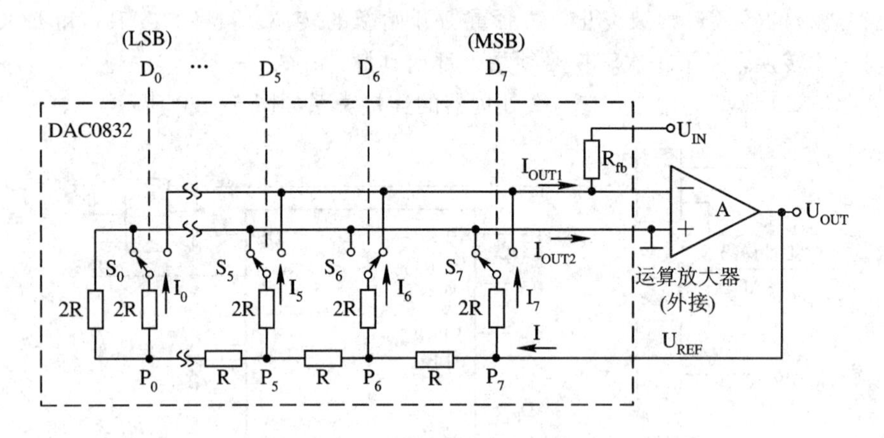

图 6－21　程控增益放大器

与普通的放大器相比，这种程控增益放大器具有电路简单、调整方便、使用灵活等突出优点。

6.3.2　数据采集与控制系统

数据采集与控制系统是一种闭环系统，其工作就是实时采集表征受控制对象状态的各种物理量，依据这些物理量判断出受控制对象当前所处的状态，并根据要求作出相应的反馈控制。

在数据采集与控制系统中，通过传感器或其它方式采集到的物理量多数是模拟量，模拟信号在经过必要的处理(如放大、滤波等)后被转换成数字信号，以供数字系统(如微型计算机等)进行处理，再将处理后的结果转换成相应的模拟信号，送给控制部件，以实现所需要的控制。以上整个过程都是在控制子系统(控制器)的统一管理和调度下完成的。由此看来，在数据采集与控制系统中，ADC 和 DAC 是不可缺少的关键部件。

这里介绍一种典型的数据采集与控制系统实例——加热炉温度控制系统，该系统的框图如图 6－22 所示。

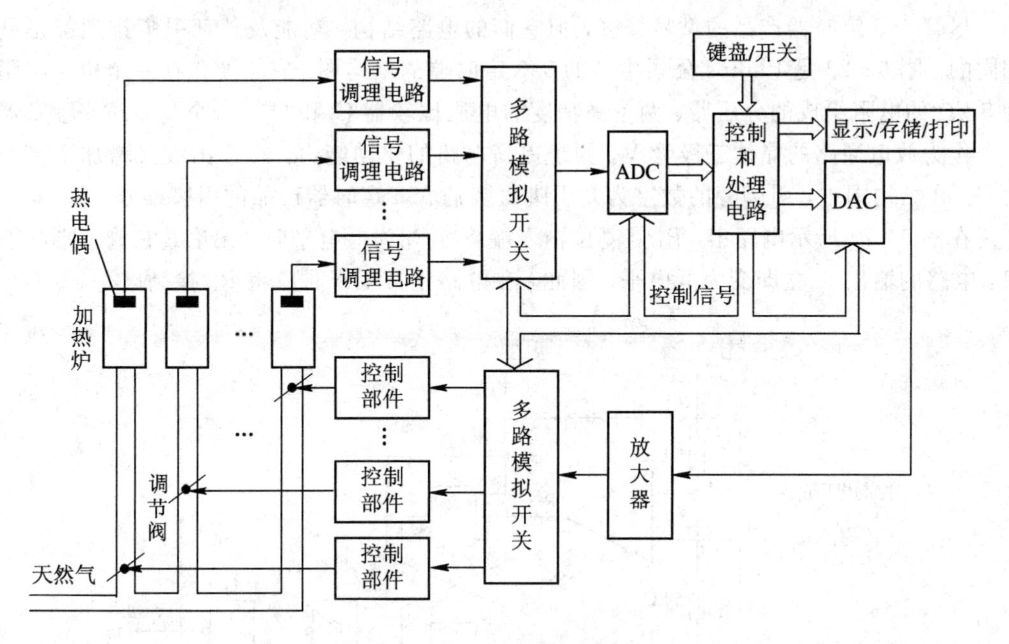

图 6-22　加热炉温度控制系统

在该系统中，受控对象是 8 个加热炉；需要采集并控制的物理量是加热炉的温度；加热炉的燃料是天然气，通过调节阀门的位置，便能改变天然气的流量，从而改变炉内的温度。加热炉的温度由热电偶检测，热电偶的输出信号一般在 100 mV 以下，经过信号调理电路变为 0～2 V 的信号，再由 ADC 转换成数字信号后，送给控制和处理电路；控制和处理电路根据给定的温度与炉内实际温度的偏差，按照一定的算法计算出输出的数字量；该数字量经 DAC 转换为模拟量后加到控制部件上，调节阀门的开度，从而改变炉内的温度。

多路模拟开关用于实现对 8 路模拟信号的分时 A/D 转换，如果 ADC 本身是多通道的，则不再需要外接多路模拟开关。如果 ADC 芯片中没有集成采样/保持电路，则图 6-22 中还需要增加采样/保持电路。图 6-22 中的键盘、开关用于设置温度或系统的工作状态。控制器除了控制温度采集、A/D 和 D/A 以外，还可以将采集到的温度值存入存储器、送到显示器显示或者打印出来。

6.4　555 定时器及其应用

555 定时器是一种使用非常灵活、方便的模数混合电路，只需要外接少量的阻容元件就可用它构成多种不同用途的电路，如多谐振荡器、单稳态触发器、施密特触发器等。

6.4.1　555 定时器的电路结构与功能

目前生产的 555 定时器有 TTL 和 CMOS 两种类型。一般 TTL 型 555 定时器的输出电流最高可达到 200 mA，具有很强的驱动能力，其产品型号都以 555 结尾；而 CMOS 型 555 定时器则具有低功耗、高输入阻抗等优点，其产品型号都以 7555 结尾。另外，还有一种将两个 555 定时器集成到一个芯片上的双定时器产品 556(TTL 型)和 7556(CMOS 型)。

尽管 555 定时器产品的型号繁多，但它们的电路结构、功能及外部引脚排列都是基本相同的。图 6-23 是 Philips 公司生产的 555 定时器的结构图。它主要包括一个由三个阻值为 5 kΩ 的电阻组成的分压器、两个高精度的电压比较器 C_1 和 C_2、一个基本 RS 触发器和一个作为放电通路的晶体三极管 V。为了提高电路的驱动能力，在输出级又增加了一个非门 G。在结构图中，引脚旁的数字为 8 引脚封装的 555 定时器产品的引脚编号。

在图 6-23 所示电路中，R_D是复位输入端。当 R_D为低电平时，无论其它输入端状态如何，电路的输出 u_O立即变为低电平。因此，在电路正常工作时应将 R_D 接高电平。

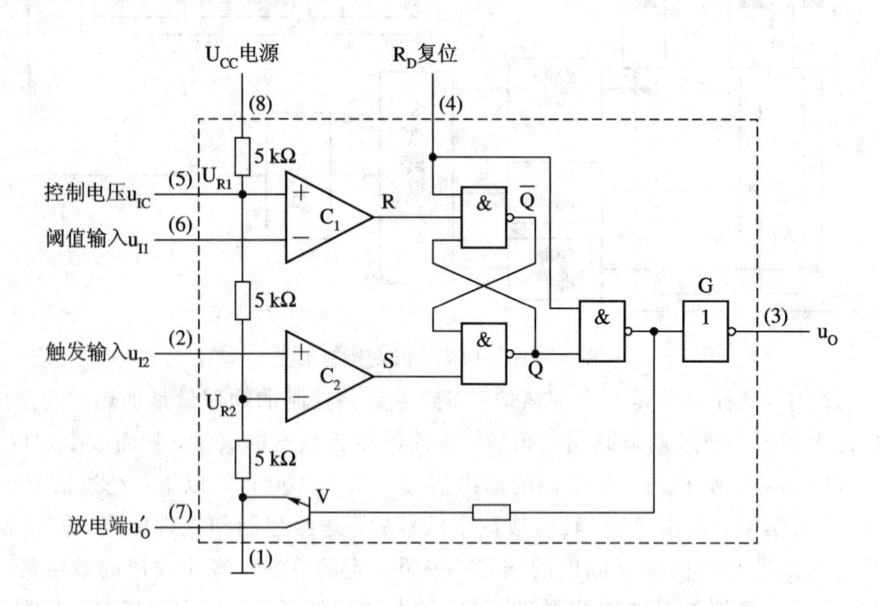

图 6-23　555 定时器的结构图

电路中三个阻值为 5kΩ 的电阻组成分压器，以形成比较器 C_1 和 C_2 的参考电压 U_{R1} 和 U_{R2}。当控制电压输入端 u_{IC} 悬空时，$U_{R1}=2U_{CC}/3$，$U_{R2}=U_{CC}/3$；如果 u_{IC} 外接固定电压，则 $U_{R1}=U_{IC}$，$U_{R2}=U_{IC}/2$。当不需要外接控制电压时，一般是在 U_{IC} 端和地之间接一个 0.01 μF 的滤波电容，以提高参考电压的稳定性。

u_{I1} 和 u_{I2} 分别是阈值电平输入端和触发信号输入端。在电路正常工作时，电路的状态就取决于这两个输入端的电平：

当 $u_{I1}>U_{R1}$，$u_{I2}>U_{R2}$ 时，比较器 C_1 的输出 R=0，比较器 C_2 的输出 S=1，基本 RS 触发器被置 0，放电三极管 V 导通，输出 u_O 为低电平；

当 $u_{I1}<U_{R1}$，$u_{I2}<U_{R2}$ 时，比较器 C_1 的输出 R=1，比较器 C_2 的输出 S=0，基本 RS 触发器被置 1，放电三极管 V 截止，输出 u_O 为高电平；

当 $u_{I1}>U_{R1}$，$u_{I2}<U_{R2}$ 时，比较器 C_1 的输出 R=0，比较器 C_2 的输出 S=0，基本 RS 触发器的 $Q=\overline{Q}=1$，放电三极管 V 截止，输出 u_O 为高电平；

当 $u_{I1}<U_{R1}$，$u_{I2}>U_{R2}$ 时，比较器 C_1 的输出 R 为高电平，比较器 C_2 的输出 S 为高电平，基本 RS 触发器的状态保持不变，放电三极管 V 的状态和输出也保持不变。

根据以上分析，可以得到 555 定时器的功能表如表 6-4 所示。

表 6-4　555 定时器的功能表

输入			输出	
RD	u_{I1}	u_{I2}	u_O	V
0	Φ	Φ	0	导通
1	$>U_{R1}$	$>U_{R2}$	0	导通
1	$<U_{R1}$	$<U_{R2}$	1	截止
1	$>U_{R1}$	$<U_{R2}$	1	截止
1	$<U_{R1}$	$>U_{R2}$	不变	不变

根据表 6-4 可知，如果将放电端 u_O' 经一个电阻接到电源上，那么只要这个电阻足够大，u_O 为高电平时 u_O' 也为高电平，u_O 为低电平时 u_O' 也一定为低电平。

6.4.2　用 555 定时器构成多谐振荡器

多谐振荡器是一种自激振荡电路，它不需要外加触发信号，在电源接通后就能自动地产生矩形脉冲。由于在矩形脉冲中含有丰富的谐波分量，所以习惯上将这种矩形脉冲产生电路称为多谐振荡器。多谐振荡器不存在稳定状态，仅有两个暂稳态，它的工作过程就是在两个暂稳态之间不断地转换，故又称之为无稳态电路。

图 6-24(a)所示是由 555 定时器构成的多谐振荡器电路，图 6-24(b)所示是它的工作波形。下面来分析电路的工作过程。

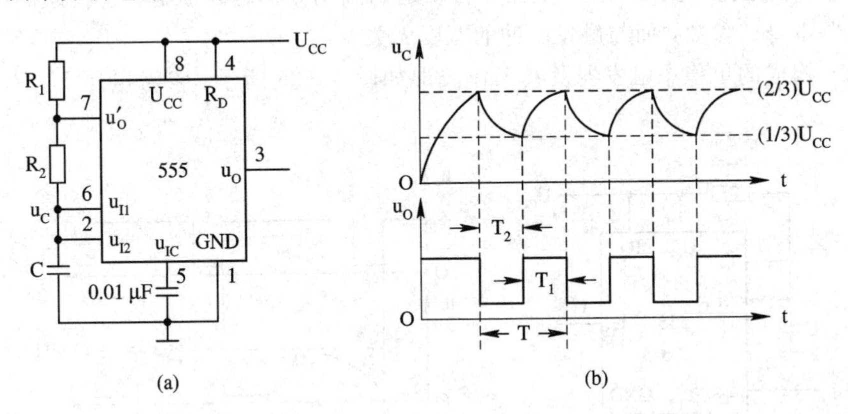

图 6-24　用 555 定时器构成多谐振荡器

(a) 电路图；(b) 波形图

根据图 6-24(a)所示电路，参考电压 $U_{R1}=2U_{CC}/3$，$U_{R2}=U_{CC}/3$。

电源接通后，开始通过电阻 R_1 和 R_2 对电容 C 进行充电，使 u_C 的电压逐渐升高，此时满足 $u_{I1}<U_{R1}$、$u_{I2}<U_{R2}$，所以电路输出 u_O 为高电平，晶体管 V 截止；当 $2U_{CC}/3>u_C>U_{CC}/3$ 时，满足 $u_{I1}<U_{R1}$、$u_{I2}>U_{R2}$，电路保持原状态不变，电路输出 u_O 仍为高电平，晶体管 V 仍然截止；当 u_C 的电压升高到略微超过 $2U_{CC}/3$ 时，满足 $u_{I1}>U_{R1}$，$u_{I2}>U_{R2}$，所以输出 u_O 变为低电平，晶体管 V 饱和导通，电路进入了另一个状态，同时电容 C 开始通过晶体管 V 放电。

随着电容放电的进行，u_C的电压将逐渐下降，只要 u_C未下降到 $U_{CC}/3$，电路的输出将一直保持在低电平，晶体管 V 一直饱和导通；当 u_C下降到略低于 $U_{CC}/3$ 时，满足 $u_{I1}<U_{R1}$、$u_{I2}<U_{R2}$，电路状态发生翻转，输出 u_O又跳到高电平，晶体管 V 截止，同时电容又开始充电。如此周而复始，便形成了多谐振荡。

根据以上分析和电路的工作波形，可以知道该多谐振荡器输出脉冲的周期 T 就等于电容的充电时间 T_1和放电时间 T_2之和，即

$$T_1=(R_1+R_2)C\ln\frac{U_{CC}-U_{R2}}{U_{CC}-U_{R1}}=(R_1+R_2)C\ln 2 \tag{6-30}$$

$$T_2=R_2C\ln\frac{0-V_{R2}}{0-V_{R1}}=R_2C\ln 2 \tag{6-31}$$

$$T=T_1+T_2=(R_1+2R_2)C\ln 2 \tag{6-32}$$

根据式(6-30)和式(6-32)，还可以求出输出脉冲的占空比：

$$q=\frac{T_1}{T}=\frac{R_1+R_2}{R_1+2R_2}=\frac{1}{1+R_2/(R_1+R_2)} \tag{6-33}$$

可见，通过改变电阻 R_1、R_2和电容 C 的参数，可以调整输出脉冲的频率和占空比。另外，如果参考电压由外接电压 U_{IC}控制，则通过改变 U_{IC}的数值也可以调整输出脉冲的频率。

6.4.3　用 555 定时器构成单稳态触发器

单稳态触发器有两个工作状态：一个是稳定状态，另一个是暂稳态。在没有外来触发脉冲作用时，电路将一直处于稳定状态；在外来触发脉冲作用下，电路就会从稳定状态翻转到暂稳态，在维持一段时间后，电路又自动返回到初始的稳定状态。暂稳态的维持时间取决于电路本身的参数，而与触发脉冲的宽度无关。

由 555 构成的单稳态触发器及其工作波形如图 6-25 所示。参考电压 $U_{R1}=2U_{CC}/3$，$U_{R2}=U_{CC}/3$。

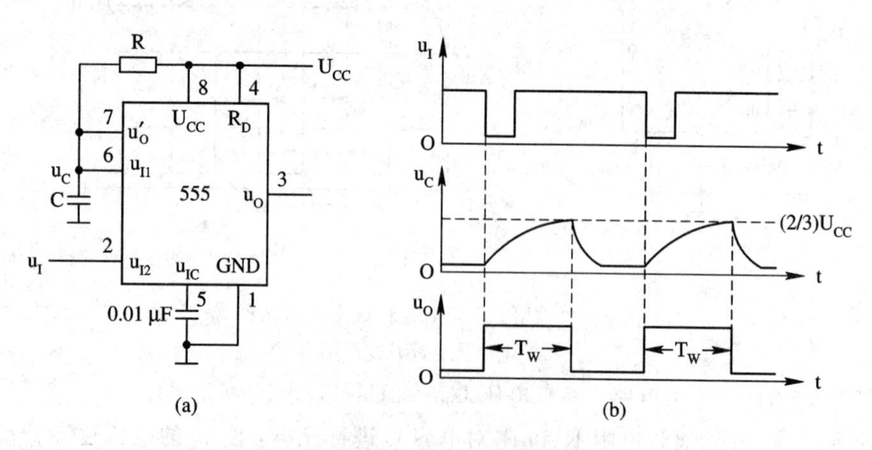

图 6-25　用 555 定时器构成单稳态触发器

(a) 电路图；(b) 波形图

图 6-25 所示电路中，外加触发信号从触发输入端 u_{I2}输入，所以是输入脉冲的下降沿触发。如果没有触发信号时 u_{I2}处于高电平，则电路的稳定状态必然是：电路输出 u_O为低电平，晶体管 V 饱和导通。因为，假设在接通电源后基本 RS 触发器的状态为 Q=1，则晶体

管 V 饱和导通，输出 u_O为低电平，且保持该状态不变。如果在接通电源后基本 RS 触发器的状态为 Q=0，则输出 u_O为高电平，晶体管 V 截止，电容将会被充电，u_C的电压上升；当 u_C上升到略大于 $2U_{CC}/3$ 时，晶体管 V 饱和导通，输出 u_O变为低电平，电路自动进入稳定状态；同时电容经晶体管 V 迅速放电至 $u_C \approx 0$，电路状态稳定不变。

当触发脉冲的下降沿到来时，满足 $u_{I1} < U_{R1}$、$u_{I2} < U_{R2}$，所以输出 u_O迅速跳变为高电平，晶体管 V 截止，同时电源开始通过电阻 R 对电容 C 充电，即电路进入了暂稳态；随着充电的进行，当 u_C上升到略大于 $2U_{CC}/3$ 时，如果此时触发脉冲已经消失，则满足 $u_{I1} > U_{R1}$，$u_{I2} > U_{R2}$，所以输出 u_O迅速跳回到低电平，晶体管 V 饱和导通，电路又回到稳定状态；同时电容 C 经晶体管 V 迅速放电至 $u_C \approx 0$，此时满足 $u_{I1} > U_{R1}$，$u_{I2} < U_{R2}$，所以电路维持稳定状态不变。

电路输出脉冲的宽度 T_W等于暂稳态持续的时间，如果不考虑晶体管的饱和压降，也就是在电容充电过程中电容电压 u_C从 0 上升到 $2U_{CC}/3$ 所用的时间。因此，输出脉冲的宽度为

$$T_W = RC \ln \frac{U_{CC} - 0}{U_{CC} - 2U_{CC}/3} = RC \ln 3 \qquad (6-34)$$

555 定时器接成单稳态触发器时，一般外接电阻 R 的取值范围为 2 kΩ～20 MΩ，外接电容 C 的取值范围为 100 pF～1000 μF。因此，其定时时间可以为几微秒到几小时。但要注意，随着定时时间的增大，其定时精度和稳定度也将下降。

6.4.4 用 555 定时器构成施密特触发器

施密特触发器是一种受输入信号电平直接控制的双稳态电路，只要输入信号变化到某一电平，电路就从一个稳定状态转换到另一个稳定状态，而且稳定状态的保持也与输入信号的电平密切相关。图 6-26 就是这种电路的工作波形，可以看出，在输入信号上升的过程中，当其电平增大到 U_{T+} 时，输出由低电平跳变到高电平，即电路从一个稳态转换到另一个稳态，一般把这一转换时刻的输入信号电平 U_{T+} 称为正向阈值电压；在输入信号下降的过程中，当其电平减小到 U_{T-} 时，电路又会自动翻转回原来的状态，输出由高电平跳变到低电平，这一时刻的输入信号电压 U_{T-} 称为负向阈值电压。施密特触发器的正向阈值电压和负向阈值电压是不相等的，两者之差称为回差电压 ΔU_T，即

$$\Delta U_T = U_{T+} - U_{T-} \qquad (6-35)$$

由此可以用电压传输特性和逻辑符号来描述施密特触发器，如图 6-27 所示。

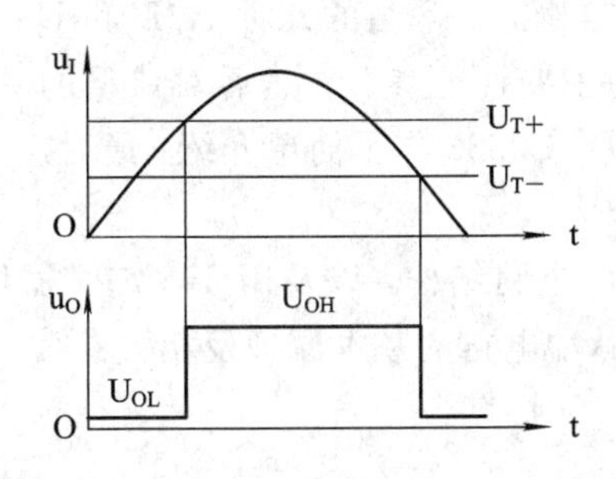

图 6-26　施密特触发器的工作波形

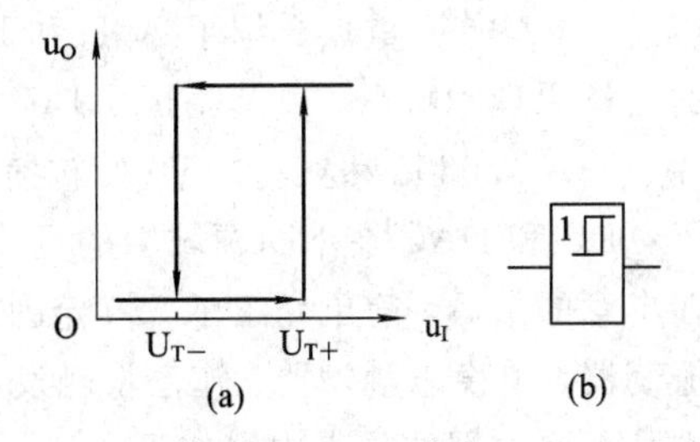

图 6-27　施密特触发器的传输特性和逻辑符号

(a) 传输特性；(b) 逻辑符号

将 555 定时器的触发输入端和阈值输入端连在一起并作为外加触发信号 u_I 的输入端，就构成了施密特触发器，其电路和传输特性如图 6-28 所示。电路的参考电压 $U_{R1}=2U_{CC}/3$，$U_{R2}=U_{CC}/3$。下面来分析其工作过程。

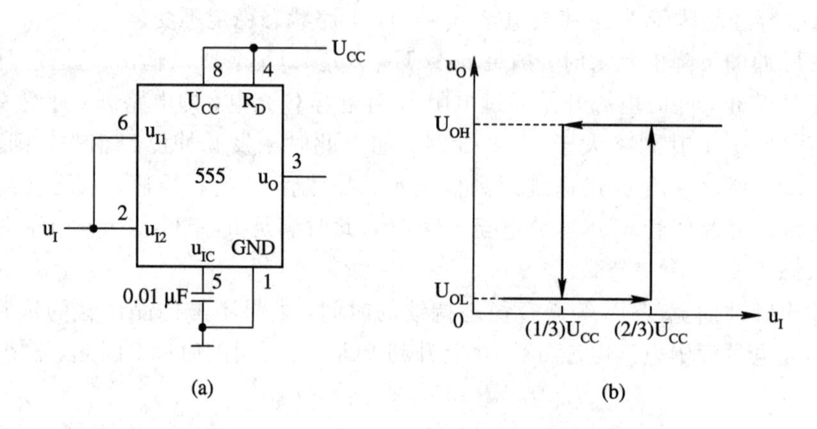

图 6-28 用 555 定时器构成施密特触发器

(a) 电路图；(b) 传输特性

在 u_I 从 0 开始升高的过程中，当 $u_I<U_{CC}/3$ 时，满足 $u_{I1}<U_{R1}$、$u_{I2}<U_{R2}$，所以电路输出 u_O 为高电平；当 $U_{CC}/3<u_I<2U_{CC}/3$ 时，满足 $u_{I1}<U_{R1}$、$u_{I2}>U_{R2}$，555 定时器的状态保持不变，u_O 仍为高电平；当 $u_I>2U_{CC}/3$ 后，满足 $u_{I1}>U_{R1}$、$u_{I2}>U_{R2}$，u_O 才跳变到低电平。

在 u_I 从高于 $2U_{CC}/3$ 的电压开始下降的过程中，当 $U_{CC}/3<u_I<2U_{CC}/3$ 时，满足 $u_{I1}<U_{R1}$、$u_{I2}>U_{R2}$，u_O 仍保持低电平不变；只有当 $u_I<U_{CC}/3$ 后，满足 $u_{I1}<U_{R1}$、$u_{I2}<U_{R2}$，u_O 才又跳变到高电平。

通过以上的分析，显然可以得到施密特触发器的正向阈值电压 $U_{T+}=U_{R1}=2U_{CC}/3$，负向阈值电压 $U_{T-}=U_{R2}=U_{CC}/3$，则回差电压 $\Delta U_T=U_{R1}-U_{R2}=U_{CC}/3$。可见，这种用 555 定时器构成的施密特触发器的传输特性取决于两个参考电压。当然，也可以用外接控制电压 U_{IC} 来控制参考电压 U_{R1}、U_{R2}，这样，通过改变控制电压 U_{IC} 的大小即可对施密特触发器的传输特性进行调整。

本章小结

ADC 和 DAC 作为模拟电路与数字电路之间的“桥梁”，在现代电子系统中的应用已经非常广泛。本章首先重点介绍了 A/D 和 D/A 的基本概念、常用的几种 A/D 和 D/A 转换电路的工作原理和特点，以及集成 ADC 和 DAC 的主要性能参数；然后对典型的 A/D 转换芯片——ADC0809 和典型的 D/A 转换芯片——DAC0832 作了简单介绍；最后通过实例说明了 ADC 和 DAC 在不同领域中的具体应用。

在本章的最后，简单介绍了 555 定时器的功能和电路结构，以及用 555 定时器构成的多谐振荡器、单稳态触发器、施密特触发器等三种脉冲电路的基本原理及相关参数。

本章需要掌握的重点内容如下：

(1) A/D、D/A 的基本概念。

(2) DAC、ADC 电路的基本原理及性能参数，DAC0832、ADC0809 等典型芯片的使用方法。

(3) 555 定时器电路的功能及构成多谐振荡器、单稳态触发器、施密特触发器等三种脉冲电路的基本原理。

习　题　6

6-1　在图 6-3 所示的 4 位权电阻网络 DAC 电路中，若 $U_{REF}=-5$ V，则当输入数字量各位分别为 1 以及全为 1 时，输出的模拟电压分别为多少？

6-2　题 6-2 图所示为一个双级权电阻网络 DAC 电路，数字位 $D_7\sim D_0$ 分别控制开关 $S_7\sim S_0$。当 $D_i=0$ 时，S_i 接右边；当 $D_i=1$ 时，S_i 接左边。试求出输出模拟电压 U_O 的表达式。

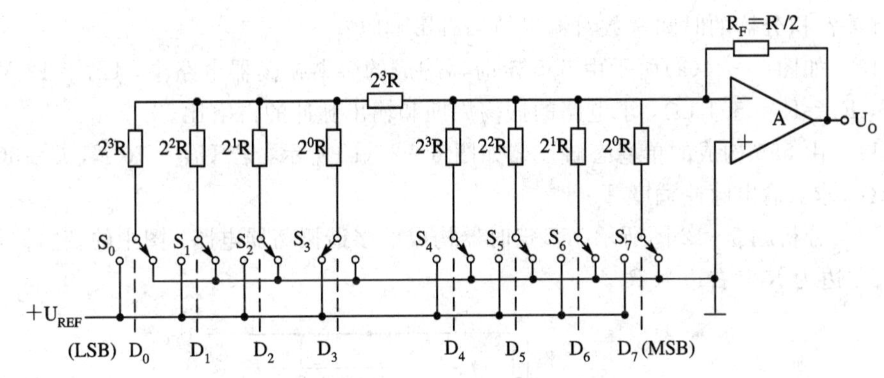

题 6-2 图

6-3　与权电阻网络 DAC 电路相比，倒 T 形电阻网络 DAC 电路有何优点？

6-4　将图 6-4 所示的倒 T 形电阻网络 DAC 电路扩展为 10 位，$U_{REF}=-10$ V。为了保证由 U_{REF} 偏离标准值所引起的输出模拟电压误差小于 $0.5U_{LSB}$，试计算 U_{REF} 允许的最大变化量。

6-5　由 ADC0832 构成的双极型 A/D 转换电路如题 6-5 图所示，试分析其工作原理。

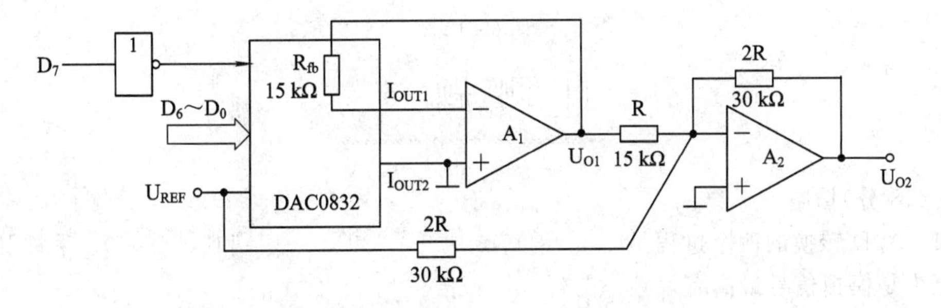

题 6-5 图

6-6　比较并行比较型 ADC、逐次逼近型 ADC 和双积分型 ADC 的优缺点，指出它们各适合于什么情况下使用。

6-7　在图 6-16 所示的逐次逼近型 ADC 中，假设 n=4，参考电压 $U_{REF}=-16$ V，

输入的模拟电压采样值为+9.8 V。完成以下问题：

(1) 量化单位Δ=？

(2) 仿照表6-2，列表说明逐次逼近的转换过程。

(3) 若时钟频率为10 kHz，这次A/D转换用了多长时间？

(4) 如果电路中不引入偏移电压，最后的结果是多少？

6-8 假设在图6-17所示的双积分型ADC中，时钟频率为500 kHz，分辨率为10位。试问：

(1) 采样电路的最高采样频率允许是多少？

(2) 若参考电压 $U_{REF}=-15$ V，当采样电压值为12 V时，输出的数字量D=？本次转换用了多长时间？

6-9 在双积分型ADC中，第1次积分的时间 T_1 与第2次积分的时间 T_2 分别与哪些因素有关？积分器的时间常数对输出结果有影响吗？

6-10 如图6-24(a)所示由555定时器构成的多谐振荡器电路中，$U_{CC}=12$ V，$C=0.01\ \mu F$，$R_1=R_2=5.1\ k\Omega$，求电路的振荡周期和输出脉冲的占空比。

6-11 由555构成的单稳态触发器如图6-25(a)所示，若 $U_{CC}=10$ V，$C=300$ pF，$R=10\ k\Omega$。求：输出脉冲宽度 $T_W=$？

6-12 分析题6-12图所示555定时器构成的多谐振荡器电路。图中的变阻器被分成两部分，左边为 R_1'，右边为 R_2'。

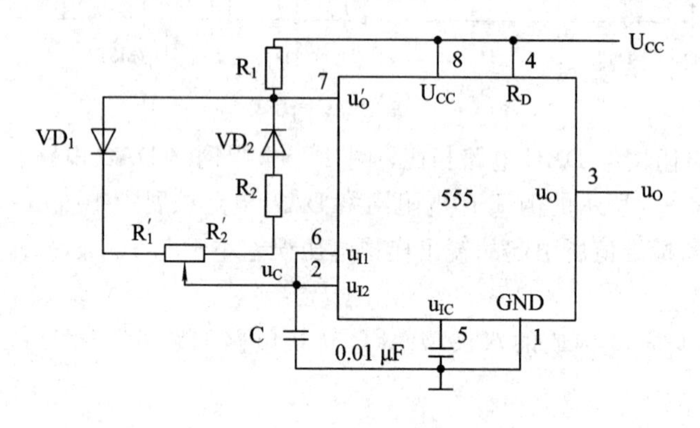

题6-12图

自测题 6

1.(18分)填空：

(1) A/D转换的四个过程是(　　)、(　　)、(　　)和(　　)，采样脉冲的频率至少是模拟信号最高有效频率的(　　)倍。

(2) 量化有(　　)和(　　)两种量化方式。若量化单位为Δ，前者的最大量化误差 $\varepsilon_{max1}=$(　　)；后者的最大量化误差 $\varepsilon_{max2}=$(　　)。

(3) 集成DAC和ADC的转换精度通常用(　　)和(　　)来描述。

(4) 由D/A转换电路中求和放大器的零点发生漂移而造成的转换误差，称为(　　)；而由比例系数的偏差所造成的转换误差，称为(　　)。

(5) DAC0832 有(　　　　)、(　　　　)和(　　　　)三种工作方式。

(6) A/D 转换电路可以分成(　　　　)和(　　　　)两大类。

2.(30 分)简答：

(1) 在一个单极性的 8 位 D/A 转换电路中，当输入的数字量 $D=(10000000)_2$ 时，输出模拟电压为 3.6 V；当输入数字量 $D=(10101000)_2$ 时，输出模拟电压的值为多少？

(2) 在 8 位权电阻 DAC 电路中，设最高有效位的权电阻为 2 kΩ，则从高到低其它各位的权电阻值各为多少？

(3) 已知某 DAC 电路输入数字量的位数 $n=8$，参考电压 $U_{REF}=5$ V，求该电路的最大和最小输出电压及分辨率的数值。

(4) 设在图 6－15 所示的 3 位并行比较型 ADC 电路中，参考电压 $U_{REF}=24$ V，若有一采样值 $u_S=3.6$ V，则该采样值被量化后产生的量化误差为多少？

(5) 简述多谐振荡器、单稳态触发器和施密特触发器的工作特点。

3.(10 分)　将图 6－7 所示的 4 位倒 T 型电阻网络 DAC 电路扩展成 8 位，假设参考电压 $u_{REF}=10$ V，$R=2$ kΩ。当输入数字量 $D=(11001000)_2$ 时，求流向求和放大器同相输入点和反相输入点的电流值和输出的模拟电压值。

4.(10 分)　10 位逐次逼近型 ADC 电路的参考电压 $U_{REF}=-10$ V，时钟频率为 250 kHz。问：

(1) 该 ADC 电路的量化单位是多少？

(2) 完成一次 A/D 转换需要多长时间？

5.(10 分)某双积分型 ADC 电路中的计数器由 4 个十进制计数模块构成，当计数器计数至 $N_1=(10000)_{10}$ 时，第 1 次积分结束。已知积分器的电阻 $R=100$ kΩ，电容 $C=1$ μF，计数脉冲的频率为 $f_{CP}=50$ kHz，参考电压 $U_{REF}=10$ V。试求：

(1) 第 1 次积分的时间 $T_1=?$

(2) 若第 2 次积分结束时，计数器的计数值 $N_2=(2250)_{10}$，这表明输入的采样值 $u_S=?$

6. (8 分)在图 6－24(a)所示由 555 定时器构成的多谐振荡器电路中，$U_{CC}=10$ V，$C=0.1$ μF，$R_1=20$ kΩ，$R_2=30$ kΩ，求电路的振荡周期 T、振荡频率 f 和输出脉冲的占空比 q。若要使电路停止振荡，应在 4 脚加什么信号？

7. (6 分)用 555 定时器构成的单稳态触发器电路如图 6－25(a)所示。若电源电压 $U_{CC}=12$ V，则电容 C 上的最大瞬时电压大约为多大？若外接电阻 $R=100$ kΩ，电容 $C=10$ μF，其暂稳态持续时间大约为多长？

8. (8 分)由 555 构成的施密特触发器如图 6－28(a)所示，试求：

(1) 当 $U_{CC}=12$ V 且没有外接控制电压时，U_{T+}、U_{T-} 和 ΔU_T 各为多少伏？

(2) 当 $U_{CC}=9$ V，外接控制电压 $U_{IC}=5$ V 时，U_{T+}、U_{T-} 和 ΔU_T 各为多少伏？

第 7 章 数字系统设计

如前所述，时序电路解决了组合电路无法解决的记忆问题，拓展了数字电路的应用领域。但无论是组合电路还是时序电路，它们的功能都相对单一，使用真值表、状态图、状态表等数学工具就可以进行描述。在实际工作中，除了这类单一功能的电路外，人们往往还需要用到各种功能复杂的数字系统。通常，一个数字系统有多个外部输入和几十个、几百个甚至上千个记忆单元，操作功能比较复杂，再仅仅依靠真值表、状态图、状态表等工具来描述和设计，将是一件极其困难的事。数字系统的出现进一步拓展了数字电路的应用领域，也开辟了数字系统设计的新天地。本章将从实用化的角度简要介绍数字系统的基本概念、数字系统设计的常用工具和自顶向下的模块化设计方法。

7.1 数字系统设计概述

7.1.1 数字系统的基本概念

1. 什么是数字系统

在数字电子技术领域内，由各种逻辑器件构成的能够实现某种单一特定功能的电路称为功能部件级电路，例如前面各章介绍的加法器、比较器、译码器、数据选择器、计数器、移位寄存器、存储器等就是典型的功能部件级电路，它们只能完成加法运算、数据比较、译码、数据选择、计数、移位寄存、数据存储等单一功能。而由若干数字电路和逻辑部件构成的、能够实现数据存储、传送和处理等复杂功能的数字设备，则称为数字系统(Digital System)。电子计算机就是一个典型的复杂数字系统。

2. 数字系统的一般结构

按照现代数字系统设计理论，任何数字系统都可按计算机结构原理从逻辑上划分为数据子系统(Data Subsystem)和控制子系统(Control Subsystem)两个部分，如图 7－1 所示。

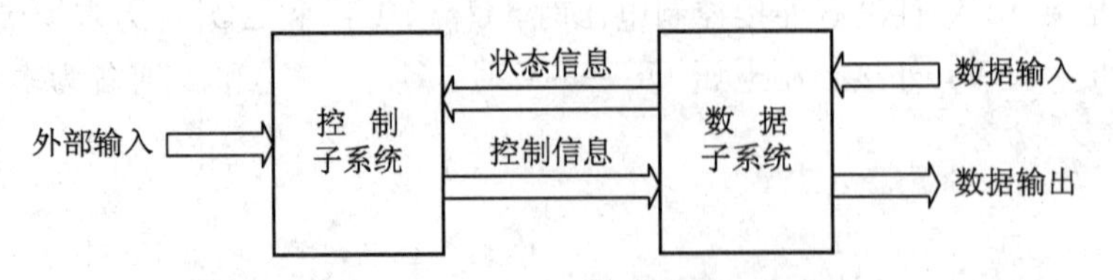

图 7－1 数字系统的一般结构

数据子系统是数字系统的数据存储与处理单元，数据的存储、传送和处理均在数据子系统中进行。它从控制子系统接收控制信息，并把处理过程中产生的状态信息提供给控制子系统。由于它主要完成数据处理功能且受控制器控制，因此也常常把它叫做数据处理器或受控单元。

控制子系统习惯上称为控制器或控制单元，它是数字系统的核心。数据子系统只能决定数字系统能完成哪些操作，至于什么时候完成何种操作则完全取决于控制子系统。控制子系统根据外部控制信号决定系统是否启动工作，根据数据子系统提供的状态信息决定数据子系统下一步将完成何种操作，并发出相应的控制信号控制数据子系统实现这种操作。控制子系统控制数字系统的整个操作进程。

由此不难看出，在这种结构下，有无控制器就成为区分系统级设备和功能部件级电路的一个重要标志。凡是有控制器且能按照一定程序进行操作的，不管其规模大小，均称为数字系统；凡是没有控制器，不能按照一定程序进行操作的，不论其规模多大，均不能作为一个独立的数字系统来对待，至多只能算一个子系统。例如数字密码锁，虽然仅由几片 MSI 器件构成，但因其中有控制电路，所以应该称之为数字系统。而大容量存储器，尽管其规模很大，存储容量可达数兆字节，但因其功能单一、无控制器，只能称之为功能部件而不能称为系统。

7.1.2 数字系统设计的一般过程

当前，数字系统设计普遍采用自顶向下(Top-Down)的设计方法，这里的"顶"就是指系统的功能；"向下"就是指将系统由大到小、由粗到精地进行分解，直至可用基本模块实现。自顶向下设计方法的一般过程大致上可以分为四步，如图 7－2 所示。

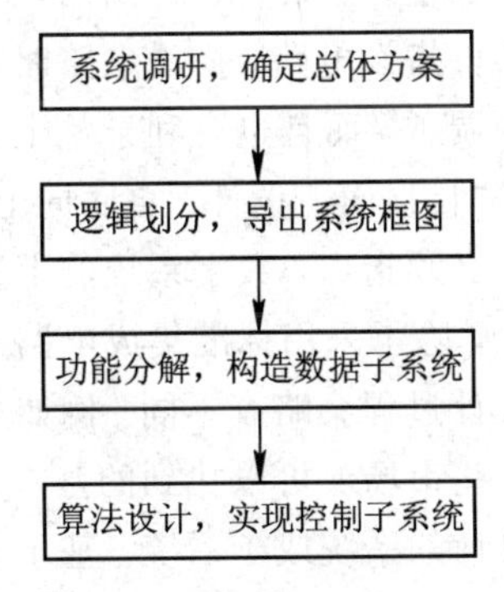

图 7－2　数字系统设计过程

1. 系统调研，确定总体方案

接受一个数字系统的设计任务后，首先应对设计课题进行充分的调研，深入了解待设计系统的功能、使用环境与使用要求，选取合适的工作原理与实现方法，确定系统设计的总体方案。这是整个设计工作中最为困难也最体现设计者创意的一个环节。因为同一功能的系统有多种工作原理和实现方法可供选择，方案的优劣直接关系到所设计的整个数字系统的质量，所以必须对可以采用的实现原理、方法的优缺点进行全面、综合的比较、评判，慎重地加以选择。总的原则是，所选择的方案既要能满足系统的要求，又要结构简单，实现方便，具有较高的性能价格比。

2. 逻辑划分，导出系统框图

系统总体方案确定以后，可以根据数据子系统和控制子系统各自的功能特点，将系统从逻辑上划分为数据子系统和控制子系统两部分，导出包含有必要的数据信息、控制信息和状态信息的结构框图。逻辑划分的原则是，怎样更有利于实现系统的工作原理，就怎样进行逻辑划分。为了不使这一步的工作太过复杂，结构框图中的各个逻辑模块可以比较笼统、比较抽象，不必受具体芯片型号的约束。

3. 功能分解，构造数据子系统

逻辑功能划分后获得的数据子系统结构框图中的各个模块还比较抽象，功能也可能还比较复杂，必须进一步对这些模块进行功能分解，直到可用合适的芯片或模块来实现具体的存储和处理功能。适当连接这些芯片、模块，就可构造出数据子系统的详细结构。必须注意，为了简化控制子系统的设计，数据子系统不仅要结构简单、清晰，而且要便于控制。

4. 算法设计，实现控制子系统

根据导出的数据子系统结构，编制出数字系统的控制算法，得到数字系统的控制状态图，并采用同步时序电路设计的方法完成控制子系统的设计。

数字系统的控制算法反映了数字系统中控制子系统对数据子系统的控制过程，它与系统所采用的数据子系统的结构密切相关。例如，某个数字系统中有10次乘法操作，且参与乘法操作的数据可以同时提供。如果数据子系统有10个乘法器，则控制算法中就可以让这10次乘法操作同时完成；但如果数据子系统中只有一个乘法器，则控制算法就只能是逐个完成这10次乘法操作。因此，算法设计要紧密结合数据子系统的结构来进行。

一般来讲，数据子系统通常为人们熟悉的各种功能电路，无论是采用现成模块还是自行设计，都有一些固定的方法可循，不用花费太多精力。相对来说，控制子系统的设计要复杂得多。因此，人们往往认为数字系统设计的主要任务就是要设计一个好的控制子系统。

经过上述四个步骤后，数字系统设计在理论上已经完成。为了保证系统设计的正确性和可靠性，如果有条件的话，可以先采用EDA软件对所设计的系统进行仿真，然后再用具体器件搭设电路。搭设电路时，一般按自底向上的顺序进行。这样做，不仅有利于单个电路的调试，而且也有利于整个系统的联调。因此，严格地讲，数字系统设计的完整过程应该是“自顶向下设计，自底向上集成”。

必须指出，数字系统的上述设计过程主要是针对采用标准集成电路的系统而言的。实际上，除了采用标准集成电路外，还可以采用PLD器件或微机系统来实现数字系统，此时的设计过程会略有不同。例如采用PLD器件设计数字系统时，就没有必要将系统结构分解为一些市场上可以找到的基本模块；在编写出源文件并编译仿真后，通过“下载”就可获得要设计的系统或子系统。基于PLD的数字系统设计将在第8章中介绍。

7.1.3 数字系统的总体方案与逻辑划分

1. 数字系统的总体方案

数字系统总体方案的优劣直接关系到整个数字系统的质量与性能，需要根据系统的功能要求、使用要求及性能价格比周密思考后确定。下面通过两个具体实例进行说明。

【例7-1】 某数字系统用于统计串行输入的n位二元序列X中“1”的个数，试确定其系统方案。

解 该数字系统的功能用软件实现最为方便，但此处仅讨论硬件实现问题。

该系统看起来非常简单，但却无法用前面介绍的同步时序电路设计方法进行设计。因为无论从接收序列的可能组合数还是从收到“1”的个数来假设状态，其状态图或状态表都十分庞大。如果从接收序列的可能组合数来假设状态，则需要2^n个状态；如果从当前接收到“1”的个数来假设状态，也需要n+1个状态。例如，n=255时，分别需要设2^{255}和256个状态，这样的设计规模是无法想象的。由此可见，时序电路的设计方法的确不适用于数字系统设计。

如果换一种思路，从实现“1”的统计功能所需要的操作入手，问题就可以迎刃而解。因为从实现“1”的统计功能所需要的操作来看，只需要这样几种操作：一是对 X 的数位进行累计；二是对接收到的 X 进行是 0 还是 1 的判断；三是当 X=1 时使“1”数计数器加 1 计数；四是判断 X 的全部数位是否统计完毕，如果统计完毕，工作即告结束。具体统计过程与软件实现完全相同，即每接收 1 位 X，就判断一下该位是 0 还是 1，如果 X 为 0，“1”数计数器维持原态；如果 X 为 1，则“1”数计数器加 1；且每接收 1 位，位数计数器加 1。待 n 位 X 的各位全部判断、计数后，“1”数计数器的值就是 X 中“1”的个数。

从实现的角度看，这种方案需要 1 个控制器来控制整个统计过程。而为了实现统计功能，该方案至少还需要两个模 n+1 的计数器 CTR1 和 CTR2。其中 CTR1 称为“1”数计数器，用于累计 X 中 “1”的个数；CTR2 称为位数计数器，用于累计 X 的接收位数。

【例 7 - 2】 某数字系统用于 7 阶多项式求值：

$$P_7(x) = \sum_{i=0}^{7} p_i x^i$$

试确定该系统的总体方案。

解　由题目可知：

$$P_7(x) = p_7x^7 + p_6x^6 + p_5x^5 + p_4x^4 + p_3x^3 + p_2x^2 + p_1x + p_0$$

实现该多项式求值，可用的方案较多，此处给出其中的 3 种方案。

方案 1

直接按上式计算多项式的值，则需要 6 个能计算 x^i 的运算部件、7 个能够计算 p_ix^i 的乘法器及 7 个加法器。该方案的优点是速度快，但硬件成本太高。因为仅实现 x^i 运算的硬件成本就非常高。而且，如果采用该方案求值，没有、也不需要控制器，因此不能称为数字系统。

方案 2

将该多项式分解为 ax+b 形式的多个子计算，依次进行计算：

$$P_7(x) = ((((((p_7x + p_6)x + p_5)x + p_4)x + p_3)x + p_2)x + p_1)x + p_0$$

即首先计算 $p_7x + p_6$，然后计算 $(p_7x + p_6)x + p_5$，…，最后计算得到 $P_7(x)$。该方案每次仅完成 1 个 ax+b 的运算，共需 7 次计算才能求得 $P_7(x)$的值，运行时间较长，但硬件成本很低。如果不计存储器和用于循环次数控制的计数器、比较器，则该方案仅需要 1 个乘法器和 1 个加法器。这种分解方法称为何纳(Horner)算法。

方案 3

将该多项式分解为 ax+b 和 x^2 形式的子计算，一次可同时进行几个计算：

$$P_7(x) = x^4[x^2(p_7x + p_6) + (p_5x + p_4)] + x^2(p_3x + p_2) + (p_1x + p_0)$$

设 $A=x^2=x\times x$，$B=(p_1x + p_0)$，$C=(p_3x + p_2)$，$D=(p_5x + p_4)$，$E=(p_7x + p_6)$，$F=x^4=A\times A$，则第 1 次首先并行计算 A、B、C、D、E 5 个子计算，第 2 次并行计算 F、AC+B=G、AE+D=H 等子计算，第 3 次通过计算 FH+G 就可得到 $P_7(x)$。如果不计存

储器，该方案需要5个乘法器和4个加法器，硬件成本稍高，但运行时间很短。这种分解方法称为埃士纯(Estrin)算法。

从实现的角度看，方案2和方案3的性能价格比都较高，可以采用这两种方案。如果对速度要求不高，最好采用方案2，尽可能降低系统的成本。

2. 数字系统的逻辑划分

由于数据子系统和控制子系统的功能不同，因此，数字系统的逻辑划分并不太困难。凡是有关存储、处理功能的部分，一律纳入数据子系统；凡是有关控制功能的部分，一律纳入控制子系统。逻辑划分后，就可以根据功能需要画出整个系统的结构框图。

【例7-3】 对例7-1中描述的统计串行输入的n位二元序列X中“1”的个数的数字系统进行逻辑划分，导出其系统结构框图，并简述其工作过程。

解 例7-1中，已经确定了该系统的总体方案。根据数据子系统和控制子系统的特点，用于统计X中“1”的个数的模n+1计数器(称为“1”数计数器)和用于记忆X的接收位数的模n+1计数器(称为位数计数器)都属于计数操作功能，应该纳入到数据子系统中；“1”数计数器和位数计数器所需要的加1控制信号由控制器产生，位数计数器的输出Q作为反映X接收位数的状态信号提供给控制器。而X是0还是1的判断可以直接在控制器中完成，不必用比较器实现；统计过程是否结束，由控制器根据位数计数器提供的状态信号来决定。据此得到该系统的结构框图如图7-3所示。图中，st是为便于操作而设的一个脉冲型启动信号，done是为便于观察统计结果而设的一个状态输出信号，P_1为“1”数计数器的计数使能信号，P_2为位数计数器的计数使能信号，S为位数计数器提供给控制器的状态信号，均为高电平有效；CLR为两个计数器的异步清0信号，低电平有效。为了保证系统协调工作，要求计数器的时钟触发边沿与控制器的相反。

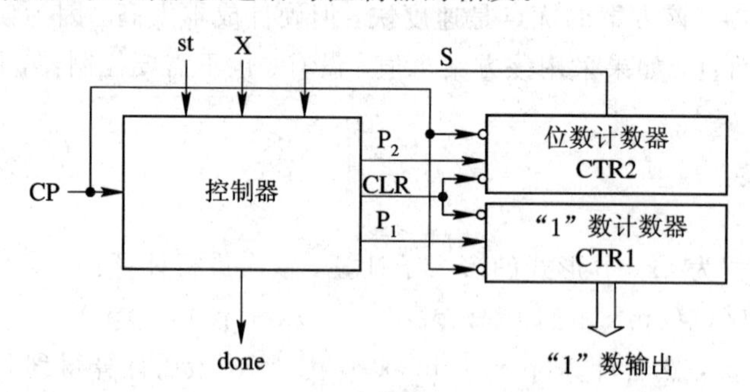

图7-3 “1”数统计系统结构框图

该系统的工作过程大致如下：

系统加电时，处于等待状态，即当st=0时，系统不工作；当st=1时，系统启动工作，控制器输出done无效，CLR、P_1、P_2有效，两个计数器清0。

工作过程中，CLR无效，输入X与系统时钟CP同步。每来一个CP脉冲，位数计数器状态加1(使能信号P_2有效)；同时，控制器根据接收到的X是0还是1，决定是否使“1”数计数器状态加1(使能信号P_1有效)。当X输入、统计完成时，位数计数器输出状态S使控制器停止统计过程，并使输出状态信号done有效，告知使用者此时“1”数计数器的输出有效。如果此时控制器转入等待状态，则每来一个st脉冲就可以完成一次“1”数统计工作。

【例 7-4】 假设例 7-2 中描述的 7 阶多项式求值数字系统采用方案 2，试对该数字系统进行逻辑划分，导出其系统结构框图，并简述其工作过程。

解 方案 2 将 7 阶多项式 $P_7(x)$分解为 ax+b 形式的多个子计算，并依次进行计算。显然，要实现 ax+b 计算，a、b 选择和循环控制的电路部分应该属于数据子系统，而完成这些计算和选择功能所需的控制部分应该属于控制子系统。

为了便于理解，此处给出带有较详细的数据子系统结构的系统结构框图，如图 7-4 所示。其中，MUL 为乘法器，Σ 为加法器，MUX 为数据选择器，CTR 为循环次数计数器，R 为寄存器。st 为启动信号，done 为操作状态输出信号，Q 为 CTR 的状态信号，L 为寄存器 R 的寄存使能信号，均为高电平有效；CLR 为计数器 CTR 的清 0 信号，低电平有效；S 为 MUX1 的数据选择信号，0 选 p_7 而 1 选 R；MUX2 在计数器为 000～110 时，依次选取 p_6～p_0。

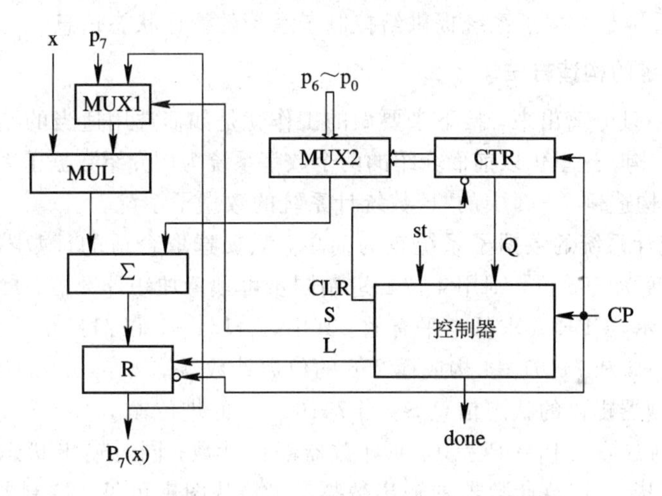

图 7-4　7 阶多项式求值系统结构框图

该系统的大致工作过程如下：

系统加电时，处于等待状态。当 st=0 时，系统不工作，控制器输出 CLR=L=S=0，done=1，计数器 CTR 清 0。当 st=1 时，系统启动工作，控制器输出 done=S=0，CLR=1，MUX1 选择 P_7，MUX2 选择 P_6（计数器已清 0）；L=1，CP 下降沿将 p_7x+p_6 的运算结果置入 R 寄存器中；下一个时钟到来时，计数器 CTR 加 1。

在接下来的工作过程中，数据子系统在控制器的控制下，L=S=CLR=1。MUX1 选择 R；依次选取相应的 a、b，计算 ax+b，并将计算结果置入 R 寄存器中。每计算 1 次 ax+b，计数器加 1。当计数器满 7 时，Q=1，计算结束，done 有效，告知使用者，此时 R 寄存器的数值就是多项式 $P_7(x)$的计算结果。如果此时控制器转入等待状态，则每来一个 st 脉冲就计算 1 次多项式的值。

7.1.4　数据子系统的构造方法

1. 数据子系统的组成

数据子系统的功能是实现数据的存储、传送和处理，通常由存储部件、运算（算子）部件、数据通路、控制点及条件组成。

存储部件用来存储各种数据，包括初始数据、中间数据和处理结果，常用触发器(寄存器)、计数器和随机存取存储器(RAM)来作存储部件。

运算部件用来对二进制数据进行变换和处理，常用的组合运算部件有加法器、减法器、乘法器、除法器、比较器等，常用的时序运算部件有计数器和移位寄存器等。

数据通路用来连接系统中的存储器、运算部件以及其它部件，常用导线和数据选择器等来实现。

控制点是数据子系统中接收控制信号的组件的输入点，控制信号通过它们实现运算部件操作、数据通路选择以及寄存器的置数等控制操作。以集成触发器为例，其时钟输入端和异步清0、置1端均可作为控制点。

条件是数据子系统输出的一部分，控制子系统利用它来决定条件控制信号或别的操作序列。条件可以看做是数据子系统提供给控制子系统的操作状态信息。

2. 数据子系统的构造方法

数据子系统一旦分离出来，接下来要做的工作就是如何选用适当的基本模块构造出数据子系统的实际结构。这里仍以前面介绍的两个数字系统为例介绍数据子系统的构造方法。

【例7-5】 构造例7-3中的“1”数统计系统的数据子系统。

解 “1”数统计系统的数据子系统较为简单，只要选取合适的计数器即可实现。假设二元序列X的长度为255位，则用4位二进制同步可预置加法计数器74161构成的数据子系统如图7-5所示，CLR要求低电平有效。其中，74161-1和74161-2构成模256的“1”数计数器，74161-3和74161-4构成模256的位数计数器。74161-4的进位输出CO即为位数计数器向控制器提供的状态信息S。当74161-4的进位输出CO为1时，表示X的各位统计完毕，控制器输出 $P_1=P_2=0$，使计数器停止计数；同时输出状态信号done有效，表示“1”数统计完毕，“1”数计数器的输出数据有效。从图中可见，控制器在CP上升沿产

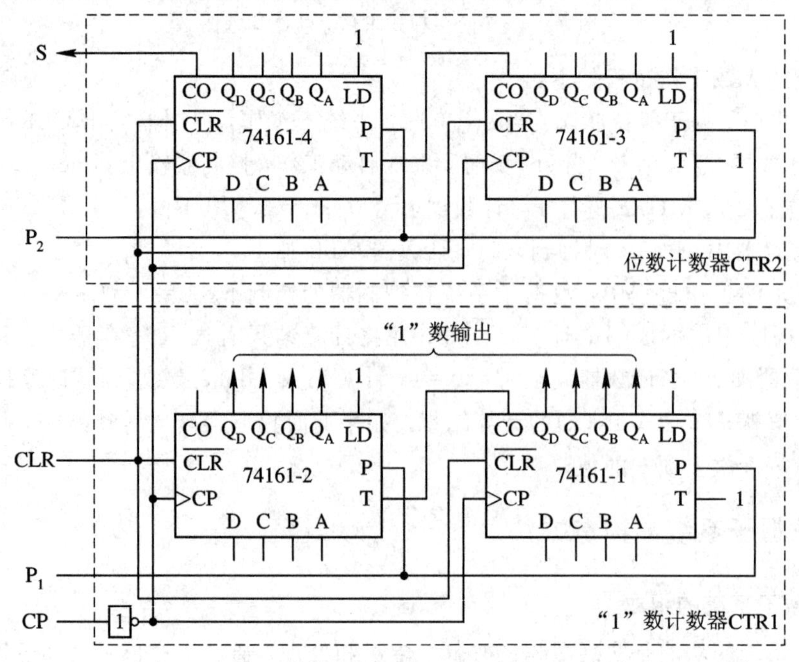

图7-5　“1”数统计系统的数据子系统结构

生控制信号，两个计数器在 CP 的下降沿对控制信号作出响应。

7.2　控制子系统的设计工具

控制子系统是数字系统的核心，其设计关键是导出控制算法。采用各种算法设计数字系统的方法称为算法模型方法，是当前数字系统设计的主流方法。

采用算法模型方法设计数字系统的常用工具主要有两类：一类是算法图；一类是算法语言，其具体种类很多。本节从实用的角度出发，介绍在控制子系统算法设计中易于使用的 ASM 图和分组－按序算法语言。

7.2.1　ASM 图

ASM 图是算法状态机图（Algorithmic State Machine Chart）的简称，是一种用来描述时序数字系统控制过程的算法流程图，其结构形式与计算机中的程序流程图非常相似。

算法状态机本质上是一个有限状态机（Finite State Machine）。有限状态机也称有限自动机或时序机，是一个抽象的数学模型，主要用来描述同步时序系统的操作特性。时序机理论不仅在数字系统设计和计算机科学中得到应用，而且在社会、经济、系统规划等学科领域也有着非常广泛的应用。

1. ASM 图的基本符号和结构

ASM 图由状态块（State Box）、判别块（Decision Box）、条件输出块（Conditional Output Box）和输入、输出路径（Entry or Exit Path）构成。输入、输出路径实际上就是一些带箭头的有向线段，由它们把状态块、判别块和条件输出块有机地连接起来，构成完整的 ASM 图。

状态块为矩形框，代表 ASM 图的一个状态。状态的名称及编码分别标在状态块的左、右上角（也可只标状态或编码），块内列出该状态下数据子系统进行的操作及控制器为实现这种操作而产生的控制信号输出（如果无数据操作和控制输出，状态块内为空白），如图 7－6 所示。该状态块表明，当电路处于 S_5（编码为 101）状态时，数据子系统应将 X⊕Y 的结果置入 P 寄存器中；为了实现这一操作，控制器应发出 C_5 控制信号，且为高电平。有时为了简便，状态块内也可只列出控制信号而省略数据操作。

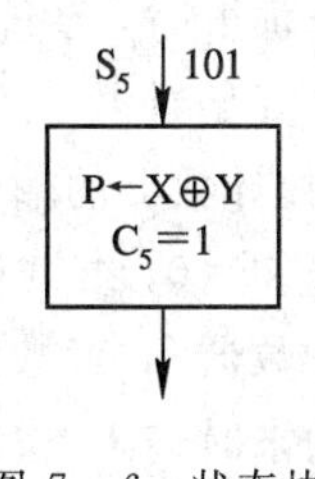

图 7－6　状态块

判别块为菱形框，用来表示 ASM 图的状态分支。判别块内列出判别条件，判别块的出口处列出满足的条件，如图 7－7 所示。该图说明此处的判别条件是 XY，当 XY＝00 时，电路转向 S_2 状态；当 XY＝01 时，电路转向 S_1 状态；当 XY＝1Φ 时，电路转向 S_4 状态。

条件输出块为椭圆状或两端为圆弧线的框，用来表示 ASM 图的条件输出。条件输出块总是位于满足状态分支条件的支路上，当满足该分支条件时，立即执行条件输出块中规定的操作（这与状态块中的操作明显不同）。例如，图 7－8 中，SRLA 即为一个条件输出块。当 X＝0 时，电路将转向 S_1 状态；而当 X＝1 时，将立即执行该条件输出块中规定的 SRLA 操作（将寄存器 A 的内容右移 1 位），然后转向 S_2 状态。

电路状态的转换是在系统时钟脉冲 CP 的控制下进行的。当无 CP 脉冲到来时，系统将

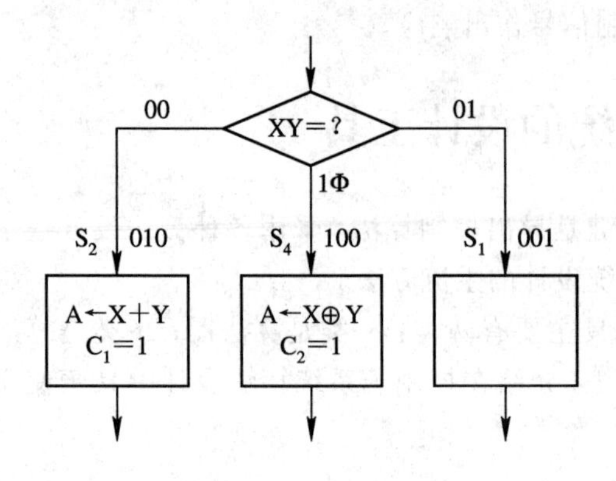

图 7-7 判别块

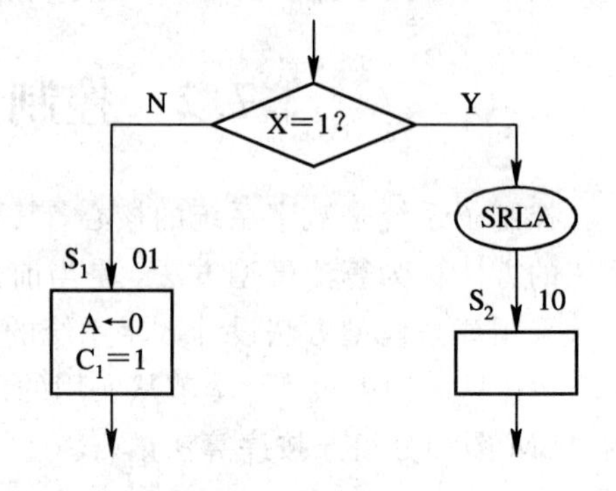

图 7-8 条件输出块

维持现在的状态不变。

2. ASM 图应用举例

【例 7-6】 导出例 7-3 中的"1"数统计系统控制器的 ASM 图。

解 例 7-5 中已经导出了"1"数统计系统的数据子系统结构，如图 7-5 所示。为了适应 74161 的需要，清 0 控制信号 CLR 必须为低电平有效，计数使能信号 P_1 和 P_2 必须为高电平有效。根据前面确定的系统方案，得到该系统控制器的 ASM 图如图 7-9 所示。从图中可见，ASM 图的确与程序流程图非常相似。

系统的控制过程可以从 ASM 图中一目了然。

加电时，系统处于 S_0 状态，done=1，表示系统尚未开始计数工作或一次计数工作已经完成(此时"1"数计数器的输出数据有效)，等待启动。如果启动信号 st=0，继续等待；如果 st=1，则 CLR=0，将位数计数器和"1"数计数器清 0，并在时钟信号 CP 上升沿到来时进入 S_1 状态，系统启动工作。

在 S_1 状态，系统控制器输出 CLR=1，done=0，表明计数器不处于清 0 状态，且系统正在统计，"1"数计数器的输出数据无效。如果此时 S=0，说明统计尚未完成，输出 P_2=1，使 CP 脉冲下降沿到来时位数计数器加 1；若 X=1，输出 P_1=1，使 CP 脉冲下降沿到来时"1"数计数器也加 1。如果此时 S=1，说明统计已经结束，CP 脉冲上升沿到来时系统将转入 S_0 状态，以便等待下一次启动。

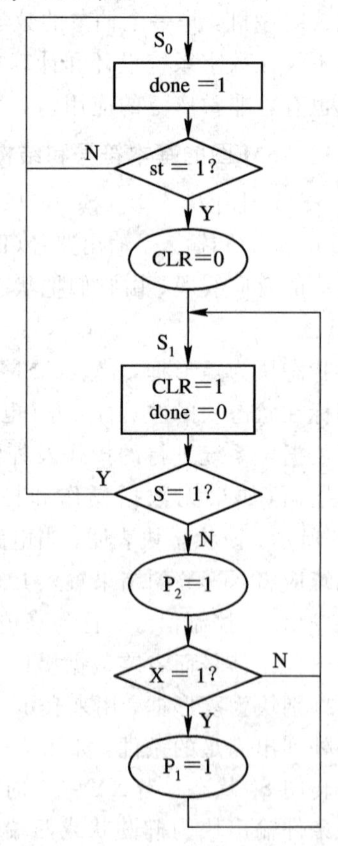

图 7-9 "1"数统计系统控制器 ASM 图

从图 7-9 所示 ASM 图可见，该数字系统的控制器只有 2 个状态，实现时只需要采用 1 位二进制编码即可。

【例 7-7】 导出例 7-4 中的 7 阶多项式求值系统控制器的 ASM 图。

解　图 7 - 4 中已经导出了 7 阶多项式求值系统的结构框图，为了便于对 ASM 图的理解，此处对数据子系统部分进行适当细化、修改，细化、修改后的系统结构框图如图 7 - 10 所示。修改部分说明，数据子系统的结构形式可以多种多样。由于 CTR 采用了 74161，因此 CLR 为低电平有效。因为数据位数较多，图中的 MUX 实际上需要多个数据选择器才能实现。数据子系统的所有模块均可找到合适的芯片，为了保持电路简洁，此处不给出实际的电路连接图。

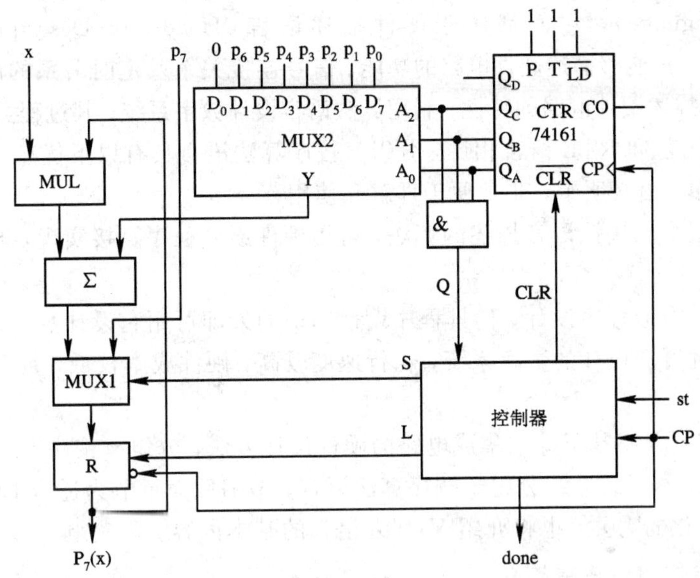

图 7 - 10　7 阶多项式求值系统的结构框图

根据前面所定方案和图 7 - 10 所示结构框图，导出该系统控制器的 ASM 图，如图7 - 11 所示。

加电时，系统处于 S_0 状态。控制器发出控制信号 CLR＝S＝L＝0，74161 清 0，MUX1 选择 p_7，寄存器 R 停止置数；done＝1，表示系统等待启动。如果启动信号 st＝0，系统继续在 S_0 状态等待；如果 st＝1，则在下一个 CP 脉冲上升沿转入 S_1 状态。

在 S_1 状态，控制器发出控制信号 CLR＝1，为下一个 CP 脉冲到来时计数器 74161 计数作好准备；当 S＝0，L＝1，CP 下降沿到来时将 p_7 存入 R 寄存器中；done＝0，表示系统已经启动且正在计算，寄存器 R 中的数据无效。

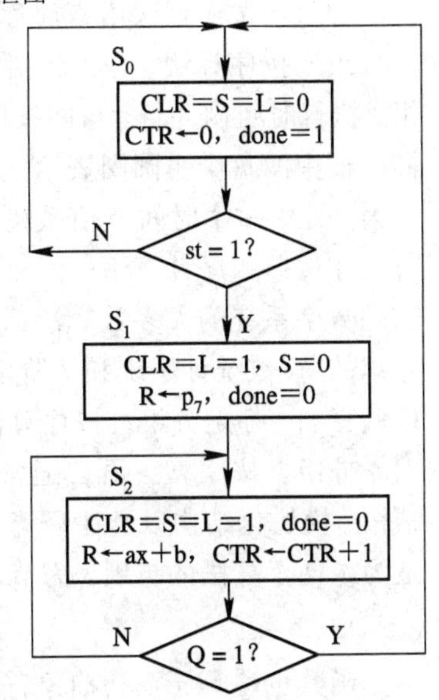

图 7 - 11　7 阶多项式求值系统控制器的 ASM 图

在 S_2 状态，CLR＝1，计数器 CTR 处于计数状态，74161 在 CP 上升沿状态加 1；S＝L＝1，MUX1 选择加法器输出，并在 CP 下降沿将 ax＋b 的计算结果存入 R 寄存器中；done＝0，表示系统已经启动且正在计算，寄存器 R 中的数据无效。如果此时 Q＝0，说明尚未计算结束，系统将在 S_2 状态等待，继续计算过程。如果此时 Q＝1，即计数器 CTR 已经进入 111 状态，说明计算已经结束，下一个 CP 脉冲上升沿到来时系统转入 S_0 状态，将计数器 CTR 清 0；同时使操作状态信号 done=1，表示计算已经结束，等待下一次启动，寄存器 R 中的数据有效。

7.2.2 分组一按序算法语言

与 ASM 图用图形方式描述时序系统控制算法不同，算法语言是用语言文件方式描述数字系统的控制算法。常用的算法语言有 RTL(Register Transfer Language)、VHDL(VHSIC Hardware Description Language)和分组一按序算法语言(Group-Sequential Algorithms Language)，它们都属于硬件描述语言(Hardware Description Language, HDL)。HDL 是一种能够描述硬件电路的功能、信号连接关系及定时关系的语言，它能比电路原理图更好地描述硬件电路的特性。利用算法语言设计数字系统，其过程类似于程序设计。

与 VHDL 语言和 RTL 语言相比，分组一按序算法语言具有以下优点：

① 语法简单，语义明了，非常便于理解和使用；

② 在实现层次上用该语言描述的算法，可用硬件或微程序直接实现，非常便于系统功能的实现；

③ 设计过程类似程序设计，稍具程序设计知识的人即可用它设计数字系统；

④ 采用这种算法设计的数字系统，运行速度较高，硬件成本较低，具有较高的性能价格比。

由于本章主要介绍基于标准集成电路的硬件设计方法，分组一按序算法语言已能满足设计需要，因此，本章只介绍分组一按序算法语言。本书后面章节为适应 PLD 的编程应用和电子设计自动化的需要，也将介绍 VHDL 语言的基本内容。

1. 分组一按序算法语言简介

分组一按序算法语言简称 GSAL，它与 RTL 非常接近。所谓分组一按序算法，是指包括很多子计算且子计算被分成许多组，执行时组内并行、组间按序的算法，如图 7-12 所示。图中椭圆框中的每个小圆圈表示一个子计算，每个椭圆框中的子计算为一组。一个时间节拍系统只计算一组子计算，下一个时间节拍才按照顺序计算下一组子计算。

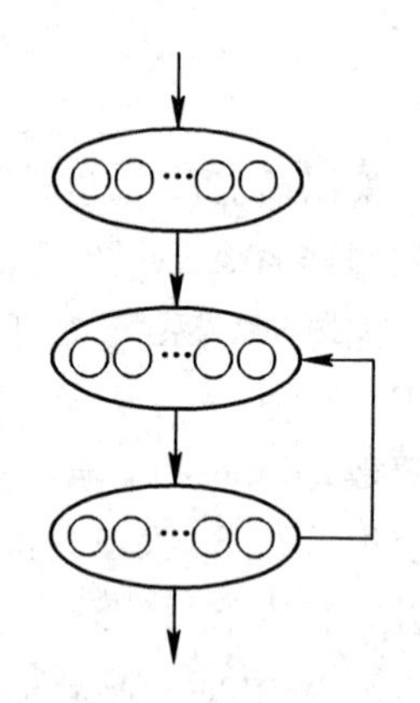

图 7-12 分组一按序算法

数字系统的大多数算法都属于分组一按序算法。例如前面介绍的“1”数统计系统和 7 阶多项式求值系统中 ASM 图描述的控制算法，都是分组一按序算法。

分组一按序算法语言通常包括数据集、函数、指定、语句结构、模块化结构以及注释等。实现层次的数据集只能是比特矢量，而采用模块化结构只是为了便于算法的扩展。为节省篇幅，下面只介绍最常用的几项内容。

1) 函数

函数也称算子，其抽象符号为 OP。它是数据子系统中的数据处理模块，可能是组合的，也可能是时序的。例如，“比较”算子是组合的，而“移位”算子就是时序的。

算子有一般函数和条件选择函数之分。

(1) 一般函数。常用大写字母串命名，例如 ADD(X,Y)就是一个“加法”算子，如果其输出为 Z，则可记为

$$Z := ADD(X,Y) \quad (7-1)$$

其中，ADD(X,Y)：=X+Y。符号"：="用于说明或再命名。

(2) 条件选择函数。它的功能是根据条件的真假从可能的输出集合中选择一个输出，其语言结构为

$$A \text{ if } a \mid B \text{ if } b \mid C \text{ if } c\cdots \quad (7-2)$$

此处，A、B、C…为输出集中的元素，a、b、c…为相应的条件，|为选择符。该式的含义是：如果条件 a 为真，则输出为 A；如果条件 b 为真，则输出为 B；如果条件 c 为真，则输出为 C…。一般情况下，每次至多只有一个条件为真(取值为 1)。当所有条件均为假时，函数值未定义。

条件选择函数可用逻辑门或数据选择器实现。四选一数据选择器的功能可以用条件选择函数描述如下：

$$D_0 \text{ if } \overline{A}_1\overline{A}_0 \mid D_1 \text{ if } \overline{A}_1A_0 \mid D_2 \text{ if } A_1\overline{A}_0 \mid D_3 \text{ if } A_1A_0$$

2) 指定

指定也称赋值，其功能就是将源值 S 赋给目标 D，需要由寄存器传送来实现。

指定有无条件指定和条件指定之分。

(1) 无条件指定。就是指这种指定的执行是无条件的，其语言结构为

$$D \leftarrow S \quad (7-3)$$

无条件指定的实现结构如图 7-13(a)所示，图中 L 为置数使能输入端，高电平有效。

允许 A←A+B 这样的指定，意为 $A(t^{n+1})=A(t^n)+B(t^n)$。

(2) 条件指定。就是指这种指定的执行是有条件的。它有两种语言结构：

$$\text{if } c \text{ then } D \leftarrow S \quad (7-4)$$

$$\text{if } c \text{ then } D_1 \leftarrow S_1 \text{ else } D_2 \leftarrow S_2 \quad (7-5)$$

它们的实现结构分别如图 7-13(b)和图 7-13(c)所示。假定寄存器置数控制 L 高电平有效。

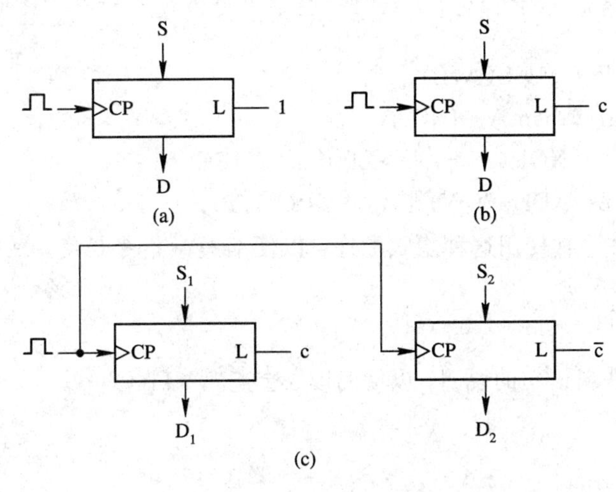

图 7-13　指定的实现结构

(a) 无条件指定；(b) 条件指定 1；(c) 条件指定 2

3）语句结构

语句是算法的最小执行单位，是描述可同时实现的一组指定的语言结构，其格式为

标号：指定 1 ‖ 指定 2 ‖ … ‖ 指定 n； (7-6)

标号是由字符串构成的语句标识，以冒号为结束标志。语句的标号可有可无。‖ 为各指定的间隔符(注意与条件选择函数的选择符| 的区别)，表示一种并列关系，与顺序无关。分号表示语句的结束。

在实现层次上，语句既可用硬件(Hardware)实现，又可用微程序(Micro-program)实现。用硬件实现时，语句的标号用状态名表示；用微程序实现时，语句的标号用控制存储器中微指令的地址表示。

语句有显式和隐式两种执行顺序。

在显式顺序中，每条语句包含将要执行的下一条语句的标号，该标号作为语句的一部分列于全部指定之后，用右向箭头及标号表示

指定 ‖ → 标号； (7-7)

由于这种方法中明显地给出了语句的执行顺序，因此称为显式顺序。显式顺序可以是有条件的，也可以是无条件的。

【例 7-8】 下面是一段显式算法(假定条件 a、b 不可能同时为真)：

LP：　W←MUL(A,B) ‖ →CHEC；
CHEC：if c then A←INC(A) ‖ →SAB；
SAB：　Y←XOR(A,B) ‖ →LP if $a\bar{b}$ | CHEC if $\bar{a}b$ | END if $\bar{a}\bar{b}$；
END：　Z←ADD(W,Y) ‖ A←SUB(W,Y)；

通常，算法中的语句大多数是按照书写的先后顺序执行的，因此用不着像显式顺序那样，每条语句都给出将要执行的下一条语句的标号。

所谓隐式顺序，就是一般情况下，各条语句的执行顺序隐含于语句的书写顺序中；当需要脱离隐式顺序时，采用条件转移。例如上例中的显式算法，采用隐式顺序时可改写如下：

LP：　W←MUL(A,B)；
CHEC：if c then A←INC(A)；
　　　Y←XOR(A,B) ‖ →LP if a| CHEC if b；
END：　Z←ADD(W,Y) ‖ A←SUB(W,Y)；

在微程序实现中，常使用这种隐式顺序，以便缩短微指令长度，减少存储器容量，降低成本。

4）注释

注释用于对算法或语句的说明，以便阅读、检查。

注释位于/*　　*/之间。

注释可有可无。

2. 分组一按序算法语言应用举例

【例 7-9】 编写“1”数统计系统的控制算法。

解　例 7-5 中已经导出了“1”数统计系统的数据子系统结构。根据前面确定的统计方

法，得到其系统控制算法如下：

WAIT：done=1 ‖ if st then CTR←0 ‖ →WAIT if $\overline{st}$；　/＊等待 st 启动脉冲＊/

CN：　done=0 ‖ CTR2←CTR2+1 ‖ if X then CTR1←CTR1+1 ‖ →WAIT if S | CN if $\overline{S}$；

/＊位数计数器加 1，X=1 时"1" 数计数器加 1，S=1 时统计结束＊/

该算法与图 7－11 所示的 ASM 图完全一致。

【例 7－10】 编写 7 阶多项式求值系统的控制算法。

解　图 7－10 中已经导出了 7 阶多项式求值系统的结构框图。其控制算法如下：

WAIT：done=1 ‖ CTR←0 ‖ →WAIT if $\overline{st}$；

/＊done=1，计数器清 0，等待 st 启动脉冲＊/

done=0 ‖ R←p_7；　/＊将 p_7 置入 R 寄存器中＊/

LOOP：done=0 ‖ CTR←CTR+1 ‖ R←ax+b ‖ →LOOP if $\overline{Q}$|WAIT if Q；

/＊循环次数计数器加 1，将 ax+b 置入 R 寄存器中，Q=1 时统计结束 ＊/

如果采用图 7－4 的数据子系统结构，控制算法可以修改如下：

WAIT：done=1 ‖ CTR←0 ‖ →WAIT if $\overline{st}$；

/＊done=1，计数器清 0，等待 st 启动脉冲＊/

done=0 ‖ R←p_7x+p_6；　/＊将 p_7x+p_6 置入 R 寄存器中＊/

LOOP：done=0 ‖ CTR←CTR+1 ‖ R←ax+b ‖ →LOOP if $\overline{Q}$|WAIT if Q；

/＊循环次数计数器加 1，将 ax+b 置入 R 寄存器中，Q=1 时统计结束＊/

本例说明，当数据子系统的结构不同时，其控制算法也不同。因此，系统控制算法必须紧密结合所采用的数据子系统结构来编写，否则不能实现所要求的系统功能。

7.3　控制子系统的实现方法

数字系统通常可以用硬件（Hardware）、软件（Software）、PLD 和微程序（Micro-Program）等方法予以实现。数字系统的软件实现方法已超出本课程的教学内容，此处将不作介绍；PLD 实现方法依赖于新的系统功能描述工具——VHDL 语言，这将在第 8 章单独介绍。本节只介绍数字系统的硬件实现方法和微程序实现方法。

实现控制子系统一般包括以下几个步骤：

(1) 根据所采用的数据子系统结构，导出合适的系统控制算法（ASM 图或算法文件）；

(2) 根据导出的系统控制算法，画出系统的控制状态图（也可省略这一步）；

(3) 采用同步时序电路的设计方法或微程序设计方法，实现控制子系统。

采用同步时序电路的设计方法设计的控制子系统称为硬件控制器，采用微程序设计方法设计的控制子系统称为微程序控制器。无论采用哪种设计方法，都要尽量使用 MSI 或 LSI 芯片，减小系统的体积，降低系统的成本，提高系统的性能价格比。

7.3.1　硬件控制器的实现方法

硬件控制器的实现方法与同步时序电路的设计方法并无多大差别。由于常常以 MSI 计数器或移位寄存器为核心进行设计，因此一般情况下，这种实现方法不需要对控制状态图进行化简。使用计数器进行设计时，状态编码要注意按照计数器的规律进行编码，尽量多使用 MSI 计数器的计数功能来实现控制器的状态转换；使用移位寄存器进行设计时，状态编码要注意按照移位寄存器的规律进行编码，尽量多使用 MSI 移位寄存器的移位功能来实现控制器的状态转换。

【例 7-11】 用 D 触发器设计图 7-9 所示 ASM 图描述的"1"数统计系统控制器。

解 根据图 7-9 所示 ASM 图，得到"1"数统计系统的控制状态图如图 7-14 所示。状态转换条件中，原变量表示 1，反变量表示 0，这与时序电路的状态图有些不同。在每个状态右侧的大括号内给出了相应状态下控制器的输出。

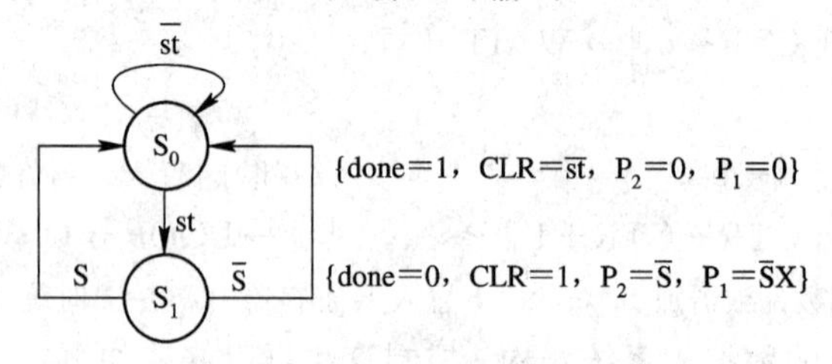

图 7-14 "1"数统计系统的控制状态图

由于只有两个状态，因此只需要一个 D 触发器。状态编码如下：

$$S_0——0,\quad S_1——1$$

由此得到 D 触发器的控制激励表，如表 7-1 所示。

表 7-1 D 触发器的控制激励表

现态 PS	条件			次态 NS	激励	控制信号输出			
$S_i(Q)$	St	S	X	$S_i(Q)$	D	done	CLR	P_1	P_2
$S_0(0)$	0	Φ	Φ	$S_0(0)$	0	1	1	0	0
	1	Φ	Φ	$S_1(1)$	1	1	0	0	0
$S_1(1)$	Φ	0	0	$S_1(1)$	1	0	1	0	1
	Φ	0	1	$S_1(1)$	1	0	1	1	1
	Φ	1	1	$S_0(0)$	0	0	1	0	0
	Φ	1	1	$S_0(0)$	0	0	1	0	0

有关激励和控制信号的表达式为

$$\begin{cases} D = \overline{Q} \cdot st + Q \cdot \overline{S} \\ CLR = Q + \overline{st} \\ done = \overline{Q} \\ P_1 = Q \cdot \overline{S} \cdot X \\ P_2 = Q \cdot \overline{S} \end{cases}$$

用 D 触发器构成的"1"数统计系统控制器电路如图 7-15 所示。为了保证控制器一开始处于 S_0 状态，加电后应先将 D 触发器清 0。

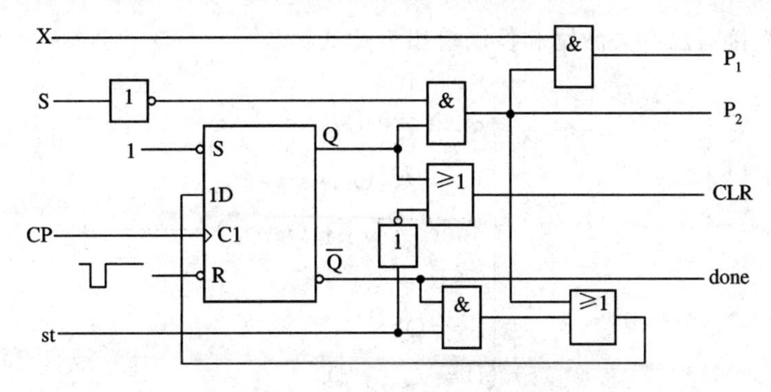

图 7-15　“1”数统计系统控制器电路

【例 7-12】　例 7-10 给出了图 7-10 所示 7 阶多项式求值系统的控制算法，试以 4 位二进制同步可预置双向移位寄存器 74194 为核心，设计该系统控制器。

解　将控制算法的每一条语句用一个状态表示，就可以得到系统的控制状态图，如图 7-16 所示。有关控制信号的定义如下：

CLR：CTR←0，低电平有效；

S：MUX1 选择，0 选 p_7，1 选加法器输出 ax+b；

L：R←MUX1，高电平有效。

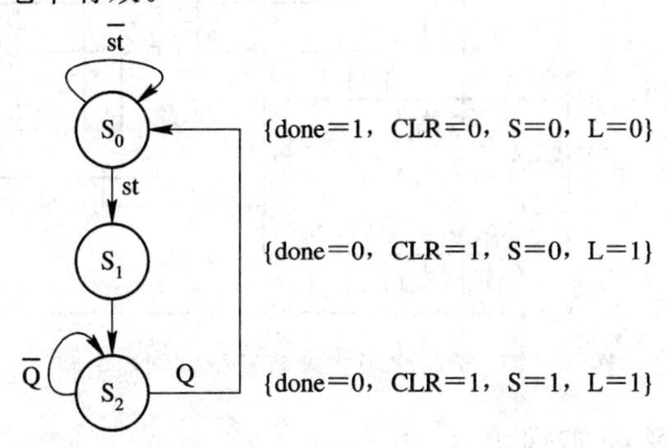

图 7-16　7 阶多项式求值系统的控制状态图

由于只有 3 个状态，因此只需要两位二进制编码。采用 74194 且使用右移方式时，只需使用 Q_AQ_B 即可。状态编码如下：

$$S_0——00,\quad S_1——10,\quad S_2——01$$

由此得到 74194 的控制激励表，如表 7-2 所示。

表 7-2　74194 的控制激励表

现态 PS	条件		次态 NS	工作方式	激励				控制信号输出			
$S_i(Q_AQ_B)$	st	Q	$S_i(Q_AQ_B)$		S_1	S_0	S_R	A B C D	done	CLR	S	L
S_0(0 0)	0	Φ	S_0(0 0)	右移	0	1	0	Φ Φ Φ Φ	1	0	0	0
	1	Φ	S_1(1 0)	右移	0	1	1	Φ Φ Φ Φ				
S_1(1 0)	Φ	Φ	S_2(0 1)	右移	0	1	0	Φ Φ Φ Φ	0	1	0	1
S_2(0 1)	Φ	0	S_2(0 1)	保持	0	0	Φ	Φ Φ Φ Φ	0	1	1	1
	Φ	1	S_0(0 0)	右移	0	1	0	Φ Φ Φ Φ				

从表中可直接写出有关激励和控制输出表达式：

$$
\begin{cases}
S_1 = 0 \\
S_0 = \overline{Q}_B + Q \\
S_R = \overline{Q}_A\overline{Q}_B \cdot st \\
done = \overline{Q_A + Q_B} \\
CLR = Q_A + Q_B \\
S = Q_B \\
L = Q_A + Q_B
\end{cases}
$$

以 74194 为核心构成的 7 阶多项式求值系统控制器电路如图 7－17 所示。同样，为了保证控制器一开始处于 S_0 状态，加电后要首先将 74194 清 0。

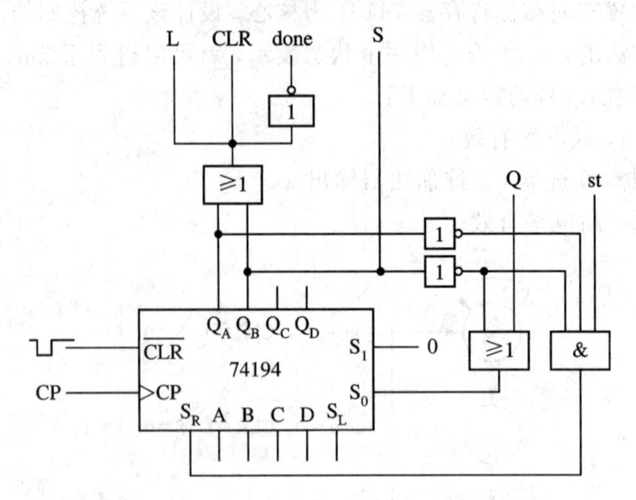

图 7－17　7 阶多项式求值系统控制器电路

7.3.2　微程序控制器的实现方法

在微程序控制器的实现方法中，控制算法中的每一条语句称为一条微指令(Microinstrution)，每条微指令中的一个基本操作称为微操作。一条微指令可有多个微操作，它们的编码即为微指令的操作码。描述一个算法的全部微指令的有序集合就称为微程序。

微程序控制器实现方法的基本思想是：将反映系统控制过程的控制算法以微指令的形式存放在控制存储器中，然后一条条将它们取出并转化为系统的各种控制信号，从而实现预定的控制过程。这种实现方法称为微程序设计方法，用微程序方法设计的控制器称为微程序控制器。

微程序控制器的基本结构如图 7－18 所示。由图中可见，在微程序控制器中，条件与现态(PS)作 ROM 的地址，次态(NS)与控制信号作 ROM 的内容，寄存器作状态寄存器。p 个条件、n 位状态编码，要求 ROM 有 n+p 位地址、2^{n+p}个单元；n 位状态编码、m 个控制信号，要求 ROM 单元的字长为 n＋m 位。这就意味着所选 ROM 的存储容量不少于 $2^{n+p}\times(n+m)$位。

与硬件控制器相比，微程序控制器具有结构简单、修改方便、通用性强的突出优点。尤其是当系统比较复杂、状态很多时，微程序控制器的优势更加明显。当然，如果控制器

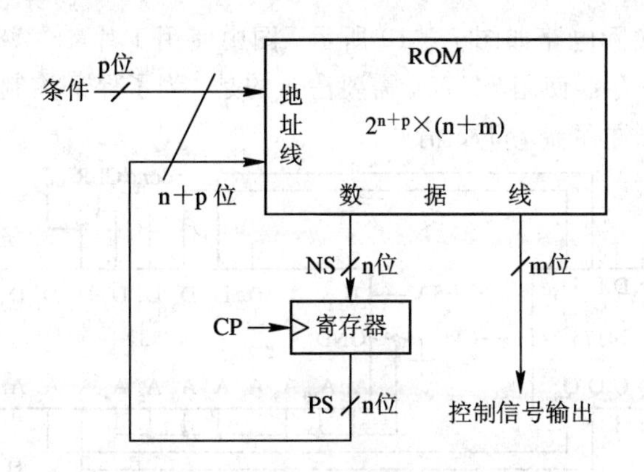

图 7-18　微程序控制器的基本结构

非常简单、状态不多时，因使用控制存储器会存在大量浪费，所以使用微程序控制器反而有可能增加系统成本。因此，在决定采用微程序控制器前，应该估算一下系统的综合成本。

【例 7-13】 用微程序设计方法实现图 7-16 控制状态图描述的 7 阶多项式求值系统控制器。

解　从图 7-16 所示的系统控制状态图可见，该系统共有 3 个状态、2 个条件(st，Q)、4 个控制信号。3 个状态需要 2 位二进制编码，即 n=2；2 个条件、4 个控制信号，即p=2、m=4。因此，所需 ROM 的地址为 n+p=2+2=4 位，ROM 单元数为 $2^{n+p}=2^4=16$ 个，ROM 字长为 n+m=2+4=6 位，ROM 容量为 $2^{n+p}\times(n+m)=16\times6$ 位。

由此可得 ROM 的地址—内容表如表 7-3 所示。表中右侧一栏同时列出了十六进制形式的地址—内容。

表 7-3　7 阶多项式求值系统微程序控制器 ROM 的地址—内容表

现态	ROM 地址				次态	ROM 内容						十六进制数	
	A_3	A_2	A_1	A_0		D_5	D_4	D_3	D_2	D_1	D_0	地址	内容
PS	Q_1	Q_0	st	Q	NS	Q_1	Q_0	done	CLR	S	L		
S_0	0	0	0	0	S_0	0	0	1	0	0	0	0	08
	0	0	0	1		0	0	1	0	0	0	1	08
	0	0	1	0	S_1	0	1	1	0	0	0	2	18
	0	0	1	1		0	1	1	0	0	0	3	18
S_1	0	1	0	0	S_2	1	0	0	1	0	1	4	25
	0	1	0	1		1	0	0	1	0	1	5	25
	0	1	1	0		1	0	0	1	0	1	6	25
	0	1	1	1		1	0	0	1	0	1	7	25
S_2	1	0	0	0	S_2	1	0	0	1	1	1	8	27
	1	0	0	1	S_0	0	0	0	1	1	1	9	07
	1	0	1	0	S_2	1	0	0	1	1	1	A	27
	1	0	1	1	S_0	0	0	0	1	1	1	B	07

微程序控制器的实际电路如图 7－19 所示。图中使用 1 片 4K×8 位 EPROM 2732 来做控制存储器，状态寄存器使用 74175。需要注意的是，为了保证控制器从 0 号单元开始执行，加电后要先将状态寄存器 74175 清 0。

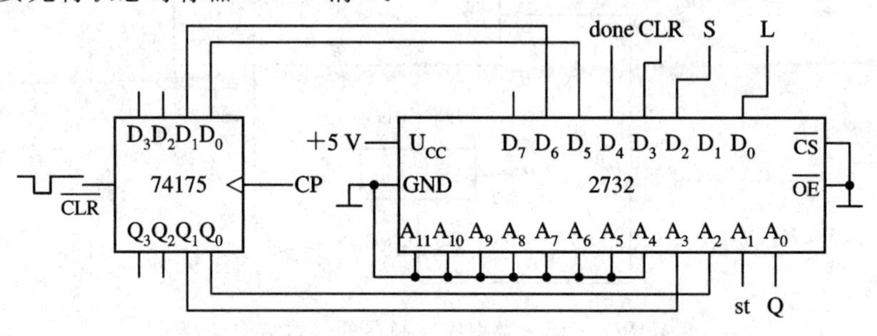

图 7－19 7 阶多项式求值系统微程序控制器电路

7.4 数字系统设计举例

前面几节介绍了数字系统的一般设计步骤与实现方法，本节将介绍两个有实际应用价值的设计实例。

7.4.1 14 位二进制数密码锁系统

密码锁在防盗保险箱、汽车防盗门等领域有着非常广泛的应用，其基本功能是，当使用者按序正确输入预置的密码时，才能打开密码锁。实际的密码锁一般使用十进制数密码，为了简单起见，此处使用二进制数密码。14 位二进制数密码共有 2^{14}(16384)种密码组合，密码性能介于 4～5 位十进制数密码之间，可以满足一般场合的使用要求。

1. 系统功能与使用要求

为了给设计者提供较大的设计灵活性，这里仅对 14 位二进制数密码锁系统提出一些最基本的功能和使用方面的要求：

(1) 具有密码预置功能；

(2) 密码串行输入，且输入过程中不提供密码数位信息；

(3) 只有正好输入 14 位密码且密码完全正确时按下试开键，才能打开密码锁，否则，系统进入错误状态(死机)；

(4) 在任何情况下按下 RST 复位键，均可使系统中断现行操作(包括开锁和死机)，返回初始状态(关锁)。

2. 系统方案

密码锁系统的操作功能主要有三个：一是正确接收逐位键入的密码并记录输入密码位数；二是对输入密码进行比较；三是在使用者按下试开键时决定是否开锁。从比较的方式看，有串行比较和并行比较之分，由此得出两种不同的系统方案。

1) 并行比较方案

在并行比较方案中，需要 1 个 14 位移位寄存器来寄存输入的 14 位二进制密码，并使用 1 个 14 位二进制数比较器来和预置的密码进行比较。完成这些功能的模块都属于数据子系统的范畴，而密码锁系统的各种控制信号则由控制子系统产生。由此不难得到密码锁系统的结构框图如图 7 - 20 所示。

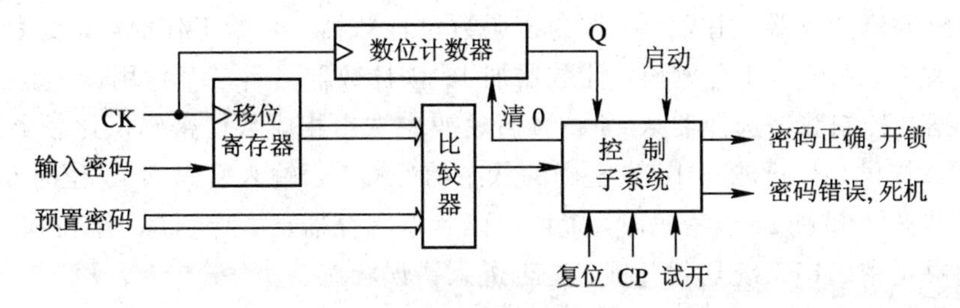

图 7 - 20　密码锁系统并行比较方案框图

该方案的优点是思路清楚，控制简单，但需要 1 个寄存 14 位二进制数密码的移位寄存器及 1 个 14 位二进制数比较器，与下面的串行比较方案相比，硬件成本较高。

2）串行比较方案

与并行比方案中收满 14 位密码才进行比较不同，在串行比较方案中，采用的是逐位比较。每输入 1 位密码，便与预置的该位密码进行比较。发现 1 位密码不对，系统便进入错误状态。由于是逐位比较，因此不需要保存输入的密码，只要 1 个 1 位比较器即可。最简单的 1 位比较器是异或门。由此可得串行比较方案的密码锁系统结构框图如图 7 - 21 所示。

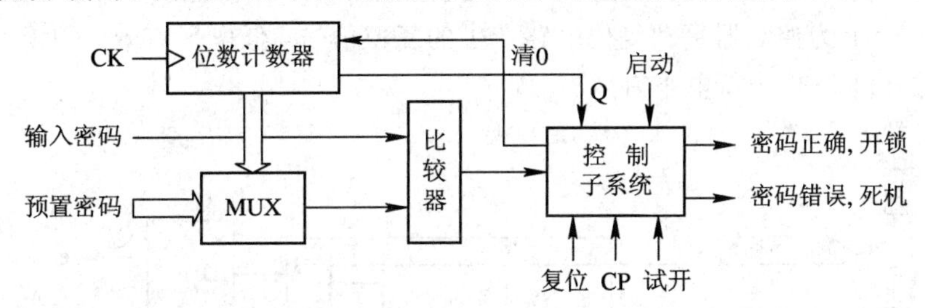

图 7 - 21　密码锁系统串行比较方案框图

3. 数据子系统结构

由于串行比较方案所需硬件较少，性能价格比高，所以这里采用串行比较方案。对系统结构框图进行细化，就可得到密码锁系统的数据子系统结构。

1）输入信号的产生

（1）预置密码 K_P。采用单刀双掷开关。开关接向 +5 V 时，表示该位密码预置为 1；开关接向地时，表示该位密码预置为 0。

（2）输入密码 K_I。为简单起见，也采用单刀双掷开关。开关接向 +5 V 时，表示该位输入密码为 1；开关接向地时，表示该位输入密码为 0。密码输入是以时钟信号 CK 来同步的。只有当 CK 脉冲到来时，输入密码才有效。

（3）时钟信号 CK。采用按键开关，手动操作。按下该键时，为低电平；未按下该键时，为高电平。该信号经 1 个非门整形倒相后，作为输入密码的时钟信号 CK 使用。操作方法是，先将输入密码开关置于 0 或 1 位置，然后按下 CK 键，输入密码位即有效。

2）存储部件

（1）误码状态寄存器。使用 D 触发器，其 Q 端输出为误码状态信号 e。当 e=0 时，表示未输入错误密码；当 e=1 时，表示已输入错误密码。在输入密码过程中，只要有 1 位密码输入错误或输入超过 14 位密码，e 就将为 1。开始工作时，该触发器应为 0。

(2) 密码数位计数器。用 74161 作为密码数位计数器。开始工作时，该计数器应为 0。输入密码过程中，每输入 1 位密码，计数器加 1。该计数器具有三个作用：一是记录输入密码位数，并据此控制数据选择器从 14 位预置密码中选出相应数位密码供比较器进行比较；二是向控制器提供是否已输入 14 位密码的状态信号 Q，当输入密码满 14 位时 Q=1，否则 Q=0；三是当输入超过 14 位密码时，置位误码状态寄存器，并使 74161 维持在 15 状态。Q 将和 e 共同决定密码锁系统是否开锁，是否进入错误状态。

3) 算子部件

数字密码锁系统的运算功能非常简单，只需要一种比较操作。且由于采用串行比较方案，用 1 个异或门就可实现比较功能。

4) 数据通路部件

由于采用串行比较方案，输入密码需要与预置密码进行逐位比较。使用十六选一数据选择器可以方便地实现这种预置密码选择功能，选择地址码由密码数位计数器提供。

5) 数据子系统结构

根据前面的设计考虑，可以构造出串行比较方案的密码锁数据子系统结构如图 7-22 所示。其中，RST 为控制器手动复位电路产生的复位信号，低电平有效。CLR 为控制器产生的清 0 复位信号，也为低电平有效。

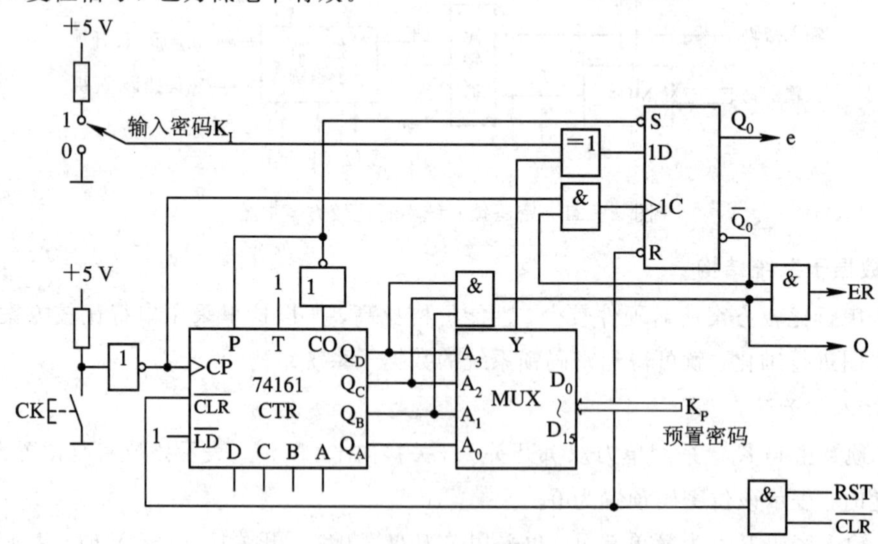

图 7-22 密码锁数据子系统结构

从图中可以看出以下几点：

(1) RST 和$\overline{CLR}$中任意一个有效，密码位数计数器 74161 和 D 触发器都将清 0。

(2) 误码状态寄存器的时钟信号由自身的 $\overline{Q}_0$ 进行控制。当无误码输入时，$\overline{Q}_0=1$，时钟信号得以通过。一旦出现错误输入，$\overline{Q}_0=0$，时钟信号不能到达误码状态寄存器，使误码状态得以保持，直到按下复位键才能清除。

(3) 密码数位计数器 74161 的计数控制端 P 受 CO 控制，当输入第 15 位密码后，

$Q_DQ_CQ_BQ_A=1111$，CO=1，非门输出为 0。一方面使 74161 因 P 为 0 而停止计数，另一方面通过置位误码状态寄存器使 e 为 1，向控制器提供错误输入状态信号，表示使用者输入了不少于 15 位的密码。74161 的 $Q_DQ_CQ_B$ 同时作为是否已输入 14 位密码的状态信号 Q。

（4）将状态信号 Q 和误码信号 e 进行组合，产生控制器所需的是否开锁条件信号 ER。当有误码输入时，e=1；当输入密码未满 14 位时按下试开键，Q=0。这两种情况下 ER=0，表示不符合开锁条件，所以不能开锁，且使密码锁系统进入死机状态。只有当 ER=1 时，才表示使用者正好输入 14 位正确密码，控制器才能输出开锁信号，将密码锁打开。

4. 控制子系统

1）输入信号产生

（1）启动信号 ST 采用按键开关。按下该键时，启动信号为低电平；未按下该键时，启动信号为高电平。规定启动信号为低电平有效。

（2）试开锁信号 LK。由于启动信号 ST 只在启动时有用，在密码输入过程中并无用处，因此，可用 ST 键兼作试开锁信号 LK 产生键。一旦密码输入过程中按下该键，即为试开锁信号 LK 有效。

（3）手动复位信号 RST。采用按键开关。按下该键时，复位信号 RST 为低电平；未按下该键时，复位信号 RST 为高电平。规定复位信号 RST 为低电平有效。为了保证控制器严格按照算法工作，RST 仅可直接复位数据子系统，而不直接复位控制子系统。

2）结构框图

密码锁控制器结构框图如图 7－23 所示。其中 LOCK 为开锁控制信号，LOCK=1 表示开锁，LOCK=0 表示关锁。

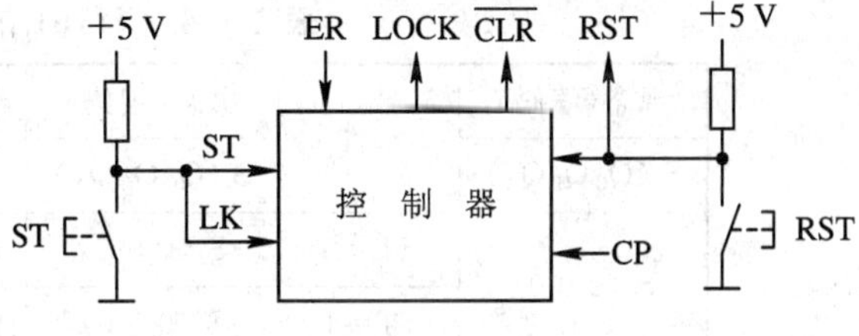

图 7－23　密码锁控制器框图

3）系统控制算法

控制算法的编写与程序设计极其相似。根据密码锁数据子系统结构，可直接编写出与之适应的控制算法（并非惟一）。为了便于阅读，每条语句后面附有解释性说明。

S_0：$\overline{CLR}=0 \parallel \rightarrow S_0$ if ST ；　/＊数据子系统清 0，等待启动键按下＊/

S_1：$\rightarrow S_1$ if $\overline{ST}$；　/＊等待启动键松开，为试开键作准备＊/

S_2：$\rightarrow S_6$ if $\overline{RST}$；　/＊等待手动输入密码。在此期间按下复位键，终止操作＊/

S_3：$\rightarrow S_2$ if LK；　/＊查询是否按下试开键。如未按，继续输入密码＊/

S_4：$\rightarrow S_7$ if $\overline{ER}$；　/＊按下试开键，若输入密码有错，进入错误状态＊/

S_5：LOCK=1 $\parallel \rightarrow S_5$ if RST；　/＊正确输入 14 位密码，开锁，直到复位才关锁＊/

S_6：$\rightarrow S_6$ if $\overline{RST} | S_0$ if RST ；　/＊等待复位键松开，复位结束返回初始状态＊/

S_7：$\rightarrow S_7$ if RST $| S_6$ if $\overline{RST}$；　/＊维持错误状态，直到复位键按下才结束死机＊/

4）控制状态图

将控制算法的每条语句作为一个状态，且以语句标号作为状态名，就可画出密码锁系统的控制状态图，如图 7－24 所示。图中同时标出了各个状态下的有效控制信号输出（S_0

状态时$\overline{CLR}$有效，S_5 状态时 LOCK 有效）。

5）控制子系统的实现

此处选择硬件控制器实现方法，采用 74161 作为状态寄存器。从图 7－24 所示的控制状态图可知，密码锁系统共有 8 个状态，只需 3 位二进制编码，1 片 74161 便可满足使用要求。使用 $Q_C Q_B Q_A$ 进行状态编码，列出 74161 的控制激励表，如表 7－4 所示。由于本系统

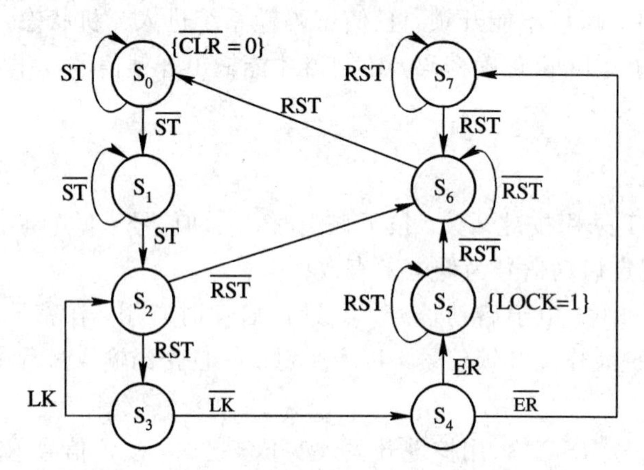

图 7－24　密码锁系统的控制状态图

表 7－4　74161 的控制激励表

现态(编码) $S_i(Q_C Q_B Q_A)$	条件	次态(编码) $S_i(Q_C Q_B Q_A)$	方式	激励 $\overline{LD}$	P T	D C B A	控制输出 $\overline{CLR}$	LOCK
S_0(0 0 0)	ST=0	S_1(0 0 1)	计数	1	1 1	Φ Φ Φ Φ	0	0
	ST=1	S_0(0 0 0)	保持	1	0 Φ	Φ Φ Φ Φ		
S_1(0 0 1)	ST=0	S_1(0 0 1)	保持	1	0 Φ	Φ Φ Φ Φ	1	0
	ST=1	S_2(0 1 0)	计数	1	1 1	Φ Φ Φ Φ		
S_2(0 1 0)	RST=0	S_6(1 1 0)	置数	0	Φ Φ	Φ 1 1 0	1	0
	RST=1	S_3(0 1 1)	计数	1	1 1	Φ Φ Φ Φ		
S_3(0 1 1)	LK=0	S_4(1 0 0)	计数	1	1 1	Φ Φ Φ Φ	1	0
	LK=1	S_2(0 1 0)	置数	0	Φ Φ	Φ 0 1 0		
S_4(1 0 0)	ER=0	S_7(1 1 1)	置数	0	Φ Φ	Φ 1 1 1	1	0
	ER=1	S_5(1 0 1)	计数	1	1 1	Φ Φ Φ Φ		
S_5(1 0 1)	RST=0	S_6(1 1 0)	计数	1	1 1	Φ Φ Φ Φ	1	1
	RST=1	S_5(1 0 1)	保持	1	0 Φ	Φ Φ Φ Φ		
S_6(1 1 0)	RST=0	S_6(1 1 0)	保持	1	0 Φ	Φ Φ Φ Φ	1	0
	RST=1	S_0(0 0 0)	置数	0	Φ Φ	Φ 0 0 0		
S_7(1 1 1)	RST=0	S_6(1 1 0)	置数	0	Φ Φ	Φ 1 1 0	1	0
	RST=1	S_7(1 1 1)	保持	1	0 Φ	Φ Φ Φ Φ		

条件较多，为了简化控制激励表，条件栏采用了另一种表示方法。由控制激励表可见，$\overline{CLR}$、LOCK、T、C、B、A等用逻辑门实现比较方便，而$\overline{LD}$和P用八选一数据选择器实现比较方便。

$\overline{CLR}$、LOCK、T、C、B、A的表达式如下：

$$\begin{cases}\overline{CLR}=Q_C+Q_B+Q_A\\ LOCK=Q_C\overline{Q}_BQ_A\\ T=1\\ C=\overline{Q_B+Q_A}+(Q_C\odot Q_A)\\ B=\overline{Q_CQ_B}+Q_A\\ A=\overline{Q_B+Q_A}\end{cases}$$

以$Q_CQ_BQ_A$作为八选一数据选择器的地址选择码，得到$\overline{LD}$和P的数据选择表如表7-5所示。

根据有关的表达式和连接表，画出以74161为核心构成的14位二进制数密码锁系统控制器电路，如图7-25所示。为了保证控制器从S_0状态开始工作，74161加电后必须先清0。

表7-5　$\overline{LD}$、P的数据选择表

Q_C	Q_B	Q_A	$\overline{LD}$	P
0	0	0	1	$\overline{ST}$
0	0	1	1	ST
0	1	0	RST	1
0	1	1	$\overline{LK}$	1
1	0	0	ER	1
1	0	1	1	$\overline{RST}$
1	1	0	$\overline{RST}$	0
1	1	1	RST	0

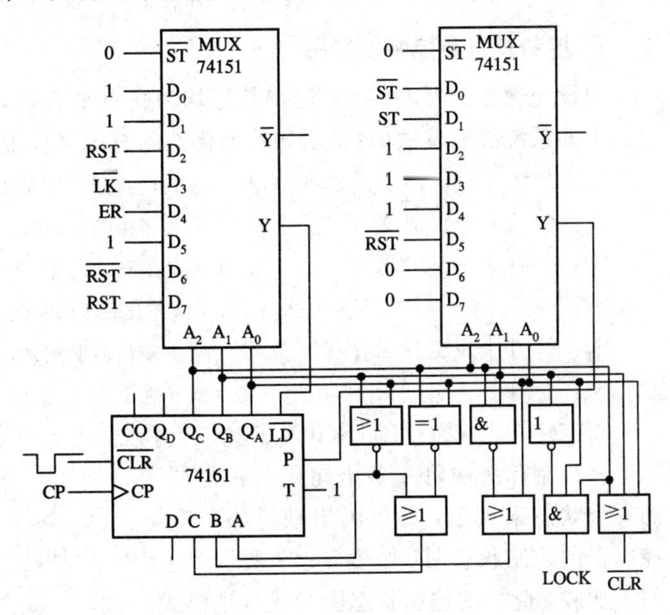

图7-25　14位二进制数密码锁系统控制器电路

7.4.2　铁道路口交通控制系统

我国幅员辽阔，铁路交通四通八达。在一些无人值守的铁道路口，常常发生人车相撞的交通事故，给国家和人民生命财产造成了严重损失。本节的任务，就是要求利用所学知识，为无人值守的铁道路口设计一个自动交通控制系统，从根本上杜绝交通事故。

1. 系统方案

如图7-26所示，在铁道路口两侧各设一道可以自动控制的电动栅门，当无火车到来时，电动栅门自动打开，行人、车辆放行；当有火车到来时，电动栅门自动关闭，禁止行人、车辆通行。

为了实现电动栅门的这种自动控制，必须在路口的铁道两侧足够远的地方，例如 P_1 和 P_0 点，各设置一个灵敏度适当的压力传感器，对过往的火车进行检测。当压力传感器检测到火车到来时，将传感信号传输给交通控制器。交通控制器据此发出控制信号，将电动栅门关闭，直到火车通过后，才将电动栅门打开。

至此，铁道路口交通控制系统的核心问题归结为设计一个控制器，它有两个来自于压力传感器的传感信号 X_1(来自于 P_1)、X_0(来自于 P_0)和一个用于控制电动栅门开关的输出信号 Z。交通控制系统方案示意图如图 7－26 所示。

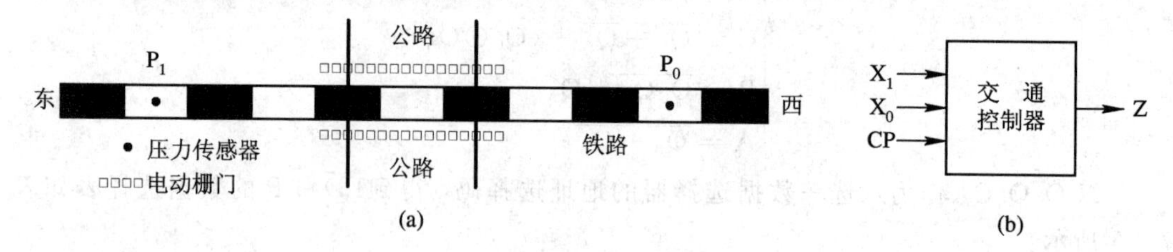

图 7－26 铁道路口交通控制系统方案示意图

(a) 铁道路口交通控制示意图；(b) 控制器示意图

2. 控制算法与控制状态图

假设交通控制器的输入、输出信号均为高电平有效，则根据火车的行进规律，可编写出如下的系统控制算法(每条语句后面仍然附有解释性说明)：

S_0：Z＝0 ‖ →S_0 if $\bar{X}_1\bar{X}_0$ | S_4 if X_0；/＊栅门打开，等待火车到来。若有火车，则转向 S_4 或 S_1 ＊/

S_1：Z＝1 ‖ →S_1 if X_1；　/＊火车由东向西来，栅门关闭，等待驶过 P_1 点＊/

S_2：Z＝1 ‖ →S_2 if $\bar{X}_0$；　/＊火车在 P_1、P_0 点间行驶，未压住任何传感器，栅门关闭＊/

S_3：Z＝1 ‖ →S_3 if X_0 | S_0 if $\bar{X}_0$；　/＊火车压住 P_0 点传感器，栅门关闭，过 P_0 点后返回初态＊/

S_4：Z＝1 ‖ →S_4 if X_0；　/＊火车由西向东来，栅门关闭，等待驶过 P_0 点＊/

S_5：Z＝1 ‖ →S_5 if $\bar{X}_1$；　/＊火车在 P_0、P_1 点间行驶，未压住任何传感器，栅门关闭＊/

S_6：Z＝1 ‖ →S_6 if X_1 | S_0 if $\bar{X}_1$；　/＊火车压住 P_1 点传感器，栅门关闭，过 P_1 点后返回初态＊/

将控制算法中每一条语句用与标号同名的一个状态来表示，即可画出铁道路口交通控制器的控制状态图，如图 7－27 所示。为了便于比较，此处的控制状态图画成常规形式。

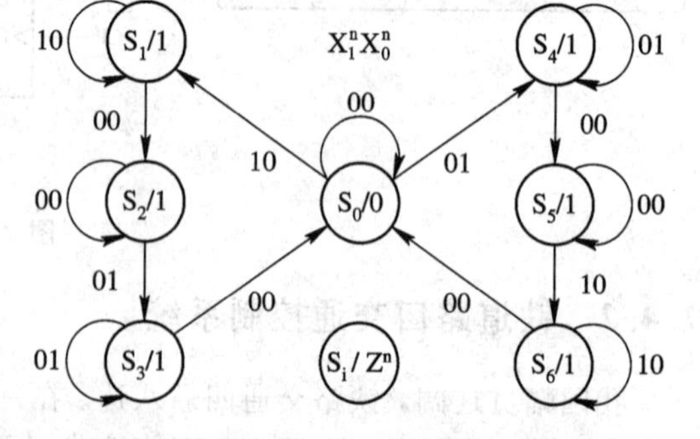

图 7－27 铁道路口交通控制器状态图

3. 交通控制器的实现

观察发现，图 7－27 所示状态图与第 4 章图 4－23 的状态图形式相同，只不过图 4－23 是米里型电路状态图，而图 7－27 为摩尔型电路状态图。因此，图 4－25 所示电路就可以作为铁道路口交通控制器电路使用。现将该图重画于此，如图 7－28 所示。

现在以 74194 为核心，设计图 7－27 所示状态图描述的摩尔型控制器电路。由于只有 7 个状态，因此只需要 3 位二进制编码。采用 74194 且使用右移方式时，只需使用 $Q_AQ_BQ_C$ 即可。状态编码如下：

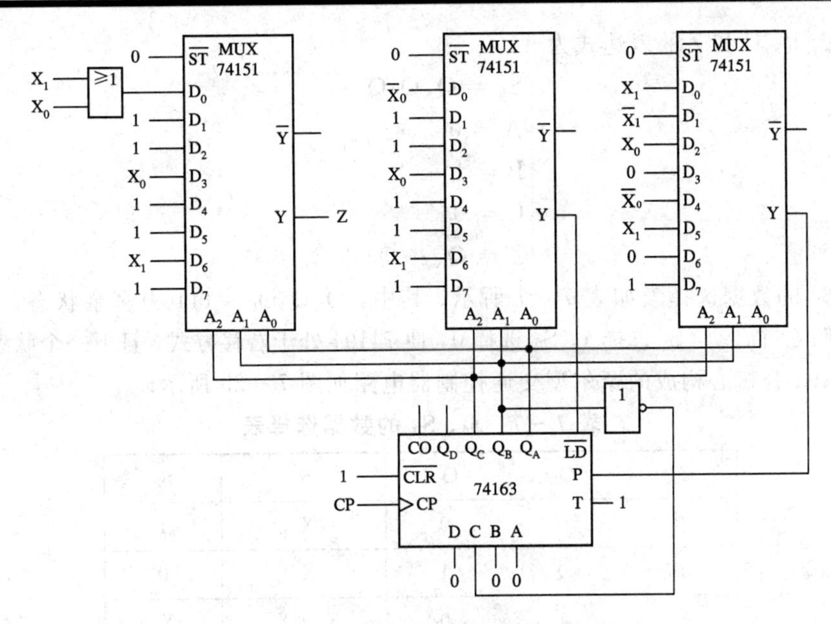

图 7-28　铁道路口交通控制器米里型电路

S_0——010，S_1——001，S_2——000，S_3——100，S_4——101，S_5——110，S_6——011

由此得到 74194 的控制激励表，如表 7-6 所示。从表中可以看出，S_1、A、B、C 和 Z 用逻辑门实现较好，而 S_0 和 S_R 直接用八选一数据选择器实现较好。

表 7-6　74194 的控制激励表

现态(编码)	条件	次态(编码)	工作方式	激励				控制输出
$S_i(Q_AQ_BQ_C)$	X_1 X_0	$S_i(Q_AQ_BQ_C)$		S_1	S_0	S_R	A B C D	Z
S_0(0 1 0)	0 0	S_0(010)	保持	0	0	Φ	Φ Φ Φ Φ	0
	0 1	S_4(101)	右移	0	1	1	Φ Φ Φ Φ	
	1 0	S_1(001)	右移	0	1	0	Φ Φ Φ Φ	
S_1(0 0 1)	0 0	S_2(000)	右移	0	1	0	Φ Φ Φ Φ	1
	1 0	S_1(001)	保持	0	0	Φ	Φ Φ Φ Φ	
S_2(0 0 0)	0 0	S_2(000)	保持	0	0	Φ	Φ Φ Φ Φ	1
	0 1	S_3(100)	右移	0	1	1	Φ Φ Φ Φ	
S_3(1 0 0)	0 0	S_0(010)	右移	0	1	0	Φ Φ Φ Φ	1
	0 1	S_3(100)	保持	0	0	Φ	Φ Φ Φ Φ	
S_4(1 0 1)	0 0	S_5(110)	右移	0	1	1	Φ Φ Φ Φ	1
	0 1	S_4(101)	保持	0	0	Φ	Φ Φ Φ Φ	
S_5(1 1 0)	0 0	S_5(110)	保持	0	0	Φ	Φ Φ Φ Φ	1
	1 0	S_6(011)	右移	0	1	0	Φ Φ Φ Φ	
S_6(0 1 1)	0 0	S_0(010)	置数	1	1	Φ	0 1 0 Φ	1
	1 0	S_6(011)	保持	0	0	Φ	Φ Φ Φ Φ	

S_1、A、B、C 和 Z 的表达式为

$$\begin{cases} S_1 = \overline{Q}_A Q_B Q_C \overline{X}_1 \\ A = 0 \\ B = 1 \\ C = 0 \\ Z = Q_A + \overline{Q}_B + Q_C \end{cases}$$

S_0、S_R 的数据选择表如表 7 - 7 所示。其中，$Q_A Q_B Q_C = 111$ 为多余状态，由于此时 $S_1 = 0$，为保证自启动，S_0 选择 1，S_R 选择 0，使 74194 处于右移方式，且下一个状态为 011。

以 74194 为核心构成的摩尔型交通控制器电路如图 7 - 29 所示。

表 7 - 7　S_0、S_R 的数据选择表

Q_A	Q_B	Q_D	S_0	S_R
0	0	0	X_0	1
0	0	1	$\overline{X}_1$	0
0	1	0	$X_1 + X_0$	X_0
0	1	1	$\overline{X}_1$	0
1	0	0	$\overline{X}_0$	0
1	0	1	$\overline{X}_0$	1
1	1	0	X_1	0
1	1	1	1	0

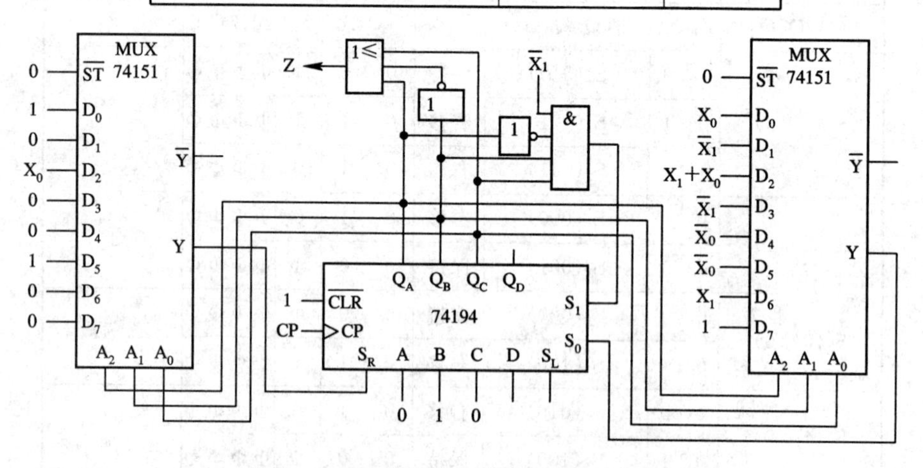

图 7 - 29　铁道路口交通控制器摩尔型电路

本 章 小 结

本章介绍数字系统的基本概念、一般设计过程和自顶向下的模块化设计方法。学习本章内容，不仅有助于拓展知识面和完成课题设计，而且可以培养读者的系统设计能力，为读者解决数字电路和数字系统方面的复杂问题打下良好的基础。

本章需要重点掌握的内容如下：

(1) 数字系统的基本概念与结构特点。

(2) 数字系统的一般设计过程。

(3) 数字系统的总体方案制定与逻辑划分方法。

(4) 数据子系统的构造方法。

(5) 控制子系统的算法设计、ASM 图及硬件控制器的实现方法。

习　题　7

7-1　本章介绍的 7 阶多项式求值系统中，需要用到 ax+b 这样一种子计算。试画出实现 ax+b 子计算的结构图。假定可以使用乘法器和加法器。

7-2　某数字系统用于计算多项式 $p(x)=ax^{16}+b$ 的值，试提出一种性能价格比比较高的系统方案，并进行逻辑划分，画出具有较详细数据子系统结构的系统框图。

7-3　画出题 7-2 中数字系统控制器的 ASM 图。

7-4　某数字系统用于计算 $S_N=A_0+A_1+A_2+A_3+\cdots+A_{N-1}$ 的值，其中 A_i 为多位二进制数。试提出系统方案，画出具有较详细的数据子系统结构的系统框图及控制器的 ASM 图。

7-5　画出可控八进制加法计数器的 ASM 图。当控制端 X=0 时，为 3 位二进制数计数器；当控制端 X=1 时，为 3 位格雷码计数器。

7-6　画出下面语句的实现结构及 ASM 图：

S_5：if a<b then (A←B ‖ B←A) else A←(C⊕D)；

7-7　画出下面由控制算法描述的数字系统的控制状态图，已知 P 为 CTR2 的 Q 端输出。

S_0：done=1 ‖ →S_0 if st；

S_1：CTR1←CTR1+1；

S_2：→S_4 if $\overline{X}$；

S_3：CTR2←CTR2+1 ‖ →S_5 if Y；

S_4：R←MUL(R,P) ‖ →S_1 if CTR1<15；

S_5：→S_0 if $\overline{RST}$ | S_5 if RST；

7-8　画出能够执行题 7-7 控制算法的数字系统结构框图。

7-9　某数字系统有一个启动信号 st 和一个状态信号 done。当 st 启动负脉冲到来前，done=1，并一直等待启动。当 st 启动负脉冲到来后，系统开始工作，done=0，且每来一个 CP 脉冲，将 X 和 Y 两个二进制数相加的结果存入 R 寄存器中。在 R 中的数小于 200 时，将继续这一过程；直到 R 中的数不小于 200 时，转入初始状态。试画出能够完成相关操作的数字系统结构框图，并编写相应的控制算法。

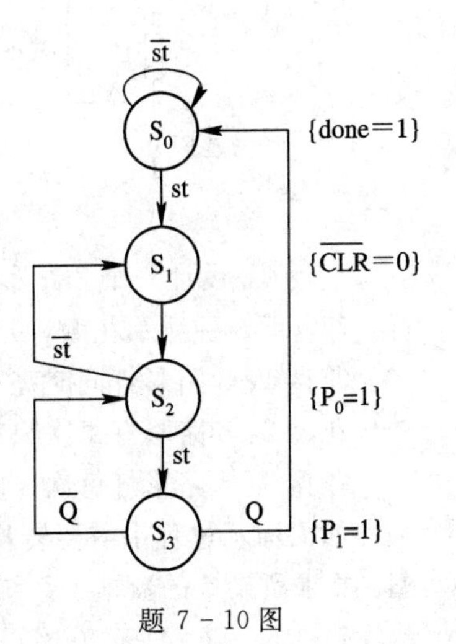

题 7-10 图

7-10　某数字系统的控制状态图如题 7-10 图所示，其中右侧大括号内只给出了相应状态下有效的控制信号。控制信号的作用分别为：

P_1：R←ax+b，高电平有效；

P_0：计数器 CTR 状态加 1，高电平有效；

$\overline{CLR}$：CTR 清 0，低电平有效；

done：操作状态信号，高电平有效。

试写出其分组－按序算法。

7－11　以 74194 为核心，设计题 7－10 图描述的数字系统控制器电路。要求 74194 采用右移方式。

7－12　将图 7－22 的 14 位二进制数密码锁系统的数据子系统结构修改为 8 位密码结构，编写相应的控制算法，并以 74161 为核心设计硬件控制器。

7－13　某串行输入密码的 8 位二进制数密码锁系统如题 7－13 图所示，试简述其工作过程。已知密码输入方式与本章介绍的密码锁系统相同；RST 为手动复位按键，加电后需先手动复位；LK 为试开键，只有当 LK 键按下后，系统才给出是否开锁的信号 LOCK。LOCK＝1 表示开锁。

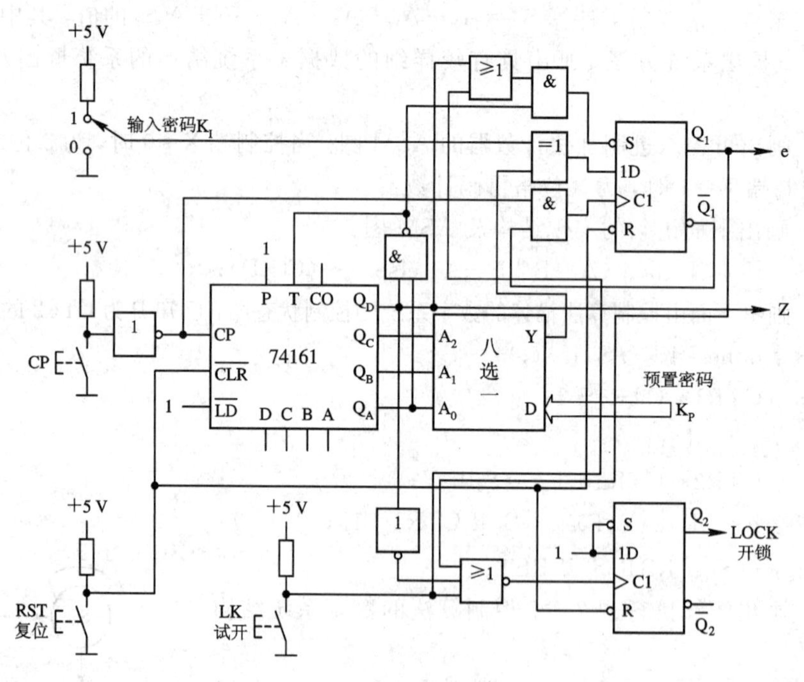

题 7－13 图

7－14　设计一个 8 路彩灯控制器，要求彩灯明暗变换节拍均为 5 s，两种节拍交替运行，有以下 3 种演示花型：

花型 1：8 路彩灯同时亮灭；

花型 2：8 路彩灯每次只有 1 路灯亮，各路彩灯依次循环亮；

花型 3：8 路彩灯每次 4 路灯亮，4 路灯灭，且亮灭相间，交替亮灭。

如果演示过程中需要转换花型，则只有当一种花型演示完毕后才能转向其它演示花型。要求所设计的数据子系统以 74198 为核心，控制子系统以 74161 为核心。

7－15　以 74161 为核心，设计一个十字路口交通灯控制系统，其基本要求如下：

(1) 主干道和支干道均有红、绿、黄三种信号灯。

(2) 通常保持主干道绿灯、支干道红灯。只有当支干道有车时，才转为主干道红灯，支干道绿灯。

(3) 绿灯转红灯过程中，先由绿灯转为黄灯。8 秒钟后，再由黄灯转为红灯，同时另一方向才由红灯转为绿灯。

(4) 当两个方向同时有车来时，红、绿灯应每隔 40 秒变换一次(扣除绿灯转红灯过程中有 8 秒黄灯过渡，绿灯实际只亮 32 秒)。

(5) 若仅在一个方向有车来时，按下列规则进行处理：

① 该方向原为红灯时，另一个方向立即由绿灯变为黄灯，8 秒钟后再由黄灯变为红灯，同时本方向由红灯变为绿灯；

② 该方向原为绿灯时，继续保持绿灯。一旦另一方向有车来时，作两个方向均有车处理。

自 测 题 7

1. (6 分)数字系统在逻辑上可以划分为(　　　)和(　　　)两部分，其中(　　　)是数字系统的核心。

2. (20 分)画出能够实现下面控制算法中规定操作的数字系统结构框图：

S_0：R←Y ‖ CTR←0；

S_1：CTR←CTR+1 ‖ R←SRL(R)；

S_2：→S_1 if CTR<10；

S_3：if a then R←SUB(R,X) else R←ADD(R,X)；

S_4：done=1 ‖ →S_4；

3. (20 分)画出上题控制算法的控制状态图。

4. (14 分)将图 1 所示控制状态图转换为分组－按序算法(大括号内未标出的信号无效)。有关信号定义如下：

done：操作状态信号，高电平有效；

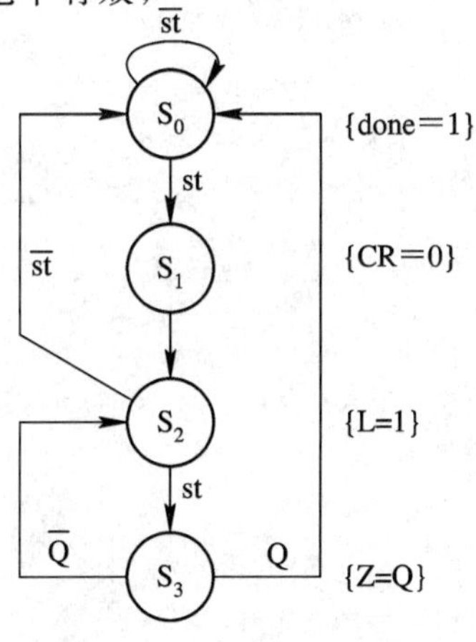

图 1

CR：CTR 清 0，低电平有效；

L：计数器 CTR 状态加 1，高电平有效；

Z：输出，高电平有效。

5.（25 分）欲以 74163 为核心实现图 1 所示控制状态图描述的硬件控制器，试列出 74163 的控制激励表，并写出有关表达式。

6.（15 分）将图 1 所示控制状态图转换为 ASM 图。

第 8 章　电子设计自动化

电子设计自动化(Electronic Design Automation，EDA)是伴随着集成电路技术和计算机技术的飞速发展应运而生的一种现代电子设计方法和手段；从广义上讲，就是利用计算机帮助设计人员快速、高效地完成日益复杂、繁琐的电子产品设计工作。具体到数字设计而言，电子设计自动化主要指的是以计算机为工作平台，以 EDA 软件工具为开发环境，以硬件描述语言(Hardware Description Language，HDL)为设计语言，以专用集成电路(Application Specific Integrated Circuit，ASIC)为目标芯片的数字电路与系统的自动化设计过程。

本章首先简要介绍 EDA 的基本知识，然后着重介绍一种硬件描述语言——VHDL 语言和一种 EDA 软件——Altera 公司的 PLD 开发系统 Quartus Ⅱ。

8.1　EDA 概述

8.1.1　EDA 的发展历程

从 20 世纪 70 年代至今，在计算机技术和集成电路制造技术的推动下，EDA 技术的发展大致经历了以下三个阶段。

1. CAD 阶段

20 世纪 70 年代的计算机辅助设计(Computer Aided Design，CAD)是 EDA 技术发展的初级阶段。在这个时期，主要出现了一些面向印刷电路版(Printed Circuit Board，PCB)设计和集成电路(Integrated Circuit，IC)版图绘制的交互式图形编辑和设计规则检查软件。这些软件工具取代了原来的纯手工操作，将设计人员从大量繁琐、重复的计算和绘图工作中解脱出来，但是这一阶段的电子设计自动化程度还比较低，整个设计过程还需要大量的人工干预，CAD 工具的种类也比较少，功能单一，而且软件工具之间的兼容性也较差。

2. CAE 阶段

进入 20 世纪 80 年代以后，集成电路规模的不断增长促进了 EDA 技术的较快发展。在这个时期，越来越多的软件公司进入 EDA 这一新兴领域，各种设计工具(如原理图编辑、电路分析与仿真、自动布局布线等)日趋完备，而且不同功能的设计工具之间的兼容性也有了很大的改善，电子设计逐渐进入了计算机辅助工程(Computer Aided Engineering，CAE)阶段。这个阶段最主要的特征就是出现了集成化的开发环境，即：多个不同功能的设计软件被集成在一个统一的设计系统内，由设计系统对设计进程进行管理，设计数据以统一数据库的形式进行存取和交换。集成开发环境的出现进一步提高了设计自动化的水平，设计者已经能够在一个设计环境中实现从原理图输入到IC版图(或PCB版图)输出的全程自动化设计。然而，大多数CAE都以原理图输入为起点，这使得其无法适应复杂电子系统设计和自动优化设计的要求。

3. ESDA阶段

20世纪90年代以来，集成电路技术以更加惊人的速度发展，其目前的工艺水平已经达到了纳米级，在一个芯片上可以集成上亿只晶体管，工作频率可达吉赫兹。这不仅使单片系统(System On A Chip，SOAC)成为可能，同时也将EDA技术带入了电子系统设计自动化(Electronic System Design Automation，ESDA)时代。在这一阶段，涌现出了大量以硬件描述语言为设计输入方式、具备高层次仿真和综合能力的EDA工具。这些EDA工具的出现，成就了设计师"概念驱动工程"的梦想，使设计师们摆脱了大量具体的、底层的设计工作，可以把主要精力集中于创造性的设计方案和算法的构思上，而且可以帮助设计者尽可能早地发现设计中的错误，从而极大地提高设计的效率，缩短产品的研制周期。

8.1.2 硬件描述语言

从20世纪70年代开始至今，为了解决日益复杂的集成电路设计问题，许多EDA厂商和科研机构已经开发出了上百种专门用于描述硬件电路的功能、结构、信号连接关系和定时关系的语言，即硬件描述语言(Hardware Description Language，HDL)。

用硬件描述语言对设计进行描述是现代EDA技术的一个重要特征，也是被众多EDA工具所广泛接受的一种设计输入方式，它的主要优点是：设计描述比较规范且可以与最终的设计实现无关，便于设计的保存、修改、交流和复用；支持在不同的层次上，特别是在比较抽象的层次上，对设计的功能或结构进行描述，而且方便EDA工具对设计进行仿真和综合。因此，与传统的原理图、逻辑方程等描述方式相比，硬件描述语言更适合规模日益增大的电子系统。

目前，被广泛使用的硬件描述语言主要有VHDL和Verilog-HDL两种。

1. VHDL

VHDL(VHSIC Hardware Description Language)是由美国国防部在20世纪70年代末和80年代初提出的超高速集成电路(Very High Speed Integrated Circuit，VHSIC)计划的产物，其最初的目的只是为了在承担美国国防部订货的各集成电路厂商之间建立一个统一的设计数据和文档的交换格式，使得它们可以相互利用彼此的设计，后来很多EDA公司开发出了针对VHDL的仿真软件和综合软件。

1987年12月，VHDL被IEEE接受为标准HDL，也就是IEEE Std1076－1987。此后IEEE又对VHDL进行了一系列的修改，先后发布了多个VHDL标准化版本：Std1076－1993、Std1076－2000、Std1076－2002和Std1076－2008。

2. Verilog-HDL

Verilog-HDL是在1983年，由GDA(Gate way Design Automation)公司的Phil Moorby专门为ASIC设计而开发的。1986年，Moorby又提出了用于快速门级仿真的Verilog XL算法，使Verilog-HDL得到了迅速发展。1989年，Cadence公司收购了GDA公司，Verilog-HDL成了Cadence公司的私有财产。1990年，Cadence公司决定公开发表

Verilog-HDL，并成立了 OVI(Open Verilog International)组织来负责 Verilog-HDL 的发展和推广。

基于自身的优越性，Verilog-HDL 于 1995 年成为了 IEEE 的另一个 HDL 标准，即：Verilog-1995 标准(IEEE Std 1364-1995)。后来，Verilog-HDL 几经修改和扩充，IEEE 又先后发布了 Verilog-2001 标准（IEEE Std 1364-2001）和 SystemVerilog 标准（如 SystemVerilog-2005）。

目前，硬件描述语言的发展主要有两个趋势：① 对现有的这些只能描述数字电路的硬件描述语言进行扩充，使其进一步具备描述模拟电路的能力；② 在现有的一些软件编程语言的基础上扩展出可用于硬件描述的基本功能，使其成为能够支持软、硬件协同设计和仿真的统一语言，如 System C 和 Spec C 就是在 C/C＋＋的基础上开发出的、能够同时实现较高层次的软件和硬件描述的系统级设计语言。

8.1.3 EDA 软件工具

EDA 软件工具是指以计算机硬件和系统软件为工作平台，汇集了计算机图形学、拓扑逻辑学、计算数学以及人工智能等多个计算机应用学科的最新成果而开发出来的、用于电子系统自动化设计的应用软件。现代电子设计技术的发展主要体现在 EDA 领域，而 EDA 技术的关键之一就是 EDA 软件工具。如果没有 EDA 软件的支持，则想要完成大规模、超大规模集成电路或复杂电子系统的设计都是不可想象的。就目前已经面世的 EDA 软件而言，通常可以按照几种方式进行简单分类。

1. 按目标方向分类

EDA 软件的开发和应用主要包括两个方向：PCB 设计和 ASIC 设计。

2. 按功能分类

EDA 的整个流程包含了很多环节，不同的环节都需要用到不同功能的软件工具进行处理，主要包括编辑工具、综合工具、仿真工具、布局布线工具、检查/分析工具等。

3. 按计算机平台分类

长期以来，一些大型的 EDA 软件系统通常都是运行在以 UNIX 为操作系统的工作站平台上。近年来，随着 PC 性能的不断提高，世界上很多著名的 EDA 厂商，如 Cadence Design Systems、Mentor Graphics 等，已经推出了很多基于 PC 平台的 EDA 软件。

4. 按供应商分类

按照供应商，可以把 EDA 软件分成两大类：一类是半导体器件的生产厂商专门针对自己的产品开发的 EDA 软件，如可编程逻辑器件的生产厂商都会为用户提供自己的开发系统；另一类是由专业的 EDA 软件公司开发的 EDA 软件，一般被称为第三方 EDA 工具。半导体器件厂商开发的 EDA 工具的优点是能够紧密结合自己器件的工艺特点对设计做出优化；专业的 EDA 软件公司推出的 EDA 工具则独立于具体的器件，具有较好的兼容性和复用性，一般在技术上也比较先进。

在表 8－1 中列出了部分常用的运行于 PC 平台的 EDA 软件。

表 8-1 部分常用 EDA 软件简介

集成开发环境	
QuartusⅡ	Altera 公司可编程逻辑器件的开发系统
ispLEVER	Lattice 公司可编程逻辑器件的开发系统
ISE	Xillinx 公司可编程逻辑器件的开发系统
OrCAD	Cadence 公司电路板级电子设计系统，包括原理图绘制、电路仿真、PCB 设计等
Altium Designer	Altium 公司的电路板级电子设计系统，包括原理图绘制、电路仿真、可编程逻辑器件设计、PCB 设计等，其前身是 Protel
专业 PCB 设计工具	
PADS	Mentor Graphics 公司的专业 PCB 设计工具
专业 HDL 仿真工具	
Active-HDL	Aldec 公司的 VHDL/Verilog HDL 仿真工具
ModelSim	Mentor Graphics 公司的 VHDL/Verilog HDL 仿真工具
TINA	DesignSoft 公司的电路仿真软件
Multisim	NI 公司的电路仿真软件
专业 HDL 综合工具	
FPGA Express、FPGA Compiler	Synopsys 公司的 VHDL/Verilog HDL 综合工具
Synplify	Synplicity 公司的 VHDL/Verilog HDL 综合工具
LeonardoSpectrum	Mentor Graphics 公司的 VHDL/Verilog HDL 综合工具
其它工具	
VISIO	流程图绘制工具
Timing Designer	时序图绘制工具
UltraEdit	一个编程人员广泛使用的文本编辑器

8.1.4 现代数字设计方法

任何一个数字设计都会涉及三个不同的领域：行为域、结构域和物理域。在行为域中，设计者只需要用一些恰当的方式(如自然语言、HDL、ASM 图、状态图、真值表、逻辑方程等)描述清楚该设计能够做什么，或者它的输入与输出之间应该有什么样的关系，而无需考虑该设计要用什么样的器件来构成和实现；在结构域中，设计者需要给出的是设计的抽象实现，典型的就是由若干抽象的逻辑符号构成的结构框图或电路图，当然也可以用 HDL 来描述；在物理域中，设计者需要将结构域中抽象的逻辑符号代之以真正的物理器件、功能模块、电路板等，设计的工作速度、功耗、体积、成本等通常都是设计者在物理域中需要考虑的问题。根据抽象级别的不同，数字设计在任何一个域中，“自顶向下”又可划分为五个设计层次：系统级、子系统级(算法级)、功能模块级(寄存器传输级)、门级(逻辑级)、晶体管级(电路级)。例如：一张由逻辑门的符号构成的电路图就是在结构域中、门级这一设计层次对设计的描述。

传统的数字设计大多都是用市场上已有的固定功能的芯片构成的，通常都包含一个

“自底向上”的设计过程，即从选定构成设计的最底层的器件(如 74 系列的通用芯片、各种固定功能的专用芯片等)开始，从下至上、由简单到复杂，逐层推进，直至最后完成整个设计。这种设计流程存在着三大不足之处：① 设计者必须首先关注并致力于解决构成设计的最底层器件的可获得性，以及它们在功能、特性等诸多方面的细节问题，在设计过程中的任何一个时刻，如果由于某些设计参数的改变、器件缺货等原因而导致必须更换底层器件，则之前的工作就会前功尽弃，从而降低了设计效率，同时增加了设计成本；② 设计者通常只能到了设计的后期才能对整个设计进行完整的仿真和验证，如果由于前期考虑不周而使设计出现了重大缺陷，则只能再重新进行设计，这也导致了设计效率低下；③ 在整个设计过程中，设计者的设计构想都会受到所选定器件的束缚和局限，不利于实现最优化设计。

随着集成电路技术和 EDA 技术的发展，数字电路与系统的设计方法也在发生着变化。传统的使用现成的固定功能芯片“自底向上”实现数字设计的方法正逐步被基于 ASIC 设计的“自顶向下(Top-Down)”的方法所取代，越来越多的设计者正逐渐从使用芯片转向设计芯片，即直接将所要实现的数字电路或系统设计成一片或几片 ASIC 芯片。

ASIC 包括定制 ASIC、半定制 ASIC 和可编程 ASIC，前两种可统称为掩膜 ASIC，可编程 ASIC 即通常所说的可编程逻辑器件。以上这几种 ASIC 的设计流程有很多共同之处，但由于可编程逻辑器件的“可编程”性，使得基于可编程逻辑器件的设计更灵活、更方便，设计成本和设计风险也更低，因此可编程逻辑器件在基于 ASIC 的设计中的应用也更为广泛。基于可编程逻辑器件“自顶向下”的数字系统设计流程一般包括三个阶段：系统设计、芯片设计和 PCB 设计，这里只介绍前两个阶段的设计流程，如图 8－1 所示。

1. 系统设计

(1) 规格设计。规格设计是系统级设计的第一步，设计者通过分析用户的要求，明确系统的功能和应达到的性能指标，并以系统说明书的形式作为用户与设计者之间的协议和进一步设计的依据。在系统说明书中，设计者可以采用多种形式对系统的功能和指标进行说明，如文字、图形、符号、表达式以及类似于程序设计的形式语言等；系统说明应力求简单易懂、无二义性。

(2) 方案设计。方案设计主要包括系统功能划分和算法设计，其设计结果通常是系统结构框图、算法状态机图(ASM 图)和必要的文字说明。这些富有创造性的工作与传统设计流程中的基本相同，仍然需要由设计者自己来完成，只不过设计者的设计思路不必再受到市场上现有器件的束缚。

(3) 子系统级 HDL 行为描述。采用 VHDL、Verilog-HDL 等硬件描述语言在子系统级对系统的行为进行描述，建立其行为模型。

(4) 子系统级行为仿真。利用仿真工具对系统的行为模型进行仿真，以便及早发现设计方案中存在的问题。

对于简单的数字系统，也可以略过上面的(3)、(4)两步。

2. 芯片设计

(1) RTL 描述。寄存器传输级(Register Transfer Level，RTL)是设计的一个层次，又称为功能模块级，在这个层次上，设计者需要对系统中从寄存器到寄存器之间的电路功能

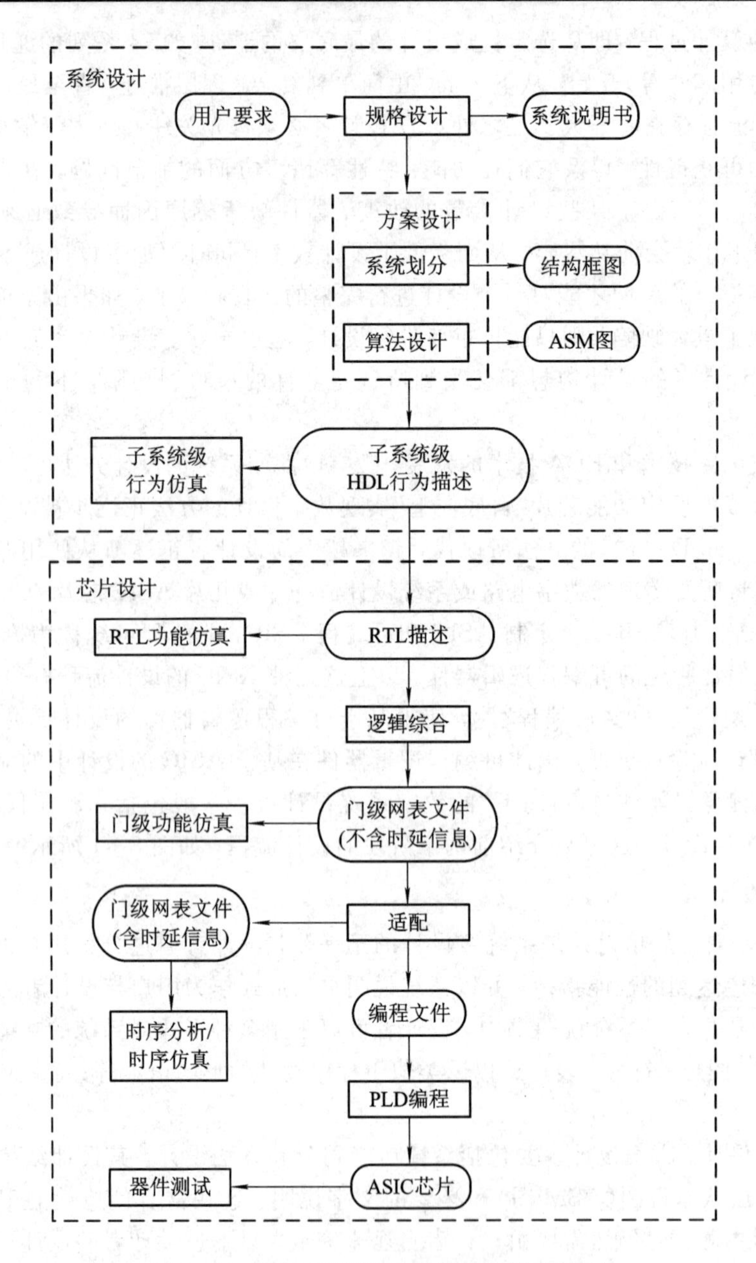

图 8-1 基于可编程逻辑器件的数字系统设计

做出描述，即 RTL 描述。在 VHDL、Verilog-HDL 等硬件描述语言中，目前只有部分描述语句能够被综合工具转换成相应的硬件电路，其中大多是 RTL 描述语句。在系统级设计中，建立系统行为模型的目的只是为了对系统的设计方案进行仿真，设计者更多地会采用一些比较抽象的行为描述语句，而不必考虑其是否被综合工具所支持，但要想利用综合工具自动地将系统的 HDL 描述转化成具体的硬件电路，就必须将行为模型中的一些描述语句转换成可综合的 RTL 描述。

(2) RTL 功能仿真。利用仿真工具对系统的 RTL 模型进行仿真，检查在寄存器传输级所描述的系统功能是否正确。一般在设计规模不大时，这一步骤也可以省略。

(3) 逻辑综合。所谓逻辑综合，就是利用综合工具将HDL源代码转化成门级网表(相当于系统在逻辑门级的电路图)，这是将抽象的设计描述转化为具体的硬件电路的关键一步。

(4) 门级功能仿真。利用仿真工具对系统的门级网表进行仿真，从系统的逻辑功能方面检查系统设计的正确性。

(5) 适配。利用适配器将综合后的门级网表针对某一具体的目标器件进行逻辑映射操作，包括底层器件配置、逻辑划分、布局布线和时延信息的提取等。适配完成后将产生多项设计结果，包括含时延信息的门级网表、器件的编程文件等。

(6) 时序分析/时序仿真。因为适配后的门级网表中含有代表器件实际硬件特性的信息，如时延信息，所以时序分析和时序仿真的结果能比较精确地预测未来芯片的实际性能。

(7) PLD编程。将适配器产生的器件编程文件通过编程器或下载电缆载入到目标芯片中，这样原来空白的可编程逻辑器件就成了具有某种特定功能的ASIC芯片。

(8) 器件测试。根据需要，可以利用实验手段对器件的功能和实际的性能指标进行测试。

由以上的设计流程不难看出，基于ASIC设计的"自顶向下(Top-Down)"的方法具有诸多优点：设计者在设计数字电路和系统时，无需再受到只能使用市场上已有器件的限制，而可以根据设计需要，自行设计ASIC芯片，从而最终使设计更趋合理和优化；从系统的总体方案设计开始，仿真贯穿了整个设计过程，从而可以尽早地发现设计中存在的问题，大大缩短了设计周期；从寄存器传输级开始，EDA软件(综合器、仿真器、适配器、编程器等)承担了大部分设计工作，大大减轻了设计者的负担，提高了设计效率；用HDL编写的设计文件比传统设计方法中的原理图文件更容易修改、保存、交流和继承。

8.2 硬件描述语言VHDL初步

VHDL是一种功能强大的硬件描述语言，由于篇幅所限，在本书中不可能对其进行详细、完整的介绍。这里仅依据IEEE Std1076-1993[LRM93]有选择地简单介绍其中的部分内容，并通过一些例子使读者对VHDL有一个初步的了解。

下面在说明VHDL语言要素的格式时，为了阅读的方便，采用VHDL的BNF(Bachus-Naur Format)格式，概括起来主要有三点：在大括号"{ }"内列举的是可重复、可省略的部分；在中括号"()"内列举的是可省略的部分；符号"|"表示"或"，用来连接备选项。请读者在阅读时注意。

另外，VHDL程序的注释符号为英文输入法中的双连字符"--"，一行中从双连字符开始到本行的末尾均被视为注释部分。注释只是为了方便阅读，并不是VHDL描述的一部分，也不会被编译。还需要注意的是，在VHDL程序中，除了注释以外的内容都必须用英文输入法编辑。

8.2.1 VHDL源程序的基本结构

一个完整的VHDL源程序通常包含实体说明(Entity Declaration)、结构体(Architecture)、库(Library)、程序包(Package)和配置(Configuration)5 个部分。

实体说明和结构体这两部分构成了设计实体(Design Entity)，简称为实体(Entity)。一个实体就是一个设计单元，简单的可以是一个逻辑门，复杂的可以是一个功能模块、一个微处理器或一个系统。

1. 实体说明(Entity Declaration)

实体说明相当于一个设计单元的外部视图，主要用于定义设计单元的端口和配置参数。下面就是实体说明语句的基本格式：

```
ENTITY 实体名 IS
   [配置参数说明]
   [端口说明]
END ENTITY 实体名；
```

其中，实体名是设计者为该设计单元取的一个名字。必须强调的是，VHDL 语句都以英文分号“;”结尾，但当语句后面是右括号“)”时，该分号要省略。下面以一个二选一的数据选择器为例介绍配置参数说明和端口说明。

【例 8-1】 二选一数据选择器的实体说明。数据输入为 din0 和 din1，数据选择信号为 sel，数据输出为 dout。

```
ENTITY mux2_1 IS
   -- 配置参数说明
   GENERIC(DATA_WIDTH :INTEGER := 8);
   -- 端口说明
   PORT(din0, din1:IN BIT_VECTOR(DATA_WIDTH-1 DOWNTO 0);
          sel:IN BIT;
          dout:OUT BIT_VECTOR(DATA_WIDTH-1 DOWNTO 0));
END ENTITY mux2_1;
```

1) 配置参数说明

配置参数说明必须放在端口说明之前，用于指定设计单元的各种参数，其基本格式如下：

```
GENERIC({参数名:数据类型:=默认值;}
          参数名:端口方向:=默认值);
```

例如在例 8-1 中，定义了一个整数型配置参数 DATA_WIDTH 来指定数据选择器输入数据的宽度，默认值为 8。在其它设计单元中调用这个数据选择器时，可以根据需要配置不同的 DATA_WIDTH 值，从而大大增加了设计的可重用性和灵活性。

2) 端口说明

端口说明语句的格式如下：

```
PORT({端口名 {, 端口名}:端口方向 数据类型;}
          端口名 {, 端口名}:端口方向 数据类型);
```

端口名是设计者赋予每个外部端口的名称，如例 8-1 中的 din0、din1、sel 和 dout。

端口方向是指设计单元外部端口的信号传输方向。在表 8-2 中列出了常用的定义端口方向的关键字及其含义。

表 8-2 端口方向说明

端口方向	含 义
IN	输入端口
OUT	输出端口，不能作为输入反馈回实体
BUFFER	输出端口，同时作为输入反馈回实体
INOUT	双向端口

数据类型用于定义端口信号的具体类型。VHDL 中的数据类型将在后面再作详细介绍。在逻辑设计中，通常用位(BIT 或 STD_LOGIC)定义单个端口，用位矢量(BIT_VECTOR 或 STD_LOGIC_VECTOR)定义总线端口。

2. 结构体(Architecture)

结构体用于在结构或行为上描述设计单元是如何实现的。一个实体中可以有多个结构体，在不同的结构体中，可以采用不同的实现方案或不同的描述风格。在 VHDL 源文件中，结构体的位置在实体说明之后，编译器通常是先编译实体说明，再对其结构体进行编译。一个结构体语句的基本格式如下：

```
ARCHITECTURE 结构体名 OF 实体名 IS
  [说明语句]
BEGIN
  [并发描述语句]
END ARCHITECTURE 结构体名;
```

结构体中的说明语句用于定义在该结构体中用到的信号(Signal)、常量(Constant)、变量(Variable)、元件(Component)和数据类型(Data Type)。

并发描述语句是设计实现的主要描述语句，也是最富有变化的部分。需要强调的是，这些语句都是并发(同时)执行的，与它们在程序中出现的先后次序无关。下面是一个完整的 VHDL 设计描述例子。

【例 8-2】 1 位二进制全加器的 VHDL 源程序。设被加数、加数分别为 a、b，进位输入为 c_in，进位输出为 c_out，本位和输出为 sum。

```
-- 实体说明
ENTITY one_bit_full_adder IS
  PORT(a, b, c_in : IN BIT; -- 定义输入端口
          c_out, sum : OUT BIT); -- 定义输出端口
END ENTITY one_bit_full_adder;
-- 结构体
ARCHITECTURE arch OF one_bit_full_adder IS
BEGIN
  c_out <= (a AND b) OR ((a XOR b) AND c_in); -- 进位输出方程
  sum <= (a XOR b) XOR c_in; -- 本位和输出方程
END ARCHITECTURE arch;
```

3. 配置(Configuration)

在层次化设计中，一个已经设计好的设计实体可以在另一个设计实体中被定义成一个元件来使用，而且任何一个设计实体都可以有多个结构体。配置语句描述的就是高层设计

中定义的元件与低层实体之间的对应关系以及实体与结构体之间的连接关系。如果没有指定实体所对应的结构体，则默认为最近编译的结构体与实体连接。

配置语句一般跟在结构体的后面，其基本格式如下：

```
CONFIGURATION 配置名 OF 实体名 IS
  [配置说明语句]
END 配置名;
```

配置说明语句有多种形式，有简有繁。

对于不包含块(Block)语句和元件(Component)语句的结构体，配置说明语句有最简单的形式：

```
FOR 选配的结构体名
END FOR;
```

例如在例 8-3 中，实体"one_bit_full_adder"有两种结构体："arch1"和"arch2"；在配置语句中为实体选择的结构体是"arch2"。

【例 8-3】 含有两个结构体的 1 位二进制全加器的 VHDL 源文件。

```
-- 实体说明
ENTITY one_bit_full_adder IS
   PORT(a , b , c_in : IN BIT;
     c_out , sum : OUT BIT);
END ENTITY one_bit_full_adder;
-- 结构体 1
ARCHITECTURE arch1 OF one_bit_full_adder IS
BEGIN
   c_out <= (a AND b) OR ((a XOR b) AND c_in) ;
   sum <= (a XOR b) XOR c_in;
END ARCHITECTURE arch1;
-- 结构体 2
ARCHITECTURE arch2 OF one_bit_full_adder IS
   SIGNAL temp_in : BIT_VECTOR(2 DOWNTO 0);
   SIGNAL temp_out : BIT_VECTOR(1 DOWNTO 0);
BEGIN
   temp_in <= a&b&c_in; (c_out , sum) <= temp_out;
   PROCESS(temp_in)
   BEGIN
     CASE temp_in IS
       WHEN "000"=> temp_out <="00"; WHEN "001"=> temp_out <="01";
       WHEN "010"=> temp_out <="01"; WHEN "011"=> temp_out <="10";
       WHEN "100"=> temp_out <="01"; WHEN "101"=> temp_out <="10";
       WHEN "110"=> temp_out <="10"; WHEN "111"=> temp_out <="11";
     END CASE;
   END PROCESS;
END ARCHITECTURE arch2;
-- 配置
```

```
CONFIGURATION config OF one_bit_full_adder IS
  FOR arch2
  END FOR;
END CONFIGURATION config;
```

对于包含 Component 语句的结构体，配置说明语句可以采用如下形式：

```
FOR 选配结构体名
  FOR 元件标号{ ，元件标号} ：元件名
    USE ENTITY WORK. 实体名[(结构体名)];
  END FOR;
  {FOR 元件标号{ ，元件标号} ：元件名
    USE ENTITY WORK. 实体名[(结构体名)];
  END FOR;}
END FOR;
```

另外还有以下两个语句可供使用："OTHERS"，意思是其他的元件标号；"ALL"，意思是所有的元件标号。

```
FOR OTHERS ：元件名 USE ENTITY WORK .实体名(结构体名);
FOR ALL ：元件名 USE ENTITY WORK .实体名(结构体名);
```

4．程序包(Package)

在结构体说明部分定义的数据类型、常量和元件等只能在当前的结构体中使用，对其它的结构体或设计单元来说是不可见(不能引用)的，为了使它们可以被多个设计单元所共享，VHDL 语言提供了程序包机制。程序包是一个可以单独编译的单元，在其中可以定义一些公用数据类型、常量、子程序和元件等，作用与 C 语言中的头文件类似。

一个程序包由程序包说明和程序包体两大部分组成，其基本格式为

```
PACKAGE 程序包名 IS                  ⎫
  [说明语句]                         ⎬ 程序包说明
END PACKAGE 程序包名;                ⎭
PACKAGE BODY 程序包名 IS             ⎫
  [说明语句]                         ⎬ 程序包体
END PACKAGE BODY 程序包名;           ⎭
```

在程序包说明中首先对数据类型、常量、子程序(函数、过程)和元件等进行定义，在程序包体中再描述各项的具体细节，如常量赋值、子程序的实现等。

在 VHDL 编译系统中已经自带了许多标准的程序包，用户也可以编写自己的程序包，如例 8－4 所示。

【例 8－4】 一个用户自己编写的程序包。

```
-- 程序包说明
PACKAGE pkg_example IS
  -- 定义数据子类型 digit 是从 0 到 9 的整数类型
  TYPE digit IS INTEGER RANGE 0 TO 9;
  -- 定义常量
  CONSTANT pi ：REAL ：= 3.1415926535897936;
  CONSTANT deferred_constant ：INTEGER;
```

```
-- 定义元件
COMPONENT and2_gate IS
   PORT(a , b : IN BIT; c : OUT BIT);
END CONPONENT and2_gate;
-- 定义函数
FUNCTION sum(a1, a2, a3 : digit) RETURN INTEGER;
END PACKAGE pkg_example;
-- 程序包体
PACKAGE BODY pkg_example IS
   CONSTANT deferred_constant : INTEGER := 10; -- 常量赋值
   FUNCTION sum(a1, a2, a3 : digit) RETURN INTEGER IS -- 函数实现
   BEGIN
      RETURN (a1+a2+a3);
   END FUNCTION sum;
END PACKAGE BODY pkg_example;
```

除了子程序的实现必须放在程序包体中以外，其它实质性操作(如常量赋值)也可以在程序包说明中完成，所以在程序包说明中没有定义子程序时，程序包体可以省略。

5. 库(Library)

库的作用与程序包类似，是 VHDL 设计的公共资源，但级别高于程序包。库中存放着已经编译过的实体说明、结构体、配置和程序包，相当于操作系统中的目录。在 VHDL 语言中，主要有以下几种库：

(1) STD 库。STD 库是 VHDL 的标准库，库中有两个程序包：STANDARD 和 TEXTIO(文本文件输入输出)。在 STANDARD 程序包中定义了多种 VHDL 常用的数据类型(如 BIT、BIT_VECTOR)、子类型和函数等；在 TEXTIO 程序包中定义了支持 ASCII 字符输入/输出操作的若干数据类型和子程序，多用于仿真和测试。

(2) WORK 库。WORK 库是当前的工作库。设计者正在进行的设计不需任何说明，经编译后都会自动存放到 WORK 库中。

(3) IEEE 库。除了 STD 库和 WORK 库以外，其它的库都被称为资源库。IEEE 库是最常用、最重要的一个资源库。在该库中有一个很常用的程序包 STD_LOGIC_1164，它是被 IEEE 正式认可的标准程序包；另外该库中还有一些常用的程序包是由一些 EDA 软件公司提供的，如 Synopsys 公司提供的 STD_LOGIC_ARITH 和 STD_LOGIC_UNSIGNED。

(4) ASIC 库。ASIC 库是由各个半导体生产厂商提供的 ASIC 逻辑单元信息。

(5) 用户自定义库。用户根据自身设计需要而开发的一些公用程序包、实体等，也可以汇集在一起定义成一个库，这就是用户自定义库或称为用户库。

如果在设计中要用到某个库中所定义的某些项目(数据类型、子程序、实体等)，则要首先用 LIBRARY 和 USE 语句对这些项目进行声明。这两条语句的作用与 C 语言中的 INCLUDE 语句的作用类似，其一般格式为

```
LIBRARY 库名 { , 库名};
USE 库名.程序包名.项目名;
```

LIBRARY 语句用于表明使用什么库，USE 语句用于声明使用库中的程序包以及程序

包中的项目。最后的项目名也可以用关键字 ALL 代替，表明程序包中的所有内容都可以被使用。LIBRARY 和 USE 语句的作用范围从跟在其后的设计实体开始，直到这个实体的配置结束。如果一个 VHDL 程序中有多个设计实体，那么在每个设计实体之前应根据需要重复使用这两条语句。例如，需要使用数据类型 STD_LOGIC 和 STD_LOGIC_VECTOR 时，由于这两个数据类型都是在 IEEE 库的 STD_LOGIC_1164 程序包中定义的，所以必须在实体说明之前增加以下两条语句：

```
LIBRARY IEEE;
USE IEEE. STD_LOGIC_1164. ALL;
```

但是，“LIBRARY STD，WORK;”和“USE STD. STANDARD. ALL;”这两条语句对于任何 VHDL 源程序都是隐含存在的，不必再显式写出。

8.2.2 VHDL 的基本语法

1. 标识符

VHDL'87 中关于标识符的语法规则被 VHDL'93 全部接受并加以扩展。为了对两者加以区分，前者称为短标识符，后者称为扩展标识符。

1）短标识符

VHDL 中使用的短标识符应遵守以下规则：

(1) 有效字符：英文字母、数字和下划线。

(2) 必须以英文字母开头。

(3) 下划线的前后必须有英文字母或数字。

(4) 短标识符不区分大小写。

下面这些标识符是 VHDL 语言的关键字(保留字)，用户自定义的标识符不能与这些关键字重名。VHDL 语言的关键字包括：ABS、ACCESS、AFTER、ALIAS、ALL、AND、ARCHITECTURE、ARRAY、ASSERT、ATTRIBUTE、BEGIN、BLOCK、BODY、BUFFER、BUS、CASE、COMPONENT、CONFIGURATION、CONSTANT、DISCONNECT、DOWNTO、ELSE、ELSIF、END、ENTITY、EXIT、FILE、FOR、FUNCTION、GENERATE、GENERIC、GROUP、GUARDED、IF、IMPURE、IN、INERTIAL、INOUT、IS、LABEL、LIBRARY、LINKAGE、LITERAL、LOOP、MAP、MOD、NAND、NEW、NEXT、NOR、NOT、NULL、OF、ON、OPEN、OR、OTHERS、OUT、PACKAGE、PORT、POSTPONED、PROCEDURE、PROCESS、PURE、RANGE、RECORD、REGISTER、REJECT、REM、REPORT、RETURN、ROL、ROR、SELECT、SEVERITY、SIGNAL、SHARED、SLA、SLL、SRA、SRL、SUBTYPE、THEN、TO、TRANSPORT、TYPE、UNAFFECTED、UNITS、UNTIL、USE、VARIABLE、WAIT、WHEN、WHILE、WITH、XNOR 和 XOR。

2）扩展标识符

扩展标识符具有以下特性：

(1) 用反斜杠来定界，如：\valid\、\eda_control\。

(2) 永远与短标识符不同，如：\valid\与 valid 不同。

(3) 区分大小写，如：\valid\与\Valid\不同。

(4) 允许包含图形符号和空格，如：\mode A and B\、\$100\、\p%name\。

(5) 反斜杠之间的字符可以是保留字，如：\entity\、\architecture\。

(6) 允许下划线相邻，如：\two__computers\。

(7) 扩展标识符的名字中如果有一个反斜杠，则用两个相邻的反斜杠代表它，如：\ab\\c\ 表示该标识符的名字为 ab\c。

2. 对象(Object)

VHDL 语言中的对象指的是一些能够存放或接收数据的容器(客体)。对象共有 4 种基本类型：常量(CONSTANT)、变量(VARIABLE)、信号(SIGNAL)和文件(FILE)。

1) 常量

常量中存放的是固定不变的数据，在使用之前必须被赋值，且只能被赋值一次。可以在程序包、结构体、子程序(函数、过程)和进程中定义常量，基本格式如下：

```
CONSTANT 常量名 {，常量名}：数据类型 [约束条件] [:= 初值];
```

例如：

```
CONSTANT a1 , a2 : STD_LOGIC_VECTOR(3 DOWNTO 0) := "1001" ;
CONSTANT a3 : INTEGER RANGE 0 TO 15 := 9;
```

2) 变量

变量用于暂时数据的存储。普通变量只能在子程序(函数、过程)和进程中定义，定义的格式为

```
VARIABLE 变量名 {，变量名}：数据类型 [约束条件] [:=初值];
```

例如：

```
VARLABLE sum : BIT :='1';
```

在 VHDL'93 版本中增加了"共享变量"，共享变量可以在程序包、实体说明或结构体中进行定义，定义的格式为

```
SHARED VARIABLE 变量名 {，变量名}：数据类型 [约束条件] [:= 初值];
```

3) 信号

信号代表电路中各元件之间的连接线，包括在实体说明中定义的端口和在结构体说明中定义的内部信号。内部信号定义的基本格式为：

```
SIGNAL 信号名 {，信号名}：数据类型 [约束条件] [:=初值];
```

例如：

```
SIGNAL clock : STD_LOGIC :='1';
```

4) 文件

在 VHDL'93 版本中，文件也被看作对象。文件用于存放大量数据，在仿真测试时，测试输入的激励数据和测试的结果都可以存放在文件中。文件不能像变量或信号那样通过赋值更新内容，但可以作为参数向子程序传递，通过子程序对文件进行读和写操作。文件定义的格式为：

```
FILE 文件名 : 文件的类型 OPEN [打开文件的模式] IS "物理文件名";
```

例如：

```
FILE in_file: TEXT OPEN READ_MODE IS "test/test1.dat";
```

```
FILE out_file: TEXT OPEN WRITE_MODE IS "result1.dat";
```

其中，in_file是一个文本(TEXT)文件，由于打开文件的模式为READ_MODE，所以in_file是一个输入文件，其代表的实际文件是当前工作目录下的test子目录中的test1.dat；out_file则是一个输出文本文件，其代表的实际文件是当前工作目录下的result1.dat。另外，如果打开文件的模式缺省，则默认为READ_MODE。

需要强调的是，对象必须遵循先定义后使用的原则，而且其作用范围与其定义的位置密切相关。例如，在结构体说明部分定义的变量可以用于整个结构体；而在某个进程中定义的变量，其作用范围仅限于该进程，如果希望该变量的值作用于进程之外，则只能将该变量赋值给相同数据类型的信号或共享变量。

另外，一条对象说明语句中的初值是赋给这条语句中所有对象的，初值的形式除了可以是直接的具体数值以外，还可以是表达式或函数，例如：

```
CONSTANT const_a : INTEGER := your_function(TRUE, 3);
```

变量和信号均可多次被赋予不同的值，如果说明信号或变量时没有赋初值，则编译系统取其默认值；相同数据类型的信号与变量之间可以相互赋值。

3. 数据类型

VHDL有很强的数据类型，这种强类型语言的特点在于：每个对象都具有唯一的数据类型，而且只能被赋予那个类型的数据；施加于某个对象的操作也必须与该对象的数据类型相匹配，即定义一个操作时必须同时指明其操作对象(操作数)的数据类型。

1) 标准数据类型

在STD库的STANDARD程序包中预定义了10种数据类型，这些数据类型被称为标准数据类型或预定义数据类型，如表8-3所示。

表8-3 标准数据类型

数据类型	说明
INTEGER	整数，$-(2^{31}-1)\sim(2^{31}-1)$
REAL	实数，-1.0E38～+1.0E38，书写中必须有小数点，如：9.0
BIT	位，逻辑值(0和1)，以单引号定界，表示为'0'、'1'
BIT_VECTOR	位矢量，一组用双引号定界的位数据，如："1001"
BOOLEAN	布尔量，只有TRUE和FALSE两个值
CHARACTER	ASCII字符，以单引号定界，如：'A'、'a'，区分大小写
STRING	字符串，以双引号定界的字符序列，如："My File Is"
TIME	时间，单位有fs、ps、ns、μs、ms、sec、min和hr，书写时要求数量与单位之间至少有一个空格。
NOTE WARNING ERROR FAILURE	错误等级：注意 警告 出错 失败
NATURAL	整数的子集：大于或等于0的整数
POSITIVE	大于0的整数

2) 其它常用程序包中定义的数据类型

在其它的一些程序包中也有数据类型的定义，但在使用之前必须首先声明使用相应的程序包。例如，在 STD 库的 TEXTIO 程序包中定义了一个文件类型 TEXT：

```
TYPE TEXT IS FILE OF STRING;
```

在 IEEE 库的 STD_LOGIC_1164 程序包中定义了应用非常广泛的数据类型 STD_LOGIC 和 STD_LOGIC_VECTOR。STD_LOGIC 共有 9 个值，除了'0'和'1'外，还有'U'(初始值)、'X'(不定)、'Z'(高阻抗)、'W'(弱信号不定)、'L'(弱信号 0)、'H'(弱信号 1)、'-'(不可能情况)，这大大增强了 VHDL 的描述能力。

在 IEEE 库的 STD_LOGIC_ARITH 程序包中定义了数据类型 SIGNED 和 UNSIGNED。SIGNED 是被看作二进制补码的 STD_LOGIC_VECTOR，UNSIGNED 是被看作无符号二进制数的 STD_LOGIC_VECTOR。

3) 用户自定义数据类型

除了使用 VHDL 编译系统自带的程序包中定义的数据类型外，用户也可以自己定义新的数据类型(TYPE)及子类型(SUBTYPE)。数据类型、子类型定义语句的格式一般为

```
TYPE 数据类型名 {，数据类型名} IS [数据类型定义]；
SUBTYPE TYPE 子类型名 IS 数据类型名 [范围]；
```

可由用户定义的数据类型有枚举(Enumerated)类型、整数(Integer)类型、数组(Array)类型和记录(Record)类型等。例如：

```
TYPE week IS (sun , mon , tue , wed , thu , fri , sat);-- 枚举类型
TYPE word IS ARRAY (1 TO 8) OF STD_LOGIC;-- 一维数组类型
TYPE mem IS ARRAY (0 TO 4, 7 DOWNTO 0) OF STD_LOGIC;-- 二维数组类型
```

在 VHDL 中，数据的类型可以变换。在表 8-4 中列出了在程序包中定义的一些数据类型转换函数。

表 8-4 类型转换函数

函 数 名	功 能
· STD_LOGIC_1164 程序包 TO_STDLOGICVECTOR(A) TO_BITVECTOR(A) TO_STDLOGIC(A) TO_BIT(A)	 由 BIT_VECTOR 转换成 STD_LOGIC_VECTOR 由 STD_LOGIC_VECTOR 转换成 BIT_VECTOR 由 BIT 转换成 STD_LOGIC 由 STD_LOGIC 转换成 BIT
· STD_LOGIC_ARITH 程序包 CONV_STD_LOGIC_VECTOR(A, 位长) CONV_INTEGER(A)	由 INTEGER、UNSIGNED、SIGNED 转换成 STD_LOGIC_VECTOR 由 UNSIGNED、SIGNED 转换成 INTEGER
· STD_LOGIC_UNSIGNED 程序包 CONV_INTEGER(A)	 由 STD_LOGIC_VECTOR 转换成 INTEGER

4. 操作符

VHDL 中共有 4 类操作符，如表 8-5 所示。需要注意的是，VHDL 对数据类型要求

非常严格，操作符的操作对象是操作数，操作数的数据类型必须与操作符所要求的数据类型相一致；另外，每个操作符都是有优先级的，如下所示(同一行操作符的优先级相同)：

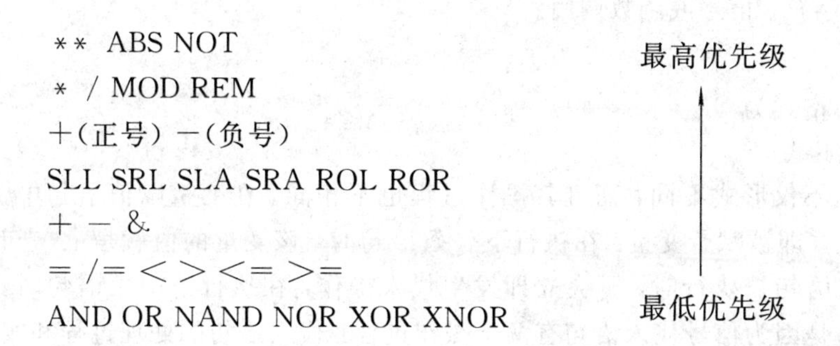

** ABS NOT
* / MOD REM
+(正号) -(负号)
SLL SRL SLA SRA ROL ROR
+ - &
= /= < > <= >=
AND OR NAND NOR XOR XNOR
最高优先级
最低优先级

表 8-5 VHDL 中的操作符

操作符类型	操作符	功能	操作符类型	操作符	功能
算术运算符	+	加	关系操作符	=	相等
	-	减		/=	不等
	*	乘		<	小于
	/	除		>	大于
	MOD	取模		<=	小于等于
	REM	取余		>=	大于等于
	SLL	逻辑左移	逻辑运算符	AND	与
	SRL	逻辑右移		OR	或
	SLA	算术左移		NAND	与非
	SRA	算术右移		NOR	或非
	ROL	逻辑循环左移		XOR	异或
	ROR	逻辑循环右移		XNOR	异或非
	+	正		NOT	非
	-	负			
	**	乘方			
	ABS	取绝对值	并置运算符	&	并置

8.2.3 VHDL 的主要描述语句

按照语句执行的顺序，VHDL 的描述语句可以分成两类：顺序描述语句和并发描述语句。顾名思义，顺序描述语句是按照语句书写的顺序依次执行的，这与高级语言的编程是一样的；而并发描述语句则是同时执行的，与语句在源文件中的先后次序无关。

1. 顺序描述语句

顺序描述语句只能出现在进程或子程序(函数、过程)中，它包括：变量赋值语句、信号代入语句、WAIT 语句、IF 语句、CASE 语句、LOOP 语句、NEXT 语句、EXIT 语句、RETURN 语句、NULL 语句、过程调用语句、断言语句和 REPORT 语句。

1) 变量赋值语句

变量赋值语句的书写格式为

目的变量名 := 表达式；

该语句表明目的变量的值将由表达式所表达的新值代替，但两者的数据类型必须相同。表达式可以是数值、字符、信号或函数调用。

2) 信号代入语句

信号代入语句的书写格式为

目的信号名 <= 表达式；

信号代入与变量赋值不仅形式不同，而且其操作过程也不相同。在变量赋值语句中，该语句一旦被执行，其值立即被赋予变量，在执行下一条语句时，该变量的值就是上一句新赋的值；但在信号代入语句被执行时，不会立即发生代入操作，在执行下一条语句时，信号仍采用原来的值。这是因为信号代入语句有两个操作过程：代入语句的处理过程和实际的代入过程，这两个过程是分开进行的。在执行信号代入语句时，首先对所有的信号代入语句进行处理，也就是先把相关信号中的值读出来，并不进行代入操作；在处理完毕后，再用前面读出的值进行实际的代入操作。

3) IF 语句

(1) IF 语句作门闩控制，其书写格式为

```
IF 布尔表达式 THEN
  顺序描述语句
END IF;
```

当执行该 IF 语句时，首先判断布尔表达式的值。如果布尔表达式的值为 TRUE，则执行其中的顺序描述语句；否则，就跳过该 IF 语句，转而执行该 IF 语句后的其它语句。例如：

```
IF(en = '1')THEN a <= b; END IF;
```

该语句表明，当 en = '1'时，将信号 b 的值带入 a，即：a 随 b 的变化而变化；当 en ≠ '1'时，信号带入语句不被执行，无论 b 发生什么变化，a 都将维持原值不变。

(2) IF 语句作二选择控制，其书写格式为

```
IF 布尔表达式 THEN
  顺序描述语句
ELSE
  顺序描述语句
END IF;
```

当执行该 IF 语句时，首先判断布尔表达式的值。如果布尔表达式的值为 TRUE，则执行 THEN 与 ELSE 之间的顺序描述语句；否则，就执行 ELSE 与 END IF 之间的顺序描述语句。

(3) IF 语句作多选择控制，其书写格式为

```
IF 布尔表达式 THEN
  顺序描述语句
ELSIF 布尔表达式 THEN        --注意，不是 ELSEIF
  顺序描述语句
{ELSIF 布尔表达式 THEN
  顺序描述语句}
```

```
[ELSE
  顺序描述语句]
END IF;
```

在这种多选择控制的 IF 语句中，设置了多个条件(布尔表达式)。在执行时，按照书写的顺序依次判断各个条件，如果上一个条件不满足，再判断下一个条件；当满足其中的一个条件时，执行该条件后所跟的顺序描述语句，执行完毕后就不再对剩余的条件作判断，而是直接跳出该 IF 语句，转而执行该 IF 语句后的其它语句；当所有的条件都不满足时，如果有 ELSE 语句，则在执行完 ELSE 之后的顺序描述语句后跳出该 IF 语句，否则直接跳出该 IF 语句。

4) CASE 语句

CASE 语句的一般格式如下：

```
CASE 条件表达式 IS
  WHEN 条件表达式的值 ＝＞ 顺序描述语句
  {WHEN 条件表达式的值 ＝＞ 顺序描述语句}
  [WHEN OTHERS ＝＞ 顺序描述语句]
END CASE;
```

其中，条件表达式的值必须是离散的数据类型或一维数组类型。条件表达式的值有 4 种表示形式，分别为单个值、多个值、取值范围和其它所有的值，如下所示：

```
WHEN 值 ＝＞ 顺序描述语句                 --单个值
WHEN 值{ | 值} ＝＞ 顺序描述语句          --多个值
WHEN 值 TO 值 ＝＞ 顺序描述语句           --取值范围从小到大
WHEN 值 DOWNTO 值 ＝＞ 顺序描述语句--取值范围从大到小
WHEN OTHERS ＝＞ 顺序描述语句             --其它所有的值
```

CASE 语句根据条件表达式的取值，选择执行相应的分支(WHEN 子句)中符号“＝＞”后面的顺序描述语句。CASE 语句的各个分支之间是并行、互斥的关系，不允许在不同分支中出现相同的值；所有的分支合起来应包括条件表达式值域中的所有值；如果需要使用 OTHERS 分支，则只能用一次，并且要放在最后。

5) LOOP 语句

LOOP 语句类似于高级编程语言中的循环语句。LOOP 语句有两种书写格式：

(1) FOR 循环变量，其格式为

```
FOR 循环变量 IN 循环范围 LOOP
  顺序描述语句
END LOOP;
```

其中，循环变量不需要显式说明，但取值必须是离散的；循环范围就是循环变量的取值范围，用它来说明循环的次数。每循环一次，循环变量的值自动改变，但不能人为对其赋值。

(2) WHILE 条件，其格式为

```
WHILE (布尔表达式) LOOP
  顺序描述语句
END LOOP;
```

每次执行循环之前先检查布尔表达式的值，如果为 TRUE，则执行循环；如果为

FALSE，则结束循环状态，继而执行该 LOOP 语句之后的下一条语句。

6) NEXT 语句和 EXIT 语句

NEXT 语句和 EXIT 语句均为 LOOP 语句中的循环控制语句。

NEXT 语句的书写格式为

```
NEXT [WHEN 布尔表达式];
```

在 LOOP 语句中执行 NEXT 语句，将停止当前的这一次循环，转入下一次新的循环。“WHEN 布尔表达式”表示只有当布尔表达式取值为 TRUE 时 NEXT 语句才被执行，否则不执行；如果这一项缺省，表示无条件执行 NEXT 语句。

EXIT 语句的书写格式为

```
EXIT [WHEN 布尔表达式];
```

与 NEXT 语句不同，在 LOOP 语句中执行 EXIT 语句将结束当前这一层的循环状态，从当前这一层的 LOOP 语句中跳出。“WHEN 布尔表达式”的作用与 NEXT 语句中的相同。

2. 并发描述语句

在 VHDL 的结构体中没有规定语句的执行次序，所有的语句都可以同时执行。在任何一个时刻，每个语句是否执行仅取决于该语句中的敏感信号是否发生了新的变化，敏感信号每发生一次变化，该语句就执行一次。

VHDL 结构体中的并发语句包括：信号代入语句、块(BLOCK)语句、进程(PROCESS)语句、断言(ASSERT)语句、过程调用语句、生成(GENERATE)语句和元件例化语句。

1) 进程语句

在 VHDL 中，一个功能相对独立的电路模块可以用一个 PROCESS 语句来描述。VHDL 的结构体中允许有多个进程语句，各进程语句之间是并行关系，而每个进程内部的各语句则是按照它们排列的顺序执行的。PROCESS 语句的基本结构如下：

```
PROCESS(敏感信号表) [IS]
  [进程说明]
BEGIN
  顺序并发语句
END PROCESS;
```

在敏感信号表中列出了进程所有的敏感信号，它们是进程的某些输入信号。之所以被称为敏感信号，是因为当有一个或多个这样的信号发生变化时，进程便被激活，从而开始按顺序执行进程中的语句，在执行完进程的最后一条语句后，进程被挂起，等待再次被激活；反之，如果没有这样的信号发生变化，进程中的语句就不会被执行。在例 8－5 的结构体中，进程语句描述了一个具有异步清零、同步置位功能的 D 触发器。

【例 8－5】 具有异步清零、同步置位功能的 D 触发器的 VHDL 描述。aclr 是触发器的异步清 0 端，高电平有效；clk 是时钟输入端，上升沿触发；sset 是同步置 1 端，高电平有效；q 和 nq 是触发器的两个互补输出。

```
--声明库、程序包
LIBRARY IEEE;
```

```
USE IEEE.STD_LOGIC_1164.ALL;
-- 实体说明
ENTITY d_ff IS
   PORT(aclr , clk , sset : IN STD_LOGIC;
         q , nq : OUT STD_LOGIC);
END ENTITY d_ff;
-- 结构体
ARCHITECTURE arch OF d_ff IS
BEGIN
   PROCESS(aclr , clk) IS
   BEGIN
    IF(aclr = '1') THEN q <= '0'; nq <= '1';
    ELSIF(clk'EVENT AND clk = '1') THEN
      IF(sset = '1') THEN q <= '1'; nq <= '0'; ELSE q <= d; nq <= NOT d;
      END IF;
    END IF;
   END PROCESS;
END ARCHITECTURE arch;
```

在 VHDL 中，时钟的表示方法如表 8－6 所示。

表 8－6　时钟的表示方法

时钟上升沿	时钟下降沿
clk'EVENT AND clk='1'	clk'EVENT AND clk='0'
NOT clk'STABLE AND clk='1'	NOT clk'STABLE AND clk='0'
Rising_Edge(clk)	Falling_Edge(clk)

注：Rising_Edge(clk)和 Falling_Edge(clk)是在程序包 STD_LOGIC_1164 中预定义的函数。

2）信号代入语句

信号代入语句也可以作为并行语句出现在结构体中，共有三种形式：

(1) 并发信号代入语句，其格式为

```
目的信号名 <= 表达式;
```

(2) 条件信号代入语句，其格式为

```
目的信号名 <= 表达式 WHEN 布尔表达式 ELSE
              {表达式 WHEN 布尔表达式 ELSE}
              表达式;
```

(3) 选择信号代入语句，其格式为

```
WITH 条件表达式 SELECT
   目的信号名 <= {表达式 WHEN 条件表达式的值,}
                  表达式 WHEN 条件表达式的值;
```

结构体中的这三种信号代入语句实际上是在特定情况下进程语句的缩写。在功能上和语法上，这三种信号代入语句分别与顺序语句中的信号代入语句、IF 语句和 CASE 语句类似。

需要强调的是，由于结构体中的信号代入语句是并发执行(并发处理、并发代入)的，所以不允许出现多个对同一个信号的代入语句；而这种情况对顺序信号代入语句是允许的，因为代入是按顺序的，所以信号以最后代入的值作为最终值。

3）元件例化语句

元件例化是指在层次化设计中，将已经编译好的设计实体定义为元件并在当前的设计中调用的过程。元件例化一般由元件定义语句、元件例化语句和元件配置语句三部分组成。

(1) 元件定义语句：用于将一个设计实体定义成一个元件，存在于结构体说明部分或程序包说明部分。其书写格式为

```
COMPONENT 元件名 IS
  [配置参数说明]
    端口说明
END COMPONENT 元件名；
```

元件名是用户给例化元件起的名字，一般就是它所代表的实体的名字。元件定义中的配置参数说明和端口说明与例化元件所代表的实体中的这两项完全相同。

(2) 元件例化语句：用于调用例化元件，即把例化元件的端口与当前设计中指定的信号相连接(端口映射)并给元件的配置参数赋值(参数映射)。元件例化语句的书写格式为

```
元件标号:元件名 [GENERIC MAP(配置参数映射表)]
                PORT MAP(端口映射表)；
```

映射的方法有两种：位置映射和名称映射。位置映射就是按照书写的顺序位置将元件说明中的端口或参数与 MAP 语句中的实际信号或参数值一一对应；名称映射就是在 MAP 语句中“例化元件的端口＝＞实际信号”或“例化元件的参数＝＞参数值”。例如，一个例化元件 and2——二输入与门的端口说明如下：

```
PORT(a , b : IN BIT; c : OUT BIT);
```

若在设计中用元件例化语句描述逻辑方程 f3＝f1 · f2，则应为

```
u1 : and2 PORT MAP(f1,f2,f3);
```

或者

```
u1 : and2 PORT MAP(a=>f1, b=>f2, c=>f3);
```

(3) 元件配置语句：用于指定元件所对应的实体以及实体所对应的结构体，共有配置说明语句、配置指定语句和默认连接三种方法。配置说明语句前面已经介绍过，这里不再重复。配置指定语句在结构体说明部分的元件定义语句之后，其书写格式一般为

```
FOR 元件标号{ , 元件标号}:元件名
USE ENTITY WORK. 实体名 [(结构体名)];
```

默认连接是指在没有显式指定元件所对应的实体时，元件默认为与当前工作库中和该元件同名的实体相连接，但必须首先通过语句“USE WORK. 实体名;”或“USE WORK. ALL;”使该实体可见。

以上是 VHDL’87 版本中规定的元件例化，在 VHDL’93 版本中又增加了“直接元件例化语句”。直接元件例化不需要进行元件定义，并且将元件例化语句和配置语句合并在了一起，书写格式如下：

```
元件标号: ENTITY WORK. 实体名 [(结构体名)]
```

```
        [GENERIC MAP(类属参数映射表)]
        PORT MAP(端口映射表);
```

【例 8-6】 用 VHDL 描述一个 4 级移位寄存器。假设例 8-5 的设计实体已经被编译到当前的 WORK 库中。

```
LIBRARY IEEE;
USE IEEE.STD_LOGIC_1164.ALL;
ENTITY shift_reg4 IS
   PORT( aclr, d_in, sset, clk : IN STD_LOGIC;
         q : OUT STD_LOGIC_VECTOR( 3 DOWNTO 0 ) );
  END ENTITY shift_reg4;
ARCHITECTURE arch OF shift_reg4 IS
   COMPONENT d_ff IS
     PORT( aclr , clk , sset , d : IN STD_LOGIC;
         q , nq : OUT STD_LOGIC );
   END COMPONENT d_ff;
   SIGNAL q0 , q1 , q2 : STD_LOGIC;
BEGIN
   u0 : d_ff PORT MAP( aclr=>aclr, clk=>clk, sset=>sset, d=>d_in, q=>q0 );
   u1 : d_ff PORT MAP( aclr=>aclr, clk=>clk, sset=>sset, d=>q0, q=>q1 );
   u2 : d_ff PORT MAP( aclr=>aclr, clk=>clk, sset=>sset, d=>q1, q=>q2 );
   u3 : d_ff PORT MAP( aclr=>aclr, clk=>clk, sset=>sset, d=>q2, q=>q(3) );
   q(2) <= q2; q(1) <= q1; q(0) <= q0;
END ARCHITECTURE arch;
```

8.3 VHDL 设计实例

8.3.1 组合电路设计

【例 8-7】 单向 8 位三态总线缓冲器。

```
LIBRARY IEEE;
USE IEEE.STD_LOGIC_1164.ALL;
ENTITY tri_buf8 IS
   PORT( oe : IN STD_LOGIC;
         d_in : IN STD_LOGIC_VECTOR( 7 DOWNTO 0 );
         d_out : OUT STD_LOGIC_VECTOR( 7 DOWNTO 0 ) );
END ENTITY tri_buf8;
  ARCHITECTURE arch OF tri_buf8 IS
  BEGIN
     PROCESS( oe , d_in )
     BEGIN
      IF( oe = '1' ) THEN d_out <= d_in;
      ELSE d_out <= "ZZZZZZZZ";     -- 注意，表示高阻抗状态的字母 Z 必须大写
```

```
        END IF;
      END PROCESS;
END ARCHITECTURE arch;
```

【例 8-8】 优先编码器 74LS148 基本功能(不包括控制信号)的 VHDL 描述。

```
ENTITY priority_encoder IS
PORT(i : IN BIT_VECTOR( 7 DOWNTO 0 );
       y : OUT BIT_VECTOR( 2 DOWNTO 0 ) );
END ENTITY priority_encoder;
ARCHITECTURE arch OF priority_encoder IS
BEGIN
   PROCESS( i )
   BEGIN
      IF( i(7) = '0' ) THEN y <= "000";
      ELSIF( i(6) = '0' ) THEN y <= "001";
      ELSIF( i(5) = '0' ) THEN y <= "010";
      ELSIF( i(4) = '0' ) THEN y <= "011";
      ELSIF( i(3) = '0' ) THEN y <= "100";
      ELSIF( i(2) = '0' ) THEN y <= "101";
      ELSIF( i(1) = '0' ) THEN y <= "110";
      ELSE y <= "111";
      END IF;
   END PROCESS;
END ARCHITECTURE arch;
```

8.3.2 时序电路设计

【例 8-9】 计数器 74LS160 逻辑功能的 VHDL 描述。

```
LIBRARY IEEE;
USE IEEE.STD_LOGIC_1164.ALL;
USE IEEE.STD_LOGIC_UNSIGNED.ALL;
ENTITY counter IS
   PORT( clr, ld, p, t, clk : IN STD_LOGIC;
        din : IN STD_LOGIC_VECTOR( 3 DOWNTO 0 );
        q : OUT STD_LOGIC_VECTOR( 3 DOWNTO 0 );
        co : OUT STD_LOGIC );
END ENTITY counter;
ARCHITECTURE arch OF counter IS
   SIGNAL qin : STD_LOGIC_VECTOR( 3 DOWNTO 0 );
BEGIN
   PROCESS( clr, clk )
   BEGIN
     IF( clr = '0' ) THEN qin <= "0000";
     ELSIF(clk 'EVENT AND clk = '1' ) THEN
```

```
      IF( ld = '0' ) THEN qin <= din;
      ELSIF( ( p AND t ) = '1' ) THEN
       IF( qin = "1001" ) THEN qin <= "0000"; ELSE qin <= qin + 1; END IF;
      END IF;
    END IF;
  END PROCESS;
  q <= qin; co <= qin(3) AND qin(0) AND t;
END ARCHITECTURE arch;
```

【例 8-10】 Mealy 状态机的 VHDL 描述。设一个 Mealy 型电路的状态表如表 8-7 所示。

表 8-7　Mealy 型电路的状态表

S^n	X^n	
	0	1
S0	S0/0	S1/0
S1	S2/0	S1/1
S2	S1/1	S0/0

S^{n+1}/Z^n

```
ENTITY Mealy_state_machine IS
PORT( clk, x : IN BIT; z : OUT BIT);
END ENTITY Mealy_state_machine;
ARCHITECTURE arch OF Mealy_state_machine IS
  TYPE state_type IS ( s0, s1, s2 );
  SIGNAL state : state_type;
BEGIN
  -- 状态机进程
  PROCESS( clk )
  BEGIN
    IF(clk'EVENT AND clk = '1') THEN
      CASE state IS
        WHEN s0 => IF(x = '0') THEN state <= s0; ELSE state <= s1; END IF;
        WHEN s1 => IF(x = '0') THEN state <= s2; ELSE state <= s1; END IF;
        WHEN s2 => IF(x = '0') THEN state <= s1; ELSE state <= s0; END IF;
      END CASE;
    END IF;
  END PROCESS circuit_state;
  -- 输出逻辑进程
  PROCESS(state, x)
  BEGIN
    CASE state IS
      WHEN s0 => z <= '0';
```

```
            WHEN s1 => IF(x = '0') THEN z <= '0'; ELSE z <= '1'; END IF;
            WHEN s2 => IF(x = '0') THEN z <= '1'; ELSE z <= '0'; END IF;
        END CASE;
    END PROCESS output;
END ARCHITECTURE arch;
```

8.3.3 数字系统设计

【例 8-11】 设计一个主干道和支干道十字路口的交通管理系统，并用 VHDL 进行描述。该交通管理系统的技术要求为：如果只有一个方向有车，则保持该方向畅通；若两个方向都有车，主干道和支干道交替通行，但主干道通行的时间要比支干道长一些。

解 第一步：在明确技术要求的基础上，首先制定系统的设计方案。

十字路口的示意图如图 8-2 所示。根据技术要求，在主干道和支干道两个方向上都安装红、黄、绿三色信号灯；Ca 和 Cb 分别是安装在主干道和支干道上的传感器，用于检测是否有车辆需要通过路口。在只有主干道有车时，主干道亮绿灯，支干道亮红灯；当只有支干道有车时，主干道亮红灯，支干道亮绿灯；当两个方向都有车时，则两个方向轮流亮绿灯和红灯，但主干道每次亮绿灯的时间不得少于 60 s，支干道每次亮绿灯的时间不得多于 40 s，在由绿灯转红灯之间要有 10 s 的黄灯(公共停车时间)作为过渡。本系统最终采用可编程逻辑器件来实现。

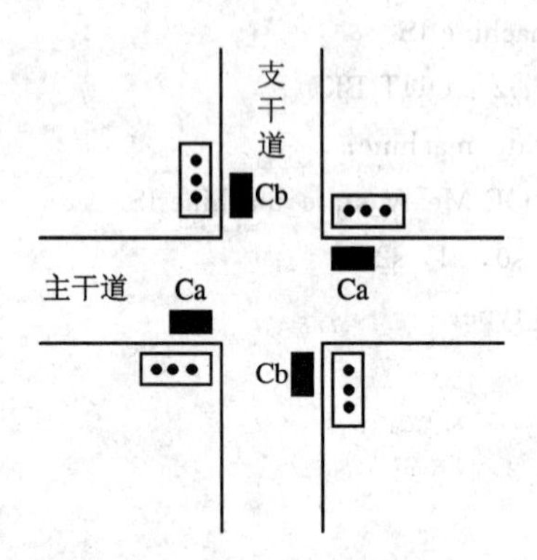

图 8-2 十字路口示意图

第二步：系统划分，得到系统结构图。

根据以上的设计方案，可以画出系统的结构图，如图 8-3 所示。

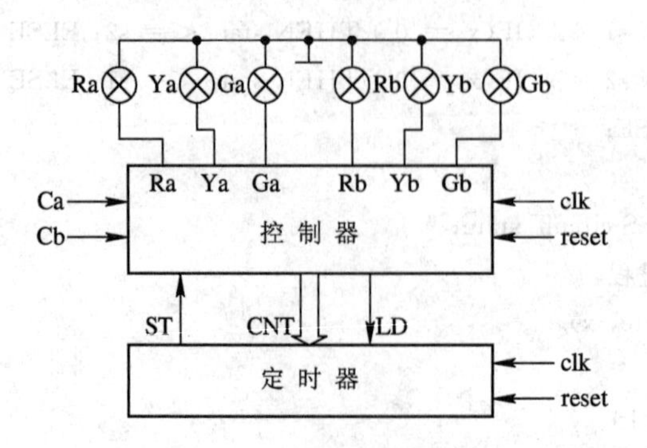

图 8-3 交通管理系统的结构图

本系统主要由控制器和受控制的定时器组成。定时器用来确定主干道、支干道的通行时间以及公共停车时间；CNT 是定时的值，LD 是定时值的同步预置信号，高电平有效；ST 是这个定时器的状态信号，当定时结束时，ST 输出为 1。Ca 和 Cb 为主干道和支干道的传感器输出信号，高电平表示有车需要通过。clk 是周期为秒的时钟信号；reset 是异步复位信号，低电平有效，复位后的初始状态为主干道畅通。Ra、Ya、Ga 和 Rb、Yb、Gb 分别为主干道和支干道的红、黄、绿灯的控制信号，高电平有效。

第三步：根据设计方案和系统结构图进行算法设计，可以画出控制系统的 ASM 图，如图 8-4 所示。

ASM 图很清楚地表明了该交通管理系统共有 4 个状态(S0、S1、S2 和 S3)以及各状态之间的转换关系，不需要再多加说明。需要说明的是 LD 和 CNT 这两个信号。当 ST=1 时，LD =1，CNT 的值取决于当前的状态和 Ca、Cb 的值，如表 8-8 所示。

表 8-8　CNT 的取值表

状态	Ca、Cb	CNT
S0	Cb=0	60
	Cb=1	10
S1		40
S2	Ca=0	40
	Ca=1	10
S3		60

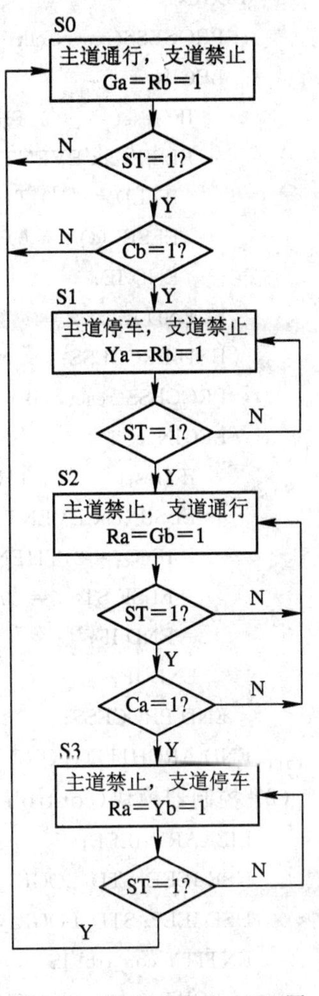

图 8-4　控制系统的 ASM 图

第四步：设计输入，用 VHDL 对该系统进行描述。本设计采用分层次描述，以下为 VHDL 源文件。

(1) 定时器模块(count. vhd)：

```
LIBRARY IEEE;
USE IEEE. STD_LOGIC_1164. ALL;
USE IEEE. STD_LOGIC_UNSIGNED. ALL;
ENTITY counter IS
  PORT( reset, clk, LD : IN STD_LOGIC;
        CNT : IN INTEGER RANGE 0 TO 63;
        ST : OUT STD_LOGIC );
END ENTITY counter;
ARCHITECTURE arch OF counter IS
   SIGNAL Q : INTEGER RANGE 0 TO 63;
```

```
BEGIN
  PROCESS(reset, clk) --定时器进程
  BEGIN
     IF(reset = '0') THEN Q <= 60;
     ELSIF(clk'EVENT AND clk = '1') THEN
       IF(LD = '1') THEN Q <= CNT;
       ELSIF (Q /= 0) THEN Q <= Q-1;
       END IF;
     END IF;
  END PROCESS;
  PROCESS(reset, clk) --定时器 ST 的进程
  BEGIN
     IF(reset = '0') THEN ST <= '0';
     ELSIF(clk'EVENT AND clk = '1') THEN
       IF(Q = 2)THEN ST <= '1';
       ELSE ST <= '0';
       END IF;
     END IF;
  END PROCESS;
END ARCHITECTURE arch;
```

(2) 控制器模块(control. vhd):

```
LIBRARY IEEE;
USE IEEE. STD_LOGIC_1164. ALL;
USE IEEE. STD_LOGIC_UNSIGNED. ALL;
ENTITY con_trol IS
   PORT(reset, clk, ST, Ca, Cb : IN STD_LOGIC;
          Ra, Ya, Ga, Rb, Yb, Gb, LD : OUT STD_LOGIC;
          CNT : OUT INTEGER RANGE 0 TO 63);
  END ENTITY con_trol;
ARCHITECTURE arch OF con_trol IS
  CONSTANT T1 : INTEGER := 60;
  CONSTANT T2 : INTEGER := 40;
  CONSTANT T3 : INTEGER := 10;
  TYPE STATE_TYPE IS (S0, S1, S2, S3);
  SIGNAL state : STATE_TYPE;
  SIGNAL RYG : STD_LOGIC_VECTOR(5 DOWNTO 0);
BEGIN
  PROCESS(reset , vclk)      -- 描述状态转换
  BEGIN
   IF(reset = '0') THEN state <= S0;
    ELSIF(clk'EVENT AND clk = '1') THEN
```

```
      IF(ST = '1') THEN
        CASE state IS
          WHEN S0 => IF(Cb ='0') THEN state <= S0;
                     ELSE state <= S1;
                     END IF;
          WHEN S1 => state <= S2;
          WHEN S2 => IF(Ca = '0') THEN state <= S2;
                     ELSE state <= S3;
                     END IF;
          WHEN S3 => state <= S0;
        END CASE;
      END IF;
    END IF;
  END PROCESS;
  --描述交通灯控制信号
  Ra <= RYG(5); Ya <= RYG(4); Ga <= RYG(3);
  Rb <= RYG(2); Yb <= RYG(1); Gb <= RYG(0);
  PROCESS(state)
  BEGIN
    CASE state IS
      WHEN S0 => RYG <= "001100"; WHEN S1 => RYG <= "010100";
      WHEN S2 => RYG <= "100001"; WHEN S3 => RYG <= "100010";
    END CASE;
  END PROCESS;
  LD<=ST;                        --直接将 ST 用作同步预置信号
  PROCESS( state , Ca , Cb )     --描述同步预置的定时值
  BEGIN
    CASE state IS
      WHEN S0 => IF(Cb = '0') THEN CNT <= T1; ELSE CNT <= T3; END IF;
      WHEN S1 => CNT <= T2;
      WHEN S2 => IF(Ca = '0') THEN CNT <= T2; ELSE CNT <= T3; END IF;
      WHEN S3 => CNT <= T1;
    END CASE;
  END PROCESS;
END ARCHITECTURE arch;
```

(3) 顶层文件(traffic. vhd):

```
  --程序包
LIBRARY IEEE;
USE IEEE.STD_LOGIC_1164.ALL;
USE IEEE.STD_LOGIC_UNSIGNED.ALL;
PACKAGE traffic_lib IS
```

```
    COMPONENT con_trol IS
      PORT(reset, clk, ST, Ca, Cb : IN STD_LOGIC;
           Ra, Ya, Ga, Rb, Yb, Gb, LD : OUT STD_LOGIC;
           CNT : OUT INTEGER RANGE 0 TO 63);
    END COMPONENT con_trol;
    COMPONENT counter IS
      PORT(reset, clk, LD : IN STD_LOGIC;
           CNT : IN INTEGER RANGE 0 TO 63;
           ST : OUT STD_LOGIC);
    END COMPONENT counter;
END PACKAGE traffic_lib;
--实体说明
LIBRARY IEEE;
USE IEEE.STD_LOGIC_1164.ALL;
USE IEEE.STD_LOGIC_UNSIGNED.ALL;
USE WORK.traffic_lib.ALL;
ENTITY traffic IS
PORT( reset, clk, Ca, Cb : IN STD_LOGIC;
      Ra, Ya, Ga, Rb, Yb, Gb : OUT STD_LOGIC );
END ENTITY traffic;
--结构体
ARCHITECTURE arch OF traffic IS
    SIGNAL ST, LD : STD_LOGIC;
    SIGNAL CNT : INTEGER RANGE 0 TO 63;
BEGIN
    u1:con_trol
      PORT MAP( reset, clk, ST, Ca, Cb, Ra, Ya, Ga, Rb, Yb, Gb, LD, CNT );
    u2:counter
      PORT MAP( reset, clk, LD, CNT, ST );
END ARCHITECTURE arch;
```

8.4 QuartusⅡ开发系统及其使用

美国 Altera 公司是可编程逻辑器件的两个最大生产商之一，该公司在不断推出多种系列的可编程逻辑器件的同时，也在持续地升级其相应的开发软件。QuartusⅡ就是 Altera 公司针对其可编程逻辑器件推出的集成开发系统。与之前被广泛使用的开发系统——MAX+PLUSⅡ相比，QuartusⅡ的功能更强大，运行效率更高，能够适应更多、更大规模、更复杂可编程逻辑器件的开发需求。设计者选择 Altera 公司的可编程逻辑器件，在 QuartusⅡ集成开发系统中可以完成图 8-1 所示的 ASIC 芯片设计流程。

用户在 Altera 公司的网站(www.altera.com)上可以下载 QuartusⅡ的免费版本，也可以购买其商业版本。QuartusⅡ软件的安装流程比较简单，这里不再赘述。本节主要结合一个简单的练习——设计一个输出时钟占空比为 50%的 8 分频器、一个 8 节拍的时钟分配器和一个 2×4 的无符号数乘法器，从设计输入、设计实现、设计验证和器件编程四个方面初步介绍 QuartusⅡ软件(9.1 版本)的使用方法。如果读者希望更全面地掌握 QuartusⅡ软件，可以查看其主界面中 Help 菜单下的在线帮助。

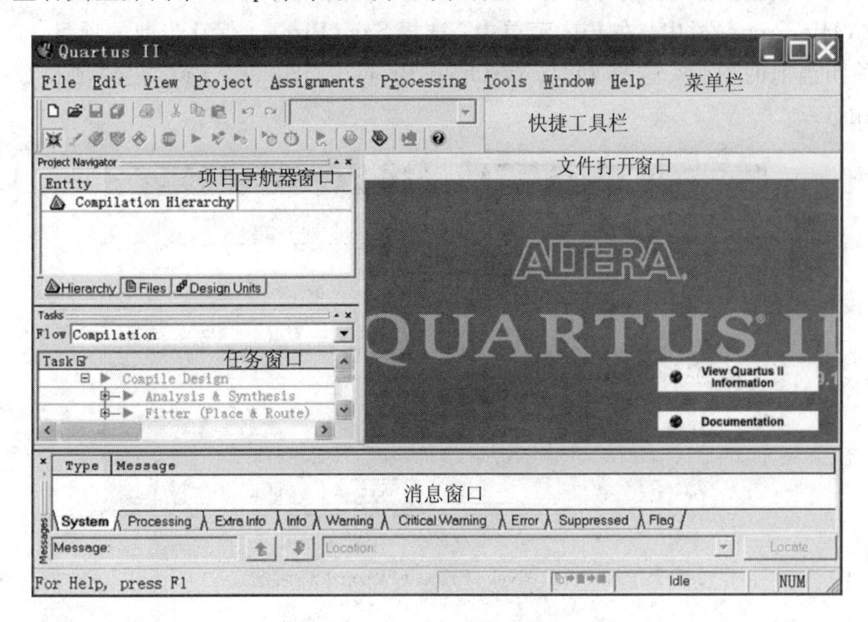

图 8 - 5　Quartus Ⅱ的主界面

首先启动 QuartusⅡ软件，进入 QuartusⅡ的主界面，如图 8 - 5 所示。QuartusⅡ的主界面通常由 6 个部分组成：菜单栏、快捷工具栏、项目导航器(Project Navigator)窗口、任务(Tasks)窗口、文件打开窗口和消息(Massage)窗口。

8.4.1　设计输入

设计输入可以分成两个阶段，首先是为设计创建一个项目，然后是建立设计文件。

1. 创建设计项目

所谓“项目(Project)”，就是一个设计的总和，它包含了所有与设计相关的文件，包括设计者输入的文件和在设计过程中由设计软件生成的文件。基于 QuartusⅡ的整个设计过程都是在一个项目中进行的，所以必须首先为所要进行的设计创建一个项目。新建一个项目的基本步骤如下：

(1) 在 File 菜单中选择 New Project Wizard，启动 QuartusⅡ软件的新项目向导(New Project Wizard)。

(2) 在 New Project Wizard 启动后，可能首先会出现一个对“创建项目”这项操作进行介绍(Introduction)页面。如果希望在以后创建新项目时不再显示该页，可选中页面下方的“Don't show me this introduction”。

(3) 点击“Next”按钮，进入 New Project Wizard 第一页。如图 8 - 6 所示，在从上至下的三个对话框中依次输入项目的工作目录名(如“D:\MY_DESIGN\EXERCISE”)、项目名(如“EXERCISE”)和项目中顶层设计实体名(如“EXERCISE”)；然后点击“Finish”按钮，完成项目创建。如果上面输入的工作目录不存在，QuartusⅡ会询问是否创建这个目录，选择“是(Y)”即可。注意：对于每个设计项目，都应该单独为其建立一个工作目录，与该项目有关的所有文件都存放在该工作目录下。

完成项目创建后，顶层设计实体的名字就会出现在项目导航器(Project Navigator)窗口的层次(Hierarchy)栏中。在File菜单中，选择Save Project保存当前的项目，选择Close Project关闭当前的项目，选择Open或Open Project打开一个已存在的项目(*.qpf或*.quartus)。

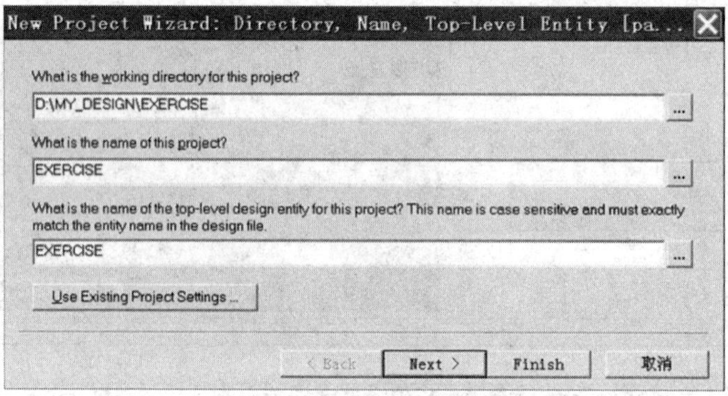

图8-6 New Project Wizard对话框

2. 建立设计文件

QuartusⅡ软件支持层次化的设计方法。设计者可以将一个完整的设计从上到下逐层分解成规模越来越小的设计单元；每个设计单元用一个设计文件来描述，低层的设计单元在高层设计文件中可以作为一个元件被调用；顶层的设计文件完成对整个设计的描述。QuartusⅡ软件支持多种类型的设计文件输入，如原理图输入、HDL输入、网表输入、状态图输入等。用户既可以用QuartusⅡ软件自带的设计文件编辑工具，也可以用一些第三方工具来建立设计文件。下面分别介绍如何创建HDL设计文件和原理图设计文件，以及如何在工程中添加/去掉文件。

1) 用QuartusⅡ的文本编辑器(Text Editor)创建HDL设计文件

利用QuartusⅡ的Text Editor可以创建三种HDL设计文件：VHDL文件、Verilog-HDL文件和AHDL文件(AHDL是Altera公司的硬件描述语言)。除了在使用AHDL时可以省略下面的第一个步骤以外，其它的操作步骤都是一样的。

(1) 指定VHDL或Verilog HDL的版本。QuartusⅡ软件支持三种版本的VHDL(1987版、1993版、2008版)和三种版本的Verilog-HDL(Verilog-1995、Verilog-2001、SystemVerilog-2005)。因此，在创建VHDL文件或Verilog-HDL文件前，要指明使用的是哪个版本。方法如下：

选择Assignments菜单中的Settings，打开Settings窗口，如图8-7所示；在Settings窗口左侧的Category栏中选择VHDL Input或Verilog HDL Input；然后在右侧的VHDL Input或Verilog HDL Input对话框中指定VHDL或Verilog HDL的版本(如选择VHDL 1993)；最后点击“OK”按钮，关闭Settings窗口。

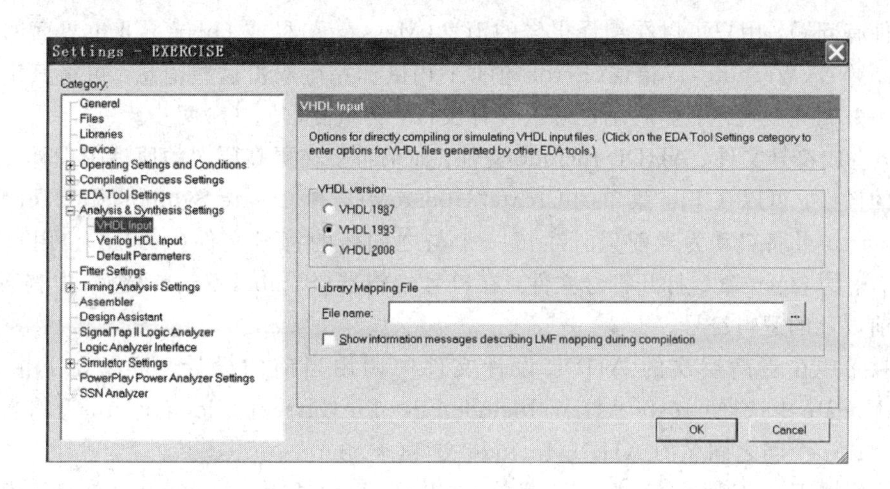

图 8－7　Settings 窗口

(2) 打开 Text Editor。选择 File 菜单中的 New，出现一个 New 对话框，如图 8－8 所示；在 New 对话框中的 Design Files 下面选择希望创建的 HDL 设计文件类型(如 VHDL File)，然后点击“OK”按钮，在 QuartusⅡ主界面的文件打开窗口部分会出现一个新的文本编辑器(Text Editor)窗口。

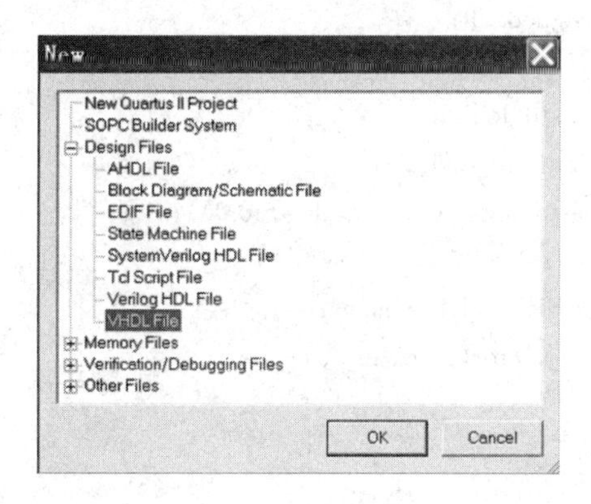

图 8－8　New 对话框

(3) 输入 HDL 源程序。输入 HDL 源程序时，可以全部用手工输入，也可以利用 QuartusⅡ的 HDL 程序设计模板来提高输入效率。方法如下：选择 Edit 菜单中的 Insert Template，出现一个 Insert Template 窗口；在窗口中选择所需要的 HDL 程序模板，然后点击“OK”按钮，HDL 程序模板就自动插入到当前的 HDL 设计文件中。另外还需要注意，在编辑 HDL 文件时，除了注释内容以外应全部使用英文字符。

(4) 保存设计文件。选择 File 菜单中 Save As，在 Save As 对话框中输入文件名(注意：顶层设计文件名要与文件中的实体名一致)；如果在 Save As 对话框中选中“Add file to current project”，设计文件在保存的同时会被添加到当前的设计项目中去；点击“OK”按钮。

(5) 检查基本错误。选择 Processing 菜单中的 Analyze Current File，QuartusⅡ软件就会自动对当前的设计文件进行检查，并弹出一个编译报告(Compilation Report)窗口。如果设计文件有问题，用户可以在编译报告的消息(Messages)栏或 QuartusⅡ主界面的消息窗口中看到警告(Warning)或错误(Error)消息；用鼠标左键双击这些消息，可将其定位到设计文件中并高亮度显示；然后用户修改设计文件，再重复(4)、(5)两步。

(6) 生成符号文件、AHDL Include 文件。如果希望在更高层次的原理图设计文件中调用当前的设计，可以在 File 菜单的 Create/Update 中选择 Create Symbol Files for Current File，QuartusⅡ将自动为当前设计生成一个与之同名的符号文件(*.bsf)。用户可以用 File 菜单中的 Open 命令打开符号文件，在符号编辑器(Symbol Editor)窗口中查看、编辑代表当前设计的逻辑符号。

如果希望在更高层次的 AHDL 设计文件中调用当前的设计，可以在 File 菜单的 Create/Update 中选择 Create AHDL Include Files for Current File，QuartusⅡ将自动为当前设计生成一个与之同名的 AHDL Include 文件(*.inc)。

(7) 关闭 Text Editor。选择 File 菜单中 Close，可以关闭 QuartusⅡ文件打开窗口部分的活动窗口。

按照以上的步骤，创建一个设计文件 FREQ_DIV8.vhd，将其添加到当前的项目 EXERCISE 中，并生成相应的符号文件 FREQ_DIV8.bsf。VHDL(1993 版)源程序如下：

```
library ieee;
use ieee.std_logic_1164.all;
use ieee.std_logic_unsigned.all;
entity FREQ_DIV8 is
    port (CLK_IN : in std_logic;
          CLK_OUT : out std_logic;
         COUNT : out std_logic_vector(2 downto 0));
end entity FREQ_DIV8;
architecture ARCH of FREQ_DIV8 is
    signal Q : std_logic_vector(2 downto 0);
begin
    process (CLK_IN)
    begin
      if (CLK_IN 'event and CLK_IN = '1') then
         Q <= Q + '1' ;
         if (Q >= "011" and Q < "111") then CLK_OUT <= '1';
         else CLK_OUT <= '0';
         end if;
      end if ;
    end process ;
   COUNT <= Q ;
end architecture ARCH ;
```

2) 用 QuartusⅡ的原理图编辑器(Block/Schematic Editor)创建原理图设计文件

在 QuartusⅡ的原理图编辑器中，用户能够通过直接调用 QuartusⅡ元件库中现成的设计单元(见表 8-9)来创建原理图设计文件(如 EXERCISE.bdf，见图 8-9)。

表 8-9　Quartus Ⅱ 设计单元库

库　名		内　容
Project		由用户自己的设计文件生成的设计单元
megafunction	arithmetic	一些参数化的宏功能设计单元，包括算术单元、嵌入式逻辑、门、存储器等
	embedded_ logic	
	gates	
	storage	
others	Maxplus	主要是一些 74 系列的设计单元
primitives	buffer	一些基本的逻辑单元，包括缓冲器、逻辑门、引脚、触发器和锁存器等
	logic	
	pin	
	storage	
	other	

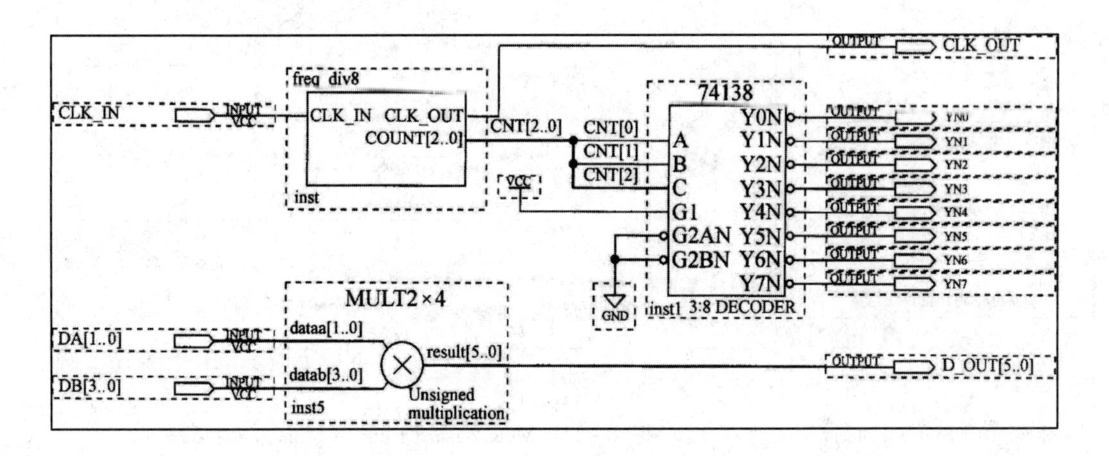

图 8-9　EXERCISE. bdf 中的原理图

(1) 打开 Block/Schematic Editor。选择 File 菜单中的 New，出现图 8-8 所示的 New 对话框；在 New 对话框中的 Design Files 下面选择 Block Diagram/Schematic File；点击"OK"按钮，在 Quartus Ⅱ 主界面的文件打开窗口部分会出现一个新的 Block/Schematic Editor 窗口。

(2) 输入设计单元(74138、FREQ_DIV8、输入引脚 INPUT、输出引脚 OUTPUT、接地 GND 和电源 VCC)。选择 Block Editor 工具条中的"符号工具(Symbol Tool，)"，或选择 Edit 菜单中的 Insert Symbol，出现 Symbol 对话框，如图 8-10 所示。

在 Symbol 对话框的库(Libraries)列表中选择希望输入的设计单元(如 others\maxplus2 中的 74138)或者直接在 Name 框中输入设计单元的名字，设计单元的符号就会出现在右侧的预览区内。如果需要，还可以选中 Symbol 对话框中的复选框"Repeat-insert mode"，这样可以一次连续输入多个同样的设计单元，直到按 Esc 键取消为止。

点击 Symbol 对话框中的“OK”按钮，关闭 Symbol 对话框，所选设计单元的逻辑符号就会粘连在鼠标上，将鼠标移到原理图编辑窗口的合适位置，点击鼠标左键即可将逻辑符号放到原理图设计文件中。重复以上操作，可依次输入 Project 库中的 FREQ_DIV8、primitives\pin 库中的输入引脚 INPUT 和输出引脚 OUTPUT、primitives\other 库中的接地 GND 和电源 VCC。双击输入、输出引脚，在弹出的 Pin Properties 对话框中修改引脚的名字。

(3) 定制一个参数化的宏功能(Megafunction)设计单元——2×4 无符号数乘法器(MULT2X4)。打开图 8-10 所示的 Symbol 对话框，在 Libraries 列表的 megafunctions\arithmetic 库中选择 lpm_mult；选中“Launch MegaWizard Plug-In Manager”；然后点击“OK”按钮，出现图 8-11 所示的 MegaWizard Plug-In Manager 对话框。

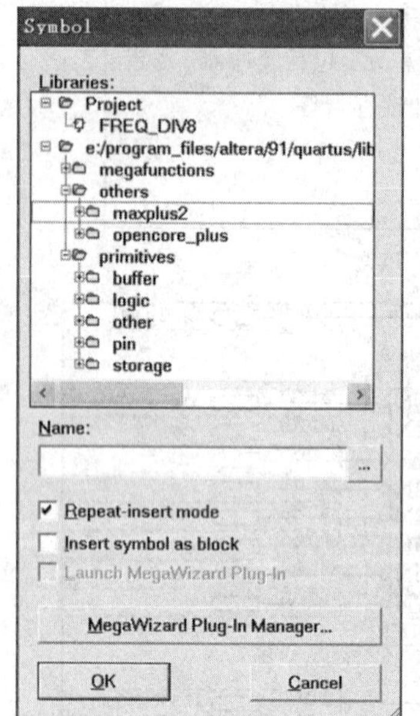

图 8-10 Symbol 对话框

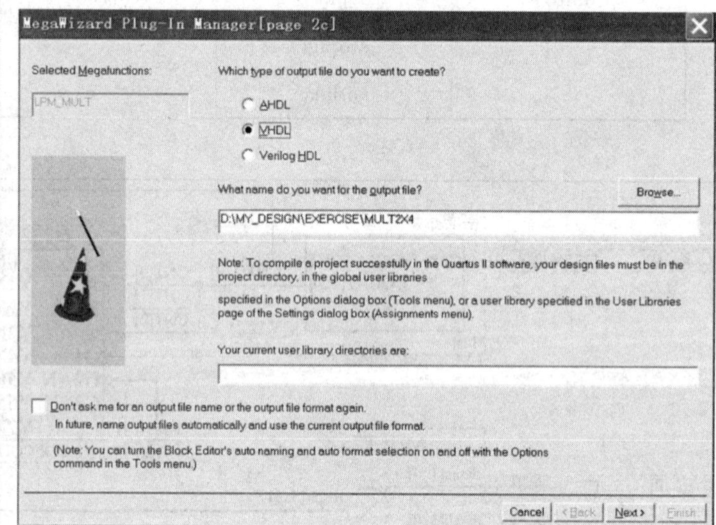

图 8-11 MegaWizard Plug-In Manager 对话框

在图 8-11 所示的对话框中，选择希望生成的 HDL 文件类型(如 VHDL)并在工作目录后输入定制的设计单元名(如 MULT2X4)，然后点击“Next”按钮，进入宏功能设计单元的参数设置页。

按照 MegaWizard Plug-In Manager 的提示，逐页设置宏功能设计单元的参数。在本例中，在 dataa input bus 宽度对话框中输入 2，在 datab input bus 宽度对话框中输入 4，其它为默认值。

在 MegaWizard Plug-In Manager 对话框的最后一页中，列出了将要为用户定制的宏功能设计单元生成的文件，HDL 设计文件(MULT2X4.vhd)和符号文件(MULT2X4.bsf)默认为必选，用户也可根据需要选择其它文件。

点击“Finish”按钮，会弹出一个对话框询问是否将当前这个宏功能设计单元添加到当前的项目中去；点击“Yes”按钮，MULT2X4 的逻辑符号就粘连在鼠标上，将鼠标移到原理图编辑窗口的合适位置，点击鼠标左键即可将逻辑符号放到原理图设计文件中。用鼠标左键双击 MULT2X4 的逻辑符号，可以修改它的参数。

(4) 连线。在 Block Editor 窗口中，首先选择工具条中的“选择及智能画线工具(Selection and SmartDrawing Tool，)”；当把鼠标移到符号的端口或连接线的端点时，鼠标就会变成十字形的画线指针；按住鼠标左键并将其拖到另外一点，放开鼠标左键后，就会在鼠标被按下和放开的两点之间出现一条直线或直角折线。

双击需要命名的连接线，在弹出的 Properties 对话框中输入连接线的名字，如图 8-9 中的总线(Bus)CNT[2..0]，节点线(Node)CNT[2]、CNT[1]和 CNT[0]。

(5) 保存、检查设计文件。与“创建 HDL 设计文件”中的相应步骤的操作相同，不再重复。

(6) 生成符号文件、AHDL include 文件和 HDL 文件。如果需要，可以在 File 菜单的 Create/Update 中选择 Create HDL Design File for Current File、Create Symbol Files for Current File 或 Create AHDL Include Files for Current File，QuartusⅡ将自动为当前的设计生成与之同名的 HDL(VHDL 或 Verilog HDL)设计文件、符号文件(*.bsf)或 AHDL include 文件(*.inc)。

(7) 关闭 Block Editor。选择 File 菜单中 Close，可以关闭 QuartusⅡ文件打开窗口部分的活动窗口。

3) 在工程中添加/去掉文件

选择 Assignments 菜单中的 Settings，打开 Settings 窗口(见图 8-7)；在 Settings 窗口左侧的 Category 栏中选择 Files，Files 对话框就会出现在 Settings 窗口的右半部，如图 8-12 所示。

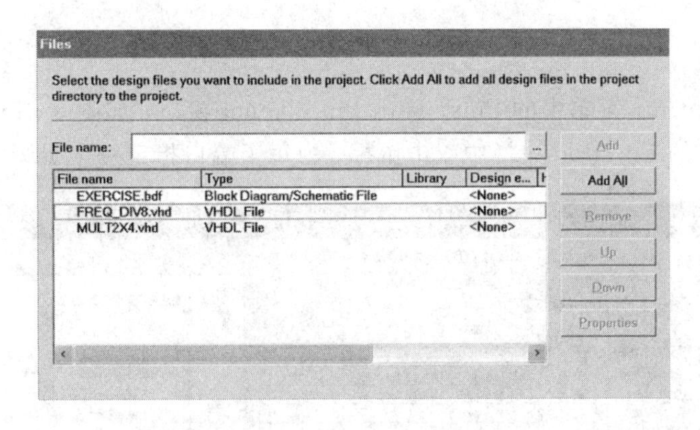

图 8-12　Files 对话框

在 Files 对话框中，先点击“…”按钮，选择存放在任何位置的文件，再单击“Add”按钮即可将其添加到当前的项目中；若点击“Add All”按钮，就会将当前工作目录中所有的设计文件加入当前的项目中。在文件列表中选中一个文件，然后点击“Remove”按钮，可将其从当前项目中去掉；如果点击“Up”或“Down”按钮，可以改变其在文件列表中的位置(QuartusⅡ 总是按照从上到下的顺序对文件进行处理)。

8.4.2　设计实现

设计实现就是将输入的设计文件转化成器件编程、设计校验所需要的数据文件，这个过程主要是由 QuartusⅡ软件的核心——编译器(Compiler)完成的。以下是编译一个设计项目的基本操作步骤。

1. 指定顶层设计文件

进入项目导航器(Project Navigator)窗口的 Files 栏，在设计文件(如 EXERCISE.bdf)上点击鼠标右键，在弹出的菜单中选择“Set as Top-Level Entity”，该设计文件名就出现在 Project Navigator 窗口的 Hierarchies 栏中并成为顶层设计文件。

2. 运行“Analysis & Elaboration”

在 Processing 菜单的 Start 中选择“Start Analysis & Elaboration”，编译器对当前的设计项目进行初步分析和检查。操作完成后，分析和检查的结果会显示在弹出的一个编译报告(Compilation Report)窗口中；如果没有错误，用户可以在 Project Navigator 窗口的 Hierarchies 栏中看到当前设计的层次结构。

3. 指定目标器件

选择 Assignments 菜单中的 Device，弹出 Settings 窗口的 Device 栏；在 Family 框中选择目标器件的系列(如 MAX7000AE)，Available Devices 列表中就会显示出所选系列中可用的器件；如果需要缩小选择范围，用户可以用 Show in ‘Available Devices’ list 子对话框中的选项(封装、引脚数、速度等级、高级器件)对 Available Devices 列表中的器件进行过滤；在 Target Device 子对话框中，选择“Specific device selected …”，然后在 Available Devices 列表中选择一个目标器件(如 EPM7032AELC44-4)；单击“OK”按钮，完成对目标器件的选择，在 Project Navigator 窗口的 Hierarchies 栏中可以看到所选择的器件系列和型号。

4. 分配引脚

选择 Assignments 菜单中的 Pins，弹出 Pin Planner 窗口，如图 8-13 所示；在底部的“All Pins”子窗口的 Location 一栏中双击鼠标，为每个端口指定一个引脚。

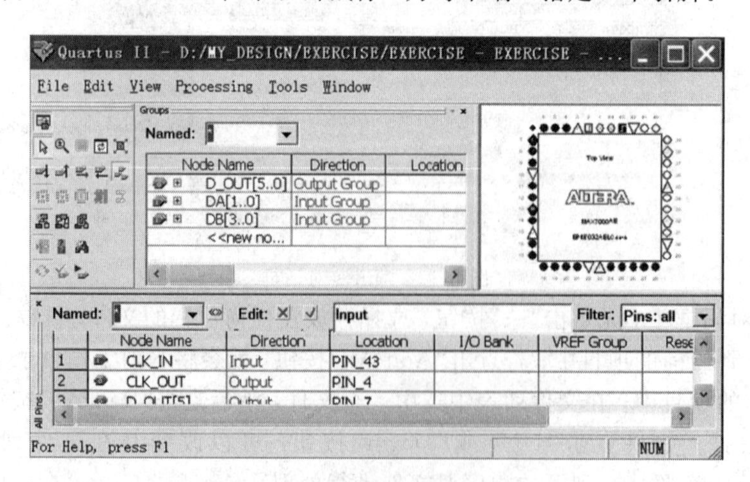

图 8-13　Pin Planner 窗口

5. 运行“Analysis & Synthesis”

在 Processing 菜单的 Start 中选择“Start Analysis & Synthesis”，编译器将自动完成

分析和综合两个编译阶段。对于简单的设计，可以省略这一步；而对于一些比较复杂的设计，由于接下来的适配过程所花费的时间会比较长，所以一般是在综合之后先对设计项目进行功能仿真，在确定设计项目的功能无误后，再进行适配操作。

6. 运行完全编译

无论是“Analyze Current File”、“Analysis & Elaboration”还是“Analysis & Synthesis”，编译器都只能执行部分操作。选择 Processing 菜单中的 Start Compilation，编译器就可以自动运行全部的编译过程，包括分析、综合、适配、生成编程文件等。

编译器运行过程中，Quartus Ⅱ 在管理器的状态窗口中将显示编译的进度和每个编译阶段所用的时间；在弹出的编译报告(Compilation Report)窗口中实时更新编译结果；在消息窗口中实时显示一些相关信息。编译器正在运行时，如果选择 Processing 菜单中的 Stop Processing，可以使编译器终止工作。

7. 查看编译结果

编译完成后，用户可以在编译报告窗口中查看编译结果。编译报告包括了怎样将一个设计放到器件中的全部信息，如器件资源的使用情况、编译设置、引脚分配、方程式等。选中左侧列表中的任何一项内容，在右侧就会出现相应的详细信息。选择 Processing 菜单中的 Compilation Report，可以打开最近一次生成的编译报告。

8.4.3 设计验证

设计验证包括仿真和时序分析。所谓仿真，就是利用仿真软件给定输入信号的波形，然后通过观察输出信号的波形来判断设计是否达到设计要求。适配之前的仿真不包括电路的时延信息，只是在逻辑层面对设计的功能进行验证，称为功能仿真或前仿真；适配之后的仿真包含了电路的时延信息，称为时序仿真或后仿真。时序分析将对设计中所有的信号传输路径进行全面的扫描，分析每一条路径的时延特性，并最终判断设计是否符合时延方面的要求。由于篇幅所限，下面只介绍仿真操作。

对设计进行仿真验证时，可以使用 Quartus Ⅱ 自带的仿真工具，也可以用第三方仿真软件，如 Modelsim 等。以下是使用 Quartus Ⅱ 自带仿真工具对设计项目进行仿真的基本步骤。

1. 建立向量波形文件(*.vwf)

(1) 打开波形编辑器(Waveform Editor)。选择 File 菜单中的 New，出现图 8－8 所示的 New 对话框；在 New 对话框的 Verification/Debugging Files 栏中选择 Vector Waveform File，点击“OK”按钮即可打开一个新的波形编辑器窗口。

(2) 设置最大仿真时间。选择 Edit 菜单中的 End Time，在弹出的 End Time 对话框中输入最大仿真时间长度(如 10 μs)，点击“OK”按钮。

(3) 插入仿真信号。选择 Edit 菜单中的 Insert Node or Bus，出现 Insert Node or Bus 对话框，如图 8－14 所示；在 Name 框中输入仿真信号(激励信号或响应信号)的名字，点击“OK”按钮，仿真信号就被加入到了向量波形文件中。也可以点击“Node Finder”按钮，借助 Node Finder 插入仿真信号。

(4) 编辑激励信号的波形。先用工具条中的波形编辑工具(Waveform Editing Tool

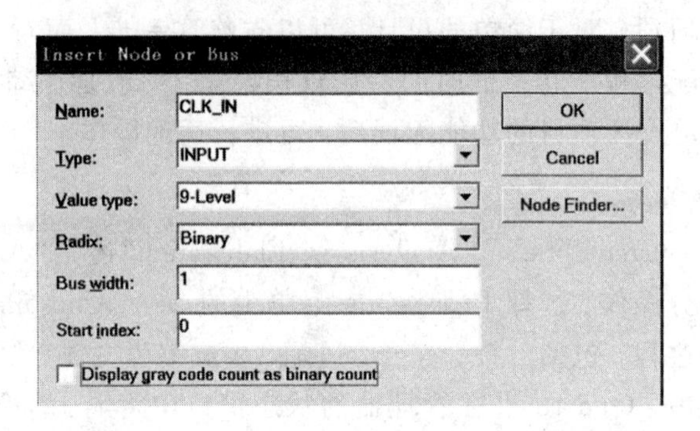

图 8－14　Insert Node or Bus 窗口

)选中准备要编辑的部分，然后在 Edit 菜单的 Value 中或工具条中选择赋值。

(5) 保存、退出。选择 File 菜单中的 Save As，将向量波形文件保存于工作目录中(文件名为 EXERCISE. vwf)，然后关闭波形编辑器。

2. 设置仿真器

选择 Assignments 菜单中的 Settings，打开 Settings 窗口(见图 8－7)；在 Category 栏的 Simulator Settings 窗口中对仿真器进行设置。

(1) 在 Simulation mode 框中选择功能仿真(Functional)或时序仿真(Timing)。

(2) 在 Simulation input 框中输入前面创建的向量波形文件(EXERCISE. vwf)。

(3) 在 Simulation period 框中设置仿真时间，有两种选择：其一，选择创建向量波形文件时设置的最大仿真时间；其二，指定具体的时间，如 1 μs。

3. 运行仿真器

若选择的是功能仿真模式，在 Processing 菜单中，先执行 Generate Functional Simulation Netlist，再执行 Start Simulation；若选择的是功能仿真模式，执行 Processing 菜单中的 Start Compilation and Simulation 或者在运行过完全编译后执行 Start Simulation。

4. 查看仿真结果

仿真结束后，仿真器产生一个仿真报告(Simulation Report)，如图 8－15 所示。点击仿

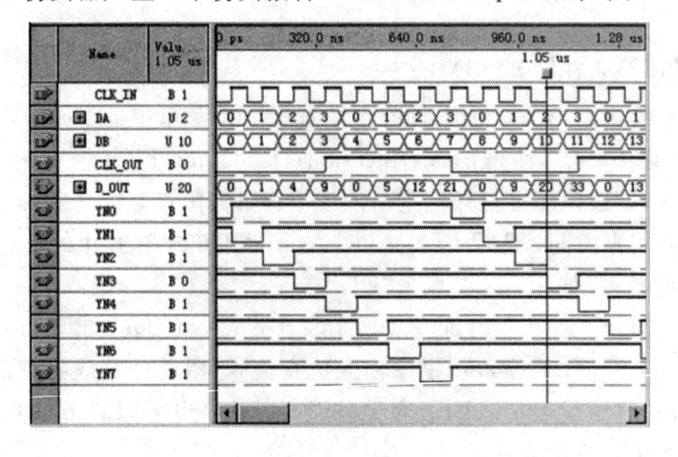

图 8－15　Simulation Report 窗口

真报告列表中的 Simulation Waveforms，可以在右侧看到仿真结果。选择 Processing 菜单中的 Simulation Report，可以打开最近一次的仿真报告。

8.4.4 器件编程

器件编程就是将编译器产生的编程文件下载到可编程逻辑器件中去，基本操作步骤如下：

(1) 用下载电缆将计算机与目标器件的编程接口连接起来，打开电源。

(2) 在 Tools 菜单中选择 Programmer，打开 QuartusⅡ的编程器(Programmer)窗口，如图 8 - 16 所示。

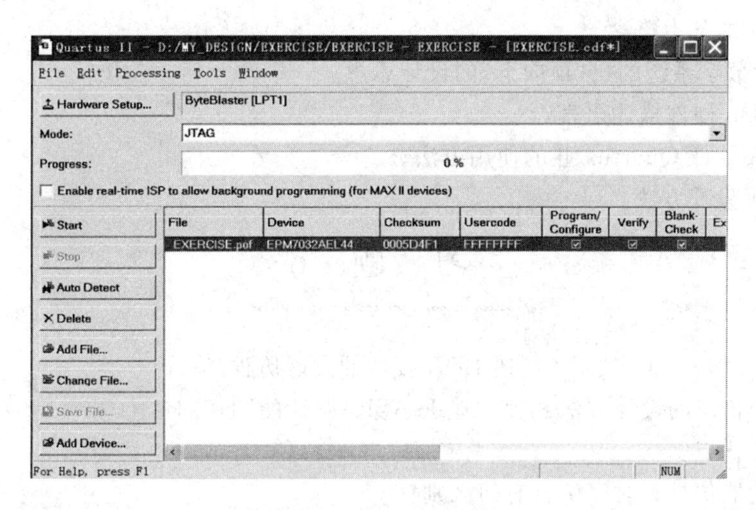

图 8 - 16　Programmer 窗口

(3) 设置编程硬件。点击编程器窗口中的"Hardware Setup"按钮，弹出 Hardware Setup 对话框，如图 8 - 17 所示；在 Hardware Settings 栏中单击"Add Hardware"；在弹出的 Add Hardware 对话框中设置下载电缆。

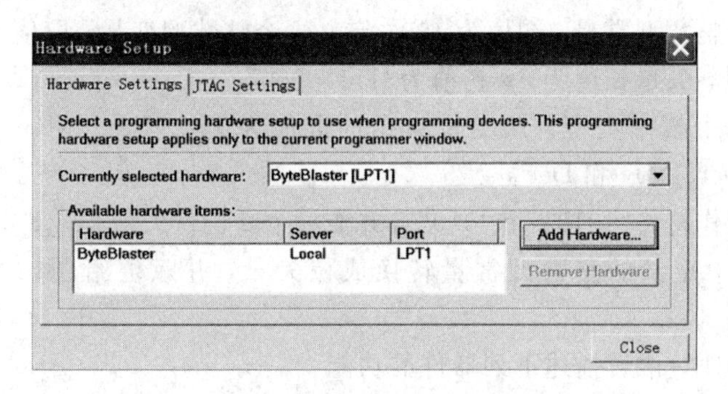

图 8 - 17　Hardware Setup 对话框

(4) 在编程器窗口中的 Mode 框中选择下载模式，如 JTAG 模式。

(5) 点击"Add File"和"Add Device"按钮，添加编程文件和目标器件。

(6) 选择 File 菜单中的 Save As，将以上设置保存到一个 Chain Description File(*.cdf)中，以后再进行同样方式的编程时，直接打开这个文件即可。

(7) 点击“Start”按钮，开始编程。

本 章 小 结

EDA技术是电子设计领域的一场革命，特别是大规模和超大规模PLD在EDA技术支持下的广泛应用，使数字系统在设计方法上产生了质的飞跃。EDA技术涵盖的内容非常广泛，在本章中主要介绍了EDA的发展历程、EDA设计语言(VHDL语言)、EDA设计工具(Quartus Ⅱ软件)和EDA设计方法。

本章需要重点掌握的内容如下：

(1) EDA的基本概念。

(2) 现代数字系统的“自顶向下”的设计思想。

(3) VHDL硬件描述语言。

(4) EDA软件Quartus Ⅱ的使用方法。

(5) EDA设计方法。

习 题 8

8-1 什么是EDA技术？简述EDA技术的发展历程。

8-2 与传统的设计方法相比，基于ASIC设计的“自顶向下(Top-Down)”的数字设计方法有什么优点？

8-3 功能仿真和时序仿真有何区别？

8-4 在VHDL语言中，变量赋值与信号代入有什么区别？

8-5 简述用Quartus II开发可编程逻辑器件的流程。

8-6 按照以下要求分别写出相应的VHDL语句。

(1) 若用一个实体代表加法器74LS283，写出实体说明语句。

(2) 定义一个整数型常量，初值为100；定义一个整数型变量，取值范围为0～255；定义一个位矢量信号，矢量长度为8，初值为“11110000”。

(3) 自定义一个枚举类型，该类型数据的取值为Jan、Feb、Mar、Apr、May、Jun、Jul、Aug、Sep、Oct、Nov和Dec。

(4) 用并置操作符将“10101”和“010”合并成一个8位位矢量vec_8，“010”为高3位。

(5) 将题(2)中定义的整数型常量转换成位矢量，并赋值给题(2)中定义的位矢量信号。

8-7 用VHDL语言描述下列器件的功能。

(1) 4选1数据选择器。

(2) 2线-4线译码器。

(3) 时钟下降沿触发的JK触发器。

(4) 移位寄存器74LS194。

(5) 同步可逆计数器74LS191。

8-8 用VHDL语言描述一个7位信息码的奇/偶校验码的产生电路。

8-9　将例 8-5 中描述的 D 触发器作为元件，用元件例化语句描述一个 3 级行波计数器。要求写出完整的 VHDL 源程序。

8-10　以下是一个时序电路的 VHDL 描述，画出该电路的状态图并说明其逻辑功能。

```
ENTITY sequence IS
PORT( clr , din , clk : IN BIT;
        z : OUT BIT );
END ENTITY sequence;
ARCHITECTURE arch OF sequence IS
TYPE STATE_TYPE IS ( S0, S1, S10, S100 );
SIGNAL state : STATE_TYPE;
BEGIN
  PROCESS(clr , clk)
  BEGIN
   IF(clr = '0') THEN state <= S0;
   ELSIF(clk'EVENT AND clk='1') THEN
     CASE state IS
      WHEN S0 => IF(din='0') THEN state <= S0; ELSE state <= S1; END IF;
      WHEN S1 => IF(din='0') THEN state <= S10; ELSE state <= S1; END IF;
      WHEN S10 => IF(din='0') THEN state <= S100; ELSE state <= S1; END IF;
      WHEN S100 => state <= S0;
     END CASE;
   END IF;
  END PROCESS;
  PROCESS(state , din)
  BEGIN
   IF(( state = S100 ) AND ( din = '1' )) THEN z <= '1';
   ELSE z <= '0';
   END IF;
  END PROCESS;
END ARCHITECTURE arch;
```

8-11　用 VHDL 语言描述一个“1000101”序列发生器。

8-12　用 VHDL 语言描述第 7 章的 7 阶多项式求解系统控制器的功能，控制器的 ASM 图如图 7-11 所示。

自 测 题 8

1. (23 分)填空

(1) 电子设计自动化 EDA 的英文全称为(　　　　　)。

(2) 数字系统高层次设计方法的三大基石是(　　　)、(　　　)和(　　　)。

(3) 一个 VHDL 源程序可以由 5 个部分组成，它们分别是(   )、(   )、(   )、(   )和(   )。

(4) VHDL 中的对象是指(   )，包括(   )、(   )、(   )和(   )。

(5) 在 VHDL 的实体说明中定义的端口有(   )种模式，它们分别是(   )。

(6) 数据和 STD_LOGIC_VECTOR 是在(   )库的(   )程序包中定义的，STD_LOGIC 类型的数据可取的值包括(   )。

2. (9 分)选择

(1) 在下列语言中，目前已形成 IEEE 标准的硬件描述语言是(   )。

A. VHDL　B. AHDL　C. ABEL　D. Verilog HDL　E. C 语言

(2) 在以下用户自定义的 VHDL 标识符中，正确的是(   )。

A. begin　B. end__name　C. arr%5y　D. half_subber　E. 2dfjtt

(3) 下面哪些库或程序包中的资源在被使用时不需要显式说明？(   )

A. STD　B. WORK　C. IEEE

D. STANDARD　E. STD_LOGIC_1164

3. (12 分)简答

(1) VHDL 中的端口模式 BUFFER 与 OUT 有什么不同？

(2) 分别列出一种常用的 VHDL 综合工具、VHDL 仿真工具、PLD 的开发系统和 PCB 设计工具。

(3) Quartus Ⅱ有哪几种设计输入方式？它支持哪几种硬件描述语言？

4. (5 分)按照 VHDL 操作符的优先级，判断表达式－a MOD b 是否等价于 (－a) MOD (b)或－(a MOD b)？

5. (6 分)写出以下信号代入语句被执行后信号的取值。

```
CONSTANT a : UNSIGNED( 7 DOWNTO 0 ) := "10101000";
CONSTANT b : SIGNED( 7 DOWNTO 0 ) := "10101000";
CONSTANT c : INTEGER :=10;
SIGNAL d, e : INTEGER;
SIGNAL f : STD_LOGIC_VECTOR( 7 DOWNTO 0 );
d <= CONV_INTEGER( a );
e <= CONV_INTEGER( b );
f <= CONV_ STD_LOGIC_VECTOR ( c, 8 );
```

6. (10 分)以下是一个时序电路的 VHDL 描述，试说明该电路的逻辑功能。

```
LIBRARY IEEE;
USE IEEE. STD_LOGIC_1164. ALL;
USE IEEE. STD_LOGIC_UNSIGNED. ALL;
ENTITY example1 IS
   PORT( clk : IN STD_LOGIC;
         din : IN STD_LOGIC_VECTOR( 7 DOWNTO 0 );
         dout : OUT STD_LOGIC );
END ENTITY example1;
```

```
ARCHITECTURE arch OF example1 IS
  SIGNAL cnt : STD_LOGIC_VECTOR( 2 DOWNTO 0 );
  SIGNAL q : STD_LOGIC_VECTOR( 7 DOWNTO 0 );
BEGIN
  PROCESS( clk )
  BEGIN
   IF( clk'EVENT AND clk = '1' ) THEN
     cnt <= cnt + '1';
   END IF;
  END PROCESS;
  PROCESS( clk )
  BEGIN
   IF( clk'EVENT AND clk = '1') THEN
     IF(cnt = "000") THEN q <= din;
     ELSE
      FOR i IN 7 DOWNTO 1 LOOP
        q( i )<= q( i-1 );
      END LOOP;
     END IF;
   END IF;
  END PROCESS;
  dout <= q(7);
END ARCHITECTURE arch;
```

7. (15 分)用 VHDL 描述一个将带符号二进制数的 8 位原码转换成 8 位补码的电路。

8. (20 分)用 VHDL 描述一个可重叠的“110”序列检测器。

附录 各章习题和自测题的参考答案

第1章参考答案

习题1

1-1 (1) $(214.5)_{10}$，$(D6.8)_{16}$ (2) $(69.25)_{10}$，$(45.4)_{16}$

(3) $(54.625)_{10}$，$(36.A)_{16}$

1-2 (1) $(1011111.1)_{2}$，$(5F.8)_{16}$ (2) $(10110111.11)_{2}$，$(B7.C)_{16}$

(3) $(1110001111.101)_{2}$，$(38F.A)_{16}$(保留3位二进制小数)

1-3 (1) $(11011111111.1)_{2}$，$(1791.5)_{10}$ (2) $(100001010.11)_{2}$，$(266.75)_{10}$

(3) $(101101101100.01)_{2}$，$(2924.25)_{10}$

1-4 (1) $(28.375)_{10}$ (2) $(375.75)_{10}$ (3) $(53.5)_{10}$

1-5 (1) 原码$(11011001)_{2}$，补码$(10100111)_{2}$

(2) 原码$(01011011)_{2}$，补码$(01011011)_{2}$

(3) 原码$(1.1001100)_{2}$，补码$(1.0110100)_{2}$

1-6 $X+Y=(11101110)_{补}=(10010010)_{原}=(-18)_{10}$

$X-Y=(01100000)_{补}=(01100000)_{原}=(+96)_{10}$(溢出错误，改用9位补码计算，结果为$-160$)

1-7 表(a)：有权码，A、B、C、D各位权依次为6、3、1、-1；

表(b)：无权码。

1-8 (1) $(0001\ 1001\ 0111\ 0101.0010\ 1000)_{8421BCD}$，

$(0110\ 1010\ 1111\ 1100.0111\ 1110)_{余3循环码}$

(2) $(0001\ 0110\ 0011.0100)_{8421BCD}$，$(0110\ 1101\ 0101.0100)_{余3循环码}$

(3) $(0100\ 0010\ 0001.0111\ 0101)_{8421BCD}$，$(0100\ 0111\ 0110.1111\ 1100)_{余3循环码}$

1-9

	I	=	W	&	L	*	3
ASCII码	1001001	0111101	1010111	0100110	1001100	0101010	0110011
奇校验码	01001001	00111101	01010111	00100110	01001100	00101010	10110011

1-10 真值表略。

1-11 (1) 由 $AB+\overline{A}C+BC=AB+\overline{A}C$(包含律)

得$(A+B)(\overline{A}+C)(B+C)=(A+B)(\overline{A}+C)$(对偶规则)

(2) $A\oplus B\oplus(AB)=(A\oplus B)\oplus(AB)=(A\oplus B)\overline{AB}+\overline{A\oplus B}(AB)$

$=\bar{A}B+A\bar{B}+AB=\bar{A}B+AB+A\bar{B}+AB=A+B$

(3) $A(B\oplus C)=A(\bar{B}C+B\bar{C})=A\bar{B}C+AB\bar{C}=\overline{AB}(AC)+(AB)\overline{AC}=(AB)\oplus(AC)$

(4) $(A+B)\odot(A+C)=(\overline{A+B})(\overline{A+C})+(A+B)(A+C)=\bar{A}\bar{B}\bar{C}+A+BC$

$=A+\bar{B}\bar{C}+BC=A+(B\odot C)$

(5) $(\bar{A}+B+C)(\bar{A}+B+\bar{C})(A+B+C)=(\bar{A}+B+C)(\bar{A}+B+\bar{C})$

$(\bar{A}+B+C)(A+B+C)=(\bar{A}+B)(B+C)=B+\bar{A}C$

(6) $\bar{A}C+AB+\bar{B}\bar{C}=\bar{A}(B+\bar{B})C+AB(C+\bar{C})+(A+\bar{A})\bar{B}\bar{C}$

$=A\bar{C}(B+\bar{B})+\bar{A}\bar{B}(C+\bar{C})+BC(A+\bar{A})=A\bar{C}+\bar{A}\bar{B}+BC$

1-12　(1) ×　(2) √　(3) ×　(4) √　(5) ×　(6) ×

1-13　(1) $W_d=\bar{A}\,\overline{(\bar{B}+C)[\bar{A}+B(\overline{C+D})]}$　　$\bar{W}=A\,\overline{(B+\bar{C})[A+\bar{B}(\overline{\bar{C}+\bar{D}})]}$

(2) $X_d=(\bar{A}+\bar{B})(B+C)(A+\bar{C})$　　$\bar{X}=(A+B)(\bar{B}+\bar{C})(\bar{A}+C)$

(3) $Y_d=\bar{A}\bar{B}+\overline{BC+A\bar{C}}$　　$\bar{Y}=AB+\overline{\bar{B}\bar{C}+\bar{A}C}$

(4) $Z_d=[\bar{A}+B+\overline{\bar{C}(\bar{B}+C)}](A+B\bar{C})$　　$\bar{Z}=[A+\bar{B}+\overline{C(B+\bar{C})}](\bar{A}+\bar{B}C)$

1-14　真值表略。

$F(A,B,C)=\bar{A}\bar{B}C+\bar{A}B\bar{C}+A\bar{B}\bar{C}+A\bar{B}C+AB\bar{C}+ABC$

$=\sum m(1,2,4,5,6,7)$　　(标准积之和式)

$=(A+B+C)(A+\bar{B}+\bar{C})=M_0M_3$　(标准和之积式)

$G(A,B,C)=AB\bar{C}+ABC=\sum m(6,7)$　　(标准积之和式)

$=(A+B+C)(A+B+\bar{C})(A+\bar{B}+C)(A+\bar{B}+\bar{C})(\bar{A}+B+C)$

$(\bar{A}+B+\bar{C})$　　(标准和之积式)

$=\prod M(0,1,2,3,4,5)$

1-15　略。

1-16　见题 1-16 真值表。

1-17　见题 1-17 真值表。

1-18　见题 1-18 真值表。

题 1-16 真值表

X_2	X_1	X_0	Y_2	Y_1	Y_0
0	0	0	0	1	1
0	0	1	1	0	0
0	1	0	1	0	1
0	1	1	1	1	0
1	0	0	1	1	1
1	0	1	0	0	0
1	1	0	0	0	1
1	1	1	0	1	0

题 1-17 真值表

A	B	C	F
0	0	0	1
0	0	1	0
0	1	0	0
0	1	1	1
1	0	0	0
1	0	1	1
1	1	0	1
1	1	1	0

题 1-18 真值表

A B C D	F	A B C D	F
0 0 0 0	0	1 0 0 0	0
0 0 0 1	0	1 0 0 1	1
0 0 1 0	0	1 0 1 0	1
0 0 1 1	1	1 0 1 1	1
0 1 0 0	0	1 1 0 0	1
0 1 0 1	1	1 1 0 1	1
0 1 1 0	1	1 1 1 0	1
0 1 1 1	1	1 1 1 1	1

1-19　(1) $F=\bar{A}\bar{B}C+\bar{A}B\bar{C}+\bar{A}BC+A\bar{B}\bar{C}+A\bar{B}C+AB\bar{C}+ABC$

(2) $F=(A+B+C)(A+B+\bar{C})(A+\bar{B}+C)(A+\bar{B}+\bar{C})(\bar{A}+B+C)(\bar{A}+B+\bar{C})$

1-20　(1) $W(A,B,C)=\sum m(0,2,4,6)$　　(2) $X(A,B,C)=\prod M(0,1,2,3,5)$

(3) $Y(A,B,C)=\prod M(0,1)$　　(4) $Z(A,B,C)=\prod M(0,1,3)$

1-21　(1) $W=B+C$　　(2) $X=\bar{A}+\bar{B}+\bar{C}+D$

(3) $Y=\bar{A}\bar{B}+A\bar{C}+BC$　　(4) $Z=A+B$

1-22　(1) $F=\bar{A}\bar{C}+BC=(\bar{A}+C)(B+\bar{C})$

（前面等式为最简与或式，后面等式为最简或与式，下同）

(2) $F=B\bar{D}+C\bar{D}+AB\bar{C}+\bar{A}\bar{B}\bar{C}D$

$=(\bar{C}+\bar{D})(\bar{A}+B+C)(B+C+D)(A+\bar{B}+\bar{D})$　（或与式非惟一）

(3) $F=\bar{B}\bar{D}+BD=(\bar{B}+D)(B+\bar{D})$

(4) $F=\bar{B}\bar{D}+ABC+BCD=(\bar{B}+C)(B+\bar{D})(A+\bar{B}+D)$　（与或式非惟一）

(5) $F=\bar{X}Y\bar{Z}+XYZ+\bar{W}\bar{X}Y=Y(\bar{X}+Z)(\bar{W}+X+\bar{Z})$　（与或式非惟一）

(6) $F=\bar{A}\bar{B}\bar{C}\bar{D}+\bar{A}DE+AB\bar{D}E+A\bar{B}\bar{E}$

(7) $F=(A+D+E)(C+\bar{D}+E)(\bar{B}+\bar{C}+D)(B+\bar{C}+\bar{D}+\bar{E})$

(8) $F=\bar{B}\bar{D}+AB+A\bar{C}+\bar{A}\bar{B}C=(A+\bar{B})(A+C+\bar{D})(\bar{A}+B+\bar{C}+\bar{D})$

(9) $F=\bar{B}+A\bar{C}\bar{D}=(A+\bar{B})(\bar{B}+\bar{C})(\bar{B}+\bar{D})$

(10) $F=\bar{B}\bar{C}+\bar{A}D+AC=(\bar{A}+\bar{D})(\bar{B}+C+D)(A+\bar{C}+D)$

(11) $F=\bar{W}+XZ=(\bar{W}+X)(\bar{W}+Z)$　（或与式非惟一）

(12) $F=\bar{C}\bar{D}+\bar{A}\bar{D}=\bar{D}(\bar{A}+\bar{C})$　（与或式非惟一）

(13) $F=\bar{A}+BD=(\bar{A}+B)(\bar{A}+D)$　（或与式非惟一）

(14) $F=\bar{C}DE+BC\bar{D}+\bar{B}DE$

(15) $F=\bar{A}+BD=(\bar{A}+B)(\bar{A}+D)$　（或与式非惟一）

(16) $F=AB+\bar{B}C=(A+\bar{B})(B+C)$　（均非惟一）

(17) $F=\bar{A}\bar{D}+\bar{A}C+B\bar{D}=(C+\bar{D})(\bar{A}+\bar{D})$　（均非惟一）

(18) $F=BC+A\bar{B}\bar{C}=(A+B)(\bar{B}+C)(B+\bar{C})$　（或与式非惟一）

(19) $F=\bar{B}+CD+A\bar{C}\bar{D}=(C+\bar{D})(\bar{C}+D)(A+\bar{B}+C)$　（或与式非惟一）

(20) $F=B\bar{D}+\bar{B}D+A\bar{C}=(\bar{B}+\bar{D})(\bar{A}+\bar{C})(A+B+D)$

1-23　$F_1=\bar{A}\bar{C}\bar{D}+A\bar{B}CD+\bar{C}D$　　$F_2=\bar{A}\bar{C}\bar{D}+A\bar{B}CD+ABD$

1-24　$Y=A\bar{B}C+AC\bar{D}=AC(\bar{B}+\bar{D})$

$Z=\bar{A}B+B\bar{C}\bar{D}+\bar{A}CD+BCD+A\bar{B}\bar{C}D$

$=(B+D)(A+B+C)(\bar{A}+\bar{C}+D)(\bar{A}+B+\bar{C})(\bar{A}+\bar{B}+C+\bar{D})$

1-25　$F_1=\bar{F}_2$

1-26　二者卡诺图相同，因此等式成立。

1-27　(1) $F=A\oplus B=\bar{A}B+A\bar{B}$

(2) $F=A\oplus B=\bar{A}B+A\bar{B}=\overline{\overline{\bar{A}B}\cdot\overline{A\bar{B}}}$

(3) $F=A\oplus B=\overline{A\odot B}=\overline{\bar{A}\bar{B}+AB}$

(4) $F=A\oplus B=\overline{A\odot B}=\overline{\bar{A}\bar{B}+AB}=\overline{\overline{A+B}+\overline{\bar{A}+\bar{B}}}$

(5) $F = A \oplus B = \overline{A \odot B} = \overline{\overline{A}\,\overline{B} + AB} = (A + B)(\overline{A} + \overline{B})$（逻辑图略）

1-28　解为：$(A,B,C,D) = \{(0,1,0,1),(0,1,1,1),(1,0,0,0),(1,0,1,0),(1,1,1,1)\}$。

1-29　最小约束条件表达式为：$\prod \Phi(1,13,14,15) = 1$。

1-30　最小约束条件表达式为：$\sum \Phi(1,3,14,15) = 0$。

1-31　真值表略。

标准式：$F(A,B,C,D) = \sum m(0,3,4,9,11,12) + \sum \Phi(5,6,7,13,14,15)$

$= \prod M(1,2,8,10). \prod \Phi(5,6,7,13,14,15)$

最简式：$F = B + AD + CD + \overline{A}\,\overline{C}\,\overline{D} = (\overline{A} + B + D)(A + C + \overline{D})(A + \overline{C} + D)$

1-32　真值表略。假设下列变量为 1 表示设备工作，为 0 表示设备不工作。

用电设备：10 kW——A，15 kW——B，25 kW——C。

发电机组：15 kW——Z_1，10 kW——Z_2。

表达式：$Z_1 = \overline{A}B + A\overline{B}$，$Z_2 = AB + C$（电路略）。

自测题 1

1. (1) $(174.25)_{10}$，　$(0001\ 0111\ 0100.0010\ 0101)_{8421BCD}$

(2) $(1010\ 1110.01)_2$，　$(AE.4)_{16}$

(3) $a_1 a_0 = 00$

(4) $(-52)_{10}$，　$(-4C)_{16}$

(5) $-128 \sim +127$

(6) $\overline{A} + B$，　$\overline{A}$

(7) $A_1 \sim A_n$ 中有奇数个 1。

(8) $A \cdot \overline{\overline{(B + C)}(B + \overline{A}C)}$，　$\overline{A} \cdot \overline{\overline{\overline{B} + \overline{C}}(\overline{B} + A\overline{C})}$

(9) $(A + B + C)(A + B + \overline{C})(A + \overline{B} + C)(A + \overline{B} + \overline{C})(\overline{A} + \overline{B} + C)$

(10) (3, 6, 7)，(1, 2)

2. (1) ×　(2) ×　(3) ×　(4) √　(5) √

3. (1) C；(2) C；(3) D；(4) A；(5) A

4. 电路图如图 1 所示。

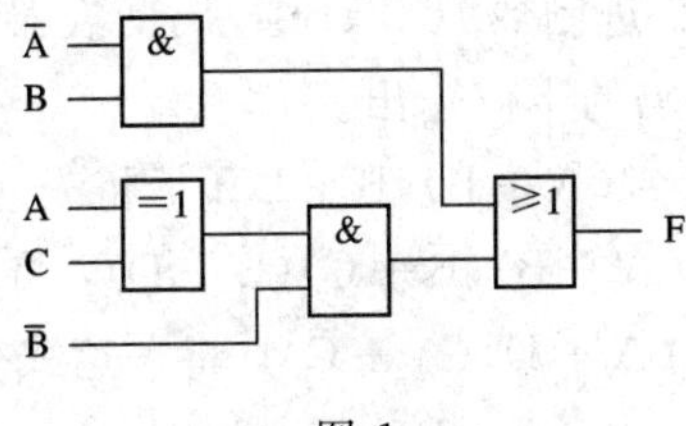

图 1

5. 真值表略。$F(A,B,C) = \sum m(2,3,4,7) = \prod M(0,1,5,6)$

6. $F = B + \overline{C}$

7. (1) $X = A + C + BD = (A + C + D)(A + B + C)$

(2) $Y = \overline{C}\,\overline{D} + \overline{A}\,\overline{C} = (C + \overline{D})(\overline{A} + \overline{C})$（非惟一）

8. 真值表略。最简与或式分别为：$G = BC$，$Y = A + \overline{B}C + B\overline{C}$，$R = A\overline{B} + \overline{C}$。

第 2 章参考答案

习题 2

2-1　74S00：$N_O = 10$　　7410：$N_O = 10$
　　74S00 驱动 7410：$N_O = 12$　　7410 驱动 74S00：$N_O = 8$

2-2　F_1 能，F_2 不能，F_3 不能，理由略。

2-3　按照 $F = \overline{AB} \cdot \overline{BC} \cdot \overline{ACD}$ 连接电路，共需 3 个 OC 与非门，1 个上拉电阻。

2-4　题 2-4 表中 F 栏从上到下依次为：1,0,1,0,高阻,高阻。

2-5　逻辑图、负逻辑真值表略。
　　负逻辑表达式为 $F = (A + C)[\overline{A} + (B \odot C)]$，与正逻辑表达式互为对偶式。

2-6　正逻辑表达式为 $F = \overline{\overline{A} + B}$，负逻辑表达式为 $F = \overline{\overline{A}B}$。

2-7　当逻辑门为 TTL 门时，$F_1 = 0$，$F_2 = 0$，$F_3 = 1$；当逻辑门为 CMOS 门时，$F_1 = 1$，$F_2 = 1$，$F_3 = 1$。

2-8　(a) 奇校验器或偶校验位发生器。
　　(b) 1 位二进制数全减器。
　　(c) 判断输入编码表示的十进制数是否为 4 或 5 的倍数。
　　(d) 5421BCD 码 / 余 3 码变换器。

2-9　功能：1 位二进制数全加器。等效的与或逻辑图略。

2-10　功能：4 位二进制数 / 格雷码变换器。

2-11　功能：余 3 码 /5421BCD 码变换器。

2-12　表略。功能：带选通端的四选一数据选择器。控制信号中，$\overline{ST}$ 为选通信号，低电平有效；S_0S_1 为地址码，控制 Y 选择 $D_0 \sim D_3$ 中的一路输出。

2-13　真值表略。$Z(A,B,C) = m_0 = \prod M(1,2,3,4,5,6,7)$。
　　功能：判断 A、B、C 是否为全 0。或非门实现电路略。

2-14　$Z = \overline{A}\overline{B}\overline{C}$

2-15　真值表略。功能：4 位二进制数 /8421BCD 码变换器，其中，$F_3F_2F_1F_0$ 为 BCD 码的个位输出，F_4 为 BCD 码的十位输出。

2-16　(1) $F = A\overline{B}\overline{C} + B\overline{C}D = (A + B)(\overline{B} + D)\overline{C}$，将表达式变形即可画出电路。
　　(2) $F = \overline{B} + \overline{A}CD = (\overline{A} + \overline{B})(\overline{B} + C)(\overline{B} + D)$，将表达式变形即可画出电路。
　　(3) $F = A\overline{C} + \overline{A}D = (A + D)(\overline{A} + \overline{C})$，将表达式变形即可画出电路。
　　(4) $F = \overline{A}B + BC + \overline{A}C = (\overline{A} + B)(B + C)(\overline{A} + C)$，将表达式变形即可画出电路。

2-17　$F = \overline{A}\overline{B}\overline{D} + B\,\overline{\overline{A}C\overline{D}}$，将表达式变形即可画出电路。

2-18　$F = AC + \overline{B}C$，将表达式变形即可画出电路。

2-19　$F = \overline{AB} \oplus C$，图略。

2-20　$F = (\overline{A} + \overline{D})(\overline{B} + \overline{C})(A + C + D)$，将表达式变形即可画出电路。

2-21 设 $A = A_1A_0$，$B = B_1B_0$，$A > B$ 时 $F_1 = 1$，$A = B$ 时 $F_2 = 1$，$A < B$ 时 $F_3 = 1$。

$F_1 = (A_1 + A_0)(A_1 + \overline{B}_0)(A_1 + \overline{B}_1)(A_0 + \overline{B}_1)(\overline{B}_1 + \overline{B}_0)$

$F_2 = (A_1 + \overline{B}_1)(\overline{A}_1 + B_1)(A_0 + \overline{B}_0)(\overline{A}_0 + B_0)$

$F_3 = (\overline{A}_1 + \overline{A}_0)(\overline{A}_1 + B_0)(\overline{A}_1 + B_1)(\overline{A}_0 + B_1)(B_1 + B_0)$

将表达式变形即可画出电路。

2-22 设话路通话为 1，不通话为 0；$F = 1$ 表示不能正常工作。

$F = (A + C)(A + D)(B + D)$，将表达式变形即可画出电路。

2-23 设供血为 WX，受血为 YZ，$F = 1$ 表示血型不符。血型编码为：

O 型——00，B 型——01，A 型——10，AB 型——11

$F = W\overline{Y} + X\overline{Z}$，将表达式变形即可画出电路。

2-24 设 A、B、C 无信号为 0，有信号为 1；F_1、F_2、F_3 无输出为 0，有输出为 1。

$F_1 = A \quad F_2 = \overline{A}B \quad F_3 = \overline{A}\overline{B}C$，电路略。

2-25 设 A、B、C 为 0 时键未按下，A、B、C 为 1 时键按下；设 S 为开锁信号，0 表示不开锁，1 表示开锁；设 J 为报警信号，0 表示不报警，1 表示报警。真值表略。74138 连接关系为

$$J(A, B, C) = \sum m(1, 3, 5) = \overline{\prod \overline{Y}_1 \cdot \overline{Y}_3 \cdot \overline{Y}_5}$$

$$S(A, B, C) = \prod M(0, 1, 3, 5) = \prod \overline{Y}_0 \cdot \overline{Y}_1 \cdot \overline{Y}_3 \cdot \overline{Y}_5$$

2-26 设三台设备为 A、B、C，且无故障为 0，有故障为 1；

绿灯、红灯、黄灯为 G、R、Y，且灭为 0，亮为 1。

$G = \overline{A}\overline{B}\overline{C}$，$R = AB + AC + BC$，$Y = A \oplus B \oplus C$，

将 R、G 表达式变形即可画出电路。

2-27 设 A 表示性别，且男为 0，女为 1；

B、C、D 分别表示黄票、红票、绿票，且 0 表示无票，1 表示有票；

$F = 1$ 表示可以入场，$F = 0$ 表示不能入场。

$F = B + \overline{A}C + AD = (A + B + C)(\overline{A} + B + D)$，将表达式变形即可画出电路。

2-28 (1) 设余 3 码为 WXYZ，8421BCD 码为 ABCD，则 $ABCD = WXYZ + 1101$；

(2) 设 8421BCD 码为 ABCD，5421BCD 码为 WXYZ，$F = A + BC + BD$，则 $WXYZ = ABCD + 00FF$；

(3) 设 5421BCD 码为 ABCD，余 3 码为 WXYZ，则 $WXYZ = ABCD + 00\overline{A}\overline{A}$；

(4) 设 2421BCD 码为 WXYZ，8421BCD 码为 ABCD，则 $ABCD = WXYZ + W0W0$。

2-29 7483 连接：$A_3A_2A_1A_0 = ABCD$，$B_3 = 0$，$B_2 = X_1 \cdot X_0$，$B_1 = X_1 \oplus X_0$，$B_0 = X_1$，$C_0 = 0$。

输出连接：$S_4S_3S_2S_1S_0 = C_4S_3S_2S_1S_0$。

2-30 用 3 片 7485 级联。最低位芯片的 A、B 输入端接最低位 8421BCD 码，级联输入端接 010，输出端接中间位 7485 的级联输入端；中间位 7485 的 A、B 输入端接中间位 8421BCD 码，输出端接最高位 7485 的级联输入端；最高位 7485 的 A、B 输入端接最高位 8421BCD 码，输出端为最终比较输出。

2-31　设输入为 A、B、C，输出为 S(和)、J(进位)，则有

$S(A,B,C) = \sum m(1,2,4,7) = \overline{\overline{Y}_1\overline{Y}_2\overline{Y}_4\overline{Y}_7}$，

$J(A,B,C) = \sum m(3,5,6,7) = \overline{\overline{Y}_3\overline{Y}_5\overline{Y}_6\overline{Y}_7}$。

2-32　(1) $W(A,B,C) = Y_0 + Y_2 + Y_5 + Y_7$(译码器 A_3 接 0)

(2) $X(A,B,C,D) = \overline{Y_2 + Y_8 + Y_9 + Y_{14}}$

(3) $Y(A,B,C,D) = Y_0 + Y_2 + Y_3 + Y_8 + Y_{15}$

(4) $Z(A,B,C,D) = Y_0 + Y_3 + Y_5 + Y_6 + Y_9 + Y_{10} + Y_{12} + Y_{15}$

2-33　设两个 2 位二进制数分别为 A_1A_0 和 B_1B_0，乘积为 $P_3P_2P_1P_0$，则有：

$P_3 = \overline{\overline{Y}_{15}}$，$P_2 = \overline{\overline{Y}_{10}\overline{Y}_{11}\overline{Y}_{14}}$，$P_1 = \overline{\overline{Y}_6\overline{Y}_7\overline{Y}_9\overline{Y}_{11}\overline{Y}_{13}\overline{Y}_{14}}$，$P_0 = \overline{\overline{Y}_5\overline{Y}_7\overline{Y}_{13}\overline{Y}_{15}}$。

2-34　用 4 个四选一(两片 74153)扩展成 16 输入，均用 A_1A_0 作地址选择码；再用 1 个四选一从前面的 4 个四选一中选择一路输出，用 A_3A_2 作地址选择码。

2-35　(1) 四选一连接：$BC = A_1A_0$，$D_0 = \overline{A}$，$D_1 = \overline{A}$，$D_2 = 1$，$D_3 = A$。

八选一连接：$ABC = A_2A_1A_0$，$D_0 = 1$，$D_1 = 1$，$D_2 = 1$，$D_3 = 0$，$D_4 = 0$，$D_5 = 0$，$D_6 = 1$，$D_7 = 1$。

(2) 四选一连接：$AB = A_1A_0$，$D_0 = 1$，$D_1 = 0$，$D_2 = 1$，$D_3 = 0$。

八选一连接：$BCD = A_2A_1A_0$，$D_0 = 1$，$D_1 = 1$，$D_2 = 1$，$D_3 = 1$，$D_4 = 0$，$D_5 = 0$，$D_6 = 0$，$D_7 = 0$。

(3) 四选一连接：$AB = A_1A_0$，$D_0 = 0$，$D_1 = 1$，$D_2 = 0$，$D_3 = 0$。

八选一连接：$BCD = A_2A_1A_0$，$D_0 = 0$，$D_1 = 0$，$D_2 = 0$，$D_3 = 0$，$D_4 = \overline{A}$，$D_5 = 0$，$D_6 = 0$，$D_7 = 1$。

(4) 四选一连接：$AB = A_1A_0$，$D_0 = E$，$D_1 = \overline{D}$，$D_2 = D$，$D_3 = \overline{C}$。

八选一连接：$CDE = A_2A_1A_0$，$D_0 = B$，$D_1 = B$，$D_2 = A$，$D_3 = 1$，$D_4 = \overline{A}$，$D_5 = \overline{A}$，$D_6 = 0$，$D_7 = 0$。

2-36　设输入为 ABC，输出为 J(进位)和 S(和)，则有：

J 连接：$BC = A_1A_0$，$D_0 = 0$，$D_1 = A$，$D_2 = A$，$D_3 = 1$。

S 连接：$BC = A_1A_0$，$D_0 = A$，$D_1 = \overline{A}$，$D_2 = \overline{A}$，$D_3 = A$。

2-37　连接思路：先用 1 片 7485 和 1 片 4－二选一 74157 从 A、B 中选出较大的数，然后再用 1 片 7485 和 1 片 4－二选一 74157 将其和 C 进行比较，选出最大的一个数输出。

2-38　设被加数或被减数为 $A_3A_2A_1A_0$，加数或减数为 $B_3B_2B_1B_0$，则电路连接方法为：4－二选一 74157 的 D_0 输入端接 $B_3B_2B_1B_0$，D_1 输入端接 $\overline{B}_3\overline{B}_2\overline{B}_1\overline{B}_0$，地址端 A_0 接 X；7483 的 A 输入端接 $A_3A_2A_1A_0$，B 输入端接 74157 的 Y 输出端，C_0 接 X，则 74138 的 C_4 和 $S_3S_2S_1S_0$ 即为运算结果。

2-39　设 3 位递增的二进制数为 $Q_2Q_1Q_0$，输出 8421BCD 码为 WXYZ，则有：

$W(Q_2,Q_1,Q_0) = m_5$　　$X(Q_2,Q_1,Q_0) = \sum m(2,4,7)$

$Y(Q_2,Q_1,Q_0) = \sum m(0,6,7)$　　$Z(Q_2,Q_1,Q_0) = \sum m(0,1,3,4,5)$

使用高电平译码有效的译码器最为方便，电路图略。

2-40　真值表略，$F(A, B, C, D) = \sum m(0, 1, 3, 4, 7, 11, 14) = \overline{\overline{Y}_0\overline{Y}_1\overline{Y}_3\overline{Y}_4\overline{Y}_7\overline{Y}_{11}\overline{Y}_{14}}$，

电路略。

2-41　用四选一实现：$A_1A_0 = AB$，$D_0 = C+D$，$D_1 = \overline{C+D}$，$D_2 = C\oplus D$，$D_3 = C\odot D$。

2-42　略。

2-43　(1) A、B、C 均为有竞争力的变量，存在 0 型险象；
(2) A、B、C 均为有竞争力的变量，存在 0 型险象；
(3) A、B、C 均为有竞争力的变量，存在 0 型险象；
(4) A、B、C 均为有竞争力的变量，存在 0 型险象；
(5) A、B、C 均为有竞争力的变量，无险象；
(6) A、B、C 均为有竞争力的变量，无险象。

2-44　F_1：A、B 是有竞争力的变量，A 引起 0 型险象，B 无险象。修改：$F_1 = B + AD$。
F_2：B 是有竞争力的变量，引起 1 型险象。修改：$F_2 = (A+B)(\bar{B}+C)(A+C)$。

自测题 2

1. (1) 输出端能够驱动的同类逻辑门的数目
(2) 抬高输出低电平或损坏器件
(3) ECL，CMOS　　(4) 错误　　(5) 略

2. (1) $F = \bar{E}\cdot\bar{A}B + E\cdot\overline{A+B}$，真值表略　　(2) 波形图略
(3) $F(E,A,B) = \bar{E}\bar{A}B + E\bar{A}\bar{B}$
$= (E+A+B)(E+\bar{A}+B)(E+\bar{A}+\bar{B})(\bar{E}+A+\bar{B})(\bar{E}+\bar{A}+B)$
$\cdot(\bar{E}+\bar{A}+\bar{B})$
(4) $F = \overline{\overline{\bar{E}\bar{B}} + EB + EA + 0}$，电路图略(多余的与项接 0，多余的与输入端接 1)

3. 四选一连接：$CD = A_1A_0$，$D_0 = \bar{A}$，$D_1 = 0$，$D_2 = \bar{B}$，$D_3 = 1$。
八选一连接：$BCD = A_2A_1A_0$，$D_0 = 0$，$D_1 = 0$，$D_2 = 1$，$D_3 = 1$，$D_4 = \bar{A}$，$D_5 = 0$，
$D_6 = 0$，$D_7 = 1$。

4. 设微机原理、信息处理、数字通信、网络技术分别为 A、B、C、D，取得学分为 1；设 F = 1 为可以结业。则有：$F = AB + ACD + BCD$，变形后即可画出电路。

5. $J(A,B,C) = \sum m(1,2,3,7)$，$S(A,B,C) = \prod M(0,3,5,6)$，真值表略。
功能：全减器。

6. 设余 3 码为 ABCD，5421BCD 码为 WXYZ，则有：$WXYZ = ABCD + \bar{A}\bar{A}0\bar{A}$，连接电路略。

7. $WXYZ = ABCD + 11AA + 1$，连接电路略。

第 3 章参考答案

习题 3

3-1　状态图略，电路为摩尔型。

3-2　状态表略，状态序列为 CCDADBBAD，输出序列为 110001100。电路类型为米里型。

3 - 3

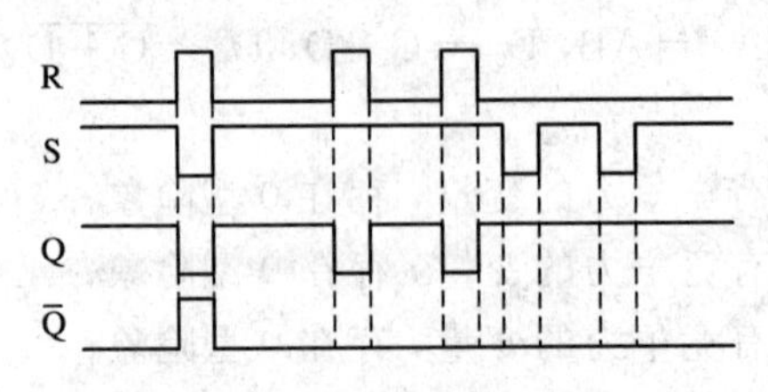

题 3 - 3 图

3 - 4　真值表和逻辑符号如题 3 - 4 表和题 3 - 4 图所示。

优点：允许 S、R 同时有效(S 优先)。

题 3 - 4 表

S	R	Q^{n+1}
0	0	Q^n
0	1	0
1	0	1
1	1	1

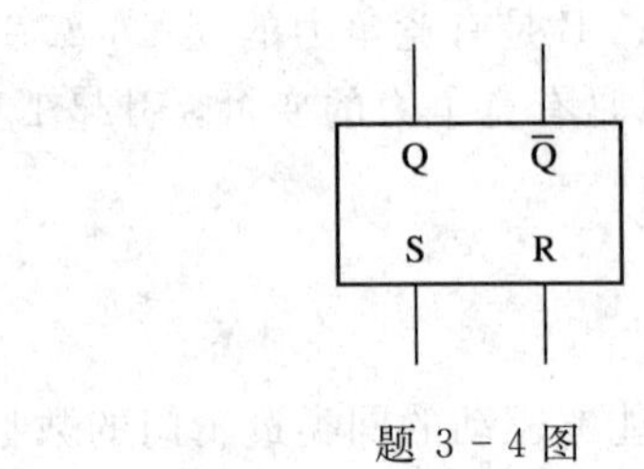

题 3 - 4 图

3 - 5

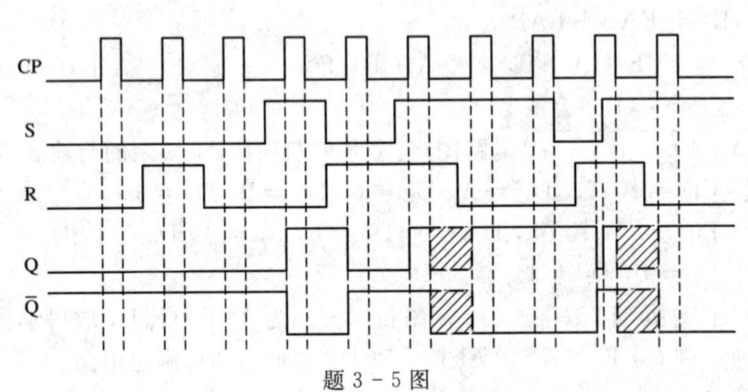

题 3 - 5 图

3 - 6 ～ 3 - 9　略。

3 - 10

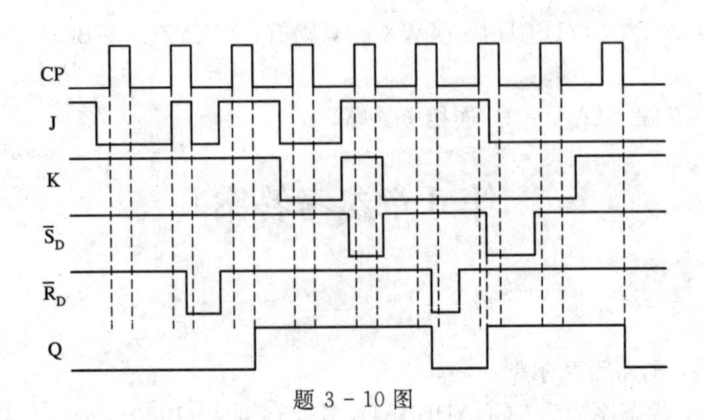

题 3 - 10 图

3-11　状态图略。

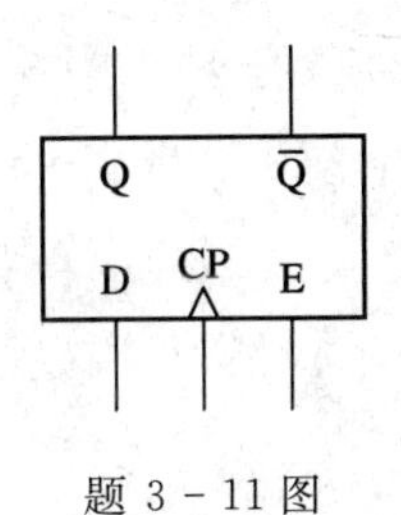

题 3-11 图

题 3-11 真值表

D^n	E^n	Q^{n+1}
0	0	Q^n
0	1	0
1	0	Q^n
1	1	1

题 3-11 激励表

Q^n	Q^{n+1}	D^n	E^n
0	0	0	Φ
0	1	1	1
1	0	0	1
1	1	Φ	0

3-12～3-16　略。

3-17　先用 3 个 T 触发器接为八进制加法计数器，然后遇 6 清 0。全状态图、波形图略。

3-18　$T_0=1$，其余：$T_i=\overline{Q}_0\cdots\overline{Q}_{i-1}(i=1,2,3)$。

3-19　$J_0=K_0=1$，$J_1=K_1=X\oplus Q_0$，$J_2=K_2=\overline{X}Q_1Q_0+X\overline{Q}_1\overline{Q}_0$。

3-20　先将两片 7490 接为 8421BCD 码的一百进制计数器，然后遇 63 清 0。

3-21　将低位 7490 接为 8421BCD 计数器，将高位 7490 接为 5421BCD 计数器，低位 7490 的 Q_D 作高位 7490 的计数时钟，然后遇 58 清 0。

3-22　74163 连接：$\overline{CLR}=P=T=1$，$\overline{LD}=\overline{Q_DQ_C}$，DCBA = 0011，进位 $Z=Q_DQ_B$。全状态图略。

3-23　(1) 将图 3-36 中的非门移除，并将两片 74163 改为 74161，$\overline{LD}$ 改接 1。

(2) 首先构成二百五十六进制计数器，然后遇 135－1＝134 同步置入“0”。

(3) 首先构成二百五十六进制计数器，然后遇 135 异步清 0。在状态 134 时进位输出 1。

(4) 首先将两片 74161 级联为 8421BCD 编码的一百进制计数器，然后遇 85 异步清 0。

3-24　不能。因为 T 影响进位输出 CO，而 P 不影响进位输出 CO。

3-25　波形图、状态图及逻辑门作用略。图(a)为模 11，图(b)为模 9。

3-26　S 分别接到 1、2、3 三个触点时计数器的模依次为 12、16、11，进位输出分别为 $Z_1=Q_DQ_BQ_A$、$Z_2=CO$、$Z_3=Q_DQ_C$。

3-27　九十五进制，8421BCD 码。

3-28　电路与本章图 3-36 相同，只要将 74163 改为 74160 即可，但预置数 $Y=100-M$。若 $M=23$，则预置数 $Y=77$，即两片 74160 均预置 7 的 8421BCD 码 0111。

3-29　清 0 法：遇 7 清 0；

预置法 1：使用前面 7 个状态；

预置法 2：使用 0 和后面的状态。全部采用加法计数，所有电路及状态图略。

3-30　电路连接：CLR = 1，$CP_U=1$，$CP_D=CP$，$LD=\overline{Q_DQ_A}$，DCBA = 0101，波形图略。

3-31　先将两片 74192 级联。

X = 0 时，加法计数，遇 83 时 $\overline{LD}=0$，置入 0；

X = 1 时，减法计数，遇 99 时 $\overline{LD}=0$，置入 82。

3-32　加法连接：$\overline{LD}=1$，$CP_U=CP$，$CP_D=1$，$CLR=Q_DQ_C$；

减法连接：$\overline{LD}=\overline{Q_DQ_CQ_BQ_A}$，DCBA = 1011，CLR = 0，$CP_U=1$，$CP_D=CP$。

3 - 33　$\overline{O}_{EN}$—— 输出使能，低电平有效，优先级最高；

$\overline{CR_A}$—— 异步清 0，低电平有效，优先级第 2；

$\overline{CR_S}$—— 同步清 0，低电平有效，优先级第 3；

$\overline{LD_A}$—— 异步置数控制，低电平有效，优先级第 4；

$\overline{LD_S}$—— 同步置数控制，低电平有效，优先级第 5；

CP—— 时钟脉冲，上升沿有效；

DCBA—— 预置数输入。

清 0 方式：同步清 0、异步清 0 两种。

置数方式：同步置数、异步置数两种。

十进制计数器连接：

异步清 0：$\overline{LD_A} = \overline{LD_S} = \overline{CR_S} = 1$，$\overline{O}_{EN} = 0$，$\overline{CR_A} = \overline{Q_D Q_B}$；

同步清 0：$\overline{LD_A} = \overline{LD_S} = \overline{CR_A} = 1$，$\overline{O}_{EN} = 0$，$\overline{CR_S} = \overline{Q_D Q_A}$；

异步置数：$\overline{LD_A} = \overline{Q_D Q_B}$，DCBA = 0000，$\overline{CR_A} = \overline{LD_S} = \overline{CR_S} = 1$，$\overline{O}_{EN} = 0$；

同步置数：$\overline{LD_S} = \overline{Q_D Q_A}$，DCBA = 0000，$\overline{CR_A} = \overline{LD_A} = \overline{CR_S} = 1$，$\overline{O}_{EN} = 0$。

3 - 34　用两片计数器构成，连接方式如下：

低位芯片：CP = CP，$\overline{LD_S} = \overline{CR_A} = \overline{LD_A} = \overline{CR_S} = 1$，$\overline{O}_{EN} = 0$；

高位芯片：CP = $\overline{O}_C$（低位芯片），$\overline{LD_S} = \overline{CR_A} = \overline{LD_A} = \overline{CR_S} = 1$，$\overline{O}_{EN} = 0$。

3 - 35　设高位芯片为 1＃，低位芯片为 0＃，连接方式：两片 DCBA = 0000，

$CP_1 = CP_0 = CP$（小时），$P_1 = T_0 = P_0 = \overline{CLR_1} = \overline{CLR_0} = 1$，$T_1 = Q_{D0} Q_{A0}$，

$\overline{LD_1} = \overline{Q_{B1} Q_{B0} Q_{A0}}$，$\overline{LD_0} = \overline{Q_{B1} Q_{B0} Q_{A0}} \cdot \overline{Q_{D0} Q_{A0}}$。

3 - 36　74163 接为十四进制计数器，电路略。

四选一的连接方式为：$A_1 A_0 = Q_B Q_A$，$D_0 = 0$，$D_1 = Q_D$，$D_2 = Q_C$，$D_3 = 1$。

3 - 37　(1) 6.4 kHz　　(2) Y = 111110，101100，011000，000000 均可

(3) Y = 001110，$f_{Zmax} = 64$ kHz　(4) Y = 110000，$f_{Zmin} = 1$ kHz

3 - 38　Y 为 150 分频，Z 为 300 分频。Y 每次输出高电平持续的时间为 10 μs，Z 每次输出高电平持续的时间为 1.5 ms。

3 - 39　74161 电路连接：$\overline{CLR} = P = T = 1$，DCBA = 1100，CP = CP，$\overline{LD} = Q_D + \overline{Q}_C$。

3 - 40 ～ 3 - 42 略。

3 - 43　74194 电路连接：$\overline{CLR} = 1$，$S_1 S_0 = 10$，$S_L = X$，$Z = \overline{X} Q_B \overline{Q}_C Q_D$。

3 - 44　74194 电路连接：$\overline{CLR} = 1$，$S_1 = 1$，ABC = 000，$D = S_L = X$，$S_0 = Z = Q_A \overline{Q}_B Q_C \overline{Q}_D$。

3 - 45 ～ 3 - 47　略。

3 - 48

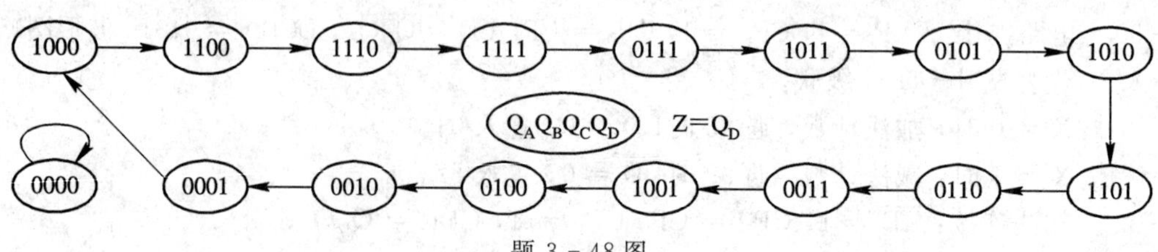

题 3 - 48 图

改进：ABCD 接 1000 或其它不全为 0 的数，$S_1 = \overline{Q_A + Q_B + Q_C + Q_D}$。

输出周期序列为 000111101011001。

3-49 需要 2 片 2114RAM。使用 13 位地址 $A_{12}A_{11} \sim A_0$。

电路连接：两片 2114 的地址线接 $A_9 \sim A_0$，$\overline{CS} = \overline{A}_{12} + A_{11} + A_{10}$，$R/\overline{W}$ 接 $R/\overline{W}$，两片 2114 的数据线分别接高低 4 位数据线 $D_7D_6D_5D_4$ 和 $D_3D_2D_1D_0$。

3-50 6116 有 11 条地址线和 8 条数据线。逻辑符号略。使用 74138 进行地址译码。

电路连接：74138：$A_2A_1A_0$ 接 $A_{13}A_{12}A_{11}$，$S_A\overline{S}_B\overline{S}_C = A_{15}A_{14}0$。

6116 连接：地址线 $A_{10}A_9 \sim A_0$ 接 $A_{10}A_9 \sim A_0$，数据线接数据线，$\overline{WE} = \overline{WR}$，$\overline{OE} = \overline{RD}$，两片 6116 的$\overline{CS}$分别接 74138 译码器的 $\overline{Y}_0$ 和 $\overline{Y}_1$。

自测题 3

1. (1) √。 (2) 略。 (3) 略。

(4) $J = K = 1$；$J = 1$，$K = Q^n$；$J = \overline{Q^n}$，$K = 1$；$J = \overline{Q^n}$，$K = Q^n$。

(5) 略。 (6) 略。 (7) n，2n，2n－1，变形扭环形。

(8) 4K×8 位，8。 (9) A。 (10) B。

2. (1) $Q^{n+1} = \overline{\overline{\overline{A^n + Q^n} + \overline{B^n} + \overline{Q^n}}} = (A^n + Q^n)(\overline{B^n} + \overline{Q^n}) = A^n\,\overline{Q^n} + \overline{B^n}Q^n$。

电路实现 JK 触发器功能，此处 A = J，B = K。

(2) Q 端波形如图 1 所示。

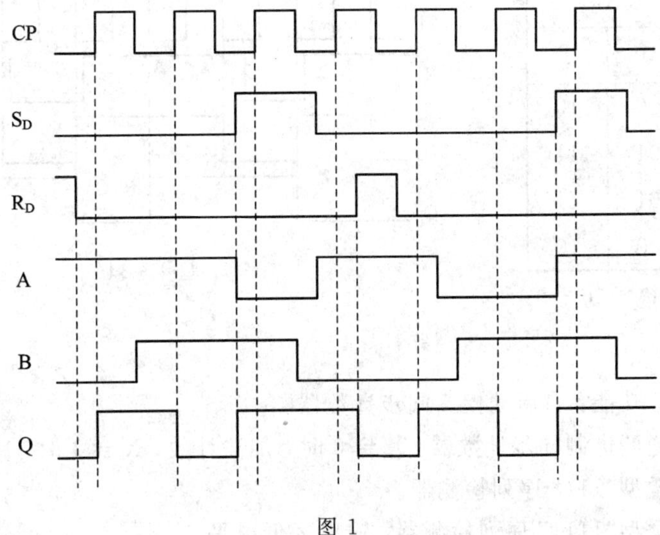

图 1

3. 全状态图略，其中主循环为 0100 ~ 1101。修改前后分别为十进制和十三进制计数器。

4. 分频次数为 97，输出正脉冲的宽度为 17 个 CP 脉冲周期。

如要实现 83 分频，与门只接右侧 7490 的 Q_BQ_A 即可。

5. 74163 连接：CP = CP，$\overline{LD} = P = T = 1$，$\overline{CLR} = \overline{Q}_D$。

四选一连接：$A_1A_0 = Q_BQ_A$，$D_0 = Q_D$，$D_1 = 1$，$D_2 = Q_C$，$D_3 = 0$，

四选一的 Y 输出端即为序列输出端 Z。

6. 74194 连接：$S_1S_0 = 10$，$\overline{CLR} = 1$，CP = CP，$S_L = \overline{Q_AQ_B}$，全状态图略。

7. 74161 连接：$\overline{CLR}=P=T=1$，$CP=CP$，$CBA=000$，$D=\overline{Q}_D$，$\overline{LD}=\overline{Q}_C$，进位 $Z=Q_DQ_C$。

第 4 章参考答案

习题 4

4－1　波形图如题 4－1 图所示。比较 X、Q_0 的波形可以发现，X 每输入一个随机的宽脉冲，在 Q_0 端便产生一个宽度为一个 CP 脉冲周期的单脉冲输出。因此，该电路是一个单脉冲发生器。

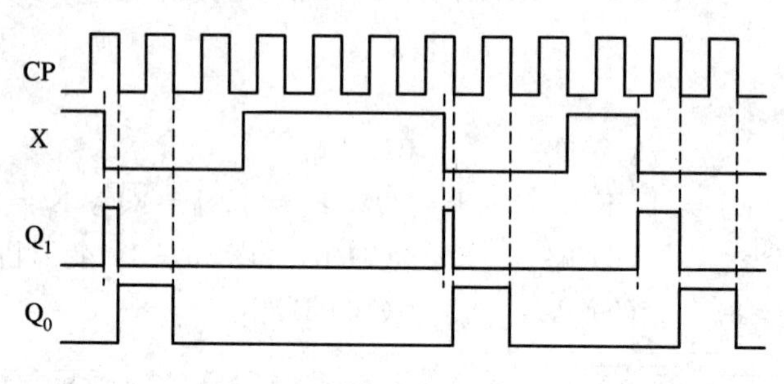

题 4－1 图

4－2　状态图略，状态表如下：

$Q_1^nQ_0^n$	X^n = 0	X^n = 1
0 0	00	10
0 1	01	11
1 0	01	11
1 1	00	10

$Q_1^{n+1}Q_0^{n+1}$

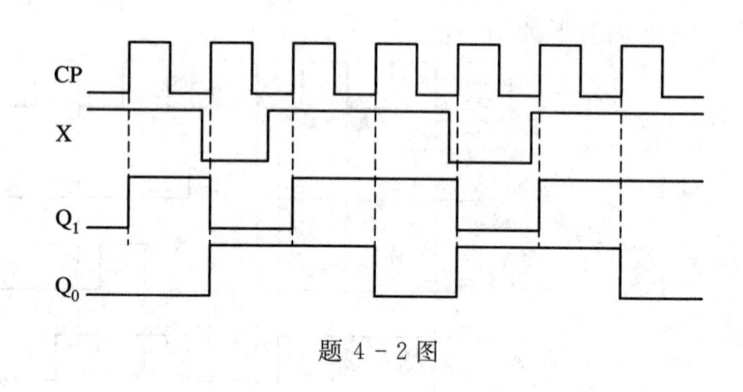

题 4－2 图

4－3　略。

4－4　状态图略。功能：自启动模 5 同步计数器。

4－5　功能：可逆四进制同步计数器。$X=0$ 时，加法计数；$X=1$ 时，减法计数。

4－6　功能：重叠型“111”序列检测器。

4－7　功能：重叠型“1111”序列检测器，输出 Z 低电平有效。

4－8　串行二进制数加法器。

4－9　两位余 3 码十进制加法计数器。左侧芯片为低位，右侧芯片为高位。

4－10　$X=0$ 时为 8421BCD 码加法计数器，$X=1$ 时为余 3 码加法计数器。其余略。

4－11　电路类型：米里型。状态图略。

4－12　全状态图略。

功能：$X=0$ 时为模 8 扭环形计数器，$X=1$ 时为模 7 变形扭环形计数器。

4－13　状态表见题 4－13 表，状态图略。

4－14　状态表见题4－14表，状态图略。

4－15　状态表见题4－15表，状态图略。

4－16　状态表见题4－16表，状态图略。

题4－13表

S^n	X^n	
	0	1
A	B/0	A/0
B	B/0	C/0
C	D/0	A/0
D	E/1	C/0
E	B/0	E/0

S^{n+1}/Z^n

题4－14表

S^n	X^n	
	0	1
A	A/0	B/0
B	C/0	B/0
C	A/0	D/0
D	E/0	B/0
E	A/0	F/0
F	G/1	B/0
G	A/0	F/0

S^{n+1}/Z^n

题4－15表

S^n	X^n	
	0	1
A	A/0	B/0
B	C/0	B/0
C	A/0	D/0
D	E/1	B/0
E	F/1	D/0
F	F/1	B/0

S^{n+1}/Z^n

题4－16表

S^n	X^n	
	0	1
A	A/0	B/0
B	C/0	B/0
C	D/0	B/0
D	A/0	E/1
E	C/0	E/1

S^{n+1}/Z^n

4－17　状态表见题4－17表，状态图略。

4－18　状态表见题4－18表，状态图略。

题4－17表

S^n	$X_1^nX_0^n$			
	00	01	10	11
A	B/0	A/0	A/0	B/0
B	B/1	A/0	A/0	B/1

S^{n+1}/Z^n

题4－18表

S^n	$X_1^nX_0^n$		
	00	01	10
A	A/0	B/0	A/0
B	B/0	C/0	A/0
C	C/0	D/0	A/0
D	D/0	D/0	A/1

S^{n+1}/Z^n

4－19　状态表见题4－19表，状态图略。

4－20　状态表见题4－20表，状态图略。

题4－19表

S^n		X^n	
		0	1
000	S_0	$S_0/0$	$S_1/0$
001	S_1	$S_2/1$	$S_3/0$
010	S_2	$S_4/0$	$S_5/0$
011	S_3	$S_6/0$	$S_7/0$
100	S_4	$S_0/0$	$S_1/1$
101	S_5	$S_2/1$	$S_3/0$
110	S_6	$S_4/0$	$S_5/0$
111	S_7	$S_0/0$	$S_7/0$

S^{n+1}/Z^n

题4－20表

S^n	$X_1^nX_0^n$			
	00	01	10	11
A	A/0	B/0	B/0	A/0
B	A/0	C/0	C/0	A/0
C	A/0	C/0	C/0	D/1
D	D/0	B/0	B/0	D/0

S^{n+1}/Z^n

4 - 21　状态表见题 4 - 21 表，状态图略。

4 - 22　状态表见题 4 - 22 表，状态图略。

4 - 23　原始状态表见题 4 - 23 表，状态图略。

题 4 - 21 表

S^n	X^n	
	0	1
A	A/0	B/1
B	B/1	A/0

S^{n+1}/Z^n

题 4 - 22 表

S^n	X^n	
	0	1
A	C/0	B/0
B	D/0	E/0
C	E/0	D/0
D	F/0	G/0
E	G/0	F/0
F	A/1	A/0
G	A/0	A/1

S^{n+1}/Z^n

题 4 - 23 表

S^n	X^n	
	0	1
A	B/0	E/1
B	C/0	D/1
C	A/0	A/1
D	A/1	A/0
E	F/1	G/0
F	A/0	A/1
G	A/1	A/0

S^{n+1}/Z^n

4 - 24　状态表见题 4 - 24 表，状态图略。

4 - 25　状态表见题 4 - 25 表，状态图略。

题 4 - 24 表

S^n	X^nY^n			
	00	01	10	11
A	A/010	C/001	B/100	A/010
B	B/100	C/001	B/100	B/100
C	C/001	C/001	B/100	C/001

$S^{n+1}/G^nE^nL^n$

题 4 - 25 表

S^n	X^nY^n			
	00	01	10	11
0	0/0	1/1	0/1	0/0
1	1/1	1/0	0/0	1/1

S^{n+1}/Z^n

4 - 26　表(a)：(A,F),(B,E,G),(C),(D)；

表(b)：(A,C),(B,D),(E,F) (G 删除)；

表(c)：(A,B),(D,G),(E,F),(C)。

最简状态表略。

4 - 27　表(a)：(A,C,F,H),(B),(D),(E),(G)；

表(b)：(A,F),(B,C,H),(D),(E),(G)。最简状态表略。

4 - 28　状态表如题 4 - 28 表所示。状态分配：

A——00，B——10，C——01。

$D_1^n = Q_1^n + X^n\overline{Y}^n\overline{Q}_0^n$，

$D_0^n = Q_0^n + \overline{X}^nY^n\overline{Q}_1^n$，

$G^n = D_1^n$，

$L^n = D_0^n$，

$E^n = \overline{G^n + L^n}$。

状态“11”为孤立状态，加电工作时需要先清 0。

题 4 - 28 表

S^n	X^nY^n			
	00	01	10	11
A	A/010	C/001	B/100	A/010
B	B/100	B/100	B/100	B/100
C	C/001	C/001	C/001	C/001

S^{n+1}/Z^n

4-29　化简后状态分配：S_0——000，S_1——001，S_2——010，S_3——011，S_4——100。

$D_2^n=\bar{X}^n Q_1^n \bar{Q}_0^n$，$D_1^n=Q_0^n$，$D_0^n=X^n$，$Z^n=\bar{X}^n \bar{Q}_1^n Q_0^n+X^n Q_2^n$，电路具有自启动特性。

4-30　化简后状态分配：A——00，B——01，C——10。

$J_1^n=(X_1^n \oplus X_0^n)Q_0^n$，$K_1^n=X_1^n \odot X_0^n$，$J_0^n=(X_1^n \oplus X_0^n)\bar{Q}_1^n$，$K_0^n=1$，$Z^n=X_1^n X_0^n Q_1^n$，电路具有自启动特性。

4-31　状态表如题 4-31 表所示。

状态分配：A——00，B——01，C——10，D——11。

$J_1^n=(X_1^n \oplus X_0^n)Q_0^n$，$J_0^n=X_1^n \oplus X_0^n$

$K_1^n=(X_1^n \oplus X_0^n)Q_0^n$，$K_0^n=X_1^n \oplus X_0^n$

$Z^n=(X_1^n \oplus X_0^n)Q_1^n Q_0^n$。

题 4-31 表

S^n	$X_1^n X_0^n$			
	00	01	10	11
A	A/0	B/0	B/0	A/0
B	B/0	C/0	C/0	B/0
C	C/0	D/0	D/0	C/0
D	D/0	A/1	A/1	D/0

S^{n+1}/Z^n

4-32　状态表如题 4-32 表所示。

$D^n=X^n Y^n+X^n Q^n+Y^n Q^n$，

$Z^n=X^n \oplus Y^n \oplus Q^n$，

工作时需要先清 0。

题 4-32 表

Q^n	$X^n Y^n$			
	00	01	10	11
0	0/0	0/1	0/1	1/0
1	0/1	1/0	1/0	1/1

Q^{n+1}/Z^n

4-33　为模 6 扭环形计数器。

$D_0^n=\bar{Q}_2^n$，

$D_1^n=Q_0^n$，

$D_2^n=Q_1^n$，

$\bar{R}_{D1}=Q_0^n+\bar{Q}_1^n+Q_2^n$，

$CP_0=CP_1=CP_2=CP$。

4-34　采用同步左移方式，从 Q_2 输出序列。

$D_0^n=Q_2^n \bar{Q}_0^n+\bar{Q}_2^n \bar{Q}_1^n$，$D_1^n=Q_0^n$，

$D_2^n=Q_1^n$，电路自启动。

4-35　状态图略。状态表如题 4-35 表所示。

题 4-35 表

S^n	$X^n Y^n$			
	00	01	10	11
A	A/0	C/1	B/1	A/1
B	B/0	B/0	B/1	B/1
C	C/0	C/1	C/0	C/1

S^{n+1}/Z^n

状态分配：A——00，B——01，C——10。

电路连接关系为

$$\begin{cases}J_1^n=\bar{X}^n Y^n \bar{Q}_0^n \\ K_1^n=0\end{cases}\quad \begin{cases}J_0^n=X^n \bar{Y}^n \bar{Q}_1^n \\ K_0^n=0\end{cases}\quad Z^n=X^n \bar{Q}_1^n+Y^n \bar{Q}_0^n$$

加电工作时，需要先清 0。

4-36　$J_1^n = X^n \oplus Q_0^n$，$J_0^n = \bar{X}^n + Q_1^n$，

$K_1^n = X^n + Q_0^n$，$K_0^n = 1$，

$Z^n = X^n \overline{Q}_1^n \overline{Q}_0^n + Q_1^n Q_0^n$。

4-37　$T_1^n = X^n \oplus Q_0^n$，$T_0^n = 1$，$Z^n = X^n \overline{Q}_1^n \overline{Q}_0^n + \bar{X}^n Q_1^n Q_0^n$。

4-38　需要两片 74162，设高位芯片为 1#，低位芯片为 0#。另外，还需要一个 D 触发器。

电路连接：$CP_0 = CP_1 = CP$，$T_0 = 1$，$P_0 = T_1 = Q$(D 触发器)，$P_1 = CO_0$，

$\overline{CLR_1} = \overline{CLR_0} = \overline{Q_{B1} Q_{B0} Q_{A0}} = CP$(D 触发器)，

$\bar{S}_D = ST$(负脉冲)。

4-39　状态表如题 4-39 表所示，状态图略。

状态分配：A ~ G——000 ~ 110。

控制激励表略。使用 $Q_C Q_B Q_A$。

题 4-39 表

S^n	X^n	
	0	1
A	B/0	A/0
B	A/0	C/0
C	B/0	D/0
D	E/0	A/0
E	F/1	C/0
F	G/0	A/0
G	F/1	C/0

S^{n+1}/Z^n

4-40　首先将74161连接为从0开始计数的八进制加法计数器，然后用其状态输出控制 74138 和与门产生输出序列。

4-41　状态分配：使用 $Q_A Q_B Q_C$，右移方式。

S_0——010，S_1——001，S_2——000，

S_3——100，S_4——101，S_5——110，

S_6——011。

74194 连接：$S_1 = Q_B Q_C \bar{X}_1$，$A = 0$，$B = 1$，$C = 0$，$CP = CP$，$\overline{CLR} = 1$，S_0、S_R、Z 用八选一实现，$Q_A Q_B Q_C = A_2 A_1 A_0$，连接表如题 4-41 表所示。

题 4-41 表　八选一连接表

$Q_A Q_B Q_C$	S_0	S_R	Z
000	X_0	1	1
001	$\bar{X}_1$	0	1
010	$X_1 + X_0$	X_0	$X_1 + X_0$
011	$\bar{X}_1$	1	X_1
100	$\bar{X}_0$	0	X_0
101	$\bar{X}_0$	1	1
110	X_1	0	1
111	1	0	1

4-42　左移方式，使用 $Q_B Q_C Q_D$，Q_B 输出序列。

74194 连接：$S_1 = 1$，$CP = CP$，$\overline{CLR} = 1$，$S_0 = 0$。

$S_L = Y$ 用四选一实现：$Q_C Q_D = A_1 A_0$，$D_0 = \overline{Q}_B$，$D_1 = \overline{Q}_B$，$D_2 = Q_B$，$D_3 = \overline{Q}_B$。

4-43　序列周期为 6，将 74194 接成模 6 扭环形计数器，$CP = X$，$S_1 = 0$，$S_0 = 1$，$S_R = \overline{Q}_C$。

Z 用八选一实现：$Q_A Q_B Q_C = A_2 A_1 A_0$，$D_0 = \bar{X}$，$D_4 = 1$，$D_6 = 0$，$D_7 = 0$，$D_3 = 1$，$D_1 = 1$。

打破无效循环：$\overline{CLR} = Q_A + \overline{Q}_B + Q_C$。

4-44　74163 状态分配：S_0 ~ S_3——00 ~ 11。

$Z_2^n = Q_B^n Q_A^n$，$Z_1^n = Q_B^n \overline{Q}_A^n$，$Z_0^n = \overline{Q}_B^n Q_A^n$，$CP = CP$，$\overline{CLR} = 1$，$P = T = 1$，$B = 0$。

A 用四选一实现：$Q_B Q_A = A_1 A_0$，$D_0 = 0$，$D_1 = 1$，$D_2 = 0$，$D_3 = W$。

$\overline{LD}$ 用四选一实现：$Q_B Q_A = A_1 A_0$，$D_0 = U$，$D_1 = W$，$D_2 = V$，$D_3 = 0$。

74194 状态分配：S_0——00，S_1——10，S_2——11，S_3——01。

$Z_2^n=\overline{Q}_A^nQ_B^n$，$Z_1^n=Q_A^nQ_B^n$，$Z_0^n=Q_A^n\overline{Q}_B^n$，$CP=CP$，$\overline{CLR}=1$，$S_1=Q_A^nQ_B^n\overline{V}^n$，$S_0=\overline{Q}_A^n+Q_B^n+W^n$，$A=B=0$，$S_R=\overline{Q}_A^n\overline{Q}_B^nU^n+\overline{Q}_A^nQ_B^nW^n+Q_A^n\overline{Q}_B^n$。

4-45　状态表如题 4-45 表所示。

状态分配：A ～ D——00 ～ 11。

$Z^n=Q_A^nQ_B^n=Z$，$E^n=X^n\oplus Q_1^n+Q_0^n$，$C^n=X^n+\overline{Q}_0^n$，$CP=CP$。

题 4-45 表

S^n	X^n	
	0	1
A	A/0	B/0
B	A/0	C/0
C	D/0	C/0
D	A/0	A/1

S^{n+1}/Z^n

4-46　分频次数为 100，用两片 74160 实现；

序列周期为 10，用一片 74160 和四选一实现。

4-47　分频次数为 10，使用 74160 实现 10 分频；

使用 74194 抽取和保存数据。

4-48　功能：自启动模 6 异步加法计数器。

波形及全状态图略。

4-49　功能：非自启动模 5 异步加法计数器。

波形及全状态图略。

4-50　$J_0^n=1$，$K_0^n=1$，$J_1^n=1$，$K_1^n=Q_3^n+\overline{Q}_2^n$，$J_2^n=1$，$K_2^n=1$，$J_3^n=Q_2^nQ_1^n$，$K_3^n=1$，$CP_0=CP$，$CP_1=Q_0$，$CP_2=Q_1$，$CP_3=Q_0$。自启动。工作波形略。

自测题 4

1. (1) 激励表如表 1 所示。

(2) A √；B √；C ×；D ×。

(3) 状态表略。

2. 方程组、状态图、波形图略，状态表如表 2 所示。

功能：变模同步加法计数器。X = 0 时，为模 3 加法计数器；X = 1 时，为模 4 加法计数器。

表 1

现态		次态		激励		
Q_1^n	Q_0^n	Q_1^{n+1}	Q_0^{n+1}	J_1^n	K_1^n	T_0^n
0	0	0	1	0	Φ	1
0	1	1	0	1	Φ	1
1	0	1	1	Φ	0	1
1	1	0	0	Φ	1	1

表 2

$Q_1^nQ_0^n$	X^n	
	0	1
00	01/0	01/0
01	10/0	10/0
10	00/1	11/0
11	01/0	00/1

$Q_1^{n+1}Q_0^{n+1}/Z^n$

3. 全状态图略。功能：自启动模 5 异步加法计数器。

4. (1) 两片 74LS161 构成二百五十六进制计数器；

(2) 74LS160 构成四进制计数器，此时 Y 和 Z 的输出频率分别为 8 kHz 和 2 kHz。

5. 状态表如表 3 所示，状态图略。

6. 最大等价类为 (A，G)、(B，C)、(D，E)。F 有去无回，删除。最简状态表略。

7. $Z^n=X^nY^nQ_B^nQ_A^n$，$\overline{LD}=1$，$T=1$，$CP=CP$。

$\overline{CLR}$ 和 P 用四选一实现：$A_1A_0=Q_BQ_A$，连接如表 4 所示。

表 3

S^n	$X_1^n X_0^n$			
	00	01	10	11
A	A/00	B/10	C/10	D/10
B	A/01	B/00	C/10	D/10
C	A/01	B/01	C/00	D/10
D	A/01	B/01	C/01	D/00

$S^{n+1}/Z_1^n Z_0^n$

表 4

$Q_B Q_A$	$\overline{CLR}$	P
00	XY	1
01	Y	X
10	Y	X
11	$\overline{X}Y$	0

第 5 章参考答案

习题 5

5-1～5-2　略。

5-3　需采用 PROM 的容量为 $2^3 \times 4$，图略。提示：先将逻辑函数化成标准积之和式。

$$F_1(A, B, C) = \sum m(0, 1, 2, 5, 6)$$

$$F_2(A, B, C) = \sum m(0, 2, 3, 4, 5, 6, 7)$$

$$F_3(A, B, C) = \sum m(0, 2, 3, 4, 5, 6)$$

$$F_4(A, B, C) = \sum m(0, 1, 2, 3, 4, 5, 6, 7)$$

5-4　需采用 PROM 的容量为 $2^4 \times 7$，图略。

5-5　图略。提示：将逻辑函数 F_2 变为 $F_2 = \overline{\overline{\overline{A}B} + \overline{AC}}$。

5-6　图略。设输出的计数值为$(Q_2 Q_1 Q_0)_2$，进位/借位输出为 Z，化简后的激励方程和输出方程为：

$$J_2 = K_2 = \overline{Q}_2 \overline{Q}_1 \overline{X} + Q_2 Q_1 Q_0$$

$$J_1 = K_1 = \overline{Q}_1 \overline{X} + Q_1 X$$

$$J_0 = K_0 = 1$$

$$Z = Q_2 Q_1 Q_0 X + \overline{Q}_2 \overline{Q}_1 \overline{Q}_0 \overline{X}$$

5-7　略。

5-8　图略。

提示：① 可采用同步反馈预置的方式，用 74LS161 构成一个模 6 计数器。例如，预置数$(DCBA)_2 = (0000)_2$，计数输出为$(Q_D Q_C Q_B Q_A)_2$，计数范围为$(0000)_2$～$(0101)_2$，则同步预置端为 $LD = \overline{Q_C Q_A}$。② 设序列输出端为 Z，按照计数循环的顺序，6 个计数状态与输出序列中的 6 位数一一对应，即 Z 为 $Q_C Q_B Q_A$ 的函数，可求出 Z 的最简与或式。③ 用 PLA 实现以上两个逻辑函数 LD 和 Z。

5-9　略。

5-10　该 PAL 实现的是一个可控四进制加法计数器$(Q_1 Q_0)$。当 $X = 1$ 时，进行加法计数；当 $X = 0$ 时，保持当前状态不变。

5-11　略。

5－12　GAL16V8 的编程阵列图如题 5－12 图所示，使用到的 OLMC 工作在专用组合输出模式，且 XOR(n) = 1，高电平输出有效。输入为$(X_3X_2X_1X_0)_{8421BCD}$，输出为

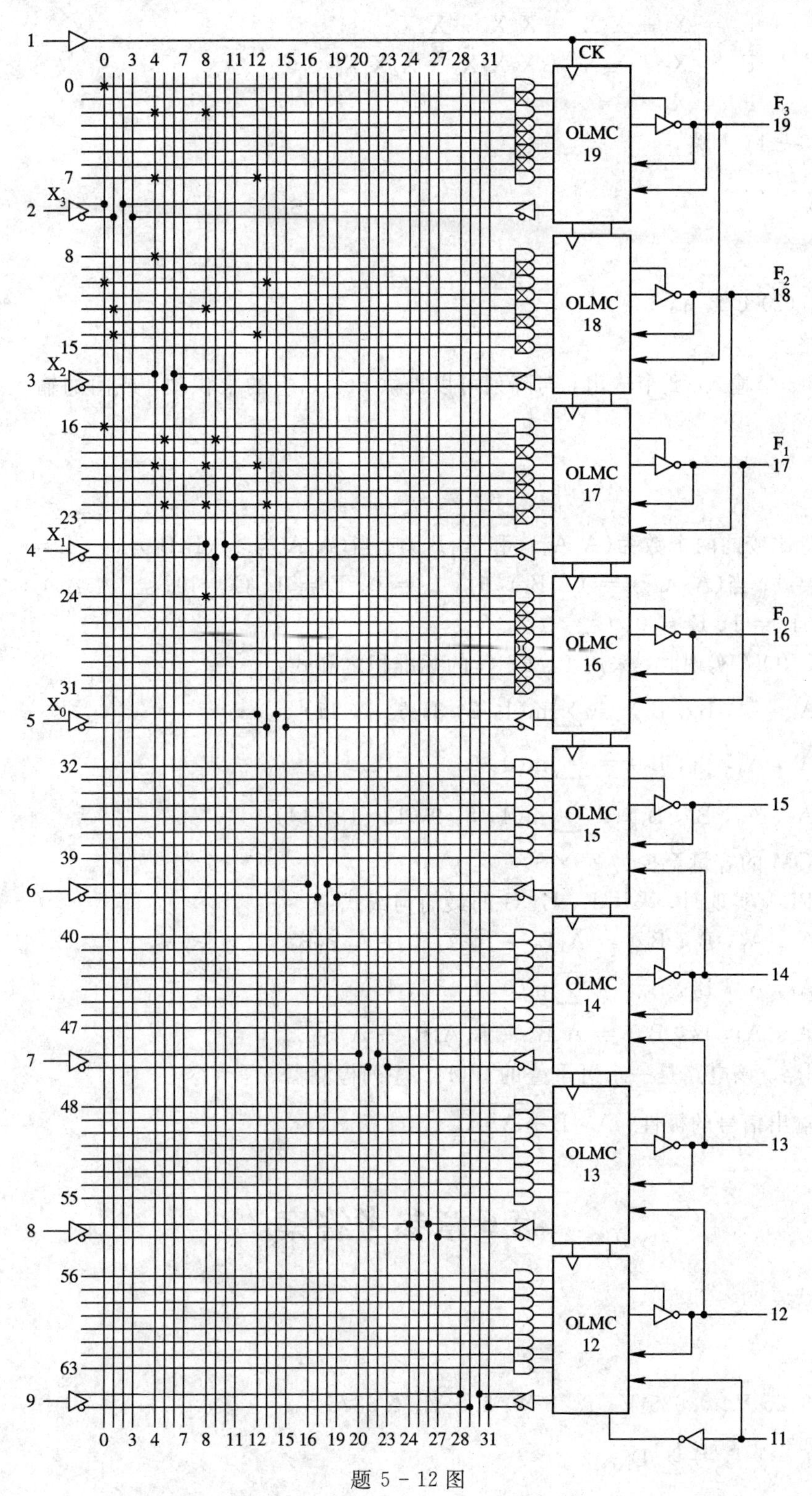

题 5－12 图

$(F_3F_2F_1F_0)_{余3循环码}$，化简后的逻辑函数为：

$$F_3 = X_3 + X_2X_1 + X_2X_0$$
$$F_2 = X_2 + X_3\bar{X}_0 + \bar{X}_3X_1 + \bar{X}_3X_0$$
$$F_1 = X_3 + \bar{X}_2\bar{X}_1 + X_2X_1X_0 + \bar{X}_2X_1\bar{X}_0$$
$$F_0 = X_1$$

5-13～5-15　略。

自测题5

1. 略。
2. (1) C；(2) C B A。

3～6　略。

7. 至少有3个输入、2个输出，与阵列可以提供6个以上的乘积项，或门的输入端至少为3个。
8. 图略。

提示：

① 设待比较的两个数为$(A_1A_0)_2$和$(B_1B_0)_2$。当$(A_1A_0)_2 > (B_1B_0)_2$时，L = 0、E = 0、G = 1；当$(A_1A_0)_2 = (B_1B_0)_2$时，L = 0、E = 1、G = 0；当$(A_1A_0)_2 < (B_1B_0)_2$时，L = 1、E = 0、G = 1。

② 用PROM实现时，采用L、E、G的标准积之和式：

$L(A_1, A_0, B_1, B_0) = \sum m(1, 2, 3, 6, 7, 11)$

$E(A_1, A_0, B_1, B_0) = \sum m(0, 5, 10, 15)$

$G(A_1, A_0, B_1, B_0) = \sum m(4, 8, 9, 12, 13, 14)$

PROM的容量至少为$2^4 \times 3$。

③ 用PLA实现时，采用L、E、G的最简与或式：

$L(A_1, A_0, B_1, B_0) = \bar{A}_1B_1 + \bar{A}_1\bar{A}_0B_0 + \bar{A}_0B_1B_0$

$E(A_1, A_0, B_1, B_0) = \sum m(0, 5, 10, 15)$

$G(A_1, A_0, B_1, B_0) = A_1\bar{B}_0 + A_1A_0\bar{B}_0 + A_0\bar{B}_1\bar{B}_0$

9. 状态图略。该电路是一个可重叠的“1111”序列检测器。
10. 控制输出信号的极性；$\overline{A \cdot B + \bar{A} \cdot \bar{C}}$。

第6章参考答案

习题6

6-1　0.3125 V、0.625 V、1.25 V、2.5 V、4.6875 V。

6-2　$U_O = -\frac{U_{REF}}{2^8}\sum_{i=0}^{7} D_i \times 2^i$。

6-3　略。

6-4　$\Delta U_{REF} \leqslant 5\ mV$。

6-5　题 6-5 图所示电路是一个有符号二进制数补码输入的双极性 DAC 电路。

$$U_{O2} = -\left(\frac{U_{REF}}{2R} + \frac{U_{O1}}{R}\right) \cdot 2R = -U_{REF} + U_{REF} \cdot \overline{D}_7 + \frac{U_{REF}}{2^7}\sum_{i=0}^{6}(D_i \times 2^i)$$

当 $D_7 = 0$ 时，$U_{O2} = \dfrac{U_{REF}}{2^7}\sum_{i=0}^{6}(D_i \times 2^i)$；

当 $D_7 = 1$ 时，$U_{O2} = -\dfrac{U_{REF}}{2^7}\left[2^7 - \sum_{i=0}^{6}(D_i \times 2^i)\right]$。

6-6　略。

6-7　(1) 1.0 V；(2) 过程略，结果为$(1010)_2$；(3) 0.5 ms；(4) $(1001)_2$。

6-8　(1) 244.14 Hz；(2) $(1100110100)_2$；3.688 ms。

6-9　第一次积分的时间 T_1 与时钟频率和数字量的位数有关，第二次积分的时间 T_2 与模拟电压采样值、参考电压、时钟频率和数字量的位数有关。
最后结果与积分器的时间常数无关。

6-10　振荡周期 $T = 106\ \mu s$，占空比 $q = \dfrac{2}{3}$。

6-11　$T_W = 3.3\ ms$。

6-12　充电电流的路径是从电源 V_{CC} 开始，依次经过电阻 R_1、二极管 VD_1、变阻器的 R_1' 部分和电容C，最后到地；放电电流的路径是从电容C开始，依次经过变阻器的 R_2' 部分、电阻 R_2、二极管 VD_2 和芯片内部的三极管 V，最后到地。由此，可以得到：

充电时间 $T_1 = (R_1 + R_1')C\ln2$，放电时间 $T_2 = (R_1 + R_2')C\ln2$

振荡周期 $T = T_1 + T_2$

占空比 $q = \dfrac{T_1}{T} = \dfrac{1}{1 + (R_2 + R_2')/(R_1 + R_2 + R_1' + R_2')}$

该振荡电路的占空比可以调到 50% 以下。

自测题 6

1. 略。
2. (1) 4.725 V；(2) 4 kΩ、8 kΩ、16 kΩ、32 kΩ、64 kΩ、128 kΩ、256 kΩ；(3) 4.98 V，0.0195 V，0.0039；(4) 0.6 V；(5) 略。
3. 0.00107 A，0.0039 A，−7.8125 V。
4. (1) 9.766 mV；(2) 0.044 ms。
5. (1) 0.2 s；(2) −2.25 V。
6. T = 5.6 ms，f = 178 Hz，$q = \dfrac{5}{8}$，应在 4 脚加低电平复位信号。
7. 8 V，0.11 s。
8. (1) $U_{T+} = 8\ V$，$U_{T-} = 4\ V$，$\Delta U_T = 4\ V$。
   (2) $U_{T+} = 9\ V$，$U_{T-} = 4.5\ V$，$\Delta U_T = 4.5\ V$。

第7章参考答案

习题7

7-1 如题7-1图所示。

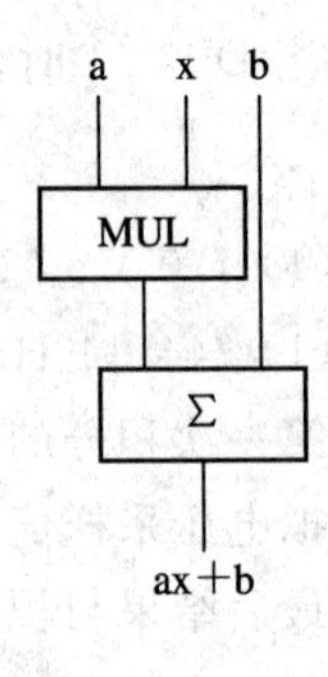

题7-1图

7-2 系统方案：将计算尤其是乘法运算分解为许多子计算，依次计算，逐步得到结果。

需要5次乘法（$x\cdot x=x^2, x^2\cdot x^2=x^4, x^4\cdot x^4=x^8, x^8\cdot x^8=x^{16}, a\cdot x^{16}=ax^{16}$）和1次加法（$ax^{16}+b$）。

系统框图如题7-2图所示。其中，MUL1完成x的幂运算，MUX选择寄存器R的存储数据，MUL2完成$a\cdot x^{16}=ax^{16}$乘法运算。R寄存器用于保存中间结果，P寄存器用于保存最终结果。

7-3 ASM图略。

7-4 系统方案：用1个加法器依次完成加法运算。

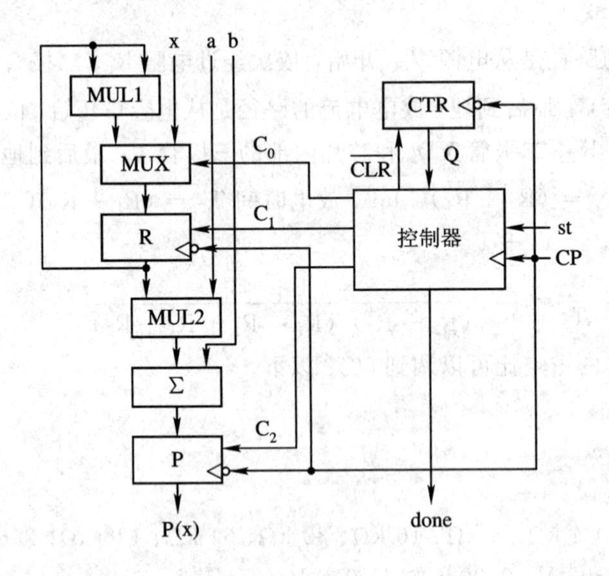

题7-2图

系统框图和ASM图如题7-4图所示。

7-5 略。

7-6 实现结构及ASM图如题7-6图所示。

7-7 略。

7-8 数字系统结构框图如题7-8图所示。

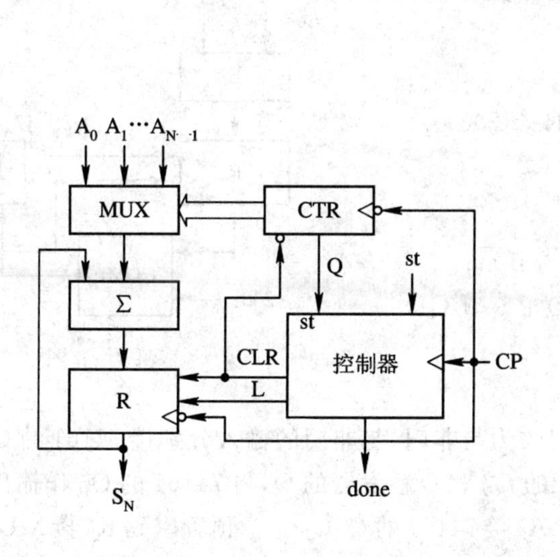

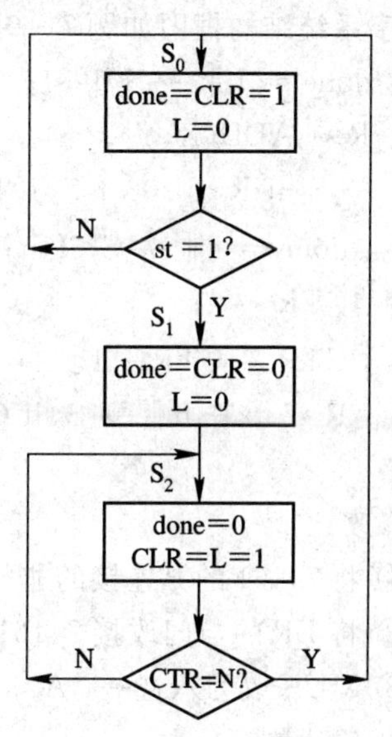

题 7-4 图

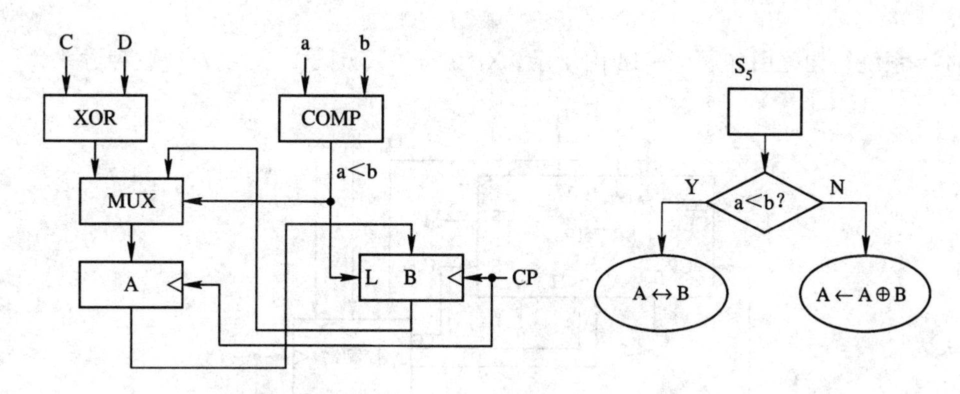

题 7-6 图

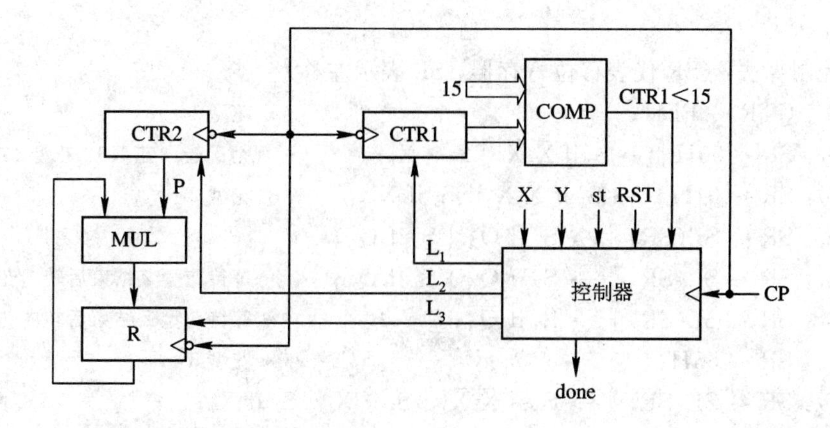

题 7-8 图

7 - 9　数字系统结构框图如题 7 - 9 图所示。算法如下：

S_0：done = 1 ‖ → S_0 if st；

S_1：R ← ADD(X, Y)；

S_2：→ S_1 if R < 200 | S_0 if R ≥ 200；

题 7 - 9 图

7 - 10　S_0：done = 1 ‖ → S_0 if $\overline{st}$；

S_1：CTR ← 0；

S_2：CTR ← CTR + 1 ‖ → S_1 if $\overline{st}$；

S_3：R ← ax + b ‖ → S_2 if $\overline{Q}$ | S_0 if Q；

7 - 11　略。

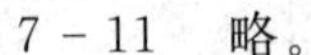

7 - 12　修改：

① 将 74161 的 P 连接的非门改为与非门，与非门的输入分别接 74161 的 Q_A 和 Q_D。

② 将 ER 的与门改接 74161 的 Q_D 和 D 触发器的 $\overline{Q}$，将 74161 的 Q_D 作输出状态 Q。

③ MUX 改为八选一，$A_2A_1A_0$ 接 74161 的 $Q_CQ_BQ_A$，预置密码 K_P 接 MUX 的数据输入端。

保持其余电路不变。控制算法和控制器电路不变，仍为图 7 - 25。

7 - 13　略。

7 - 14　系统结构框图如题 7 - 14 图所示。X_1X_0 = 00、01、10 分别对应三种方式。

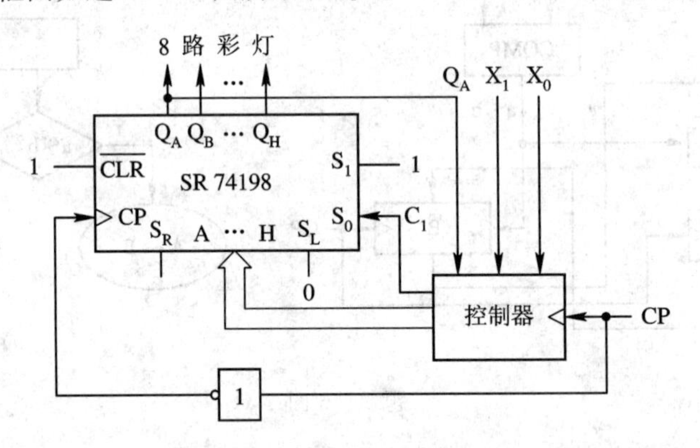

题 7 - 14 图

控制算法：(SR 代表移位寄存器，SL 表示左移)

S_0：CTR ← FFH；　　/∗ 花型 1 ∗/

S_1：SR ← 00H ‖ → S_0 if $\overline{X}_1\overline{X}_0$ | S_6 if X_1；　　/∗ 视情况转向花型 1、花型 3 或花型 2 ∗/

S_2：SR ← 01H ‖ → S_4 if $\overline{X}_1\overline{X}_0$ | S_5 if X_1；　　/∗ 花型 2 ∗/

S_3：SR ← SL(SR) ‖ → S_3 if $\overline{Q}_A$ | S_2 if Q_A；

S_4：SR ← SL(SR) ‖ → S_4 if $\overline{Q}_A$ | S_0 if Q_A；　　/∗ 等待花型 2 结束后转向花型 1 ∗/

S_5：SR ← SL(SR) ‖ → S_5 if $\overline{Q}_A$；　　/∗ 等待花型 2 结束后转向花型 3 ∗/

S_6：SR ← 55H；　　/∗ 花型 3 ∗/

S_7：SR ← SL(SR) ‖ → S_0 if $\overline{X}_1\overline{X}_0$ | S_6 if X_1 | S_2 if X_0；

/∗ 视情况转向花型 1、花型 3 或花型 2 ∗/

控制器电路略。

7 - 15　略。

自测题 7

1. 数据子系统，控制子系统，控制子系统。
2. 系统结构框图如图 1 所示。

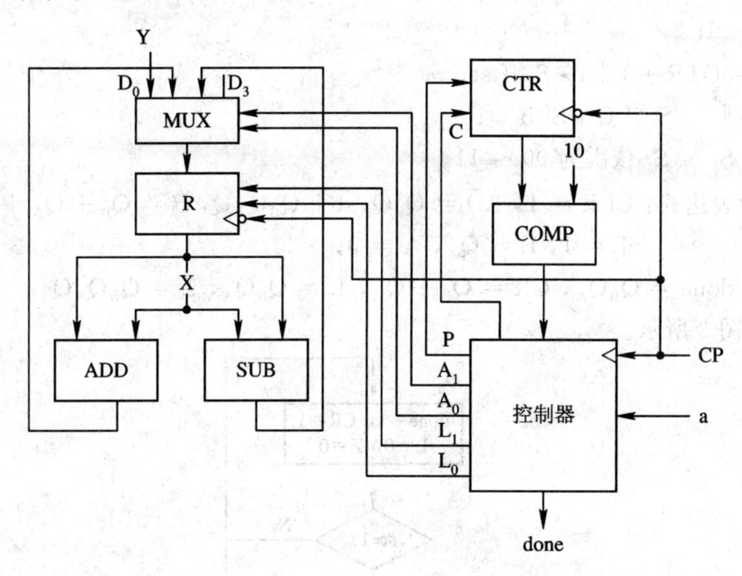

图 1

3. 状态图如图 2 所示，控制信号定义如下：

P——CTR 使能，高电平有效；

C——CTR 清 0，低电平有效；

A_1A_0——MUX 选择；

L_1L_0——R 操作方式选择，具体如下：

00：保持；

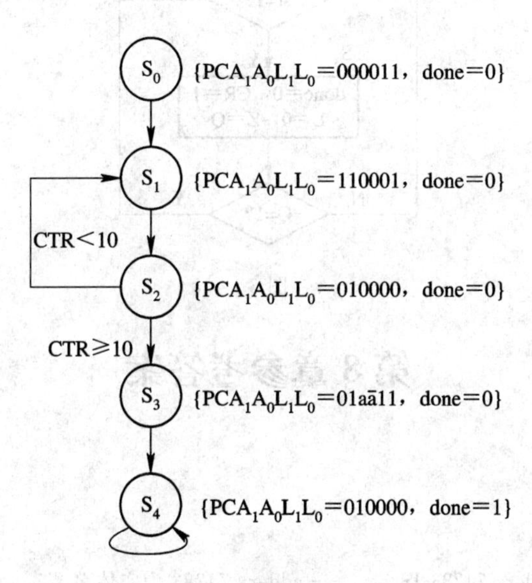

图 2

01：右移；

10：无关；

11：置数。

4. S_0：done = 1 ‖ → S_0 if $\overline{st}$；

S_1：CTR ← 0；

S_2：CTR ← CTR + 1 ‖ → S_0 if $\overline{st}$；

S_3：Z = Q ‖ → S_2 if $\overline{Q}$ | S_0 if Q；

5. 状态分配：S_0 ～ S_3 依次为 00 ～ 11。

74163 激励表达式：$\overline{CLR} = 1$，$\overline{LD} = Q_B\overline{Q}_A st + Q_B Q_A Q$，$P = Q_B + Q_A + st$，

$T = 1$，$B = Q_A$，$A = 0$。

控制输出：$done = \overline{Q}_B\overline{Q}_A$，$CR = Q_B + \overline{Q}_A$，$L = Q_B\overline{Q}_A$，$Z = Q_B Q_A Q$。

6. ASM 图如图 3 所示。

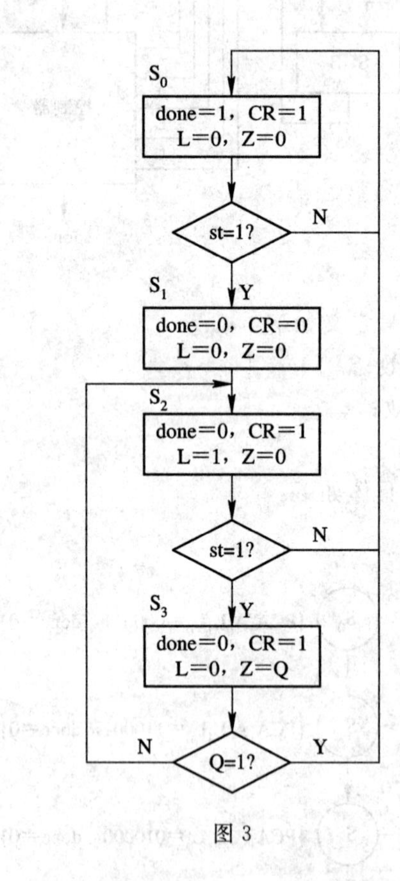

图 3

第 8 章参考答案

习题 8

8 - 1 ～ 8 - 5　略。

8 - 6　(1) ENTITY adder_ 74283 IS　　　- - adder_ 74283 为实体名

```
      PORT( a, b : IN STD_LOGIC_VECTOR( 3 DOWNTO 0);
                                   --被加数 a 和加数 b
           c0 : IN STD_LOGIC;        --来自低位的进位输入 c0
           s : OUT STD_LOGIC_VECTOR( 3 DOWNTO 0); --和数 s
           c4 : OUT STD_LOGIC        --向高位的进位输出 c4
           );
    END ENTITY adder_74283;
```

(2)
```
CONSTANT con: INTEGER := 100;
VARIABLE var: INTEGER RANGE 0 TO 255;
SIGNAL sig: STD_LOGIC_VECTOR(7 DOWNTO 0) := "11110000";
```

(3)
```
TYPE month IS(Jan, Feb, Mar, Apr, May, Jun, Jul, Aug, Sep, Oct, Nov, Dec);
```

(4)
```
vec_8 <= "010"&"10101";
```

(5)
```
sig <= CONV_STD_LOGIC_VECTOR (con, 8 );
```

8-7　(1) 4 选 1 数据选择器：

```
ENTITY mux4_1 IS
PORT(d3, d2, d1, d0: IN BIT; --数据输入端
     a1, a0: IN BIT;          --数据选择端
     y: OUT BIT );            --数据输出端
END ENTITY mux4_1;
ARCHITECTURE arch OF mux4_1 IS
   SIGNAL sel : BIT_VECTOR(1 DOWNTO 0);
BEGIN
   sel <= a1&a0;
   WITH sel SELECT
     y <= d3 WHEN "11",
          d2 WHEN "10",
          d1 WHEN "01",
          d0 WHEN "00";
END ARCHITECTURE arch;
```

(2) 2 线－4 线译码器：

```
ENTITY decoder2_4 IS
PORT( a1, a0: IN BIT;                 --2 位编码输入
      y3, y2, y1, y0: OUT BIT);       --译码输出
END ENTITY decoder2_4;
ARCHITECTURE arch OF decoder2_4 IS
   SIGNAL a_vec: BIT_VECTOR( 1 DOWNTO 0 );
   SIGNAL y_vec: BIT_VECTOR( 3 DOWNTO 0 );
BEGIN
   a_vec <= a1&a0;
   WITH a_vec SELECT
```

```
    y_ vec <= "0001" WHEN "11",
                "0010" WHEN "10",
                "0100" WHEN "01",
                "1000" WHEN "00";
    y3 <= y_ vec(3); y2 <= y_ vec(2); y1 <= y_ vec(1); y0 <= y_ vec(0);
END ARCHITECTURE arch;
```

(3) 略。

(4) 移位寄存器 74LS194:

```
ENTITY shift_ 74194 IS
PORT(clr, s0, s1, clk, sr, sl: IN BIT;
    data: IN BIT_ VECTOR( 3 DOWNTO 0 );
    q: OUT BIT_ VECTOR( 3 DOWNTO 0 ) );
END ENTITY shift_ 74194;
ARCHITECTURE arch OF shift_ 74194 IS
  SIGNAL qin: BIT_ VECTOR( 3 DOWNTO 0 );
  SIGNAL mode: BIT_ VECTOR( 1 DOWNTO 0 );
BEGIN
  q <= qin; mode <= s0&s1;
PROCESS( clr, clk )
BEGIN
  IF( clr = '0' ) THEN qin <= "0000";
  ELSIF( clk'EVENT AND clk = '1' ) THEN
    IF( mode = "11" ) THEN qin <= data;          --同步预置
    ELSIF( mode = "10" ) THEN                    --同步右移
      FOR i IN 3 DOWNTO 1 LOOP
        qin( i ) <= qin( i-1 );
      END LOOP;
      qin(0) <= sr;
    ELSIF( mode = "01" ) THEN                    --同步左移
      FOR i IN 0 TO 2 LOOP
        qin( i ) <= qin( i+1 );
      END LOOP;
      qin(3) <= sl;
    END IF;
  END IF;
END PROCESS;
END ARCHITECTURE arch;
```

(5) 略。

8-8

```
ENTITY odd_ even IS
PORT( data: IN BIT_ VECTOR( 6 DOWNTO 0 ); --data为7位信息码
```

```
        odd, even: OUT BIT );          -- odd 为奇校验码，even 为偶校验码
    END ENTITY odd_ even;
    ARCHITECTURE arch OF s odd_ even IS
    BEGIN
      PROCESS( data )
        VARIABLE tmp: BIT := '0';
      BEGIN
        FOR i IN 0 TO 6 LOOP
          tmp <= tmp XOR data( i );
        END LOOP;
        odd <= NOT tmp; even <= tmp;
      END PROCESS;
    END ARCHITECTURE arch;
```

8-9 略。

8-10 状态图略，该电路是一个不可重叠的"1001"序列检测器。

8-11～8-12 略。

自测题 8

1. 略。
2. (1) A、D；(2) D；(3) A、B、D
3. 略。
4. 与(－a) MOD (b) 不等价，与－(a MOD b) 等价。
5. d = 168，e = －88，f = "00001010"。
6. 并行 / 串行转换电路。
7. LIBRARY IEEE;

```
USE IEEE.STD_LOGIC_1164.ALL;
USE IEEE.STD_LOGIC_UNSIGNED.ALL;
ENTITY buma IS
  PORT( din: IN STD_LOGIC_VECTOR( 7 DOWNTO 0 );
        dout: OUT STD_LOGIC_VECTOR( 7 DOWNTO 0 ) );
END ENTITY buma;
ARCHITECTURE arch OF buma IS
BEGIN
  PROCESS( din )
    VARIABLE valu: STD_LOGIC_VECTOR( 6 DOWNTO 0 );
  BEGIN
    IF( din(7) = '0' ) THEN dout <= din;
    ELSE
      valu := din(6 DOWNTO 0);
      dout(7) <= din(7);
```

```
      dout( 6 DOWNTO 0 ) <= NOT valu + '1';
    END IF;
  END PROCESS;
END ARCHITECTURE arch;
```

8. 略。

参 考 文 献

［1］ Wakerly J F. DIGITAL DESIGN Principles and Practices(影印版). 4 th ed. 北京：高等教育出版社，2007

［2］ Floyd L. Digital Fundamentals(影印版). 10 th ed . 北京：科学出版社，2015

［3］ 邓元庆，贾鹏. 数字电路与系统设计. 2 版. 西安：西安电子科技大学出版社，2008

［4］ 黄正瑾，李文渊，秦文虎. 数字电路与系统设计基础. 2 版. 北京：高等教育出版社，2014

［5］ 任爱锋，周端，初秀琴，等. 数字电路与系统设计. 北京：高等教育出版社，2015

［6］ 邬春明，雷宇凌，李蕾. 数字电路与逻辑设计. 北京：清华大学出版社，2015

［7］ 黄智伟. FPGA 系统设计与实践. 北京：电子工业出版社，2005